国外电子与通信教材系列

光纤通信

（第五版）（本科教学版）

Fiber Optic Communications

Fifth Edition

［美］ Joseph C. Palais 著

王江平 刘 杰 闻传花 等译

李玉权 审校

電子工業出版社
Publishing House of Electronics Industry
北京 • BEIJING

内 容 简 介

本书全面讲述光纤通信用到的主要器件、光纤传输原理、光信号的产生和接收、光纤通信系统的设计以及光纤通信网络。内容主要涉及光纤通信系统的构成、光学和波动学的简单回顾、光学技术的基础知识、光纤和光缆、光源和光检测器、无源器件、光源的调制技术、光信号的检测和噪声对光通信的影响，以及系统设计中涉及的主要问题。本书对光纤通信基础知识的讲授全面、系统而又深入浅出，同时也非常注重近年来光纤通信中出现的最新技术。

这是一本适合于电子工程以及通信工程专业高年级本科生的优秀教材。对于从事通信工程的技术人员，也不失为一本优秀的参考书。

版权贸易合同登记号 图字：01-2005-0324

图书在版编目（CIP）数据

光纤通信：第5版：本科教学版 / (美)帕勒里斯(Palais, J. C.)著；王江平等译.
北京：电子工业出版社，2015.6
国外电子与通信教材系列
书名原文：Fiber Optic Communications, Fifth Edition
ISBN 978-7-121-25967-8

Ⅰ. ①光… Ⅱ. ①帕… ②王… Ⅲ. ①光纤通信－高等学校－教材 Ⅳ. ①TN929.11

中国版本图书馆CIP数据核字（2015）第089305号

策划编辑：马 岚
责任编辑：马 岚 特约编辑：赵晓温
印 刷：涿州市京南印刷厂
装 订：涿州市京南印刷厂
出版发行：电子工业出版社
北京市海淀区万寿路173信箱 邮编：100036
开 本：787×1092 1/16 印张：22.25 字数：570千字
版 次：2015年6月第1版（原著第5版）
印 次：2025年6月第10次印刷
定 价：79.00元

凡所购买电子工业出版社图书有缺损问题，请向购买书店调换。若书店售缺，请与本社发行部联系，联系及邮购电话：（010）88254888，88258888。

质量投诉请发邮件至zlts@phei.com.cn，盗版侵权举报请发邮件至dbqq@phei.com.cn。

本书咨询联系方式：classic-series-info@phei.com.cn。

译 者 序

近年来，通信业在我国超常发展，取得了举世瞩目的进步。通信工程以及相关专业成为高等院校中发展最快的工科专业。光纤通信是构建现代通信网最主要的传输手段，所以光纤通信也就成为这类专业的必修课程。适时引进国外著名大学的教科书对于提高国内院校的教学水平大有助益。美国亚利桑那州立大学的Joseph C. Palais教授编著的《光纤通信》是一本享有盛誉的名著，至今已出第五版，很多著名院校选其作为教科书。为方便国内的教学，我们将本书的最新版本，也就是第五版，译成了中文。这个中译本可以作为高年级本科生的教科书，对于硕士研究生、工程技术人员而言，则是一本很好的参考书。

本书的主要内容包括：光纤通信概述；与光纤通信相关的光学基础；光集成技术基础；光纤、有源和无源光器件；光信号的发送与检测；光网络以及光纤通信系统的设计等。注重工程实践是本书的主要特点。书中有大量的例题，一部分例题的目的是为加深理解，另一部分则与工程紧密结合，可以作为学生日后参与实际工程设计的参考。每一章的末尾都附有习题，大部分习题的答案附在书末。

参与本书翻译工作的人员除了王江平、刘杰、闻传花，还有解放军理工大学通信工程学院光纤通信教研室的博士研究生苏洋，硕士研究生梁明晓、彭晖、龚坚、欧阳俊、聂辰等。全书由李玉权审校。

本书的译稿虽经仔细斟酌、多次修改，但疏漏乃至错误在所难免，热诚希望本书的读者批评指正。

作者简介

Joseph C. Palais　于1959年在亚利桑那大学获得学士学位，1962年和1964年分别在密歇根大学获得硕士和博士学位。此后他执教于亚利桑那州立大学，是该校电气、计算机及能源工程学院教授，负责该学院的研究生课程教学。

Palais教授曾以顾问身份为摩托罗拉公司和斯坦福研究所工作。1967年曾用近一年时间组建了全息电子光学学会，为此而获得福特基金会的奖励。1973年作为访问教授在以色列理工学院执教。近年来发表了70多篇学术论文，涉及天线、微波、全息学、光纤通信等领域。曾合作编写过可在微型计算机上应用的光纤系统和器件方面的多种软件工具。此外，还参与编写了《电气工程手册》和《通信手册》中的部分章节。自1977年以来曾为150多个班次提供了有关光纤通信的短期课程。

Palais教授因其在光纤通信领域为大学和继续教育所做出的贡献而成为IEEE终身会士。1999年获得华盛顿继续教育学会的年度奖，还曾因其在继续教育领域的贡献于1993年获得IEEE的奖励。1974年因其对继续教育、学术和产业界的贡献而获得IEEE菲尼克斯分部的年度奖。2007年富尔顿学院授予他丹尼尔扬科夫斯基遗产奖。

主要译者简介

王江平　江苏南通人，1986年毕业于西安交通大学获学士学位，2000年在北京邮电大学获工学硕士学位，2008年在中国人民解放军理工大学通信工程学院获工学博士学位。现为南京晓庄学院信息技术学院教授，与他人合著的《光通信原理与技术》入选“十一五”国家级规划教材。主要研究方向为光纤通信、传感技术与计算机网络等。近年来主持、参与江苏省科技厅重大项目、国家自然科学基金等多个科研项目的研究工作，发表学术论文50余篇。

前　言

自1970年世界上第一根低损耗光纤问世以来，光纤通信得到了飞速发展。正在运行的光纤通信系统比比皆是，新的设备、新的应用还在不断涌现。光纤通信所能实现的功能早已大大超过基于铜缆传输的系统。光纤通信技术使得我们身处其中的社会发展至信息社会成为可能。光纤通信与尚存的铜线应用以及正在快速增长的无线系统共同构建了信息基础架构，满足了人们日益增长的通信需求。

光纤通信技术已经非常成熟，因而以此为题材的书籍很多。在众多的著作中，有相当一部分在理论体系及数学论证方面论述得十分详细。但这对于初学者来说却相当困难。本书试图在降低难度的同时，尽可能为读者理解光纤通信系统的设计、工作原理以及系统容量等内容提供必要的信息。书中列出了重要的理论结果及数学结论，但省略了冗长的推导过程。在适当的情况下，尽可能用物理概念对这些理论结果加以解释，并用大量的图表说明这些结果的用途。为了使提供的知识更接近于实际，书中还给出了典型器件特性参数的数值范围。

本书的第一版于1984年问世时，在美国及其他一些国家已经建成了纵横交错的光纤线路，用于交换局之间的电话信息传输。到1988年本书的第二版出版时，陆地长途光纤电话网的建设已接近完成，而在世界主要的海洋中正铺设海底光缆。与此同时，光纤局域网（local area network，LAN）也正在发展之中。1992年本书第三版出版时，世界范围内已铺设超过1000万千米的光纤线路。海底光缆建设也加紧进行，光纤局域网则快速增长。到1998年本书第四版问世时，多条跨越大西洋、太平洋及其他海洋的光缆已经投入运行。同时，各种光纤入户的试验也已完成，以便为各种不同的用户提供更加广泛的业务。在本版，也就是第五版出版时，我们注意到了光纤通信的几个新的发展方向。更大的传输带宽需求（尤其是因特网和商业应用），要求设计出信息速率超过太比特每秒（Tbps）的长距离光纤通信系统。城域网（metropolitan area network，MAN）在光纤业界扮演更加重要的角色。光纤入户仍然是一个目标，但并未引起人们的特别关注，经济上的考虑使得这方面的进展步履维艰。

对于反映无止境的更高的带宽需求，本书的基础内容不会有所变动，但第五版突出了新的技术进步来展现这一点。我试图尽可能完整地将这些新的发展纳入第五版。

本书是一本为不具备光纤光学和通信方面基础知识的读者撰写的导论性著作。书中用来解释光纤系统特性的简单概念只涉及代数和三角学。必要的时候，书中适当地引入有关光学、电子学和通信方面的基础知识。

本书的原稿是以我从事研发工作的记录及一系列有关光纤通信短期课程的讲稿为基础写成的。这些课程的听众包括攻读技术学院二年制博士学位的人员，他们担负着从设计师到部门主管的各种职责，同时还包括工业界、政府和科学界的人士。所涉及的内容包括化学、物理学和多方面的工程技术知识。同时，我还用这些短期课程的讲稿作为教材，为超过1500名电气工程专业的高年级本科生和一年级硕士研究生讲授课程。这一课程通过电视讲授20多年，最近几年又作为因特网课程在更广泛的范围内传播。

可以从本书获益的专业人士包括从事实际工程设计的工程师，他们往往关注元器件、设备的选择和应用以及系统的设计计算。关于整个系统方面的知识对于器件设计师也很有用。

其他从事与光纤通信事业有关工作的读者，例如高级工程决策人员、项目经理、技术人员、市场和销售人员以及教师，都可以从本书中获得很有价值的信息。

本书是按以下结构来组织的。本书开篇给出了整个光纤通信系统的结构框图，指出了构成光纤通信系统的主要单元。这可以激发读者学习后续各章的动力。第2章和第3章回顾了有关光学和波动学领域的一些重要成果，这些基础知识对于理解光纤器件及光纤系统是十分必要的。第4章讲述集成光学，介绍将光器件集成在同一基片上的技术。集成光波导技术为在光纤中光波的传播提供了优异而简单的模型。第5章至第9章讲授用于构建光纤通信系统的主要器件，包括光纤、光源、光检测器、耦合器以及分布式光网络。有关系统方面的考虑在第10章至第12章中讲授，包括调制方式、噪声对信息传输质量的影响以及系统设计等重要内容。

我希望读者在掌握本书的这些知识以后，能够设计和规划光纤系统，以及选择和评估构成该系统的诸如光纤、光源、光检测器和耦合器等元器件。掌握本书中的知识以后，读者也可以胜任对一些商用子系统，例如光发射机和光接收机的评估工作。

本书包含了自本书第四版出版以来光纤业界已有的重要进展。新的或扩展的论题包括拉曼（Raman）放大器、掺铒波导（erbium-doped waveguide）放大器、阵列波导光栅、电吸收式调制器、光微机电（micro-electro-mechanical，MEM）元件、色散补偿、可调谐光源、可调谐滤波器、光时分复用、密集波分复用及稀疏波分复用等，以提升光谱利用率，更为注重外调制技术。在书中加进了一个新流行的光谱带分割表，对小形状因子连接器和无胶连接进行了描述。另外，还有很多细微之处的论述也有所改进，以便使概念更加清晰。

由于很多院校选用本书作为研究生的光纤光学课程教材，所以从第二版起添加了一系列习题。此次又新增了一些习题，同时对部分旧习题进行了修改，使新版本更适合课堂教学的需要。有一些习题相对简单，主要是使学生对书中的知识掌握得更加熟练，从而更有把握。另一些习题则涉及更深入的考虑，同时还需要回顾其他相关课程的内容。大多数习题的答案附在本书末尾，采用本书作为教材的授课教师可获得本书的习题解答（申请Email：te_service@phei.com.cn）。

本书的前七章可以作为一个学期的课程。作为入门课，首先引进光纤通信系统中的主要元器件。学完这门课的学生可掌握进入光纤业界的必要知识。本书的后五章讲述一些更为高深的课题，可以作为第二学期的课程。为了进行数学方面的简化以及扩大本书的读者群，书中列出的许多结论没有加以详细推导。如果授课对象训练有素，例如是电气工程专业的高年级学生，则授课教师可以补充讲解一些详细的推导过程，以使学生加深理解。

光纤光学软件

很多技术人员和学生都拥有个人计算机，并接入了因特网。正因为如此，许多研究组都致力于研发解释光纤相关现象、辅助分析和设计光纤系统的计算机软件。相关内容可参阅网页（http://faculty.engineering.asu.edu/palais）。

Joseph C. Palais
亚利桑那州立大学

目　　录

第1章　光纤通信系统

本章将阐述有关光纤通信的主要内容，探讨学习这些知识的方法，扼要介绍所选择技术的优点并讨论其典型应用。此前，读者可能不具有光纤光学方面的知识，所以本书还将介绍作为光纤通信技术基础的几个主题。其中包括光纤、光学、通信和光通信等方面的问题。最后，介绍完整的光纤通信系统。本章将对光纤通信系统进行整体描述，随后介绍每部分的特性及各部分之间的关系，并将介绍实际系统设计的相关问题。

1.1　历史回顾

光总是与我们如影随形。在人类发展的早期光通信就已经产生了，当时人们使用手势实现了最早的通信。显然，这是一种目视形式的光通信。这种形式的通信不能在黑暗中进行。白天，太阳充当了这个通信系统中的光源。发送者的信息通过反射的太阳辐射携带，从发送者传送到接收者。手的运动改变或调制光波，眼睛则是信息的检测装置，大脑处理这个系统传送的信息。这种系统的信息传输速度很低，传输距离有限，而且发生错误的概率很大。

后来的光波系统使用烟作为信息载体，这对远距离的传输十分有用。用改变烟火形态的方法来实现信息的传送。这种烟火形态的改变通过反射太阳光可以再次传送，从而到达接收者。这种系统所需要的编码方法，通过通信员和信息用户的学习、培训，也在使用中得到了发展。这种方法可与现代数字通信系统中使用的脉冲编码相比较。

1880年，贝尔发明了一种称为“**光电话**”的光通信系统[1]。这种系统使用从一个调制声音的薄膜镜面反射的太阳光携带双方的通话信息。在接收端，被调制的光波投射到一个光电导硒电池上，可以将信息转换成电流信号。于是，一个电话接收过程在该系统中就完成了。尽管光电话工作得相当好，但从来没有获得商业上的成功。

灯的发明使人们可能构造简单的光通信系统，例如闪光、船只到船只和船只到陆地的通信链路、汽车转向信号以及交通管制灯光等。事实上，任何类型的指示灯都是一个基本的光通信系统。

上述所有系统的信息容量都很低。1960年激光器的发明，是实现大容量光通信的一个主要突破。激光器提供了窄带光辐射源，适于用做信息载体。激光器可以与传统电信系统中的射频信号源相比较。在发明激光器以后，非导引的光通信系统（无光纤）很快得到了发展。通过光束在大气中传输进行的通信很容易实现。但是，这种系统的正常工作要取决于洁净的大气、在发送机和接收机之间需要可直视的传输路径，在不知不觉的情形下看到光束时，可能对人的眼睛造成伤害，这些都是这种形式的光通信的缺点。尽管非导引光通信的使用受到上述因素的制约，但是早期的应用却激起了人们对可以引导光束传输的光系统的兴趣，从而克服了上述困难。另外，被导引光束可以在拐角处转弯，并且可以埋于地下。早期基于大气激光通信系统的工作为光纤通信提供了理论基础，以及许多可以实际使用的元件。当然，正如我们现在知道的，并不是所有的光纤通信系统都需要激光器作为光源。在许多情况下，使用宽谱的发光二极管是合适的（有关合适光源的选择问题是本书中要讨论的一个主题）。

20世纪60年代，实际的光纤通信系统中一直缺少一个关键部件，那就是有效的光纤。尽管可以将光导入玻璃纤维，但当时玻璃纤维的衰减太大。早期，古埃及制造的玻璃是不透明的。在中世纪，威尼斯的艺术家们已能制造出非常纯净的玻璃。威尼斯玻璃的透明性相当好，但是对现代的远距离通信来说，损耗值仍然太大。直到1970年，在发明了第一根真正意义上的低损耗光纤以后，光纤通信才得以实现[2]。这刚好发生在英国物理学家John Tyndall，在皇家学会证实通过弯曲的水流可以导引光这一现象的100年之后。玻璃纤维和水流导引光为相同的物理现象（内全反射）提供了证据。

1.2 基本通信系统

基本通信系统由发送机、接收机和信道构成，如图1.1所示。在发送机端产生信息并将其转换成适合在信道上传送的形式。信息通过信道由发送机传送到接收机。信道可以分为两类，即非导引信道和被导引信道。大气即是波可以传播的非导引信道的实例。使用大气信道的系统包括无线电广播、电视广播以及微波接力链路。被导引信道包括各种导电传输结构。图1.2所示就是被导引信道的几个实例，其中包括双导线传输线、同轴电缆以及矩形波导。在制造、铺设和服务方面，被导引线路要比大气信道的成本更高。但是，被导引信道有许多非导引信道不具有的优点：可以保密，不受制于天气，而且有能力将传送的信息置于物理结构的内部、其下或其周围。光纤波导则不仅仅限于这些优点，在本章的后面将列举光纤波导的其他优点。接收机从信道中提取信息，并将其转换成最终的形态。

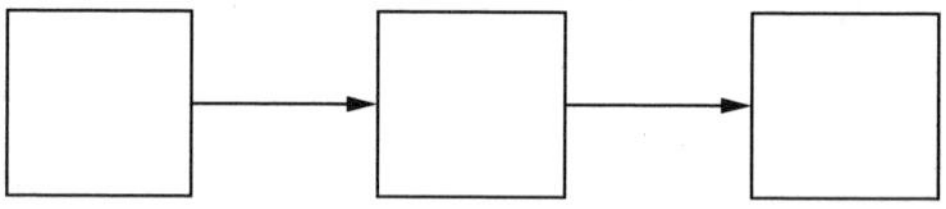

图1.1 基本通信系统

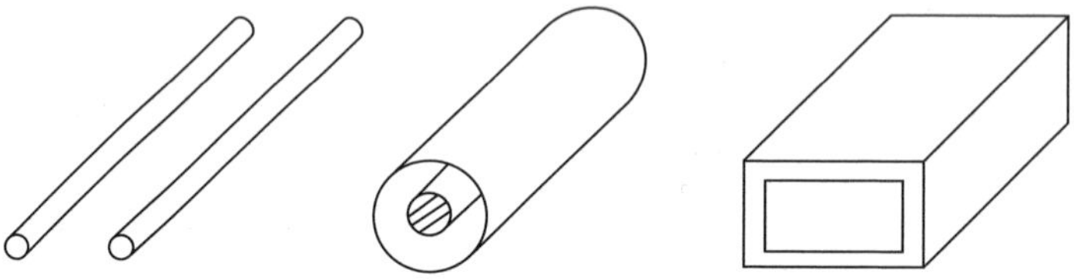

图1.2 部分导体传输线

相对来说，更具体但仍然具有普遍性的光纤通信系统方框图如图1.3所示。通过对图中的每个模块进行简单讨论，可以对通信系统的主要单元有很好的了解。对这些单元的描述，重点是指出哪些对于光纤系统是合适的。对许多问题的简明描述稍后将在本节中展开。现在，我们对本专题做概要介绍，而将基础知识留在后面做进一步的讨论。

1.2.1 信源

信源可以有多种物理形式，最常见的是一个将非电信号转换成电信号的变换器。常见的例子包括用于将声波转换成电流信号的麦克风，以及将图像转换成电流信号的视频（电视）摄像机。在一些情况下，诸如计算机之间或计算机部件之间的数据传送，其信息已经是电形态。用光纤链路构建一些较大系统时，类似的情形也会发生。例如，将光纤用于卫星通信系统的地面接入子系统，以及将光纤用于有线电视信号的中继。在任何情况下，无论是在电通信还是在光通信中，信息在传输之前都必定是电形态的。

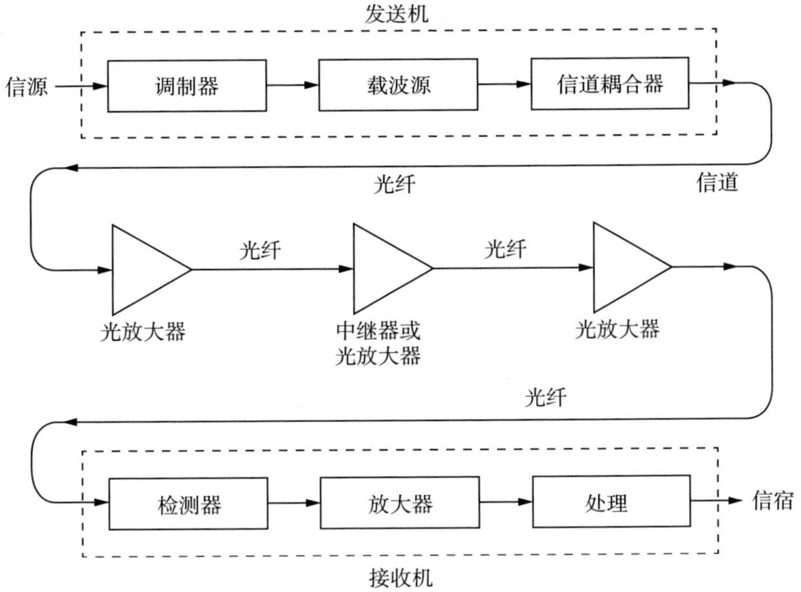

图1.3　一般的光纤通信系统

1.2.2　调制器

调制器有两个主要功能。首先，将电信号转换成适合传输的形态；其次，将这种信号加载到由载波源产生的载波上。所采用的调制格式有**模拟**和**数字**这两种不同类型。模拟信号是连续信号，与源信息的形态非常类似。作为一个例子，假设要发送一个单音频的声波，麦克风产生的电流波形与声波本身的波形完全相同，其关系如图1.4所示。在这种情形下，调制器不需要改变信号的形式。但是，需要适当地放大这个信号，使其有足够的幅度以便驱动载波源。

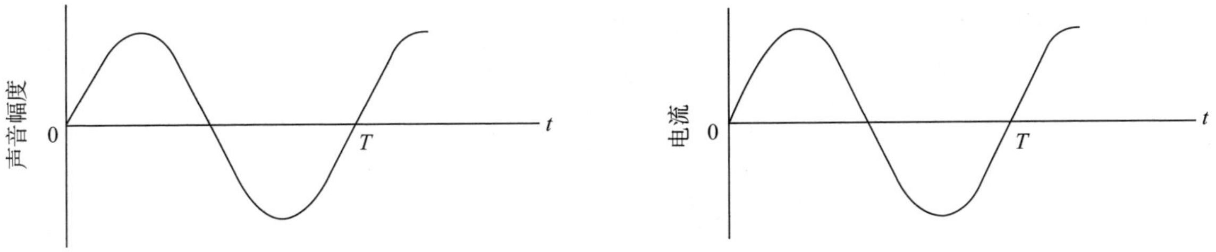

图1.4　模拟调制

数字调制需要发送如图1.5所示的离散形式的信息。这种数字信号只有“**开**”或“**关**”两种状态。“**开**”状态代表数字1，“**关**”状态代表数字0。这些状态是数字系统的**二进制数字**（或比特）。数据速率是指每秒发送的比特数（bps）。“**开**”和“**关**”的脉冲序列可能是一个模拟信息的编码形式。模/数转换器可以将模拟信息转换成数字序列。在接收端则需要完成相反的过程，将数字信号转换成模拟形态。为了将数字信号加载到载波上，调制器只要在适当的时刻将载波源打开或关闭即可。构造数字调制器的简单性使得这种形式在光纤通信系统中具有很强的吸引力。

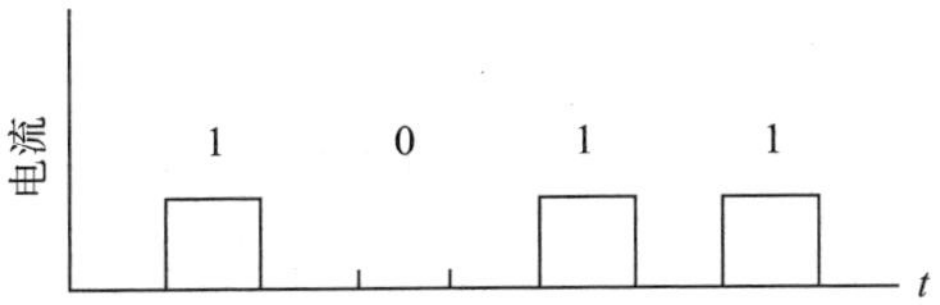

图1.5　数字调制

调制格式的选择是任何系统设计都必须首先要做出的决定。有关模拟系统和数字系统之间的比较及其他方面的考虑，将在本章的后面以及以下几章中进行更详细的讨论。

在本章最后给出了构建一个完整的系统时设计人员需要面对的决策问题表。对表中项目的解释贯穿了全书。稍后，将更具体地介绍可供选择的题材，并附加了一个关于每种选择的优缺点以及主要应用的一览表。

1.2.3 载波源

载波源产生携带信息并与之一起传播的波，我们将其称为**载波**。在射频通信系统中，载波由电振荡器产生。在光纤通信系统中，则使用**半导体激光器**（laser diode，LD）或**发光二极管**（light-emitting diode，LED）产生光载波。更准确地说，这两个器件应称为光振荡器。在理想情况下，它们能够提供稳定、单频的光波，而且应有足够的功率以满足远距离传输的需要。实际上，半导体激光器和发光二极管与理想情况相去甚远。一般情况下，所发射的光包含了一定范围的频率，发射的平均功率只有几毫瓦。但在多数情况下，因为接收机灵敏度很高，这样的功率已经足够了。然而，传输损耗使得光纤中的功率连续降低，所以光源的功率不足仍是所有通信链路传输距离的限制因素。真正意义上的单频光源的缺乏，也使得系统的性能明显降低，这导致在给定路径长度上可能传输的信息量受到限制。

LED和半导体激光器尺寸小，而且只有发射光时才消耗一定量的能量。对其进行调制相对容易，也就是说将信息加载到其辐射上去并非难事。这两种器件都是通过控制注入电流来工作的。其辐射功率与注入电流有确定的比例关系。用这种方法，可以使输出光功率与来自调制器的输入电流的形状相关。对光载波进行模拟调制和数字调制的结果如图1.6所示。这里要特别强调的是，发送的信息已包含在光功率的变化之中。这种调制方式称为**强度调制**（intensity modulation，IM）。尽管信号电流如图1.4所示，有正的和负的部分，但光辐射的输出功率始终是正的。注意图1.6所显示的特征。为了达到线性目的，模拟系统中的实际调制电流一定要完全是正的。将一个直流偏置电流与信息信号电流相加，即可以保证这个结果，如图1.6所示。类似地，数字系统的调制电流也始终是正的。半导体激光器在未达到阈值电流以前是不会开启的（也就是说，不辐射），调制电流中应该包括一个约等于这个阈值的直流偏置。二进制数“1”的出现，使得驱动电流超过阈值，于是激光器发光；二进制数“0”则使驱动电流保持在阈值附近，于是器件不发光。LED没有阈值，当有正向电流通过时就会发光。

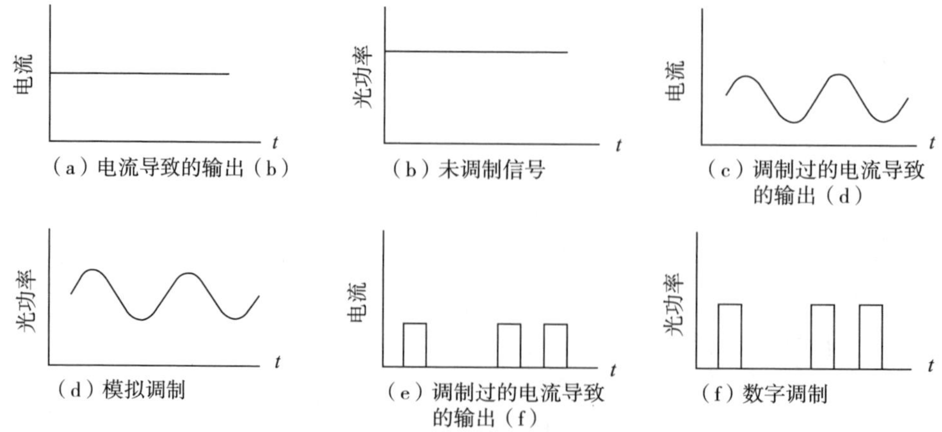

图1.6 光载波的模拟和数字调制

半导体激光器和LED的结构使其在一定的频段内辐射。在此频段上玻璃光纤的衰减应该很低，这样在光纤中才有可能实现光信号的有效传输。实际上这是很幸运的一件事，因为要在适宜的频率上发光，对于光源来说是非常困难的。如果没有光源辐射频率和光纤低损耗区域的匹配，则很难实现光纤通信。

1.2.4　信道耦合器

接下来我们探讨耦合器，其功能是将功率送进信道。在无线电或电视广播系统中，耦合器就是天线。在这种情况下，发送机的输出信号经天线发射进入信道，即大气中。在使用电缆的被导引系统中，例如电话线路，耦合器只用做一个简单的连接器来连接发送机和作为信道的传输线。对于大气光通信系统，信道耦合器是一组透镜，用来准直由光源发出的光束并使其对准接收机。在光纤通信系统中，耦合器需要有效地将来自光源的已调制光束传送给光纤。遗憾的是，要完成这样的传送并非易事，这个过程将导致光功率的明显降低或较复杂的耦合器设计。常规光纤的尺寸很小，其直径通常不超过50 μm，这就更增加了耦合难度。然而，光源却在一个较大的角度范围内发射光，所以导致比较大的基本耦合损耗。光纤只能在非常有限的角度范围内捕获光，这种情况如图1.7所示。一种最简单的耦合器也在图中画出。光源的发射面与光纤的端面直接相贴。正如上面指出的那样，除非光纤足够粗，否则无法接收由光源发出的所有光线，因为光源的发射角和光纤的接收角度之间有差异。更为有效的方法是设计合适的耦合器结构，当然这是很复杂的。信道耦合器的设计是光纤通信系统设计中十分重要的部分，因为系统中光的损耗可能很高。

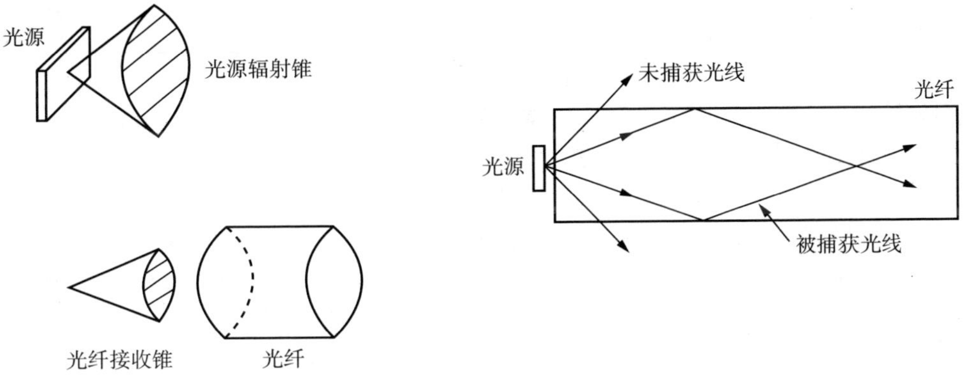

图1.7　将光波耦合进光纤

预期效率的数值计算和改进耦合器的设计方法，稍后将在本书中加以讨论。

1.2.5　信道

信道是指发送机和接收机之间的传输路径。在光纤通信系统中，玻璃（或塑料）光纤就是信道。适宜的信道特征包括低衰减和一个较大的光接收锥角。对长距离传输来说，低衰减和对光的有效收集是非常重要的。尽管高灵敏度的光接收机是可以实现的，但到达接收机的光功率还是必须保持在一些限定值以上，以保证传送的信息有适当的清晰度。

光放大器可以放大弱信号的功率。在很长的线路（数百甚至数千千米）中，需要光放大器为接收机提供足够的功率。**中继器**（也就是所谓的**再生器**）将微弱的并已失真的光信号转换成电信号，然后还原成原来的数字脉冲串，以便进一步传输。中继器只能用在数字系统中，而光放大器则对模拟和数字信号都是适用的。光放大器只能补偿信号的衰减，但中继器却可以重建数字信号的幅度和波形。在一个长距离系统中，需要使用多个光放大器和一些中继器。由于中继器更为复杂，所以中继器比光放大器更加昂贵。

信道的另一个重要特性是与在其中传播的波的传播时间相关。一般说来，其传输时间取决于光的频率以及光线的传播路径。在光纤中传输的光信号一般包含有一定的频率范围（因为光源发射的光有一定的频率范围），而且其功率还分配到若干个不同的路径传输，这就导致了传输信号的失真。在数字系统中，这种失真表现为“1”脉冲的展宽和变形，如图1.8所示。随着传输距离的增加，脉冲展宽将更为严重。如果展宽过大，相邻脉冲就会重叠（见图1.8），于是单个的信息比特变得无法识别，这时会产生传输误差。为了防止出现这种情况，发送脉冲的重复频率需要小一些。这就限制了脉冲的发送速率。由于光波的速度取决于频率和路径，所以无论是对数字调制还是对模拟调制，信息速率都会受到限制。

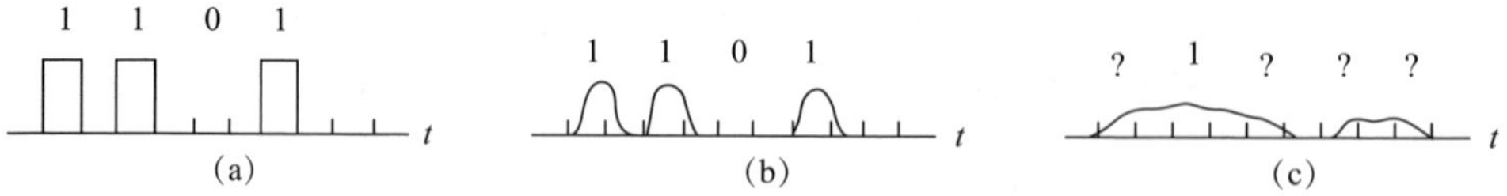

图1.8　光脉冲的展宽。（a）原来的脉冲序列；（b）传输一段距离以后，脉冲被展宽；（c）传输更远的距离以后，相邻脉冲超出各自的时隙，相互重叠，其中的“0”码字消失。此时检测信号中会出现大量的错误

较大的接收角与低的信号失真是一对相互矛盾的要求。在实际设计光纤时，要采用折中方法同时兼顾这两个方面的特性。对于一个有确定传输距离和信息速率的系统，具有合适接收角和满足信号失真要求的光纤是可以得到的。其他我们所感兴趣的有关光纤的特性将在本章的后面介绍。

在大气电信系统中，天线收集来自信道的信号，并将其传送到接收机架上。在光纤通信系统中，输出耦合器将来自光纤的光对准到光检测器。光的辐射方向图与光纤的接收锥角相同。由于一般的光检测器都有大的表面积以及很大的接收角，所以可通过简单的顶端直接连接，实现光纤与光检测器之间的有效耦合，如图1.9所示。

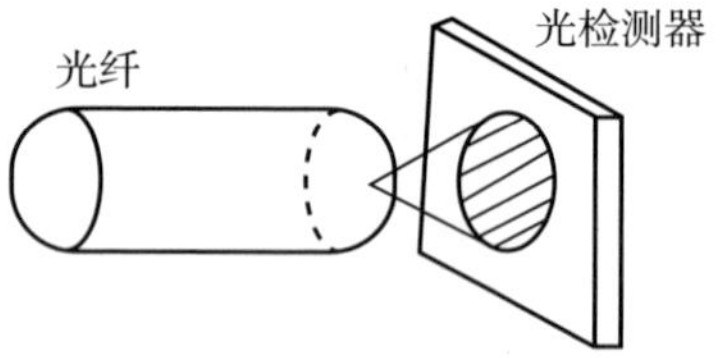

图1.9　由光纤到光检测器的高效率耦合。检测器可以接收到由光纤辐射出的绝大部分光波

1.2.6　检测器

从信道接收到的信息必须从其载波上分离出来。在电系统中，这就是所谓的**解调**过程，通过适当的电路来完成。在光纤通信系统中，光检测器将光波转换成电流。各种不同设计的半导体光电二极管是最常用的光检测器。由检测器转换得到的电流与输入光波的功率成比例。由于信息包含在光功率的变化之中，所以检测器输出电流就包含了这个信息。检测得到的电流实际上用来驱动光源的电流的再现。

对于模拟信号，通信系统中各个点上信号之间的关系如图1.10所示。由信源变换器产生的电流在图1.10（a）中画出，这就是要传送的信号。调制器在信号电流上增加了一个常量的偏置电流如图1.10（b）所示，再用此电流控制光载波。于是图1.10（c）所示的光载波功率波形就包含了待发送的信息。随着信号在光纤中传播，信号衰减，光功率将下降，如图1.10（d）所示。这幅图是在假设由光纤传输引起的波形失真可以忽略这一前提下得到的。检测器将光的波形转换成电的形式，如图1.10（e）所示。为了完成传输过程，还要从检测器的输出电流

中滤除其常量偏置部分（如果需要则还应对其进行放大）。最后，这两项功能在系统的信号处理模块中完成。图1.10（f）所示的结果就是想要得到的信息波形。对于数字系统，可以画出类似的图。在其检测器的输出端，将得到与输入脉冲序列相同的脉冲序列。

光检测器的重要特性应包括小尺寸、低成本、长寿命、低功率损耗、对光信号的高灵敏度以及对光功率快速变化的快速时间响应。所幸的是，已经获得了同时具有上述特性的光检测器。

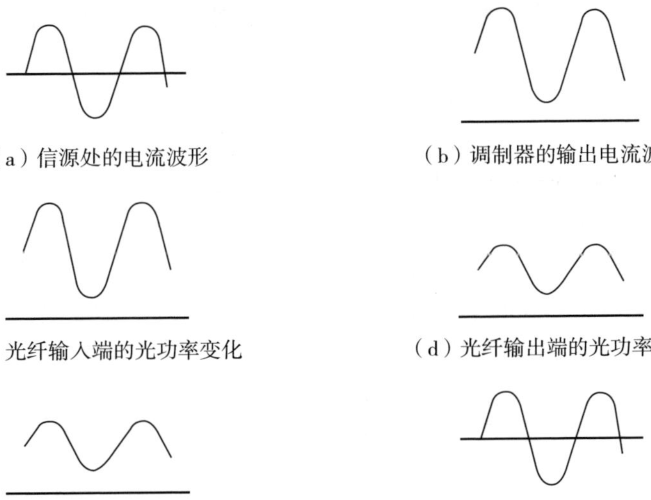

（a）信源处的电流波形　（b）调制器的输出电流波形

（c）光纤输入端的光功率变化　（d）光纤输出端的光功率变化

（e）光检测器的输出电流波形　（f）经过滤波和放大后的电流

图1.10　模拟系统中不同参考点处的信号

1.2.7　信号处理器

对模拟传输来说，信号处理器仅包括对信号的放大和滤波。除了要滤除直流偏置，同时还要滤除其他不需要的频率成分以防止其进入后面的部分。理想的滤波器允许传输信息所含有的频率通过而阻止其他的频率成分，这样就改善了预期传输的透明性。适当的滤波可以使信号功率与非预期功率的比值最大化。接收信号的随机起伏就是噪声，而噪声存在于所有的通信系统中。后面我们将学习如何定量计算光纤通信系统中的噪声，并讨论如何设计光纤系统以满足不同的应用场合所要求的**信噪比**（signal-to-noise ratio，SNR）。

对于数字系统，处理器除了要有放大器和滤波器，还必须包括判决电路。判决电路要在任何单个比特的时间间隔内判决接收到的是二进制数字“1”还是“0”。因为噪声是不可避免的，所以在判决过程中总会出现一些错误。对于高质量的通信，**误码率**（bit-error rate，BER）应该很小。如果源信息是模拟的，那么数字信号处理器还必须对“0”、“1”输入数字序列进行解码。这个过程由数/模转换器完成，可以再现信息的初始电形式。如果通信是在机器间进行的，就不用数/模转换了，可以直接用数字形式完成通信。

1.2.8　信宿

对于信息输出，我们关心两种不同的情况。第一种情况是，信息要传送给一个人时，他需要听到或看到这个信息。为了达此目的，必须将电信号转换成声波或者可视图像。为了完成这个过程，需要合适的转换器，对声音信息使用扬声器，对图像则使用阴极射线管（与电视机类似）。

第二种情况是，可以直接使用来自信号处理器的电形态信息。例如，通过光纤系统连接计算机或其他机器时就属于这种情况。当光纤系统只是一个大网络的一部分时，例如电话交换网中的光纤链路或者传送大量电视节目的光纤干线，也都属于这种情况。在这两个刚提及的系统中，处理过程应包括将电信号分配到适当目的地的功能。在这种情形下，信息输出器件仅是一个简单的电连接器，用来连接信号处理器和后面的系统。

本书中，我们对信号处理电路和信宿器件没有兴趣，因为这些元件同早先使用在非光学系统中的元件完全相同。

1.2.9 一些数据

现在，对于我们所讨论的问题还明显缺少一些关键数据。如果希望理解通信系统并掌握设计方法，就不能忽略这些数据。

为了便于查询，我们将本书中经常出现的单位列在表1.1中。本书尽可能使用米–千克–秒–库仑（meter–kilogram–second–coulomb，MKSC）单位制。实际上，光纤长度和直径几乎总是以公制来表示的。表1.2给出了光纤光学中一些重要的物理常数。

表1.1 单 位

单位	符号	量
米	m	长度
千克	kg	质量
秒	s	时间
库仑	C	电量
焦耳	J	能量
瓦特	W	功率
赫兹	Hz	频率
比特每秒	bps	数据速率
牛顿	N	力
安培	A	电流
开尔文	K	温度
摄氏度	℃	温度
法拉	F	电容
欧姆	Ω	电阻
伏特	V	电压
弧度	rad	角

表1.2 物理常数

术语	数值	符号
光速	3×10^{8} m/s	c
普朗克常数	6.626×10^{-34} J × s	h
电子电量	-1.6×10^{-19} C	$-e$
电子伏特	1 eV = 1.6×10^{-19} J	eV
玻尔兹曼常数	1.38×10^{-23} J/K	k

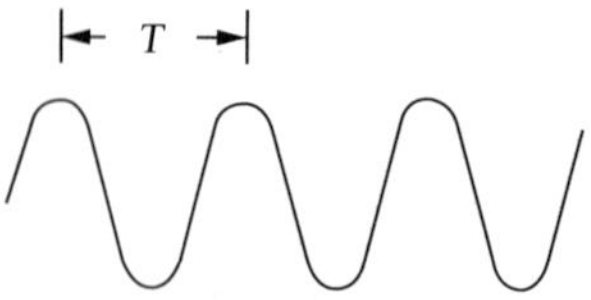

图1.11 周期为T秒的波动，对应的频率为$f = 1/T$

频率的单位是赫兹，等于每秒振荡一周。两个振荡相邻波峰之间的时间间隔称为**周期**，等于波频率的倒数。也就是说，**每一个振荡来回所用的秒数**反比于**每秒的振荡来回次数**。如果f是波的频率，T是波的周期，则有$T = 1/f$。图1.11给出了这个关系。在光纤通信中，遇到的频率范围从几赫兹到10^{14}赫兹，要处理的长度从几微米（10^{-6}米）到上千千米。因此，记住对很大的和很小的量用标准字首表示将会带来方便。常用的字首表示法列在表1.3中。

表1.3　字　首

字首	符号	倍数因数
太	T	10^{12}
吉	G	10^{9}
兆	M	10^{6}
千	k	10^{3}
分	c	10^{-2}
毫	m	10^{-3}
微	μ	10^{-6}
纳	n	10^{-9}
皮	p	10^{-12}
飞	f	10^{-15}

光的波长在微米（10^{-6}米）量级。比微米更小的长度单位是纳米，等于10^{-9}米。也就是说，1000纳米等于1微米。

接下来我们讨论常见的模拟系统和数字系统中一些重要的特征数据。表1.4给出了一些模拟系统的带宽需求。电话线路传输话音信息的上限频率为4000 Hz，这是因为一般人讲话的能量大部分都包含在4000 Hz这个频率以下。在这个频带以内话音是清晰的，而且很易识别。更大带宽的信道可以再现更高质量的声音，但对于实际的电话线路却没有必要。如果允许降低话音质量，那么也可以将带宽降低到4 kHz以下。本书中大多数的话音传输例子都假设使用4 kHz的带宽，这与商用的电话系统一样。4 kHz以内的频率范围称为话音信息的基础带宽。

表1.4　常用的模拟系统

信息类型	带宽	注释
音频	4 kHz	单个电话信道
音乐	10 kHz	AM无线电广播台
音乐	200 kHz	FM无线电广播台
电视	6 MHz	电视台

商用**调幅**（amplitude modulation，AM）广播台发送100 ~ 5000 Hz的声音信息。AM调制格式需要的带宽是最高调制频率的两倍，所以AM广播台有10 kHz的带宽，其载波频率间隔为10 kHz。传输高质量音乐需要的调制频率高达15 kHz（特别灵敏的耳朵可辨别出更高频的振荡，甚至可达20 kHz）。**调频**（frequency modulation，FM）广播台发送50 ~ 15 000 Hz的声音信息。FM调制格式需要200 kHz的带宽才能达到这个效果。

由于图像信号比声音信号包含更多的信息，所以需要额外的传输带宽。商用电视信道的带宽为6 MHz，包括了图像和音频两个信道，实际传输的最高视频接近4.2 MHz。发送电视信号需要的频率范围（6 MHz）就是电视信息的基础带宽。

模拟信号采用数字传输时，其比特率取决于模拟信号的**抽样定理**以及编码体制。根据抽样定理，如果抽样速率至少是该信号包含的最高频率的两倍，则这个模拟信号可以准确地再现。正因为如此，标准的4 kHz电话信道每秒抽样8000次[3]，并使用8比特代表每个抽样幅度值的编码程序。由此可知，传输单个电话信息的速率是64 kbps。当发送脉冲的速率高于64 kbps时，允许同时传输多个电话信息。在发送端，通过间插数据比特，可以将不同的信息组合（**复用**）成单路的较高速率的数据流，这就是所谓的**时分复用**技术。有关时分复用技术将在第10章详细讨论。在接收端，高速率的数据流再分开成多路单独的信息（**解复用**）。对于数字光纤通信系统，还应该在图1.3所示的方框图中加上复用/解复用功能模块。

美国使用的异步数字电话网络的数字体系列在表1.5中。表中给出了信息速率、等级以及对应的话音信道数目。例如，基本的信息块是T1（最低级别传输）系统。这个传输级别传送24个话音信息。使用数字信号时，用 DS–1等级（最低级别的数字信号）表示这个基本的话音数据流是合适的。T2级别由4个T1系统组合形成，因此可以传送4 × 24 = 96个话音信息。类似地，所有高于第一级别的系统都是由较低级别的系统复合而成的。如果比较每个级别的数据速率，就会发现发送高级别的数字信号需要高于单独的低级别系统信息速率之和的比特速率。例如，T3系统发送672个话音，需要的速率应为 672 × 64 000 = 43 Mbps，但实际发送速率为44.736 Mbps。这其中包括了同步脉冲和信令脉冲。

表1.5 美国电话系统的数字传输速率

传输等级	信号等级	数据速率（Mbps）	话音信道数
	DS–0	0.064	1
T1	DS–1	1.5444	24
T1C	DS–1C	3.152	48
T2	DS–2	6.312	96
T3	DS–3	44.736	672
T3C	DS–3C	91.053	1344
T4	DS–4	274.175	4032
		405	6048
		565	8064

光纤的传输容量如此之大，以至于表1.5中所列的最高速率也无法与之比拟。例如，在单根光纤上运行的系统速率可达2.5 Gbps，甚至10 Gbps。速率为数吉比特每秒的线路可传送数以万计的话音信道。传输速率达40 Gbps的系统已经证实是可以实现的，现在正致力于将单个系统的速率推进到这一等级[4]。

一个更新的传输标准已经确定，并在全世界范围内推广使用。这就是SONET（synchronous optical network），即**同步光网络**的缩写①。由于这种同步系统是标准化的，所以为在已建设好的SONET系统中增加新的业务方面提供了更大的灵活性。基本的SONET传输速率是OC–1（第1级别的光载波），51.8 Mbps。与之等价的电信号级别是STS–1（第1级别的同步传送信号）。更高级别的SONET速率列在表1.6中。引进SONET标准，增加了光纤通信应用中的速率范围。

表1.6 SONET传输速率

电级别	光级别	数据速率（Mbps）	话音信道数
STS–1	OC–1	51.84	672
STS–3c	OC–3	155.52	2016
STS–12	OC–12	622.08	8064
STS–24	OC–24	1244.16	16 128
STS–48	OC–48	2488.32	32 256
STS–192	OC–192	9953.28	129 024
STS–768	OC–768	39 813.12	516 096

传输商用数字电视广播所必须的数据速率不难确定。模拟电视信号的带宽为6 MHz，抽样速率是这一速率的两倍，每个抽样值用8比特编码，因而需要的数据速率为2 × 6 × 8 =

① 由ITU–T制定的相应标准称为SDH，即同步数字系列，并为我国所采用。——译者注

96 Mbps。如果将几个这样的数字电视信号复用到一根光纤中传输，则数据速率将达到数百兆比特每秒。由于图像信息的实际带宽小于6 MHz，因此96 Mbps的速率是可以降低的。例如，将图像带宽限制在4.5 MHz以内，按两倍速率抽样，每个抽样值使用9比特编码，则数据速率为81 Mbps。一个完全的音频信号占据15 kHz的频带，抽样速率为30 kbps，每个抽样值使用8比特编码，最后需要的速率为240 kbps。于是这个全电视信号的速率为81.24 Mbps。在 DS-3C标准的电话线路上很容易传输这样的信号，因为 DS-3C电话线路的数据传输速率为91.053 Mbps。

即使光纤有巨大的带宽可用（实际的可用带宽受到很多因素的限制，将在以后几章中讨论），为了传输尽可能多的数字化图像，还需要珍惜这一资源。为了降低数据速率，需要采用一种称为**压缩数字图像**（compressed digital video，CDV）[5] 的数字图像信息技术。这种技术的基本原理是剔除图像信息中的冗余部分。例如，视场中的背景在连续多个帧中都不会改变，因而可以省去图像每个帧中这部分信息的传送，于是数据传输速率也就降下来了。采用图像压缩技术可以将普通图像的数据速率从接近100 Mbps降低到5 Mbps以下。数字化**高清晰度电视**（high-definition television，HDTV）信号一般需要约1 Gbps的传输速率，经过压缩以后大约只需要20 Mbps的传输速率。

对于公共的音乐、声音和图像通信网络，已经建立了各类信息和带宽之间的关系。例如，含有来自计算机或工作站的数据传输，需要的带宽取决于待传输信息的速率。通常的以太局域网的运行速率为10 Mbps，可以用同轴电缆或光纤传输线实现。对于高速数据传输，光纤分布式数据接口（fiber distributed-data interface，FDDI）的标称运行速率为100 Mbps。对于更快的局域网，例如高性能并行接口（high-performance parallel interface，HPPI）的运行速率为800 Mbps。随着数据传输对商业和工业应用的重要性日益增加，对更高数据传输速率的需求已成为一种稳定的发展趋势。对这些高速应用来说，光纤是理想的传输媒质，这是因为光纤有巨大的数据传输能力。

要记住的是，这里讨论的带宽和速率是信息本身的特征，并不取决于所用的传输类型。对于相同的待传输信息，光通信系统和射频通信系统需要相同的传输带宽和数据速率。

在这一点上，我们希望给读者一些关于设计、构建和测试一个给定数据速率的光纤通信系统的易于理解的感性知识。正如预期的那样，当数据速率增加时，困难也将会加大。下面给出的分类具有随意性，但很有用。

运行速率低于100 kbps的光纤通信系统，由于传输速率低，因此可以使用常用光、电元件构造，而且造价低廉。速率从100 kbps到10 Mbps的系统成本要高一些，实现难度也较大。这属于中等的信息速率范围。从10 Mbps到数千Mbps（几 Gbps）的系统，就需要使用改进的电路、光发射机和光检测器。这个速率范围内的系统很常见，例如，许多电话网就运行在这样的高速率上。高于几 Gbps的传输速率则过高了，需要额外的费用和特殊维护。在这样的高速系统中，用于光发射和检测的元件是很昂贵的，而且与这些元件相连的接口电路也难以构建。这样的极高数据速率只有在非常大而且复杂的系统中才会出现，在这样的系统中有巨量信息需要在极短的时间内传送。

对于一个模拟线路，信号传输的质量用信号功率S与噪声功率N的比（信噪比）来表示。由于所有的接收机中都会有噪声，所以信噪比不可能无限大。一个质量好且清晰的电视画面需要的信噪比要高于10^4。若低于此值，则画面将变得模糊，也就是说噪声导致分辨率和对比度降低。若要较好地接收音乐和声音信号，也需要较高的信噪比。

在数字系统中发送“1”时，在接收端可能会误判为“0”；而在发送“0”时，则可能误判为“1”。这些检测错误是由系统噪声引起的。数字系统的质量用误码率（bit–error rate，BER）表示。如果误码率为10^{-9}，则意味着每发送10亿比特，只有1比特是错误的。用于传输声音信息的标准数字电话线路允许的误码率指标即为10^{-9}（或更好）。这是话音数据传输应达到的精确度。实际上，传送话音的误码率比10^{-9}高出好几个数量级时，收听者才能感觉到接收质量的降低。

如果在接收端有很强的光信号，则可以获得高信噪比或低误码率。本节所评述的数据将用于估算在本书后面将遇到的器件和系统的性能。

1.2.10　以分贝表示的功率

在通信线路中保持一定量的光功率值是系统设计的主要部分。这个光功率值必须予以保证，才能使入射到检测器的光波有足够的强度，以便正确无误地识别。基于其他方面的考虑，不能使投射到接收机上的光功率太大，设计人员必须保证这种情况不会发生。**分贝**（decibel，dB）是表示通信系统中相对功率电平的一个十分方便的量。如果系统中某一点的功率是P_1瓦，线路中更远点处的功率是P_2瓦，则P_2/P_1是这两个位置处传输功率的比值。换句话说，P_2/P_1是这两点间的传输效率。将这个比率用分贝表示，即

$$\mathrm{dB} = 10\lg\frac{P_2}{P_1} \tag{1.1}$$

P_2和P_1的单位必须相同，例如都是瓦特或者都是毫瓦。小于1的数字的对数值是负数，所以如果P_2小于P_1，分贝值就是负的。当系统中存在损耗时会发生这种情况。如果P_2大于P_1（如果在两点之间放置放大器，就可能发生这种情况），分贝值就是正的。如果P_1和P_2之间的dB值是已知的，就可由P_1求得P_2，即

$$P_2 = P_1\,10^{\mathrm{dB}/10}$$

一些元件级联时，使用对数计算是很方便的，因为这样很容易算出功率电平的整体变化。考虑图1.12所示的由三个单元构成的系统框图，这三个单元可以分别代表光源到光纤的耦合器、光纤本身和连接器。其输出功率可以通过连乘每个单元的效率得到，其表达式为

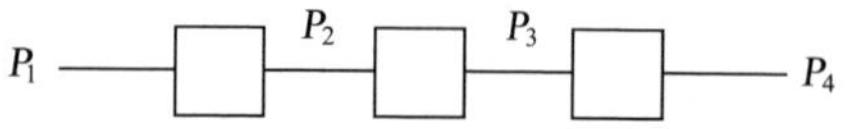

图1.12　级联系统的功率电平

$$\frac{P_4}{P_1} = \frac{P_4}{P_3}\times\frac{P_3}{P_2}\times\frac{P_2}{P_1}$$

用分贝表示的相应损耗为

$$\begin{aligned}\mathrm{dB} &= 10\lg\frac{P_4}{P_1}\\ &= 10\lg\left(\frac{P_4}{P_3}\times\frac{P_3}{P_2}\times\frac{P_2}{P_1}\right)\end{aligned}$$

利用对数的运算性质，即各项乘积的对数等于各项对数之和，就可以得到

$$\begin{aligned}\mathrm{dB} = {} & 10\lg\frac{P_4}{P_3} + 10\lg\frac{P_3}{P_2}\\ & + 10\lg\frac{P_2}{P_1}\end{aligned} \tag{1.2}$$

也就是说，**总的效率（以分贝为单位）是单个级联部分的效率（以分贝为单位）之和**。这就是用分贝计算的主要优点。

式（1.1）中的对数函数运算，在廉价的手动计算器上即可完成。为了方便，图1.13和图1.14显示了分贝计算曲线。这些曲线给出了功率增益和损耗的等效分贝值。对于功率增益（$P_2/P_1 > 1$），可以读到正的分贝值；对于损耗（$P_2/P_1 < 1$），可以读到负的分贝值。如果所指的明显是损耗的分贝值，则有时负号可以省略。例如，功率变化–3 dB时，称为3 dB损耗。图1.14显示了一个放大的对应曲线，计算小的损耗或增益时很有用。

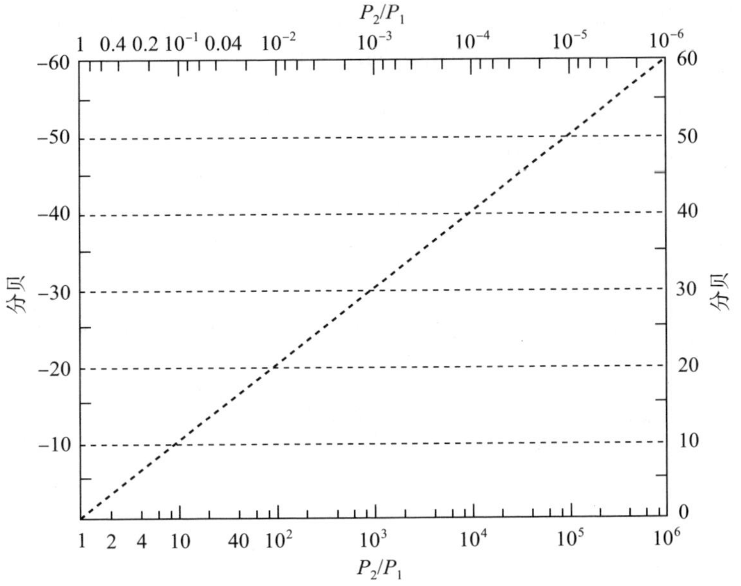

图1.13　分贝计算。右侧的纵坐标刻度与底端刻度对应，左侧的纵坐标刻度与顶端刻度对应。如果知道功率比大于1时分贝值为正，功率比小于1时分贝值为负，则很容易记住这些刻度

例1.1　假设图1.12所示的三个级联部分的损耗分别为–11 dB，–6 dB和–3 dB。计算此系统的总损耗。假设输入功率为5 mW，试计算输出功率。

解：

根据式（1.2），总损耗是这三个值的和，–11–6–3=–20 dB。图1.13显示与–20 dB等效的功率比是0.01。于是得到接收功率为$5 \times 0.01 = 0.05$ mW。

例1.2　一个系统的损耗是–23 dB。试计算其效率。

解：

由式（1.1）得到功率比为

$$\frac{P_2}{P_1} = 10^{\text{dB}/10}$$

一个具有既能进行正数次也能进行负数次乘方运算能力的计算器很容易进行这样的计算。对于本例题，其结果为

$$\frac{P_2}{P_1} = 10^{-2.3} = 0.005$$

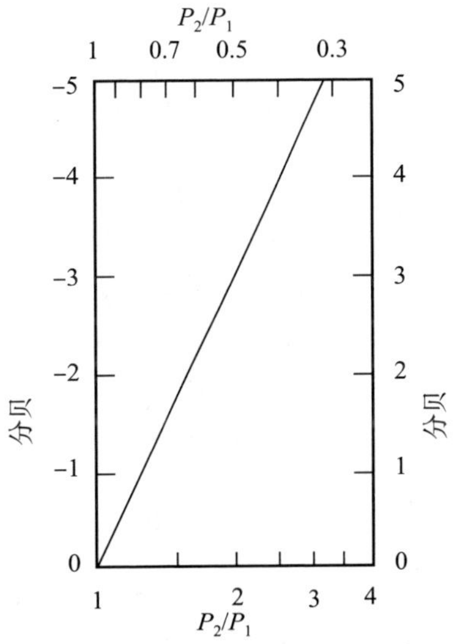

图1.14　放大的分贝尺度，本图的刻度与图1.13中的相同

也就是说，功率传输效率为0.5%。也可以从图1.13得到对应于–23 dB的功率比P_2/P_1 = 0.005。如果图1.13的精确度不足，则可以用以下方法使用图1.14中的放大刻度。注意，–23 dB = –20 dB – 3 dB，图1.13给出–20 dB对应的损耗是0.01，而在图1.14中–3 dB对应的损耗是0.5。这两部分损耗的乘积就是总损耗，即0.01 × 0.5 = 0.005。

到目前为止，我们都是用分贝刻度来标注相对功率电平。其实也可以用分贝来表示绝对功率。为此，我们将功率与一个固定的参考值相比较。在光纤通信系统中最方便的参考电平是1 mW（毫瓦）。相对于1 mW用分贝表示的功率值用dBm表示。在式（1.1）中，令P_1 = 1 mW即可以得到以毫瓦为单位的P_2的dBm值。也就是说，当P_2以毫瓦为单位时有

$$\text{dBm} = 10\lg P_2$$

利用图1.13和图1.14同样可以进行dBm运算。只要P_2的值是以毫瓦为单位的，用其代替图中的P_2/P_1，则读到的纵坐标刻度值就是dBm。

例1.3 假设一个发光二极管的辐射功率为2 mW，计算与此辐射功率相对应的dBm 值。此功率通过一组元件后有23 dB的损耗，计算输出功率。

解：

发射功率是以毫瓦为单位的，为2 mW。由图1.14可得这个功率对应的是3 dBm。此功率有23 dB的损耗，也就是说输出功率比输入功率小23 dB。于是，输出功率为3 – 23 = –20 dBm。由图1.13可知，对应的功率比是0.01，由于**参考功率值为1 mW**，所以输出功率就是0.01 mW。

作为对上面例子的解释，可以得到发射功率dBm_t、系统损耗dB_s和接收功率电平dBm_r之间的关系为

$$\text{dBm}_r = \text{dBm}_t + \text{dB}_s$$

需要特别强调，在使用dBm运算时，对dB_s的正负号选择是极为重要的（对于损耗取负值，对于增益取正值）。

微瓦是另外一个常用的参考电平。用分贝表示，相对1 μW的功率值是

$$\text{dB}\mu = 10\lg P_2$$

其中，P_2的单位是微瓦。一些商用光功率计直接给出dBm或dBμ值，而另外一些则直接以瓦表示光功率，还有一些同时使用这两个功率单位。

1.3 光的属性

尽管光与人类总是形影不离，但人们至今尚未完全清楚其基本属性。我们知道如何定量描述光现象，并在这些知识的基础上提出一些假设，而且还懂得如何利用和控制光，为我们提供方便。到现在，我们还必须用不同的方法解释有关光现象的不同实验结果和观察结果：有时将光当成波动，有时又将光看成粒子。

1.3.1 光的波动性

如果将光看成振荡频率很高、波长极短的电磁波，则许多光现象可以得到很好的解释。**电磁波的频谱**如图1.15所示，图中给出了不同频率范围内电磁波的自由空间波长和常用的名称。“光”这一术语指的是频谱中的**红外光**、**可见光**和**紫外线**部分的电磁波。之所以这样划分，是因为这些频段范围内应用的许多分析方法、技术和器件都是相同的。

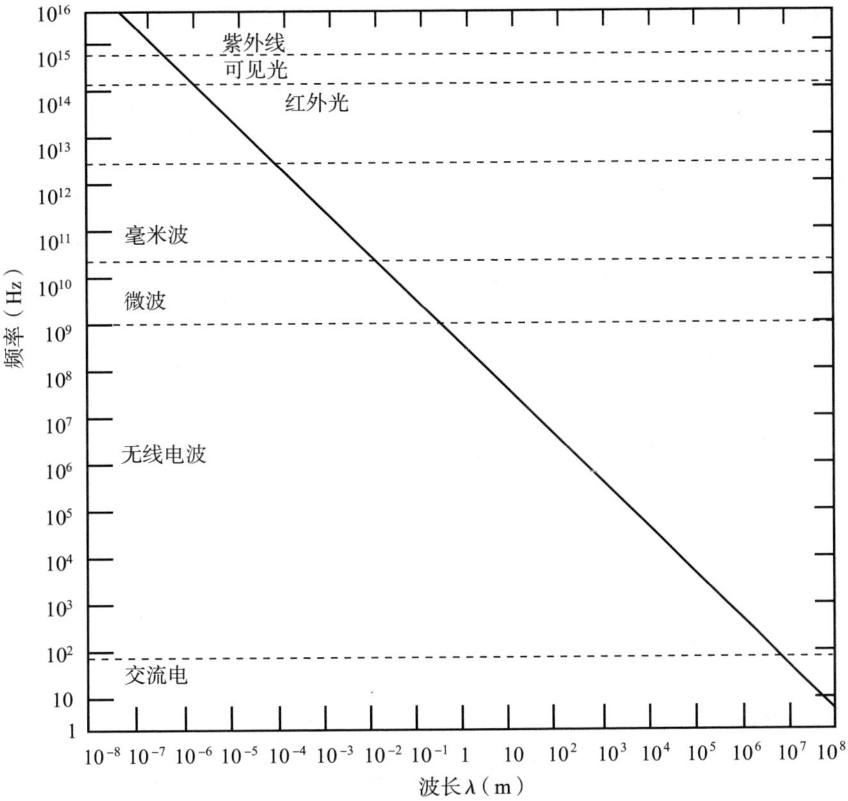

图1.15　电磁频谱。不同频段电磁波相应的名称已在图中列出，频率和波长的关系为$f = c/\lambda$，其中$c = 3 \times 10^8$ m/s

本书中我们感兴趣的频率（波长）范围如图1.16所示。可见光的波长范围从0.4 μm（蓝光）到0.7 μm（红光）。在可见光频段，石英玻璃光纤并不是很好的传输媒质，因为可见光在石英玻璃中衰减得很快，所以只有短的传输线路才可能实用。紫外线（ultraviolet，UV）在石英玻璃中的损耗也很大。但是在红外区域，石英玻璃光纤在一些频段内却可以作为光波的有效传输材料。具体而言，这些频段是：波长为0.85 μm附近以及1.26 μm到1.75 μm之间。有时称这些波长为光纤的**传输窗口**，在第5章中将详细讨论光纤的损耗。

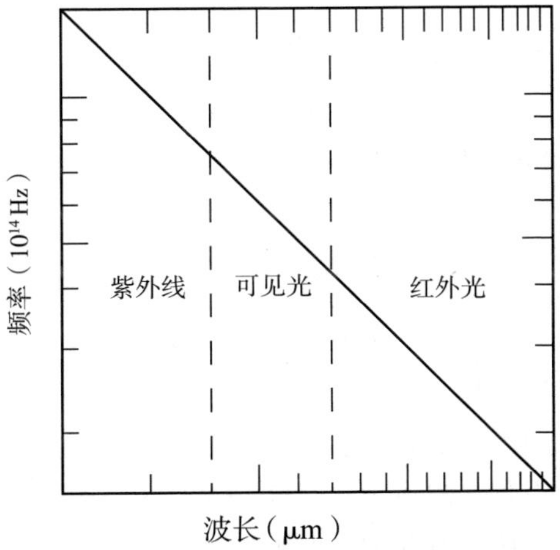

图1.16　电磁频谱的光频部分。与指定波长范围对应的名称如图所示。垂直的虚线将可见光、紫外线和红外光分开

尽管光波的频率比射频电磁波高得多，但二者都遵循相同的规律，具有许多共同特性。所有频段的电磁波都有与其相关的电场和磁场，并以相同的速度极快地传播。

在真空（通常称为**自由空间**）中，电磁波的传播速率是$c = 3 \times 10^8$ m/s。这个速率用c表示，电磁波在大气中的传播速率大致等于这个值。在固体媒质中，电磁波的传播速率则取决于给定材料的特性和波导结构的几何形状。在媒质中，光的波长则由下式给出：

$$\lambda = v/f \tag{1.3}$$

其中，v是光在该种媒质中的传播速度，f是其频率。频率由发射光源决定，当光束从一种媒质传播到另外一种媒质时，频率不会改变。但是由式（1.3）可知，不同媒质中不同的传播速度会导致波长的不同。除非特别指出，本书中给出的波长都是指在自由空间中的值。

举个例子，考虑波长为0.8 μm的光辐射。在式（1.3）中，利用$v = c$，得到频率为3.75×10^{14} Hz。这是极快的振荡，振荡的周期（频率的倒数）是2.67×10^{-15} s，是一个极短的时间间隔。我们也注意到，波长在1 μm量级的光在可见光频谱附近。由于光波长很短，所以用在光纤通信系统中的大部分器件的线度都要比波长大得多。这与低频器件的情况不同，低频器件的尺寸可能在一个波长左右或更小。

光的波动性可以用来分析光束如何在光纤中传播。从波动分析的结论可以得到光纤导光的必要条件以及光波在其中的传播速度。有关的具体问题将在以后的几章中研究。

1.3.2　光的粒子性

到现在，我们都将光看成波动。但是很多时候光的行为并不像是一个波，而更像是由许多微粒组合形成的，这种微粒称为**光子**。单个光子的能量是

$$W_p = hf \tag{1.4}$$

其中，$h = 6.626 \times 10^{-34}$ J × s，称为**普朗克常数**。由式（1.4）计算得到的能量单位是焦耳。不可能将光分割成比光子更小的粒子。通常光束包含了巨大数量的光子，以下的例题可以说明这一点。

例1.4　假设光功率是1 μW，波长是0.8 μm，计算1 s内投射到检测器上的光子数。

解：

由式（1.3）和式（1.4）可知，单个0.8 μm光子的能量是

$$W_p = hf = hc/\lambda = 2.48 \times 10^{-19}\ \text{J}$$

因为功率是单位时间内传输的能量，所以总能量为

$$W = Pt$$

将功率1 μW和时间1 s相乘，则得到能量为1 μJ。与1 μJ的能量相应的光子数是

$$\frac{W}{W_p} = \frac{10^{-6}\ \text{J}}{2.48 \times 10^{-19}\ \text{J/光子}}$$

$$= 4.03 \times 10^{12}\ \text{光子}$$

在例1.4中，即便将观察时间减少到1 ns，仍可以接收到4000个以上的光子。最灵敏的接收机能够探测仅有几个光子到达的微弱辐射。

对光子来说，一个更为方便的能量单位是**电子伏特**（eV），由一个电子在1 V的电势差中加速得到的动能来定义。电子伏特和焦耳之间的关系为

$$1\ \text{eV} = 1.6 \times 10^{-19}\ \text{J}$$

在例1.4中，0.8 μm光子的能量如果用电子伏特表示，则有

$$\frac{2.48 \times 10^{-19}\ \text{J}}{1.6 \times 10^{-19}\ \text{J/eV}} = 1.55\ \text{eV}$$

光子的能量（用焦尔和电子伏特表示）和与之对应的波长的曲线如图1.17所示。

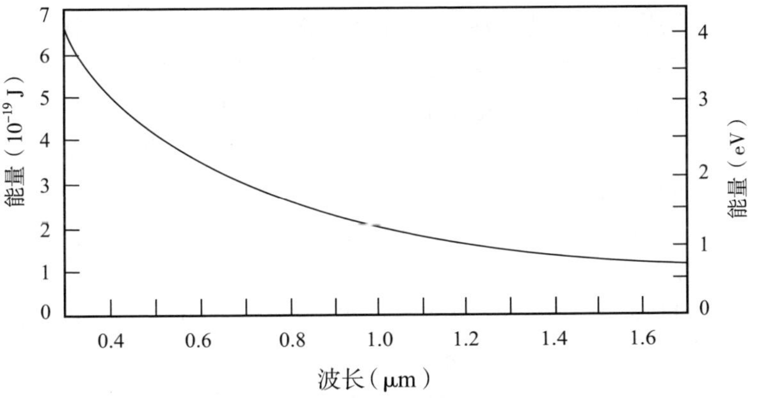

图1.17　光子的能量

光的粒子理论可以解释诸如发光二极管、激光器和半导体激光器等光源的发光机理，也可以用来解释将光辐射转换成电流的光检测过程。

1.4　光纤的优点

现在，我们将讨论光纤的优点。在这以前需要提醒读者，光纤通信系统并非十全十美，仍然存在技术和经济方面的制约因素。对任何实际需要的系统，都必须首先考虑是采用导引信道还是采用非导引信道，是采用金属导线还是采用光纤，仔细评估各自的相对优势。下面有关光纤特性的讨论对于进行这样的评估是非常有用的。

玻璃光纤的基础材料是二氧化硅，这种资源取之不尽。还有一些光纤可以由透明塑料或其他易于得到的材料制造。成本是系统设计中应考虑的最重要因素，所以一定要对采用光纤和采用金属电缆的费用进行仔细对比。有许多可用的光缆，和与之等效的电线相比要便宜。尤其是以传送每单位信息的成本作为比较的基础时，采用光纤的优势就非常明显了。例如，对于一个电话线路，应该比较每米每个话路的成本，而不是比较每米的成本。之所以要这样考虑，是因为光纤和金属电缆相比有更大的信息传输容量。

经济上的对比还应该包括铺设、运行和维护方面的费用。给出这些值得关注的共性问题是有价值的。对于长途线路，光缆传输比金属电缆传输更为便宜，铺设也更容易。这是因为光纤更细和更轻。（细波导的重量应该更轻，不是吗？）由一根直径为125 μm的光纤和外直径为2.5 mm的塑料保护层即可构成一根单心光缆。这种光缆重量是6 kg/km，损耗是5 dB/km。而典型的RG-19/U同轴电缆传输100 MHz的信号时，其损耗为22.6 dB/km[5]。这种同轴电缆的外层直径为28.4 mm，重量是1110 kg/km。当然也有比RG-19/U更细、更轻的同轴电缆，但是其损耗要更高一些。由这个例子可知，光缆在尺寸和重量方面的优点是显而易见的。

光纤通信系统和金属电缆系统在运行方面并没有太大的不同，所以这方面的费用应该大致相同。光缆的维护费用与金属电缆系统则有所不同，因为如果由于事故或者一个系统的改

进导致光纤断裂，则必须重新熔接或使用新的连接器连接。与金属电缆相比，光纤的连接需要更多的时间和专门的技能。因此，如果是在多变的环境中使用，则系统设计时还应该考虑维护费用。

大量的试验证明光纤和光缆有着惊人的机械强度，而且十分柔软。一些光纤的柔韧性很好，在卷绕曲线的半径只有几厘米时也不会折断。光纤时常就是卷绕在这样的小曲率半径卷盘上保存和运输的。在拐弯较多的传输路径中铺设线路时，光纤的柔韧性是很重要的特点。对于大半径的弯曲，光纤导引光的损耗几乎可以忽略。但是对于半径很小的弯曲，会存在一些附加损耗。如果对光纤采取适当的保护措施，例如用塑料覆层包裹，要将光缆弯曲到足以使光纤断裂的小半径就很困难。置于光缆中的光纤是不容易断裂的。

额外的塑料覆层增强了光纤传输线的抗张强度。如果需要，则还可以在塑料光缆中心放置钢心，以进一步增加其机械强度。另一种加强件材料称为凯夫拉尔（Kevlar），是一种合成聚合物纤维，具有很大的抗张强度。尽管玻璃有易碎的特点，但光缆中的光纤是用各种加强件包裹起来的，可以放心使用。

低传输损耗光纤的制造技术已经完全成熟。当工作波长在0.82 μm附近时，仍然以4 dB/km作为商用玻璃光纤衰减的典型值，当成光纤系统设计的依据。根据图1.14，这意味着1 km长路径的传输效率是40%。在1970年以前是无法达到这个传输效率的。现在，在1.3 μm和1.55 μm附近，光纤的损耗只有十分之几dB/km。由于低损耗光纤的使用，从而使建设长距离的通信线路成为可能。对于很大的传输间隔，可以放置放大器来放大微弱信号。采用RG-19/U这样的同轴电缆作为传输线[6]，其传输损耗会随着频率的提高而快速增加，如图1.18所示。对于高频应用，与光纤系统相比，电缆传输系统的线路长度和放大器之间的间隔距离要小得多。

无论对于数字形式的信息还是模拟形式的信息，光纤都具有巨大的传输能力，这是其最重要的优点。例如用于电话类业务，单根光纤可以传输速率为44.7 Mbps 的T3信号，即可以传送672个话音信道。实际上，光纤的传输容量还要大得多。尽管脉冲展宽（见图1.8）限制了光纤的最高传输速率，但是其容量还是大大超过了导体电缆，足以满足绝大多数的数据传输需求。

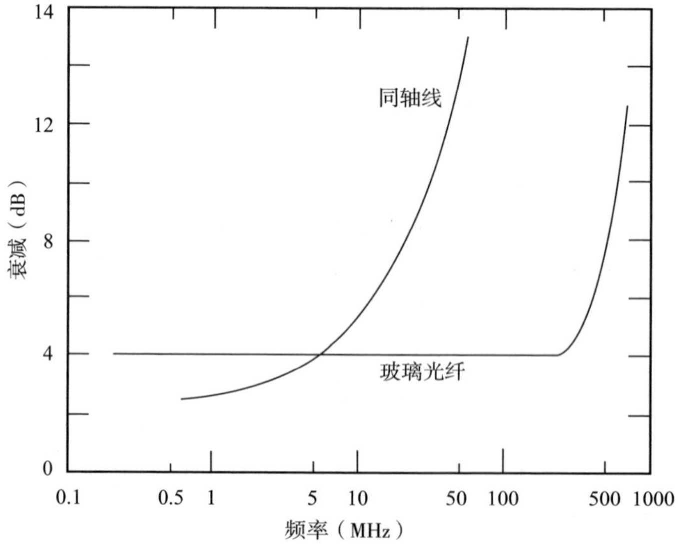

图1.18　1 km长的同轴线和玻璃光纤的等效衰减。光纤的3 dB带宽是500 MHz（同轴线数据取自制造商Alpha Wire Corporation，Elizabeth，NJ提供的文件）

对于模拟形式的传输，单根光纤可以传输调制带宽达数百兆赫甚至更高的信息。在数字系统中，光信号的失真限制了传输速率。信号随调制频率变化的典型曲线如图1.18所示。在图中可以看到，当调制频率较低时，传输1 km时光纤有4 dB的损耗。当频率提高到500 MHz时，传输损耗会增加3 dB，我们称光纤在这个长度上有500 MHz的**3 dB带宽**（用符号$f_{3\text{ dB}}$来表示）。高于这个调制频率，衰减会进一步增加。需要说明的是，高频衰减不是因为任何诸如光纤吸收这样的功率损耗增加引起的。实际上，无论调制频率多高，光纤的传输损耗仍然是4 dB。对于高频调制出现的问题，图1.19给出了解释。传送的信息包含在光功率的时间变化之中。随着调制频率的提高，信号失真导致变化幅度减小。这种作用等效于削去了功率的峰值，而增大了功率的最小值。在低频段可以忽略这种影响，因为功率的扩散与相邻峰值或相邻最小值的间隔相比是很小的。而在高频段，与此间隔相比，功率的扩散很明显，所以功率的变化减小得很快。尽管光功率仍然有效地传输（在这个例子中是4 dB的损耗），但有可能丢失了一些信息。图1.18中有关同轴电缆的损耗则更容易解释，图中的曲线代表功率传输的实际效率。对于高速的信息传输，玻璃光纤的相对优越性是很明显的。

很容易比较典型的有线电缆电话系统和光缆系统之间的优缺点。典型金属电缆有900个线对，其直径为70 mm。每个线对传输24个话音信道（T1速率），所以一根这样的电缆可以承载21 600路呼叫。用于电话传输的光缆直径为12.7 mm，其中包含144根光纤。假设每根光纤的运行速率是T3（672个信道），则这根光缆的总容量是96 768个呼叫。光缆的容量大约是有线电缆的4.5倍，而光缆的横截面积比电缆的横截面积小30倍还多。如果光纤系统以更高的速率（例如2.5 Gbps或10 Gbps）运行，那么可以想像二者之间的差别会有多大。

光纤、玻璃或塑料都是绝缘体，所以无论是自身发送信号还是外部电磁辐射，都不会在光纤中产生电流。另外，光纤中的光波限制在纤心内，所以在传输过程中没有泄漏，也就不会干扰其他光纤中的信号。反过来说，也就是从光纤的外侧不能将光耦合进光纤中。由此可以得出结论，光纤能很好地防护来自其他通信信道的干扰和耦合，无论是电还是光形式的。

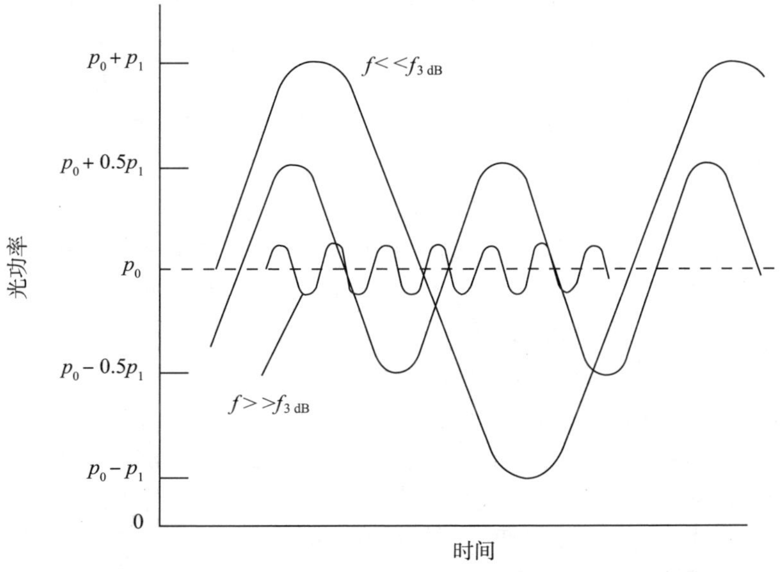

图1.19　对于不同的调制频率，光缆输出口的光功率。3 dB带宽用$f_{3\text{ dB}}$表示，其意义是光功率的峰值变化降低到低频调制时的一半

由上述原因可知，光纤有极好的**抗射频干扰**（radio-frequency interference，RFI）和**抗电磁干扰**（electromagnetic interference，EMI）能力。RFI是指由无线电广播、电视台、雷达引起或源自其他电子设备的干扰。EMI包括辐射源，以及那些由自然现象（例如闪电）或非人为因素（比如电火花）引起的干扰。如果没有防护能力，这些干扰信号就会导致系统噪声电平增加，甚至超过可接受的极限。光纤有极为优秀的抗背景噪声的能力。光纤所具有的将自身与其周围环境相隔离的能力，允许我们将多根光纤置于同一光缆中，从而实现在同一路由中多信息信道传输，而且不发生相互串扰。

光纤是绝缘体，所以不会接收或传播由核爆炸引起的电磁脉冲（electromagnetic pulse，EMP），核电磁脉冲在导电传输线上可能产生上百万伏的脉冲电压。这种电压脉冲可以随电线传输得相当远，并且由于强度极高，会导致击毁其路径末端的电子设备。

光纤的绝缘特性还有许多其他的实际应用。如果在通信线周围有高压输电线路，当金属通信线路跨越输电线路时，就有可能发生短路，从而造成重大的危害。在这个过程中，产生的火花可能点燃周围的易燃气体。如果用光纤，则不会存在这种问题。另外，光纤系统的一个优点是可以避免光发送机和接收机之间的共地要求，不会形成令人烦恼的接地环路。另外，由于发送机和接收机没有发生电子器件短路的可能性，因此可以在不中断系统的情形下维修光纤设备。如果这样维修金属电缆，就可能会发生短路问题。

光纤传输在一定程度上可以保证通信的安全性和私密性。因为光纤不向周围空间辐射能量，所以入侵者很难检测到光纤中传输的信号。要想得到光纤中的信号，必须与光纤发生物理接触。例如将光纤折断或在发送光纤中接入一根新的光纤，这样能分出部分光束。如果对线路进行如此大的改变，则到达接收机的光功率会明显降低。灵敏的接收机可以检测到这个附加的损耗，并立即发出有入侵发生的报警信息。为了提高检测的成功率，必须不间断地监视传输系统。

在电通信系统中，将信息馈送到信道以前或者到达接收终端以后，都要对其进行必要的处理。光通信系统中的信息处理过程与之相似。由于这种相似特性，只要做一些适当的改变，就可以将光纤并入已经铺设好的电线传输系统中。光纤与电话系统基本结构的相互兼容就是一个很好的例子。甚至可以实现光传输系统对不同用户的全透明。这就意味着，用户无须关心电信号已转换成光形态的信号，并以光束形式传输，最后再转换成电形态等具体过程，只需要简单地提供电输入和接收电信号输出即可，如同在全电系统中一样。由于光纤通信与电通信系统的兼容性，所以接受过电通信培训的人员很容易将他们的技能应用到光纤通信领域。

尽管水或化学物质对玻璃的腐蚀比起在同样环境下对铜线的腐蚀小得多，也绝不允许水浸透玻璃。在直埋条件下，光纤置于光缆之中，从而可以保证光纤与水之间的隔离。

玻璃光纤本身可经受很高的温度而不受损坏。即使温度达到800℃，玻璃光纤都不会受到影响。但是，光纤通信系统的其他部件对温度的升高则要敏感得多。高温会导致光缆的塑料覆层熔化，使光纤裸露而失去保护，从而可能使光纤变形。这种变形将会使光纤的损耗增加。考虑到成本，一般将商用光缆的工作温度范围定为-25℃到+65℃。大范围的温度变化会引起光缆热胀冷缩，从而使对低损耗线路要求的严格对准条件受到破坏。

对于光纤，较长的长度需求是必要的，这样可以减少线路接头数量。通常的长度是1 km，但是已经可以生产几千米长的光纤了。

当然，也需要注意光纤的缺点。维护和检修是否简单易行就是需要考虑的问题。检修铜线比检修光纤要容易。懂得如何维护电线系统的技术人员比懂得维护光纤系统的人员要多。

对于电线系统的维护，其培训相对简单，需要的设备也更廉价。然而，近年来光纤铺设设备的价格已经降低，维护和检修所需要的技能也变得更为简单。有更多的人员开始接受这方面的技术培训。光连接器的价格也降低了，设计也有所改进，使得光纤熔接和用连接器连接变得更为容易。

1.5　光纤通信的应用

在激光器发明后的最初几年中，其应用发展十分缓慢，激光器仅仅当成寻求尚待解决的问题答案的一种手段。有关光纤光学作为实用技术的值得重视的评论尚未出现。与一般的工程发明被接受的时间相比，将光纤引进实际运行系统的发展还是很快的。光纤的第一次大规模应用是在电话线路中。由于扩展通信业务的压力，以及光纤适合于话音通信的特性，加快了光纤电话传输设备的设计和试验进程。电话传输的成功，验证了光纤通信的可靠性和实用性，同时也为在其他领域中的应用提供了合适的器件和系统设计方法。

本节中将介绍光纤的几个应用领域。但所列举的应用并不详尽，仅仅涉及光纤光学最成功的几个应用领域。引用的特性参数只是能实现的典型值，绝不是光纤系统性能的最终极限。有关系统结构和性能的更详细的论述分布在以后的各章中。只有学习了这些章节中的基础知识以后，读者才能更好地理解这些细节。

在电话系统中，由于光纤具有尺寸小和信息容量大的优点，使之成为传统铜绞线电缆的最有吸引力的替代品。架设于20世纪70年代中期的美国芝加哥各电话局之间的光纤中继线，是最早建设的光纤通信系统之一。电话局之间的距离是1 km和2.4 km。以T3速率运行，光缆中有24根光纤，每根光纤的传输容量是672个话音信道。

超过100 km的连续无源线路（没有中继器）是有可能实现的，这种线路主要用于构建一个城市以内的主干线路。使用中继器可以增加传输路径的距离，这是因为中继器可以放大弱信号并对信号进行整形。使用中继器，通过光纤可以将信息传送数千千米远。由于光纤的损耗很小，所以光纤系统中的中继器间隔比同轴线路大得多。由于中继器之间的间隔很大，所以能够明显地降低铺设和维护费用。

由于光纤系统中的中继器间隔可以很大，所以能够设计跨越海洋的水下光纤线路。第一个横跨大西洋的光纤通信系统（TAT–8）于1988年底开通运行，这是在第一个同轴铜线电缆电话系统（TAT–1）开通32年以后实现的。TAT–8跨越了美国东海岸和欧洲之间约6000 km的距离[7]。如果中继器之间的间隔为50 km，则需要100多个中继器。两个光纤对同时工作，其运行速率均为295.6 Mbps，采用特殊的编码方法，可以提供总体容量接近40 000个话音信道。相比之下，TAT–1的容量是36个话音信道。更加先进的海底系统使用更低损耗的光纤和光放大器以减少（或消除）对中继器的需求。与同轴线相比，光缆的重量要轻得多，便于运输和铺设，所以在水下应用时光缆的优势更加明显。目前，所有的大洋和世界上绝大部分较小的海洋中都有光纤，形成了高速的通信桥梁。

“有线化城市”这个术语指的是一个社区，在这个社区中每个家庭都用电线接入到一个巨量的信息业务体系中。使用光连接时，用“光纤化城市”这个术语可能更准确一些。日本已经建设了这样的社区，是在实施试验性的高级交互式光信息系统（Higashi–ikoma Optical Visual Information System，Hi–OVIS）计划后实现的。该系统由一个中心、一个副中心和用光传输线连接的若干家庭终端构成。线路连接计算机和视频设备。每个家庭终端都有电视机、照相机、麦克风和计算机键盘。可以获得双路交互通信。起步阶段有158个家庭用这些终端互相连接。用户业务包括电视节目的直接接收，所提供的图像和声音质量要优于传统的天线接收。具有本地特征的许多电视节目在其中播放，例如，包括本地警务部门、消防部门的信息以及本地购物信息的节目。此外，可以满足用户对视频服务的特殊需要，例如可以要求播放存储在中心数据库中的特定录像带。在家中完成课程学习也成为现实。还可以获得有关本地新闻、医疗服务、培训安排和诸如此类用户所喜欢的信息的画面。传输上面所描述的业务需要很大的带宽，只有在所谓**宽带**传输系统中才可能实现。而光纤通信就可以提供所需要的带宽。

Hi-OVIS系统开拓了两个领域：简化了传输话音和图像的光纤通信分类，发展为家庭服务的范围更宽的通信业务。世界上的其他一些社区已经扩展了“光纤化城市”的覆盖范围。在20世纪80年代后期和20世纪90年代初期，已有数十个新的社区在有限的范围内进行**光纤入户**（fiber-to-the-home，FTTH）的试验，他们用光纤将大约50个到超过1000个无论位于社区中何地的家庭连接在一起。实际上通过试验发现，将光纤接到家庭附近，然后再用双绞线或同轴电缆接到用户更为经济。这就是后来称为**光纤到路边**（fiber-to-the-curb，FTTC）的技术。

沿电气化铁路轨道架设的金属电缆通信线路，要承受来自使用中的电源线以及电动机车的电磁干扰。光纤不会受电磁干扰的影响，所以沿电气化铁路的光纤传输系统中的信号不会劣化。也就是说，光通信系统与电气化铁路可以并行且互不干扰。电缆通信系统则无此优势。类似地，光缆可以架设在高压输电线附近而不受影响，如果电缆也如此架设则会有附加噪声。光纤系统甚至在跨越发电站或变电站区域时也不会受到影响。如果输电线支撑塔或电线杆可以承受并且有多余的空间，则可以将光缆直接悬挂在输电线支撑塔或者电线杆上。另外一种替代办法是将光纤包在有金属导体的电缆中，也就是说将光纤植入电力线缆中。在高功率输电线路的顶端常有一根接地导线，用来防止雷电袭击。这是植入光纤的一个理想位置。

主要的视频应用包括广播电视、有线电视（cable television，CATV）、远程监控和监视等。广播电视业界通常用光纤实现短距离的信号传输，例如从工作室到发送机，从实况转播现场到设备车，或者从实况转播现场直接到工作室。由于光缆的重量很轻，使得标准的电视摄像机或袖珍电视摄像机可以在实况转播现场范围内随意移动。在这些短距离的广播应用中只需要一个信道，所以信号以模拟调制格式，而且采用基带传输，只需要6 MHz的带宽就足够了。对于较远的传输路径，可能要使用中继器，也可以采用数字调制方式，将信号加到商用电话线路上传输。

有线电视系统收集和分配大量的彩色电视频道，其覆盖范围的距离从几十米到若干千米。CATV系统从各种不同的来源获得电视信号，例如卫星地球站、微波线路、天线接收的本地电视广播和自制节目的本地电视台等。所有这些信号源都可以通过光纤与分配中心（CATV**头端**）相连。对于CATV，通常使用占据大约20 MHz带宽的调频（frequency-modulated，FM）图像。FM方式可以改善信噪比，使系统可以承受更大的失真，所以带宽的增加（从6 MHz到20 MHz）是值得的。如果要同时传送多个电视频道，则可以用光缆中相互隔离的多根光纤实现，或者通过**频分复用**（frequency-division multiplexing，FDM）方式在单根光纤中传输。所谓FDM，是指在将信息加载到光波以前，首先将每个电视信号都调制到不同的射频副载波上。以这种方式，在一根单光纤中可以同时传输好几个电视频道。例如，在有4个电视频道的调频系统中，副载波的频率分别为30 MHz、50 MHz、70 MHz和90 MHz。在接收端，滤波器首先将这4个电视频道分开，然后解调得到基带信号。如果将多根同时传送若干个复用频道的光纤置于同一光缆中，则可以进一步增加干线传输的容量。在CATV分配系统的各个部分，光纤都是有用处的。在这里，我们只是讲述了从信号源到CATV头端的光纤传输问题。光纤还可以用在包括直到用户家庭的末端线路的视频分配网络中。

在监视和远程监控系统领域，光纤图像传输与同轴电缆的竞争也同样获得了成功。在这些应用中，抗电磁干扰和抗雷电危害的性能是很重要的。一些特殊的例子包括对发电站的监控、公路关键控制点的通行状况监控、停车场和军事设施周围的监控等。如果仅仅需要远程读出公路上行驶汽车的数目，采用黑白图像传输就可以了，而且传输距离一般小于5 km。但是对于铁路监控，有时需要超过20 km的传输距离。由于从每台摄像机获得的信息只占用一个频道，所以采用基带模拟调制技术即可，也就是用基带信号直接对光载波源实施强度调制。传输距离更长而且更复杂的系统可以采用调频技术来改善传输质量，采用FDM技术则可以传送更多的图像信道。通常采用单路传输或“**单工**”传输就够了。如果还嫌不足，则可以用另一根光纤将信息传送给摄像机。也可以采用“**全双工**”方式，也就是在同一根单光纤中同时传输两个相反方向上的光信号，当然这种设备更复杂一些。

光纤系统特别适合于传输数字形态的数据，例如由计算机产生的数据。中央处理器（central processing unit，CPU）和外围设备之间、CPU和存储器之间以及多个CPU之间的互连都可以用光纤实现。一个很好的例子是将数以百计的阴极射线管（cathode-ray-tube，CRT）终端连接在一起，这些终端从上到下置于一幢摩天大楼之中，每一层的天花板上都有一个处理器。光纤重量轻、尺寸小，而且是无辐射的传输线，所以安全性好，从而使得光纤对任何距离上的数据传送都具有吸引力。

当所连接的设备都在同一个房间内时，由于距离很短，所以可实现极低误码率（10^{-12}或更好）的传输。在**跨房间**应用中，200 Mbps的数据速率是很容易实现的。所谓**内部铺设**是指将位于不同房间的设备、不同大楼内的设备甚至不同城市中的设备连接在一起。**局域网**（local-area network，LAN）将信息分配给一个有限区域内的若干个站点（例如，所有站点都位于同一建筑物内，或者位于同一校园中）。早期的光纤以太局域网以10 Mbps的速率运行。随着需求的增加和光纤传输技术的改进，传输速率已经增加到了100 Mbps和1 Gbps。范围更大的**城域网**（metropolitan area network，MAN）架起了沟通长途传输网和接入网络的桥梁，并且可以提供局域网之间的高速连接。对于各种不同网络拓扑结构的局域网和城域网，都可以使用光纤传输。

在有高电压的区域内，采用光纤通信技术控制数据的传输是十分恰当的。进行激光熔接试验时，就可能存在这样的高电压环境。微处理器控制激光器的点火程序，如果用光纤链接激光放大器，就可以消除金属导体上产生的高电压干扰。

光纤光学在军事上的应用也很广泛。主要的应用领域包括通信、军舰上和航空器中的指挥-控制链路、卫星地球站之间的数据链路和战术级指挥-告知通信的传输线路。对于军事应用，光纤的重量轻、尺寸小、抗电磁干扰和无信号辐射特性是十分重要的。在航空器和舰船上，消减震动、火花和放电对信息系统的危害是需要重点考虑的问题。光纤具有极强的抗腐蚀能力，所以光纤系统特别适合在舰船上或海洋中使用。由于光纤重量轻，所以大大加快了在野战领域推广使用光缆通信技术的步伐。

战术通信线路覆盖的范围可能是短距离的（连接野战指挥所），也可能是长距离的（可能跨越60 km）。光纤制导导弹是一个新颖的应用领域。在导弹飞行过程中，始终有一根光纤与地面控制车相连。导弹头上的传感器获得的图像信息通过光纤传送到地面控制车，再通过光纤将地面控制车的指令传送给导弹。

严格说来，光纤传感器不属于通信范畴。但是，光纤传感器是光纤光学一个极为重要的应用领域。光纤传感器已成功地应用于温度测量、压力测量、旋转及平动位置测量，以及液体深度测量等领域[8]。对于一些光纤传感器件，光纤有双重功能。其一是传感器本身取决于光纤的一些敏感特性，其二是收集信息并通过光纤传送到信息输出端。下面，将简要介绍两种光纤传感器应用实例，即光纤陀螺仪和光纤水听器。

陀螺仪用于测量旋转运动。在环形激光陀螺仪发明以前，所有可以实用的陀螺都是基于机械旋转的器件。光陀螺仪的主要优点是没有运动的部分。但是在低速旋转条件下，激光环会被锁定，所以如果没有复杂的系统就检测不到慢速转动。光纤陀螺仪不存在被锁定的问题，其基本传感器是一根卷绕在盘上的长光纤，来自同一光源的光信号在这根光纤中沿相反方向传播[9,10]。这两束相向传播的光的相位差是可以测量的量。如果光纤盘是静止的，则相位差为零。如果光纤盘是旋转的，从测得的相位差值就可以测量出旋转速度。

水听器用来测量水中的声波分布。一项简单的原理性水听器设计如图1.20所示。图中的光纤是不连续的，中间有一个缺口。在缺口处，一根光纤固定，另一根光纤与扬声器的振动膜接触。声波扬声器的振动膜发生振动，导致光纤的位置变动。位移的大小和快慢由声音的幅度和频率决定，从而也就改变了两根光纤之间的耦合效率。传送给接收机的光功率受到声波幅度和频率的调制，由此即可实现对声波幅度和频率的测量。在这个传感器系统中，光纤既是传感器，又作为信息的传输通道。许多其他形式的光纤水听器已经成功地通过测试。

表1.7列出了我们已经介绍过的光纤应用领域。这些应用大致可以分为4类：声音、图像、数据和传感器。当然，在有些情况下，一个系统可能不仅仅涉及一个应用领域。光纤化城市就是一个例子，光纤既要传送声音还要同时传送图像（也有可能是数据）。当然，大部分系统只涉及上述主要应用领域中的一个方面。系统设计师要关注本领域中其他的成功设计，在完成自己的设计过程中，要充分应用那些已经得到证实的成功设计策略。

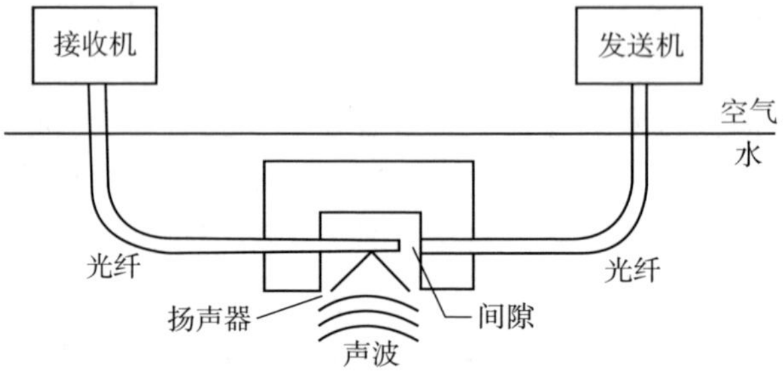

图1.20　光纤水听器。当有声波到达时，左侧的光纤会产生位移，从而改变光通过间隙时的耦合效率，由此导致接收机可以检测到的光强变化

表1.7　光纤的应用领域

声音
电话干线
电话局之间
城市之间
跨越海洋
用户业务
光纤入户
宽带业务
发电站附近

（续表）

沿输电线路
沿电气化铁路
野外通信
图像
广播电视
实时转播
电视微型摄像机
CATV
信号源到头端的干线
分配系统
用户抽头
监视
远程监控
光纤制导导弹
光纤入户
数据
计算机
CPU到外围设备
CPU到CPU
电话局之间的数据链路
局域网
光纤入户
飞机上的有线系统
舰船上的有线系统
卫星地球站
传感器
光纤陀螺仪
光纤水听器
位置测量
温度测量
电磁场测量

1.6　总结和讨论

通过本章的学习，一名认真的学生现在应该掌握有关光纤通信系统的一般知识：光纤通信是什么；光纤通信可以做什么；与电缆通信相比有什么优点。这些知识包括点到点线路的结构和在线路中的主要器件。本书后面将详细探讨这些器件（器件的设计和工作特性），并讨论如何将其组合起来以满足所需要的性能要求。至此，我们尚未提到选择系统结构和元器件的工具，但是读者可在这里考察系统设计人员必须面对的决策表。一些必须决策的项目如下。

1. 采用光纤还是采用金属电缆；
2. 需要单工、半双工还是全双工的工作方式；
3. 采用何种调制格式；
4. 选择复用方式；
5. 选择工作波长；
6. 选择光源；
7. 光纤参数；

8. 光缆参数；

9. 选择连接器和连接技术；

10. 选择检测器。

现在，我们将简单讨论上述各点。

本章开篇介绍了光纤的优点。在一些特殊的系统中，金属电缆仍然具有一定的优势。金属导线从大部分城市的供应商那里很容易得到，并且易于连接。连接器使用简单、易于抽头而且成本较低。对于所需要的应用，一定要估算光纤和金属电缆的成本。有时，在系统设计人员安排设计任务之前，就要做出使用光纤还是金属线路的决定。同样，系统设计人员也不能无视前面的表中所列的其他选项。例如，为了与已经建成的系统兼容，要求使用特定的光源、特定的工作波长或特定类型的光纤等。

单向的点到点通信只需要单工链路。在一根光纤中同时双向传输信息即可实现双路通信（即所谓的全双工）。较简单（但可能比较昂贵）的解决方法是使用同一光缆中的两根光纤，每根光纤只用于传输一个方向上的信息。这就是所谓的**半双工传输**。不同的光纤通信设计可以适应单工、半双工和全双工传输。

采用何种调制的格式（模拟或数字），是系统设计中需要早期做出的决定。如果信息本身就是数字形态的，则通常选择数字传输。如果来自信源的信息是模拟形态的（例如电话的话音信息或来自视频摄像机的图像信息），则很难做出决定。如果是短路径上的单路信息，则采用模拟基带传输，信号到达接收机时还有足够的强度和适当的保真度。由于短途传输产生的信号失真几乎可以忽略，采用模数转换会导致成本提高和系统更加复杂化，从而使数字传输显得多余。对于长途传输，尤其是需要使用中继器时，转换成数字形式传输就很有必要。数字中继器比模拟中继器简单得多，而且采用数字传输时接收信号有更高的质量。数字传输的缺点是需要占用更宽的传输频带。

如果要同时传输多个信道，则必须选择合适的复用方式。无论对于模拟调制还是数字调制，都可以找到在单根光纤中同时传输多个信道的复用方式。还有一种替代方式，就是每根光纤只传输单个信道，而将传输多路信号的相互隔离的多根光纤封装在同一根光缆中。这种工作方式简单易行，但是成本高，而且光纤的带宽没有得到充分利用。可以充分利用已铺设光缆尚未利用的信息传送容量，这是完全可以实现的。无须改变已经铺设好的光缆，只要增加新的发送设备和接收设备，就可以实现系统的扩容与升级。

波长选择可以分成如下几个组合：工作在可见光区域（0.4 ~ 0.7 μm）；工作在近红外区域（0.85 μm附近）；工作在长波长区域（1.1 ~ 1.6 μm）。在可见光谱区域，光纤的损耗相当高，所以只能在短线路中使用。在一些特殊的环境中，信息直接由工作在可见光区域的激光束产生，线路的目标是在不改变波长成分的前提下实现信息传输。在这种情形下，要选择在需要的波长处有最低损耗的光纤。在0.85 μm附近，石英玻璃的衰耗相对较低，这个波段的光源和检测器也已十分完善。第一代光纤通信系统就设计工作在这个区域中。由于线路很便宜，对第一代系统现在仍有需求。在较长波长区，光纤有更高的传输效率。另外，在长波长区域，传输过程中产生的信号失真也较小。由于这些原因，对于长途传输和高速率传输，工作在长波长区域（尤其是在1.3 μm和1.55 μm附近）更具有吸引力。直到20世纪80年代早期，工作在长波长区域的光源和光检测器才达到实用水平，而工作在近红外区域的类似器件在这之前早就研发成功了。结论就是，近红外器件具有成本低、实用性强和可靠性高的优点。

光纤通信系统中适用的光源主要是发光二极管（LED）和半导体激光器（LD）。LED更便宜，而且需要的外围电路更简单。与LED相比，半导体激光器提供的光载波有更窄的输出频谱。LD发射的光更接近于单频光，或者说**相干光**。构建大信息容量的长途系统需要使用窄频谱的光载波。半导体激光器的调制速率也要比LED高得多。在选择光源时，还要考虑元件和电路的成本、可靠性和使用寿命等因素。光源的封装方式也很重要，其结构与光纤的连接是否方便也是需要考虑的问题。

光纤的可选择范围很宽。各种不同光纤参数的差异主要包括尺寸、材料（玻璃、塑料或塑料覆层玻璃）、光耦合的难易程度、衰耗和信息承载容量（与信号的传输畸变直接相关）。按折射率分布的变化规律可分为**阶跃折射率**（step-index，SI）光纤和**渐变折射率**（graded-index，GRIN）光纤。按其中传播的光波模式数量可分为**单模**光纤和**多模**光纤。在以后将定义和解释这些术语。在这里，我们只想说明并非所有的光纤都是一样的，不同的光纤有不同的用途。

包封光纤并对光纤起保护作用的光缆，至少可以从原理上根据光纤的类型来分类。当系统在极端恶劣的环境中运行时，需要设计特殊光缆，使其有承受苛刻使用条件的能力。例如对于越洋线路，需要专门定制光缆。在普通情形下，如果可以满足系统要求，使用标准的光缆光纤就是最经济的。对于光缆，可能的选项包括使用单心光缆还是多心光缆，采用轻铠型光缆还是重铠型光缆。多心光缆可用于多信道传输或者作为单信道传输的备份。即使只需要一根光纤或者很少几根光纤，有时也需要铺设多心光缆，以备不时之需。有更多的信息需要传输时，则可以使用光缆中的预留光纤。成缆的目的是保护光纤不受损伤，并具有抗挤压的能力。光缆中都有加强件，以减轻张力和压力对光纤的影响。铺设光缆的过程中，如果需要牵引力以使光缆穿越管道，或者光缆必须支撑其自身的重量，则这种对张力和压力的减轻作用就显得尤为重要。

前面对连接器的讨论，暗示了其高价格和高损耗。在系统的设计中，必须计算总的线路损耗，验证接收端是否有足够的信号强度，以满足需要的清晰性。因此，必须知道所有的连接器和连接头的损耗。这也说明设计人员要选择确定的连接器和连接技术，以使系统设计要求的总损耗值得到保证。对于连接器，除了有低损耗要求，还应该坚固耐用。即使经过反复插拔，连接器的损耗也不应该有明显的增加，而且要易于安装。

设计人员要选择合适的光检测器，用于将光信号转换成电形态的信号。半导体光电二极管具有尺寸小、低功耗的特点，所以这种器件很适合作为光纤通信系统中的检测器。可供选择的光电二极管范围很宽。最重要的是，对于确定的工作波长，光电二极管的响应度要尽可能高。其他需要考虑的因素主要包括响应时间、接收机电路的简单性、噪声特性和光纤输入端连接的难易程度。有多种封装形式，以方便与光纤的连接。设计人员还必须考虑光检测器是否需要内部放大。**雪崩光电二极管**就是具有内部放大性能的器件。与没有内部信号增益的光检测器相比，雪崩光电二极管更加昂贵，而且需要的外围电路更为复杂，但是可以提高接收机的灵敏度。

光发送机和光接收机的电路需要经过精心设计。如果决定购买光发送机和光接收机，则要列出具体的性能参数。在讨论调制和检测问题时，可以参考一些基本电路。对于长途传输系统，可能需要加进中继器。一般不希望加进中继器，因为这既增加了系统的初期成本，并使系统更具复杂性，同时还会提高管理成本。对中继器的远程供电更是一个问题。如果系统中必须要有中继器，系统设计人员就需要决定中继器的数量及其之间的间隔距离。

现在，我们准备进一步更加详细地研究光纤通信中的具体问题，这将有助于对上述总结中列出的诸多选择做出决策。

习题

1.1 试计算作为传输线损耗的函数的传输功率比，并将其曲线画在对数纸上，注意以分贝表示。损耗范围定为0 ~ 50 dB。

1.2 假设注入光纤的光功率是1 mW，试计算作为传输线损耗的函数的输出光功率，并画出相应的输出功率曲线。损耗范围定为0 ~ 50 dB。

1.3 将两根1 km长的光纤连接在一起。假设每根光纤的损耗为5 dB，连接损耗为1 dB。假设输入功率是2 mW，计算由这两根光纤构成的传输线的输出功率。

1.4 一台接收机需要10 mW的输入光功率。假设将系统的总损耗增加到50 dB，试问光源需要发送的功率是多少？

1.5 如果以磅①为单位，那么1英里②长的RG–19/U同轴电缆的重量是多少？

1.6 假设RG–19/U同轴电缆系统的工作频率在100 MHz附近，其输入功率是10 mW。接收机的灵敏度是1 μW。试计算通信线路的最大长度。用损耗为5 dB/km的光纤代替此同轴电缆，重复上面的计算。假设光纤系统的输入功率和接收机的灵敏度与同轴电缆系统相同。

1.7 T3等级电话系统的传输速率是44.7 Mbps，每路电话占用64 000 bps。试问，在这个系统中，可以同时传送多少个话路？注意，在实际的系统中只传输672个话音信道。多余的比特用于其他功能，例如同步等。

1.8 估算一个手动闪光信号灯每秒可以发出多少个光脉冲。如何计算这种手动光系统的信息容量？与现代光纤电话线路的容量可以比较吗？

1.9 假设一根光缆中有144根光纤，每根光纤可传送672个话音信息。假设一根金属导体电缆中有900对铜绞线，每对可传送24路话音信息。比较光缆和金属导体电缆的传输容量。试问，需要多少根电缆才能与光缆的容量一样？如果每根光纤以 DS–4等级的速率运行，重复前面的计算。

1.10 一根144心光缆的直径是12.7 mm，而一根有900对铜线的电缆直径约为70 mm。试计算这两种类型传输线的横截面积之比。

1.11 列一个表格，第一列是频率，分别为10 Hz，60 Hz，10^3 Hz，2×10^4 Hz，10^6 Hz，10^9 Hz，10^{10} Hz和10^{14} Hz；第二列是对应的波长，以米为单位；第三列中标出电磁频谱中对应频段的名称。

1.12 试计算可见光谱边缘所对应的频率。同时，计算出可见光的谱宽（也就是最高和高低可见光频率的差值）。

1.13 试计算在0.6 μm，0.82 μm和1.3 μm波长处光子的能量。哪个能量更高，是可见光光子还是红外光光子？

1.14 假设有波长为0.8 μm的光束入射到光检测器上，每秒入射光子数为10^{10}个。试计算检测器上的入射光功率。如果此光检测器将光转换成电流的效率是0.65 mA/mW，试问产生的电流是多大？

1.15 如果工作波长为1.3 μm，接收机接收的光功率是1 nW，试问每秒有多少个光子到达？

---

① 1磅＝0.454千克。——编者注

② 1英里＝1.609千米。——编者注

1.16 假设一个数字通信系统的数据传输速率等于载波频率的1%。分别计算频率为10 kHz、1 MHz、100 MHz和10 GHz的电载波以及波长为1.0 μm的光载波所允许的比特速率。本问题表明了系统的容量是如何随载波频率的增加而增加的（与射频系统相比，容量大是光传输的一个主要优点）。

1.17 画出频率为10^6 Hz的正弦振荡的30个周期。假设此正弦波被一个重复速率为10^5个脉冲每秒（pps）的方波调制，试画出这个正弦振荡的图形。当重复速率为5×10^5 pps时，重复前面的工作。当重复速率接近载波时，会产生什么问题？

1.18 假设光载波的波长为1.06 μm，试问可以在此载波上调制多少个话音信道？假设系统带宽等于载波频率的1%。

1.19 假想一个光纤应用系统，这个系统应是本书尚未提及的。画出系统方框图。列出该系统的参数和要求，例如给出信息带宽或数据速率、线路长度，等等。

1.20 假设地球上每个家庭都有一部电话。使用频分复用方式，在一根传输线上同时传送这些电话，试问需要的最小带宽是多少？单光束能够携带这个复用信号吗？（假设有100亿个家庭需要同时传送。）

1.21 在习题1.20中，假设使用数字调制、时分复用方式，每路话音需要的传输速率为64 000 bps。试问需要多高的数据速率来传送此复用信号？单光束能够携带此信号吗？

1.22 假设入射到检测器上的光功率是100 nW。

（a）工作波长是800 nm，试计算每秒入射到检测器上的光子数；

（b）波长是1550 nm，重复此计算；

（c）为了达到100 nW的功率，哪个波长需要更多的光子？

1.23 为了正常工作，光接收机需要−34 dBm的功率。假设从接收机到光源的系统总损耗为31 dB。试问光源的发送功率（以 mW为单位）需要多大？

1.24 假设T3系统的误码率为10^{-9}（每发送10^9个比特，允许有一个误码）。试计算该系统每分钟允许的误码个数。

1.25 一根光缆中有144根单模光纤，假设每根光纤的传输速率为2.3 Gbps。试问在这根光缆中，可以同时传送多少路数字化的声音信息？

1.26 光接收机的灵敏度是−38 dBm，这是保证信息质量所需要的最小光功率。假设发送机的输出功率是4 dBm。试问，允许的系统总损耗（以dB为单位）是多少？总损耗由发送机到光纤的耦合损耗、连接器损耗和熔接头损耗以及光纤本身的损耗构成。

1.27 −60 dBm和60 dBm的差值（以W表示）是多少？（注意在这种情况下，有无正负号是很关键的。）

1.28 考虑一个系统，连接器损耗为5 dB，光纤损耗为25 dB，耦合损耗（光源到光纤）是15 dB，系统中有一个增益为10 dB的放大器。试计算系统的总损耗（以 dB为单位）。

1.29 假设一个光纤系统的工作波长为1.55 μm。该系统可以传送的数字信息速率等于光频率的百分之一。试问，有多少个HDTV压缩图像信道可以复用到这个光纤系统上？

1.30 画一幅电话系统的方框图，标出主要的功能模块。这个系统需要完成你从家中与远方的朋友、亲人或者办公区通电话的全过程。要特别标明使用光纤线路的具体位置，注意使用真实的位置。

1.31 一个光纤系统以SONET OC−768的速率运行。采用时分复用，试计算（理论上）可以同时传输的数字话音信息数量。根据表1.6，可知OC−768系统实际可传输的最大话音信息数量是516 096。为什么这个值小于我们计算得到的值？

1.32 假设光的波长在1260 nm和1675 nm之间，试以eV为单位计算光子的能量，并画出相应的曲线。

1.33 考虑一个波长为1550 nm的光束。分别计算单位为μm、mm、m和km时的波长。分别计算单位为 Hz、kHz、MHz、GHz和THz时的频率。分别以J和eV为单位，计算单个光子的能量。

参考资料

[1] Forrest M. Mims III. "Alexander Graham Bell and the Photophone: The Centennial of the Invention of Light-Wave Communications, 1880–1980." *Opt. News* 6, no. 1 (1980): 8–16.

[2] I. Magaziner and M. Patinkin. *The Silent War: Inside the Global Business Battles Shaping America's Future*. NY: Vintage Books, 1989.

[3] Mischa Schwartz. *Information, Transmission, Modulation, and Noise,* 3d ed. NY: McGraw-Hill, 1980, pp. 138–40, 157–58.

[4] *J. Lightwave Technol.* 20, no. 12 (Dec. 2002). Special issue on 40 Gb/s lightwave systems.

[5] T. E. Darcie. "Lightwave Technology for Video Transmission," in *The Electrical Engineering Handbook.* 2nd ed., Richard C. Dorf, ed. Boca Raton, FL: CRC Press, 1997, pp. 1575–1584.

[6] Manufacturer's literature. Elizabeth, NJ: Alpha Wire Corporation.

[7] Peter K. Runge and Patrick R. Trischitta. "The SL Undersea Lightwave System." *J. Lightwave Technol.* 2, no. 6 (Dec. 1984): 744–53.

[8] F. T. S. Yu and S. Yin. *Fiber Optic Sensors*. NY: Marcel Dekker, 2002.

[9] Thomas G. Giallorenzi, Joseph A. Bucaro, Anthony Dandridge, G. H. Sigel, Jr., James H. Cole, Scott C. Rashleigh, and Richard G. Priest. "Optical Fiber Sensor Technology." *IEEE J. Quantum Electron.* 18, no. 4 (April 1982): 626–65.

[10] H. C. Lefevre. *The Fiber-Optic Gyroscope*. Norwood, MA: Artech House, 1993.

第2章 光学概要

本章讲述经典光学中与光纤通信相关的基本概念。之所以称为概要，是因为许多读者在高中或大学物理课程中已经学习过光学。这里所选取的内容主要用于巩固有关射线、波动和透镜等题材的基础。同时，还引进了几个关于经典光学的并未广为人知的有用题材。本章的主要题材是射线理论和关于透镜的聚焦，对光束的准直和成像，以及对光的收集特性等。这些知识可以用于解决光源与光纤的耦合，以及一根光纤与另一根光纤之间的耦合问题。

2.1 射线理论及其应用

如果认为光波能量集中在一条极细的通道中传播，则可以对大量的光现象（尤其是那些与透镜有关的现象）做出令人信服的解释。这种极细的传播通道称为**射线**或者光线。由于射线用于描述光的几何效应，所以光的射线理论又称为**几何光学**。尽管射线是真正的几何路径，但是如果携带了光束的能量，那么这种称呼通常是恰当的。经常可能听到有关射线以确定的速度传播，或者被物体所反射这样的说法，其含义就是波的能量以此速度传播或者波被物体反射。

射线遵循以下几条简单的规则。

1. 真空中，射线的传播速率为$c = 3\times 10^8$ m/s。在其他媒质中，射线传播的速度要低一些，由下式给出：

$$v = \frac{c}{n} \tag{2.1}$$

因子n是**媒质的折射率**。对于空气和各种气体，射线的速度非常接近c，因此$n \cong 1$。在光频范围内，水的折射率是1.33。玻璃有许多不同的组分，每一种组分的射线速度都有所不同。用于制造光纤的石英玻璃的典型折射率约为1.5，更精确的值在1.45 ~ 1.48之间。表2.1列出了几种材料的折射率。由于折射率会随着环境参数（例如温度和波长）的不同而变化，因此表中所列出的值并非在所有情况下都是精确的。当然，这些值与实际值非常接近。根据这些数值完全可以做出足够精确的计算，进行有意义的预测。

2. 射线在均匀媒质中沿直线路径传播，除非媒质的折射率发生变化，否则射线不会发生偏斜。
3. 在两种媒质的分界面上，射线被反射，而且反射角等于入射角，如图2.1所示。注意，这里的角度是相对于边界法线量得的，这是光学著作中的传统表述方法。显然，由图中可以得到

$$\theta_r = \theta_i \tag{2.2}$$

其中，θ_i是入射角，θ_r是反射角。

4. 有光能量穿过边界时，透射射线方向则由**斯涅尔定律**[1]给出，即

$$\frac{\sin\theta_t}{\sin\theta_i} = \frac{n_1}{n_2} \tag{2.3}$$

其中，θ_t是透射角，n_1和n_2分别是入射区媒质和透射区媒质的折射率。

表2.1 一些材料的折射率

材料	折射率
空气	1.0
二氧化碳	1.0
水	1.33
酒精	1.36
氟化镁	1.38
熔融石英	1.46
有机玻璃	1.49
硅玻璃	≌1.5
氯化钠	1.54
聚苯乙烯	1.59
方解石	1.6
蓝宝石	1.8
尼酸锂	2.25
硫化锌	2.3
金红石	2.6
磷化铟	3.21
砷化镓	3.35
硅	3.5
铟镓砷磷	3.51
砷镓铝	3.6
锗	4.0

前面所说的角度必须在0° 到90° 的范围以内才有确定的物理意义。0° 到90° 范围内的正弦函数曲线如图2.2所示。当n_1小于n_2时，由斯涅尔定律可知，$\sin\theta_t < \sin\theta_i$，图2.2表明较小的角度对应较小的正弦值。因此，当n_1小于n_2时$\theta_t < \theta_i$，也就是透射角小于入射角。在追踪从一种媒质透射到另一种媒质的射线时，记住这个结果是很有帮助的。我们可以得出以下结论：当射线从低折射率的媒质传播到较高折射率的媒质时，透射线会向法线方向弯折。图2.3所示的从空气入射到玻璃光纤的射线就属于这种情形。

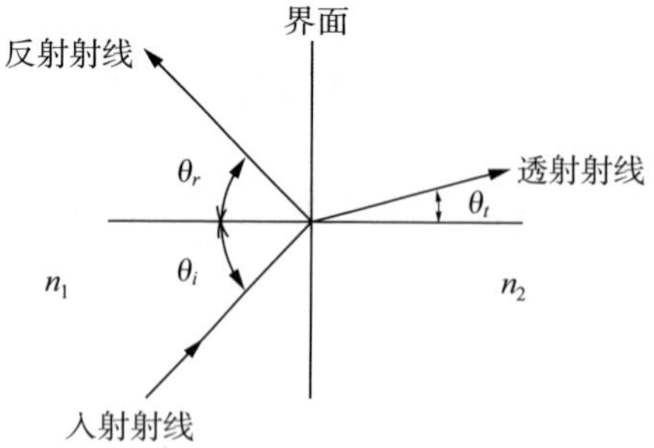

图2.1 两种媒质分界面上的入射射线、反射射线和透射射线

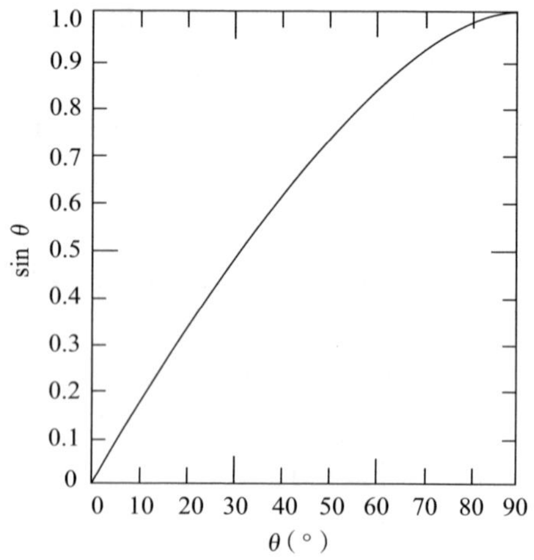

图2.2 正弦函数曲线

当$n_1 > n_2$时，由斯涅尔定律可知，$\sin\theta_t > \sin\theta_i$，所以$\theta_t > \theta_i$。这时射线会向离开法线的方向弯折，如图2.4所示。务必记住以下结论：当射线从折射率高的媒质传播到折射率较低的媒质时，透射线会向离开法线的方向弯折。

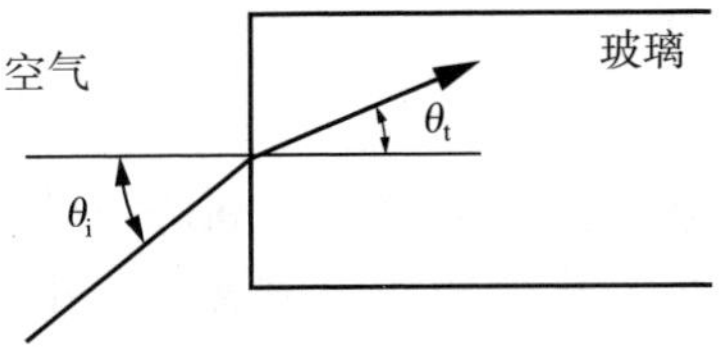

图2.3 投射到玻璃光纤端面的射线发生的弯折

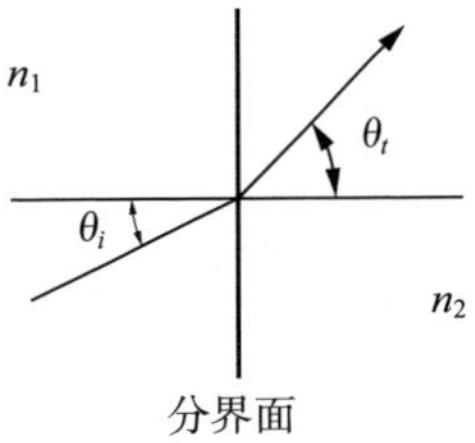

图2.4 当$n_1 > n_2$时，射线偏离法线方向，折向分界面

例2.1 光波从空气（$n_1 = 1$）传播进入玻璃（$n_2 = 1.5$）。当$\theta_i = 0°$和$\theta_i = 15°$时，计算透射角度。

解：

当入射角等于0° 时，$\sin\theta_i = 0$。由斯涅尔定律可知，$\sin\theta_t = 0$，所以$\theta_t = 0°$。射线不发生偏折。当$\theta_i = 15°$时，$\sin\theta_t = (1/1.5)\sin 15° = 0.17$，所以$\theta_t - 9.94°$。正如所料，射线靠拢法线方向。

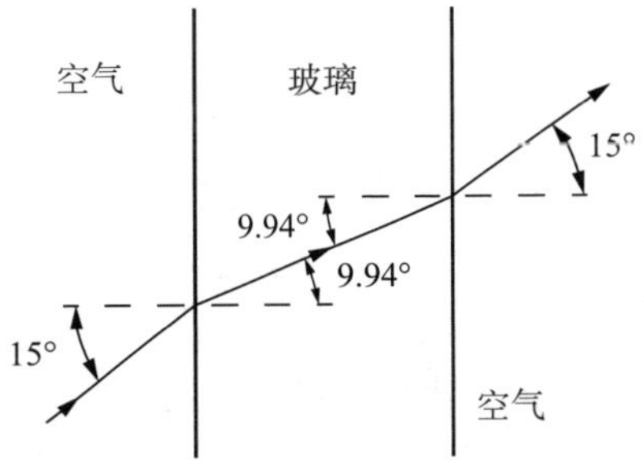

图2.5 在通过一个平行的玻璃平板以后，射线方向不发生改变

例2.2 例2.1中的后一条射线，现在再从玻璃传播到空气中。假设第二个分界面与第一个平行，则可由图2.5得到新的入射角是9.94°。试计算透射线的方向。

解：

由斯涅尔定律可知，$\sin\theta_t = 1.5\sin 9.94° = 0.259$。所以$\theta_t = 15°$，透射线偏离法线方向。我们发现，入射到一个两面平行的玻璃平板的射线没有净的方向偏差。这总是对的。如图2.5所示，进入玻璃（角度为15°）的射线向法线方向偏折（角度为9.94°），然后再次透射，偏离法线方向（角度为15°）。由此，得到与其初始方向平行的射线。如果玻璃板很薄，则可以忽略射线所发生的很小移动（横向位移）。

2.2 透镜

可以通过在光纤中传送可见光束来测试光纤。最简单的测试项目是光纤的连续性（检查光纤中的断点），以及只造成较小损耗的中等程度的物理损伤。观察光纤末端，看是否有光从其中泄漏出来，就可以实现连续性测试。裸光纤（未放进光缆的光纤）中的裂纹或不均匀性可以通过观察所产生的散射光进行探测。用气体激光器作为光源进行这些项目的测试很便利。因为其输出光束直径在毫米量级（光纤的直径更小），可以用透镜将光束聚焦到光纤的端面，如图2.6所示。为了简化讨论，这里只考虑**薄透镜**。在透镜厚度很小的条件下，射线透过时产生的位移可以忽略，这种透镜称为薄透镜。换言之，射线进入和离开透镜轴的距离近似相同。可以做出初级假设，认为透镜是理想的，没有吸收或反射损耗，也不会产生色差。如果在某些条件下这些因素变得很重要，则可以补充考虑其影响。

在图2.6中，一束平行光束（或称为**准直光束**）通过透镜聚焦到一个点上。入射光由大量平行射线构成，图中只画出了最外面的两条射线。图中标出的所有射线的汇聚位置称为**焦点**。焦点与透镜的距离为f（称为**焦距**）。通过焦点且与透镜轴垂直的平面称为**焦平面**。透镜本身有两个球形表面。一个透镜可以看成由两个玻璃球的球冠连接在一起构成。假设球面的半径（或曲率半径）分别为R_1和R_2，透镜的直径为D，折射率为n。其焦距由下式给出[2]：

$$\frac{1}{f} = (n-1)\left(\frac{1}{R_1} + \frac{1}{R_2}\right) \tag{2.4}$$

比值f/D称为透镜的**f数**。

如果透镜的曲率半径（R_1和R_2）很大，也就是说透镜的表面很扁平，则透镜的焦距会很长。短焦距透镜很难设计，因为要求镜面的曲率半径很小，从而透镜也要做得很小。下面用一个极端的情形来解释这一问题。考虑由一个完整玻璃球形成的透镜。如果透镜的直径是确定的，则这种设计可以得到最小焦距。在这个例子中，球面的半径也就是透镜的曲率半径，透镜的直径是曲率半径的两倍，也就是说$R_1 = R_2 = D/2$。将这些数值代入式（2.4），可得

$$f = \frac{D}{4(n-1)}$$

当$n = 1.5$时，可得透镜的f数为$f/D = 0.5$，这表明要得到短焦距则需要小的透镜直径。这样的透镜有严重的球面色差，从而使图2.6中的焦点变得相当模糊。为了减小这一球面色差，大部分透镜的f数都远大于0.5，从而使短焦距变得很难实现。如果用透镜将气体激光光束耦合到一根光纤端面上，色差问题很可能就无关紧要了。为了实现良好的耦合，光束并不需要聚集到一个点上，只需要将汇聚区域尺寸降低到比光纤的纤心尺寸还小就可以了。

相对于透镜轴，以相同角度入射的平行射线通过透镜时汇聚在焦平面上，如图2.7所示。汇聚点的位置由中心射线与焦平面的交点确定。由于射线进入和离开透镜表面时几乎是平行的，所以**中心射线**（直接射向透镜中心的射线）通过薄透镜时不会发生偏移。在2.1节中已经解释过，射线通过平板玻璃时出射射线与入射射线之间没有净偏差。

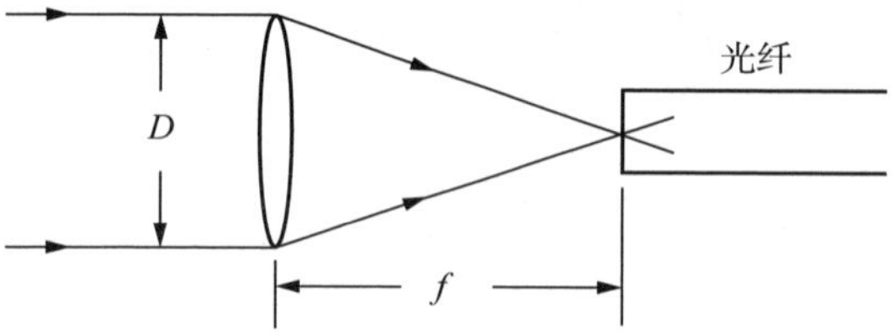

图2.6 将光束聚焦到光纤端面

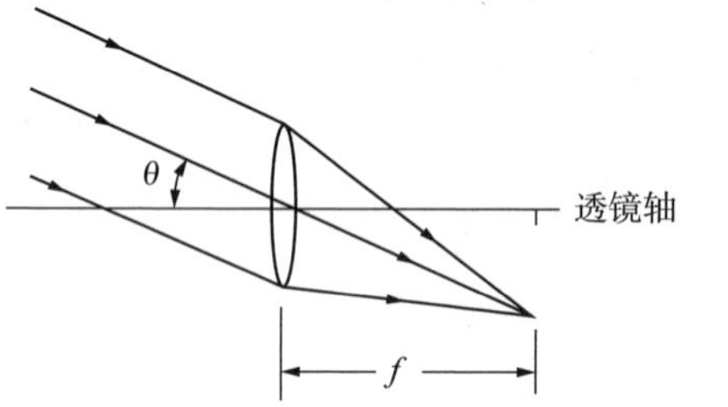

图2.7 离轴光束的聚焦

薄透镜可以准直来自点光源的光束，如图2.8所示。如果将此点光源置于透镜的焦点，则透射光束将与透镜轴平行。如果将光源置于焦平面上的其他位置，则透射光束仍可被准直，只不过其方向不会与透镜轴平行。如图2.9所示，这束光的传播方向与来自光源点通过透镜中心的射线方向相同。如上所述，通过透镜中心点的射线不会发生方向偏离。

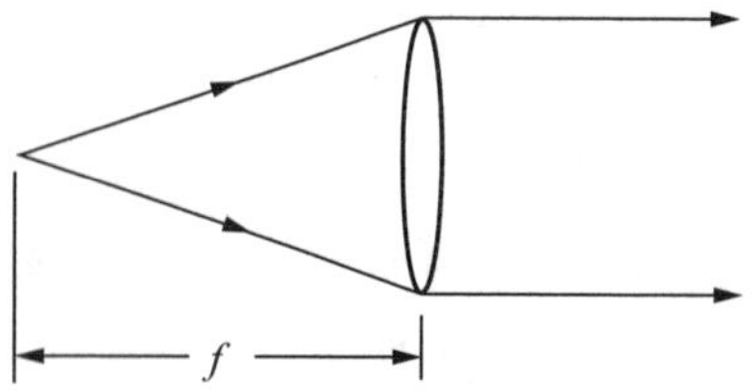

图2.8 准直发散光束

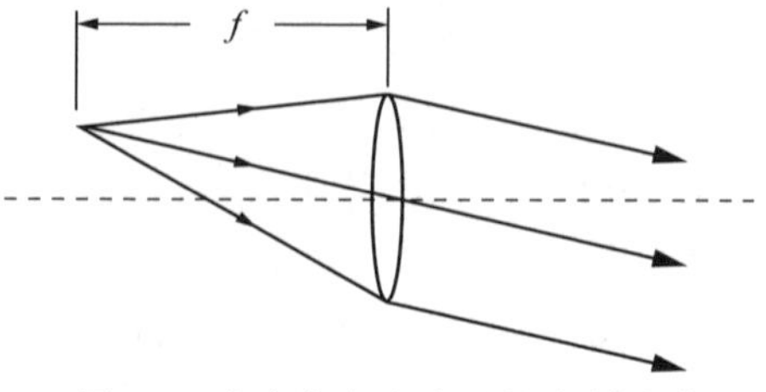

图2.9 准直来自点光源的离轴光束

如图2.10所示，追踪通过薄透镜的射线应遵循以下几条规则。

1. 通过透镜中心的射线不产生方向偏离。

2. 平行于透镜轴传播的入射射线，通过透镜后汇聚于焦点处。
3. 平行于中心射线传播的入射线，透射通过透镜以后，与中心射线在焦平面上相交。
4. 通过焦点的入射射线，通过透镜后沿着与透镜轴平行的方向传播。

上述规则可以用于追踪通过薄透镜的射线，包括利用透镜达到聚焦、准直和成像等目的。

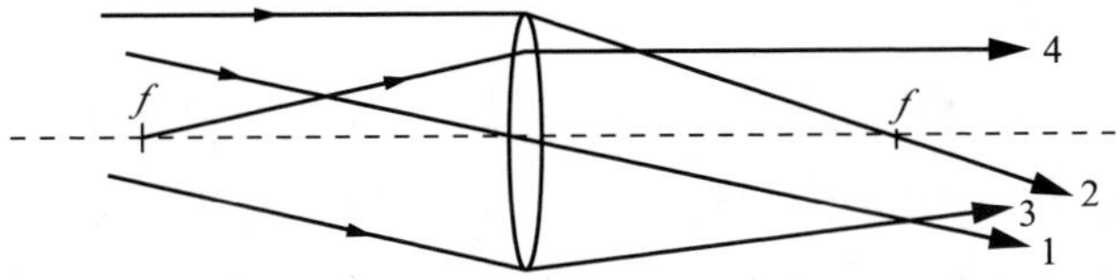

图2.10 透过薄透镜的射线路径。图中的数字与书中所列出的规则序号相对应

柱透镜的表面相当于一段短截柱面的表面，如图2.11所示。这种透镜只能在一个方向（图2.11中的竖直方向）上偏折射线。实际上，柱透镜是球面透镜的一维形态。式（2.4）对柱透镜同样适用，只不过现在R_1和R_2应取柱透镜表面的曲率半径。柱透镜的焦距f定义为焦线与透镜之间的距离。所谓**焦线**是一条与圆柱面的中心轴平行的直线，位于焦线上的线光源发出的射线通过柱透镜可以实现准直（见图2.11）。通过柱透镜的射线路径如图2.12所示。与球面透镜类似，沿平行于透镜轴传播的准直光束在经过柱透镜以后，将汇聚到与透镜相距一个焦距的一条直线上。

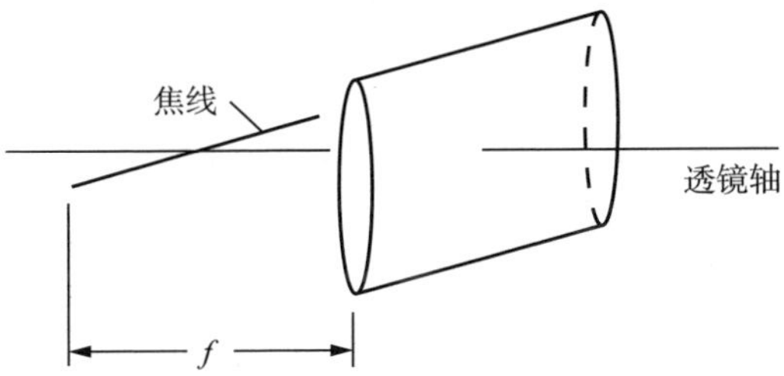

图2.11 柱透镜

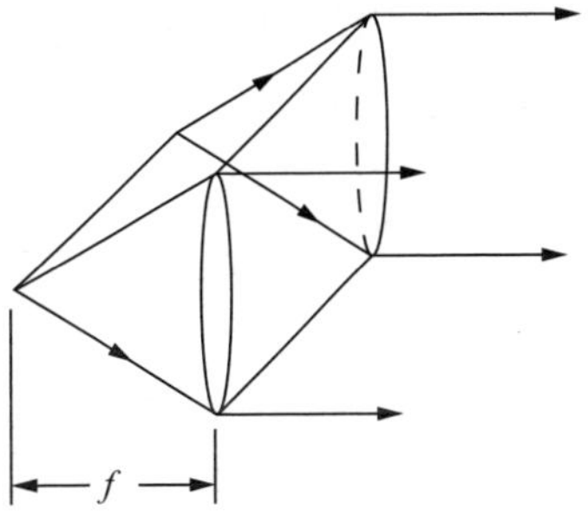

图2.12 线光源的准直

考虑柱透镜对位于焦线上点光源的影响是很有趣的。从透镜出来的光在竖直方向被准直，但在水平方向上却被扩展。图2.13解释了这种效应。需要记住的是，柱透镜在一个方向上的行为与球面透镜相似，但在与此方向正交的方向上没有什么影响。这对光纤光学具有重要意义，因为半导体激光器和LED发射的光通常是非对称的。也就是说，所发射的光在一个方向（竖直方向）上比在另一个方向（水平方向）上展宽得更快。柱透镜可以降低两个方向中发散角较大的方向上光束的发散性，从而使光束更为对称。这种可能性在图2.14中得到了解释。注意，光源辐射的光束在另一个方向上的展宽几乎可以忽略。

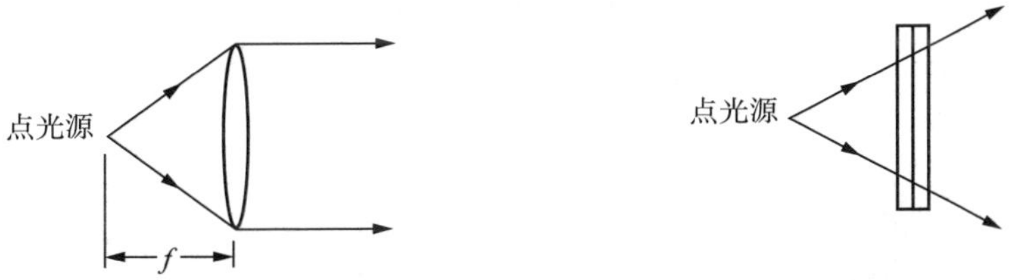

（a）侧视图，看到射线被准直　　（b）顶视图

图2.13 点光源和柱透镜

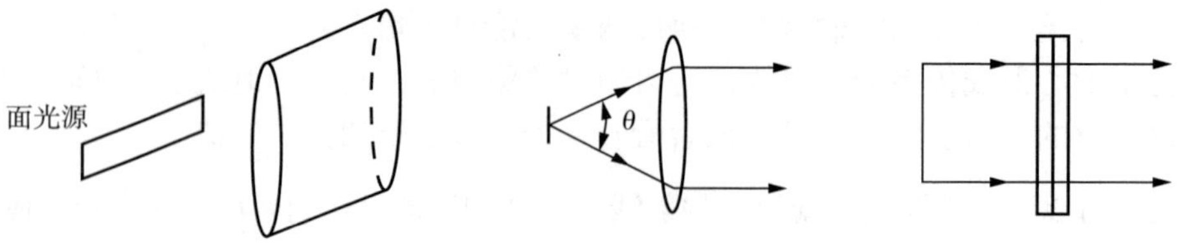

图2.14 （a）非对称光源发出的射线经柱透镜准直；（b）侧视图；（c）顶视图

渐变折射率棒透镜又称GRIN棒透镜，是现代技术的新成果。这种透镜已经在光纤系统中以多种方式得到了应用[3]。渐变折射率棒的折射率随离开中心轴的距离增加而降低，这使得射线沿近似于正弦曲线的路径传播（见图2.15）。5.2节将更详细地讨论渐变折射率棒中射线的传播问题。一个完整周期的长度称为透镜的**节距***P*。如果渐变折射率棒的长度等于**四分之一节距**，那么将有什么事情发生呢？我们发现，位于棒端面中心的点光源发出的射线将被这种透镜准直，如图2.15（b）所示。而进入这种透镜的准直光束将被聚焦，如图2.15（c）所示。显然，渐变折射率棒透镜在聚焦和准直的性能上与传统的球面透镜相同。也完全可以将渐变折射率棒透镜用于成像。使用棒透镜可以实现短焦距，而且可以形成短的、实心的光结构，因而备受关注。例如，从光纤末端发出的光可以通过传统的透镜准直，如图2.16（a）所示；也可以通过棒透镜准直，如图2.16（b）所示。当使用传统的球面透镜时，在光纤端面和透镜之间存在空气间隙。使用棒透镜就不会有间隙，因此可以将光纤头固定到棒的端面上，形成一个连续且实心的机械结构。与球面透镜准直器相比，棒透镜准直器更易于组装、对准和维护。

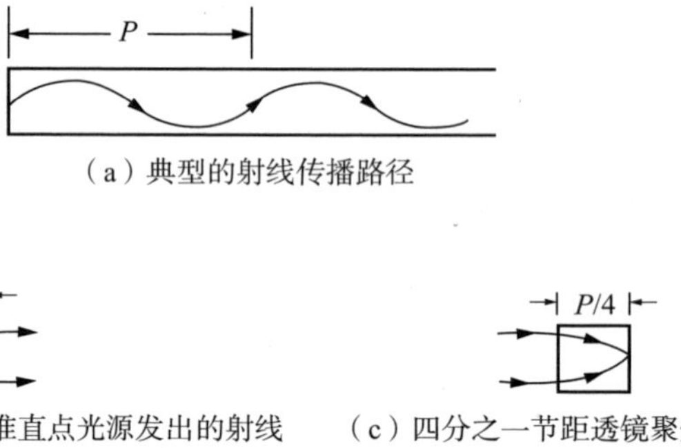

（a）典型的射线传播路径

（b）四分之一节距透镜准直点光源发出的射线　（c）四分之一节距透镜聚焦准直光束

图2.15 渐变折射率棒

（a）使用常规透镜　（b）使用GRIN棒透镜

图2.16 准直光纤末端发出的射线

2.3 成像

薄透镜成像原理如图2.17所示。图中的物体用高为*O*的箭头表示，与透镜的距离为d_o；像用高为*I*的箭头表示，与透镜的距离为d_i。像的位置可以通过追踪物体顶端的射线得到。从物体顶端发出的一条射线通过透镜中心，根据追踪射线的规则1，不会改变方向；第二条射线与透镜轴平行传播，按照规则2，穿过透镜后必然通过焦点。这两条射线的交点决定了与物体顶端对应的成像点。推而广之，从物体上同一点发出的任何两条射线经过透镜以后的交点就是该物点的成像点位置。注意，单透镜所成的像相对于原物体是倒立的。

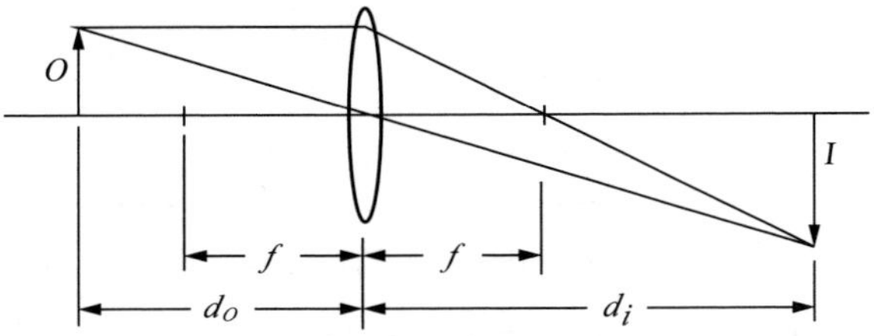

图2.17　薄透镜成像原理

物体的位置、成像的位置和透镜焦距之间的关系由**薄透镜方程**给出[4]，即

$$\frac{1}{d_o}+\frac{1}{d_i}=\frac{1}{f} \tag{2.5}$$

放大倍数*M*定义为像的尺寸和物体尺寸的比值，由下式给出：

$$M=\frac{d_i}{d_o} \tag{2.6}$$

放大倍数可以大于1或等于1，也可以小于1。

例2.3　假设放大倍数为1，试计算物距和像距。

解：

如果$M=1$，就必定有$d_i=d_o$。根据薄膜方程，则有

$$\frac{1}{d_o}+\frac{1}{d_o}=\frac{1}{f}$$

也就是说$d_o=2f$。同样，d_i也等于$2f$。

将式（2.5）和式（2.6）联立，可以得到放大倍数和物距的关系。其结果为

$$M=\frac{1}{(d_o/f)-1} \tag{2.7}$$

这个方程的解可以用图2.18中的曲线表示。要使放大倍数大于1，则物体位置的范围为

$$1<\frac{d_o}{f}<2 \tag{2.8}$$

如果希望通过透镜将光耦合进光纤，那么最重要的是掌握射线传播的角度。参考图2.19，从透镜轴线上的一个物点发出的射线，对透镜形成的张角为α_o，而与之对应的像点对透镜形成的张角为α_i。除了这里要考虑的是角度的变化而不是大小的变化，图2.19与图2.17是一样的。如果已知物距和透镜的焦距，则薄透镜方程规定了成像位置。用三角函数可以将其表示为

$$\frac{\tan(\alpha_i/2)}{\tan(\alpha_o/2)}=\frac{1}{M} \tag{2.9}$$

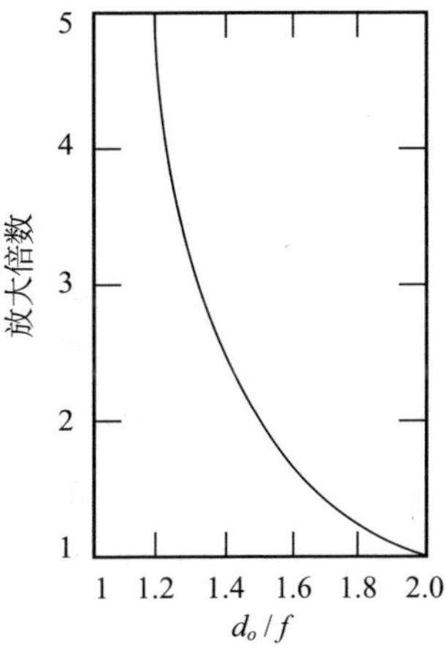

图2.18　放大倍数作为物体位置的函数

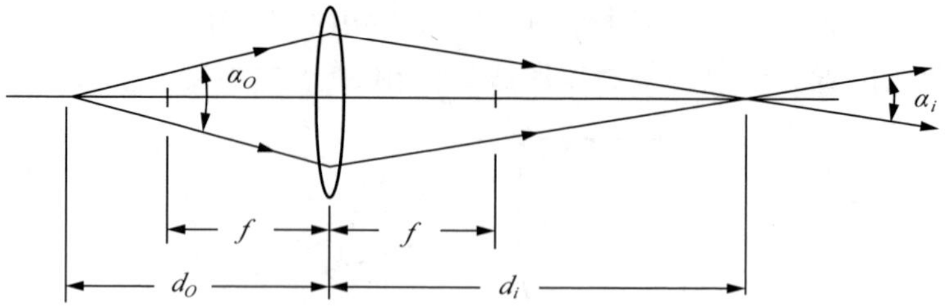

图2.19 成像引起的角度变化

正切函数曲线如图2.20所示。注意，正切函数值与用弧度表示的小角度本身的值非常接近。在20°（0.35 r）以下，这是一个很好的近似（误差小于4%）。弧度和角度的变换关系为1弧度等于57.3°。如果角度很小，则可以用角度本身代替式（2.9）中的正切函数，由此得到

$$\frac{\alpha_i}{\alpha_o} = \frac{1}{M} \tag{2.10}$$

当光束的半锥角小于20°，也就是说，当光束全张角小于40°时，上式是可用的。尽管式（2.10）中的α_i和α_o是以弧度为单位的，但当α_i和α_o以度（°）表示时，这个方程式仍然成立。

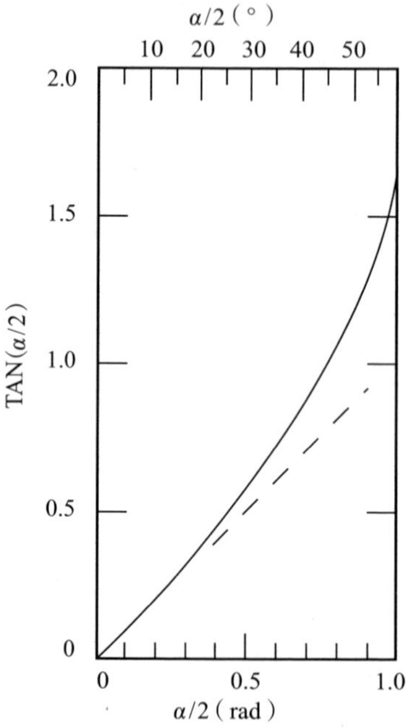

图2.20 实线表示的是正切函数曲线。虚线表示的是近似关系$\tan(\alpha/2) = \alpha/2$

由式（2.10）可知，通过透镜成像来放大物体的尺寸会伴随着光束张角的减小。从一个物体发出的光线很容易通过透镜成像方法来实现准直。由于半导体激光器和LED都以较大的角度辐射，而光纤只能收集小角度的射线，所以采用透镜能够提高光源与光纤之间的耦合效率。

例2.4 一个光源在40°的全锥角范围内均匀地向外辐射光。光源的辐射面是正方形的平面，边长为20 μm。设计一个透镜系统，可以将光束张角降低到10°以内。并计算光源的像的大小。

解：

成像系统与图2.19所示的结构相同。在本例题中，$\alpha_o = 40°$，$\alpha_i = 10°$。可以利用式（2.10）中的近似结果，因为$\alpha_o/2$刚好等于20°。由式（2.10）得到的放大倍数是4，所以在另一侧

得到的正方形像的边长为$4 \times 20 = 80\ \mu m$。放大倍数为4时，可由式（2.7）或图2.18得到$d_o/f=12.5$。如果选择焦距为10 cm的透镜，则$d_o = 12.5$ cm。由式（2.6），得到像距为$d_i = Md_o = 50$ cm。

在例2.4中，如果选择焦距更小的透镜，则可得到更紧凑的结构。当$f = 1$ mm时，物距和像距分别变为1.25 mm和5 mm。当光纤纤心直径为100 μm或更大时，要将光耦合到一根光纤中，光源的尺寸从20 μm增加到80 μm都是可以接受的。

如何与大于光纤尺寸的光源耦合是个重要问题。因为我们试图通过透镜成像来缩小光源的大小（即$M < 1$），则由式（2.10）可知会增加光束的张角。而光纤不可能接收超过这个确定的角度范围的射线。

2.4 数值孔径

光学系统的一个重要参数是其收集一定角度范围内的入射光线的能力。图2.21介绍了一个由透镜和光检测器组成的光接收机。透镜的尺寸远大于检测器表面的尺寸，所以接收到的光线要远多于检测器直接接收到的光线。再经过透镜将这些光聚焦到检测器上。于是透镜和检测器就构成了一个有效的接收系统。根据前面的射线追踪规则1，很容易确定光线在检测器上的汇聚位置。如图所示，简单地延伸通过透镜中心的入射光线，使其到达检测器。将这个规则用于图2.21，很明显，当入射光线以较大的倾斜角入射时，射线就不会到达检测器，这部分光线也就丢失了。

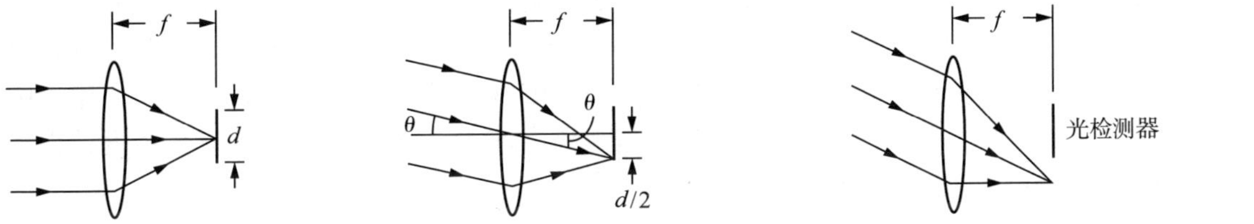

（a）入射光线平行于透镜的轴　（b）可以接收的具有最大倾斜角的光线　（c）超出系统可能接收的角度范围的入射光线

图2.21　光检测器位于透镜焦平面上的光接收机

由图2.21中可知，**最大接收角**由下式确定：

$$\tan\theta = \frac{d}{2f} \tag{2.11}$$

其中，d是圆形光检测器表面的直径，f是透镜焦距。由于接收机具有圆对称性，因此可以检测到在半锥角为θ的锥形区域入射的光。**数值孔径**（numerical aperture，NA）则定义为[5]

$$\mathrm{NA} = n_0 \sin\theta \tag{2.12}$$

其中，n_0是透镜和光检测器之间的材料的折射率，θ是最大接收角。对于图2.21中所示的接收机，θ由式（2.11）确定。

例2.5　某接收机中透镜的焦距为10 cm，光检测器的直径为1 cm，透镜和检测器之间为空气。试计算接收机的NA。

解：

因为$d/2f$很小，所以可用小角度近似式$\sin\theta \backsimeq \tan\theta$（当$\theta$小于20°时，误差小于6%）。本例中$n_0 = 1$，由式（2.12）可得

$$NA = \sin\theta = \frac{d}{2f} = 0.05$$

对应的最大接收角θ为2.87°，全锥角是该值的两倍，即5.74°。

由式（2.12）定义的数值孔径适用于包括光纤在内的所有光学收集系统。光纤的收集锥如图2.22所示。在这个锥形区域以外入射的光线在光纤中衰耗得很快，因而不可能沿着光纤传播。通常，数值孔径是在光纤端面外为空气的前提下测得的。因此，在式（2.12）中$n_0 = 1$，于是有

$$NA = \sin\theta \tag{2.13}$$

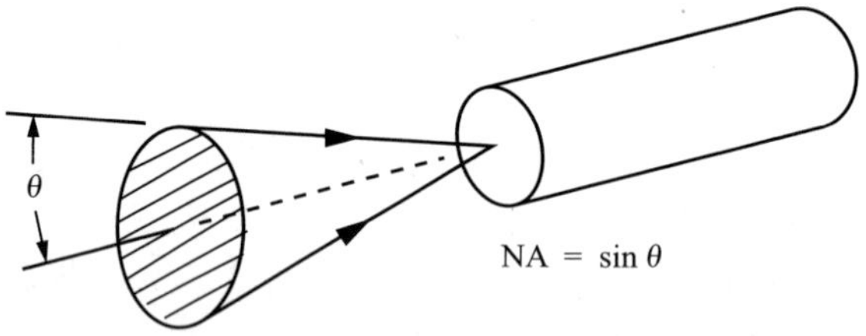

图2.22　光纤只能接收在半锥角为θ的锥形区域中入射的光线

描述这个方程的曲线如图2.23所示。低NA对应于小接收角。正因为如此，将光耦合进低NA光纤比耦合进高NA光纤更为困难（对机械对准更敏感），而且效率更低（有更多的光线在接收角以外）。如2.3节所述，可以用透镜降低光束张角，从而提高耦合效率。通常，长距离传输光纤的数值孔径值设计在0.1 ~ 0.3范围内。低NA光纤的耦合效率很低，但可以改善其传输带宽（将在第5章中介绍）。在短距离通信中，塑料光纤可能比玻璃光纤更为实用。因为塑料材料中的衰耗大，所以这种光纤只能在短距离中使用。塑料光纤的数值孔径设计得较大（典型值为0.4 ~ 0.5），这样可以提高耦合效率，部分抵消其高传播损耗。

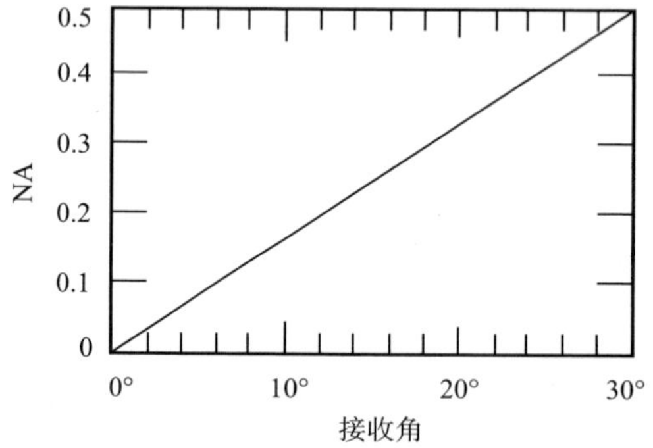

图2.23　数值孔径和接收角的关系曲线（NA = sin θ）

2.5　衍射

在一些光学实验中，几何光学（射线理论）可以正确地指出粗略结果，但所得出的结果与可以观察到的细节不能很好地吻合。而在其他实验中，甚至会出现明显的错误。在这些情况下，需要用基于光的波动性并且更复杂的理论来解释所观察到的现象。这种基于光的波动性的理论称为**衍射光学**或**物理光学**。可以这样说，衍射背离了几何光学的预期。下面就是几个需要用衍射理论来分析的重要实例。

首先，定义几个术语。垂直于波传播方向的平面称为**横平面**。贯彻本书始终，我们都将处理横平面上的光功率分布问题。为此，我们将交替使用光束的**功率**和**强度**这两个术语。所谓均匀光束，是指在横平面上光的强度处处相同。

图2.6展示的是一束准直的均匀光束为透镜所聚焦的情形。衍射理论和比较仔细的试验则表明，光束不是汇聚到一个点上，而是汇聚到一个中心光斑和环绕它的一系列强度递减的环形带上。中心光斑的直径为[6]

$$d = 2.44\lambda f/D \tag{2.14}$$

其中，λ是光的波长，f是透镜的焦距，D是透镜直径。图2.24所示的就是这种情况。中心光斑一般都很小，例如假设$f = 2D$，波长为1 μm，则由式（2.14）可得到光斑直径为4.88 μm。在一些实际应用中，可以忽略光斑的大小。也就是说，采用几何光学方法分析就足够了。另一方面，假设考虑用透镜将该光束耦合进一根直径小于4 μm的光纤中（见图2.25），或者耦合进厚度小于4 μm的玻璃薄膜中，其耦合效率就会很低。这是因为光斑尺寸大于光纤纤心（或薄膜）尺寸。很明显，这些实验的结果必须用衍射理论才能很好地加以解释。

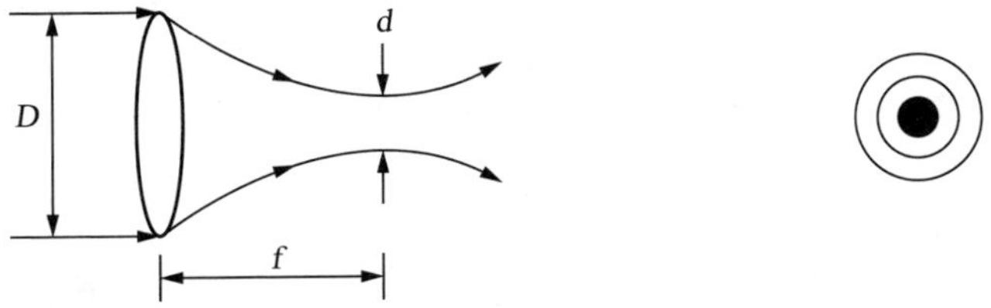

图2.24　（a）根据衍射理论和实验，一束均匀光束经过透镜聚焦后的结果；（b）焦平面上的光强分布

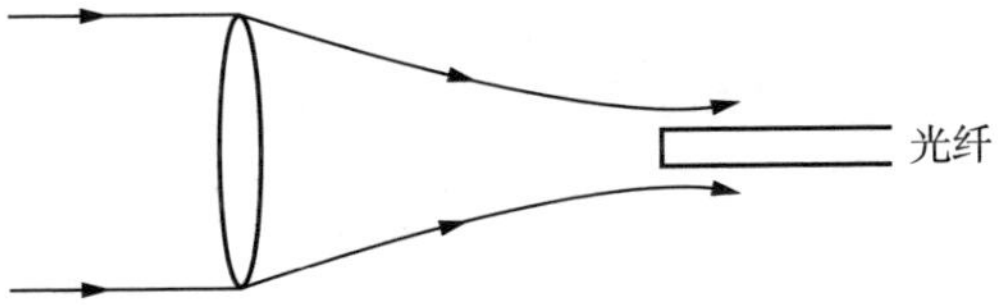

图2.25　将光束聚焦到细光纤的端面上，可能会导致耦合效率低下

实际光源通常发射非均匀光束，其强度在横平面内按一定规律变化。**高斯分布**是最为重要的**横平面分布模式**。高斯强度分布与图2.26中的钟形曲线类似。为了方便，图中进行了**归一化**处理，曲线的最大值是1。绝大多数气体激光器和一些特殊设计的半导体激光器的辐射方向图与此分布吻合。极细的光纤（直径只有几微米）内也同样有特定的光场分布。数学上，高斯强度分布由下式给出：

$$I = I_o \mathrm{e}^{-2r^2/w^2} \tag{2.15}$$

其中，e = 2.718，是自然对数的底数。因为$\mathrm{e}^0 = 1$，所以I_o是光束中心（$r = 0$）的强度。如果用眼睛观察，则这种分布模式表现为圆形光盘。这个圆盘的边缘不陡峭，光的强度是逐渐下降的。一个可以接受的光斑半径定义为光的强度降低到峰值I_o的$1/\mathrm{e}^2 = 0.135$倍的点与中心之间的距离。这个半径称为**光斑尺寸**。式（2.15）所描述的光束，其光斑尺寸刚好是w。

如图2.27所示，假设用透镜聚焦一束高斯光束，则在焦平面上产生的光分布仍然是高斯形状的，这时没有类似于聚焦均匀光束时出现的环。焦平面上的光斑尺寸为

$$w_o = \frac{\lambda f}{\pi w} \tag{2.16}$$

其强度分布为$I=I'_o\exp(-2r^2/w_o^2)$。经聚焦得到的高斯光斑尺寸与聚焦均匀光束得到的中心光斑的尺寸没有大的差别。从式（2.16）和式（2.14）具有相同的形式可以看出这一点。定义聚焦光斑的直径为$d=2w_o$，入射光束的光斑直径为$D=2w$。将其代入式（2.16），可以得到$d=4\lambda f/\pi D=1.27\,\lambda f/D$，这个结果可以与式（2.14）的结果比拟。我们可以得出结论：入射光束的形状并不随光的集中程度而有很大的变化。

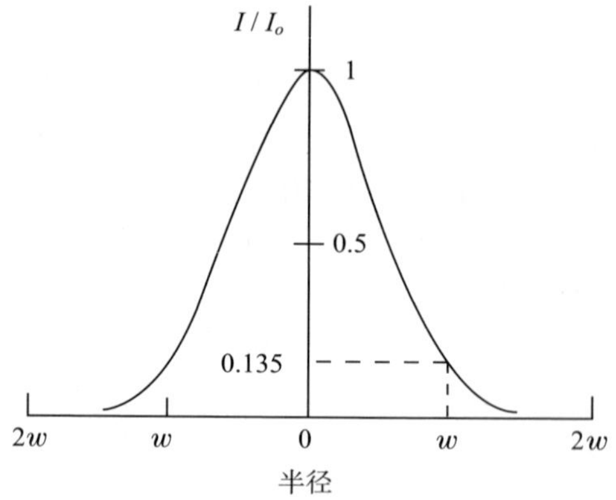

图2.26　归一化的高斯强度分布

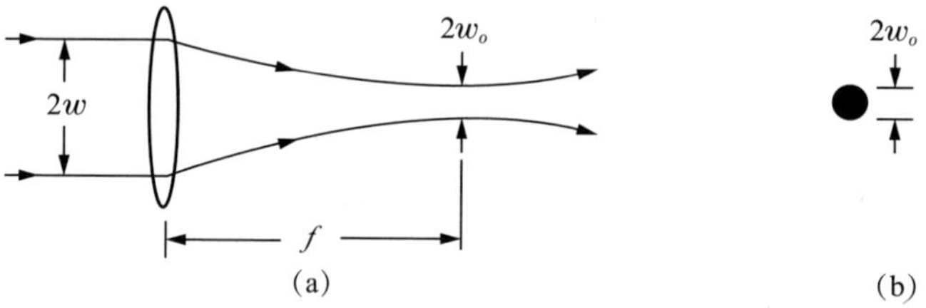

图2.27　（a）聚焦高斯光束；（b）焦平面上出现的光斑

接下来，我们会看到在准直光束时需要对射线理论做哪些纠正。在图2.28中，一个小光源位于透镜的焦点上。由射线理论可知，从透镜出射的将是一束平行光。如果光强呈高斯分布，则透镜右侧光束的强度分布为$I=I_o\exp(-2r^2/w^2)$。如果观察范围局限于透镜附近，则由衍射理论得到的结果与由几何光学得到的准直情况相符。对于较远的距离，衍射理论的结果表明光束将会按一个确定的角度发散，此发散角为

$$\theta=\frac{2\lambda}{\pi w} \tag{2.17}$$

其中，θ的单位是弧度（rad）。实验已经验证了这个结果。辐射场方向图函数为$I=I'_o\exp(-2r^2/w_o^2)$，其中$w_o=\lambda z/\pi w$。

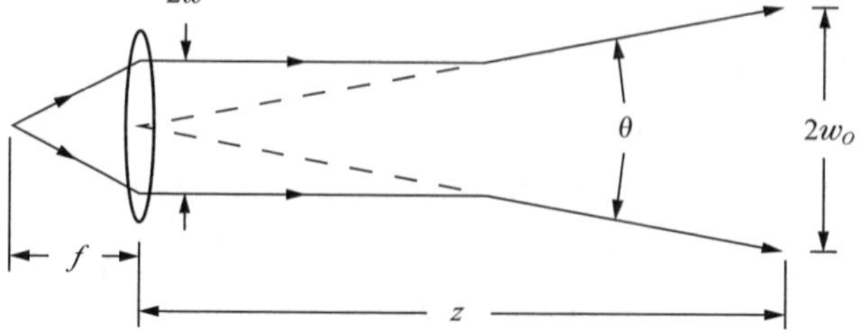

图2.28　高斯光束的准直

例2.6　假设需要准直的高斯光束的光斑尺寸为1 mm，波长为0.82 μm。试计算其发散角，并计算距离分别为10 m，1 km和10 km时的光斑尺寸。

解：

发散角为

$$\theta = \frac{2(0.82 \times 10^{-6})}{\pi(10^{-3})} = 0.522 \times 10^{-3}\ \text{rad}$$

或$\theta = 0.0299°$。距离10 m时的光斑尺寸为

$$w_o = \frac{(0.82 \times 10^{-6})10}{\pi(10^{-3})} = 2.6 \times 10^{-3}\ \text{m}$$
$$= 2.6\ \text{mm}$$

在1 km处，光斑尺寸为260 mm；在10 km处，光斑尺寸为2.6 m。

上面的方程以及例2.6给出了几个非常有趣的结果。式（2.17）表明，当光斑尺寸远大于波长时，发散角很小。如果光波长很短，则容易满足这个条件。一个射频发射天线的光学模拟如图2.28所示。实际上，如果天线的最大线度在$2w$量级，式（2.17）就能定性地用于分析射频天线。一般说来，对于以任何波长辐射的光束，其发散角都与以波长来量度的辐射器尺寸成反比。发射窄波束的天线用波长量度的尺寸非常大。在射频频段，这样的天线非常庞大。由于光波的波长很短，因此可以得出这样的结论：采用光传输可以提供极窄的、方向性极好的光束。

一个大气光通信系统的组成如图2.29所示。因为经过长距离传输，光束发散严重，在接收机处光斑远大于接收透镜本身。在这种情况下，会损失大部分能量。虽然大气光通信系统只在近距离内使用，但是对远距离进行有效光信号传输的需求在明显增加。这种需求激发了对被导光传输的研究热情，尤其是对光纤传输的研究。大气光通信系统的另一个问题是线路传输损耗严重地依赖于天气，差的天气状况会大幅度降低系统的性能。在一个中空的管道中发送光束可以克服天气的问题。如果光束被严格准直，就能这样做。但是我们知道，严格准直是不可能实现的，扩散的光束将会投射到管子的侧壁，可能的损耗因素包括吸收、散射和非理想反射。如果在1 km长的管道中传输，要达到例2.6中给定的参数，需要的管道半径就要远大于260 mm，只有这样才能保证光可以到达管道的端口。很显然，采用这么大口径的管道是不现实的。将窄光束限制在短管道（几分米）中传输，使其不受环境的影响是现实的，因为在一个很短的距离内光束不会有明显的扩散。

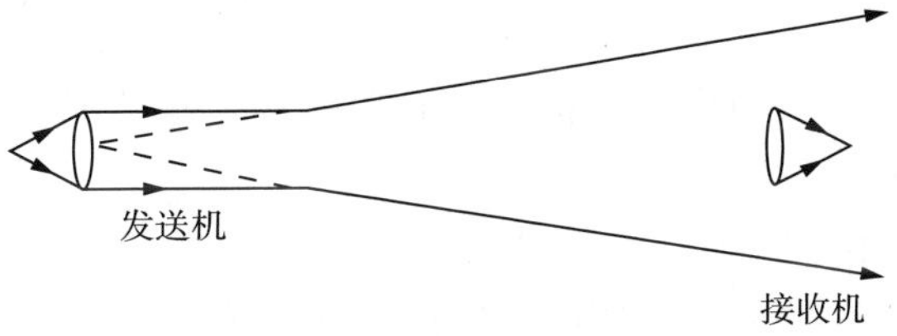

图2.29　大气传输线路

2.6　总结和讨论

下面，从两个方面对本章的内容进行总结。首先，列出本章已讨论过的主要知识点，之后再列出讨论过程中引入的新课题。

1. 射线在媒质中的传播速度取决于材料的折射率n。
2. 在不同媒质分界面处，透射射线的传播方向遵循斯涅尔定律。
3. 透镜可以聚焦和准直光束，根据射线角度的变化在透镜的一侧可以形成放大的倒立的像。
4. GRIN棒透镜能够实现与传统的球面透镜相同的功能。对于光纤系统，紧凑的结构和短焦距特性使其更有吸引力。
5. 包括光纤在内的光学系统，只能接收在一个有限的角度范围内入射的射线。
6. 衍射理论告诉我们，光不可能聚焦到一个无限小的点上，也不可能被理想地准直。这个结论首先用于处理将光耦合进极细光纤的聚焦问题，其次用于构建非导引的光通信系统。
7. 在激光和光纤系统中经常出现高斯光强度分布，我们应该熟悉这种分布模式。
8. 大气光通信系统是完全可以实用的。在短距离而且没有障碍物的范围内，大气光通信系统可能比导引光系统更为适宜。对于远距离传输，在无法铺设波导传输线的条件下（例如卫星之间的通信），采用这种通信方式有可能提供可行的系统。但是一般说来，与非导引光系统相比，光纤通信系统有更多的应用领域。

下面列出来的是一些新的课题，将在以后各章中讨论。

- 光束在光纤中的传播性质。在无界媒质中，光的传播速度由式（2.1）确定。
- 在不同媒质的分界面上，定量描述光的透射和反射。
- 如何设计透镜系统，以便更有效地将光源发出的光耦合进光纤，或实现光纤之间的耦合；如何计算最终的效率。
- 如何设计GRIN棒透镜，何种特殊器件需要含有这种透镜。
- 为什么光纤不能接收所有角度入射的光线，如何计算光纤的数值孔径，耦合效率与NA有何种依赖关系。

在设计和评估诸如耦合器、连接器和复用器等器件时，这些课题是很重要的。研究这些课题还将帮助我们理解光纤是如何导光的。

习题

2.1　考虑一个点光源被焦距为f的单透镜成像，此点光源在全锥角为α_o的锥形区域中辐射。计算像点处的光束张角（α_i），并分别以像距、物距和光源张角表示。假设$\alpha_o = 40°$且放大倍数是5，试计算α_i。

2.2　当数值孔径在0≤NA≤0.7范围内取值时，画出接收角与数值孔径之间的关系曲线。假设周围空间的折射率为1.0。

2.3　画出放大倍数和归一化物距（d_o/f）之间的关系曲线。

2.4　假设成像透镜的焦距为20 mm。画出物距和像距之间的关系曲线。

2.5　用焦距为20 mm、直径为10 mm的透镜聚焦一束均匀的准直光束，假设波长为0.8 μm。试计算聚焦光斑的尺寸。

2.6　一束准直的高斯光束，光斑尺寸为1 mm，波长为0.8 μm。现用一个焦距为20 mm的透镜对其聚焦，试计算此光束被聚焦后的光斑尺寸。

2.7　假设高斯光束的光斑尺寸为1 mm，画出归一化强度与光中心轴距离之间的关系曲线。

2.8 假设高斯光束的波长为0.8 μm，光斑尺寸为1 mm，计算其发散角。如果用这束光对着月球，则在月球表面的光斑尺寸为多大？（地球和月球之间的距离为3.8×10^8 m。）在距离为1 km和10 km处，光斑尺寸又为多大？

2.9 一根6000 km的海底玻璃光纤电话线路穿越大西洋，连接美国和法国。

（a）通过这条线路传送信息需要多长时间？

（b）通过卫星线路，将信息从美国传送到法国需要多长时间？卫星在美国和法国之间的地面上空22 000英里处。

（c）假设两个人通过这两根不同的线路通话，会感觉到传输时延吗？

2.10 假设有一束光入射到两种电介质的分界平面上。相对界面的法线，入射角为10°，透射角为12°。试问这两种媒质中哪一种的折射率更高？

2.11 假设一束光入射到两种电介质的分界平面上，如图2.1所示。两种电介质的折射率分别为$n_1 = 1.46$和$n_2 = 1.48$。当入射角在0°到90°之间变化时，画出透射角随入射角变化的曲线。

2.12 假设一束光入射到两个电介质的分界平面上，如图2.1所示。这两种电介质的折射率分别为$n_1 = 1.48$和$n_2 = 1.46$。当入射角在0°到90°之间变化时，画出透射角随入射角变化的曲线。（注意，当入射角接近80.6°时，会发生不寻常的现象。这种现象将在下一章讨论。）

2.13 假设光在自由空间中的波长分别为800 nm，1300 nm和1550 nm，分别计算在熔融石英材料和硅材料中对应的光波长。当光从自由空间进入某种材料传播时，通常会出现什么情况？光的频率会发生变化吗？光的能量又会发生什么变化呢？

2.14 有两个人通过光纤传输线路通话，两人之间的话音信息在线路上的传播时间是1 s。试问这条光纤线路有多长？

2.15 假设高斯光束的光斑尺寸为w，试推导此光束的半功率点半径表达式。（所谓半功率点是指功率下降到最大值一半的位置。）

参考资料

[1] George Shortley and Dudley Williams. *Elements of Physics,* 5th ed. Englewood Cliffs, NJ: Prentice-Hall, 1971, pp. 748–50.

[2] *Ibid.*, p. 778.

[3] Teji Uchida, Moatoaki Furukawa, Ichiro Kitano, Ken Koizumi, and Hiroyoshi Matsumura. “Optical Characteristics of a Light-Focusing Fiber Guide and Its Applications.” *IEEE J. Quantum Electron* 6, no. 10 (Oct. 1970): 606–12.

[4] Shortley and Williams. *Elements of Physics,* p. 778.

[5] Jurgen R. Meyer-Arendt. *Introduction to Classical and Modern Optics.* Englewood Cliffs, NJ: Prentice-Hall, 1972, pp. 136–37.

[6] Shortley and Williams. *Elements of Physics,* p. 813.

第3章　波动学基础

在光纤光学中，波的传播问题非常重要。本章将介绍有关波传播中一些重要的基础理论。由于种种原因，很多人视电磁波理论学习为畏途。的确，对电磁理论的深入学习是相当困难的。但本章的讨论将尽可能让大家觉得轻松，而不是那么痛苦。对重要的结果会进行必要的解释，但省去了冗长的推导过程。我们最大限度地简化了数学推导，对于特殊的概念如速度、功率、色散、偏振、干扰和边界反射进行了重点介绍。所有这些概念都与光纤光学直接相关。

3.1　电磁波

光波由高速振荡的电场和磁场组成，其振荡频率高达10^{14} Hz量级。这些场以波的形态高速传播。在图3.1中给出了电磁波沿z轴方向传播的情形[1]，图中画出了3个时间点的电场分布，反映了波的前进。在任何固定的位置，场的振幅以光的频率变化，每隔一个时间周期重复一次。对于一个确定的时刻，在传播方向上每经过一个确定的距离λ后，波动状态重复出现，这个空间距离称为波长。其倒数1/λ 称为**波数**。

图3.1所示的电磁波的电场可以写为

$$E = E_o \sin(\omega t - kz) \tag{3.1}$$

其中，E_o是峰值幅度，$\omega = 2\pi f$ rad/s，其中f是波的频率，其单位是赫兹（hertz），ω称为**角频率**。k是**传播因子**，由下式定义：

$$k = \frac{\omega}{v} \tag{3.2}$$

其中，v是波的相速度。$\omega t - kz$是波的**相位**，其中kz是波传播距离z后产生的**相移**。如果在确定的平面上，波的相位是相同的，这样的波就是**平面波**。在上面给出的例子中，在任何一个z为常数的平面内，波的相位都是相同的，所以式（3.1）表示的是一个平面波。如果时间t保持不变，则式（3.1）表示场在空间上的正弦变化。例如，如果$t = 0$，则$E = E_o \sin(-kz) = -E_o \sin kz$。另一方面，如果位置$z$固定，则式（3.1）表示场在时间上的正弦变化。如果取$z = 0$为固定位置点，则可得到$E = E_o \sin \omega t$，正好解释了场在时间上的正弦变化。

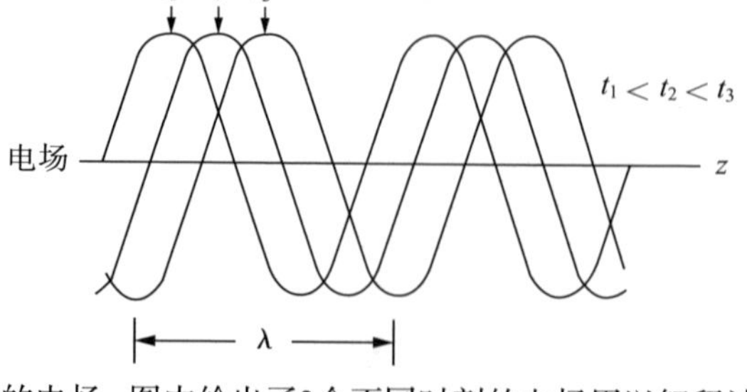

图3.1　沿z方向传播的波的电场。图中给出了3个不同时刻的电场用以解释波在传播方向的运动情况

引入介质折射率n，则波的速度可表示为$v = c/n$，所以有

$$k = \frac{\omega n}{c} \tag{3.3}$$

自由空间的传播常数用k_0表示，因为自由空间的折射率$n = 1$，所以有

$$k_0 = \frac{\omega}{c} \tag{3.4}$$

结合式（3.3）和式（3.4），则在任何介质中的传播常数可由自由空间的传播常数k_0来表示，即

$$k = k_0 n \tag{3.5}$$

根据式（1.3），$\lambda = v/f$。将其代入式（3.2），可以得到

$$k = \frac{2\pi}{\lambda} \tag{3.6}$$

这个方程式将介质中的传播常数与介质中的波长联系起来。由于自由空间的波长$\lambda_0 = c/f$，而介质中的波长 $\lambda = v/f$，所以有

$$\frac{\lambda_0}{\lambda} = \frac{c}{v} = n \tag{3.7}$$

由上式显然可以看出，介质中的波长比自由空间中的波长要短一些，因为介质的折射率要大于自由空间的折射率。

光束的功率与**光强**（由电场强度的平方定义）成比例。强度与**辐射强度**（功率密度）成比例。辐射强度的单位是瓦特/平方米。2.5节研究了一种特殊的光分布，即所谓高斯光束的强度变化。有时，在波动学中也用光强来描述波的总功率，这种用法虽然不精确但很普遍。

如果在传播过程中波的能量没有损耗，则式（3.1）和图3.1的描述是恰当的。但如果衰减比较大，则必须对上面的公式和图进行修改。正确的方程应该是

$$E = E_o e^{-\alpha z} \sin(\omega t - kz) \tag{3.8}$$

其中，ω和k的定义与式（3.1）是相同的，α是**衰减系数**。对光纤而言，表示波在光纤中传播的损耗。α的大小表示波在损耗介质中传播时电场衰减的快慢。虽然光场按指数衰减，但高质量光纤的衰减系数非常小，所以即使传播很长的距离，所产生的衰耗仍然很低（可能仅仅几分贝）。在损耗介质中，场的传播形态如图3.2所示。图中的虚线是因子exp $(-\alpha z)$ 的曲线，正好描述了式（3.8）中的衰减因子。

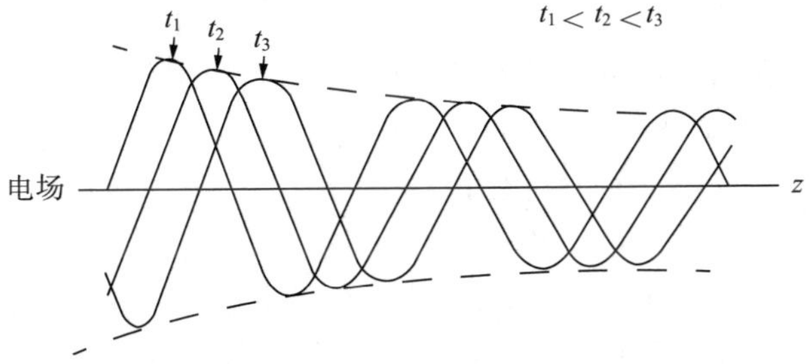

图3.2　行波的衰减

由于光束的强度与其电场强度的平方成比例，所以对应于式（3.8），光束的功率按exp $(-2\alpha z)$衰减。对于传播长度L，输出功率与输入功率的比例是exp $(-2\alpha L)$。因此，用dB表示的功率衰减为

$$\mathrm{dB} = 10\lg\exp(-2\alpha L)$$

由上式可见，在损耗介质中传播时是一个负值。由最后一个表达式，可以得到衰减系数与用dB/km表示的功率衰减（γ）之间的关系，即

$$\gamma = -8.685\alpha \quad \mathrm{dB/km}$$

其中，α的单位是km^{-1}。在习题3.14中，我们要求学生推导这个关系式。此外，还有一个非常有用的关于输入功率、输出功率及传输损耗之间的关系式，即所谓的**比尔定律**

$$P_{\mathrm{out}}/P_{\mathrm{in}} = 10^{\gamma L/10}$$

其中，L是传播距离，γ是用dB/km表示的功率衰减。根据我们的符号规定，损耗对应于α的正值和γ的负值。

3.2 色散、脉冲畸变和信息速率

到现在为止，我们都假设光纤系统中的光源所发出的光是单一波长的（换一种说法，即单一频率的）。实际上，这显然是不真实的，实际的光源在一个特定的波长范围内发光。这个范围称为光源的**线宽**，或称为**谱宽**。光源的线宽越窄，其**相干性**就越好。理想的相干光源发射单波长的光，其线宽为0，因而是理想**单色**的。表3.1给出了常用光源的典型线宽值。用波长$\Delta\lambda$表示的谱宽与由频率Δf表示的带宽之间满足以下关系：

$$\frac{\Delta f}{f} = \frac{\Delta\lambda}{\lambda} \tag{3.9}$$

其中，f是中心频率，λ是中心波长，Δf是发光的频率范围。这个转换关系用简单的数学描述表明，无论是以波长还是以频率为基础，对光源辐射谱宽的相对值都是相同的。

表3.1 典型光源的谱宽

光源	线宽（nm）
发光二极管	20 ~ 100
半导体激光器	1 ~ 5
Nd:YAG激光器	0.1
氦氖激光器	0.002

图3.3解释了前面所论述的一些观点，给出了典型LED的波长分布与发射功率之间的关系。一个信号的波长或频率构成称为其**频谱**。对于图中的LED，其发射中心波长是820 nm（0.82 μm），线宽通常定义为半功率点的宽度。所以，以图中的LED为例，其线宽$\Delta\lambda$ = 30 nm（805 ~ 835 nm）。带宽比为30/820 = 0.037，也就是3.7%。

根据表3.1，半导体激光器（LD）比LED具有更好的相干性。固态的Nd:YAG激光器和氦氖气体激光器（HeNe）要更好一些。然而，由于具有尺寸小和功率要求低的优点，使得LED和LD成为光纤通信系统中使用最多的光源，虽然其线宽远远大于其他激光器。

按照这个观点，人们自然要问：考察一个光源的时候是不是不用考虑其带宽呢？也就是说，是否可以将其当成理想的相干光源？或者，是否真的需要考虑其相干性不好所带来的问题。在接下来的讨论中，将探究光源的谱宽对光纤通信系统的信息容量究竟有什么限制。如果因此而受限的信息容量大于系统要求，则可以不考虑光源的非相干性。

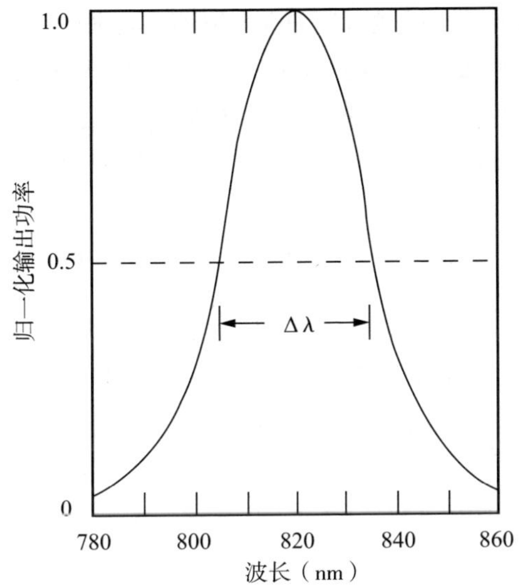

图3.3　发光二极管的光谱

3.2.1　材料色散和脉冲畸变

在2.1节中，将波速v与折射率n用方程式$v = c/n$联系起来。对于光纤中用到的二氧化硅，其折射率是随波长变化的。于是，波的速度也随波长变化。我们将速度随波长变化的这种特性称为**色散**。例如，如果速度的变化是由材料的某些性质引起的，则称之为**材料色散**。对于光纤和其他波导，色散也可能由其自身的结构引起。这种情形称为**波导色散**，将在5.6节中讨论。

考虑一个具有非零谱宽的实际光源发出一个光脉冲到色散的玻璃光纤时的情形。原始脉冲由许多形状完全相同但波长不同的脉冲组成（见图3.4）。这些脉冲以不同的速度传输，到达光纤末端的时间会有细微的差别。在输出端再将其叠加起来，形成输出脉冲，相对于输入信号，输出信号被展宽了。这解释了色散如何导致脉冲畸变。脉冲传输得越远，其展宽就越严重。

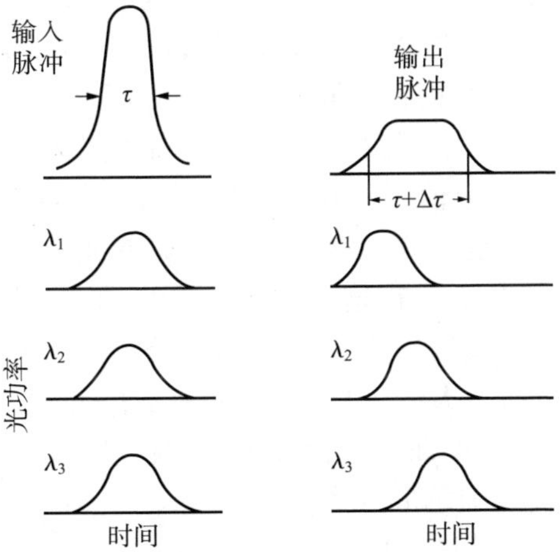

图3.4　在色散材料中传播时产生的脉冲展宽。全脉冲由波长分别为λ_1，λ_2和λ_3的3个子脉冲构成，波长不同的脉冲以不同的速度传播

色散同样会使模拟信号产生失真。图3.5给出了由3个不同波长组成的一个模拟波形的传播。在输入端，3个波长在相位上变化相同，叠加在一起产生一个更大的信号变化。在色散介

质中传播一段距离后，这些不同波长的信号的相位不再相同。当叠加在一起时，所形成信号的幅度变得低于输入信号的幅度。色散并没有改变平均功率或调制频率，但的确减小了信号的幅度变化。传输的信息就包含在信号的变化之中，所以这种幅度衰减是很烦扰的。我们可以将这种结果看成信号峰值的扩展（降低其幅度）和波谷的填充（抬高其幅度）。过度的展宽将造成信号变化的损耗。

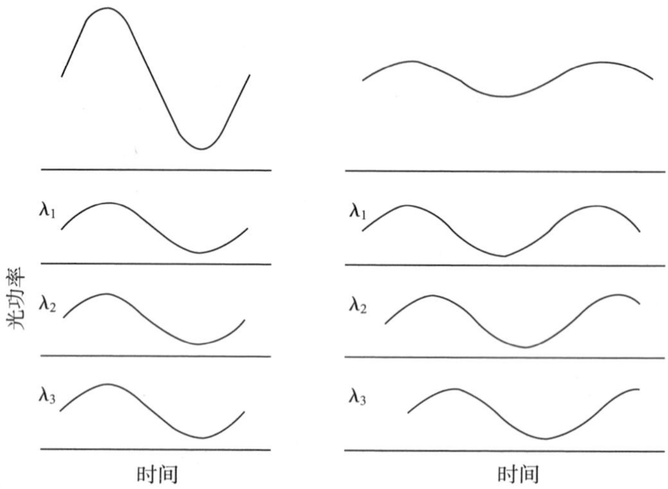

图3.5 色散导致模拟信号的幅度衰减

由材料色散（或波导色散）引起的信号畸变可通过使用窄线宽光源来降低，也就是使用相干性更好的发光器件。半导体激光器在这方面比发光二极管有优势。原则上，可以通过在发射机或接收机端对光束进行滤波来减小色散畸变。光滤波器只允许带宽非常窄的光波到达光检测器。但这种技术有两个缺点：一是很难制造出通带足够窄的滤波器；二是窄带滤波器去除了带外波长的光，因此大大降低了光功率。

石英玻璃中的色散很容易观测到。当一束白光通过一个玻璃棱镜时，分解成多种颜色的光，这是我们都观测到过的色散。这项实验说明了玻璃折射率与波长之间的依赖关系。根据斯涅尔定律［见式（2.3）］，入射光束在不同介质的分界面上会发生弯折。对不同颜色的光，玻璃的折射率不相同，因此弯折角度也不一样。用于制造光纤的石英（SiO_2）玻璃的折射率与波长的关系如图3.6所示。有几个值得注意的特性：因为折射率随着波长的增加而降低，因此在图3.6（a）中，曲线的斜率是负值；斜率的大小随着波长变化；在某个特定的波长（图中的λ_0），折射率曲线存在一个拐点。在这个波长，曲线的斜率最小，如图3.6（b）所示。正因为如此，所以图3.6（b）中曲线的斜率在λ_0处为0。图3.6（c）是折射率对波长的二阶导函数曲线。对纯的二氧化硅，折射率大约为1.45，拐点在1.3 μm附近。如果向SiO_2中掺入少量的杂质，如二氧化锗（GeO_2），折射率曲线就会发生轻微移动。

下面，定量地分析石英玻璃中色散导致的信号畸变。为此，必须找到色散引起的脉冲展宽到底有多大，以及这种展宽与传送的信息量有何关系。

假设τ是脉冲传输距离L所需的时间，图3.7给出了单位距离的传输时间（τ/L）与波长之间的关系。在图3.7（a）中，画出的是非色散介质中的曲线，传输时间与波长是不相关的。在图3.7（b）中，传输时间取决于波长，这与色散介质的特性是相符的。现在，假设一个脉冲的最短波长和最长波长分别为λ_1和λ_2，求解脉冲的展宽。假设这两个波长是光源所发光的通带边缘。也就是说，可以令$\lambda_2 - \lambda_1 = \Delta\lambda$，其中$\Delta\lambda$是光源的谱宽。所有波长介于$\lambda_1$和$\lambda_2$之间的光波到达终点都要比两者中快的要迟一些，而比两者中慢的则要早一些。单位长度传输时间本身并不很重要，相对而言，更重要的量是两个极端波长信号单位长度传输时间的差值。我们用$\Delta(\tau/L)$表示这个量，则有

$$\Delta(\tau/L) = (\tau/L)_2 - (\tau/L)_1 \tag{3.10}$$

其中，$(\tau/L)_1$和$(\lambda/L)_2$分别对应波长λ_1和λ_2的值。$\Delta(\tau/L)$表示**单位长度上的脉冲展宽**，通常简（当然，不够严密）称为**脉冲展宽**。$\Delta\tau = \tau_2 - \tau_1$是实际的脉冲展宽。显然，$\Delta\tau = L\Delta(\tau/L)$。

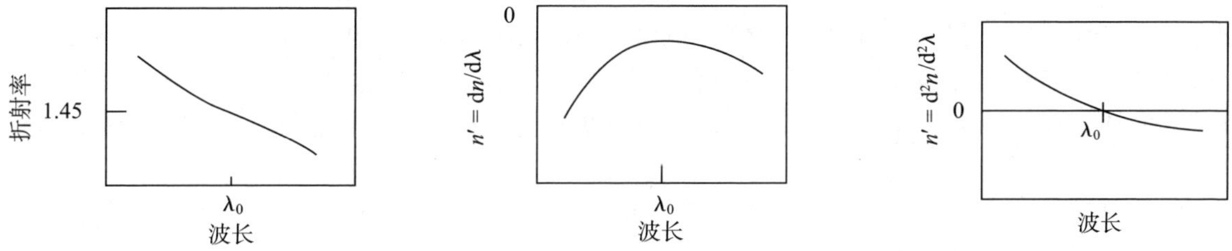

(a) (b) (c)

图3.6 （a）石英玻璃的折射率与波长的关系曲线；（b）（a）图中折射率曲线的一阶导函数（斜率）曲线；（c）（b）图中曲线的一阶导函数（斜率）曲线

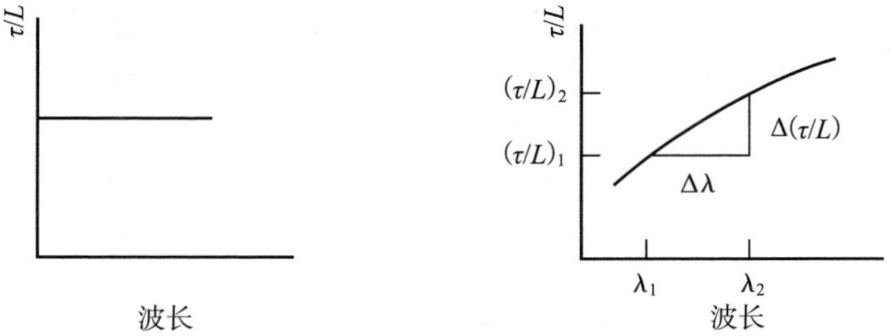

（a）非色散介质 （b）色散介质

图3.7 单位长度的传输时间

在实际情况下，光脉冲的波长范围并没有严格的起始点和结束点，而是渐变上升到一个峰值，然后再慢慢下降，如图3.4所示。脉冲的宽度由其起始点和结束点的定义决定。有很多种不同的定义方法，但都是基于脉冲到达某个相对于其峰值高度的时间。

本书将使用以下定义：脉冲宽度是光功率升到峰值的一半到降低到峰值一半的时间间隔。这样定义的脉冲宽度称为**全宽半高**（full-duration half-maximum，FDHM）脉冲宽度，如图3.4所示。

如图3.7（b）所示，用$(\tau/L)'$表示τ/L曲线的斜率，则有

$$(\tau/L)' = \frac{\Delta(\tau/L)}{\Delta\lambda} \tag{3.11}$$

或

$$\Delta(\tau/L) = (\tau/L)'\Delta\lambda \tag{3.12}$$

分析表明

$$(\tau/L)' = -\frac{\lambda}{c}\frac{d^2 n}{d\lambda^2} = -\frac{\lambda}{c}n'' \tag{3.13}$$

对于上式，我们可以从图3.6（c）得到更为形象的理解，在图中画出了n'' 的曲线。结合后面两个方程式，可以得到$\Delta(\tau/L) = -\lambda n''\Delta\lambda/c$，这个公式描述了脉冲展宽与折射率之间的关系。定义**材料色散**为$M = \lambda n''/c$，则单位长度的脉冲展宽可以写成

$$\Delta(\tau/L) = -\frac{\lambda}{c}n''\Delta\lambda = -M\Delta\lambda \tag{3.14}$$

在图3.8中，画出了纯二氧化硅的材料色散与自由空间波长之间的关系曲线。因为M与n'' 成正比，所以M的曲线与图3.6（c）中的非常相似。材料色散的单位是ps /(nm·km)，其物理含义是光源谱宽每纳米在传播路径上传输每千米的脉冲展宽皮秒数。因为$\Delta\lambda$总是大于零的，这个公式表明当M为正时，脉冲展宽将是负值，也就意味着$(\tau/L)_1 > (\tau/L)_2$。换句话说，就是波长越短（λ_1）传输时间越长，或者说长波长（λ_2）信号要传输得快一些。根据图3.8，对于纯二氧化硅，波长小于1.3 μm时M大于零。当M小于零时，脉冲展宽是正值，短波长脉冲传输得快些（其传输时间要短些）。对于纯二氧化硅，当波长大于1.3 μm时就属于这种情形。对于某些计算，只有脉冲展宽的幅度才是重要的量。在这种情况下，可以忽略式（3.14）中的符号。但是，当我们将材料色散和波导色散一起考虑时，就必须将脉冲展宽的符号计算在内。

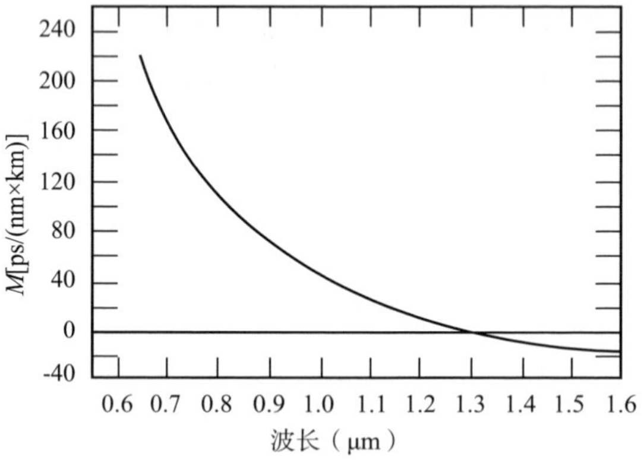

图3.8　纯二氧化硅的材料色散［经允许摘自S. H. Wemple, “Material Dispersion in Optical Fibers,” *Applied Optics*, 18, no. 1 (Jan. 1979), p.33和Corning Glass Works Product Bulletin 1519 (September 1985)］

对于纯二氧化硅，在1.3 μm处材料色散为零。在这个波长上，由于材料色散引起的脉冲展宽也为零。用于制造光纤的石英玻璃的零材料色散波长也在1.3 μm附近。通过**掺杂**（加入少量其他物质到二氧化硅中）可以在大约0.1 μm的范围内改变零色散波长。

例3.1　对于工作在0.82 μm，谱线宽度为20 nm的LED光源，计算在纯二氧化硅中其脉冲展宽。假设传输距离是10 km，$\lambda = 1.5\ \mu m$，$\Delta\lambda = 50$ nm，脉冲展宽是多少？

解：

由图3.8可得，在0.82 μm波长处，$M = 110$ ps/(nm·km)。将其代入式（3.14），可得

$$\begin{aligned}\Delta(\tau/L) &= 110(20)\\ &= 2200\ \text{ps/km} = 2.2\ \text{ns/km}\end{aligned}$$

所以传输10 km后脉冲展宽为22 ns。当波长为1.5 μm时，材料色散为15 ps/(nm·km)，由式（3.14）可得$\Delta(\tau/L) = 750$ ps/km。传输10 km后脉冲展宽是7.5 ns。在长波长段，即使光源谱宽增加，脉冲展宽还是减小了很多。

例3.2　将LED换成谱宽为1 nm的半导体激光器，重新完成例3.1。

解：

由式（3.14）可知，光源谱宽的降低以同一因子对应着脉冲展宽程度的减小。所以传输10 km后，在0.82 μm脉冲展宽是22/20 = 1.1 ns，在1.5 μm脉冲展宽是7.5/50 = 0.15 ns。因此，使用相干性更好的光源将大大降低材料色散的影响。

实际上，即使系统工作在零色散波长附近，完全忽略材料色散也是不对的。原因是光源不可能精确地在零色散波长处发光，波长将随着温度和驱动电流的变化在零色散波长附近变化。而且现实中的光源不可能在某个单一波长上发光，而是在一个波长范围内发光。由于以上原因，在设计1300 nm附近系统时，通常会规定允许的最大脉冲展宽值（非零）。例如，若使用线宽小于或等于2 nm的半导体激光器，则允许的最大脉冲展宽为3 ps/km。在1200 ~ 1600 nm范围内，色散曲线几乎是一条直线。在这个范围内，对于石英光纤的色散系数计算，一个非常有用的近似解析表达式为[2]

$$M = \frac{M_0}{4}\left(\lambda - \frac{\lambda_0^4}{\lambda^3}\right)$$

其中，斜率M_0大约等于−0.095 ps/(nm^2·km)，λ_0是零色散波长，式中所有波长的单位都是nm。通常，光纤制造厂家都会给出M_0和λ_0的值。前面带负号是因为色散曲线的斜率是负的。有些作者的符号使用习惯与本书所采用的相反，因此在他们的书中，色散曲线的斜率大于零，式（3.14）中的负号也就没有了①。

例3.3　设零色散波长为1.3 μm，计算在1.55 μm处的材料色散系数。

解：

使用以nm为单位的波长数值来求解前面的方程是最简单的。否则，要将斜率M_0换算成相应单位。于是有

$$\begin{aligned} M &= \frac{-0.095}{4}\left(1550 - \frac{1300^4}{1550^3}\right) \\ &= -18.6\ \text{ps/(nm}\cdot\text{km)} \end{aligned}$$

这与由图3.8得到的结果是吻合的。

例3.4　假设光源的发光波长为1320 nm，谱宽为2 nm，零色散波长是1300 nm。试计算其脉冲展宽。

解：

在已假设情况下，色散大小为1.86 ps/(nm·km)，所以由式（3.14）可得脉冲展宽$\Delta(\tau/L) = 2\times1.86 = 3.72$ ps/km。对于10 km的传输距离，这种光纤由于材料色散仅引起37.2 ps = 0.0372 ns的脉冲展宽，远远小于例3.1和例3.2中工作波长远离零色散波长的情况下所求得的值。

3.2.2　光孤子

在本节的后面，将介绍脉冲展宽会降低光纤通信系统的带宽和数据容量。正因为如此，各种减小脉冲展宽的技术应运而生。在诸多技术中，已经介绍过的包括：（1）工作在零色散波长上；（2）选用具有强相干性（小的谱宽）的光源。从20世纪80年代中期起，这些解决方

① 国内绝大多数作者都采用与本书相反的符号规则。——译者注

法就得到普遍采用（通常共同使用）。现阶段，采用将光纤的零色散点移位到低损耗波长的解决方案，同时生产相干性更好的激光光源。

另外一种减小脉冲展宽的措施是采用**光孤子**传输技术[3]。光孤子在光纤中传输时不改变其形状，而且脉冲不展宽。这一点是怎么做到的？实际的过程相当复杂，但对光孤子传输的描述可以很简单。因为色散导致光源的某些波长比其他波长传输得快，脉冲被展宽。所以我们要找出光纤是否具有抗拒这种趋势的性质。幸运的是，研究表明光纤确实存在这样的特性。光纤的非线性使其折射率取决于光束的光强。脉冲的传播速度取决于折射率，所以光束的光强反过来又会影响各个频率成分在光纤中传播的速度。由于这种影响很微弱，要使其比较明显则需要相当大的光功率，所以这种现象通常很难被观察到。

要形成光孤子，初始脉冲必须要有一个特定的峰值能量和脉冲形状。更确切地说，就是脉冲能量与脉冲宽度的乘积应该是一个常数。这个常数的值由色散和非线性的大小程度来决定。如果光功率太小，则非线性太弱，不足以补偿色散。如果光功率太大，则由于过度的补偿（距离依赖），脉冲的宽度会在传输过程中不断变化。此外，在玻璃光纤中，产生光孤子的非线性补偿只有在比零色散波长更长的波长上才能实现。在小于零色散波长时，非线性与色散一起会加速短波长信号的脉冲展宽。可以得到以下结论：在石英玻璃光纤中，孤子脉冲仅可能在1300 ~ 1600 nm的工作波长范围内产生。

虽然孤子在传输的过程中保持脉冲宽度不变，但也同其他电磁波一样被衰减。因此，在长距离光通信系统中，必须周期性地对光束进行放大，以保证脉冲能量不低于产生孤子的要求。这可以采用各种不同的光放大器（见6.7节）来实现。

皮秒级的孤子脉冲宽度是可实现的。对应的数据速率（孤子脉冲宽度的倒数）超过10 Gbps。采用光孤子传输技术，可以实现数吉比特每秒的光通信系统。每隔几十千米用一个光放大器，其传输距离可达数千千米。与传统的光纤通信技术相比，这种系统所能实现的数据速率与光纤路径长度的乘积要大得多。

3.2.3 信息速率

任何传输系统的信息容量都受到脉冲展宽的限制，下面将进行介绍。在定量计算中，我们将利用材料色散所引起的脉冲展宽项。但是无论引起信号畸变的原因是什么，我们给出的公式都是适用的。本节将研究脉冲展宽对模拟链路及数字链路的限制。如果不进行冗长而复杂的推导，则无法获得精确的结果。但通过直观的近似分析，也可以获得合理的结论。这些结果对于进行初步设计是非常有用的，而且也可以加深对光纤链路承载信息能力的理解。

首先，考察图3.5所示的正弦调制光束。假设调制频率为f，周期$T = 1/f$；光源所发出的光波的波长在λ_1和λ_2之间。试问，长波长与短波长之间多大的时延是可接受的？图3.9给出了λ_1和λ_2的时延等于半调制周期时的接收功率曲线。其中，半调制周期为

$$\Delta\tau = \frac{T}{2} \tag{3.15}$$

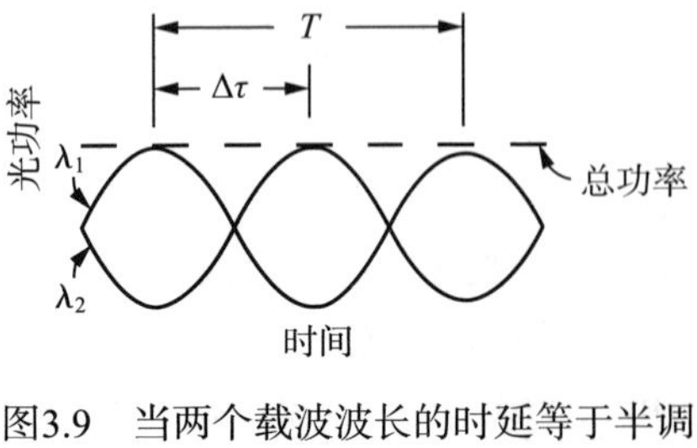

图3.9 当两个载波波长的时延等于半调制周期 $\Delta\tau = T/2$ 时，调制被抵消

当时延为半调制周期时，两束波叠加的结果是调制被完全抵消。λ_1和λ_2之间波长信号的时延比$T/2$小，所携带的调制功率被部分撤销，从而导致接收端只有很小的

信号变化。如果取式（3.15）为最大的可接受脉冲展宽（也就是要求$\Delta\tau \leqslant T/2$），则调制频率由下式决定：

$$f = \frac{1}{T} \leqslant \frac{1}{2\Delta\tau}$$

由这个表达式所决定的上限频率是系统3 dB带宽的一个很好的近似（信号功率降到一半时的调制频率）。一个更准确的近似解析结果是：$f = 1/(2.27\Delta\tau) = 0.44/\Delta\tau$。这个结果是在假设一个特殊的脉冲响应特性（高斯脉冲）条件下得到的，基本符合实际光纤的情况。使用上述两种结果进行初步设计，所得到的系统差别很小。在任意一种情况下，都要考虑光纤的实际响应与假设响应的差异，从而保留一定的带宽余量。如果定义3 dB光带宽为$f_{3\ \mathrm{dB}} = (2\Delta\tau)^{-1}$，频率–距离限制则由下式决定：

$$f_{3\ \mathrm{dB}} \times L = \frac{1}{2\Delta(\tau/L)} \tag{3.16}$$

传输介质的损耗与调制频率的关系曲线如图3.10所示。总的损耗（以dB表示）为$L_a + L_f$，其中L_a是固定损耗（主要是吸收和散射），L_f是与调制频率相关（由脉冲展宽引起）的损耗。对于高斯响应特性，L_f可由下式给出：

$$L_f = -10\lg\left\{\exp\left[-0.693\left(\frac{f}{f_{3\ \mathrm{dB}}}\right)^2\right]\right\} \tag{3.17}$$

当$f << f_{3\ \mathrm{dB}}$时，L_f可忽略不计。

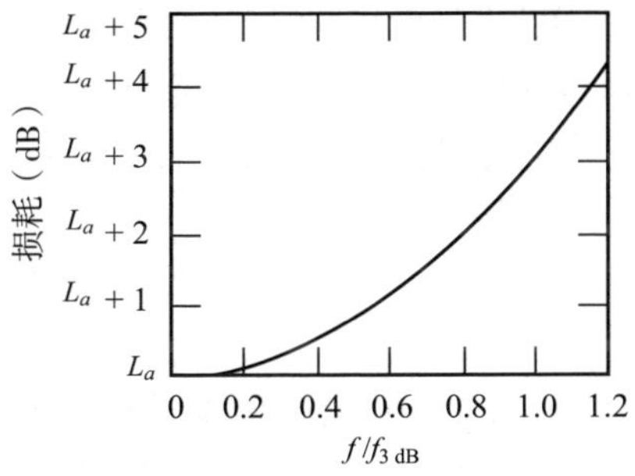

图3.10　损耗与调制频率的关系曲线，L_a是固定损耗

由式（3.17）计算得到，损耗增加1.5 dB带宽的频率等于$0.71f_{3\ \mathrm{dB}}$。

$$f_{1.5\ \mathrm{dB}} = 0.71 f_{3\ \mathrm{dB}}$$

1.5 dB的光带宽是一个重要的参数，在12.1节我们将证明它对应于接收机的电功率衰减一半时的频率。也就是说，**1.5 dB光带宽等于 3 dB电带宽**。用公式的形式可以表示为

$$\begin{aligned} f_{1.5\ \mathrm{dB}}(\text{光}) &= f_{3\ \mathrm{dB}}(\text{电}) \\ &= 0.71 f_{3\ \mathrm{dB}}(\text{光}) \end{aligned} \tag{3.18}$$

因为$f_{3\ \mathrm{dB}}(\text{光}) = (2\Delta\tau)^{-1}$，可以推得

$$f_{3\ \mathrm{dB}}(\text{电}) = \frac{0.35}{\Delta\tau}$$

和

$$f_{3\ \mathrm{dB}}(\text{电}) \times L = \frac{0.35}{\Delta(\tau/L)} \tag{3.19}$$

下面，将考察图3.11所示的归零（return-to-zero，RZ）数字信号。每个比特占用时间间隔T，数据速率$R = 1/T$ bps。按照这种格式，脉冲占用半个时隙。也就是说，脉冲持续时间为$T/2$。这种脉冲的功率谱也在图3.11中给出。由于绝大部分信号功率在$1/T$ Hz之下，所以归零信号在带宽为$1/T$ Hz的系统中能充分传输。用正弦信号近似代替归零信号，也可以得到相同的结论。传输这种正弦信号的系统在传输实际脉冲时不会造成附加的劣化。正如图3.11所示，近似正弦信号的频率为$1/T$，从而证实了上面的带宽要求。

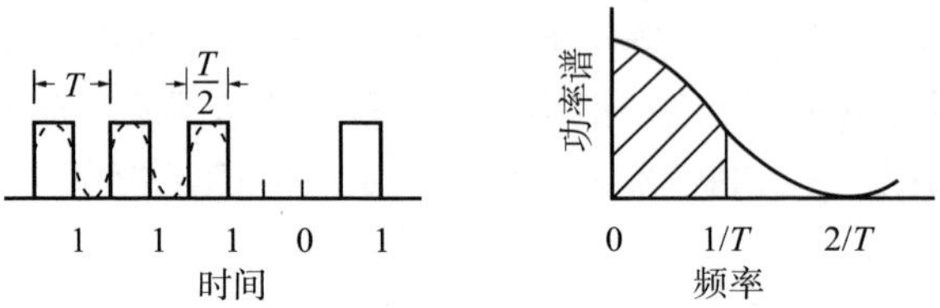

图3.11 归零信号及其功率谱。图中的虚线是正弦近似曲线，阴影区域指出了需要的传输带宽

按照习惯，我们用3 dB电频带表示系统带宽。根据式（3.19），有

$$R_{\mathrm{RZ}} = \frac{1}{T} = f_{3\ \mathrm{dB}}（电）= \frac{0.35}{\Delta\tau}$$

或

$$R_{\mathrm{RZ}} \times L = \frac{0.35}{\Delta(\tau/L)} \qquad （3.20）$$

假设最大允许的脉冲展宽等于脉冲宽度的70%，同样可以得到式（3.20）。归零脉冲的宽度是周期的一半，因此可得$\Delta\tau = 0.7T/2 = 0.35T$。从而有$R = 1/T = 0.35/\Delta\tau$，这与上面的结果相同。当脉冲展宽小于时隙的35%时，相邻脉冲得到较好的分隔。如果这个条件不满足，则脉冲将有部分展宽到相邻时隙，从而引起**码间串扰**，并增加检测误码率。

最后，我们考察图3.12所示的非归零（non-return-to-zero，NRZ）数字信号。同样是每个比特占用时间T，数据率$R = 1/T$ bps。图中也画出了脉冲的功率谱。要求的传输带宽是$1/2T$，恰好是归零码系统的一半。这是因为非归零信号的脉冲宽度是归零信号的两倍，而脉冲的带宽与脉冲的宽度成反比。在图3.12中也画出了近似代替非归零信号的正弦曲线。近似正弦信号周期为$2T$，频率为$1/2T$，从而证实了带宽要求。因此，可以得到以下结论：最大允许的数据速率$R = 1/T = 2f$，其中f是系统带宽。使用3 dB电带宽，通过式（3.19），可以得到

$$R_{\mathrm{NRZ}} = 2f_{3\ \mathrm{dB}}（电）= \frac{0.7}{\Delta\tau}$$

或

$$R_{\mathrm{NRZ}} \times L = \frac{0.7}{\Delta(\tau/L)} \qquad （3.21）$$

对于非归零脉冲序列，最大允许的脉冲展宽是脉冲宽度T的70%。

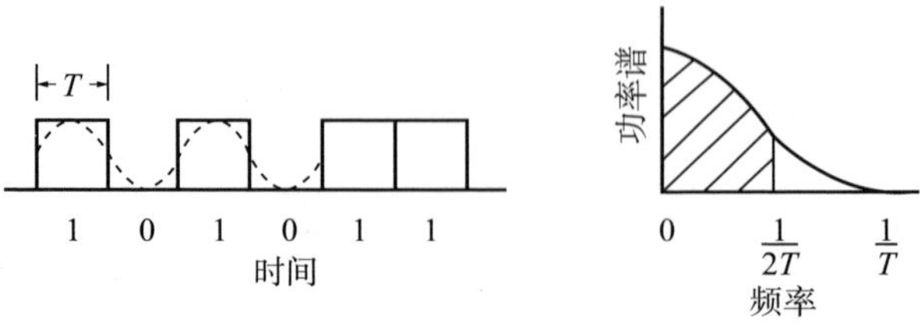

图3.12 非归零信号及其功率谱。图中的虚线是正弦近似曲线，阴影区域指出了需要的传输带宽

例3.5　对于例3.1和例3.2中设定的条件，计算数据速率–距离积和带宽–距离积。

解：

前面两个例子中各种情形下的脉冲展宽，全部列在表3.2中。利用式（3.16）及式（3.19）至式（3.21）计算得到的数据结果在表格的后面几列。

表3.2　信息容量的例子*

			光		电		
光源	λ (μm)	$\Delta\lambda$ (nm)	$\Delta(\tau/L)$ (ns/km)	$f_{3\,dB}\times L$ (GHz·km)	$R_{NRZ}\times L$ (Gbps·km)	$f_{3\,dB}\times L$ (GHz·km)	$R_{RZ}\times L$ (Gbps·km)
LED	0.82	20	2.2	0.23	0.32	0.16	0.16
LED	1.5	50	0.75	0.67	0.94	0.47	0.47
LED	1.3	50	0.15	3.33	4.67	2.33	2.33
LD	0.82	1	0.11	4.55	6.4	3.2	3.2
LD	1.5	1	0.015	33.33	46.7	23.3	23.3

* 受限于二氧化硅中的材料色散。

例3.6　对于表3.2中列出的光源，10 km光纤链路的带宽限制和数据速率限制是多少？

解：

简单地将表中的速率–距离积和带宽–距离积直接除以10。对于中心发光波长为0.82 μm的LED，可以得到

$$f_{3\,dB} = 23\text{ MHz}$$
$$R_{NRZ} = 32\text{ Mbps}$$
$$f_{3\,dB}(\text{电}) = 16\text{ MHz}$$
$$R_{RZ} = 16\text{ Mbps}$$

对于中心发光波长为1.5 μm的LED，有

$$f_{3\,dB} = 67\text{ MHz}$$
$$R_{NRZ} = 94\text{ Mbps}$$
$$f_{3\,dB}(\text{电}) = 47\text{ MHz}$$
$$R_{RZ} = 47\text{ Mbps}$$

对于中心发光波长为0.82 μm的LD，有

$$f_{3\,dB} = 455\text{ MHz}$$
$$R_{NRZ} = 637\text{ Mbps}$$
$$f_{3\,dB}(\text{电}) = 320\text{ MHz}$$
$$R_{RZ} = 320\text{ Mbps}$$

对于中心发光波长为1.5 μm的LD，有

$$f_{3\,dB} = 3.3\text{ GHz}$$
$$R_{NRZ} = 4.7\text{ Gbps}$$
$$f_{3\,dB}(\text{电}) = 2.33\text{ GHz}$$
$$R_{RZ} = 2.33\text{ Gbps}$$

表3.2所示的结果（包括1.3 μm的 LED系统数据）明确地说明工作在长波长的优势，对于高速长距离的应用，采用相干性更好的半导体激光器比发光二极管要好得多。但使用半导体

激光器工作在长波长区域的系统要比使用发光二极管工作在短波长区域（0.8 ~ 0.9 μm）的系统复杂得多，而且成本也高得多。所以，只有在对系统性能要求很高的情况下，才采用前者。表格中列出的速率相当高，在一些系统中由于模式色散引起的失真（将在5.6节介绍）会产生额外的脉冲展宽，速率会低一些。

无论脉冲展宽是由材料色散还是其他原因引起的，由式（3.16）及式（3.19）至式（3.21）决定的信息容量限制都适用。因为在推导过程中做了一些近似假设，因此上述公式的结果也是近似的。但是，在进行系统初步设计时，借其的确可以得到有价值的参考值。由于这些公式揭示了脉冲展宽与最大允许的数字数据速率和模拟调制频率之间的关系，因而具有重要意义。

3.3 偏振

对于光束的电场，有几个与之相关的方向。其中，传播方向已经在讨论相移、波长、速率和传播损耗时进行了介绍。另一个是电场强度矢量本身的方向。图3.13给出了一个简单平面波的矢量E与传播方向的关系。波沿z轴方向传播，电场矢量指向x轴方向。如果电场仅指向一个方向，则称为**线偏振**，因为该指向总是在同一直线上。

在无边界的介质中传播的平面波，其电场矢量总是与传播方向正交的。在图3.13中，平面波沿z轴方向传播时，其电场矢量也可以指向y轴方向。实际的偏振方向是由光源的偏振方向和光波所通过的偏振敏感元件的特性决定的。可能同时有两列波沿z轴方向传播，其中一个是x轴方向偏振的，一个是y轴方向偏振的。因为偏振方向相互正交，因此这两束波是相互独立的。经常用“**模式**”这一术语来指出一个电磁波在确定方向传播时不同的特性。这两束相互独立的波也可以看成无边界介质中的平面波模式。也有可能出现其他模式，其偏振方向在xy平面内，与x轴和y轴成一定角度。xy平面内任意方向的电场矢量都可以分解成x方向和y方向两个分量，所以这样一个电场矢量可以看成由上面描述的两个模式所组成。

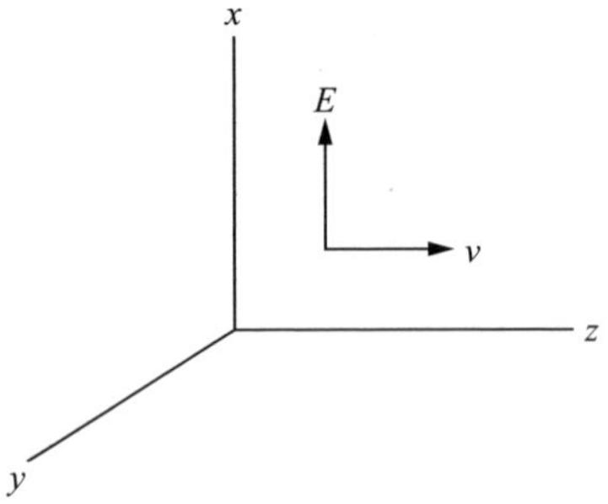

图3.13 电场矢量沿 x 轴方向偏振，沿z轴方向传播的波

如果一个电磁波的电场矢量的取向是随机变化的，则该电磁波称为**非偏振波**。在光纤中传播的绝大多数波都是非偏振的。

在一个波导结构中，例如在光纤中，可能存在很多模式。偏振仅仅是波导中各种不同模式中的一种。有关模式的概念将在第4章和第5章中进一步介绍。模式概念对光通信系统的设计及其传输容量起着非常重要的作用。

3.4 谐振腔

一个射频振荡器一般由一个放大器、一个调谐电路和一个反馈装置构成。反馈装置将放大器的输出回授到输入端，使得信号周期性地通过放大器，从而得到充分放大。经过一个极短的时间后达到稳态状态，这时系统的损耗（从振荡器获得的有用的功率输出，再加上其他损耗，例如发热）正好等于从放大器获得的增益。达到稳态状态后，振荡器保持恒定的输出功率。调谐电路决定振荡器的振荡频率。

激光器是一个极高频的振荡器，称其为**光振荡器**也许更为准确。其功能与低频振荡的相似。图3.14中的激光器由圆柱形介质及其两个端面的反射镜构成，介质起放大作用。光在这种介质中的放大机理将在第6章介绍。介质的特性决定了激光器的输出频率和谱宽。

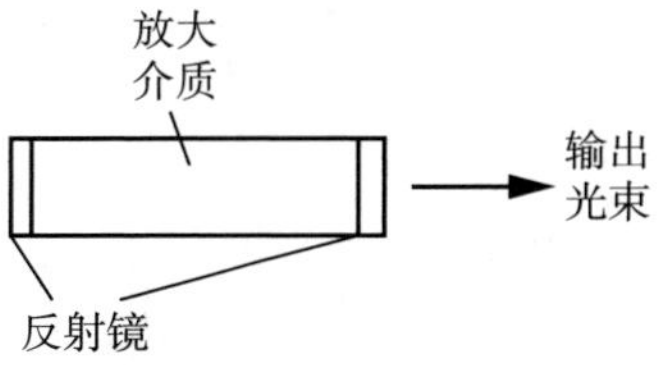

图3.14　一个由放大介质和两个端面反射镜构成的激光器

本节，我们主要关注反射镜的功能。反射镜为光振荡器提供反馈，使光反复地通过放大介质。光从激光器的一个部分透光的镜面输出。有些激光器的两个镜面都可以透光，允许从器件的两端获得光功率输出。这种结构对于光纤通信系统中的半导体激光器是非常有价值的。一个发光面发出的光被耦合进传输光纤，另一个端面发出的光用来监测光源的状态。这样能很快检测到光功率的起伏，通过驱动电路的自动调整使得激光器发光功率保持在平稳状态。

图3.14中的两个端面反射镜构成了一个谐振腔（通常称为**法布里–珀罗腔**），在腔体内存在两束波，一束向右传播，一束向左传播。在图3.15中，画出了光波在长度为L的谐振腔内不同时刻的波形。最顶端的图描述了向右传播的波；中间的图描述了向左传播的波；谐振腔内总的场是两个传播的波的叠加，最下面的图则给出了在不同时刻的波形。这些图表明电磁波会互相干涉。当波具有相同的相位时，产生**相长**叠加，即相互加强。图中t_1和t_3时刻就是这种情形，总场强比两者中的任意一个都大。当两束电磁波的相位相差180° 时，如图中的t_2时刻，将产生**相消**叠加。当这样的两束波的幅度相等时，总场为零。这就是光具有波的特性的例子。如果在同一幅图中画出叠加场在各个时刻的波形，则可以发现具有波峰、波谷交替出现的特殊形式，即图3.16所示的**驻波图形**。在某些特定的点上，场总是为零。而在其他点上，场量在图中的包络线内振荡，包络本身是固定的。当我们将绳子的一端固定，抖动另一端时，也会发现同样的现象。振动形成了驻波分布，沿着绳子产生了波峰和波谷。

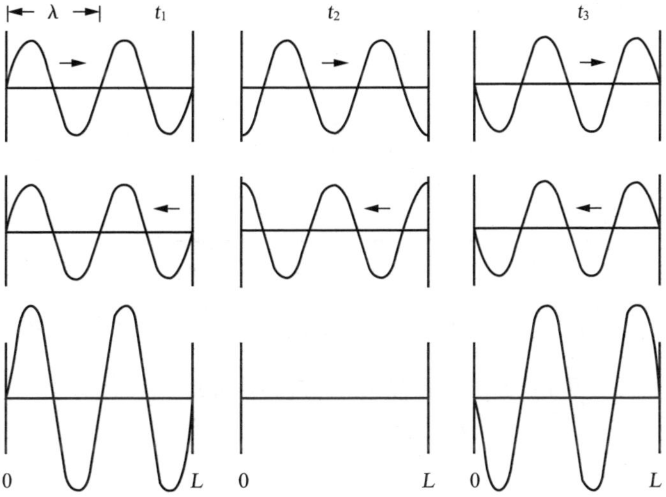

图3.15　光波在长度为 L 的谐振腔内不同时刻的波形：$t_3 > t_2 > t_1$。最顶端的图描述了向右传播的波；中间的图描述了向左传播的波；最下面的图则是腔内的合成波形

为了产生稳定的驻波场，谐振腔的长度必须是半波长的整数倍，也就是

$$L = \frac{m\lambda}{2} \tag{3.22}$$

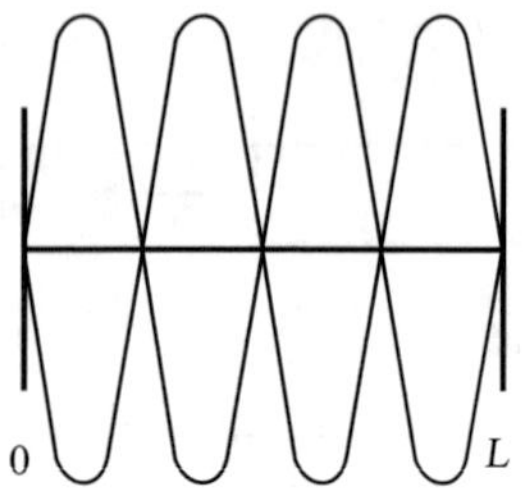

图3.16　谐振腔内的驻波图形

其中，λ是在谐振腔内的介质中测得的波长，m是正整数。图3.15画出的是一个腔长为波长两倍的谐振腔内的波形图，因此能看到波在沿谐振腔长度上有两个完整的周期。因为$L = 2\lambda$，所以式（3.22）中的$m = 4$。只有波长满足式（3.22）的电磁波才能在谐振腔内存在稳定状态。任何其他波长的光波入射到谐振腔内时，会被反射镜来回反射，产生相消干涉，这样的波衰减得非常快。所以我们说谐振腔在满足式（3.22）的波长上**振荡**，即

$$\lambda = \frac{2L}{m} \tag{3.23}$$

式（3.22）也可以通过下面的方法推导出来。当一个电磁波在腔体内传播一个来回时，则其相移应该是2π的整数倍，才能实现其分布的自身重复。由3.1节可知，相移等于kz，其中$k = 2\pi/\lambda$，z是传播路径的长度。在谐振腔内传播一个来回，则谐振条件是$k2L = m2\pi$，将$k2$代入此谐振条件，即可得到式（3.22）。

根据式（3.23），谐振腔仅在一些波长或频率上振荡。结合式（3.23）和式（1.3）中的关系式$v = c/n$，可以求得谐振频率为

$$f = \frac{mc}{2nL} \tag{3.24}$$

其中，n是谐振腔内介质的折射率。图3.17标出的各个频率是谐振腔的**纵模**谐振频率。相邻纵模间的频率间隔是

$$\Delta f_c = \frac{c}{2Ln} \tag{3.25}$$

有必要求出对应自由空间的波长间隔$\Delta\lambda_c$。利用$\Delta f_c/f = \Delta\lambda_c/\lambda_0$，其中$\lambda_0$是自由空间的平均波长，$f$是平均频率。因为$f = c/\lambda_0$，于是可以得到

$$\Delta\lambda_c = \frac{\lambda_0^2}{c}\Delta f_c \tag{3.26}$$

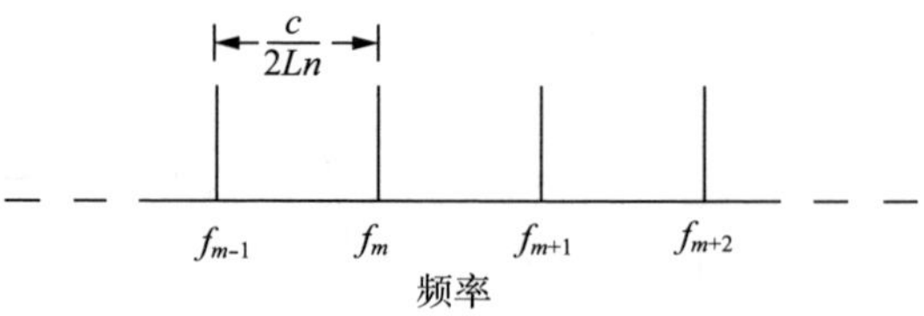

图3.17　谐振腔的谐振频率

例3.7　假设谐振腔长度为0.3 mm，腔内填充介质为AlGaAs。试计算相邻纵模间的频率间隔和波长间隔。这是典型AlGaAs半导体激光器的结构参数，其中心波长为0.82 μm，介质的折射率等于3.6。

解：

根据式（3.25），可以求得纵模间的频率间隔为

$$\Delta f_c = \frac{3 \times 10^8}{2(0.3 \times 10^{-3})(3.6)}$$
$$= 139 \times 10^9\ \text{Hz}$$

从式（3.26），可以求得到波长间隔为

$$\Delta\lambda_c = \frac{(0.82\times10^{-6})^2(139\times10^9)}{3\times10^8} = 3.11\times10^{-10}\ \text{m}$$

或

$$\Delta\lambda_c = 0.311\ \text{nm}$$

在前面的章节中，我们已经提到过的半导体激光器的谱宽都在1～5 nm之间。假设例3.7中的光源谱宽Δλ= 2 nm，意味着AlGaAs介质对于在819～821 nm之间振荡的激光器具有足够的放大能力，如图3.18所示。谐振腔只允许频率在此谐振范围内的光波存在。由于谐振波长之间的间隔是0.311 nm，所以在输出端会有$\Delta\lambda/\Delta\lambda_c = 2/0.311 \backsimeq 6$个分离的波长。在图3.18中，画出了这6个纵模。如果反射镜是理想反射的，则这些分离的纵模将是零宽度的。但实际情形却不是这样，所以图3.18中的各个纵模都稍微有些展宽。因为由材料色散引起的脉冲畸变，主要由光源所发光的最长波长与最短波长之间的宽度决定。因此，各个纵模的精确功率分配并不很重要。如果将谐振腔适当设计，用于激励单一纵模，则光源的输出谱宽将大大减小，脉冲展宽从而也将大大降低。制造**单纵模**激光器的方法的确存在。但是，由于制造复杂性的增加，因此单纵模激光器比多纵模半导体激光器贵得多。

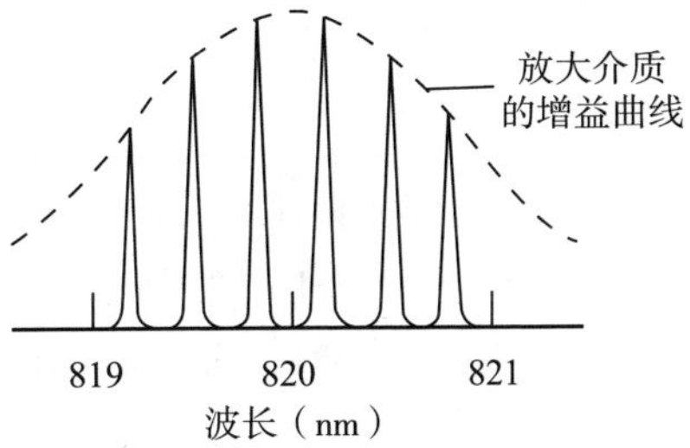

图3.18　半导体激光器的输出功率（实线）。图中有6个纵模，总谱宽接近2 nm

3.5　平面边界上的反射

在两种电介质的分界面上，与光的反射相关的诸多问题是光学中的重要内容。这些问题对于光纤通信系统的设计和分析尤为重要。图3.19所示的各种情形都会形成反射面，主要包括：

1. 从空气到玻璃的边界，在此界面上光从光源耦合进光纤。
2. 光纤的纤心与包层的界面。
3. 两个空气–玻璃边界，这种情形是由于两根光纤连接在一起时，光纤端面之间存在空气缝隙形成的。

光在输入端和连接缝隙间的反射应该足够小，因为这样的反射会损失传输功率。在进行系统功率预算时，必须将这些损耗也计算在内。另一方面，在光纤中纤心包层边界的反射率（图3.19中的B点）应越高越好，这样才能最大限度地将光保留在纤心中。本节将计算各种反射的大小。

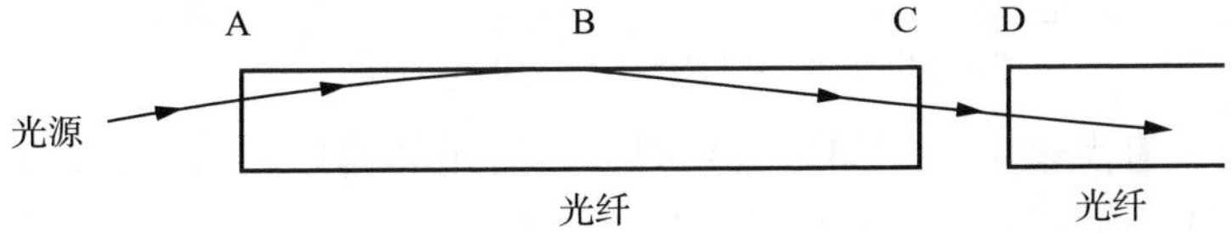

图3.19　光纤系统中的反射面。光束在输入端反射（A），在纤心包层界面反射（B），在接头处的空气缝隙界面上反射（C或D）

在图3.20所示的情况下，光垂直入射到边界面，反射损耗的计算最简单。定义**反射系数**ρ为反射电场与入射电场的比值。对于垂直入射，等于[4]

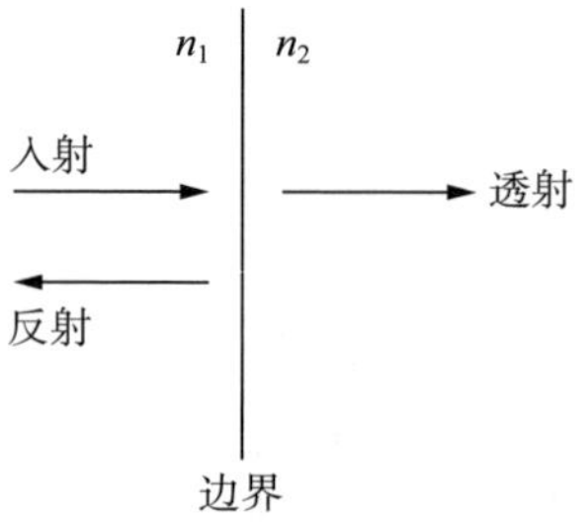

图3.20 入射波在两种电介质（折射率分别为n_1和n_2）的平面分界面上部分透射，部分被反射

$$\rho = \frac{n_1 - n_2}{n_1 + n_2} \tag{3.27}$$

其中，n_1是入射区域的折射率，n_2是传播区域的折射率。如果$n_2 > n_1$，则反射系数小于零，这说明入射电场与反射电场之间有180°的相移。

反射比R是反射光强与入射光强的比值。因为光的强度与其电场的平方成正比，所以反射比等于反射系数的平方，即

$$R = \left(\frac{n_1 - n_2}{n_1 + n_2}\right)^2 \tag{3.28}$$

例3.8 对于空气–玻璃界面，计算反射功率和传输功率所占的比例。同时，计算以dB为单位的传输损耗。设玻璃的折射率为1.5。

解：

由式（3.28）可得

$$R = \left(\frac{1 - 1.5}{1 + 1.5}\right)^2 = 0.04$$

由此可见，4%的光被反射，96%的剩余光功率被传输出去。于是，传输损耗等于–10 lg 0.96 = 0.177 dB。

粗略地讲，当光从空气进入玻璃时，大约会有0.2 dB的反射损耗。因为式（3.28）的对称性，当光从玻璃进入空气时，也会产生相同的损耗。

第2章研究了从任意方向入射的光波的入射角、反射角和透射角之间的关系。图2.1解释了这个问题。为了便于参考，定义边界面的法线和入射波传播方向所决定的平面为**入射平面**。在图2.1中，入射平面就是图所在平面。反射光的比例由入射角和与入射平面相关的电场偏振方式决定。前面已经提到过，电场矢量是与传播方向垂直的。反射系数取决于电场相对于入射平面是垂直偏振还是平行偏振。我们称垂直偏振波为s偏振，平行偏振波为p偏振。图3.21说明了这两种情形。任何入射场都可以分解成p分量和s分量。p偏振和s偏振的反射系数由**菲涅耳反射定律**[5]决定，即

$$\rho_p = \frac{-n_2^2 \cos\theta_i + n_1\sqrt{(n_2^2 - n_1^2 \sin^2\theta_i)}}{n_2^2 \cos\theta_i + n_1\sqrt{(n_2^2 - n_1^2 \sin^2\theta_i)}} \quad \text{（平行偏振）} \tag{3.29}$$

$$\rho_s = \frac{n_1 \cos\theta_i - \sqrt{(n_2^2 - n_1^2 \sin^2\theta_i)}}{n_1 \cos\theta_i + \sqrt{(n_2^2 - n_1^2 \sin^2\theta_i)}} \quad \text{（垂直偏振）} \tag{3.30}$$

虽然表面看上去有点复杂，但如果折射率、入射角和偏振方式都已知，这两个公式是很容易计算的。式（3.29）和式（3.30）的重要性是不言而喻的。因为它们指出，光纤介质能够导光。

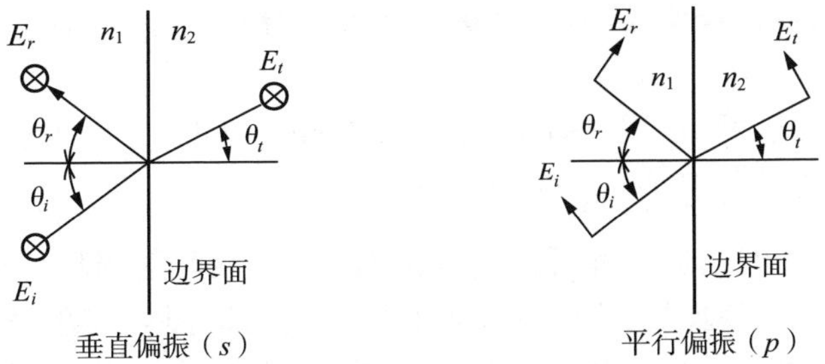

图3.21 边界面上的反射分成两种偏振状态。带叉的圆圈表示场矢量指向纸面

将反射系数平方，可得到反射比。也就是说，$R = |\rho|^2$。图3.22给出了空气–玻璃界面的反射比，而图3.23则给出了玻璃–空气界面的反射比。图中给出了两种可能的偏振状态在任意两种电介质界面上发生反射时的一般特性。其中有一些是令人感兴趣的，但可能不是预期的特点，可以归纳如下。

1. 当入射角接近零时，反射比变化很小。对于空气–玻璃界面，垂直入射时计算得到的反射比是4%，对于入射角小于20°时都是一个比较合适的近似值。
2. 对于某个特定的入射角和偏振状态，反射比是零，意味着波的完全传输。
3. 对于一定范围的入射角，反射比等于1，这就是所谓的全反射。

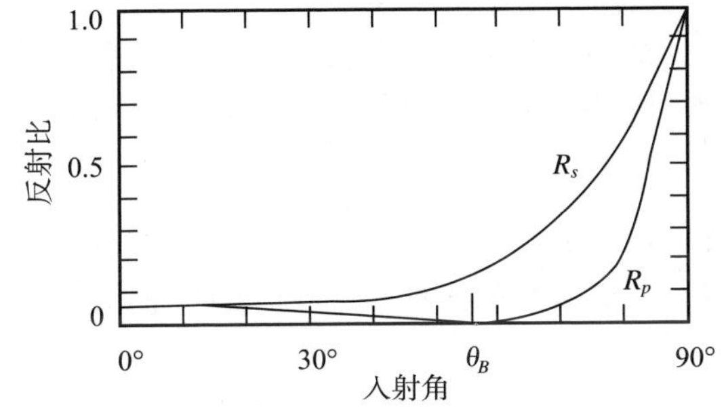

图3.22 空气–玻璃界面的反射比，$n_1 = 1.0$，$n_2 = 1.5$

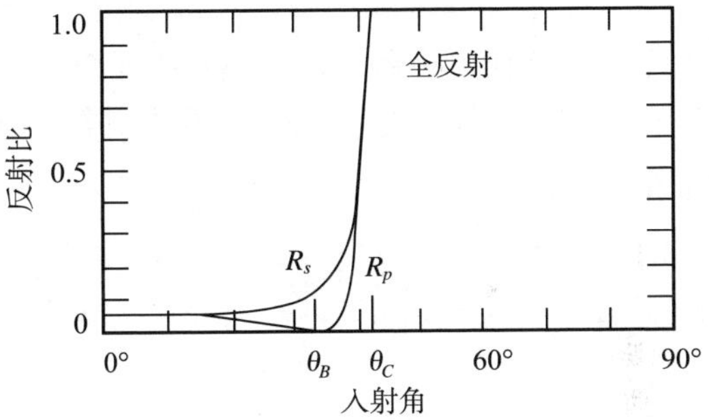

图3.23 玻璃–空气界面的反射比，$n_1 = 1.5$，$n_2 = 1.0$

首先，考察零反射的情形。图3.22和图3.23显示，零反射只会发生在平行偏振情况下。当式（3.29）的分子为零时，反射系数ρ_p（反射比为$|\rho_p|^2$）等于零。于是，可以求得这时的入射角θ_B，称为**布儒斯特角**，满足方程式

$$\tan\theta_B = \frac{n_2}{n_1} \tag{3.31}$$

不存在可以令式（3.30）中ρ_s为零的入射角。当我们要无反射损耗地将一束光入射（或出射）到电介质中时，布儒斯特角是非常有用的。图3.24中给出其特定的应用，其中氦氖气体激光管末端的玻璃窗就是以布儒斯特角放置的。平行偏振的光束可以无反射损耗地通过玻璃窗口来回传播。

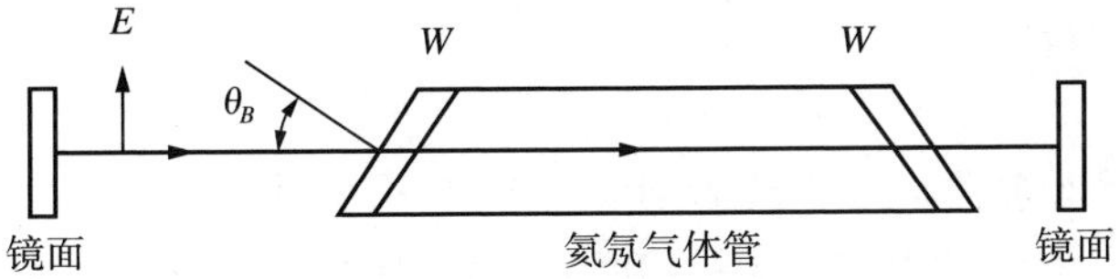

图3.24 氦氖气体激光管末端的布儒斯特角窗（W）

例3.9 试求空气–玻璃界面和玻璃–空气界面的布儒斯特角。

解：

对于空气–玻璃界面，利用式（3.31），可以求得$\tan\theta_B = 1.5$，所以$\theta_B = 56.3°$。对于玻璃–空气界面，$\tan\theta_B = (1.5)^{-1}$，所以$\theta_B = 3.37°$。

现在回到图3.19，我们知道在光纤的输入端有0.2 dB的反射损耗。在第8章中，将对光源的耦合进行详细的研究，我们发现还有附加（相当大的）损耗。在每个光纤与光纤的连接点，每个界面都存在大约0.2 dB的损耗。所以总的反射损耗是0.4 dB。有关连接器的进一步分析也将在第8章中展开。在纤心和包层的界面之间还存在全反射。全反射是一个非常重要的概念，所以下面一节都是有关全反射的。

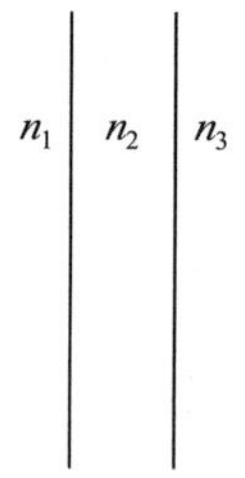

图3.25 消反射涂覆层

当一束光从一种材料传播到另一种材料时，可以通过在两者之间加入一层薄的涂覆层来减少光的反射，如图3.25所示。如果涂覆层的厚度是波长的四分之一（其中波长是在中间层测得的），则反射比等于

$$R = \frac{[n_1 n_3 - n_2^2]^2}{[n_1 n_3 + n_2^2]^2} \tag{3.32}$$

这个结果表明，如果要使反射比为零，则涂覆层的折射率应该为

$$n_2 = \sqrt{n_1 n_3} \tag{3.33}$$

我们称能减小反射比的涂覆层为**消反射**（antireflection，AR）**涂覆**。遗憾的是，并不是总能找到一种折射率满足式（3.33）的透明材料。但是，任何折射率在n_1和n_3之间的透明材料都可以降低反射。

例3.10 对于空气–玻璃界面，计算可获得零反射的涂覆层的折射率大小。接着，假设涂覆物质是氟化镁，计算反射光占总入射光的比例和涂覆层的厚度。已知在真空中测得的光波长是0.8 μm。

解：

由式（3.33）可知，对于零反射应有$n_2 = (1.5)^{0.5} = 1.225$。遗憾的是，没有一种合适的材料有这样的折射率。从表2.1中我们知道，氟化镁的折射率是1.38。将这个值作为n_2代入式（5.32），可得

$$R = \frac{[1.5 - 1.38^2]^2}{[1.5 + 1.38^2]^2} = 0.014$$

于是，反射比由没有涂覆层时的4%降到了1.4%。由式（3.7）可求得氟化镁中的光波长等于0.8/1.38 = 0.5797 μm。涂覆层的厚度应是1/4波长，即0.145 μm。

上面给出的分析结果仅当边界面是光滑面时才成立。光在光滑面上发生**镜面反射**。只有当表面的不平程度与入射光的波长相比很小时，才会发生镜面反射。如果反射面很粗糙，则入射光在很大的一个角度范围内被散射。这种现象称为**漫反射**。漫反射不遵循斯涅尔定律和菲涅耳反射定律。

3.6 全反射临界角

如图3.23所示，当入射角大于某个特定值θ_c时，将发生全反射。我们称θ_c为**临界角**。在式（3.29）和式（3.30）中，分别令$|\rho_p| = 1$和$|\rho_s| = 1$，则很容易得到 $n_2^2 - n_1^2 \sin^2\theta_i = 0$。满足这个方程式的角度就是临界角，因此有

$$\sin\theta_c = \frac{n_2}{n_1} \tag{3.34}$$

因为任何角度的正弦值都不会比1大，所以由上面的结果可知，仅当$n_1 > n_2$时，即光从高折射率区域向低折射率区域传播时，才存在全反射临界角。这就解释了为什么在图3.23（玻璃–空气界面）中存在临界角，而在图3.22（空气–玻璃界面）中却不存在临界角。要强调的一点是，式（3.34）与波的偏振方向无关，对于电场矢量在垂直方向和水平方向都是适用的。

当入射角大于临界角时，$\sin\theta_i$比$\sin\theta_c$大，于是$n_1^2\sin^2\theta_i > n_2^2$。因此式（3.29）和式（3.30）中平方根符号内的因子将小于零。由于一个负数的平方根是一个虚数，所以ρ_p和ρ_s具有形式

$$|\rho| = \frac{|A - \mathrm{j}B|}{|A + \mathrm{j}B|}$$

其中，A和B是实数，j是虚数单位。因为$A-\mathrm{j}B$和$A+\mathrm{j}B$的模都是$\sqrt{(A^2 + B^2)}$，所以ρ的模是1。对于所有满足$\theta_i \geqslant \theta_c$的角度，反射比$R = |\rho|^2$都等于1。

利用斯涅尔定律，也可以推导出与全反射相关的结论。我们考虑玻璃–空气界面，由式（2.3）可以求得，所有入射光的透射角满足$\sin\theta_t = (n_1/n_2)\sin\theta_i$。在图3.26中给出了这个结果。正如图中所示，透射角比入射角增加得快些。当$\sin\theta_i = n_2/n_1$时，透射角等于90°恰好是式（3.34）中的临界角条件。考察图3.27，可以很清楚地得到90°透射角的含义：透射波不再进入第二种介质。于是，可以得到这样的结论：所有的光都被反射回到第一种介质。我们将发生在电介质与电介质分界面上的完全反射称为**内全反射**。

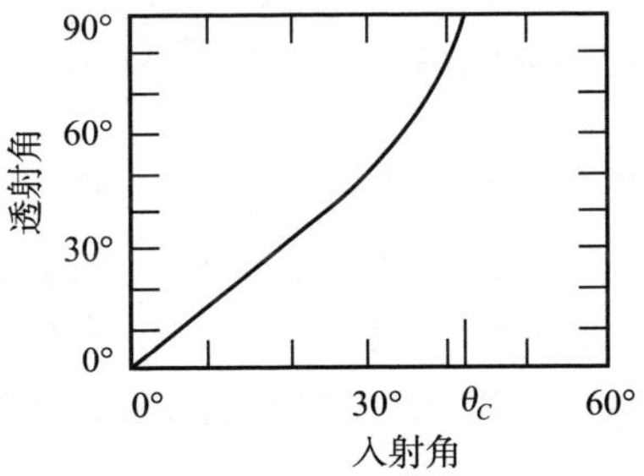

图3.26　玻璃到空气界面的透射角，$n_1 = 1.5$，$n_2 = 1.0$

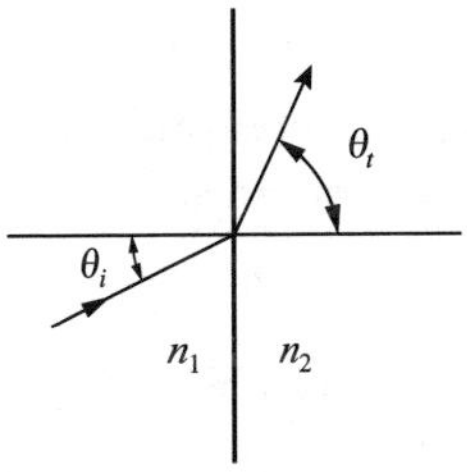

图3.27　$n_1 > n_2$时，随着θ_i的增加，θ_t有可能逼近90°

在表3.3中，列出了根据式（3.34）求得的几种不同材料组合的临界角。表中的塑料–塑料界面数据是根据典型的全塑料光纤列出的，其纤心与包层具有不同的折射率。玻璃–塑料界面对应由玻璃纤心和塑料包层构成的光纤。玻璃–玻璃界面对应着全玻璃光纤，其纤心与包层的组成成分有微小不同，因此折射率也有些差异。这些光纤通过全反射来引导光，将光线约束在纤心内。为了无损耗地导光，光线的入射角必须大于或等于临界角。

表3.3　临　界　角

边界面	n_1	n_2	θ_c
玻璃–空气	1.5	1.0	41.8°
塑料–塑料	1.49	1.39	68.9°
玻璃–塑料	1.46	1.4	73.5°
玻璃–玻璃	1.48	1.46	80.6°

如图3.28所示，入射波和反射波之间的干涉在入射区域形成驻波分布。尽管所有的功率都被反射回来，但在第二种介质中仍然存在光场。其场强随着到边界距离的增加而迅速消

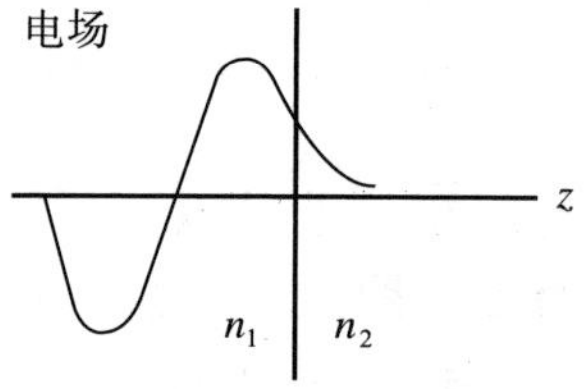

图3.28 在全反射界面的两边，分别存在驻波和消逝波分布

逝，这从图中可以看到。这个结果看似与全反射的特性是不一致的，因为按照全反射的定义，没有功率透过边界进入第二种介质。这样一个消逝的不携带能量的场，称为**消逝场**。一个消逝电场按照$e^{-\alpha z}$呈指数衰减，其中衰减因子α的值为

$$\alpha = k_0\sqrt{(n_1^2 \sin^2 \theta_i - n_2^2)} \tag{3.35}$$

其中，k_0是自由空间的传播因子。衰减因子与3.1节讨论的衰减系数是不同的。衰减系数表示实际功率的损耗，而衰减因子则不具有这样的含义。在临界角，$\sin\theta_i = n_2/n_1$，于是$\alpha = 0$。伴随这个衰减过程，并没有功率损失。衰减的快慢仅表示在回到入射区之前，场在第二种介质中要传播多远。当θ_i超过θ_c时，α变得越来越大，场的衰减也越来越快。于是可以得到下面这个重要结论：当光以大于但接近临界角入射时，所产生的消逝波慢慢衰减，在第二种介质中穿透得较深；但当光以远大于临界角入射时，消逝场在第二种介质中穿透很短距离后就消失了。

当$\theta_i > \theta_c$时，由式（3.29）或式（3.30）计算得到的反射系数是一个复数。前面我们已经说明过，在全反射条件下，反射系数的模为1。反射系数的复角表示反射波相对于入射波的相移，其值随入射角变化。

3.7 总结和讨论

本章重点介绍了那些直接应用在光纤中的光波的基本概念。对于幅度、相位、波长和偏振等有关波的概念，现在读者应该比较清楚了。由于材料色散引起的脉冲畸变对光纤的信息传输容量有重要影响，所以我们也进行了宽范围的研究。

其他导致脉冲畸变的因素将在第5章中讨论。信息传输速率对光源谱宽的依赖性显示了发光器件性能的重要性。由于谐振腔决定半导体激光器输出谱的纵模结构，所以我们也研究了谐振腔的谐振特性。在第4章中将看到，谐振概念也用于解释介质波导中的模式结构。光在电介质分界面的反射在光纤光学中扮演着十分重要的角色，内全反射使得用电介质构成光波导成为可能。

为了便于读者参考，将本章几个最重要的结果归纳如下。

1. 材料色散导致的脉冲展宽：

$$\Delta(\tau/L) = -M\Delta\lambda$$

2. 3 dB光带宽–距离积：

$$f_{3\ \mathrm{dB}} \times L = \frac{1}{2\Delta(\tau/L)}$$

3. 3 dB电带宽–距离积：

$$f_{3\ \mathrm{dB}} \times L = \frac{0.35}{\Delta(\tau/L)}$$

4. 归零码的信息速率–距离积：

$$R_{\mathrm{RZ}} \times L = \frac{0.35}{\Delta(\tau/L)}$$

5. 非归零码的信息速率–距离积：

$$R_{\mathrm{NRZ}} \times L = \frac{0.7}{\Delta(\tau/L)}$$

6. 相邻纵模的频率间隔：

$$\Delta f_c = \frac{c}{2Ln}$$

7. 光垂直入射时的反射比：

$$R = \left(\frac{n_1 - n_2}{n_1 + n_2}\right)^2$$

8. 全反射临界角：

$$\sin\theta_c = \frac{n_2}{n_1}$$

习题

3.1 考察由两个分离波长成分组成的一个光脉冲。在纯二氧化硅光纤中，长波长脉冲和短波长脉冲哪个先到达接收机？

3.2 对于二氧化硅，假设光源波长是0.85 μm，谱宽是30 nm。试求单位距离上的脉冲展宽。当光源谱宽为2 nm时，单位距离上的脉冲展宽又是多少？

3.3 假设光源发射波长是1.55 μm，重做习题3.2。假设材料色散为$M = -20$ ps/(nm·km)。

3.4 利用习题3.2和习题3.3所得的结果，计算最大数据传输速率和调制频率。给出归零码和非归零码两种情形下，传输100 m、1 km和10 km时的结果。

3.5 假设在自由空间中光波长为0.82 μm。试计算玻璃与空气中的传播常数。

3.6 假设光源中心波长为0.82 μm，分别计算谱宽为1 nm和20 nm时的带宽比。带宽单位用Hz。

3.7 计算光垂直入射到AlGaAs空气界面时的反射比，并计算传输损耗（单位为dB）。

3.8 分别画出s偏振与p偏振条件下，反射比与入射角的关系曲线。假设$n_1 = 1.48$，$n_2 = 1.46$。

3.9 证明式（3.31）。

3.10 根据式（3.35）画出消逝波$e^{-\alpha z}$与z的图形。已知$n_1 = 1.48$，$n_2 = 1.46$，波长为0.82 μm，$0 < z < 4$ μm，入射角$\theta_i = 82°$。当θ_i等于84°、86°、88°和90°时，在这幅图上重复画出相应的曲线。

3.11 根据频率相关损耗表达式（3.17），证明$f_{1\,\text{dB}} = 0.58 f_{3\,\text{dB}}$。

3.12 一个发射两个波长（λ_1和λ_2）的光源受到强度调制，调制频率为f_m。对于波长λ_1，功率$P_1 = P_{01} + P_{11}\cos(\omega_m t + \phi_1)$。对于波长$\lambda_2$，功率$P_2 = P_{02} + P_{22}\cos(\omega_m t + \phi_2)$，试求总功率的表达式。假设$f_m = 1$ kHz，在接收端$P_{01} = P_{02} = 2$ μW，$P_{11} = P_{22} = 1$ μW。设$\phi_2 - \phi_1 = 0$，画出P_1，P_2和总功率（以时间t为变量）的曲线。当$\phi_2 - \phi_1 = 1.57$ r及$\phi_2 - \phi_1 = 3.14$ r时，重画上面的图。画出交流功率的峰–峰值作为变量$\phi_2 - \phi_1$的函数图形。

3.13 一束平行偏振光以85°的入射角从折射率为1.48的介质入射到折射率为1.465的介质，假设光波长为1300 nm。

（a）计算反射系数；

（b）在传输介质中，离边界多远时，消逝电场衰减到在边缘时的10%？

3.14 正如在3.1节中提到的，光束的功率与电场强度的平方成正比，而在衰减介质中传播的光波的电场可由式（3.8）给出，公式中的衰减系数决定损耗的大小。另一方面，我们更多的时候用dB/km来讨论损耗。证明以dB/km表示的功率变化值γ与衰减系数α之间满足关系式$\gamma = -8.685\alpha$，其中α的单位是km^{-1}。

3.15 假设式（3.8）中衰减系数的值为$2\times10^{-5}\ \text{cm}^{-1}$，求传输1 km时的功率损耗（dB）。计算1 km的损耗比。

3.16 假设在某种介质中的损耗为0.2 dB/km（在好的光纤中，工作波长为1550 nm时可以达到该值），求出衰减系数。

3.17 在3.2节中，给出了光纤的调制频率相关损耗的计算公式。当调制频率为2 GHz时，测得的这种损耗为6 dB，试求这种光纤的3 dB电带宽。

3.18 试计算波长比零色散波长（假设是1300 nm）低10 nm时光纤的材料色散。

3.19 根据3.2节，假设材料色散系数$M_0 = -0.095$ ps/(nm^2·km)。

（a）将其换算为单位s/m^3；

（b）换算成ns/(nm^2·km)的值。

3.20 假设由材料色散引起的最大可接受脉冲展宽是3 ps/km，光源谱宽是2 nm。试问，工作波长最多可离零色散波长多远？

3.21 假设发送机发出一个脉冲宽度为20 ps的孤子脉冲串。工作波长为1550 nm，并且在单模光纤中传输时不产生脉冲畸变。

（a）采用这种孤子脉冲所能传输的最大数据速率是多少？

（b）以上述速率传输时，什么因素会制约光纤的传输距离？

3.22 3.2节给出了1200 ~ 1600 nm波长范围内材料色散的解析表达式。证明式中的斜率系数M_0实际上就是色散曲线在零色散波长区的斜率。

3.23 证明比尔定律与以dB为单位的损耗表达式dB = 10 lg exp($-2\alpha L$)是相同的。一种得到以dB为单位的损耗的方法是对比尔定律取10 lg，即可得到公式$\gamma = -8.685\alpha$。

3.24 假设某光纤的损耗为0.5 dB/km（工作波长为1300 nm光纤的典型值），利用比尔定律，计算传输距离为1 km、10 km和100 km时的传输效率。

3.25 假设工作波长为1550 nm，损耗为0.2 dB/km。重复习题3.24中的计算。

3.26 对于石英光纤，假设光源波长为1.55 μm，光源谱宽为2 nm。利用第5章中介绍的方法，将色散降到−3 ps/(nm·km)。试计算单位长度上的脉冲展宽幅度，并将所得结果与习题3.2所得的结果进行比较。

3.27 利用习题3.26所得的结果，分别计算归零码和非归零码在传输距离为100 m、1 km和10 km时的最大数据速率和调制频率。并将所得结果与习题3.4的结果进行比较。

参考资料

[1] Good introductions to electromagnetic waves appear in numerous texts. Among them are the following:

William H. Hayt, Jr. *Engineering Electromagnetics,* 4th ed. NY: McGraw-Hill, 1981.

John D. Kraus. *Electromagnetics,* 3d ed. NY: McGraw-Hill, 1984.

G. G. Skitek and S. V. Marshall, *Electromagnetic Concepts and Applications.* Englewood Cliffs, NJ: Prentice-Hall, 1982.

David K. Cheng. *Field and Wave Electromagnetics.* Reading, MA: Addison-Wesley, 1983.

[2] Felix P. Kapron. *Fiber Optics Handbook.* Frederick C. Allard, ed. NY: McGraw-Hill, 1990, pp. 4.32–4.33.

[3] Dietrich Marcuse. *Optical Fiber Telecommunications II.* Stewart E. Miller and Ivan P. Kaminow, eds. NY: Academic Press, 1988, pp. 90–98.

[4] Kraus. *Electromagnetics,* p. 457.

[5] *Ibid.,* pp. 515–518.

第4章　集成光波导

集成光学是关于如何在基片上构造光器件与光网络的学科[1]，与电子集成电路技术相类似。通常，也用**集成光电子学**与**集成光子学**来描述这个领域。光子学本身就是光学与电子学相结合产生的学科。集成光学提供将光器件与电器件组合在同一衬底上，以便制造出具有特定功能的系统或子系统的知识。集成光器件的尺寸通常在光波长量级，并且具有集成电路的许多优点，如工作稳定、尺寸小以及潜在的低成本。利用集成光学技术，可以设计完整的光发送机、接收机以及中继器，通过光纤实现长距离的光互连。

在一个集成光网络中，光通过矩形电介质波导在各个元件间传输。由于平板光波导在集成光学中的作用与光纤非常相似，所以本章中将研究光在平板波导中的传播规律。学习光在平板波导中的传播特性有助于读者理解光在光纤中的传播。之所以在介绍光纤之前先学习平板波导，是因为与对圆柱形光纤的分析相比，对矩形结构的分析相对要简单得多。

除了平板波导，本章还将简单地介绍集成光器件以及光集成线路的耦合问题。本章也给出了几个集成光网络设计的例子。

4.1　电介质平板波导

电介质平板波导的结构如图4.1所示。电磁波主要在中间层传播，其折射率为n_1。中间层通常很薄，一般小于1 μm，称为薄膜。薄膜夹在折射率分别为n_2和n_3的敷层与衬底之间。光线通过内全反射被束缚在中心薄膜之中。在上一章已经提到过，只有当n_2和n_3都小于n_1时才会发生内全反射。根据式（3.34），可求得衬底界面上的临界角为

$$\sin\theta_c = \frac{n_2}{n_1} \tag{4.1}$$

敷层界面上的临界角可由下式求出：

$$\sin\theta_c = \frac{n_3}{n_1} \tag{4.2}$$

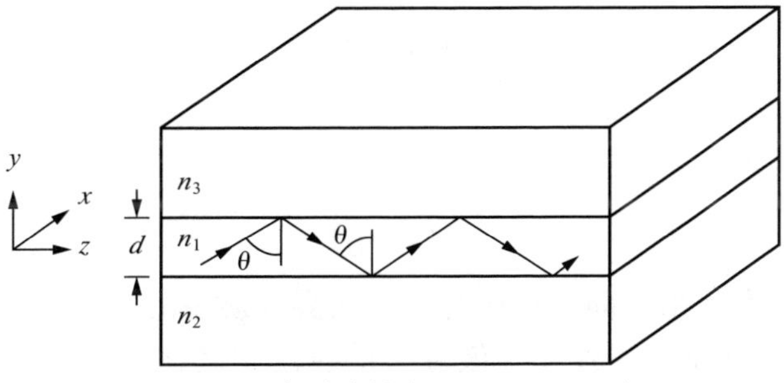

图4.1　电介质波导（$n_1 > n_2$，$n_1 > n_3$）

只有当图4.1中的角度θ大于这两个临界角中的较大者时，才能保证光在传播过程中不泄漏到外层中去。同时，要获得全反射，界面必须是光滑的。否则，漫反射会将光散射出导光

层。同样，中心薄膜的不均匀性也会使光产生散射，从而增加损耗。最后，为了有效地传播光信号，材料的吸收损耗必须很低。在集成光学中，两种常用的材料是$LiNbO_3$和GaAs，其损耗分别为1 dB/cm左右和稍大于2 dB/cm[2]。对于构建集成光网络，由于距离较短，这个损耗值是可以接受的。但是对于光纤，由于要求实现长距离通信，因此制作光纤所用材料的损耗要求低得多。在介绍反射临界角的那一节中，已经说明了在反射界面外还存在一个消逝场。因此，电介质波导的敷层与衬底的吸收损耗也必须很低。

对$n_2 = n_3$的对称结构，我们尤其感兴趣，因为这与光纤的结构很相似。与其类似，光纤由折射率为n_1的纤心以及折射率为n_2，包围纤心的包层组成。$n_3 = 1.0$的非对称波导也比较重要，这也就是顶部裸露在空气中的集成光路结构。这种情形下，n_2是衬底的折射率。本章将在不同的小节中分别讨论对称波导和非对称波导。

4.2 对称平板波导中的模式

本节主要讨论对称波导。中心薄膜中的场是第3章中所讨论的平面波，按角度θ以Z字形路径传播，如图4.1所示。可以认为波导中总的场是两个相同的平面波叠加形成的，一个以角度θ向上传播，另一个以相同角度向下传播。正如在第3章中所提到的，这些波的传播因子可写成$k = k_0 n_1$，其中k_0是自由空间的传播因子。图4.2画出了两个波的传播因子。本图中被导波的净传播方向是在水平方向上。传播因子在这个方向上的分量为

$$\beta = k \sin\theta = k_0 n_1 \sin\theta \tag{4.3}$$

通常称之为**纵向传播因子**。因为向上传播的波与向下传播的波之间的相互干涉，场沿y轴方向并不是均匀分布的，而是按正弦规律变化，这就是所谓驻波模式。中心薄膜中的场可以写成

$$E = E_1 \cos hy \sin(\omega t - \beta z) \tag{4.4a}$$

这是对于$y = 0$平面呈偶对称分布的模式。相对于$y = 0$平面呈奇对称分布的场也可以存在，其表示式为

$$E = E_1 \sin hy \sin(\omega t - \beta z) \tag{4.4b}$$

在上述方程式中，E_1是电场的峰值，$h = k\cos\theta$（h是传播因子k的垂直分量，由图4.2可以很直观地看出来）。中心层的中点位置在$y = 0$。与式（3.1）表示的非导向波比较，可以看到这里的电磁波模式在传播方向上显示出相同的变化规律，不同之处就是在这里用β代替了k。只要用β代替式（3.2）中的k，就可以得到波导中的相速度v_g与纵向传播因子之间的关系式为

$$\beta = \frac{\omega}{v_g} \tag{4.5}$$

或

$$v_g = \frac{\omega}{\beta}$$

折射率的定义是光在自由空间的速度与其在无界介质中的速度的比值。现在，可以定义**等效折射率**n_{eff}为自由空间中的光速度与波导中的相速度之比，也就是$n_{\text{eff}} = c/v_g$。于是，由式（4.5）可得$n_{\text{eff}} = c\beta/\omega$。由式（3.4），自由空间的传播因子$k_0 = \omega/c$，最终可得到

$$n_{\text{eff}} = \frac{\beta}{k_0} \tag{4.6}$$

或者由式（4.3），可以得到

$$n_{\text{eff}} = n_1 \sin\theta \qquad (4.7)$$

对于波导中光的传播，等效折射率是一个关键参数，正如折射率在非导向波传播中所起的作用。实际上，等效折射率与通常所说的折射率以同样的机理改变传输波长。根据式（3.7），在光波导中所测得的波长可以表示为

$$\lambda_g = \lambda_0 / n_{\text{eff}}$$

中心薄膜外的消逝场按照式（3.35）所给出的衰减因子呈指数衰减。在敷层（$y \geqslant d/2$）有

$$E = E_2 e^{-\alpha(y-d/2)} \sin(\omega t - \beta z) \qquad (4.8a)$$

在衬底层（$y \leqslant -d/2$）则有

$$E = E_2 e^{\alpha(y+d/2)} \sin(\omega t - \beta z) \qquad (4.8b)$$

其中，E_2是在上边界（$y = -d/2$）与下边界（$y = d/2$）处电场强度的峰值。

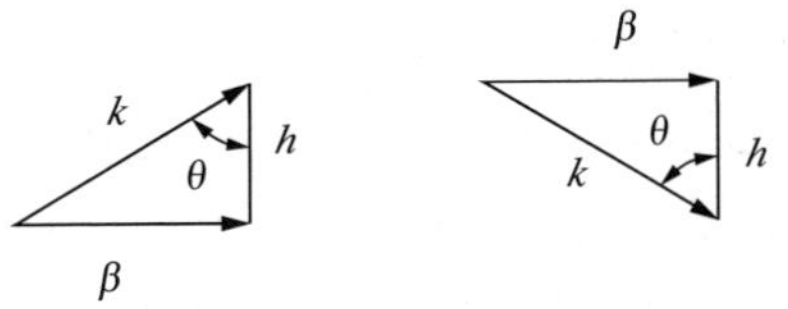

图4.2　平板波导中波的传播因子（$\beta = k\sin\theta$，$h = k\cos\theta$）

显然，对于从临界角到90° 范围内入射的光线都满足全反射条件。对于图4.1中以90° 水平传输的光线，其实也就是垂直入射到波导中的光线。由于光束的入射角θ = 90°，于是其等效折射率$n_{\text{eff}} = n_1$。因此可以得到这样的结论：平行于平板传输的光线的有效折射率仅由波导中心薄膜材料决定。而对于以临界角入射的光线，有$\sin\theta = (n_2/n_1)$，于是由式（4.7）可得$n_{\text{eff}} = n_2$。也就是说，以临界角入射的光线的等效折射率仅取决于外层材料。与其他束缚光线相比，以临界角入射的光线相对于波导的中心线，其传输路径更陡峭些。由上面的分析已知，等效折射率是在中心薄膜材料与其外层材料的折射率之间取值。所有能传播的波对应的光线角度位于θ_c与90° 之间，对应的等效折射率则在下式确定的范围内取值，即

$$n_2 \leqslant n_{\text{eff}} \leqslant n_1 \qquad (4.9)$$

4.2.1　模式条件

由上面的分析可知，对于角度位于临界角到90° 之间入射的光，将通过全反射而被束缚在中心薄膜之中。实际上，并不是所有的波都会沿着这样的波导结构传播。只有以一定角度入射的光线才会在波导中传输，这些入射角度即与波导中的模式相对应。这些模式的存在，可以用类似于3.4节中对谐振腔的分析来加以理解。在3.4节中已经证明，尽管所有的光线都被全部反射，但稳定的干涉模式（谐振腔的模式）必须满足其一个完整来回传输所产生的相移等于2π的整数倍。用$\Delta\phi$表示一个来回的相移，腔谐振条件可以写成

$$\Delta\phi = m2\pi \qquad (4.10)$$

其中，m是一个整数。对于固定的腔长度，有许多波长可以满足上面的公式。对于平板波导也可以采用同样的方法分析，因为它也有两个反射面。与谐振腔中光线在同一直线上来回传输不同，在平板波导中波以一定的角度传播。上下传播的波会交迭并发生干涉。为了获得稳定

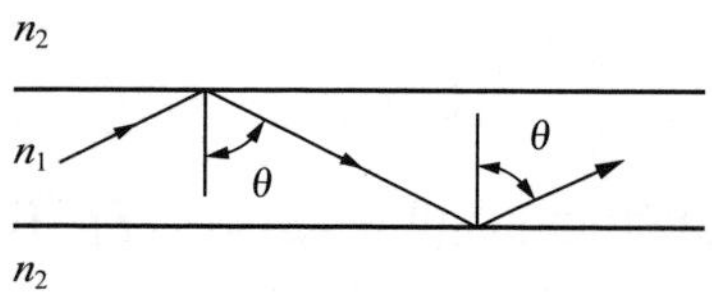

图4.3　传输模式在Z字形路径上的一个周期。波的相位沿传输路径以及在反射面上发生变化

的干涉模式，式（4.10）中的谐振条件必须得到满足。在这种情况下，相移是波在Z字形路径传播一个完整周期所产生的，图4.3描述了这种情形。这个相移是传输路径上所产生的相移与两个反射界面上产生的相移的总和。在两个反射界面上产生的相移可通过反射系数方程求得。也就是说，由反射所引起的相移是式（3.29）或式（3.30）中所求得的复反射系数的辐角。

对于确定的波长，通过改变光线的入射方向可以改变路径长度，从而使总的相移发生变化。采取上述方法，可以求出满足式（4.10）的几个离散的角度值。我们称以这些特定角度传输的波为波导中的模式。换句话说，这些角度也就是波导中允许的传播方向。入射角度不满足式（4.10）的波会因为相消性干涉而迅速衰减。

4.2.2　TE偏振和TM偏振

在处理平面边界上的反射问题时，一般将其分解成两种可能的偏振形态：电场强度矢量垂直于入射平面和平行于入射平面。在图4.1中，yz平面是入射平面。电场指向x轴方向对应于垂直偏振，或称之为s偏振态。这种偏振状态的波称为**横电波**（transverse electric，TE），因为其电场矢量完全在xy平面内，垂直于传播方向（z轴方向）。图4.4描述了平行偏振状态，或称之为p偏振状态。此时，电场不完全是横向的，而是有沿z轴方向的分量。然而平行偏振时，磁场是指向x轴方向的，也就是完全横向的。因此在平板波导中，p偏振状态的波也称为**横磁波**（transverse magnetic，TM）。

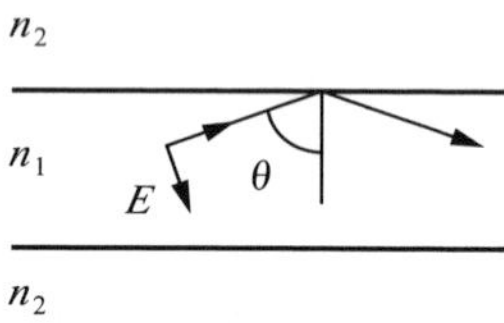

图4.4　平板波导中的TM波（p偏振）

4.2.3　TE模式图

对于偶TE模式（在横平面内具有偶对称性），方程式（4.10）的解为

$$\tan\frac{hd}{2}=\frac{1}{n_1\cos\theta}\sqrt{n_1^2\sin^2\theta-n_2^2}\tag{4.11}$$

其中，$h=k\cos\theta=(2\pi n_1\lambda)\cos\theta$，$\lambda$是自由空间波长①。用$(hd/2)-(\pi/2)$代替$hd/2$，可以得到奇模式解。在已知中心薄膜厚度的条件下，直接由式（4.11）计算出相应的入射角θ是比较困难的。相对而言，选择不同的入射角（在θ_c与90°之间），求解其对应的中心薄膜厚度要简单些。可以用曲线来说明中心薄膜厚度与传输角度之间的关系，后面将用一个具体例子来说明这种方法。

在对称平板波导中，令$n_1=3.6$，$n_2=3.55$，这是AlGaAs双异质结型半导体激光器的典型值。第6章将研究这种光源。对于这种结构，其临界角$\theta_c=\arcsin(n_2/n_1)=80.4°$。于是束缚光线的入射角度范围为$80.4°\leqslant\theta\leqslant 90°$，等效折射率范围为$3.55\leqslant n_{\text{eff}}\leqslant 3.6$。表4.1给出了由式（4.11）所求得的几个计算结果。表中的第一列是选定的角度，第二列是由式（4.7）求得的等效折射率，第三列是由式（4.11）求得的计算结果。从这些$\tan(hd/2)$的值，求出了相应的以弧度为单位的hd值，结果在表的第四列给出。注意，$hd=(2\pi/\lambda)n_1d\cos\theta$，所以可由下式求出$d/\lambda$：

① 通常，用λ_0表示自由空间波长，这里去掉下标仅仅是为了方便。在本书中，除非有特别说明，符号λ及所代表的波长值都是指自由空间波长值。

$$\frac{d}{\lambda}=\frac{hd}{2\pi n_1\cos\theta}$$

上式的分母在表4.1中的第五列给出。因此，d/λ 的值可由第四列的值除以对应的第五列的值而得到，其结果在表中最后一列给出。如果给定自由空间波长，就可以求得相应的中心薄膜厚度。可见归一化形式的d/λ也是非常有用的参数。表4.1中计算得到的结果可以用图4.5中的曲线表示，记为TE_0曲线。这种类型的曲线图就称为**模式图**。

表4.1　TE_0模式的计算值

θ	n_{eff}	$\tan(hd/2)$	hd	$2\pi n_1\cos\theta$	d/λ
80.4°	3.550	0	0	3.757	0
82°	3.565	0.651	1.155	3.148	0.367
84°	3.580	1.235	1.780	2.364	0.753
86°	3.591	2.161	2.275	1.578	1.442
88	3.598	4.653	2.718	0.789	3.445
90°	3.600	∞	3.142	0	∞

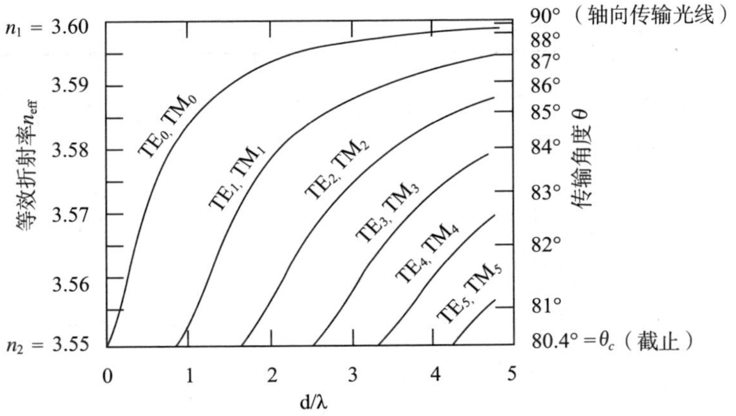

图4.5　对称平板波导的模式图（$n_1 = 3.6$，$n_2 = 3.55$）

由模式图可以得到几个关于TE_0模的结论。当中心薄膜非常薄（$d/\lambda \ll 1$）时，光线以接近临界角的角度传输，因此等效折射率约等于外层材料折射率n_2。对于薄的中心薄膜，因为光线传播接近临界角，波在外层中穿透很深。在这种情形下，消逝速度很慢，正如3.6节所讨论过的。随着中心薄膜厚度的增加，光线以较大的入射角度传输。也就是光线更接近于与波导中心轴平行的方向传输，等效折射率位于n_1与n_2之间。当中心薄膜很厚（$d/\lambda \gg 1$）时，等效折射率非常接近中心薄膜自身的折射率。在这种情况下，波在外层中衰减得很快，消逝波以远大于临界角的角度传播，在3.6节中对此也进行了讨论。

4.2.4　高阶模

由于正切函数具有周期性，所以式（4.11）有多个解。也就是说，对于某个给定的传输角，有一系列满足要求的中心薄膜厚度。在表4.1中，找到从式（4.11）求得的最小归一化厚度d/λ，并用$(d/\lambda)_0$表示。其他的解（包括奇阶模与偶阶模）则可以表示为

$$(d/\lambda)_m=(d/\lambda)_0+\frac{m}{2n_1\cos\theta} \tag{4.12}$$

其中，m是一个正整数。m的每个值对应波导中的一个模式。两个相邻的模式之间归一化厚度的差值由下式求得，即

$$\Delta(d/\lambda)=\frac{1}{2n_1\cos\theta} \tag{4.13}$$

对于对称AlGaAs波导，对式（4.13）进行了数值求解，并将其与$(d/\lambda)_0$相加。所得的前6个TE模的结果列在了表4.2中，并在图4.5中画出了相应的模式图。对于确定的厚度与工作波长，由模式图可以知道有几个这样的解。下面将用一个例子来加以说明。

表4.2 TE_m模式的计算值

θ	n_{eff}	TE_0 $(d/\lambda)_0$	$\Delta(d/\lambda)$	TE_1 $(d/\lambda)_1$	TE_2 $(d/\lambda)_2$	TE_3 $(d/\lambda)_3$	TE_4 $(d/\lambda)_4$	TE_5 $(d/\lambda)_5$
80.4°	3.550	0	0.836	0.836	1.672	2.508	3.344	4.18
82°	3.565	0.367	0.998	1.365	2.363	3.360	4.358	5.356
84°	3.580	0.753	1.329	2.082	3.410	4.739	6.068	7.397
86°	3.591	1.442	1.991	3.433	5.424	7.415	9.406	11.40
88°	3.598	3.445	3.980	7.425	11.40	15.38	19.36	23.34
90°	3.600	∞	∞	∞	∞	∞	∞	∞

例4.1 有一个AlGaAs对称波导，已知$d = 1.64\ \mu m$，自由空间波长$\lambda = 0.82\ \mu m$。求传播角、有效折射率以及可以传播的TE模式。

解：

首先，可求得$d/\lambda = 2$。于是由图4.5可求得以下3个TE传播模以及相应的参数：

$$\begin{aligned}
&TE_0, \quad n_{eff}=3.594, \quad \theta=86.7^\circ\\
&TE_1, \quad n_{eff}=3.578, \quad \theta=83.7^\circ\\
&TE_2, \quad n_{eff}=3.577, \quad \theta=81.1^\circ
\end{aligned}$$

这3个模可以同时在波导中传播，其传输角及有效折射率都不相同。

在例4.1中，因为d/λ不够大，TE_3模已不能传播。TE_3模以及其他更高阶模（m值更大的模式）被截止。当某个给定模式的传播角刚好等于临界角时，这个模式将被截止。根据这个条件，由式（4.11）可以求出m阶TE模的截止条件，即

$$(d/\lambda)_{m,c}=\frac{m}{2\sqrt{n_1^2-n_2^2}} \tag{4.14}$$

如果d/λ小于这个值，则与这个m值对应的模式就不能传输。通过求解上式中的m，可以得到在给定中心薄膜厚度的情况下可传播的模式数量。波导中可传播的最高阶模的模式阶数为下式给出的m的整数部分值，即

$$m=\frac{2d\sqrt{n_1^2-n_2^2}}{\lambda} \tag{4.15}$$

因为最低阶模的m值等于0，因此在对称平板波导中，可传播的TE模数量等于下式的整数部分，即

$$N=1+\frac{2d\sqrt{n_1^2-n_2^2}}{\lambda} \tag{4.16}$$

若想减少模式数量，则可以减小d/λ值，或者使n_2与n_1的值更接近一些。若想仅有TE_0模能传输，则由式（4.14）可知，必须满足条件

$$\frac{d}{\lambda} < \frac{1}{2\sqrt{n_1^2 - n_2^2}} \tag{4.17}$$

在这个条件下，$m = 1$的模及其他更高阶模都将截止。

例4.2　有一个AlGaAs对称平板波导，已知自由空间波长$\lambda = 0.82\ \mu m$。计算保证单TE模工作的最大中心薄膜厚度。

解：

通过式（4.17），可求得最大厚度为

$$d = \frac{0.82}{2\sqrt{3.6^2 - 3.55^2}} = 0.686\ \mu m$$

注意，若要使波导满足单TE模传输的条件，则中心薄膜厚度必须小于某个确定的值。

多模波导是指支持多个传播模式的波导。如图4.5所示，对于多模波导，在厚度确定时高阶模比低阶模的传输角更小一些。这也意味着相对于波导中心轴，高阶模光线的传输路径比低阶模光线的传输路径更陡峭一些，这种情形正如图4.6所示。

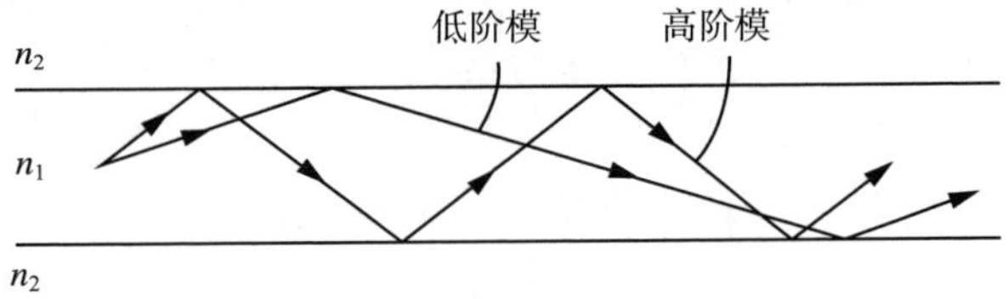

图4.6　高阶模与低阶模的射线传播路径

4.2.5　TM模式图

现在接着讨论TM模的模式图。对于TM偏振状态，式（4.10）的偶对称模解为

$$\tan\frac{hd}{2} = \frac{n_1}{n_2^2\cos\theta}\sqrt{n_1^2\sin^2\theta - n_2^2} \tag{4.18}$$

只要将上式中的$hd/2$用$(hd/2) - (\pi/2)$替换，即可得到奇对称模解。很明显，式（4.18）与TE模方程是有差别的。但当n_1与n_2相差不大时，两者间的差异可以忽略。对于上面的AlGaAs波导，$n_1 = 3.6$，$n_2 = 3.55$，这个条件得到近似满足。因此在这种情况下，TM模与TE模的结果几乎相同。这也是在图4.5中同时标有TE和TM的原因。每条曲线都对应两个模式，二者具有相同的有效折射率和传输角，但电场矢量是相互正交的。如果两个模式具有相同的传播因子，则称之为**简并模**。对上面给出的例子，相同阶数的TE模和TM模就是一对简并模。

即使当n_1与n_2相差较大时，TE_m模与TM_m模的截止条件也是相同的，因此式（4.14）对于两种情形都成立。显然，可传播的TE模数目与TM模数目也是相等的，都等于式（4.16）的整数部分。于是，总的可传播模数量是由此式求得的TE模数量的两倍。由上面的分析可知，仅仅减小中心薄膜厚度不可能满足严格的单模传输条件，因为在小厚度条件下TE_0模与TM_0模都可以传输。只有当中心薄膜的归一化厚度满足式（4.17），并使入射光偏振方式仅仅对应TE_0模或TM_0模方向时，才能获得真正的单模传输。波导中的不连续性及不完整性都

可能使光的偏振状态发生变化，从而激发出不需要的模式。因此在采用这种技术时，一定要特别注意这些问题。

4.2.6　模式场分布图

在垂直于波导中心轴的平面内，对光场横向变化规律的描述称为**横模图**。根据式（4.4），中心薄膜中的电场在横平面内呈正弦变化。在中心薄膜以外，则是由式（4.8）所描述的呈指数衰减的消逝场。对外层的穿透深度随模式的阶数m的变大而增加。这是因为当m增加时，光线的传输角度也向临界角靠拢。3.6节中已经介绍过，波的穿透深度随着传输角度向θ_c接近而增加。对于给定的中心薄膜厚度与波长，每个模都有不同的模式场分布图。图4.7中画出了几个低阶模的横向场分布。从图中可以发现，整数m是电场在横平面内零点的个数。同时，图4.7也解释了模式的奇对称与模式的偶对称特点。

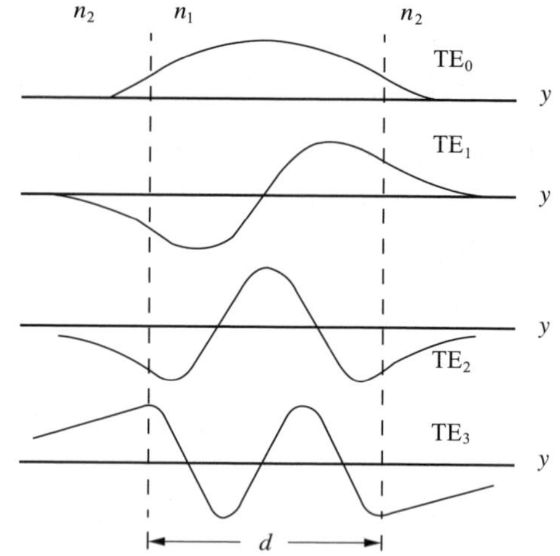

图4.7　对称平板波导中的横模场分布图

在实际的波导中，由于吸收和散射，波会被衰减。材料的不均匀性和边界的非理想性是导致散射的原因。相对于低阶模，大角度传输的高阶模在中心薄膜中沿Z字形路径传输，其路径要更长一些。而低阶模则以较直一些的路径从波导的一端传输到另一端。因此，高阶模的吸收损耗会更大些。散射会导致光线路径发生偏差。对于接近截止的模式（高阶模），传输角度也很接近临界角。这些光线很容易因为散射而使其传输角偏离到小于临界角的状态，于是模式能量将会辐射到衬底中。高阶模在衬底中穿透较深，所以更容易在衬底区域被吸收。因此，我们有理由得出这样的结论：高阶模比低阶模衰减得更快些。

4.3　非对称平板波导中的模式

在集成光路中，非对称平板波导结构得到普遍使用，本节将对这种波导进行讨论。现在考察在玻璃衬底上的硫化锌（ZnS）中心薄膜，这种结构的折射率分布为$n_1 = 2.29$，$n_2 = 1.5$，$n_3 = 1.0$，其上表面裸露在空气中。$n_1 = 2.29$是ZnS材料在波长为1.06 μm时的折射率。当波长在0.6 ~ 1.4 μm范围内变化时，n_1从2.37减小到2.28。在ZnS与空气的界面上，临界角$\theta_c = \arcsin(1/2.29) = 25.9°$；在ZnS与玻璃的界面上，临界角$\theta_c = \arcsin(1.5/2.29) = 41°$。由上面的数据可知，ZnS中心薄膜可以约束41° ~ 90°之间的入射光线。入射角在25.9° ~ 41°之间的光线在ZnS与空气的界面上被全反射，但在ZnS与玻璃的界面上则不满足全反射条件。这些光线将会泄漏到衬底中，从而产生较大损耗。本节仅考虑波被完全束缚在中心薄膜中的情况。等效折射率的取值范围由式（4.7），$n_{\text{eff}} = n_1 \sin\theta$，可以求得。于是当$\theta = 90°$时，$n_{\text{eff}} = n_1$。在ZnS与玻璃的界面上，临界角满足$\sin\theta = n_2/n_1$，于是$n_{\text{eff}} = n_2$。因此，非对称平板波导的等效折射率在下式给定的范围内取值，即

$$n_2 \leqslant n_{\text{eff}} \leqslant n_1 \tag{4.19}$$

图4.8画出了这种波导的模式图。模式参数的求解过程与式（4.11）和式（4.18）的求解是相似的。得到图4.8中结果的方程式形式上与式（4.11）和式（4.18）相似，但是更为复杂，所以本书

略去了。模式图只给出了前10个TE模和TM模。对于非对称平板波导，最低阶模（TE_0）的截止不在零厚度，而对于对称平板波导，最低阶模在零厚度时才截止。从模式图可以看到，$d/\lambda < 0.05$时，波导中将不再有传输模存在，也就是说整个波导处于完全截止状态。

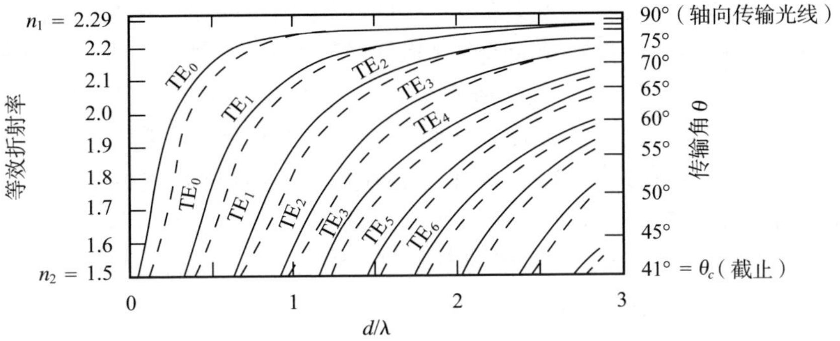

图4.8　非对称平板波导的模式图（$n_1 = 2.29$，$n_2 = 1.5$，$n_3 = 1.0$）

由于n_1，n_2和n_3的差别较大，所以相同阶数的TE模与TM模不是简并模。两者之间有较明显的差别。如果TM_0模截止（此时，TE_0模不截止），就是真正的单模波导。由图4.8可以看出，当$d/\lambda < 0.12$时TM_0模截止。也就是说，当波长为1 μm时，单模ZnS平板波导的厚度应该小于0.12 μm。集成光路通常是单模、非对称结构的。单模传输中心薄膜的生成方法有如下几种：扩散、射频溅蚀法、真空蒸发法和离子轰击法。

非对称平板波导的模式场分布与对称波导是相似的。模阶数m仍然代表横平面内场函数的零点个数。波导结构的非对称性导致场在两个边界面上具有不同的幅度，在上下层中的衰减速度也不相同。模式场分布的这种特点可以用图4.9来加以解释。

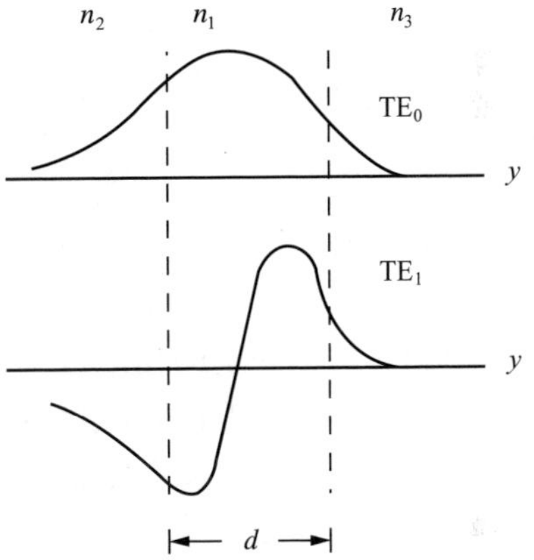

图4.9　非对称平板波导中的横模场分布图

4.4　波导的耦合

有好几种方法可将光耦合进电介质平板波导[3]。本节将研究边耦合、棱镜耦合和光栅耦合等耦合方式。

4.4.1　边耦合

首先，粗略地考察一下直接边耦合（或称为平接耦合）。图4.10画出了直接边耦合结构，这是一种简单而高效的结构。如图中所示，一个半导体激光器或发光二极管在中心薄膜的边缘与波导直接相连。有几个问题需要特别注意。要使光从光源向中心薄膜尽可能高效传输，要求光源的发光面积不大于中心薄膜端面的面积。否则，光源发出的部分光会入射到非导光层，这部分光能量显然就损耗掉了。前面已经介绍过，中心薄膜厚度为1 μm的平板波导仅仅支持几个传播模式。由于光源的功率输出能力与其尺寸大小是成正比的，所以尺寸在1 μm 左右的光源的输出功率是很低的。

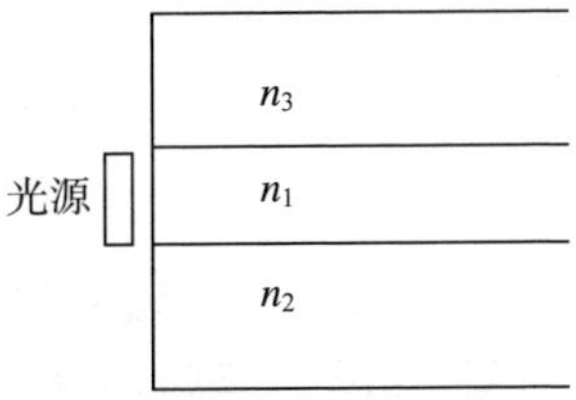

图4.10　直接边耦合

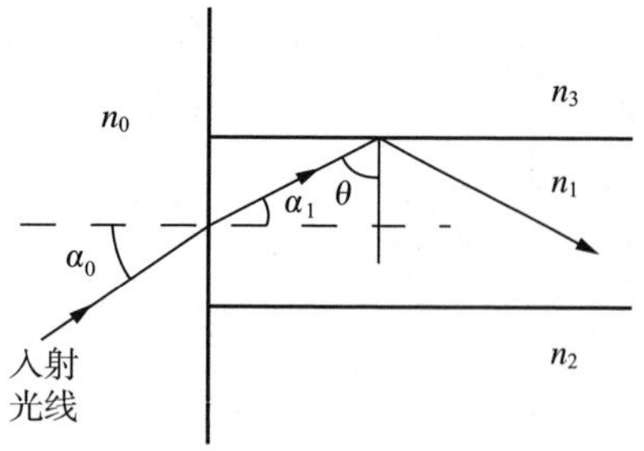

图4.11 入射角与波导内部光线的方向

第二个问题是，光源辐射的横模式与波导允许传播的模式之间的差异。显然，只有当这些模式完全相同时，才能得到较高的耦合效率。换句话说，就是其模式必须要匹配。另外，也可以采用不同模式相关的光线差异来分析这个问题。前面已经讨论过，每个允许的传播模式对应着一个在掩模中以特征角θ沿Z字形路径传输的平面波。为了激起这个特定模式，必须保证入射到平板波导中的光线能满足所要求的θ值。图4.11对此进行了描述。其中，入射光来自折射率为n_0的介质中。通常都是从空气中入射，也就是$n_0 = 1.0$。设入射角α_0对应波导内的入射角θ。则根据由式（2.3）所描述的斯涅尔定律有，$n_0 \sin\alpha_0 = n_1 \sin\alpha_1$，于是有

$$n_0 \sin\alpha_0 = n_1 \sin(\pi/2 - \theta) = n_1 \cos\theta \qquad (4.20)$$

当将α_0增加到某个值时，θ将会小于临界角，于是波就不能传播。当θ等于临界角θ_c时，α_0取得其最大允许值。对于这个角度，下边界面应满足$\sin\theta = n_2/n_1$，上边界面应满足$\sin\theta = n_3/n_1$。若想实现无损耗传输，则θ必须大于两者中的较大者。假设$n_2 > n_3$，则要求$\sin\theta = n_2/n_1$。于是，$\cos\theta = \sqrt{n_1^2 - n_2^2}/n_1$，将其代入式（4.20），求得波导的数值孔径为

$$\text{NA} = n_0 \sin\alpha_0 = \sqrt{n_1^2 - n_2^2} \qquad (4.21)$$

如果波的入射角大于由这个方程求得的值，则波不能传播。α_0的最大值称为波导的**接收角**。数值孔径用来描述一个光学系统的聚光能力，在2.4节中已对此进行过详细介绍。LED和半导体激光器都是在一定的角度范围内发光的。若这个范围大于波导的接收角，则会损失部分功率。只有接收角内的光线才会被约束在波导内。同时，落入接收角内的入射光线，若不满足中心薄膜允许的离散传输角度条件，则其功率也将被损耗。

参考图4.5所示的模式图可以发现，当归一化厚度比较小时，只存在很少的几个模式，而且所对应的传输角间隔比较大。入射角必须与这些角度相匹配时才能较好地耦合。对于支持很多模式的波导，这些分散的可传播角间隔很小。模式图中也描述了在归一化厚度较大时的情形。如果d/λ足够大，这些角度就会变得非常接近，可以近似认为是连续的，从而使θ_c到90°之间的角度都是可以传播的角。在这种情况下，波导将束缚所有在接收角内的光线。前面已经提到过，数值孔径在衡量厚度足够大、能支持多个模式的波导的角聚光能力方面，是非常有用的参数。实际使用的很多光纤就是这种情形。对于一个薄的中心薄膜，可接收功率由入射光角度与波导允许传播模式角度的匹配程度决定。当波导中仅允许一个（或很少几个）模式存在时，则入射场模式与这些模式的匹配与否对决定耦合效率至关重要。在波导支持大数量的传播模式时，入射光会将其能量分配到各个传播模式上。

为了方便，定义**相对折射率差**，即

$$\Delta = \frac{n_1 - n_2}{n_1}$$

如果两个折射率非常接近，则式（4.21）中的数值孔径可以用相对折射率差这个参数表示为

$$\text{NA} = n_1\sqrt{2\Delta}$$

在波导中，没有被束缚在中心薄膜中的光仍然是可以观测到的。这些非束缚光是因为没有被100%地反射而产生的，或者说是部分反射的。可以形象地将这些光理解为沿Z字形上下

传输。由于在每次反射中都有辐射损失，因而其幅度不断减小。在长波导的末端，**辐射模**的幅度可以忽略。但如果传输距离较短，则其幅值也是可观的。有的光线甚至可能在上层波导材料和下层波导材料的外边界以临界角全反射而被束缚在波导内。在图4.12中画出了对称平板波导中这种模式的传输路径（在光纤中，这样的模式称为**包层模**）。

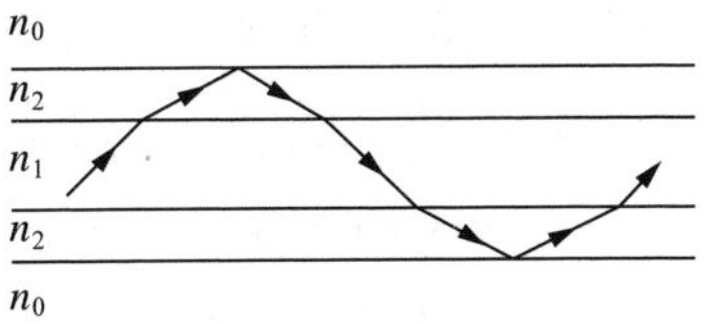

图4.12 对称平板波导中的包层模（$n_1 > n_2 > n_0$）

例4.3 有一个对称AlGaAs平板波导，已知$n_1 = 3.6$，$n_2 = n_3 = 3.55$，$n_0 = 1$。计算其数值孔径和接收角。

解：

由式（4.21），$\text{NA} = n_0 \sin \alpha_0 = \sqrt{3.6^2 - 3.55^2} = 0.598$，所以$\alpha_0 = 36.7°$。对于一个厚的中心薄膜，可以接受$\pm 36.7°$范围以内的所有入射光。

如图4.13所示，假设允许波导中的光辐射到折射率为n_0的区域。光线辐射角度与可接收入射光的入射角度应该是相等的。根据互易性，对于支持多模传输的厚中心薄膜，由式（4.21）可求出从平板波导向外辐射出的光线的角度范围。例4.3中的厚中心薄膜可以在$\pm 36.7°$段范围向外辐射光。薄中心薄膜的辐射光模式则对应离散的传播模式。任何一个辐射模式的精确场分布由衍射理论确定。

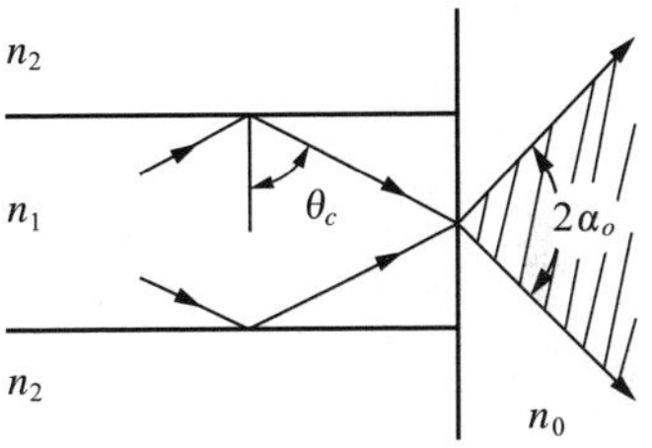

图4.13 多模波导端面光的发射

由式（4.21）可知，与很大的接收角相应的是，n_1与n_2之间存在较大的差异。根据式（4.16），尽管增大折射率差可增加光的接收效率，但同时也增加了传播模式的数量。

在边耦合中，波在两种电介质的界面上所产生的传输损耗也是一个值得注意的问题。根据式（3.28）可求出垂直入射时的传输损耗值。对于ZnS中心薄膜，反射比$R = (1 - 2.29)^2/(1 + 2.29)^2 = 0.154$。大约有15%的光被反射回来，余下的85%的功率则透射到中心薄膜中。对于AlGaAs中心薄膜（$n_1 = 3.6$），反射比等于0.319，因此有将近32%的光被反射回来。采用消反射涂层可以降低反射损失。

尽管有一些缺陷，但对于低功率应用，采用平接耦合方式还是比较合理的。其优点是设计简单而且结构紧凑。

当光源（或光束）发光面积比中心薄膜尺寸大时，可以采用图4.14所示的棱镜来减小光束面积。对于端面尺寸在1 μm左右或更小的中心薄膜，其精确对准是非常重要的。通常使用微操作装置来校准光束、棱镜及中心薄膜的方向，以获得最优的耦合效率。以下两种情况会引起额外的损耗：其一是中心薄膜端面不平滑或不干净；其二是入射到波导中光的场模式与传播模的场模式不匹配。在图4.14中，入射到棱镜上的光束看上去是经过准直的。相对而言，气体激光器产生的光束比较容易被准直。由于所发出的光的场分布近似于最低阶的TE_0模，因此将其耦合到单模波导内可以获得较高的效率。相对而言，半导体激光器发出的光的规则性要差一些，因此耦合进单模中心薄膜时效率会低一些。

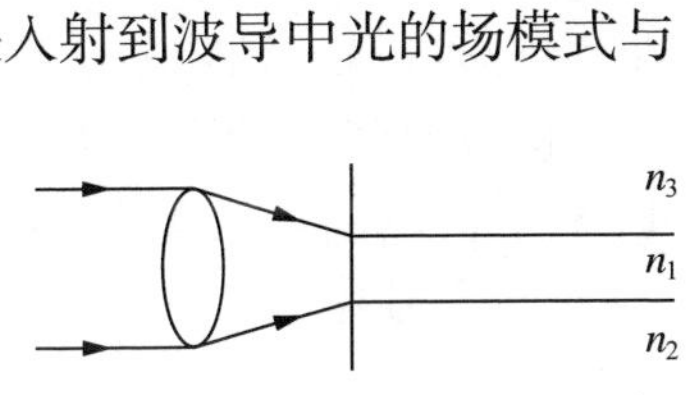

图4.14 通过棱镜实现边耦合

4.4.2 棱镜耦合

采用图4.15所示的棱镜耦合是一种常用的技术，用于缓解边耦合中十分棘手的准直问题。当导光中心薄膜层外部是空气时，实际中常采用这种方法将光耦合进集成光路。假设有一准直的激光束入射，进入棱镜后在底边以临界角反射。众所周知，入射波与反射波之间会发生干涉，从而在棱镜中产生驻波分布。另外，在棱镜底部的空气区域还存在一个消逝场。在图4.15中画出了这个场的分布图。同时，我们也知道波导中传播模的场会延伸到中心薄膜上方的空气中。如果空气缝隙很小（半波长量级或更小），则棱镜的衰减场和中心薄膜的延伸场会互相影响，也就是说两者之间会发生耦合，导致能量从棱镜转移到中心薄膜中。从已有的知识可以认为，从一个以临界角反射的表面透射出能量似乎是不可能的。需要注意的是，全反射理论是在假设两种介质的边界是无限延伸的前提下得到的。将平板波导放置在棱镜底边附近实际上已经改变了这个前提，当然只是稍加改变。以临界角反射时，光能量部分透射的现象称为**失效的内全反射**。

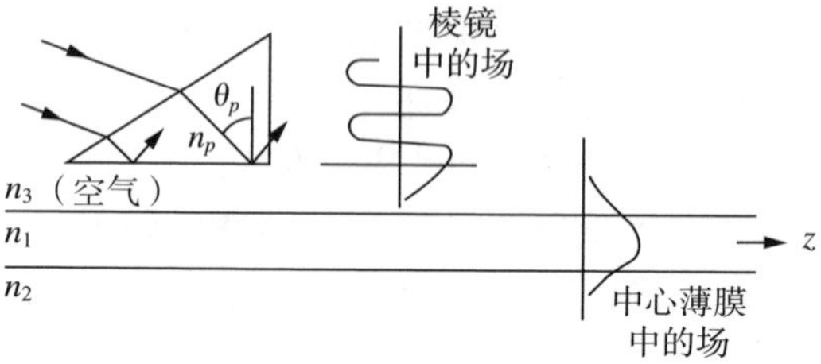

图4.15 棱镜耦合。n_3区域是空气

对于强耦合，沿波导某点进入中心薄膜中的场在相位上必须与已存在的波的相位一致。换句话说，棱镜中波的纵向传播因子必须与中心薄膜中波的纵向传播因子相等，这可称为**同步（或相位匹配）条件**。利用式（4.3），对棱镜有$\beta_p = k_0 n_p \sin\theta_p$，对中心薄膜有$\beta = k_0 n_1 \sin\theta$。于是同步条件可表示为

$$n_p \sin\theta_p = n_1 \sin\theta \tag{4.22}$$

这个条件的物理意义很简单，即波导中的传播模与激励起这个模式的输入波沿波导轴方向的相移必须是相等的。

式（4.22）所表示的关系具有重要意义。对于某个具有特定θ值的模，若要激起这个模式，则必须调整θ_p使之满足同步条件。通过改变入射到棱镜的激光束的角度，很容易做到这一点。另外，激光束的偏振状态也必须与所期望的传播模式相匹配。棱镜耦合方式尤其适合于单模激励。一个由棱镜激励的理想多模波导仅仅包含一个激励模式。如果波导有缺陷或者存在不连续区域，则功率会被分配到其他允许的传播模式上。

前面已经提到过，当中心薄膜与衬底的折射率相差很小时，θ_c非常接近90°。例如，对于4.2节中讨论的AlGaAs波导，$\theta_c = 80.4°$。在这种情况下，式（4.22）中的$\sin\theta = 1$，于是$n_p = n_1/\sin\theta_p$。显然有

$$n_p > n_1 \tag{4.23}$$

由此可见，制作棱镜耦合器必须使用高折射率材料。找到这样的材料并非易事。金红石的折射率大于2，经常用来制作有高折射率中心薄膜的棱镜耦合器。而燧石玻璃棱镜比较适合用于与玻璃之类的低折射率材料中心薄膜进行耦合。需要注意的是，所有用于制作波导和棱镜的材料的折射率都是随波长变化的。因此，对于不同波长，必须进行调整才能使式（4.22）成立。

为了获得最大耦合效率，还必须保证入射光束与棱镜之间的相对位置较为合适。考虑一个激光器，发出的光斑尺寸为w的高斯光束。在第2章中已对这种光束进行了较为详细的介绍。图4.16给出了两种可能的光束入射方式。在图4.16（a）中，入射光束的照射面不到棱镜的末端就结束了。考虑光源右边到棱镜末端的区域，在这段距离上有可能将中心薄膜辐射出的波再耦合进棱镜。如图中所示，这将导致波导中的场的衰减。对整个耦合系统而言，将导致总的耦合效率降低。当输入光束向棱镜末端移动少许时，可能获得更高的耦合效率。当输入光束实际上超过棱镜末端少许时，可以获得最优耦合。图4.16（b）中画出了这种情形。输入光束的功率密度在超过其中心时已经变得很小了，因此只有很少一部分光功率是从光束右边被耦合进中心薄膜的。同时，中心薄膜中的场在刚好对准波导的位置是比较强的。强的波导场又会重新耦合进棱镜。所以超过某一最佳位置后，耦合进棱镜的光功率反而比耦合进中心薄膜的光功率还要大一些。所以只有稍微在输入光束终止前结束耦合过程，才能获得最优的耦合效率。满足上面的条件，可获得最人的耦合效率为81%。

（a）能量由中心薄膜反馈回到棱镜　　（b）可获得最大效率的光束位置

图4.16　棱镜耦合器中输入光束的放置，图中画出了两种情况下中心薄膜中波的振幅

因为棱镜与中心薄膜之间的耦合是互易的，所以棱镜也可用做输出耦合器。图4.17画出了这种应用结构。此时同步条件仍然适用，因此具有不同内部角度的模式的出射方向也不相同。可以利用这种特性对波导中实际存在的模式进行实验观测。输出光束的数目也就是模式的数目，光束的角度则标明某一特定模式。输出光束投射到屏幕上时，形成称为m线的线条。标号m对应模式TE_m和TM_m的下标。由于耦合沿棱镜的底部是连续的，因此可以从波导中取出所有光功率，唯一的要求是棱镜底边必须足够长。从棱镜中发射出的光不再是高斯形的，而是会有些偏斜，如图4.17所示。根据互易原理可知，如果将这种形状的光束入射到棱镜中，则耦合效率将达到100%。正是因为最优光束与对称高斯光束之间存在差异，因此常用高斯光束的耦合效率不会超过81%。

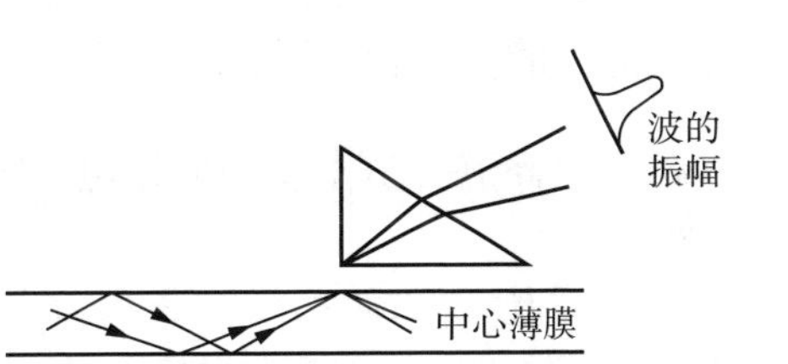

图4.17　棱镜耦合输出。两个传播模以不同的角度从棱镜输出耦合。光束的形状偏斜

4.4.3　光栅耦合

棱镜耦合器有几个很明显的缺陷。前面已经提到过，它需要高折射率的棱镜，而且对波长有一定的依赖性。在棱镜耦合中，必须具有很小的空气缝隙，但现实中这是很难构造和维持的。还有一点，棱镜耦合器不是集成的。理想的耦合器应该与集成光学结构相吻合，并且是扁平的，这样就能直接在集成光衬底上构造。图4.18给出了一种具有这一特性的耦合器：**电介质光栅**耦合器。

在图4.18（a）中，电介质条的周期排列构成光栅。而在图4.18（b）中，是由一个折射率周期变化的电介质层来构成相位光栅。将一个厚的感光树脂板暴露在强度呈周期变化的光中，并蚀刻掉未曝光区域，可以制造出介质条光栅。图中的光栅剖面是矩形的，但实际上可能是正弦形、三角形或其他形状的。采用强度呈周期变化的光照射重铬酸白明胶层，可以产生周期性的折射率变化，这样可以制造出相位光栅。

光栅会将入射光衍射形成一个或多个传输波。如果这些波中的任何一个具有与传播模式相同的纵向传播因子，就会发生耦合，这个模式也会被激励起来。对光束入射的位置与棱镜耦合器具有相同的要求。从图4.18可以看出，要获得高的耦合效率，入射光束照射面要稍微宽些。对称高斯光束的最大耦合效率在这里同样是81%。

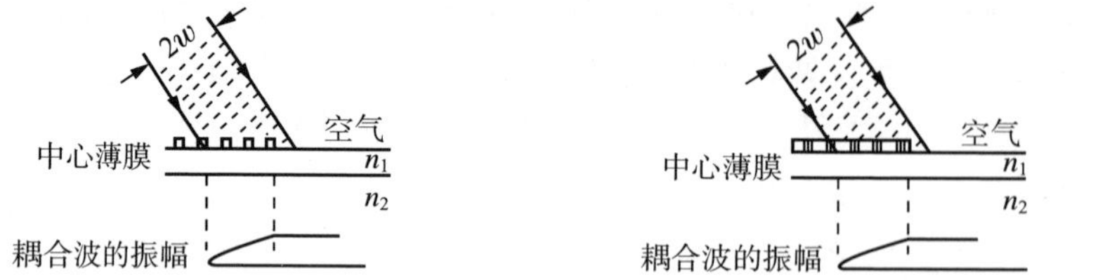

（a）周期电介质条阵列　　（b）折射率呈周期性变化的电介质层

图4.18　光栅耦合器

在实际应用中，对边耦合、棱镜耦合和光栅耦合进行一些改进和变化是可行的。其他类型的耦合，如直接从光纤耦合，两个分离的集成光路间的耦合，在同一衬底上相邻中心薄膜间的耦合等，在集成光学应用中也是非常重要的。实际上，大多数集成光器件都是带尾纤封装的，这是为了能将其方便地接入光纤线路中。在集成光芯片中，尾纤是与波导结合使用的，在适当的位置相互连接。

4.5　平板波导的色散和失真

在3.2节中已经提到过，波在折射率随波长变化的介质中传播时，波形会发生展宽（失真）。脉冲展宽是一种在任何包含色散材料的电介质结构中都存在的现象。在电介质平板波导和光纤这样的波导中，还有另外两种失真：波导色散和多模失真。

4.5.1　波导色散

即使中心薄膜和衬底材料是非色散的，对于固定的中心薄膜厚度，某个特定模式的有效折射率也会随波长而变化。由图4.5可清楚地看到这种变化趋势，即**波导色散**。随波长的变化，有效折射率n_{eff}与折射率n一样会导致脉冲展宽。在通常情况下，材料是色散的，因此波导色散与材料色散会同时存在。

由波导色散所引起的脉冲展宽幅度与材料色散所导致的脉冲展宽遵循同样的方程，不同的是要用有效折射率替代材料折射率。根据式（3.14），对于波导色散有

$$\Delta(\tau/L) = -\frac{\lambda}{c} n''_{\text{eff}} \Delta\lambda = -M_g \Delta\lambda \tag{4.24}$$

在这个方程中，$\Delta\lambda$是光源的线宽，$n''_{\text{eff}} = \mathrm{d}^2 n_{\text{eff}}/\mathrm{d}\lambda^2$，$M_g = \lambda n''_{\text{eff}}/c$。其中最后一项可从模式图中$n_{\text{eff}}$的斜率获得，正如式（3.13）中的$n''$可由折射率曲线的斜率求得。

当同时存在材料色散和波导色散时，总的脉冲展宽由下式给出：

$$\Delta(\tau/L) = -(M + M_g)\Delta\lambda$$

因为材料色散M可能为负值（例如在石英玻璃中，当工作波长超过1300 nm时），由色散引起的总脉冲展宽实际上有可能会因为波导色散的存在反而减小。

本书并没有求解平板中波导色散的数值结果。学习这一内容的主要目的是为了让读者理解所涉及的各种现象，因为这些现象在光纤中都存在而且非常重要。

4.5.2　多模失真

当有多个模式在同一平板波导中传播时，相对于波导轴的传输速度互不相同。一个入射光束的能量在传输过程中会被分配到若干个模式上，其传播速度各不相同。因此，输入波形在传输过程中会产生畸变。各个模式到达输出端的时间不同，从而使得波形被展宽。这种现象称为**多模失真**或**模式失真**，也常称为**多模色散**。但在本书中，我们认为最好只将“色散”这一概念用于描述与波长相关的现象。非常重要的一点是，必须要认识到多模失真并不取决于光源线宽。一个理想的单频光脉冲（$\Delta\lambda = 0$）仍然会产生多模展宽，而材料展宽和波导展宽则为零。当然，如果波导只允许一个模式传播，则不会产生多模失真，这是单模波导的一个优点。

求解电介质平板波导中的模式展宽量是比较容易的。仅需求出沿波导中心轴传播模式与沿最大角度传播模式的传输时间差即可。显然，后一模式的光将以临界角传输。沿中心轴方向传播的模式最先到达波导的末端。假设对称波导的长度为L，则中心轴模式的传播时间为L/v，或表示为

$$t_a = \frac{L}{c}n_1 \qquad (4.25)$$

在所有的模式中，临界角光将最后到达波导末端。因为它以Z字形沿着波导来回传输，显然传输距离最长。参照图4.19，可知总的传输距离是Ln_1/n_2。沿光路的传输速度 $v = c/n_1$，于是其传输时间为

$$t_c = \frac{L}{cn_2}n_1^2 \qquad (4.26)$$

于是，单位长度的脉冲展宽$(t_c - t_a)/L$可由下式给出：

$$\Delta(\tau/L) = \frac{n_1(n_1 - n_2)}{cn_2} \qquad (4.27)$$

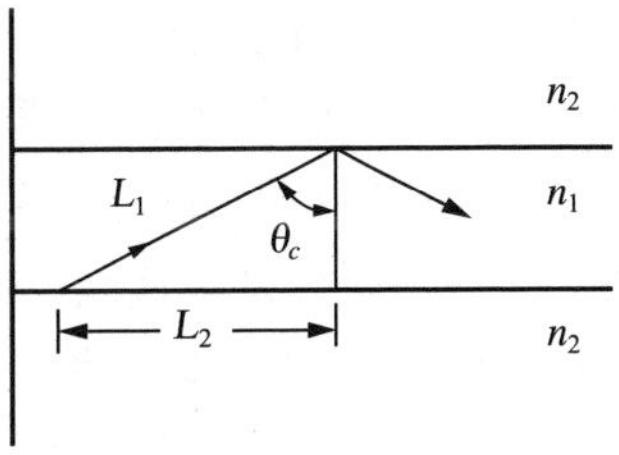

图4.19　中心轴距离为L_2，则临界角光线传输距离$L_1 = L_2/\sin\theta_c$。$\sin\theta_c = n_2/n_1$，所以$L_1 = L_2n_1/n_2$。因而对于长度为L的波导，总的传输路径长度为Ln_1/n_2

使用相对折射率差，上式可以写成

$$\Delta(\tau/L) = n_1\Delta/c \qquad (4.28)$$

当两种介质折射率很接近时，可以使用数值孔径将上式改写成

$$\Delta(\tau/L) = \frac{\mathrm{NA}^2}{2cn_1} \qquad (4.29)$$

在多模波导中，三种不同机制的脉冲展宽同时存在：材料色散、波导色散和多模失真。在这种情况下，总的脉冲展宽可以写成

$$\Delta(\tau/L) = \sqrt{\Delta(\tau/L)^2_{\mathrm{mod}} + \Delta(\tau/L)^2_{\mathrm{dis}}}$$

其中，$\Delta(\tau/L)_{\mathrm{mod}}$是模式脉冲展宽，$\Delta(\tau/L)_{\mathrm{dis}}$是色散脉冲展宽。

本书将在介绍光纤的传播特性之后，再对材料色散、波导色散、多模失真及其相互作用进行数值评估。需要注意的是，因为失真随路径长度增加，而集成光路通常很短，因此在集成光学中，失真问题不像在光纤中（可能有几千米长）那么严重。显然，对集成光学中失真的研究要比在圆柱形光纤中对这一问题的研究简单得多。

4.6 集成光器件

利用集成光学技术可以制造无源器件与有源器件[4,5]。无源器件包括定向耦合器、分束器、隔离器、滤波器、复用器、解复用器、透镜与棱镜等。有源器件包括调幅器、调相器、光开关、可变光衰减器、可调滤波器、光源和光检测器等。定向耦合器用于连接相邻中心薄膜波导；分束器用于将输入光分束，传送到两个或更多的输出波导。隔离器是一种单向传输线，用于隔离可能使半导体激光器工作不稳定的反射光。滤波器和解复用器用于分离波分复用系统（将在9.6节进行详细描述）中沿同一根光纤传输的不同的光频载波。滤波器与复用器则用于组合不同的光频载波，使之在波分复用系统中沿同一根光纤传输。集成光调制器作为外调制器，代替光纤通信系统中通常使用的电流内调制器。虽然这种调制器造价较高，但外调制器相对于电流调制器具有较高的工作速率。光开关是一种很有用的旁路器件，在局域网（例如将要在9.1节中介绍的环形网）中用来绕开不能工作的节点。

4.6.1 无源器件

无源器件一般都可以通过改变波导的结构来制作。正如在模式图中所看到的，改变中心薄膜厚度将会改变其等效折射率。根据斯涅尔定律，厚度的变化会导致光线的偏转。图4.20给出了一个用这种方法构造的集成光透镜。

一种波导结构的无源集成光定向耦合器如图4.21所示。是通过在一个玻璃衬底上采用离子交换、离子注入和化学气相沉积或其他制造技术形成的。假设光功率通过端口1进入，部分功率从端口2输出，另一部分功率从端口3输出。理想情况下，没有光到端口4，也没有功率损耗。但实际上会有十分之几dB的损耗，耦合进端口4的功率相对于输入功率会下降30 dB左右。通过合理地选择耦合区域长度，耦合进相邻波导光功率的百分比可在0~100之间变化。相邻波导之间的耦合是通过各自消逝场的交迭实现的。

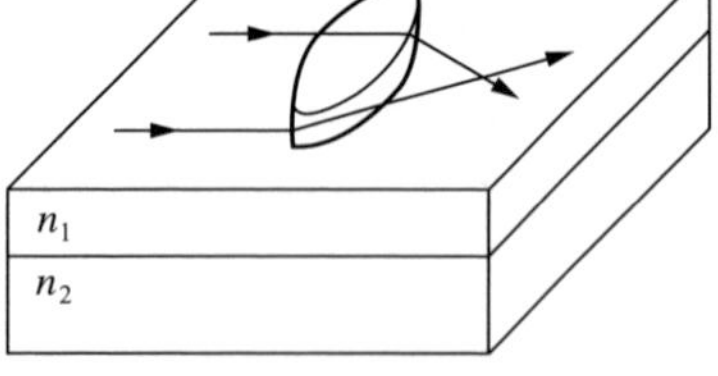

图4.20 集成光透镜

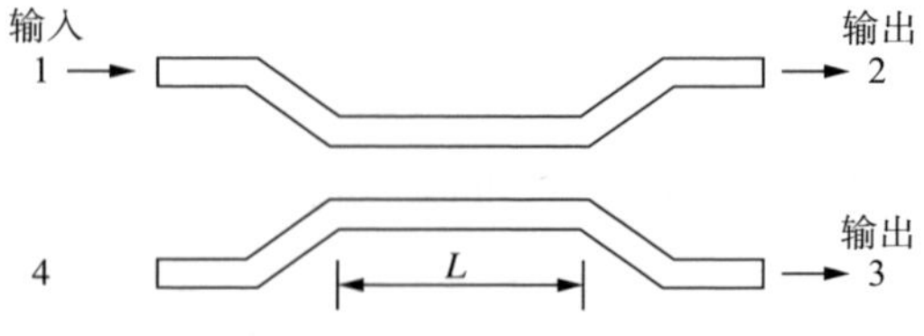

图4.21 集成光定向耦合器

对于一个理想（例如不考虑损耗）的耦合器，相对输出功率由下式给出：

$$\frac{P_2}{P_1} = \cos^2\left(\frac{\pi L}{2L_c}\right) \tag{4.30}$$

$$\frac{P_3}{P_1} = \sin^2\left(\frac{\pi L}{2L_c}\right) \tag{4.31}$$

其中，L_c是能量从上面的波导完全转移到下面的波导所需的长度，称为**耦合长度**。要获得有效的耦合，要求两个波导的传播因子是相同的。这与棱镜–电介质平板耦合中的相位匹配条件是一致的。对于两个一样的波导，因为具有相同的有效折射率，因此相位匹配条件很容易得到满足。由式（4.30）与式（4.31），可以很清楚地知道如何进行设计，以得到所需的功率输出比例。对最常见的比例1 : 1，$P_2/P_1 = P_3/P_1 = 0.5$。相对于输入功率，输出都降低了3 dB。通常用耦合进相邻波导的功率量（单位为dB）来描述定向耦合器。对于上面给出的例子，通常称之为3 dB耦合器。如果从端口3输出的功率正好是输入功率的10%，则称这个器件为10 dB耦合器。

一个波导结构的集成光功分器如图4.22所示。一般这种Y形功分器将功率平均分配到两个输出端口。将几个Y形功分器级联可获得更多的输出端口，这种结构如图4.23所示。

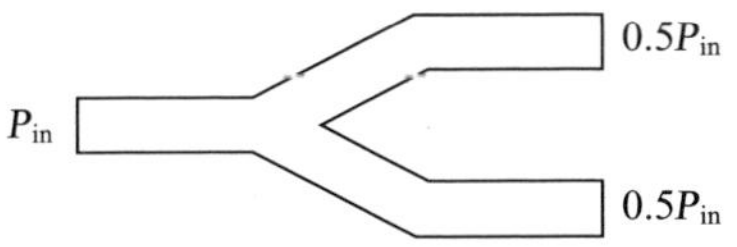

图4.22　Y形功分器

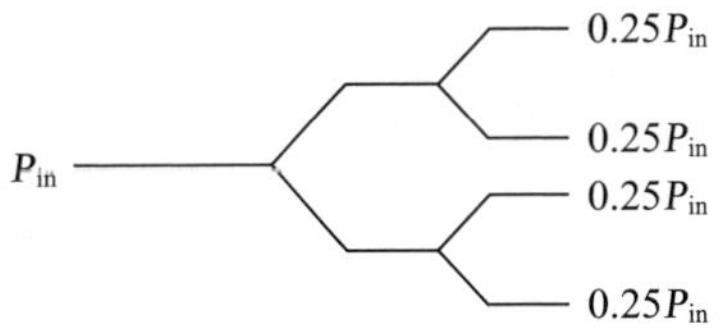

图4.23　由级联的Y形功分器构成的4端口分束器

4.6.2　有源器件

有源器件按其功能可以分为两类：一类控制光，一类转换光。第一类器件主要有光开关、光偏转器、光扫描器及光调制器。第二类器件有光源（将电转换成光）和光检测器（将光转换成电）。

有源控制器件依靠电光材料或声光材料的特性来实现对光的控制。**电光**材料根据所施加的电场改变其折射率。**声光**材料依赖声波（由波导表面压电效应所激发）与光束的相互作用来实现对光的控制。所有的有源控制功能都可以通过电光效应或者声光效应来实现。

图4.24是一幅电光开关的示意图，与图4.21中的定向耦合器有些相似。但对于光开关，中心薄膜必须具有强电光特性，铌酸锂就是较为合适的一种材料。图4.24中的中心薄膜是嵌在衬底上的。这是一种常用的结构，可以通过在$LiNbO_3$衬底上进行钛扩散产生一个较高折射率区来制造。电极置于波导顶部，由图中的交叉阴影区表示。通过调整耦合长度，使得不加电压时所有的光都转换到第二个波导。在此种状态下，两个完全相同的波导是满足相位匹配条件的。在电极上加一定的电压时，产生的电场导致两种波导的折射率都发生变化。如图中所示，由于加在两个波导上的电场方向刚好相反，因此两个波导的折射率变化也恰好相反。此时，两种波导的折射率不再相同，相位匹配条件不再成立，导致交叉耦合减小到零。于是所有的光沿输入波导继续传播。

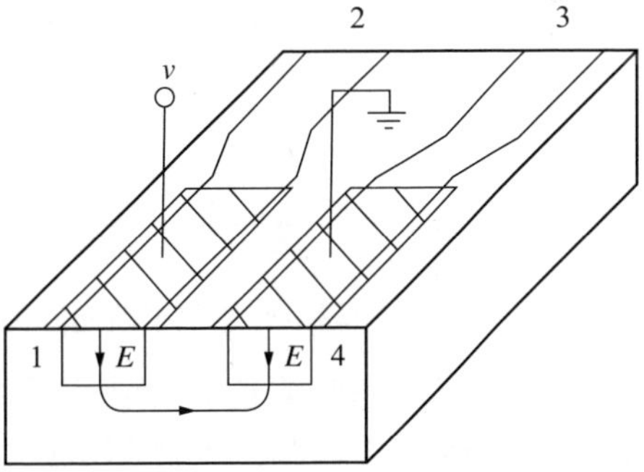

图4.24　电光开关

图4.24中的光开关也可以当成调制器使用。每个输出通道中光的强度由施加在其上的电压大小控制。

图4.25中给出了另一种集成光调制器的设计示意图。这种器件称为马赫–曾德尔干涉仪，由平行的铌酸锂衬底上采用钛扩散形成的波导构成。如图所示，输入光束被均匀地分配到两

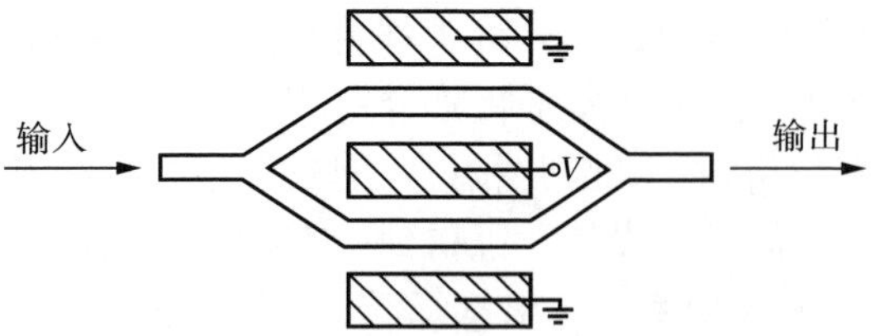

图4.25 集成光马赫–曾德尔干涉调制器

个路径上，然后在输出端重新组合。如果电极上不加电压，则光沿两个平行路径的传输距离是相同的，在输出端以相同相位重组（相长干涉），此时获得最大幅度的传输光。然而，如果施加一个合适的电压在电极上，两个光束之间就可能有180° 的相位差。在这种情况下，两者之间将发生相消干涉，使得输出最小。工作在吉比特范围、需要10 V左右电压的这类器件在较早以前就已经制作出来了[6]。更先进的调制器在3 ~ 4 V电压下可以在2.5 Gbps范围内实现光的开关，在5 ~ 7 V电压下可以在10 Gbps范围内进行光的开关。

用做光开关时，调制器的传输特性可由下式给出：

$$\frac{P_{\text{out}}}{P_{\text{in}}} = 0.5\left(1 + \cos\frac{\pi V}{V_\pi}\right) \tag{4.32}$$

其中，V_π是**半波电压**，在这个电压下可以产生180° 的相位差。图4.26画出了这种特性。从图中可以看出，除了 $\pm V_\pi/2$附近的区域，特性曲线并不是线性的。为了避免失真，调制器通常工作在这个点附近，在信号电压V上加一个不变的偏置电压$-V_\pi/2$。用$V - V_\pi/2$代替式（4.32）中的V，对结果进行化简，可得到调制器的传输特性，即

$$\frac{P_{\text{out}}}{P_{\text{in}}} = 0.5\left(1 + \sin\frac{\pi V}{V_\pi}\right) \tag{4.33}$$

图4.27给出了结果曲线。显然，调制电压V携带信号。为了避免信号的非线性失真，调制电压必须远小于半波电压。

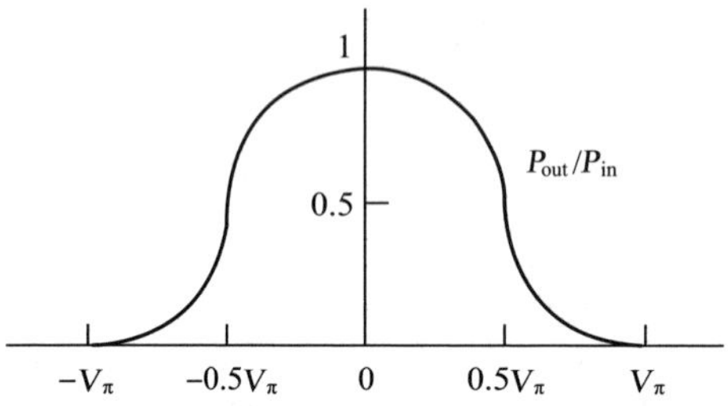

图4.26 马赫–曾德尔干涉光开关的传输特性

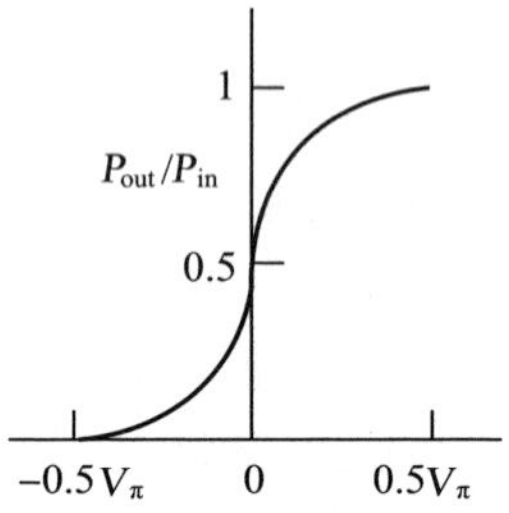

图4.27 马赫–曾德尔干涉调制器的传输特性

调制器与光开关是很重要的器件，主要体现在以下几个方面。相对于发光二极管和半导体激光器的直接调制，外调制可以在较高的频率内进行。使用集成光外调制器或其他外调制器，可以获得几吉赫的带宽。对半导体激光器的直接调制可能会改变其输出波长，增加其线宽（这种现象称为**啁啾**），但外调制会降低这种效应。在一些应用中，是不允许波长与线宽发生改变的。这样的应用主要包括：信道间隔很小的光复用（见第9章中关于波分复用的论述）；工作在最小材料色散波长的光纤通信系统；高速链路和相干检测系统（见第10章对外差光接收机的讨论）。啁啾效应会增加光束的谱宽，使得色散影响增大（由3.2节的讨论可知，这将导致线路容量的降低）。正因为在高速系统中要求色散尽可能小，因此外调制器得到了广泛应用。在第10章中还将介绍另一种外调制器，即电吸收式调制器。

4.6.3　光电子集成光学

光电子集成电路（optoelectronic integrated circuit，OEIC）可以在同一个基片上实现光器件与电子器件的功能，一般采用半导体基片和薄膜波导[7,8]制作。半导体材料提供了将光源、光检测器和电子线路组合在同一基片上的可能。光中继器是基于这种概念的一个具体应用，图4.28显示了这种中继器构成框图。这个系统由如下元件集成形成：一个GaAs衬底、一个GaAs光检测器、一个完成所有电功能的GaAs金属半导体场效应管（metal-semiconductor field-effect transistor，MESFET）和一个AlGaAs半导体激光器光源。工作时，微弱的光信号从光纤中投射出来，照射在一个光电导器件上，从而改变其阻抗。光电导器件两端的电压是恒定的，因此其电流将随着光调制特性变化。在这里也就是将光信号转换成电信号。然后电信号被放大，再用放大了的电流来调制半导体激光器。于是，激光器的输出就是输入光信号的放大形式。此时，又重新将电信号转换成了光信号。最后，激光器的输出光束耦合进光纤，进行更远距离的传输。这种类型的集成系统具有以下优点：可靠性高、易于接入到较大的网络、大批量生产更为经济。

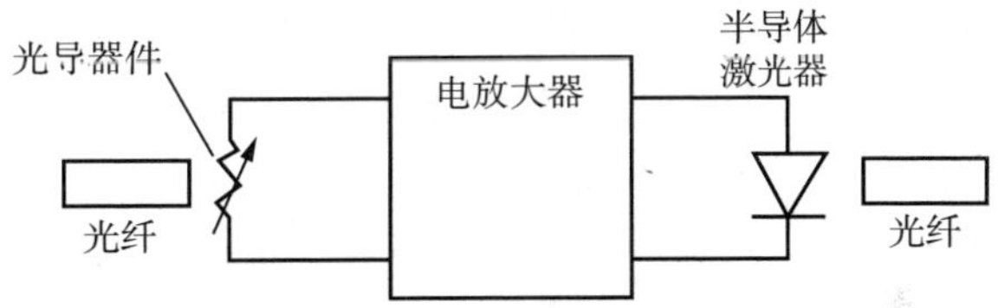

图4.28　光中继器

在参考文献[9]中，介绍了采用GaAs材料制作的工作波长在0.8 ~ 0.9 μm，以及InP材料制作的工作波长在1.3 ~ 1.6 μm的OEIC集成发送机和接收机。有时也将OEIC称为**光集成回路**（photonic integrated circuit，PIC），利用这种技术可以为大容量的光纤通信系统提供相应的电接口。

4.7　总结和讨论

本章主要包括两方面的内容：其一是集成光学；其二是波导中光的传输，这与光纤非常类似。本书仅简单地介绍了薄膜集成光技术，给出了几个基本概念，还介绍了光通信系统中广泛应用的无源器件与有源器件。同时，还介绍了一个完整的网络，即光中继器。

对于电介质平板波导，本章给出了以下结论。

1. 通过临界角反射，实现光波的被引导传播。
2. 引入波的模式概念，每个模式对应一个特定的光线传输方向和特定的横向电场分布。
3. 模式反映了斜入射光线在边界法线方向上的波导谐振特性。
4. 对于给定模式的等效折射率，可以从模式图中获得。纵向传播因子可以通过式（4.6）直接由n_{eff}得到。
5. 存在两种正交的偏振状态，记为横电模式和横磁模式。
6. 随着中心膜厚度的增加以及中心膜与外包层材料折射率差的增大，允许传播的模式数量将增多。
7. 若中心膜足够薄，则波导可能仅支持一个模式。
8. 材料色散、波导色散与多模失真都会导致脉冲的展宽。前两种现象随着光源线宽的增加而变大。多模失真与光源线宽无关，随着折射率差$n_1 - n_2$的增加而变大。
9. 只有当光束的取向位于由波导数值孔径决定的角度范围以内时，才能采用边耦合方式。数值孔径随着相对折射率差的增加而变大。

以上大部分关于对称平板波导的结论可以直接应用到光纤中。在第5章中详细介绍光纤时，我们将直接引用这些结论。因为在后面的章节中还会再次出现，所以在此不对本章推导得到的一些重要方程进行重复。对称平板波导与光纤十分相似，虽然还没有对光纤进行具体讨论，但通过本章的学习，读者应该对光纤中光的传输有一定的了解。

习题

4.1 对于4.2节中的AlGaAs波导，假设工作波长为0.82 μm，θ = 85°。画出TE_0模电场峰值幅度对横坐标y的图形。计算中心膜的厚度及n_{eff}的值，并利用式（3.35）表示中心膜外部场的衰减特性。

4.2 画出如图4.5所示的模式图，假设$n_1 = 1.48$，$n_2 = n_3 = 1.46$。

4.3 对于习题4.2，假设波导仅允许一个模式传播，波长为0.82 μm。求解最大的中心薄膜厚度。

4.4 对4.2节中的对称平板波导（AlGaAs），当$d/\lambda = 5$时，波导中可允许传播多少个TE模？当$d/\lambda = 10$和100时，这个值又是多少？

4.5 设$n_1 = 1.48$，$n_2 = n_3 = 1.46$，工作波长为0.82 μm。计算出TE_0模，TE_1模，TE_2模和TE_3模截止时的中心薄膜厚度。画出每种模式截止时的横模分布图。

4.6 对于习题4.2中的波导，忽略TM模式，计算波长为1.3 μm、唯一传播的TE模为TE_0模时的中心薄膜厚度。计算波长为0.82 μm、传播模式为TE_0模和TE_1模时的中心薄膜厚度。

4.7 推导式（4.14）。

4.8 证明当n_1与n_2近似相等时，对称平板波导的NA等于$n_1\sqrt{2\Delta}$，其中Δ为相对折射率差。

4.9 有一个放在空气中的对称电介质平板波导，$n_1 = 1.48$，$n_2 = 1.46$。画出θ（中心薄膜中的角度）等于75°时包层模的光传输路径。当θ等于什么值时，不再存在包层模？

4.10 考虑4.2节中的AlGaAs波导，工作波长为0.82 μm，$d/\lambda = 10$。波导的激励源是一个模斑直径为1 mm的高斯形激光光束，激光光束由波导边缘入射。设计这个系统的耦合位置。

4.11 证明式（4.21）表示光线离开对称平板波导的最大出射角。

4.12 根据式（4.27），证明单位长度上的模式脉冲展宽可由下式近似表示：

$$\Delta(\tau/L) = n_1\Delta/c$$

$$\Delta(\tau/L) = \frac{\mathrm{NA}^2}{2cn_1}$$

4.13 有一个对称平板波导，$n_1 = 1.48$（中心薄膜），$n_2 = 1.46$（敷层和衬底材料），工作波长为1300 nm。

（a）当TE_0模对应的光线角度为85°时，计算中心薄膜厚度。

（b）当TE_2模对应的光线角度为85°时，计算中心薄膜厚度。

4.14 根据集成光定向耦合器的功率传递式（4.30）与式（4.31），在同一幅图中画出耦合区域长度从0到$2L_c$（L_c是耦合长度）变化时，到达端口2和端口3的功率分布曲线。

4.15 证明理想的集成光定向耦合器输出端口的总功率（图4.21中，端口2的输出功率与端口3的输出功率和）等于输入功率。

4.16 一个集成光定向耦合器，要求2/3的功率从一个端口输出，另外1/3的功率从另一个端口输出，耦合长度为3 cm。试求耦合区域的长度应该是多少？

4.17 对于一个10 dB的耦合器，习题4.16的结果又是多少？

4.18 对于马赫–曾德尔干涉调制器，传输特性由式（4.33）表示。假设半波电压为10 V，电极上的输入信号电压为6 cos ωt V（$\omega = 2\pi f$，f是调制频率）。输入光功率为1 mW。求输出功率是多少？画出输入信号变化一个完整周期所对应的输出功率图形，并在同一幅图中画出输入电压变化曲线。为了便于对信号电压波形和输出功率波形进行比较，画图时进行了归一化处理。分析比较结果，可以得到何种信息？

4.19 重做习题4.18，这里输入信号电压为0.1 cos ωt V，其他条件相同。

4.20 有一个对称平板波导，$n_1 = 1.465$，$n_2 = 1.46$。计算单位长度上的多模脉冲展宽。假设这是波导中唯一的脉冲展宽机制（或至少是最主要的），试计算单位长度的脉冲展宽值、3 dB光带宽–距离积、归零码和非归零码的速率–距离积。在1550 nm处，模式脉冲展宽与材料脉冲展宽哪一个更大些？

4.21 仅考虑对称平板波导中的波导色散。假设色散系数为4 ps/(nm·km)。计算由波导色散导致的单位长度上的脉冲展宽值。比较一下，本题的波导色散与习题4.20中的模式展宽，两者中哪个更大些？

4.22 有一个对称平板波导，$n_1 = 1.465$，数值孔径为0.2。计算单位长度的脉冲展宽及这种波导的接收角。

参考资料

[1] Comprehensive descriptions of the integrated optics field appear in the following representative books:

R. G. Hunsberger. *Integrated Optics: Theory and Technology,* 4th ed. NY: Springer-Verlag, 1995.

Lynn D. Hutcheson, ed. *Integrated Optical Circuits and Components: Design and Applications.* NY: Marcel Dekker, Inc., 1987.

Donald L. Lee. *Electromagnetic Principles of Integrated Optics.* NY: John Wiley, 1986.

Edmond J. Murphy, ed. *Integrated Optical Circuits and Components: Design and Applications.* NY: Marcel Dekker, Inc., 1999.

[2] Rod C. Alferness. "Guided-Wave Devices for Optical Communication," *IEEE J. Quantum Electron.* 17, no. 6 (June 1981): 946–959.

[3] W. S. C. Chang, M. W. Muller, and F. J. Rosenbaum. "Integrated Optics," in *Laser Applications.* Monte Ross, ed. NY: Academic Press, 1974, pp. 269–289.

[4] *Ibid.,* pp. 289–334.

[5] N. Kashima. *Passive Optical Components for Optical Fiber Transmission.* Norwood, MA: Artech House, 1995.

[6] Mach–Zehnder Modulators. Crystal Technology Product Bulletin. Palo Alto, CA, May 1986.

[7] Nadav Bar-Chaim, Israel Ury, and Amnon Yariv. "Integrated Optoelectronics," *IEEE Spectrum* 19, no. 5 (May 1982): 38–45.

[8] Jun Shibata and Takao Kajiwara. "Optics and Electronics Are Living Together," *IEEE Spectrum* 26, no. 2 (Feb. 1989): 34–38.

[9] Tetsuo Horimatsu and Masaru Sasaki. "OEIC Technology and Its Application to Subscriber Loops," *IEEE J. Lightwave Technol.* 7, no. 11 (Nov. 1989): 1612–1622.

第5章　光纤波导

本章我们将详细介绍光纤通信系统中的一个重要组成部分——光纤。尽管我们很少有机会亲自设计和制造光纤，但是仍有必要了解光纤的一些基本概念，以及光纤是如何制作的。要想合理地选择和使用光纤，必须深入地了解光纤的结构及其特性。基于这一点，我们将在本章研究一些常用光纤的结构以及其中光波的传播特性。关注的重点是传输损耗、模式理论和信息容量，同时也涉及光纤、光缆的制造和设计。

5.1　阶跃折射率光纤

如图5.1所示，**阶跃折射率**（step-index，SI）光纤[1]由纤心和包层组成。其中，纤心的折射率为n_1，包层的折射率为n_2。有时，阶跃折射率光纤也称为**阶跃折射率匹配包层**光纤。和介质平板波导一样，由于包层的折射率小于纤心的折射率，要想实现光线的传播，光线在纤心和包层分界面上的反射角θ必须大于等于光纤的临界角θ_c。阶跃折射率光纤的临界角为

$$\sin\theta_c = \frac{n_2}{n_1} \tag{5.1}$$

纤心与包层的**相对折射率差**Δ是光纤中一个很重要的参数，其定义为

$$\Delta = \frac{n_1 - n_2}{n_1} \tag{5.2}$$

这是一个恒正的参数，因为全反射临界角存在的必要条件是n_1大于n_2，其典型值为0.01。

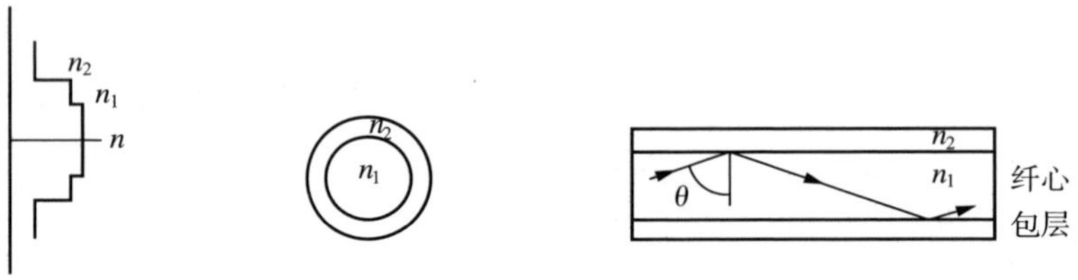

（a）折射率剖面　（b）端视图　（c）纵剖面图

图5.1　阶跃折射率光纤

为了实现光的有效传播，纤心和包层材料的损耗应越小越好。尽管从图5.1(c)可以看到，光线完全在纤心中传播而没有泄漏到包层中去，但实际情况却并非如此。实际上，正如第4章对平板波导的讨论那样，在包层中仍然有以消逝场形式存在的光波。如果包层材料不吸收能量，则其中的光能量在传播过程中不会损耗。实际上，包层中消逝波的幅度会随离开界面的距离增加而迅速衰减。所以，当包层的厚度达到数十微米时，没有光能量到达包层的外边缘。

也许有人会问：是否可以不要包层，直接将纤心裸露在空气中？外界空气的折射率n_2肯定小于纤心的折射率n_1，的确可以引导光的传播。但是，这样做会遇到其他一些棘手的问题。任何一种有损耗的材料接触纤心都将产生附加损耗，而为了固定光纤这是无法避免的。如果将纤心裸露在空气中，那么光纤容易被扭曲，甚至被刮伤，这样也会带来额外的损耗。包层可以保护纤心不受外界的污染，同时可以保持光纤的物理完整性。

常见的阶跃折射率光纤通常有3种结构：纤心和包层都使用玻璃材料，但包层折射率略小于纤心折射率；纤心使用石英玻璃，而包层使用塑料；第三种是使用塑料纤心，而包层使用另一种塑料。通常，全玻璃光纤的纤心和包层折射率差最小，塑料包层石英光纤（plastic-cladded silica，PCS）稍大一些，全塑料光纤最大。全塑料光纤也称为**聚合物光纤**（polymer optical fiber，POF）。产生这种差异的主要原因是玻璃纤维可取的折射率范围比塑料的折射率范围小一些。

和平板波导一样，模式失真和数值孔径（NA）随着折射率差$n_1 - n_2$的增加而变大。因此，全塑料光纤的模式脉冲展宽和数值孔径最大，塑料包层石英光纤次之，全玻璃光纤最小。脉冲展宽小可以使光纤实现长距离大容量传输，但是NA小却会导致光源到光纤的耦合效率低下。

与塑料包层石英光纤和全塑料光纤相比，通常全玻璃光纤的损耗最小。其典型值在几个dB/km，甚至更小。PCS的典型损耗值为8 dB/km左右。全塑料光纤的典型损耗值则可达到几百dB/km。

根据前面的讨论，可以对三种阶跃折射率光纤的性能及其应用得出以下几个结论。但是，这些结论只适用于多模光纤。

1. 全玻璃光纤具有最低的衰耗和最小的模式脉冲展宽，所以比较适合应用于高信息速率和长距离传输系统。目前，这种光纤的带宽距离积可达30 MHz·km。另一方面，由于全玻璃阶跃光纤的数值孔径太小，导致光源与光纤之间的耦合效率过低。当然，较小的传播损耗可以弥补这个缺陷。
   光纤的尺寸大小通常用纤心直径和包层直径表示（都以微米为单位）。例如，50/125光纤代表一根纤心直径和包层直径分别为50 μm和125 μm的光纤。阶跃折射率光纤直径的典型值为50/125，100/140和200/230。
2. 由于PCS光纤的传输损耗和脉冲展宽比全玻璃纤维光纤要大，所以比较适合应用于短距离传输系统。其数值孔径比较大，使得光源到光纤的耦合效率比较高。但是，对于长距离传输而言，吸收损耗才是主要考虑的因素，耦合效率高这个优势被弱化了。通常，当传输距离不超过几百米时，采用PCS光纤是一个不错的选择。PCS光纤纤心直径的典型值为200 μm，如此大的纤心直径改善了光源和光纤的耦合效率。
3. 由于传播损耗很大，使得全塑料光纤传输距离受到很大的限制，传输距离通常只有数十米。全塑料光纤的纤心直径通常为1 mm左右。其数值孔径也很大。这样大的纤心直径和数值孔径使得光源和光纤的耦合效率很高，全塑料光纤也因此得到应用。

表5.1列出了全玻璃光纤、PCS光纤和全塑料光纤这三种阶跃折射率光纤的数值孔径、接收角和相对折射率差。其中，数值孔径和接收角由式（4.21）$NA = \sin \alpha_o = \sqrt{n_1^2 - n_2^2}$得到，并且假设光纤入射端面的外围介质是空气。对全玻璃光纤而言，纤心和包层的折射率几乎是相等的，所以其数值孔径可以近似为$NA = n_1\sqrt{2\Delta}$。只有入射光线落在图5.2所示的全锥角为$2\alpha_o$的圆锥内时，才能被阶跃折射率光纤捕获。通常，LED和半导体激光器的辐射角度要大于表5.1中列出的接收角。从表5.1中可以看出数值孔径较大的光

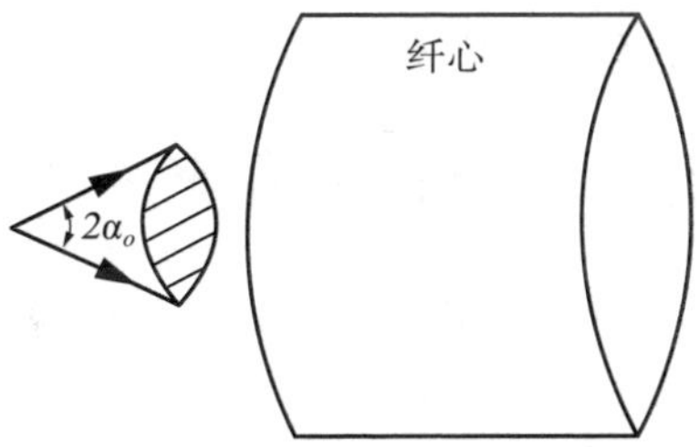

图5.2 可被SI光纤捕获的光线形成的圆锥

纤的优点，即其接收角较大，可以在更大范围内捕获光能量，从而提高耦合效率。我们将在8.5节中定量讨论光源和光纤的耦合效率问题。

表5.1　阶跃折射率光纤的典型参数

结构	n_1	n_2	NA	α_o	Δ
全玻璃	1.48	1.46	0.24	3.9°	0.0135
PCS	1.46	1.4	0.41	24.2°	0.041
全塑料	1.49	1.41	0.48	29°	0.054

回顾阶跃折射率光纤的结构可以发现，当包层外围介质的折射率比包层的折射率还要小时，光线经过包层外边界面的内全反射也能够被光纤捕获。图5.3给出了这种光线可能的传播路径。在图中可以看到，光线在纤心–包层界面上的入射角小于临界角，所以部分光线要透射到包层中去。光线在包层外表面的入射角大于全反射临界角，所以光线全部反射回光纤轴线方向。这样的光线同样能够为光纤所导引而不会泄漏出去。

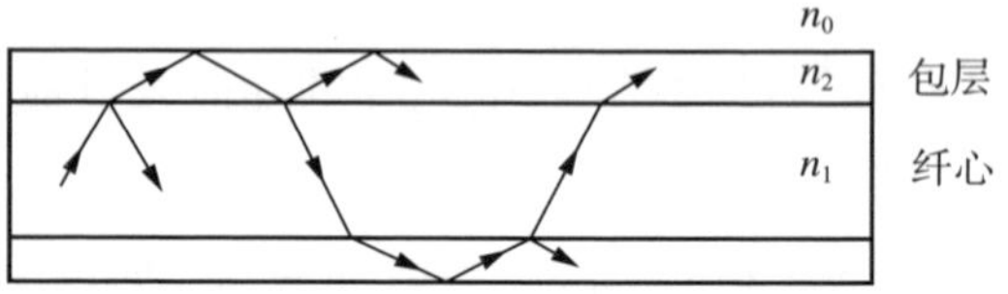

图5.3　包层模的射线路径。在纤心和包层界面上的部分反射造成了多条传输路径

这个例子说明了包层模的存在。包层模的特征是：在穿越光纤轴心时，与光纤轴心线的角度比纤心模式的要大。包层模式可能是在入射端面由那些入射角大于接收角的光线激励形成的，也可能是在光纤的不连续处（如连接点和连接器），光线的角度发生偏转而偏离纤心模式的角度形成的。

由于包层外表面直接与损耗较大的介质接触，所以在包层中的传输损耗要比在纤心中的损耗大得多。此外，光纤微小的弯曲会导致光线的入射角小于临界角，造成不完全反射，导致光线泄漏。通常，只有在靠近光源处包层模式的能量才比较大，而这个能量会迅速衰减。在经过长距离传输后，包层模式的能量已经非常小，因而可以忽略不计。

例5.1　将表5.1中的全玻璃光纤置于空气中，试计算包层–空气界面上的临界角。

解：

通过临界角方程，得到$\theta_c = \arcsin(1/1.46) = 43°$。而纤心模式的临界角$\theta_c = \arcsin(1.46/1.48) = 80.6°$。注意，$\theta$是光线相对于边界面法线的入射角，我们可以发现包层模射线的传播路径比纤心模射线的传播路径相对于光纤中心轴来说陡得多。

如果在包层的外部再涂覆一层介质（匹配缓冲层），其折射率大于或等于包层的折射率，则包层模式就不复存在了。在这种带有**匹配缓冲层**的光纤中，包层–匹配缓冲层界面的临界角已经没有意义了。

5.2　渐变折射率光纤

渐变折射率（graded–index，GRIN）光纤的纤心折射率从光纤中心随着径向距离的增加而连续减小。这种结构的折射率分布与阶跃折射率光纤明显不同，如图5.4所示。我们将看到GRIN光纤的导波机理也和阶跃折射率光纤不同。其折射率随径向变量r的变化规律[2]为

$$n(r) = n_1\sqrt{1 - 2(r/a)^{\alpha}\Delta}, \quad r \leqslant a \tag{5.3a}$$

$$n(r) = n_1\sqrt{1 - 2\Delta} = n_2, \quad r > a \tag{5.3b}$$

其中，n_1为光纤中心轴的折射率，n_2为包层的折射率，a为纤心半径，α为确定折射率剖面变化规律的参数，Δ为确定折射率剖面变化尺度的参数。

求解上面的第二个方程，得到渐变折射率光纤的折射率剖面变化尺度参数$\Delta = (n_1^2 - n_2^2)/2n_1^2$。通常，$n_1$和$n_2$这两个参数是十分接近的，因此$\Delta$可以近似为$(n_1 - n_2)/n_1$。注意，在第4章引入的相对折射率差与式（5.3）定义的折射率剖面变化尺度参数Δ是同一个概念。

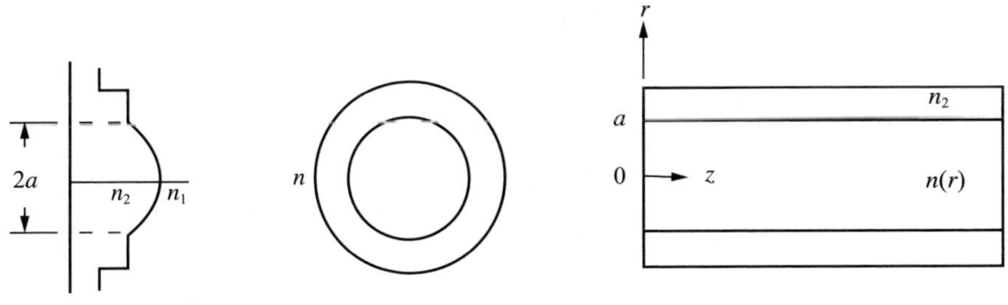

图5.4　渐变折射率光纤

如图5.5所示，光线在GRIN光纤中沿周期性的曲线路径传播。折射率的连续变化使得光线总是有重新回到光纤中心轴上的趋向，特别是折射率按照式（5.3a）和式（5.3b）的规律连续变化时，光线会呈现出周期性的重新汇聚。如图5.6所示，可以用一系列变化很小的阶跃变化来近似模拟纤心折射率的连续变化，增加阶的数目即可提高这种近似的精确性。实际的GRIN光纤和这种多阶跃变化形式有点相似，许多GRIN光纤的纤心是由许多不同折射率的层组合而成的。光线在不同折射率的各层之间的传播遵守斯涅尔定律［见式（2.3）］。在2.1节中曾介绍过，光线从高折射率介质向低折射率介质传播时会向远离法线的方向弯折，所以光线会按照图5.6所示的路径传播。在光线从光纤中心轴向包层传播的过程中，会遇到一系列折射率不连续的分界面，而且都是由高折射率介质向低折射率介质传播。所以，光线在传播过程中会不断地向水平轴方向倾斜。直到在某一个分界面上入射角大于临界角而发生全反射，光线开始朝着纤心的方向传播。这时，光线由低折射率介质向高折射率介质传播。光线在传播过程中会不断地向垂直于光纤中心轴的方向倾斜，直到穿过光纤的中心轴，光线又会重复上述传播过程。如此反复，形成了周期性的曲线传播路径。

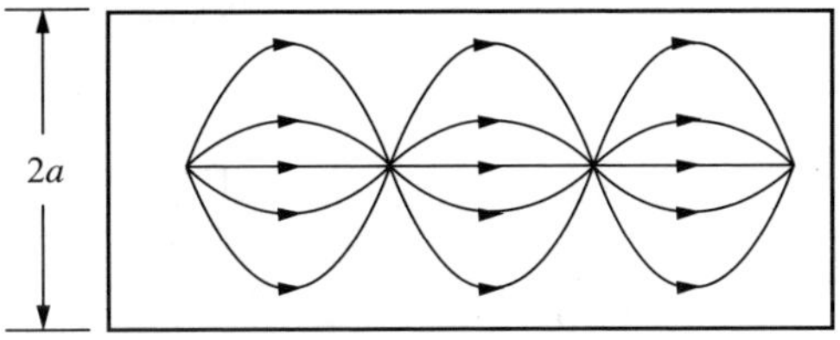

图5.5　GRIN光纤中光线的传播路径

从图5.5中可以看到，光线在越过光纤中心轴时几乎呈水平方向，这样的光线沿轴线方向传播一个很短的距离后会回到光纤中心轴。较陡的光线会传播到离开光纤中心轴较远的位置。有些入射光线太陡，以至于传播到包层边界时仍不能满足全反射条件，因而无法回到光纤中心轴。这样的光线不能在光纤中传播。可以得出结论，只有在一定的角度范围内，光线才能在GRIN光纤中传播。GRIN光纤也有数值孔径和接收角的概念，数值孔径的大小取决于参数a和Δ。

在前面的讨论中，只考虑了激励点在光纤中心轴时光线传输的情况。假设激励点不是在光纤中心轴上，而是在中心轴上方的某一点，如图5.7所示。这些光线在纤心的横方向上只传播了很短的一段距离，所以光线弯曲的程度不是很高。如果其中一条光线很接近水平方向，有可能在边界上发生全反射。光线会折回到光纤中心轴，这样就可以在光纤中传播。当光线以一些较小的角度入射时，其弯曲程度已不能满足全反射条件，从而泄漏到包层中。我们由此得出结论：激励点离光纤中心轴越远时，光线的接收角越小。换句话说，对于GRIN光纤，接收角和数值孔径都随离开光纤中心轴径向距离的增加而减小。如图5.7所示，考虑光从一个紧贴光纤端面的面光源耦合到GRIN光纤中，图中给出了接收锥角的相对大小。显然，激励点越靠近光纤中心轴时耦合效率越高，这一点和阶跃折射率光纤不同。对于阶跃折射率光纤，无论激励点离光纤中心轴多远，其数值孔径都是一样的。所以，在纤心直径和相对折射率差相同的条件下，阶跃折射率光纤的耦合效率要比GRIN光纤高。

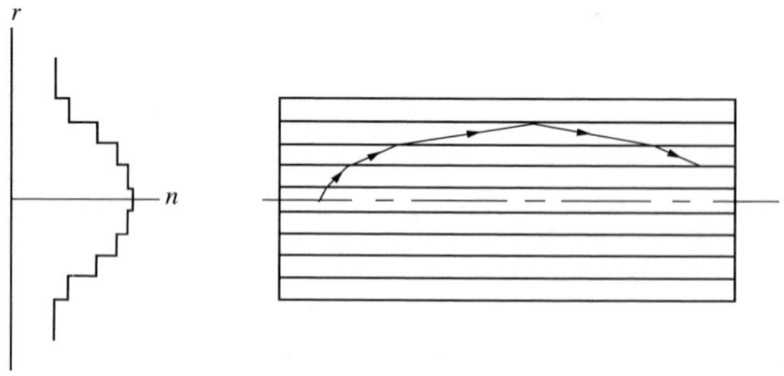

图5.6　GRIN光纤的多阶跃变化折射率模型

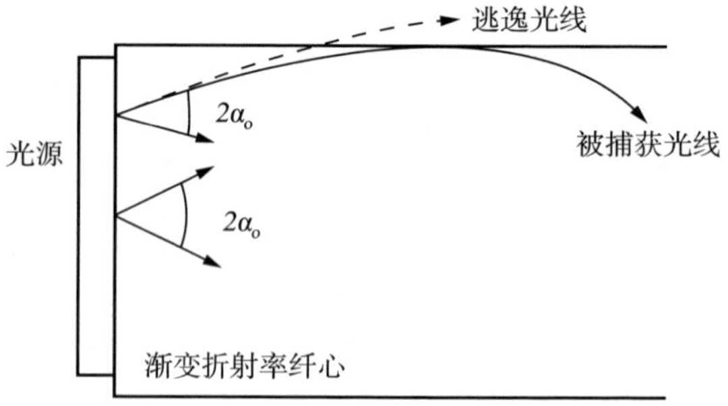

图5.7　接收锥角（$2\alpha_o$）随激励点离开光纤中心轴距离的增加而减小

如果取式（5.3）中的$\alpha = 2$，则纤心的折射率为

$$n(r) = n_1\sqrt{1 - 2(r/a)^2\Delta}$$

在一般条件下总有$\Delta << 1$，所以上式可以近似为

$$n(r) = n_1[1 - (r/a)^2\Delta] \qquad r \leqslant a \tag{5.4a}$$

$$n_2 = n_1(1 - \Delta) \qquad r > a \tag{5.4b}$$

这种折射率分布称为**抛物线折射率剖面**。对于抛物线折射率剖面，光纤的数值孔径为

$$\mathrm{NA} = n_1(2\Delta)^{1/2}\sqrt{1 - (r/a)^2} \tag{5.5}$$

当$n_1 = 1.48$，$\Delta = 0.0135$时，图5.8画出了数值孔径的变化曲线。由n_1和Δ可以推出$n_2 = 1.46$。和表5.1中的全玻璃阶跃折射率光纤一样，光纤中心轴的数值孔径为0.24。数值孔径在纤心包层界面处减小到零。当光线在分界面处入射时，只有与光纤中心轴严格平行的光线，才有可能在光纤中传播。

抛物线折射率剖面光纤中心轴的数值孔径（$r = 0$）为$\mathrm{NA} = n_1\sqrt{2\Delta}$，这恰好等于全玻璃阶跃折射率光纤的数值孔径。

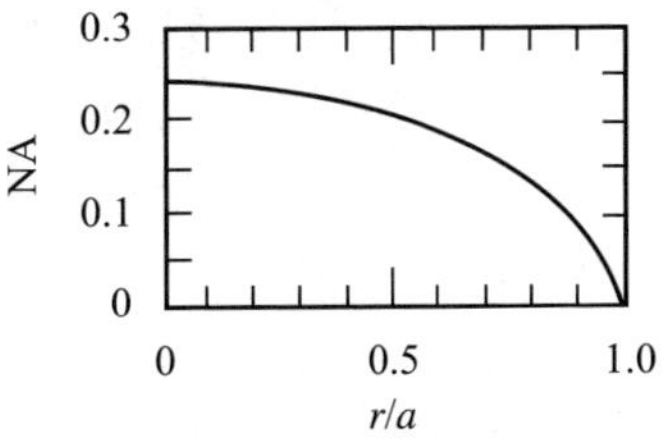

图5.8　抛物线折射率光纤的数值孔径。$n_1 = 1.48$，$\Delta = 0.0135$

对于抛物线折射率剖面光纤，光线的横向位置（离开光纤中心轴的径向距离）和纵向位置（z坐标）之间的关系由下面的表达式给出，即

$$r(z) = r_0 \cos\left(\sqrt{A}z\right) + \frac{1}{\sqrt{A}} r_0' \sin\left(\sqrt{A}z\right) \tag{5.6a}$$

光线传播路径曲线上任意点的斜率为

$$r'(z) = -\sqrt{A}\, r_0 \sin\left(\sqrt{A}z\right) + r_0' \cos\left(\sqrt{A}z\right) \tag{5.6b}$$

其中，$A = 2\Delta/a^2$，r_0是光线的初始位置，r_0'是初始斜率。通过本章的最后几道习题可以发现，上面这两个公式能够用来画出GRIN光纤中光线的传播路径，以及推导出式(5.5)表示的数值孔径。

渐变折射率棒透镜（见2.2节）中光线的传播路径遵循式（5.6a）和式（5.6b）。例如，节距P（一个完整周期的长度）由公式 $\sqrt{A}P = 2\pi$决定，得到$P = \pi a\sqrt{2/\Delta}$。

例5.2　计算渐变折射率棒透镜的节距P。假设棒的直径为1 mm，相对折射率差为0.01。

解：

$$P = 0.5\pi\sqrt{2/0.01} = 22.2\ \mathrm{mm}$$

这是商用渐变折射率棒透镜节距的典型值。直径为1 mm的1/4节距棒透镜的长度约为5.5 mm。

例5.3　假设渐变折射率光纤的纤心直径为62.5 μm，相对折射率差为0.01。试计算这种GRIN光纤的节距P。

解：

这种GRIN光纤的节距$P = 1.39$ mm。

通常，GRIN棒透镜的折射率变化可以写成

$$n(r) = n_1(1 - Ar^2/2)$$

这个表达式是在式（5.4）中利用近似条件 $\sqrt{1-x} \approx 1 - x/2$得到的。因为平方根下的最后一项远小于1，所以这是一个很好的近似。

式（5.3）给出的折射率剖面具有普遍性，只要令$\alpha = 2$就可以得到抛物线折射率剖面。实际上，阶跃折射率光纤也包含在其中。将$\alpha = \infty$代入式（5.3），即可得到纤心中的折射率$n(r) = n_1$，包层折射率则不变。

5.3　衰耗

在设计任何通信系统时，信号的衰耗都是一个需要重点考虑的因素[3]。所有接收机都要求输入功率超过某一个最小值，所以传输距离受到传播损耗的限制。在光通信系统中，有许多地方会产生功率损耗。在光纤线路中，光源和光纤的输入耦合、熔接点、连接器以及光纤本身都会产生功率损耗。在本节中，主要研究与光纤本身相关的损耗。

我们只关心0.5 ~ 1.6 μm波长范围内光纤的损耗，因为实际的光纤通信系统工作在这个波长范围以内。只有在这个波长范围以内，才能制作较低损耗的光纤、较高效率的光源和光检

测器。在这个波长范围之外要达到这些目标则很困难。在本节的后面部分以及在有关光源、光检测器的章节中会对此进行详细解释。

如前所述，光纤由玻璃或塑料拉制而成。对光纤材料的要求主要包括：低损耗，以及能拉制成很长、很细和可卷绕的纤维。同时，这些材料的折射率可以稍许改变，以使制成的光纤纤心折射率与包层折射率符合要求。特别是对于渐变折射率光纤，其折射率必须能连续变化。阶跃折射率光纤可以用塑料或玻璃制造。渐变折射率光纤通常是由玻璃制造而成的，用塑料制造渐变折射率光纤的工艺还在不断发展[4]。通常，玻璃光纤比塑料光纤具有更低的吸收损耗，所以比较适合应用于长距离光通信。

5.3.1 玻璃

最引人注意的玻璃材料是由熔融石英分子（二氧化硅，SiO_2）构成的。最后形成的玻璃不是一种化合物，而是二氧化硅分子通过改变材料中分子位置形成的混合物。这种结构与晶体结构明显不同。晶体中，构成元素的原子按特定规律，在固定位置排列形成重复有序的结构。为了形成折射率差异，还需要在这种混合物中掺入另一种材料。经常用于掺杂的材料包括钛、铊、锗、硼，以及其他一些材料。由于掺锗后石英玻璃的折射率增加，所以常在纤心材料中掺锗（可以使纤心折射率比包层折射率高，从而使纤心包层界面上的全反射条件得到满足）。最后的结论是，具有极高化学纯度的高石英含量的玻璃可以制作低损耗的光纤。

玻璃光纤的损耗因素主要可以分成以下三类：材料的**吸收、散射**和**几何效应**。

5.3.2 吸收

即使对于纯净的玻璃，在特定的波长范围内其吸收衰耗也是很严重的。这就是材料的**本征吸收**，也是玻璃的本质属性。本征吸收在电磁频谱的短波长波段紫外区域尤为强烈。这种吸收是由于电子和分子的迁移引起的。在紫外波段会出现一个吸收峰，在接近可见光区域时已经很小了。光纤通信的传输窗口远离紫外波段，所以这种本征吸收损耗对光纤通信不是一个重要因素。紫外吸收峰的尾部会延伸到可见光区域，但是对这个频段的影响非常小。紫外吸收损耗随波长的变化规律如图5.9所示。

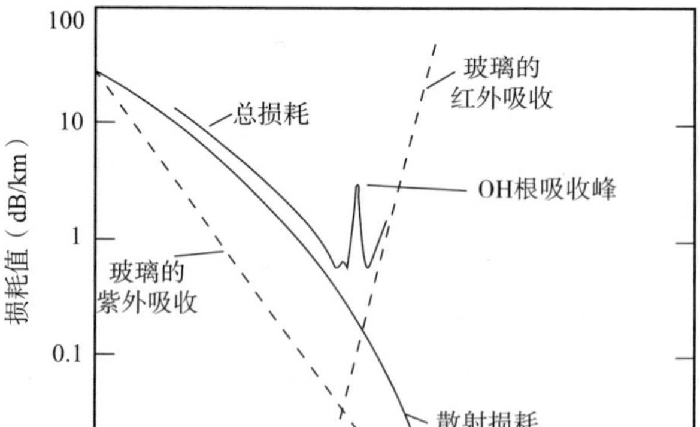

图5.9 掺锗玻璃光纤的损耗［经允许摘自 H. Osanai, T. Shioda, T. Moriyama, S. Araki, M. Horiguchi, T. Izawa, and H. Takara. “Effects of Dopants on Transmission Loss of Low-OH-Content Optical Fibers.” *Electronics Letters*, 12 no. 21(Oct. 14, 1976): 550.］

在红外波段同样存在本征吸收峰。对于通常的玻璃成分，吸收峰出现在7 ~ 12 μm之间，这个波段也远离光纤通信的传输窗口。红外波吸收主要是由玻璃中的化学键，例如硅-氧键的振动引起的。热能造成原子持续振动，所以SiO键会持续地扩展和收缩，其振动频率正好在红外区域。这种周期性的变化使得在红外波段出现了一个谐振频率。如图5.9所示，红外吸收损耗的影响范围一直延伸到光通信系统的工作波长区域。受红外吸收损耗影响的波长上限是1.6 μm，从而限制了石英光纤在超出这个波长的更长波长范围内的应用。

我们可以得出结论：本征吸收损耗在光纤通信系统工作波长范围内的影响并不明显，但是这种衰耗限制了光纤通信系统的工作波长向紫外和更长的波段延伸。

对于任何一种玻璃光纤，**杂质**都是主要的损耗源。最主要有两类杂质：过渡金属离子和OH根离子。金属杂质主要包括铁（Fe）、铜（Cu）、钒（V）、钴（Co）、镍（Ni）、锰（Mn）和铬（Cr），它们在光通信使用的波长范围内有强烈的吸收作用。为此，要求光纤的损耗低于20 dB/km时，过渡金属离子的浓度不能超过几ppb（十亿分之一）。在高纯度石英光纤中已经可以实现这样低的杂质含量，所以金属离子的吸收损耗是很小的。

金属的损耗机制主要是由于其内部电子壳层没有被电子填满，吸收光能量以后电子从低能级跃迁到高能级。显然，电子获得的能量来自入射光。可能的电子跃迁能级差对应的光子频率正好落在光纤通信使用的频段以内。

实际上，最应该降低其含量的杂质成分是过剩的水产生的羟基离子（OH根离子）。OH根离子的衰耗机理主要源于其张弛振动，这与SiO键的吸收机理正好一样。氧原子和氢原子以热运动的形态不停振动，其谐振频率对应的波长为2.73 μm。尽管OH根离子的吸收峰在2.73 μm处（在光纤通信的工作波长范围以外），但是其谐波和由此产生的组合频带会落在光纤通信的使用频带以内。石英光纤中，OH根离子最主要的三个吸收波长分别是1.37 μm，1.23 μm和0.95 μm。在图5.9所示的光纤损耗曲线中，可以看到OH根离子的吸收峰。为了达到图中指出的损耗指标，OH根离子的浓度必须低于几ppm（百万分之一）。在光纤的制造过程中必须特别注意这一点，以确保光纤的成品中OH根离子的浓度符合要求。干光纤中OH根离子的浓度非常低，而湿光纤中OH根离子的浓度稍高一些。为了在石英光纤的低本征损耗波长区域实现低损耗、高效率的传输，OH根离子的吸收峰决定了哪些波长是必须避开的。

原子缺陷同样会造成光纤传输损耗。比如，用来掺在光纤中的钛（Ti^{4+}）离子本来并不吸收光能量，但是在光纤的拉制过程中（将玻璃预制棒拉制成细如发丝的纤维），一些Ti^{4+}会获得一个电子变成Ti^{3+}。而Ti^{3+}对光能的吸收作用特别强。可以在光纤的拉制过程中采取适当的工艺来尽可能减少这种钛离子的转化概率。

在X射线和γ射线的照射下，光纤中的中子和电子运动也会产生原子缺陷。通常情况下，高纯度、高石英含量的玻璃光纤抗辐射缺陷损耗的能力最强，塑料光纤和低纯度玻璃光纤较差。由于PCS光纤纤心由纯石英制成，所以对抗辐射的能力也比较强。在800 nm附近的辐射缺陷损耗比长波长区域要大，在1300 nm附近这种损耗最小，在1550 nm附近略有增加。通常，对于抗辐射损耗能力最强的光纤（高石英含量光纤），每千拉德（rad）辐射剂量导致的附加损耗在2.5 dB/km左右。商用光纤的抗辐射损耗能力要弱一些，通常在同样的辐射剂量下产生的损耗是这个值的10倍。引起辐射损耗的因素很多（例如，杂质类型及其浓度、水含量、辐射波长和辐射剂量），而辐射损耗又是非线性的（损耗并不随辐射剂量的增加而线性增加）。所以，很难根据某一特定条件下得出的辐射损耗数据，推广得到其他不同环境条件下的辐射损耗数据。

石英玻璃在金属容器（铂金熔炉）中熔融时会受到污染。如果污染物是金属氧化物，则不会产生吸收损耗。但是，如果有自由金属离子进入光纤中，就会产生相当大的损耗。在光纤的拉制过程中不经过金属熔炉这一道工序，因此不会有金属离子污染的问题。注意，自由金属离子转移到光纤的过程中受温度影响比较大，所以保持金属熔炉的温度在某个临界温度之下同样可以解决这个问题。对于所有的高质量、低衰耗光纤，由于这种影响带来的损耗通常都是可以忽略的。

5.3.3 瑞利散射

在光纤的拉制过程中，玻璃处在熔融状态，其分子处在无规则的热运动状态。加热过程提供了热运动能量。当熔融石英冷却时，热运动强度也随之降低。达到固态时，随机分布的分子定位在玻璃中。这种随机分布导致了玻璃密度的涨落，从而产生了折射率的涨落。这种密度涨落就像是在某种均匀物质中随机掺入了某种小颗粒。这种颗粒的尺寸远小于光波长。

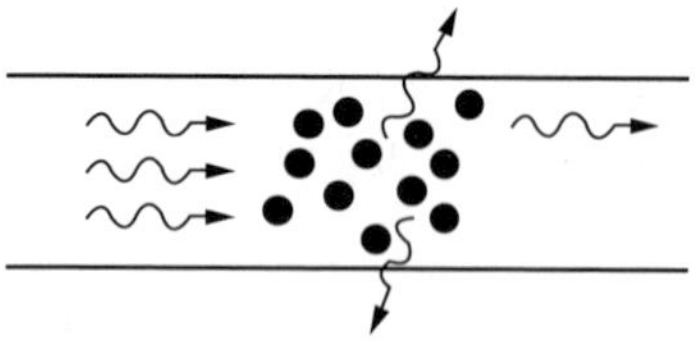

图5.10 瑞利散射，局部折射率的变化导致入射光子流的衰耗

当光线通过这种结构的材料传播时，有一部分光能量会由于颗粒的影响而发生散射，如图5.10所示。这种类型的损耗就是所谓**瑞利散射**损耗。当光通过某种媒质传播，其中散射体的尺寸比光波长要小时，就会产生瑞利散射。瑞利散射的强度与λ^{-4}成正比，所以当波长减小时，瑞利散射的影响变得越来越重要。图5.9中给出了瑞利散射损耗与波长的关系。

引起散射损耗的原因还有另外一种。当光纤材料由多种氧化物组成时，各种组成氧化物的浓度会有起伏变化，这对于由各种成分构成的非理想化学键并不是一个问题。但是在这种情况下，玻璃中的实际组成成分是随位置变化的。所以，其本地折射率也随位置变化，最终导致了与λ^{-4}成比例的瑞利散射损耗。

瑞利散射损耗可以用下面的近似式来表示，即

$$L = 1.7(0.85/\lambda)^4$$

其中，λ的单位是μm，损耗L的单位是 dB/km。为方便起见，我们省略了负号。当采用分贝作为单位时，负号对应传输功率的减少。这样做偶尔会带来一些麻烦，但这是惯用的一种表示方法，能量的增益和损耗一目了然（正如1.2节所提到的）。式（3.8）定义了相应的电场衰减系数，即$\alpha = L/8.685$，其单位为km^{-1}。可以看出，以 dB/km为单位的损耗和电场衰减系数都与λ^{-4}成正比。L和α之间的关系，可以用光强变化与电场幅度平方成正比的关系推导出来。

显然，严重的散射损耗限制了光纤在短波长段的应用。在0.8 μm以下波段，仅散射这一个因素，对于长距离传输造成的损耗已相当可观。另一方面，当工作波长增加时，散射损耗明显减小。这种效应导致光纤系统只能工作在0.8 μm以上波段。事实上，如果要求光纤的损耗低于0.05 dB/km，则其工作波长必须大于2 μm。这时，就不能再选用石英玻璃作为光纤材料了。可以考虑选用基于轻金属卤化物或重金属卤化物（比如氟化玻璃）作为玻璃材料。但是要制造这种材料的光纤，目前工艺还不够成熟。

前面提到的由密度分布和各成分分布不均匀造成的损耗属于本征损耗，是无法通过改进制作工艺来克服的。唯一的改进方法是改变光纤材料的组成成分。这两种现象引起的散射损耗有一个最小值，对于给定的玻璃材料，要制造出比这个损耗值更低的光纤是不可能的。

5.3.4　不均匀性

在光纤的制造过程中，无意中引进的材料不均匀性也会产生散射衰耗。各成分的非理想混合和化学分解会导致纤心材料的不均匀性。非理想的制造工艺可能导致包层和纤心界面比较粗糙。由材料的不均匀性造成的散射体尺寸比光波长要大。不同于瑞利散射，这种大尺寸的散射体引起的损耗与波长无关。此外，可以通过提高制造工艺来减小这种损耗。

5.3.5　几何效应

光纤弯曲也是造成损耗的原因之一。光纤弯曲可以分为**宏弯**和**微弯**两类。宏弯是指大尺度的弯曲，例如将光纤卷绕在轴上或者沿拐角铺设时产生的弯曲。作为一个例子，直径为125 μm的光纤的弯曲曲率半径小到25 mm时，其弯曲损耗还可以忽略。通常情况下，除非弯曲的曲率半径很小，否则一般的弯曲不会造成光纤断裂。例如，只有当曲率半径小于10 mm时光纤才有可能断裂。这说明玻璃光纤具有很强的柔韧性，可以满足光缆铺设时不同场合对各种弯曲程度的要求。

弯曲不仅会带来损耗，还会降低光纤的抗张强度。影响光纤抗张强度的主要因素是光纤表面微小的裂纹。如果光纤长期处于外界应力（或潮湿）环境下，这些微小的裂纹就会逐渐变大，从而使光纤的机械强度下降。所以，弯曲造成的应力会导致光纤过早断裂。对于商用125 μm光纤，只有曲率半径大于25 mm时，才能保证弯曲损耗和抗张强度的下降可以忽略。

对弯曲损耗有多种解释。如图5.11所示，一条约束光线以入射角（$\theta_1 > \theta_c$）入射到纤心-包层分界面，发生全反射。此后，同一条光线又以入射角θ_2入射到光纤弯曲段的纤心-包层分界面上。很明显θ_2小于θ_1，并且很有可能小于临界角θ_c。θ_2会随着曲率半径的减小而逐渐减小。当曲率半径减小到某一值时，θ_2会小于临界角θ_c。此时，全反射条件不再满足，一部分光线会泄漏到包层中。显然，高阶模式（入射角靠近临界角）在弯曲段比低阶模式更容易泄漏到包层中。

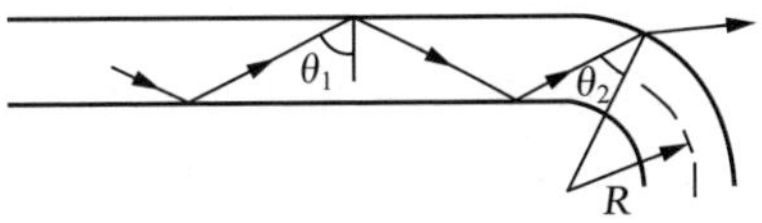

图5.11　光纤弯曲段的辐射

也可以用弯曲段的辐射来解释光能量的损耗。现在考虑光的波动属性。当光波在弯曲段传播时，由于传播路径不同，沿纤心外侧的光必然要比纤心内侧的光传播得更快一些。曲率半径越小，纤心外侧的光传播得越快。当要求在纤心外侧的传播速度大于真空中的光速时，纤心外侧的光显然已经无法和纤心内侧的光同步传播。按照这一观点，产生了向外的光辐射。这种情况如同一排平行前进的溜冰者在一个拐弯处时，处在外道者的速度必须要比内道者的快，否则会跟不上其他溜冰者而脱离队伍。

光纤在涂覆保护层以及成缆时容易产生微弯。成缆过程中形成的应力，会在光纤上产生随机分布的轴向形变（也就是**微弯**）。这种微弯会造成各种导波模式之间的耦合，甚至会使一些导波模式耦合到光纤之外。由于这种效应，未经涂覆的光纤在成缆以后损耗会明显增加。可以采用松套管结构的光缆来降低这种效应造成的影响，这种结构将在5.8节中介绍。

5.3.6　总损耗

上述所有损耗因素共同作用（除了成缆和弯曲）即构成了光纤的总损耗，图5.9中的黑实线即为总损耗曲线。从这条总损耗曲线可以看出，石英玻璃光纤低损耗区域的短波长界限是由散射损耗决定的，而其长波长界限则是由红外吸收损耗决定的。图5.12则是一个放大的低损耗区域，也正好是实际使用的光纤传输的波长区域。图中给出的损耗值适用于单模石英玻璃光纤，这种光纤的纤心直径通常在10 μm左右。单模石英光纤的最小损耗在1.55 μm处可以低到0.15 dB/km。由于高阶模式带来的传输损耗，多模光纤的损耗要稍大一些。在5.6节将讨论这种损耗。多模GRIN光纤直径的典型值为50 ~ 100 μm。

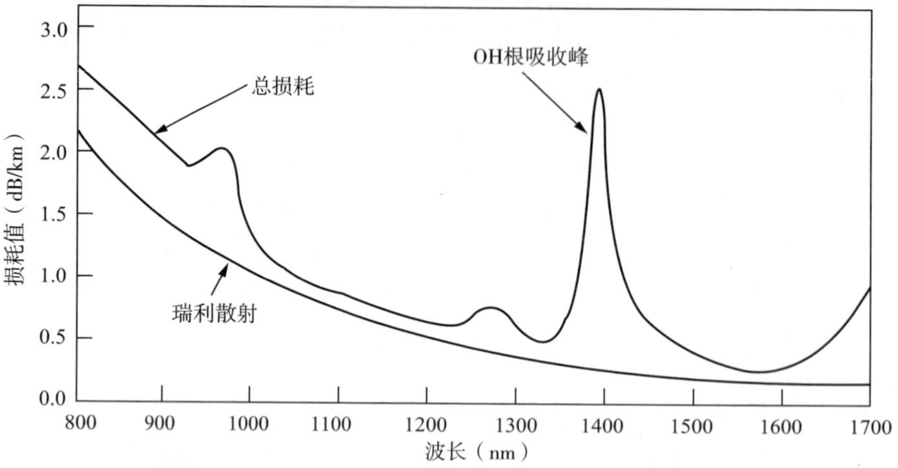

图5.12　石英玻璃光纤的损耗谱，图中给出了瑞利散射和水汽吸收对总损耗的贡献

对于玻璃光纤，较大的损耗使800 ~ 900 nm波长范围仅仅适合中短距离（直到数千米）传输。多模光纤通常就使用这个波长范围，可以称其为**第一传输窗口**。在1260 ~ 1675 nm波长范围以内，损耗比第一传输窗口要小。1400 nm附近处的OH根吸收峰又将这个区域隔开，在这个区域中可以再分成三个传输窗口，即以1300 nm为中心的**第二传输窗口**、以1550 nm为中心的**第三传输窗口**和以1600 nm为中心的**第四传输窗口**。

为了充分利用1260 ~ 1675 nm之间的频谱资源，在制造光纤的过程中可以采用特殊手段降低羟基离子的成分来消除OH根吸收峰。这种光纤的损耗特性如图5.13所示。具有这种损耗特性的光纤称为**全波光纤**。

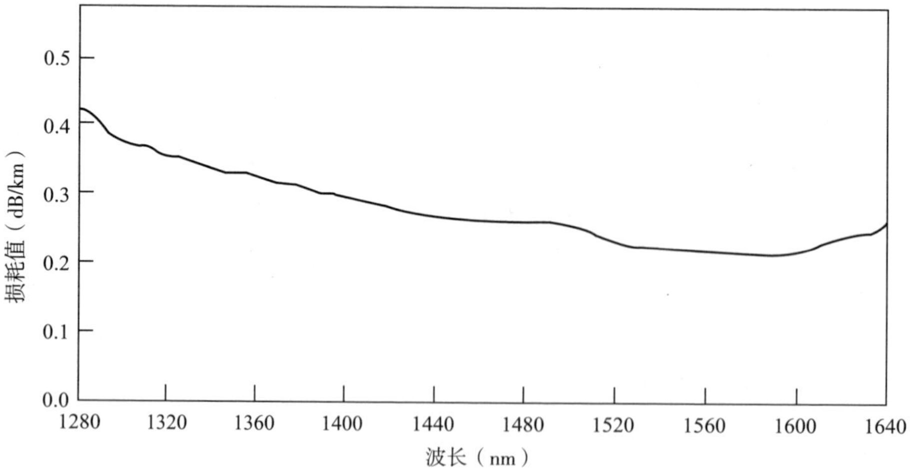

图5.13　一种低含水量单模光纤的损耗谱

前面提到的第一、第二、第三和第四传输窗口的说法在光纤技术发展的起初几十年很流行。但是后来，人们将频谱划分成表5.2所示的可用频谱带。从表中可以看到，第二传输窗口处在O波段，第三传输窗口处在C波段，第四传输窗口处在L波段。

表5.2　频谱带的分割

波段	说明	波长范围（nm）
O 波段	基本波段	1260 ~ 1360
E 波段	扩展波段	1360 ~ 1460
S 波段	短波长波段	1460 ~ 1530
C 波段	常规波段	1530 ~ 1565
L 波段	长波长波段	1565 ~ 1625
U 波段	超长波长波段	1625 ~ 1675

多模阶跃折射率PCS光纤的损耗谱如图5.14所示。PCS光纤的纤心为纯石英，外面涂覆薄薄的一层硬聚合物作为包层。采用硬聚合物（而非软塑料）作为包层的光纤有时又称为**硬包层石英**（hard-clad silica，HCS）光纤。通常，PCS光纤的损耗比玻璃光纤要大，可以工作在红外波段（800 nm）和可见光波段，适用于中距离（直到数千米）的传输。

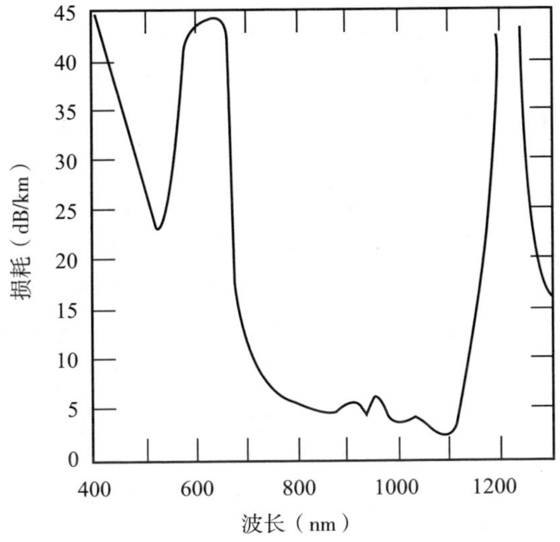

图5.14　HCS光纤的衰耗特性（Ensign-Bickford Optics Co.）

图5.15给出了一种阶跃折射率多模塑料光纤的损耗特性。这种塑料光纤具有异丁烯酸盐聚合物纤心和含氟聚合物包层。其纤心直径的典型值为200 ~ 1000 μm。全塑料光纤的损耗非常高，所以只适合短距离传输（数十米量级）。配合发射波长在650 ~ 670 nm的LED和激光器，这种塑料光纤（在650 ~ 670 nm波长上的损耗为120 ~ 160 dB/km）适合于短距离的数据传输。

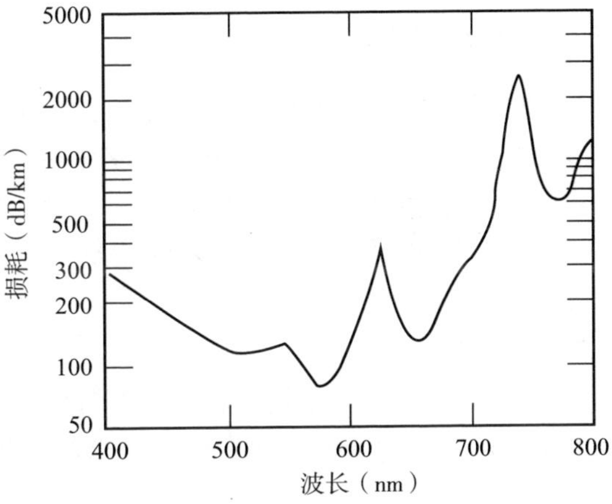

图5.15　全塑料光纤的损耗谱（Mitsubishi Rayon America, Inc.）

最新的阶跃折射率过氟化塑料光纤具有较好的损耗特性，其典型衰耗值为50 dB/km，或者更低。和阶跃折射率光纤相比，高性能的渐变折射率过氟化塑料光纤（graded-index perfluorinated plastic fiber，GRIN POF或 GI-POF）具有和渐变折射率玻璃光纤相同的优点，即较低的模式失真和较大的带宽（见5.6节）。有一种多层结构的阶跃塑料光纤，其性能接近GI-POF。这种光纤的纤心由多种不同折射率的塑料层组成，各层的折射率从外向内依次阶跃式增加。

有多种方法用于测量光纤的损耗。剪断法是一种最直接的测量方式。先用光功率计测出卷绕在轴上的一卷长光纤的输出功率，然后在接近发射点的位置剪断光纤，再测量其输出功率。两个输出功率之差（以dB为单位）与留在卷绕轴上的光纤长度（以km为单位）之比就是这卷光纤的损耗值（以dB/km为单位）。

如果待测光纤的两端靠得比较近，采用剪断法就是可行的。但是对于已经铺设好的光纤，光纤的两端相距可能超过1 km，采用剪断法显然是不合适的。这时，通常使用**光时域反射仪**（optical time-domain reflectometer，OTDR）来测量光纤的损耗。

使用光时域反射仪时，仅仅需要接触待测光纤的一端[5]。OTDR在待测光纤的一端发射光脉冲，并测量反射光。由于光纤线路中存在不连续点（例如熔接点、连接器和光纤断裂点），所以会产生反射，同时还存在瑞利散射。由于光纤中的任意位置都存在瑞利散射，因此有一个连续的回波信号回到OTDR的接收机。根据反射脉冲与输入脉冲之间的时延，可以判定光纤中不连续点的位置。对一段不存在不连续性的光纤，回波信号的幅度随着光纤的衰耗成比例地减小（参见图5.16中的OTDR显示图）。光纤的损耗与图5.16中显示曲线的斜率成比例。光纤中的不连续点引起图中斜线的突变，并使回波幅度下降。这些突变的位置已在图中标明，幅度下降的程度则是熔接点、连接器和光纤断裂点等不连续性产生的损耗大小的尺度。我们注意到，图中的不连续点在突然降低以前还有回波功率的尖峰，这是由不连续点的菲涅耳反射造成的。根据3.5节阐述的理论，在玻璃到空气（或空气到玻璃）的界面上，正入射条件下菲涅耳反射的大小等于4%。而正入射条件对于低数值孔径光纤总是可以满足的。

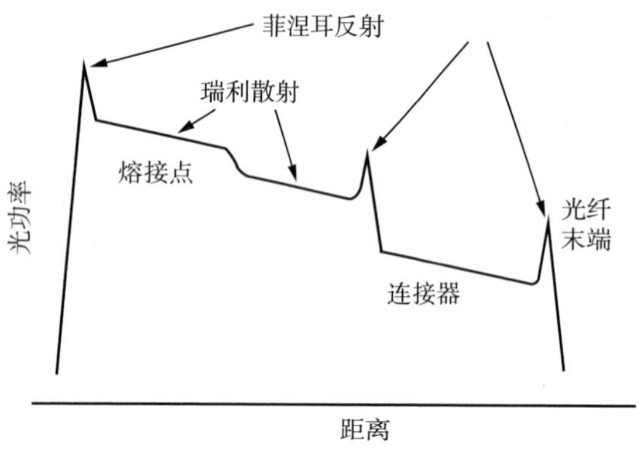

图5.16　光时域反射仪的显示图

概括起来，OTDR可以测量光纤、熔接点和连接器的损耗。此外，还可以用来确定熔接点、连接器和光纤断裂点的位置。

下面给出一个系统功率预算的例子，有关系统设计的详细内容将在第12章中介绍。

例5.4　某一光纤通信系统的工作波长为1300 nm，光纤损耗为0.5 dB/km。光源LED的发射功率为1.59 mW，光源与光纤之间的耦合衰减为16 dB。系统连接器和熔接点的总损耗为6 dB。**接收机灵敏度**（在给定误码率或信噪比的条件下，接收机能检测到的最小光功率）为−30 dBm。预留4 dB的富余度以防系统性能劣化（例如预防LED的老化）。求此条件下的最大可用光纤长度。

解：

在功率预算中为了便于计算，一般用dB或dBm为单位。例如，LED发射功率为1.59 mW，等于2 dBm。表5.3给出了功率预算结果。从中得出最大可用光纤长度为6/0.5 = 12 km。

表5.3　功率预算计算实例

LED输出功率		2 dBm
接收灵敏度		−30 dBm
损耗预算		32 dB
耦合损耗	16 dB	
熔接点和连接器损耗	6 dB	
功率富余度	4 dB	
总损耗	26 dB	−26 dB
容许的光纤总损耗		6 dB

5.4 阶跃折射率光纤中的模式和场

5.4.1 模式

阶跃折射率光纤中的模式曲线如图5.17所示。这些模式曲线和图4.5中给出的对称平板波导的模式图相似。其不同之处在于，图5.17中的等效折射率是一个归一化参数V的函数。参数V称为**归一化频率**，定义为

$$V = \frac{2\pi a}{\lambda}\sqrt{n_1^2 - n_2^2} \tag{5.7}$$

其中，a是纤心半径，λ是真空中的光波长。使用归一化频率V使得a，λ，n_1和n_2的任意组合的各种模式都可以用一幅图来表示。我们可以从阶跃折射率光纤的模式图中推断出光纤的传播特性。注意，阶跃折射率光纤的许多特性和平板波导中光波的传播特性是类似的。

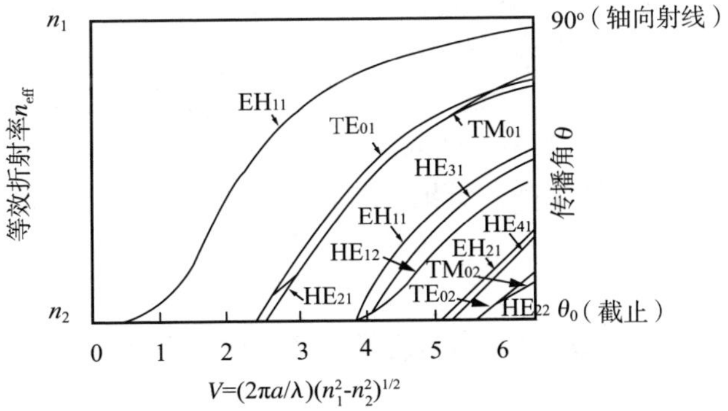

图5.17　阶跃折射率光纤的模式图。HE_{11}模的归一化截止频率$V = 0$（经允许摘自 Donald B. Keck. "Optical Fiber Waveguides," in *Fundamentals of Optical Fiber Communications*, 2d ed., Michael K. Barnoski, ed., NY: Academic Press, Inc.,1981, p.18）

这幅图表明光纤中可以有许多模式存在。TE模和TM模分别是横电模式和横磁模式（已在4.2节中给出定义）。HE模和EH模是混合模式，每一种模式都包含沿光纤轴方向的电场和磁场分量。实际上，图5.17中的每种模式都对应了两种模式：水平偏振模式和垂直偏振模式。

常规光纤没有保持光纤偏振方向的功能。垂直偏振模式及其对应的水平偏振模式具有同样的等效折射率。所以，这两种模式的传播速度是一样的，并且相互之间有能量耦合。在光纤弯曲、绞合、连接以及光纤其他任何的变形处，都存在能量的耦合。

所有模式的等效折射率是由包层和纤心的折射率共同决定的。对某一个模式而言，n_{eff}随着波长的变化而变化，从而在波导中产生了色散。对一固定的归一化频率V，具有不同等效折射率的各种模式都能在光纤波导中传播，由此导致了模式损伤。纵向传播常数β可以由式（4.6）$\beta = k_0 n_{eff}$得到。光线的角度可由式（4.7）得到。

光线在光纤波导中的传播特性和在薄膜波导中的传播特性极其相似。在薄膜波导中，当光线以临界角入射时，所有模式被截止。当光线以远大于临界角（接近90°）入射时，光线直接沿轴向传播。此外，所有模式在包层中都存在消逝场。越接近截止模式的传播模式越靠近包层，越远离截止模式的传播模式越靠近纤心中心。

当V值较大时，许多模式都可以传播。同时，较大的V值对应于相对大的纤心半径。当$V > 10$时，光纤中的模式数量近似等于[6]

$$N = \frac{V^2}{2} \tag{5.8}$$

例5.5 某一直径为50 μm的全玻璃光纤（见5.1节），假设$n_1 = 1.48$，$n_2 = 1.46$。在波长 $\lambda = 0.82$ μm时，计算这种光纤中传播模式的数量。

解：

由式（5.7）得到

$$V = \frac{2\pi(25)}{0.82}\sqrt{1.48^2 - 1.46^2} = 46.45$$

然后，根据式（5.8），可以求出光纤中存在1078个传播模式。

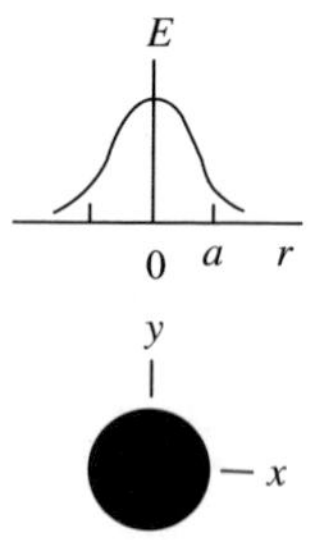

图5.18 阶跃折射率光纤中最低阶模式 HE_{11} 模的横向场分布

从上例中可以看出，即使是纤心半径较小的光纤中也存在着大量的模式。由于归一化频率和包层纤心相对折射率差成正比，所以减小相对折射率差可以减少光纤中的传播模式。

阶跃折射率光纤的最低阶模式为HE_{11}模，其横向场分布如图5.18所示，可以近似为高斯分布。也就是说，横截面上的功率近似为式（2.15）给定的高斯分布。当V值在1.8 ~ 2.4之间（这个区域是大多数单模光纤的工作区域）时，高斯近似是相当准确的。

5.4.2 光斑尺寸

等效高斯光束的光斑尺寸（通常又称为**模场半径**）由归一化频率V决定，其表达式[7]为

$$\frac{w}{a} = 0.65 + 1.619V^{-3/2} + 2.879V^{-6} \tag{5.9}$$

这个表达式仅在$1.2 < V < 2.4$时才有效。图5.19中给出了模场半径随V变化的曲线。注意，当V值减小到2.4以下时，模场半径开始增大。最终，将远大于纤心半径。换言之，对于较小的V值，将有很大一部分光线不会局限于纤心而进入包层中传播。在这种条件下，光束不再局限于纤心中，并且很容易产生弯曲损耗。所以，单模光纤的V值通常在2 ~ 2.4之间。为了避免产生多个模式，我们很少采用接近2.4的V值。

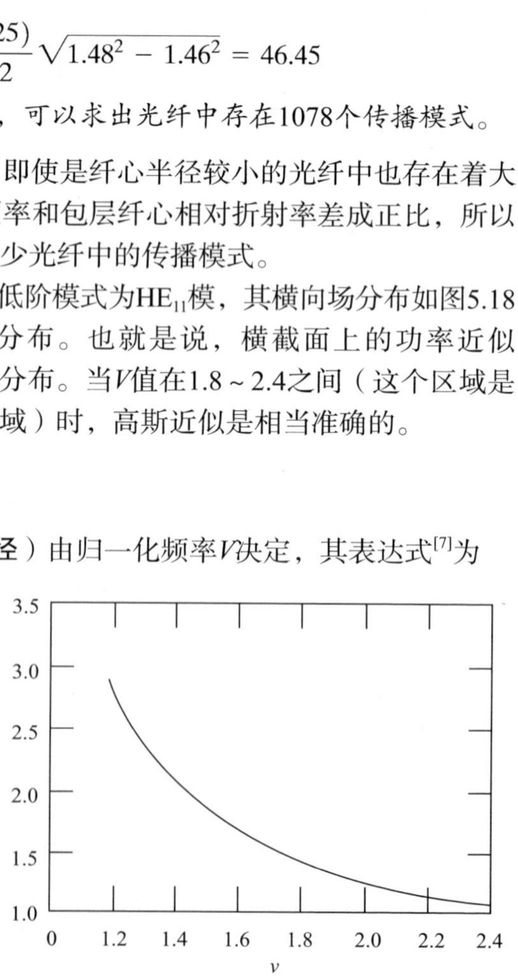

图5.19 阶跃折射率光纤中基模的模场半径w/a

5.4.3 单模传播

除了HE_{11}模，其他所有模式都截止时，形成了单模传播。参照图5.17，$V < 2.405$就是单模传播的条件。联合式（5.7），我们可以推出另一个单模传播的条件

$$\frac{a}{\lambda} < \frac{2.405}{2\pi\sqrt{n_1^2 - n_2^2}} = \frac{2.405}{2\pi(NA)} \tag{5.10}$$

上式和对称平板波导中的单模条件，即式（4.17）极其相似。如果能够满足式（5.10）的条件，则只有HE_{11}模可以在光纤中传播。实际上，两种偏振状态相互垂直的HE_{11}模式在光纤中同时存在，并具有相同的等效折射率n_{eff}，也就是说具有相同的传播速度。在很多情况下，这两种模式的速度匹配与否将产生重要的影响。

5.4.4 双折射和偏振

当光纤存在**双折射**时，HE_{11}模的两种相互垂直偏振模式的传播速度将不再相同。

双折射的名称由两个偏振方向的折射率不同而得来。产生双折射现象的原因主要是无法满足折射率绝对圆对称的条件。这通常是由光纤的截面不是理想的圆（**几何双折射**）或者光纤内部不平衡压力（**应力双折射**）造成的。这时，HE_{11}模在不同的偏振方向将具有不同的传播速度。因此，HE_{11}模的两种相互垂直的偏振模式将不再以同一速度传播。双折射现象在常规光纤中还不太明显，但是在**保偏光纤**（为了保持光线的偏振状态）中就很明显了。由于两种偏振具有不同的传播特性，偏振状态才得以保留。这样就有效地防止了两种偏振模式在传播过程中的能量耦合。

在制造保偏光纤的过程中我们故意使光纤呈现出不对称性[8]。比如椭圆纤心光纤（长轴和短轴上的等效折射率不同）和包含不对称压力产生部件的光纤，如图5.20所示。图中蝴蝶结领结形状的阴影区掺入了大量的杂质元素（如硼）。由于掺入元素的热膨胀系数和包层硅的热膨胀系数大不一样，将在纤心上产生一个非对称的压力。这样使得单模光纤的两个垂直偏振状态之间无法耦合，从而产生了应力双折射。

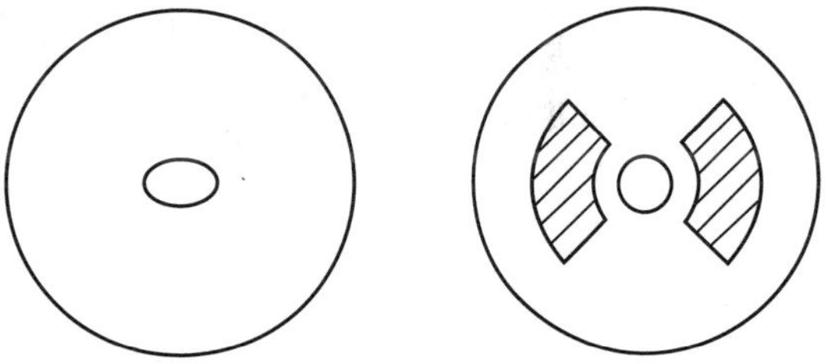

图5.20 保偏光纤

保偏光纤可以应用在光纤陀螺和相干光检测系统（见10.5节）等许多场合。

另外，还有一种特殊的光纤：**偏振光纤**。这种单模光纤只允许HE_{11}模中的某一个垂直偏振模式传播。为了达到这个目的，在设计光纤的时候有意引入不对称性，使得我们不想得到的模式比另外一个模式的损耗要大得多，这时只有一个模式在光纤中传播。当光源是非偏振光时，可以采用这种光纤得到某一方向的偏振光。

图5.21中给出了光线在通过常规光纤、保偏光纤和偏振光纤后的偏振效果。在图5.21（a）中，由于偏振模式的互相耦合，无论常规光纤的输入光是什么偏振状态，其输出光的偏振状态都是不确定的。在图5.21（b）中，保偏光纤可以保持一个偏振光的偏振状态，但对非偏振光却无能为力。在图5.21（c）中，输入的非偏振光只有一个偏振模式能够通过偏振光纤，而输入的偏振光可以选择一个需要保留的偏振模式通过偏振光纤，另外一个模式则衰耗消失。

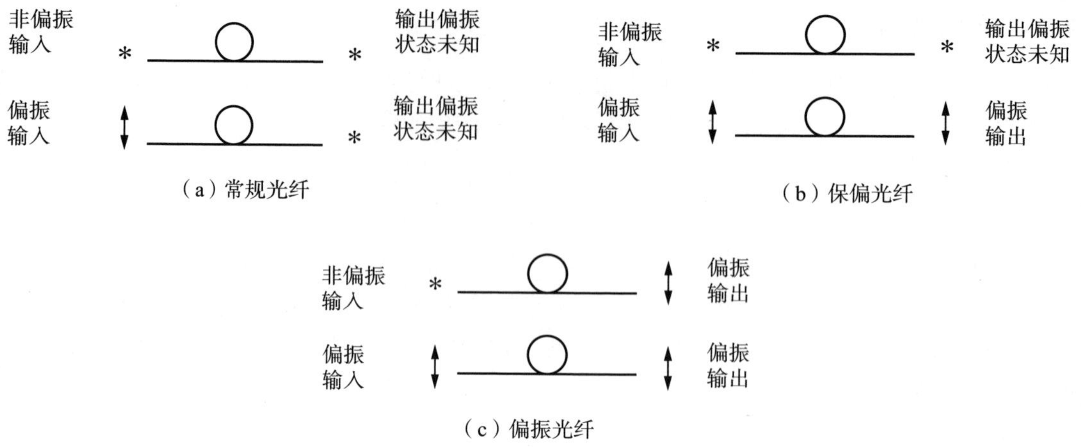

图5.21　常规光纤、保偏光纤和偏振光纤中的偏振效果

例5.6　某一玻璃光纤，$n_1 = 1.465$，$n_2 = 1.46$。假设波导在波长1250 nm上只支持一个模式，求该光纤纤心最大的允许半径。

解：

由式（5.10），得到$a = 3.96\ \mu m$。所以纤心直径为7.9 μm。

从上面的讨论可以看出，单模光纤的纤心直径非常小。如果减小n_2和n_1的差，那么选择工作在长波长上，纤心直径增大才能满足单模传输条件。单模光纤的实际纤心直径在4 ~ 12 μm左右，包层直径为125 μm。必须谨慎地对待单模光纤。尽管如此，在长距离，大容量应用场合和光集成元件中，单模光纤还是首选。在5.6节中将比较单模光纤和多模光纤的信息传输容量。

上例中，截止波长为1250 nm时，归一化频率V是2.4。根据式（5.9）和图5.19，在这个波长上，w/a的值为1.1左右。图5.22给出了随着波长增大时模场半径的变化曲线。我们注意到，当波长增大时，模场半径也随之变大。这幅图说明光束的能量已经深入到包层中（$w > a$），这样很容易因为光纤弯曲而带来额外的衰耗。

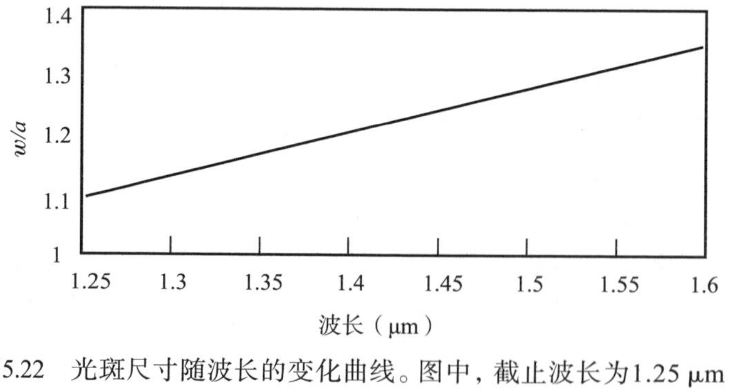

图5.22　光斑尺寸随波长的变化曲线。图中，截止波长为1.25 μm，纤心折射率是1.465，包层折射率是1.46，纤心半径是3.96 μm

5.4.5　阶跃折射率光纤中的电场

在4.1节中，我们给出了平板波导中的电场方程。这个方程比较简单，仅用三角函数公式（正弦、余弦）和指数函数就可以表示。而圆柱形阶跃折射率光纤的电场方程则要复杂得多，需要用贝塞尔函数来表示。

考虑某一线偏振（linearly polarized，LP）模，其电场指向y方向而沿光纤轴方向（z方向）传播。纤心中y方向的电场可以用下式表示：

$$E_y = E_1 J_\ell(ur/a)\cos(\ell\phi)\sin(\omega t - \beta z)$$

包层中的电场可以表示为

$$E_y = E_2 K_\ell(wr/a)\cos(\ell\phi)\sin(\omega t - \beta z)$$

在这两个方程中，r，ϕ和z分别是圆柱坐标的径向分量、角向分量和轴向分量。J_ℓ是ℓ阶第一类贝塞尔函数，K_ℓ是ℓ阶第二类修正贝塞尔函数。E_1和E_2是电场强度的幅度因子。为简单起见，我们假设光纤无损耗。实际上，在电场方程中还必须引入一个衰减因子（$e^{-\alpha z}$）。

u和w分别定义为

$$u = a\sqrt{n_1^2 k_0^2 - \beta^2}$$

$$w = a\sqrt{\beta^2 - n_2^2 k_0^2}$$

其中，k_0是空气中的传播常数，β是纵向传播常数（见4.1节）。

由u和w得到归一化频率V：

$$V = \sqrt{u^2 + w^2}$$

用u和w的表达式代入上式，得到了预期的结果

$$V = \frac{2\pi a}{\lambda}\sqrt{n_1^2 - n_2^2}$$

在圆柱坐标下，贝塞尔函数是波动方程的解。贝塞尔函数J_ℓ和正弦曲线很相似（近似为纤心中的场），第二类修正贝塞尔函数K_ℓ和衰减的指数函数相似（近似为包层中的场）。余弦项中包含了角向分量ϕ，说明在圆周方向上电场按照正弦规律变化。

当ℓ等于零时，得到最低阶模。其纤心中电场为

$$E_y = E_1 J_0(ur/a)\sin(\omega t - \beta z)$$

包层中电场为

$$E_y = E_2 K_0(wr/a)\sin(\omega t - \beta z)$$

可以看出，这些场是轴对称的（与角向变量ϕ无关），而且在半径方向近似为高斯分布。

5.5　渐变折射率光纤中的模式和场

上一节中，给出了阶跃折射率光纤的模式图[9,10]。本节，对于式（5.4）描述的抛物线折射率剖面光纤，我们将给出容许模式的等效折射率的表达式。但是对于式（5.3）那样通用的折射率分布的渐变折射率光纤，无法用一个统一的表达式来表示等效折射率n_{eff}。抛物线折射率剖面光纤是一种在实际中应用得比较广泛的光纤，本节中的所有结果都只适用于抛物线折射率剖面光纤。其他渐变折射率光纤的模式和场与抛物线折射率剖面光纤类似。

用两个整数p和q来描述一个模式的等效折射率：

$$\begin{aligned} n_{\text{eff}} &= \frac{\beta_{pq}}{k_0} \\ &= n_1 - (p + q + 1)\frac{\sqrt{2\Delta}}{k_0 a} \end{aligned} \qquad (5.11)$$

其中，$p = q = 0$对应最低阶模式。整数p和q之间没有关系。k_0是空气中的传播常数，β是纵向传播常数。

对于较大的归一化频率V[11]，多模渐变折射率光纤中的模式总数近似为$N = V^2/4$。这个数量是相同条件下阶跃折射率光纤的一半［由式（5.8）决定］。当波长为0.82 μm，纤心直径为50 μm，$n_1 = 1.48$，$n_2 = 1.46$时，模式总数为539。

最低阶模式的电场为

$$E_{00} = E_0 e^{-\alpha^2 r^2/2} \sin(\omega t - \beta_{00} z) \tag{5.12a}$$

其中，$\alpha = (k_0 n_1/a)^{1/2}(2\Delta)^{1/4}$，$r^2 = x^2 + y^2$。如图5.23所示，横向场是轴对称的，并在半径方向呈高斯分布。图5.24给出了$p = 1$，$q = 0$和$p = 2$，$q = 0$时的模式图。这些模式不是轴对称的，其表达式分别为

$$E_{10} = E_1 \alpha x e^{-\alpha^2 r^2/2} \sin(\omega t - \beta_{10} z) \tag{5.12b}$$

$$E_{20} = E_2[2(\alpha x)^2 - 1] e^{-\alpha^2 r^2/2} \sin(\omega t - \beta_{20} z) \tag{5.12c}$$

它们和对称平板波导（见图4.7）中的相应模式是极其相似的。每一种模式的峰值幅度都由激励源的强度决定。

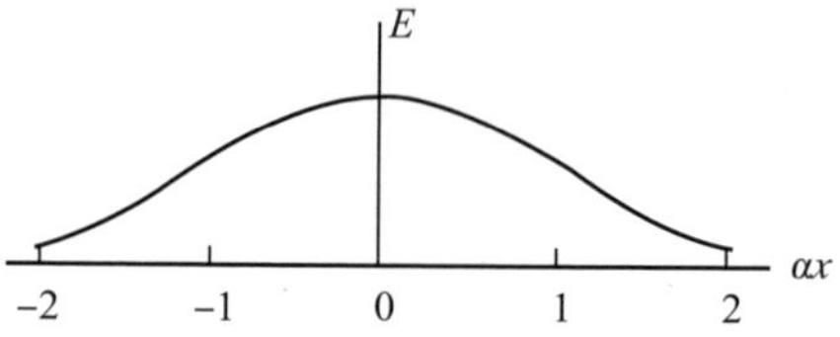

图5.23　抛物线折射率剖面GRIN光纤的最低阶模式的横向场分布

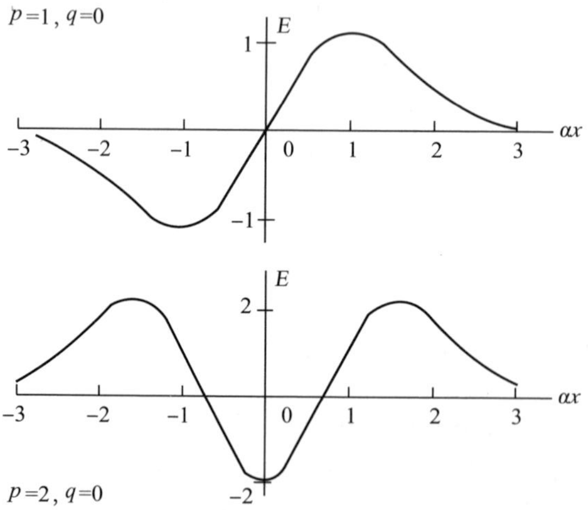

图5.24　抛物线折射率剖面GRIN光纤的高阶模式的横向场分布

在所有的电介质波导中，所有导波模式的等效折射率必须满足下面的条件：

$$n_2 \leqslant n_{\text{eff}} \leqslant n_1 \tag{5.13}$$

当等效折射率等于n_2时，所有的模式均截止。由此，可以得到模式截止时纤心半径、波长和折射率之间的关系。下面，以(1, 0)模式（即$p = 1$，$q = 0$）为例，求出单模传输条件。

先假设式（5.11）中$n_{\text{eff}} = n_2$，$p = 1$，$q = 0$。另外，$k_0 = 2\pi/\lambda$，得到单模传输条件

$$\frac{a}{\lambda} < \frac{1.4}{\pi\sqrt{n_1(n_1 - n_2)}} \tag{5.14}$$

需要做精确分析时，可以将上式中的1.4改为1.2。在这里我们再次注意到，需要增大单模光纤的纤心直径时，可以减小n_1和n_2的折射率差，或者增大工作波长。对比式（5.10）和式（5.14）可以发现，单模传输时抛物线折射率剖面光纤的a/λ的最大值是阶跃折射率光纤的1.6倍。

在下一节中将讨论，GRIN多模光纤的模式损伤比阶跃折射率多模光纤要小。所以，大多数玻璃多模光纤都是GRIN型的。但是，GRIN单模光纤的脉冲展宽比阶跃折射率多模光纤要大。所以，GRIN单模光纤在实际中是不常见的。

例5.7 抛物线折射率剖面光纤，$n_1 = 1.47$，$n_2 = 1.46$。试计算相对折射率差和单模传播时的最大纤心直径。在此条件下，求出工作波长为1.3 μm时传播模式的等效折射率n_{eff}。

解：

由式（5.4b），得到相对折射率差$\Delta = (n_1 - n_2)/n_1 = 0.0068$。根据式（5.14），可以求出$a/\lambda = 3.7$，从而$a = 4.8$ μm。设式（5.11）中$p = q = 0$，以及$k_0 = 2\pi/\lambda$，得到

$$n_{\text{eff}} = n_1 - \frac{\sqrt{2\Delta}}{2\pi(a/\lambda)}$$

对于（0, 0）模式，求出等效折射率$n_{\text{eff}} = 1.465$。

5.6 光纤中的脉冲畸变和信息速率

光纤线路的长度受到损耗和脉冲畸变的限制。在一些应用中，尽管接收到的信号波形并不是很差，但到达接收机的信号已经很微弱，很难被接收机正确接收。当损耗是系统的主要限制因素时，这样的系统称为**功率受限**系统。在5.3节中，讨论了光纤本身的损耗。稍后，将讨论在光源耦合、连接点和连接器中引入的附加损耗。在一些线路中，虽然信号功率足够大，但信号波形的严重畸变影响了传输信号的准确还原，这样的系统称为**带宽受限**系统。在本节中，将研究光纤中的信号畸变问题。这里，在很大程度上要借助于4.5节中有关平板波导的结果。

5.6.1 阶跃折射率光纤中的畸变

在阶跃折射率光纤中，由于存在材料色散、波导色散以及多模脉冲展宽而导致信号的畸变。电介质平板波导中的多模脉冲展宽可由式（4.27）得到，即$\Delta(\tau/L) = n_1(n_1 - n_2)/(cn_2)$。根据相对折射率差$\Delta$和数值孔径的关系，在$n_1$与$n_2$近似相等的情况下又可写成

$$\Delta(\tau/L) = \frac{n_1}{c}\Delta = \frac{\text{NA}^2}{2cn_1} \tag{5.15}$$

令$n_1 = 1.48$，$n_2 = 1.46$，可得到玻璃光纤多模脉冲展宽的典型值为$\Delta(\tau/L) = 67$ ns/km，这样的脉冲展宽已经很严重了。实际上，绝大多数阶跃折射率玻璃光纤的脉冲展宽都低于这个值，约为10 ~ 50 ns/km。多模脉冲展宽的这种改善是由于模式混合和对模式的选择性衰耗等原因引起的。

模式混合是指模式之间的功率交换。某一个模式相应的射线如果发生偏斜（因光纤弯曲段或熔接点的散射所致）则会导致进入其他模式的传播路径。射线路径的转移可能是从高阶模式到低阶模式，或者反过来从低阶模式到高级模式。连续的模式混合产生的最终结果是，任何一个模式所携带的能量都倾向于沿一条总的锯齿型路径传播，这条路径位于最短路

径（轴向模式）和最长路径（临界角）之间。因而所有模式相应的射线路径的总长度几乎相等，这样显著减少了脉冲展宽。当然，这种模式混合并不能达到理想的完美程度，在阶跃折射率光纤中模式失真仍旧是脉冲展宽的主要原因。虽然模式混合可以减小脉冲展宽，但其影响并非都是正面的。射线的偏斜也可能使得一些射线进入小于临界角的路径，这些光线会发生泄漏从而增加了光纤的损耗。

高阶模式相对较大的损耗也是导致脉冲展宽减小的一个因素。在所有传播模式中，高阶模式以更陡的锯齿型路径传播，从而穿透界面进入包层更深，所以更容易产生吸收损耗。到达接收端时，因为高阶模式的幅度较小，所以比低阶模式对接收脉冲幅度的贡献要少。式（5.15）是在假定所有模式的光功率相同的前提下推导出来的。如果高阶模式由于幅度很小而被忽略，则脉冲展宽会比由式（5.15）计算得到的结果要小。当然，在脉冲展宽减小的同时，选择性吸收也同模式混合一样，会增加信号的衰耗。

还有另一个原因，导致由式（4.27）和式（5.15）计算出来的模式畸变比实际存在的模式畸变要大。在短距离（几十米或几百米）线路上，光源可能只激发几个低阶模式。使用半导体激光器时就可能发生这样的情形。其发射方向图没有覆盖光纤所有可能的传播模式，但是如果使用发光二极管，情况就不一样了。在长距离线路上，所有模式最终都能被激发（由传播路径的非理想所致），而在短距离光纤上则不会出现这种现象。所以对于短距离传输，模式展宽仅仅由少数几个模式产生，这些模式的射线角度和传播速度彼此差别不大。可以将这些理论计算结果作为模式展宽的上限。

需要强调的是，模式畸变并不取决于光源的波长或谱宽。这一点与材料色散或波导色散导致的信号畸变不同，它们与光源的波长和谱宽密切相关。

由色散和模式失真所引起的总脉冲展宽为

$$(\Delta\tau)^2 = (\Delta\tau)^2_{\text{mod}} + (\Delta\tau)^2_{\text{dis}} \tag{5.16}$$

其中，$(\Delta\tau)_{\text{mod}}$为多模脉冲展宽，$(\Delta\tau)_{\text{dis}}$为色散展宽。这个方程式是综合考虑模式脉冲展宽和色散脉冲展宽影响的一个最普遍的关系式。模式脉冲展宽和色散展宽是相互线性独立的过程，所以不能直接代数相加[12]。通常情况下，色散在多模阶跃折射率光纤的总展宽中只起很小的作用。例如，假定长度为1 km的典型阶跃折射率光纤，总的脉冲展宽为20 ns/km。在例3.1中，使用一个谱宽为20 nm的LED作为光源，材料色散在波长为0.82 μm处引起的脉冲展宽为2.2 ns/km。从式（5.16）计算可以得到脉冲展宽$(\Delta\tau)_{\text{mod}} = 19.9$ ns，由此可见，多模阶跃折射率光纤中材料色散的影响是微不足道的。

在4.5节和5.4节中我们曾提到，波导色散是由于任一模式的等效折射率随波长改变所引起的。由此引起的平板波导脉冲展宽可由式（4.24）计算得到。与此相应的光纤波导色散展宽为

$$\Delta(\tau/L) = -\frac{\lambda}{c}n''_{\text{eff}}\,\Delta\lambda = -M_g\Delta\lambda \tag{5.17}$$

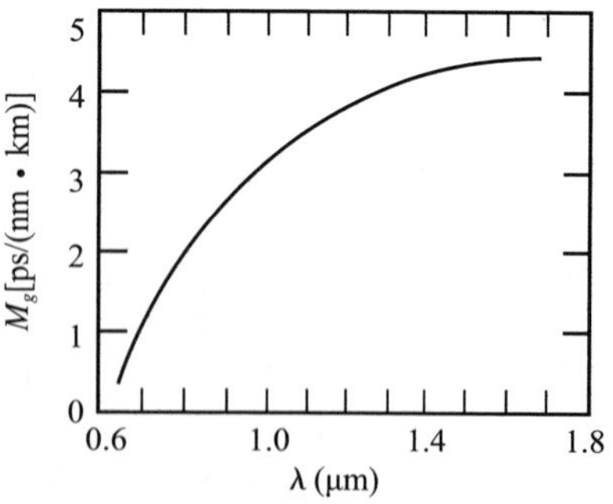

图5.25　阶跃折射率光纤中的波导色散

其中，M_g为波导色散，$\Delta\lambda$为光源的线宽。M_g的典型值如图5.25所示。将式（3.14）和式（5.17）相加可得到总的色散展宽，即$\Delta(\tau/L)_{\text{dis}} = -(M + M_g)\Delta\lambda$。比较图3.8和图5.25可以看到，在800 ~ 900 nm的波长范围内，波导色散比材料色散要小得多。例如，在820 nm处，材料色散为110 ps/(nm·km)，而波导色散仅为2 ps/(nm·km)。可以

得出这样的结论：在第一传输窗口，可以忽略系统的波导脉冲展宽。但是在1260 ~ 1675 nm范围内，波导色散与材料色散在同一个量级，所以不能忽略。

材料色散和波导色散引起的脉冲展宽均正比于光源的线宽，使用窄线宽的半导体激光器可以使其最小化。但是模式失真通常在多模阶跃折射率光纤中占据主导地位，使得半导体激光器减小脉冲展宽的效果并不明显。所以，在多模阶跃折射率光纤系统中通常使用较为便宜的LED光源。

5.6.2 单模光纤中的畸变

单模光纤中只有材料色散和波导色散。比较图3.8和图5.25可知，脉冲展宽主要来自材料色散，特别是在0.8 ~ 0.9 μm波长范围内。图5.26给出了单模光纤中单位长度的脉冲展宽$M\Delta\lambda$。图中的材料色散M是根据图3.8得出的。注意，脉冲展宽随着波长的增加和光源线宽的变窄而减小。这幅图也显示出了半导体激光器的优势。根据式（3.16）得到的3 dB调制带宽–距离积标记在图5.26的右侧。

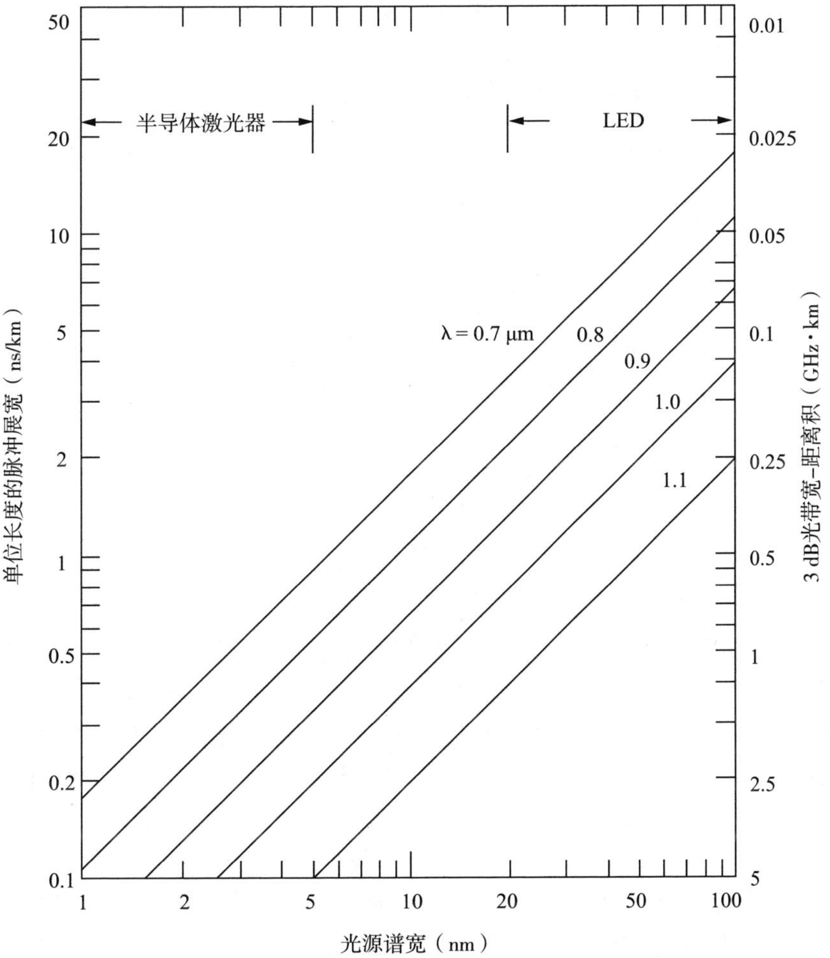

图5.26 单模光纤的脉冲展宽，图中所示的展宽由材料色散产生

当工作波长位于1.3 μm附近时，应该考虑波导色散的影响。在材料色散为零的波长上，波导色散变得很重要。当工作波长超过这个材料色散为零的波长时，材料色散为负值而波导

色散为正值。两者相互抵消，导致在1.3 μm波长附近出现零脉冲展宽。在这个波长点上，材料色散使得光源光谱中较短波长的传输速度较快，而波导色散则使较短波长的传输速度减慢。由图5.12可以看出，在这个低色散区域，光纤损耗也很低。工作在1.3 ~ 1.6 μm范围的单模光纤可用于长距离和高速率的传输系统。因为1550 nm附近光纤的损耗最低，光谱中这个波段的波长最适合用于长距离传输系统。

我们注意到，光纤在1550 nm处的损耗最低。如果在这个波长上还具有最低的色散，则将具有非常重要的实际意义。我们可以从波导色散和材料色散的关系得到启示：在所期望的波长上，调整波导的结构，使得其波导色散刚好与材料色散抵消。这可以通过构造具有三角形折射率分布（而不是阶跃或抛物线折射率分布）的单模光纤来实现[13]。这种光纤称为**色散位移光纤**（dispersion shifted fiber，DSF），其色散曲线如图5.27所示。其零色散波长从1300 nm移到了1550 nm。同时，图中还给出了**色散平坦光纤**的色散特性。也是通过适当地调整光纤的折射率剖面，从而实现波导色散和材料色散在一个较大的波长范围内近似抵消。其中的一种折射率剖面能够实现色散平坦，这就是所谓**凹陷包层光纤**。这种光纤具有内外两个包层，内包层很薄而且折射率较小，外包层的折射率稍大一些[14]。由于具有独一无二的低色散特性，色散平坦光纤可在1300 ~ 1675 nm的波长范围内使用。

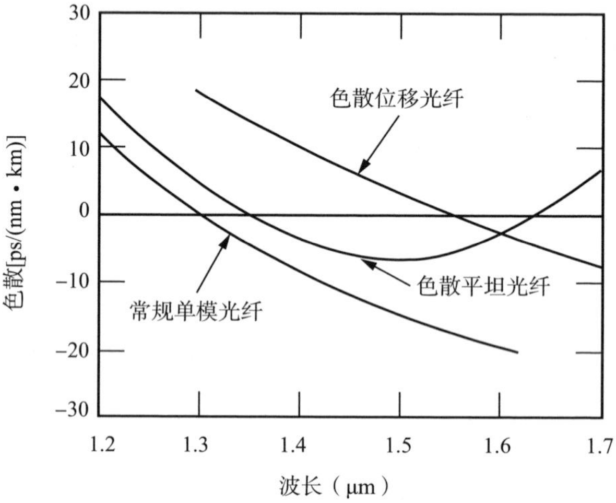

图5.27　常规单模光纤、色散平坦光纤、色散位移光纤的总色散

在一些高信息容量的应用中，光纤中同时传输很多独立的波长不同的光载波。第9章将讨论这种所谓波分复用系统。为了避免波分复用系统中不同波长信道之间的非线性混频，传输光纤中必须保存少量色散。这样才能确保每个波长信道以不同的速率传播，将相互干扰降低到最小的程度。拥有类似色散平坦光纤的特性但色散不为零的光纤，就是所谓的**非零色散位移光纤**（nonzero dispersion shifted fiber，NZ-DSF）。通过改变这种光纤的折射率剖面，零色散波长确实已经发生了位移，但其工作波长并不在零色散波长上。标准单模光纤在1550 nm处色散的典型值为17 ps/(nm·km)；而在1530 ~ 1565 nm的波长范围内，使用C波段的NZ-DSF可以将色散值降低至8 ~ 10 ps/(nm·km)。在工作波长范围以内，色散都很低，但并不为零。

常规**匹配包层**光纤、凹陷包层色散平坦光纤和三角形色散位移光纤的折射率剖面如图5.28所示。

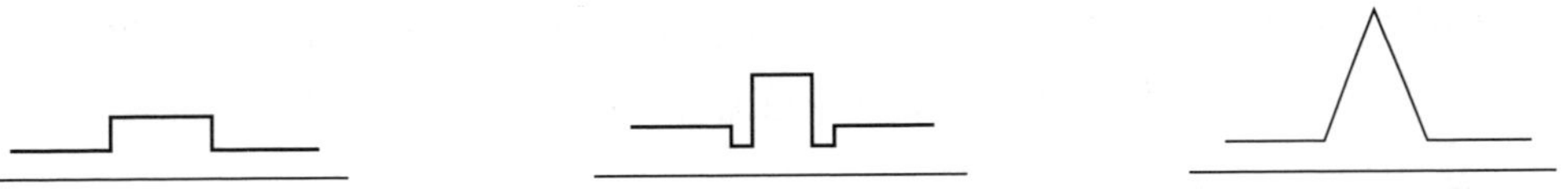

（a）匹配包层光纤　　（b）凹陷包层色散平坦光纤　　（c）三角形色散位移光纤

图5.28　折射率剖面

还有另外一个细微的现象也能引起脉冲展宽。在5.4节中我们曾提到，两个偏振方向相互垂直的HE_{11}模可以同时在单模光纤中传播。由于存在双折射，这两个模式的传播速度可能不同。这种效应能够导致脉冲展宽，即通常所说的**偏振模色散**（polarization-mode dispersion，PMD），又可称为**双折射色散**。偏振模色散的计算非常复杂，在许多参考资料中都可以找到[15,16]。如果由材料色散和波导色散引起的总脉冲展宽已经减少到最小程度，此时偏振模色散就成为脉冲展宽中占主导地位的因素。在低速调制的情况下，偏振模色散的影响并不明显。因为偏振模色散很小，由此引起的脉冲展宽对相邻脉冲的影响微不足道。但在高速调制（10 ~ 40 Gbps）的情况下，即便非常小的脉冲展宽也会产生码间串扰。所以，在高速应用中偏振模色散必须要尽可能小，通常可通过制造低双折射光纤来达到这一目的。

如果常规单模光纤工作在零色散波长区域以外（即波长超过1320 nm），那么材料色散将限制光纤的信息容量。因此，一种色散补偿的结构应运而生。采用这种技术可以提升已经铺设好的光纤线路的容量[17,18]。这项技术使用的是一种双模补偿光纤，可以支持刚好高于HE_{11}基模的高阶模。与基模不同的是，这些模式（TE_{01}，TM_{01}和HE_{21}）的波导色散都很大，而且与基模色散符号相反。常规单模传输光纤（以HE_{11}模式传播）输出的畸变信号通过一个模式转换器转换为这些高阶模中的一个，然后光波以这一高阶模式沿着双模补偿光纤传播。由图5.17中的模式图可知，要支持这样的高阶模式，光纤的V值必须在3附近。光源发射的不同波长成分所经历的色散效应，对于高阶模式和基模正好完全相反，所以经过双模补偿光纤传播以后脉冲变窄了。只要设计适当，脉冲可以近似回到初始宽度，然后再将其转化为基模。因为高阶模式的波导色散很大，所以只有采用适当长度的双模光纤才能很好地补偿传输光纤的脉冲展宽。

已有多种经过改进的双模补偿结构研制成功[19]。插入的补偿光纤长度很短，其色散特性则刚好与主传输光纤的色散相反，这种结构称为高阶模色散补偿模块（higher-order-mode dispersion-compensating module，HOM-DCM）。在甚长距离的大容量传输系统中，在线路上每隔一段距离就要周期性地放置这样的模块，以保持脉冲的形状。

由式（5.10）可知，阶跃折射率单模光纤的纤心尺寸必须很小。下面研究当单模光纤的n_1和n_2相近时，纤心直径可以适度变大的问题。纤心直径变大既可以简化光纤的制造工艺，同时又可以减小耦合、熔接和连接的难度。假定$n_1 = 1.465$，$n_2 = 1.46$，由式（4.21）可以得到光纤的数值孔径为0.12。由式（5.10）可以得到，在单模工作条件下$a/\lambda < 3.17$。假定要工作在0.8 μm，则半径必须小于$0.8 \times 3.17 = 2.54$ μm，即纤心直径约为5 μm。如果工作波长变为1.3 μm，依然要求光纤工作在单模状态，则由式（5.10）可以求得纤心半径为$1.3 \times 3.17 = 4.12$ μm，直径达到了8.2 μm。这样粗的光纤在0.8 μm波长段已经不满足单模传输条件，或者说在所有短于1.3 μm的波长上均可以传播多个模式。可以这样解释单模光纤截止的概念：使式（5.10）的左边与右边相等的波长即为单模光纤的截止波长。当工作波长短于截止波长时可传输多个模式。求解式（5.10），可得阶跃折射率光纤的截止波长为

$$\lambda_c = 2.61a(\mathrm{NA}) \tag{5.18}$$

减小纤心和包层的折射率差可以增加单模光纤的纤心尺寸，但也减小了光纤的数值孔径。由于典型光发射机发射光束的扩散角较大，所以数值孔径的减小会导致光源耦合效率降低。

5.6.3 渐变折射率光纤中的畸变

GRIN光纤产生的多模失真比阶跃折射率光纤要小得多，这可以通过GRIN光纤中射线的轨迹和速度来解释。轴向射线的传播距离最短，与光纤轴线夹角较大的射线传播路径较远，但穿过轴线以外的低折射率区域时传播速度会加快（注意$v = c/n$）。由于在轴线以外所花的时间少，所以非轴向射线可以赶上轴向射线，由此可以降低多模脉冲展宽。典型的多模GRIN光纤的脉冲展宽仅为几 ns/ km甚至更小，远小于阶跃折射率光纤中的多模脉冲展宽。

GRIN光纤中模式脉冲展宽的一个近似表达式为[20]

$$\Delta(\tau/L) = \frac{n_1\Delta^2}{2c} \tag{5.19}$$

将其与式（5.15）比较，可以看到用GRIN光纤代替阶跃折射率光纤时，脉冲展宽按$2/\Delta$倍的因了减小。对于全玻璃光纤，$n_1 = 1.48$，$n_2 = 1.46$，可得$\Delta = 0.0135$，即减小因子为148。根据前面的讨论，我们知道阶跃折射率光纤的展宽约为67 ns/km，所以GRIN光纤的展宽仅为0.45 ns/km。

包括材料色散和波导色散在内的GRIN光纤的总的脉冲展宽可由式（5.16）计算得到。与阶跃折射率光纤类似，在短波长区域，与波导色散相比，材料色散占据主导地位。由描述材料脉冲展宽的图5.26可知，在使用LED的情况下，在0.8 ~ 0.9 μm波长范围内不可能获得比1 ns/km更小的脉冲展宽。在短波长区域，LED光源的宽谱特性抵消了GRIN光纤模式失真小的优点。如果将窄线宽的半导体激光器与多模GRIN光纤配合使用，传输效果则要好得多。在1.3 μm附近，由于色散很低，在使用GRIN光纤时，LED具有一定的吸引力。

可以适当地选择方程式（5.3）中的折射率剖面参数α来降低模式失真。α的最佳值取决于玻璃的成分和光源的波长。抛物线形折射率剖面（$\alpha = 2$）很接近最佳的折射率分布[21]。

5.6.4 脉冲展宽与传输光纤长度之间的关系

到此为止，我们认为总的脉冲展宽随光纤长度的增加而线性增加。对于多模光纤，短距离（通常小于1 km）传输的实验已经证实了这一点。但是对于长距离，脉冲展宽的增长并没有那么快，通常与光纤长度的平方根成正比。图5.29说明了这两种条件下脉冲展宽的差异。长距离传输的平方根关系是由模式混合导致的。在很短的路径上，模式间的能量混合还不充分。随着传播距离的增加，会达到模式间功率分配的平衡状态。在达到平衡状态以后，虽然混合过程还在继续，但任何一种模式的功率均保持不变。此时，出现了脉冲展宽随$L^{1/2}$变化的情况。达到平衡状态的长度，称为**平衡长度**L_e，其值取决于光纤的种类。在图5.29中，L_e为1 km。通常情况下，可以将模式脉冲展宽写成[22]

$$\Delta\tau = L\Delta(\tau/L) \qquad \text{对于 } L \leqslant L_e \tag{5.20a}$$

和

$$\Delta\tau = \sqrt{LL_e}\Delta(\tau/L) \qquad \text{对于 } L \geqslant L_e \tag{5.20b}$$

其中，$\Delta(\tau/L)$是线性区域上单位长度的展宽，在图5.29中约为20 ns/km。

优质光纤的模式混合过程很慢，只有在传输很长距离后才能达到平衡状态。如果没有模式混合效应，则光纤的L_e为无限大，其脉冲展宽与长度成正比。劣质光纤由于具有散射、微弯曲以及不均匀性，会有严重的模式混合。对于这样的光纤，L_e相对较短。虽然劣质光纤在传输带宽上会有所改进，但其损耗却比优质光纤大得多。

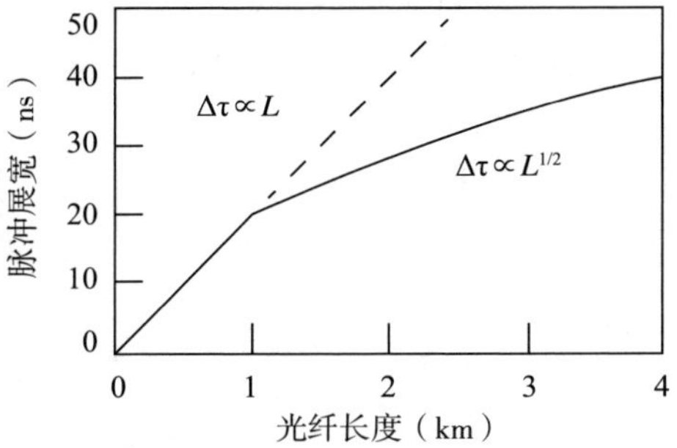

图5.29　多模脉冲展宽在短距离上与光纤长度成正比，在长距离上与光纤长度的平方根成正比

材料色散和波导色散均与模式耦合无关，所以由这种机理产生的展宽随传输距离的增长而线性增加。当光纤线路的长度大于平衡长度时，由多模传输引起的脉冲展宽与长度的平方根成正比，而由色散引起的脉冲展宽则与长度本身成正比。因此，在计算总的脉冲展宽和光纤容量时必须要格外小心。如果模式失真和材料色散对总的脉冲展宽影响都很大，则可以按式（5.16）将其各自平方以后相加，然后可以应用3.2节中已经讨论过的方法得到带宽或速率极限。在计算出总的脉冲展宽之后，可以用$f = 0.5/\Delta\tau$表示光带宽，$f = 0.35/\Delta\tau$表示电带宽，$R = 0.35/\Delta\tau$表示RZ格式的比特速率，$R = 0.7/\Delta\tau$表示NRZ的比特速率。在光纤传输距离大于平衡长度的情况下，必须按这样的方式来处理。仅当模式失真不重要或者传输距离在光纤的平衡长度以内时，才能直接基于单位长度的脉冲展宽，用式（3.16）及式（3.19）至式（3.21）计算出相应的结果。换言之，基于单位长度的脉冲展宽计算所得的结果与采用上面的程序计算得到的结果可能不同，从而导致计算误差。

例如，假设某种光纤的模式失真占据主导地位，而色散可以忽略。将式（5.20）代入表达式$f_{3\,\text{dB}} = (2\Delta\tau)^{-1}$，则当路径短于平衡长度时，可以得到3 dB光带宽为

$$f_{3\,\text{dB}} = \frac{1}{2L\Delta(\tau/L)} \tag{5.21}$$

当传输距离大于平衡长度时，可以得到3 dB光带宽为

$$f_{3\,\text{dB}} = \frac{1}{2\sqrt{LL_e}\,\Delta(\tau/L)} \tag{5.22}$$

按照保守的做法，可以忽略$L^{1/2}$的依赖关系而直接利用式（5.21）计算光带宽。特别是平衡长度L_e未知时，这样做是有必要的。必须强调的是，式（5.22）只能应用在模式失真远远大于材料色散和波导色散引起的脉冲展宽的情况下。

例5.8　计算并用曲线表示阶跃折射率多模光纤的3 dB带宽。其单位长度线性脉冲展宽为20 ns/km，平衡长度为1 km。

解：

对于长度小于1 km的情况，由式（5.21）所得到的最大带宽（3 dB值）为25/L MHz，其中L的单位是 km。对于传输距离大于1 km的情况，由式（5.22）得到$25/\sqrt{L}$ MHz。这两个结果在图5.30中用曲线表示。

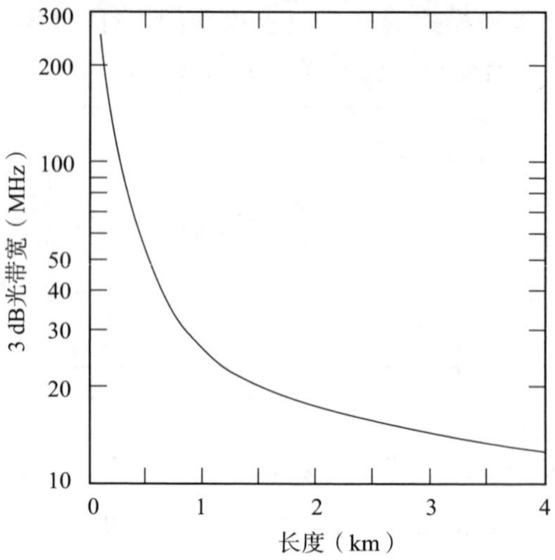

图5.30　某多模光纤的3 dB光带宽，其$\Delta(\tau/L) = 20$ ns/km，平衡长度为1 km

很多光纤制造商在其光纤说明书上直接列出的是距离带宽积而不是单位长度的脉冲展宽。并且，没有特别说明是电3 dB带宽还是光3 dB带宽。由3.2节中的讨论可知，光带宽比电带宽更宽一些。

5.7　光纤的制造

可以采用多种工艺制造光纤。在本章中将介绍两种直接制造光纤的方法和几种制造玻璃预制棒的方法。然后，介绍如何通过一个独立的拉丝过程将预制棒拉制成光纤。

5.7.1　双坩埚法

双坩埚法[23]如图5.31所示。熔融态的纤心玻璃放在内层容器中，而熔融态的包层玻璃放在外层容器中。这两种玻璃在外层容器的底部混合，形成了玻璃材料的包层纤心结构。之后，这种熔融态的混合物就可以拉制成光纤了。

初看起来，双坩埚法好像只能用来制造阶跃折射率光纤。实际上并非如此，梯度折射率光纤也可通过纤心和包层玻璃在混合之后相互扩散而制造出来。扩散作用能引起纤心与包层之间折射率发生渐变。

可以十分小心地将玻璃持续加入坩埚，以保持拉制光纤的长度。

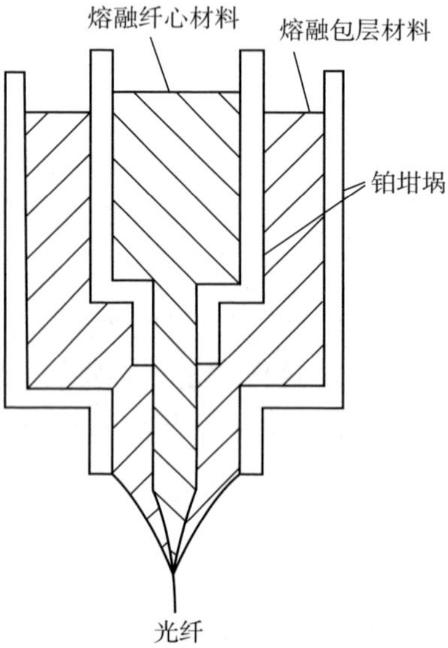

图5.31　双坩埚法光纤制造过程

5.7.2　管中棒法

所谓管中棒法，是将玻璃纤心棒放在玻璃包层管子的里面。二者的长度都在1 m左右。纤心棒的直径约为几厘米，而包层管的内直径稍大一点。加热这个管棒组合体的尾端，使玻璃变软从而能拉制出很细的光纤。

必须特别小心，要确保污染物不能进入纤心棒和包层管之间的区域。如果有了污染物，它就可能停留在里面成为光纤的纤心包层表面的一部分，从而导致不希望出现的散射损耗。

对于自己不生产玻璃的企业来说，这项技术可能是制造光纤最容易的方法。只须从其他企业那里购买高纯度的玻璃棒和玻璃管就可以拉制光纤。

5.7.3　掺杂沉积石英法

应用最广泛的一种光纤制造方法是首先用气相沉积玻璃成分制成光纤预制棒。这个过程称为**掺杂沉积石英法**（doped deposited silica，DDS），又称为**化学气相沉积法**（chemical vapor deposition, CVD），或称为**气相氧化法**（vapor-phase oxidation, VPO）。其基础材料为纯石英，再掺进少量的杂质（例如GeO_2，B_2O_3和P_2O_5等），以产生所需的细微折射率变化。由5.3节可知，通过掺杂锗，可以使纤心折射率大于包层折射率，从而满足全反射的要求。所制造的圆柱型预制棒具有期望的折射率变化，但是其横截面面积则是实际光纤的许多倍。典型预制棒的长度约为1 m，直径约为2 cm。这一直径是光纤包层直径（125 μm）的160倍。这种尺寸的预制棒可以拉出连续几千米长的光纤①。

下面将讨论3种DDS方法，即外部沉积法、轴向沉积法和内部沉积法。

5.7.4　外部沉积法

图5.32是使用氢氧焰的外部沉积法的示意图[24]。这种方法又称为**外部化学气相沉积法**（external CVD，外部CVD）、**外部气相氧化法**（outside VPO，OVPO）或者**外部气相沉积法**（outside vapor deposition，OVD）等，可能还有其他的名称。气相材料在火焰中被氧化，喷嘴在侧面来回移动，将生成的玻璃微粒沉积到旋转的饵棒或心棒上。沉积物在心棒上以粉末或粉尘的形式存在。沉积完成之后，玻璃材料被烧结，然后抽去饵棒。最后形成的玻璃管被加热到足够高的温度，从而被软化、熔融，形成实心的预制棒。

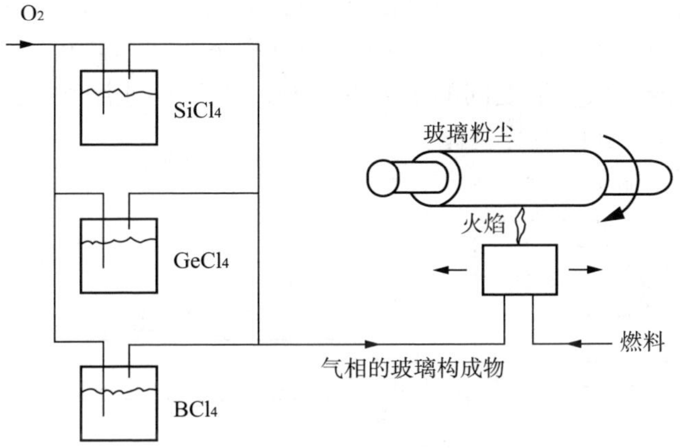

图5.32　外部化学气相沉积法

5.7.5　轴向沉积法

图5.33是轴向沉积法[25]的示意图。这种方法又称为**轴向气相沉积法**（axial vapor deposition，AVD）或**气相轴向沉积法**（vapor axial deposition，VAD），是另外一种形式的外部沉积法。在

① 现在的预制棒可以分为细棒与大棒，一根大棒可以拉制出几百千米长的光纤。——译者注

这种情况下，气相沉积过程发生在旋转的饵棒尾端，在预制棒形成的过程中饵棒被逐渐向上提升。采用这种方式可以制作非常长的纤心预制棒。通过氢氧焰水解，包层可以沉积在纤心上。制造有包层光纤的另一种方式，是将纤心预制棒插入一个折射率较低的玻璃管中并拉出光纤。这就是前面所说的管中棒结构。

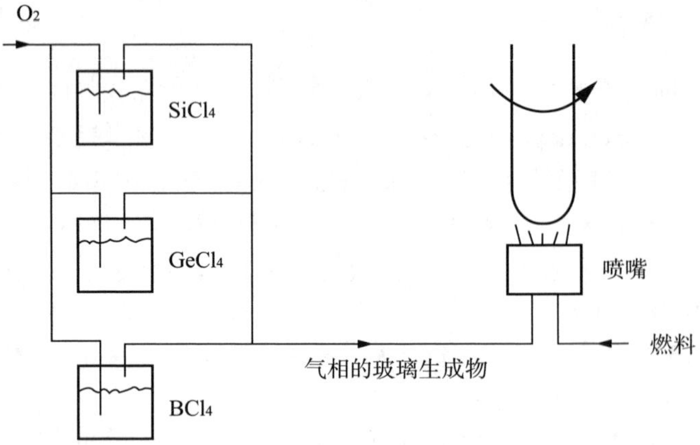

图5.33　轴向气相沉积法

VAD方法可以制作阶跃折射率和GRIN两种光纤。只要掺杂微粒的浓度在垂直于纤心轴线的平面内随温度发生变化，就可以制成GRIN光纤的预制棒。

5.7.6　内部沉积法

图5.34是内部沉积法[26]的示意图。这种方法又称为**内部化学气相沉积法**（internal CVD，内部CVD）、**改进的化学气相沉积法**（modified CVD，MCVD）或者**内部气相沉积法**（inside vapor deposition，IVD）。在这个过程中，气相的化学生成物沉积在一个旋转的玻璃管内部，而此玻璃管置于玻璃床体上。氢氧焰喷嘴沿管子移动，将化学沉积物熔融以形成透明的玻璃薄膜。喷嘴沿管子来回移动，薄膜就一层一层地沉积下来，一般可以沉积30 ~ 100层。可以通过改变掺杂浓度以改变层与层之间的折射率差异，从而得到渐变折射率剖面。用这种技术可以很好地控制折射率剖面的变化规律。

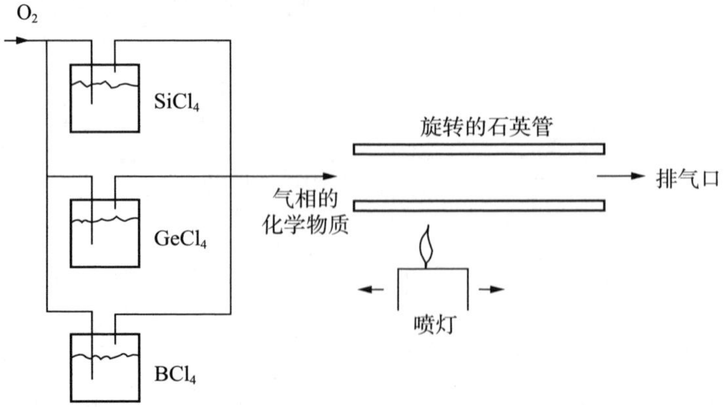

图5.34　改进的化学气相沉积法

玻璃物质的沉积过程在管子封闭之前完成。在拉制光纤之前，首先将玻璃管加热熔融形成实心的预制棒。

采用**等离子增强**处理的MCVD技术（plasma-enhanced MCVD，PCVD）可以提高光纤的制造速度，PCVD过程如图5.35所示。这里的等离子体是用电加热使气体电离形成的离子区域，能提高管子内化学反应的速度，沉积过程也比常规的MCVD要快。

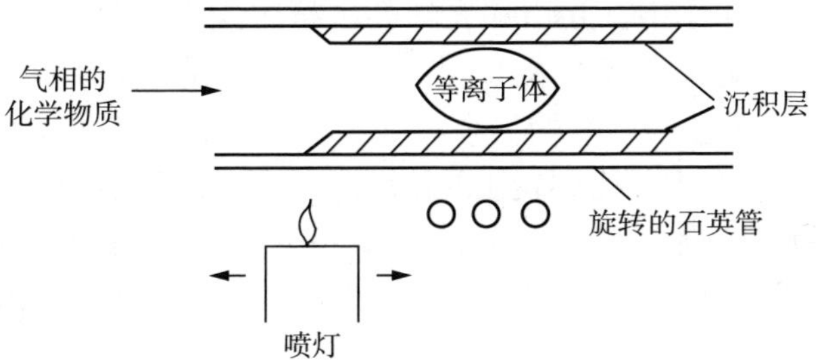

图5.35　等离子增强处理的改进化学气相沉积法。射频加热环和喷嘴相互独立地沿管道来回移动

5.7.7　光纤的拉制

将预制棒拉制成光纤，一般采用图5.36所示的装置。预制棒精确地固定在一个馈送装置上，并使其以合适的速度进入加热炉。拉制过程要精密控制，使得光纤的直径变化尽可能小，这样才能降低光纤的损耗并改进强度。精确的直径控制也是实现光纤与连接器精确对接时低连接损耗所必需的。在拉制过程中，要用一个精确测量设备，例如激光测径仪，不间断地监测光纤直径。

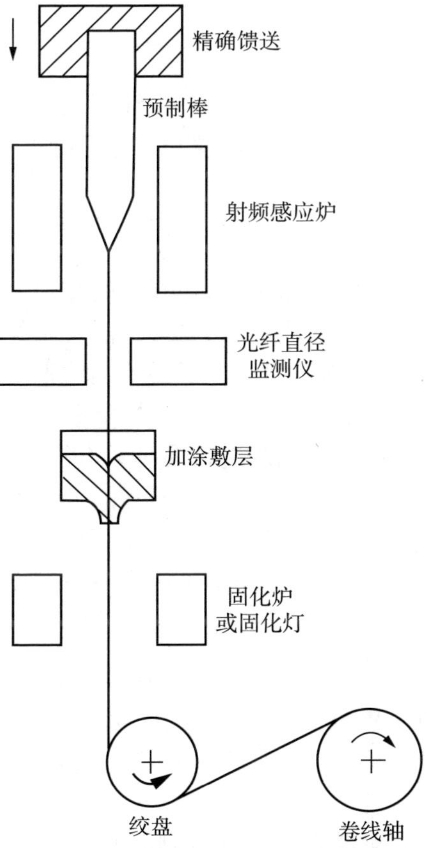

图5.36　光纤的拉制和涂覆系统

光纤被拉制出来并经过直径测量以后，要立刻加上第一涂覆层，如图5.36所示。这一涂覆层相当于一层缓冲器，可以保护光纤，以免潮气和损伤等因素导致光纤性能劣化。Kynar、环氧树脂、硅RTV和UV药剂树脂等都是合适的涂覆层材料。在拉制过程中通常还要加上二次缓冲涂覆层，用以增强缓冲作用，并增加光纤的抗挤压能力。所有光纤产品都要经过测试，证明产品可以满足最小的抗张强度要求。这项测试可作为光纤拉制全过程的一部分，在涂覆层完成之后进行，也可作为拉制之后的一个独立步骤进行。

从经济方面考虑，当然很希望得到较快的拉制速度。拉制速度受到需要精确保持光纤包层直径和光纤强度需要的限制。拉制速度可以达到10 m/s以上。典型的预制棒直径约为1～6 cm，长度约为1～2 m。将其拉制成外包层直径为125 μm的光纤时，长度可达15～100 km。包层直径的典型容差为±1 μm。

典型的石英玻璃渐变折射率多模光纤的纤心和包层直径，以及中心轴数值孔径已在表5.4中列出。通常，采用渐变折射率纤心的多模光纤能将模式失真减小到最低。优质的商用125 μm光纤的包层容差在1 μm以内。

表5.4　渐变折射率多模光纤

纤心直径（μm）	包层直径（μm）	中心轴数值孔径
50	125	0.2
62.5	125	0.275
85	125	0.26
100	140	0.29

5.7.8　塑料包层石英光纤

塑料包层石英（plastic-cladded Silica，PCS）光纤可通过图5.36所示的拉制纯石英预制棒的方式制造。注意，图中所标明的涂敷材料容器里装的是塑料包层材料。

5.8　光缆

光纤需要多少层保护取决于其实际应用场合。在实验室中，一层薄的缓冲涂覆层对光纤的保护就足够了。但是对于越洋传输系统中使用的光纤，需要充分考虑运输、铺设和运行期间光纤的保护问题。已经有各式各样的光缆设计用来满足不同的光纤应用需求。我们将介绍光纤保护中涉及的各类问题以及解决这些问题的常用方法，并介绍几种常用的商用光缆产品。

成缆过程应该使光纤的机械性能得到改进，同时又不使其光学性能劣化。5.3节中提到，在成缆过程中可能引起光纤的微弯曲，产生弯曲损耗。造好的光缆会因为任何形式的运动（比如，将造好的光缆盘在卷轴上）受到应力作用，从而产生微弯曲。在设计制造过程中，光缆要尽量减小微弯曲，并且应尽量避免在以后的应用中可能出现的微弯曲。

光缆制造过程中需要对光纤采取的强化和保护措施如下所示。

1. **抗张力强度**　采用牵引方式通过管道铺设光缆时，必须考虑光缆的抗张力强度。当光缆吊装在竖直的管道中、悬挂在两个电线杆之间或铺设在海底的时候，抗张力加强件必须能够支撑光缆本身的重量。在两个电线杆之间悬挂的架空光缆还必须承受大雪和大风的考验。
2. **抗挤压能力**　有时候光缆可能会遭受来自侧面的很大冲击力，这种冲击力可能压碎光纤。有些光缆还必须能抗住大型运输工具的碾压。

3. **过度弯曲保护**　尖锐的弯曲会带来两个问题，一是弯曲处会产生辐射损耗，二是光纤有可能受到损伤。好的光缆要有足够的强度，能够防止过度的弯曲；同时，还要有一定的柔韧性，以确保易于运输和铺设。
4. **损伤保护**　玻璃光纤在受到损伤的情况下性能会急剧劣化。由损伤引起的细微裂纹会沿着玻璃延伸并使损耗显著增加。
5. **振动隔离**　振动会导致光纤损耗的增加。在设计光缆时，给光纤加上护垫可以限制过度的运动。
6. **防潮和防化学侵蚀**　玻璃光纤如果长时间暴露在湿气和化学物质之中，性能就会劣化。适当的光缆结构能够保护光纤，使之不接触这些物质。

除了应该具有很高的机械强度和化学防护性能，好的光缆还应该具有重量轻、尺寸小、较柔韧、防火、防动物嘶咬以及对温度不敏感等性能。

有多种形式的光缆结构设计，以适应不同的应用。按类型区分主要有以下几种。

1. 单心光缆和多心光缆；
2. 紧套封装型光纤（又称为**紧套缓冲层**）和松套管包装光纤（又称为**松套管缓冲层**）；
3. 中心放置加强件和外部放置加强件；
4. 绝缘材料加强件和金属材料加强件；
5. 圆截面几何形状和带状。

下面我们将讨论这几种类型的光缆。

如果只需要一根光纤，则单心光缆是最好的选择。在有些情况下，从经济角度考虑，为了给将来的需要预留位置，也可使用多心光缆，没有用上的光纤可留待以后使用。运输和铺设一根多心光缆的成本并不比单心光纤多很多。与单心光缆相比，多心光缆的空间利用率更高，这是因为多根光纤可以共用加强件。一根光缆中的光纤数量越多，则每根光纤的成本就越低。在有大量信息沿同一路由传输的主干传输线路中，多心光缆是理想选择。简单的两心光缆是专门为双工通信系统设计的。其中的一根传输一个方向上的信号，另一根传输相反方向上的信号。

前面已经提到过，光纤在刚拉制出来时加上了一层防护层。在成缆过程中，第二个步骤是将已涂敷光纤用护垫材料完全包裹起来，这就是**紧套缓冲**结构。护套层可以用软塑料来做。垫层可以尽可能减少微弯曲、增强抗挤压性能和减震性能，但是并不能显著增加光缆的抗张强度。一种可替代紧套管缓冲垫子的结构如图5.37所示，光纤可以很宽松地放在塑料护套的中间，这就是所谓**松套管**结构。光缆发生形变时，光纤可在管子里进行自我调整，这种结构可以基本上消除光纤的微弯曲。此外，还可以通过加放泡沫材料或胶状物进行防潮。另一种松套结构如图5.38所示，光纤放置在由中心加强件预留出的较大的槽里。由图中可以看到，这种结构共容纳了4根光纤，心槽用胶带环绕，以确保光纤始终受其保护。在拉伸光缆或者扭曲、弯曲时，光纤可在槽中自由滑动。通常，光纤排列松的光缆要比光纤排列紧的光缆粗一些。

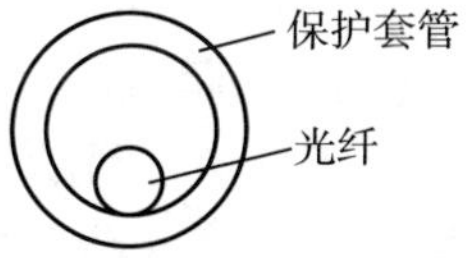

图5.37　松套管结构

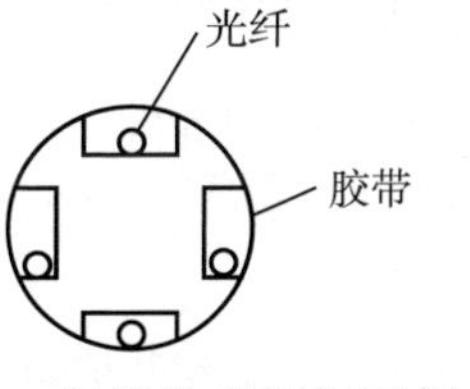

图5.38　松散排列的光纤槽结构

通常，室外铺设的光纤比在室内铺设的光纤强度要求大。例如，当光缆铺设在室外时，由温度变化引起的机械变形（不同的光缆构成件的膨胀和收缩系数不同所致）会显著大于室内铺设时的情况。由于松套结构里的光纤受环绕光缆的机械变形影响较小，因此几乎所有户外应用都采用松套管结构的光缆。

当一根光缆里有多根光纤时，需要用不同的颜色标识以便区分不同的光纤。在缓冲层中有一层很薄的着色层，就是出于这种考虑。用丙酮一类的溶剂擦拭，或直接刮掉等方法，着色层可以很容易地从光纤截面看出来。

光缆中还有很多加强件用来增强光纤的抗拉伸、抗切变和抗弯曲性。其中，钢丝和合成纤维是两种应用最多的材料。这些加强件材料必须坚固并且轻巧。钢丝很坚固，但比合成纤维重，常用于一些商用光缆中。合成纤维Kevlar是一种很强的聚合物，也是一种最常用的加强件材料。其强度重量比至少是钢丝的4倍。常见的应用方法是以细丝的形式将其绞合于光纤周围的缓冲层和衬垫中。在松套管结构中也可以将其编织于套管的周围。Kevlar材料可以显著提高光缆的抗拉伸强度。

可以将光纤周围的Kevlar编织物制成一层外部铠装层，采用这种工艺可以制作轻型光缆。铠装层可以提供抗切断和抗磨损性能。诸如聚亚安酯、聚乙烯、聚氯乙烯（polyvinyl chloride，PVC）及Hytrel等材料都已成功地用于商用光缆的制造。

图5.39是一种具有代表性的轻型光缆。这种光缆的重量为12.5 kg/km，并可以在5 cm的曲率半径范围内安全地弯曲。这种光缆有一根紧密包封的光纤和一层外部加强件。在这里，“外部”是指加强件不在光缆的中心。在铺设过程中，图中所示的光缆可以承受400 N的拉伸负载。在运行中，这种光缆可以承受的负载不超过50 N。

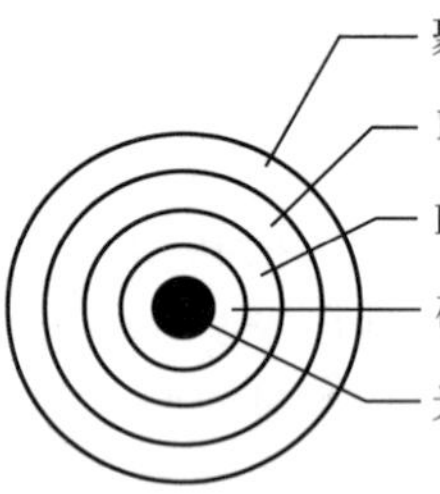

图5.39 轻型紧套缓冲层光缆（Siecor公司），图中所给的参数均指直径

光缆的抗张强度是指其轴向所能承受的拉力。在商业光缆资料中，这个拉力的单位可以采用牛顿、千克或磅这三个单位中的任意一个。力与质量之间的关系遵循牛顿第二定律，即

$$F = ma \tag{5.23}$$

重力加速度为$a = 9.8\ \mathrm{m/s^2}$，所以1 kg相当于9.8 N的力。或者说，$(9.8)^{-1} = 0.102$ kg，相当于1 N的力。根据这个关系，可知图5.39中光缆50 N的负载相当于$50 \times 0.102 = 5.1$ kg的重物所产生的力。磅与牛顿之间的转化关系为1 N = 0.225 lb。一个50 N的负载转化为$50 \times 9.225 = 11.25$ lb。换而言之，1 N，0.225 lb和0.102 kg产生的力都是一样的。

下面要介绍的光缆如图5.40所示。其中包含6根光纤，并有一根位于中心的钢加强件。这根钢心可提供将近5000 N的断裂强度。每根光纤都有单独的缓冲层和加强件，一层波纹状的铝质护套能起到防挤压和防水渗透的作用。这种光缆的外直径为16.5 mm，重185 kg/km。在光纤之间和聚脂薄膜缠绕层之间可能还含有相互绝缘的铜导线。这些铜导线可以用于低速信号的传输，或者为远距离传输需要的中继器提供电源。这种光缆十分强固，可使用通常用于铺设金属线缆的设备来铺设这种光缆。

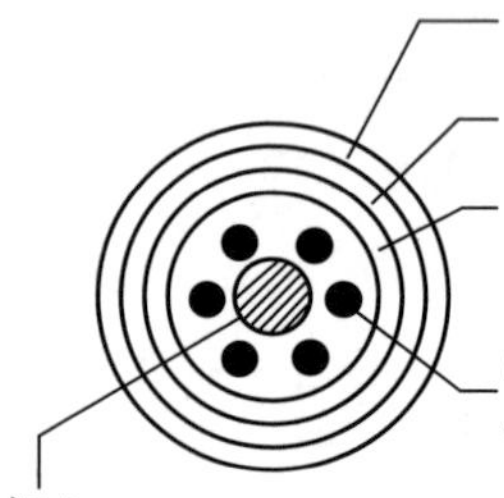

图5.40 具有中心加强件和铠装护套的多纤光缆（Valtec公司）

在图5.41中，给出了一个松套管结构的例子。有10根玻璃纤维棒嵌在聚亚安酯中作为加强件。具有这种结构的双心光缆如图5.42所示。

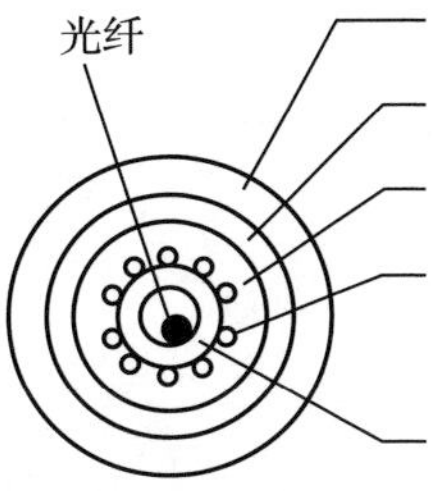

图5.41　松套管光缆（Siecor公司）。图中所给的尺寸均为直径，被包封的光纤直径为0.153 mm

下面要介绍的是带状结构的光缆[27]，其结构如图5.43所示。这种光缆是针对在电话交换机之间有大数量信道需要在相同的路径上传输而发展起来的。在每一个薄带中有多达12根光纤。还有一种结构形式，每根光纤用聚合物护套形成各自的缓冲层，然后并排嵌在一个有黏合剂的顶层和底层覆盖物之间，光纤用不同颜色标识。最后，将12层这样的光纤带如图5.43所示堆叠，形成一个包含144根光纤的矩形结构。再将28根外部钢丝加强件包封在四周的聚乙烯护套里。这种坚固的光缆能够在直径12 mm的范围内放置144根光纤，从而能够充分利用所占据的空间。

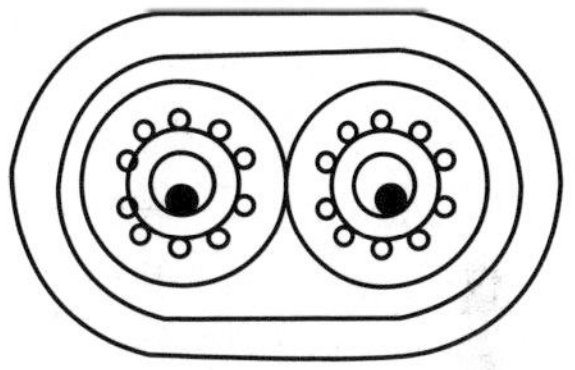

图5.42　如图5.41所示的松套管、双心结构光缆

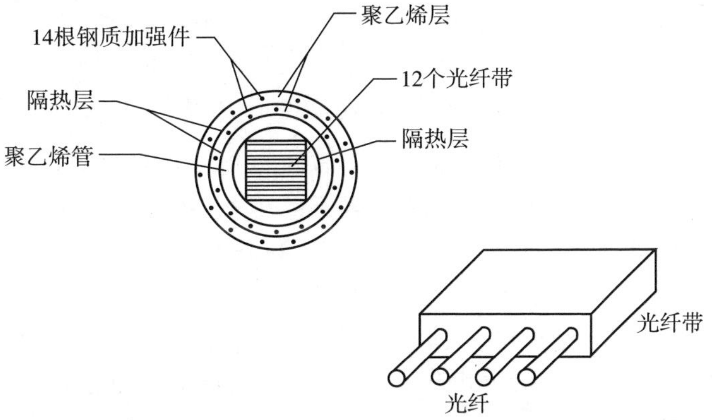

图5.43　144心带状光缆。其外直径为12 mm。12根具有各自缓冲层的光纤夹在两个内表面涂有黏合剂的聚酯带之间，构成光纤带

在另一种带状结构中，18根光纤用一种可以紫外修复的基础材料粘接在一起。然后将多达18层的这种光纤带以类似于图5.43所示的方式堆叠起来，这一结构总共可容纳324根光纤。这些光纤带根据不同的应用场合可采用不同的保护材料加以防护。包含24根光纤的带状结构也已经商用化。与单纤封装结构相比，带状结构有不少优点。同一带层中的所有光纤可通过大型的连接设备同时进行连接（在8.3节中介绍），而且光纤的封装可以更为紧密。

12心光纤带的结构如图5.44所示。图中，光纤带放置在一个缓冲管内。尽管图中只画出6个这样的光纤带，但典型的缓冲管能够轻而易举地容纳12个（或更多）的光纤带。如图5.45所示，许多大城市现有的通信系统采用直径为1～1.25英寸、能容纳6个缓冲管的内部管道。在图中，3个这样的内部管道又可以置于一个直径为4英寸的城域管道中。因为这种光缆所包含的光纤数量极多，所以能提供的信息传输容量也是很大的。对此，下面的例子即可说明。

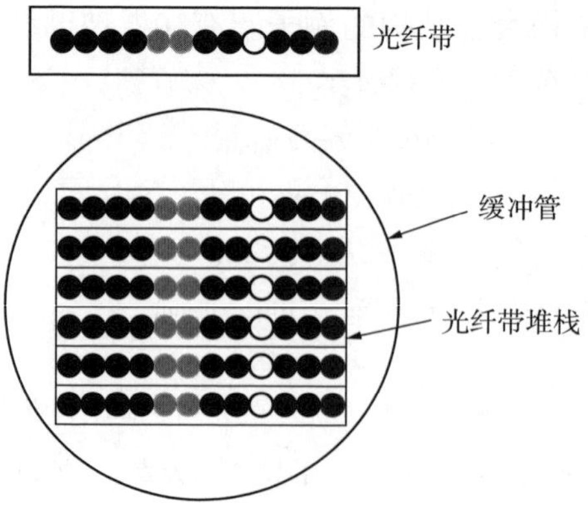

图5.44　6个12心的光纤带置于一个小缓冲管内，这种管子可以轻松地容纳12个或更多的光纤带

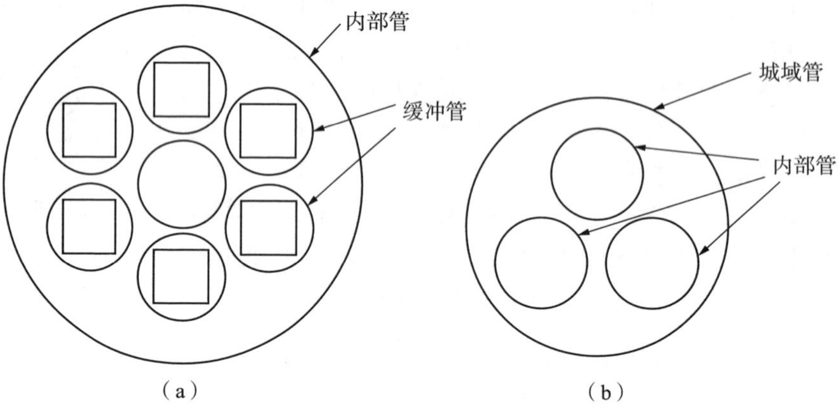

图5.45　（a）6个缓冲管置于一个1.25英寸的内部管；（b）3根内部管置于一个4英寸的城域管中

例5.9　假定一个缓冲管内有12个带状体，每个带状体内有12根光纤。6个这样的缓冲管排列在一个内部管道中，同时有3个相同的这种内部管道置于一个更大的外部管道中。试计算这种外部管道中包含的光纤数量。

解：

每个缓冲管内的光纤为$12 \times 12 = 144$根。在每个内部管道中，光纤数量为$6 \times 144 = 864$根。最后，每个4英寸的城域管道中的光纤数量为$3 \times 864 = 2592$根。

在公共产业中，光纤的应用是十分有趣的。其中一个重要应用是使用已有的和新铺设的架空传输线路和分配设施来构建电信网络。对于新铺设线路，可以将光纤包在架空的电力地线（overhead power ground wire，OPGW）中，如图5.46所示。对于已经建成的线路和设施，可以将光缆捆绑在已经架设好的架空地线上。光纤所特有的抗电磁干扰能力，使其非常适用于在电力传输线的噪声环境中实现通信。

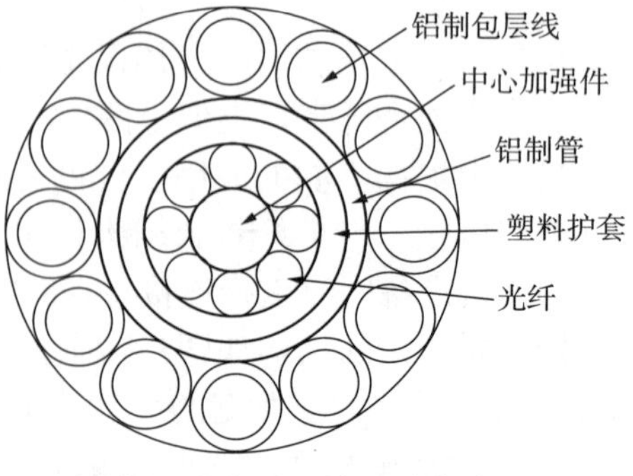

图5.46　架空电力地线复合光纤

最后要讨论的是专门用在海底这种极其恶劣环境下的光缆。如图5.47所示，光缆包含6根光纤，被一层起护垫作用和抗微弯损耗的人造橡胶所包封。光纤呈轴对称环绕在中心钢丝周围。人造橡胶护垫

和环绕齿状结构两者结合起来，近似起到松套管结构的作用。许多钢丝绳在一起增强了光缆的强度。对于海底长距离的传输，还需要电源来支持中继器的运行。图中的铜导线即可为中继器提供电能。铜导体柱同时还能起到防水和防氢扩散的屏障作用。这种光缆的外直径仅为21 mm。

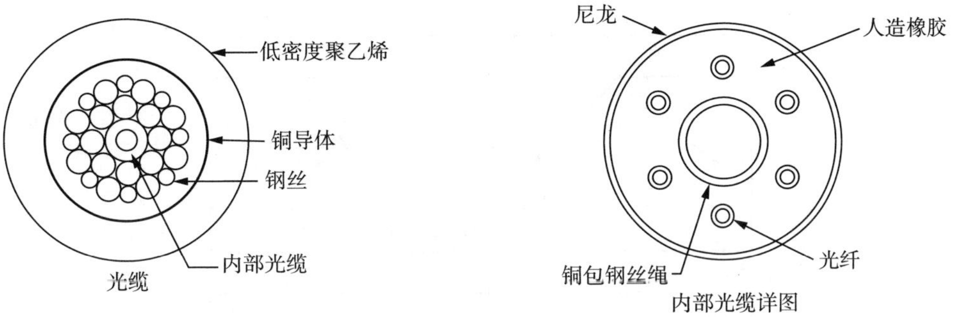

图5.47　海底光缆［摘自Peter K. Runge and Patrick R. Trischitta. “The SL Undersea Lightwave System,” *Journal of Lightwave Technology* LT2, no.6(December 1984): 744–53.©1984 IEEE.］

从光纤实用后的这些年来，针对各种各样的用途，出现了许多不同类型的光缆。随着新的应用和新环境的出现，还将继续涌现出不同类型的光缆。我们只是讨论了光缆的一小部分应用。然而，这些例子已经揭示了光缆设计中绝大部分的常规特性。

5.9　总结和讨论

本章所提供的知识可以帮助你在特定应用场合选择合适的光纤，并充分考虑在系统中的性能。从原理上讲，光纤和光缆可分开进行选择。5.8节说明，无论何种类型的光纤都可采用任意的光缆结构。但是实际上，光纤制造商并不提供所有光缆和光纤的组合，更多情况下是按用户的要求定制。

光纤的光学特性主要用损耗、脉冲展宽和数值孔径等参数表示。在功率受限的系统中，光纤损耗比脉冲展宽更为重要。NA直接与光源的耦合效率有关，所以在功率受限的系统中也很重要。对于长距离高速链路，脉冲展宽可能是最主要的考虑因素，其次才是损耗。在图5.48中，对材料色散、波导色散和多模脉冲展宽等现象进行了归纳。

下面，我们简要地说明在现有条件下如何选择合适的光纤。

1. **多模阶跃折射率光纤和渐变折射率光纤**　渐变折射率光纤比阶跃折射率光纤能实现更高的信息传输速率。而通常阶跃折射率光纤的光源耦合效率比较高，两者的损耗差不多。渐变折射率光纤是为了获得低脉冲失真而设计的，适用于长距离和较高速率的传输系统。
2. **多模和单模传播**　对于有些系统，多模光纤是可以胜任的。与单模光纤相比，多模光纤直径更大而且更便于操作。单模光纤的优点主要是没有模式脉冲展宽，因而其信息容量更大。长距离和大容量的系统要求使用单模光纤。
3. **材料**　可供选择的光纤材料有玻璃、塑料包层–玻璃和全塑料。玻璃的损耗最小，所以是长距离通信光纤的首选材料。虽然PCS光纤损耗较大，但其较大的数值孔径使得耦合效率很高，因而可以用于中距离的线路。塑料光纤的损耗很大，然而其纤心粗、数值孔径大，所以对于短距离传输不但方便，而且效率高。

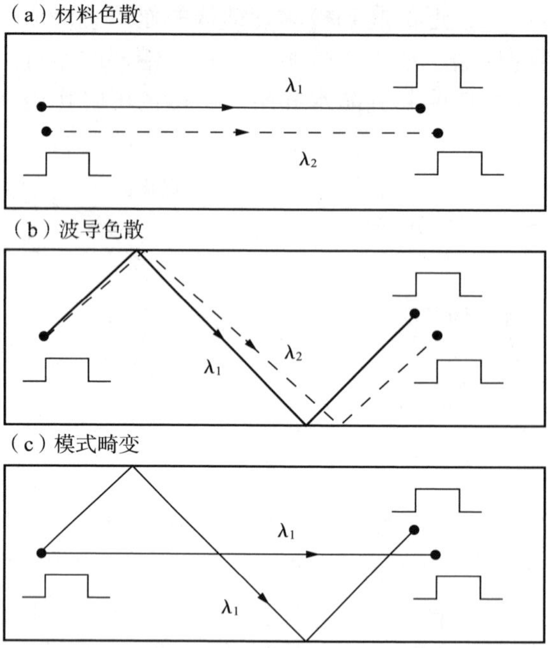

图5.48　三种形式的脉冲展宽原理图。图的左边是一个空间域中的输入脉冲，经过一段时间的传输之后，从光纤输出的脉冲所占据的空间画在图的右边。（a）不同波长的脉冲以不同的速度传播；（b）不同波长的脉冲（以相同的模式传播）的传播角度有细微差别，这导致它们的轴向速率不一样；（c）一个脉冲将其所携带的能量分配给不同的模式，这些模式以不同的路径传播，从而造成轴向速度的差异

4. **工作波长**　工作在短波长范围（800 ~ 900 nm）已被证明是可行的。足够低的损耗和脉冲展宽可以保证系统在长距离和高速率的情况下通信，光源和检测器在这个波长范围内也工作得相当稳定。在长波长范围（1300 ~ 1600 nm）内，损耗和色散更小。在这个范围内选择工作波长，对于甚高速率和长距离传输线路更有吸引力。

我们列举了在前面几章的总结中所引入的一些问题。特别地，讨论了由1.6节引出的关于工作波长和合适光纤、光缆的选择问题；我们也研究了2.6节中提到的关于光在光纤中如何传播和光纤的数值孔径如何确定的问题。

在表5.5中，列出了本章讲到的各种光纤的一些重要特性参数的典型值。对于每一特性参数，由于商用设计种类繁多，所以在查找制造商关于特定光纤的手册时会发现一些参数上的差异。这个表可以作为一个指南，也可作为后续章节的数值计算实例。在编制这个表时利用了式（3.16），以便将3 dB带宽和脉冲展宽联系起来；信息速率可从式（3.20）或式（3.21）计算得到。由于损耗和失真均与工作波长有关，所以我们也将工作波长列在表中。同样，也列出了光源的类型。LED通常适用于模式失真为主要限制因素的多模阶跃折射率光纤。在这种情况下，窄线宽的半导体激光器并不能显著降低总的脉冲展宽。当材料色散占据主导地位时，如果使用GRIN光纤或单模光纤，则LD光源能够显著地减小脉冲展宽。在长波长区域，由于材料色散很小，所以LED对于某些应用也是适合的。

表5.5　商用光纤的典型参数

说　明	纤心直径 (μm)	NA	损耗 (dB/km)	$\Delta(\tau/L)$ (ns/km)	$f_{3\,dB}\times L$ (MHz·km)	光　源	波长 (nm)
多模光纤							
玻璃							
SI	50	0.24	5	15	33	LED	850
GRIN	50	0.24	5	1	500	LD	850
GRIN	50	0.20	1	0.5	1000	LED, LD	1300
PCS							
SI	200	0.41	8	50	10	LED	800
塑料							
SI	1000	0.48	200	—	—	LED	580
单模光纤							
玻璃	5	0.10	4	<0.5	>1000	LD	850
玻璃	10	0.10	0.5	0.006	83 000	LD	1300
玻璃	10	0.10	0.2	0.006	83 000	LD	1550

注意，我们没有列出塑料光纤的带宽数据。这种光纤只能用在短距离传输系统中，所以脉冲展宽通常可忽略不计。

习题

5.1　一种石英光纤的外直径为125 μm，试计算1 km光纤所用石英的总体积。假设将该光纤缠绕在一个空载直径为20 cm的线轴上，线轴的高度为10 cm，试计算满负荷线轴的直径。

5.2　假设将上题中的光纤包封在外直径为1 mm的光缆中，重复习题5.1中的计算。

5.3　某光纤n1 = 1.5，n2 = 1.49，纤心直径为50 μm。假设导波光线以相对于光纤轴线最陡的角度传播，试问这种射线每米的反射是多少？

5.4　画出接收角度与数值孔径的关系曲线。假设数值孔径的取值范围在0≤NA≤1以内，而且$n_0 = 1$。

5.5　从式（5.1）出发，试证明

$$\cos\theta_c = \frac{\sqrt{n_1^2 - n_2^2}}{n_1}$$

5.6　某GRIN光纤，$n_1 = 1.5$，$\Delta = 0.01$，$\alpha = 2$，$a = 50\ \mu\text{m}$。

（a）画出纤心范围以内的$n(r)$曲线；

（b）将α值改为10，重绘前面的曲线；

（c）当$\Delta = 0.001$，$\alpha = 2$时，重绘前面的曲线。

5.7　假设将一根抛物线剖面GRIN光纤用多阶跃折射率台阶来近似代替。令$n_1 = 1.5$，$\Delta = 0.01$，将半径均匀10等分。假设某一射线与轴线的夹角为5°（在光纤内部）。试描绘射线在返回并重新穿过轴线之前在光纤中的传播路径（图中角度可以放大）。在射线返回点，其r/a值为多少？

5.8　对于习题5.7，假定入射光线的角度大于5°。使得射线刚好不发生全反射的最大角度为多少？画出以这个最大角度传播的射线路径。

5.9　假设某光纤的纤心折射率为1.5，包层折射率为1.485的光纤，纤心半径为100 μm。计算在多大曲率半径下，沿光纤轴线传播的射线能够在弯曲处以临界角穿透到包层？

5.10 假设某一阶跃折射率光纤工作波长为0.82 μm，$n_1 = 1.5$，$n_2 = 1.485$。如果纤心半径为50 μm，则允许传播的模式有多少个？当工作波长变为1.2 μm时，又可以传播多少个模式？

5.11 试证明单模抛物线型光纤a/λ的最大值为单模阶跃折射率光纤的1.6倍。

5.12 对于一个抛物线折射率分布光纤，画出（0, 0），（1, 0），（2, 0）模式的横向场分布图。其中$a = 25$ μm，波长为$\lambda = 0.82$ μm，$n_1 = 1.48$，$n_2 = 1.46$。要求在同一张图上画出上述3种模式的场分布图。

5.13 推导出抛物线折射率分布光纤（5, 5）模式的截止a/λ的公式。如果低于该模式的所有模式都可传播，则允许的传播模式一共有多少个？将计算结果与$N = V^2/4$相比较。

5.14 试给出一个关于抛物线折射率分布光纤的（p, q）模式截止波长的通用公式。

5.15 某一单模光纤和某一多模光纤，$n_1 = 1.48$，$n_2 = 1.46$，工作波长为0.82 μm，光源线宽为20 nm。

（a）计算3 dB带宽距离积，忽略波导色散；

（b）假设线宽 = 1 nm，重新计算其3 dB带宽距离积；

（c）假设波长 = 1.5 μm，线宽 = 50 nm，重复前面的计算；

（d）假设波长 = 1.5 μm，线宽 = 1 nm，重复前面的计算。

5.16 一根阶跃折射率光纤只有在波长大于1.4 μm时才工作在单模状态。其中，$n_1 = 1.465$，$n_2 = 1.46$。试计算其纤心半径，并分别求出在0.8 μm，0.85 μm和0.9 μm波长处的传播模式个数。（提示：参考模式图。）

5.17 假设某一多模光纤的平衡长度为0.5 km。在线性区域以内，其单位长度的脉冲展宽为30 ns/km。这个展宽主要是由模式失真引起的。画出光纤长度为0 ~ 5 km区域所对应的3 dB电带宽和光带宽。同时，求出归零码和非归零码的最大码速率。

5.18 一单模阶跃折射率光纤，工作波长为1.5 μm，试画出对应于线宽的单位长度脉冲展宽和3 dB带宽距离积。注意，同时考虑波导色散和材料色散。

5.19 某石英多模阶跃折射率光纤的纤心和包层折射率分别为1.46和1.459。当光源的发射波长为1550 nm，线宽为120 nm时，试计算该光纤的归零码速率距离积。

5.20 制表比较多模阶跃折射率光纤和多模渐变折射率光纤的优缺点。

5.21 制表比较多模光纤和单模光纤的优缺点。

5.22 求出归一化频率为4.5、工作波长为800 nm的阶跃折射率光纤的传播模式总数。

5.23 对于某一阶跃折射率光纤，其归一化频率为2.2，纤心直径为10 μm。画出其横平面内的光强度分布图，并计算在多大半径距离上场强降到峰值的10%。

5.24 某一多模光纤的平衡长度为2 km。模式展宽为25 ns/km。光源的发射波长为800 nm，谱宽为50 nm。试计算此光纤在5 km长度上的3 dB光带宽。

5.25 某一光纤的NA = 0.2588。某一光源在全锥角60° 范围内，可以耦合其发射光能量的75%；在全锥角30° 时可以耦合其发射光能量的50%；在全锥角为15° 时只能耦合其发射光能量的25%。试求此光源与上述光纤之间的耦合效率。

5.26 某一GRIN棒透镜的直径为2 mm，其中透镜相对折射率差为0.005。需要对置于棒的一端的点光源进行准直，试计算此棒透镜的长度。

5.27 从式（5.6）出发，推导出渐变折射率光纤的数值孔径表达式。（提示：可通过将入射光线的最大偏移轴线距离当成纤心半径，然后再根据入射位置找出入射倾斜角。）

5.28 假设一抛物线折射率剖面光纤的相对折射率差为0.01，纤心直径为62.5 μm。画出传播光线轨迹的两个完整周期。当光线在光纤轴线上入射时，在以多个不同的入射角入射的情况下画出光线轨迹。当入射光在距轴线20 μm处入射时，重复前面的习题。

5.29 证明当纤心和包层折射率近似相等时，式（5.7）所给出的归一化频率可近似表示为$V = 2\pi a n_1(2\Delta)^{1/2}/\lambda$，其中$\Delta$是相对折射率差。

5.30 假设某一单模阶跃折射率光纤的截止波长为1250 nm，工作波长为1550 nm，纤心折射率为$n_1 = 1.465$，相对折射率差为0.0034。计算此光纤的纤心半径，同时计算在工作波长上的光斑尺寸。

5.31 画出600 ~ 1600 nm的瑞利散射损耗曲线（dB/km）。同时列表给出670 nm，820 nm，1310 nm和1550 nm处的损耗。

5.32 假如光纤长度为50 km，经测量总的损耗为25 dB。试问此系统是工作在第一、第二还是第三传输窗口？

5.33 以赫兹为单位计算S波段、C波段和L波段的带宽。也就是说，计算每个波段的最低频率与最高频率之间的范围。

5.34 某一光纤由预制棒以20 m/s的速率拉制。试问拉制2 km，10 km和20 km分别要用多长时间（分钟）？

5.35 考虑某一全波光纤，其特性如图5.13所示。系统的功率预算允许光纤损耗最大为24 dB，计算并画出对应于工作波长在1280 ~ 1640 nm区间内的光纤最大允许长度。

5.36 某一塑料光纤的损耗为50 dB/km，假设系统功率预算允许的最大光纤损耗为24 dB。试计算光纤的最大允许长度，并将此结果与上一习题的结果进行比较。

参考资料

[1] D. Gloge. "Weakly Guiding Fibers." *Appl. Opt.* 10, no. 10 (Oct. 1971): 2252–58.

[2] D. Gloge and E. A. J. Marcatili. "Multimode Theory of Graded-Core Fibers." *Bell Syst. Tech. J.* 52 (Nov. 1973): 1563–78.

[3] John E. Midwinter. *Optical Fibers for Transmission.* NY: John Wiley, 1979, pp. 128–161.

[4] T. Ishigure, A. Horibe, E. Nihei, and Y. Koike. "High-Bandwidth, High-Numerical Aperture Graded-Index Polymer Optical Fiber." *IEEE J. of Lightwave Technology* 13, no. 8 (August 1995): 1686–88.

[5] R. E. DePuy. "OTDRs Meet the Challenge of Single-Mode Technology." *Laser Focus* 22, no. 3 (March 1986): 120–132.

[6] Gloge. "Weakly Guiding Fibers," p. 2256.

[7] Luc B. Jeunhomme. *Single-Mode Fiber Optics,* 2d ed. NY: Marcel Dekker, 1990, pp. 17–20.

[8] Masayuki Nishimura. "The Two Modes of Single-Mode Fiber." *Photonics Spectra* 20, no. 6 (June 1986): 109–116.

[9] Dietrich Marcuse. *Light Transmission Optics.* NY: Van Nostrand Reinhold, 1972, pp. 263–272.

[10] A. K. Ghatak and K. Thyagarajan. *Contemporary Optics.* NY: Plenum, 1978, pp. 301–308.

[11] Gloge and Marcatili. "Multimode Theory of Graded-Core Fibers," pp. 1565–69.

[12] John Gowar. *Optical Communications Systems.* Englewood Cliffs, NJ: Prentice-Hall, 1984, pp. 56–68.

[13] M. A. Saifi and S. J. Jang. "Triangular-Profile Single-Mode Fiber." *Opt. Lett.* 7, no. 1 (Jan. 1982): 43–45.

[14] Jeunhomme. *Single-Mode Fiber Optics,* pp. 128–141, 154–159.

[15] Jeunhomme. *Single-Mode Fiber Optics,* pp. 60–67.

[16] Yoshiyuki Suetsugu, Takatoshi Kato, and Masayuki Nishimura. "Full Characterization of Polarization-Mode Dispersion with Random-Mode Coupling in Single-Mode Optical Fibers." *IEEE Photonics Technology Letters* 7, no. 8 (August 1995): 887–889.

[17] C. D. Poole, J. M. Wiesenfeld, and A. R. McCormick. "Broadband Dispersion Compensation by Using the Higher-Order Spatial Mode in a Two-Mode Fiber." *Optics Letters* 17, no. 14 (July 1992): 985–987.

[18] C. D. Poole, J. M. Wiesenfeld, and A. R. McCormick. "Elliptical-Core Dual-Mode Fiber Dispersion Compensator." *IEEE Photonics Technology Letters* 5, no. 2 (Feb. 1993): 194–197.

[19] S. Ramachandran, B. Mikkelsen, L. C. Cowsar, M. F. Yan, G. Raybon, L. Boivin, M. Fishteyn, W. A. Reed, P. Wisk, D. Brownlow, R. G. Huff, and L. Gruner-Nielsen. "All-Fiber Grating-Based Higher Order Mode Dispersion Compensator for Broad-Band Compensation and 1000-km Transmission at 40 Gb/s." *IEEE Photonics Technology Letters* 13, no. 6 (June 2001): 632–634.

[20] Stewart E. Miller, Enrique A. J. Marcatili, and Tingye Li. "Research toward Optical-Fiber Transmission Systems," *Proc. IEEE* 61, no. 12 (Dec. 1973): 1703–51.

[21] Donald B. Keck. "Optical Fiber Waveguides." In *Fundamentals of Optical Fiber Communications,* 2d ed., Michael K. Barnoski, ed. NY: Academic Press, 1981, p. 63.

[22] Miller et al. "Research toward Optical-Fiber Transmission Systems," p. 17.

[23] Midwinter. *Optical Fibers for Transmission,* pp. 166–178.

[24] Michael G. Blakenship and Charles W. Deneka. "The Outside Vapor Deposition Method of Fabricating Optical Waveguide Fibers." *IEEE J. Quantum Electron* 18, no. 10 (Oct. 1982): 1418–23.

[25] Koichi Inada, "Recent Progress in Fiber Fabrication Techniques by Vapor-Phase Axial Deposition." *IEEE J. Quantum Electron.* 18, no. 10 (Oct. 1982): 1424–31.

[26] Suzanne R. Nagel, J. B. MacChesney, and Kenneth L. Walker. "An Overview of the Modified Chemical Vapor Deposition (MCVD) Process and Performance." *IEEE J. Quantum Electron.* 18, no. 4 (April 1982), pp. 459–476.

[27] Frank J. Dezelsky, Robert B. Sprow, and Francis J. Topolski, "Lightguide Packaging." *Western Elec. Eng.* 24, no. 1 (Winter 1980): 80–85.

第6章　光源和光放大器

在光纤通信系统中，由光源产生的光束携带信息。半导体激光器和发光二极管是两种最常用的光源。其小尺寸可以与光纤的小直径相匹配，其固态结构和低功耗需求则与现代的固态电子技术相适应。对于大多数工作在几吉赫（或几吉比特每秒）以下的系统，只须通过调制输入电流即可将信息加载到光束上。如果工作速率更高，则需要考虑其他的调制方式（已在第4章中讨论过，在第10章中还将进一步讨论）。对于半导体激光器和发光二极管的研究内容，包括工作原理、转换特性和调制方式。通过分析两种光源工作特性的差异，可以得到在何种情况下应该使用何种光源方面的知识。

当光纤的损耗导致信号功率低于所需的电平时，需要光放大器放大信号的功率，使之达到可以接受的电平。使用放大器可以延长光纤线路。由于光源和光放大器有很多的共同特点，所以将其放在同一章介绍。

6.1　发光二极管

发光二极管[1,2]实际上是一个半导体pn结，在此pn结上加正向偏置电压时会发光。图6.1给出了发光二极管的结构、电路符号和能带图。能带理论可以为半导体发光器件（光检测器）的工作原理提供简单的解释。如图6.1所示，两个电子可能占据的能带被宽度为W_g的禁带（带隙）所隔开。上面的能带称为**导带**，带内的电子不受原子的约束，可以自由运动。下面的能带称为**价带**，不受约束的空穴可以自由运动。如果电子从中性原子中逃逸，留下带正电的原子，在此位置则产生了带正电荷的空穴。自由电子和空穴可以复合从而形成中性原子，此时释放出能量。如图6.1所示，n型半导体中有大量的自由电子，而p型半导体中有大量的自由空穴。没有外加偏置电压时，n型和p型半导体相接触，p型和n型材料的费米能级（W_F）在同一条线上对齐，形成如图6.1所示的能量势垒。

图中所示的材料是重掺杂的，只有这样才能提供发光过程中所需要的大量电子和空穴。图中，在竖直方向电子能量向上是增加的，空穴的能量向下是增加的。因此，n区的自由电子没有足够的能量穿过势垒而进入p区。同样，p区的空穴也没有足够的能量克服势垒而进入n区。因而在零偏置时，没有电荷的定向移动。正向偏置电压V使得两种材料的费米能级分离。正向偏置电压增加了n区势能，降低了p区势能，从而使势垒降低。如图6.1所示，如果外电源提供的能量（eV）与禁带宽度W_g相同，则自由电子和自由空穴将有足够的能量进入结区，这就是最下面一幅图所展示的情形。当自由电子与自由空穴在结区相遇时，自由电子将落到价带与空穴复合。在跃迁过程中，电子损失的能量将以发射一个光子的形式转变为光能。以最简单的术语来说，LED的辐射是在正向偏置条件下注入结区的电子和空穴复合而产生的。

根据式（1.4），光子的能量和频率的关系为$W=hf$。辐射波长则为

$$\lambda = \frac{hc}{W_g} \tag{6.1}$$

其中，带隙能量以焦耳为单位，波长以米为单位。为了将能量用eV、波长用mm表示，式（6.1）可以改写为

$$\lambda = \frac{1.24}{W_g} \tag{6.2}$$

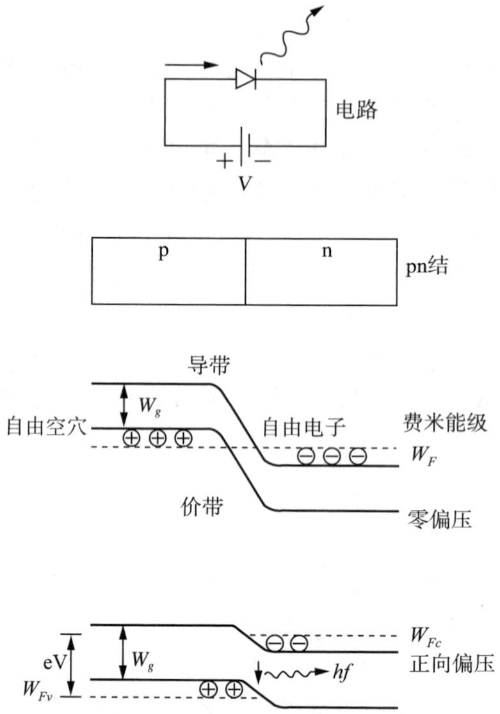

图6.1 发光二极管。带正号和负号的圆圈分别表示自由空穴和自由电子。在能带图中电子能量在竖直方向向上是增加的

不同的材料和合金有不同的带隙能量。对于常用的发光材料，我们将其工作波长和带隙能量的近似值列于表6.1中。硅没有列入表中，这是由于其空穴和电子不能直接复合，使得无法用硅制成有效的发光器件。GaInP、AlGaAs、InGaAs和InGaAsP器件的工作波长可以通过改变组成元素的百分比来选择。改变组成元素的百分比可以改变材料的带隙能量，根据式（6.2），即可改变发射波长。红光发射材料GaInP器件可用于塑料光纤系统，因为在GaInP器件的发射波长区域塑料光纤的损耗比较低[3]。用其他材料制成的器件一般都用于石英玻璃光纤系统。

表6.1 半导体发光特性

材料	波长范围（μm）	带隙能量（eV）
GaInP	0.64 ~ 0.68	1.82 ~ 1.94
GaAs	0.9	1.4
AlGaAs	0.8 ~ 0.9	1.4 ~ 1.55
InGaAs	1.0 ~ 13	0.95 ~ 1.24
InGaAsP	0.9 ~ 1.7	0.73 ~ 1.35

图6.1所示为一个**同质结**，其pn结由同一种半导体材料构成。同质结LED不能很好地约束辐射。光子从结边缘发射出来，形成很大的发光面。这使得与小尺寸光纤之间的耦合效率很

低。可以从两个方面对此加以解释。其一是载流子存在于较大的区域，致使在较大范围内发生了复合辐射；其二是产生光子以后，在不受约束的路径上光子会发散。这些问题都可以通过图6.2所的异质结来加以解决。**异质结**是采用不同半导体材料构成的pn结。图6.2所示的异质结LED实际上包括了两个异质结，因此是**双异质结**发光器件。构成异质结的两种半导体材料具有不同的带隙能量和折射率。带隙能量的改变形成了势垒，电子和空穴都受到约束，使得自由电荷只能在一个很窄的、具有很好约束力的有源层内相遇和复合。有源层的折射率高于两侧材料的折射率，形成了一种光波导结构。这种结构正好与第4章研究的电介质平板类似。临界角反射使得一部分光子留在有源区，形成了一个具有高密度光子的小区域。对光发射进行约束可以提高耦合效率，对于小尺寸的光纤更是如此。

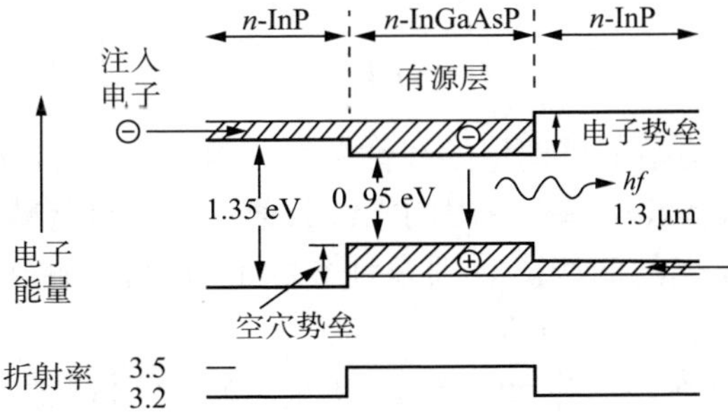

图6.2　双异质结发光器件。斜线阴影部分代表自由电荷的能级，右边的结形成能量势垒，可以阻止电子穿过进入p型区；左边的结可以阻止空穴进入InP n型区；电子和空穴只在InGaAsP有源层发生复合。这种LED的发射波长大约是1.3 μm

光能量可以通过有源层的表面或其边缘耦合进光纤。最有效的面耦合方式如图6.3所示，这种耦合结构称为Burrus结构或**蚀刻阱**结构。图示的AlGaAs发光二极管的典型发光波长是0.82 μm，正好是玻璃光纤的一个较低损耗窗口。注意二极管底部的绝缘SiO_2层和金属层，圆形的金属电极通过一个小孔深入到SiO_2层。这种结构可以限制注入电荷只进入到二极管中心的一小部分区域。由此可以限制发射面积，使尺寸小到50 μm这样的光纤与光源之间实现相对有效的耦合。光源辐射的大部分光都能到达光纤的纤心端面，但由于光纤的数值孔径有限，所以并不是所有的光能量都能耦合进光纤中。

边发光二极管的结构如图6.4所示。这种发光器件辐射的锥形区域比Burrus二极管辐射区域更小。其发射面为矩形而不是圆形。发射区的厚度为微米量级，宽度则为十微米量级。为简单起见，图6.4中的各层并没有明确地标示。带条形的金属电极限制电荷载流子在侧向的范围内，而异质结电荷载流子在竖直方向的范围内。异质结结构将光波引导向LED的发射端面，并防止光波面泄漏出去。

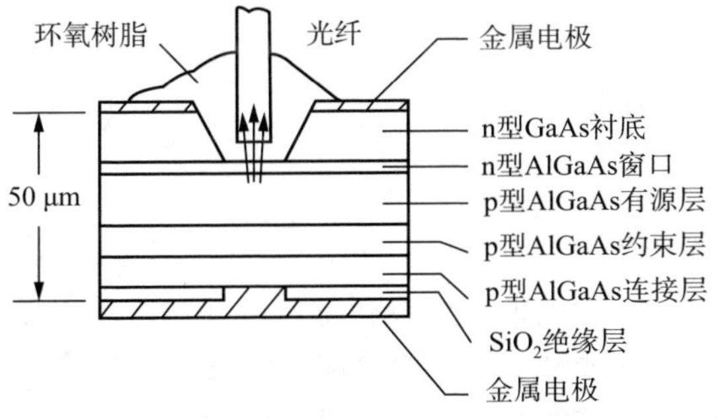

图6.3　蚀刻阱，面发射LED

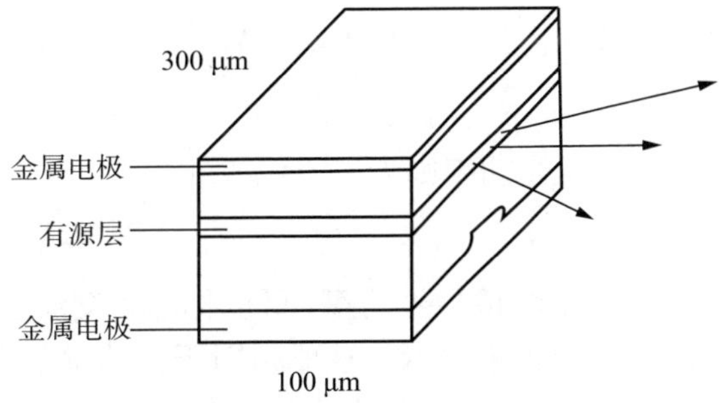

图6.4　边发射型发光二极管

6.2 发光二极管的工作特性

LED发射的光功率与正向驱动电流呈线性关系。典型的输出功率和驱动电流之间的关系如图6.5所示。光功率与驱动电流之间的线性关系可以通过下面的分析来理解。电流i是每秒注入的电荷量。每秒注入的电荷数为$N=i/e$，e是每个电子所带的电荷。如果可以复合并产生光子的电荷百分数是η，则输出的光功率可以表示为

$$P = \eta N W_g = \frac{\eta W_g}{e} i \tag{6.3}$$

这个方程式表明了光功率和电流之间的线性关系。上式中的带隙能量以焦耳为单位。如果用eV 为单位，则上式可以改写为

$$P = \eta i W_g \tag{6.4}$$

光功率和电流之间更加精确的关系不是理想的线性关系，这将在 10.1 节中讨论。图 6.5 所示的光功率并不是进入光纤中的有效功率。有限的光纤数值孔径会显著减少耦合进光纤的功率。我们将在 8.5 节中给出耦合效率的曲线。有很多种类的 LED 可供使用，其典型工作电流为 50 ~ 100 mA，需要的正向电压为 1.2 ~ 1.8 V。

对LED的数字调制如图6.6所示。发光二极管通过一个电流源进行调制，此电流源可以简单控制LED的开关状态。对LED的模拟调制如图6.7所示，需要加一定的直流偏置电流，以保证任何时刻LED的总电流总是正向的。如果没有直流偏置电流，则由于信号电流的负向振荡，有可能使二极管处于反向偏置状态，从而使二极管关闭。

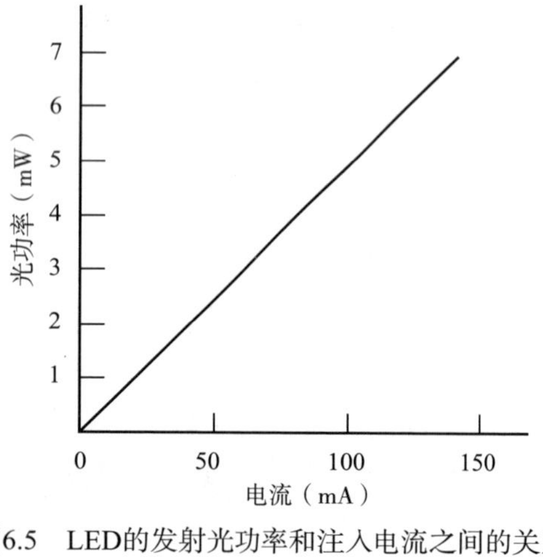

图6.5 LED的发射光功率和注入电流之间的关系

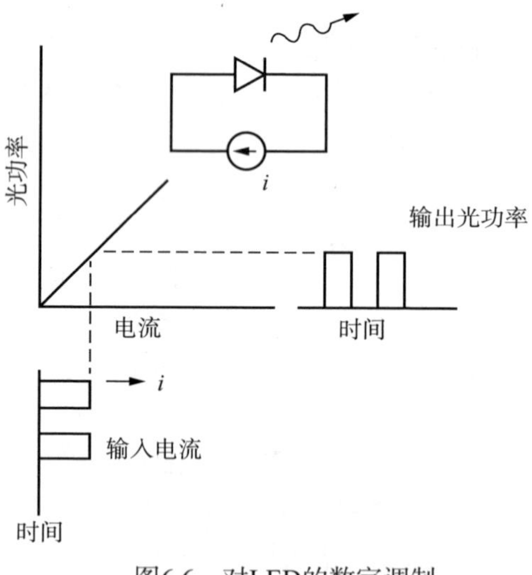

图6.6 对LED的数字调制

发光二极管总的注入电流为

$$i = I_{dc} + I_{SP} \sin \omega t \tag{6.5}$$

相应的输出光功率则为

$$P = P_{dc} + P_{SP} \sin \omega t \tag{6.6}$$

其中，P_{SP}是峰值信号功率，可以称之为交流功率。注意，输入电流的变化都可以通过输出光功率波形的变化来表示，这要归因于光功率与电流之间的线性关系。如果偏离线性关系则会导致信号失真。对信号的失真要求非常严格时，必须对光源的线性特性进行评估。

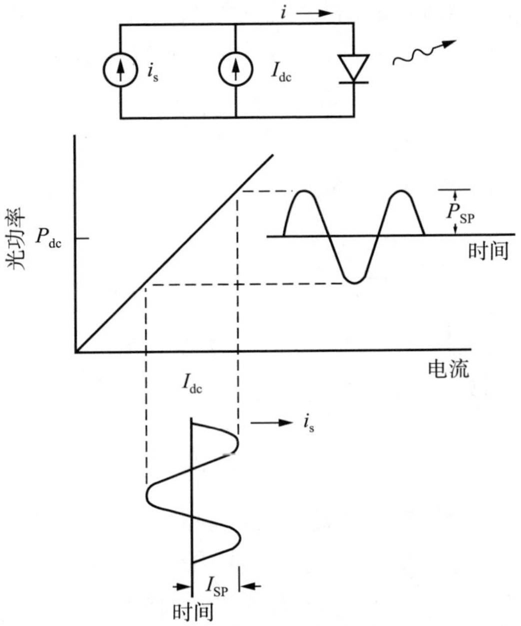

图6.7　对LED的模拟调制。I_{dc}是直流偏置电流，i_s是信号电流，P_{SP}是输出光功率调制部分的峰值，P_{dc}是平均光功率

在前面的各章中，我们讨论了光纤传输中信息速率受限的问题。光源同样也会限制系统的信息容量。在低频调制条件下，$P_{SP}=a_1I_{SP}$，其中$a_1=\Delta P/\Delta i$（图6.7中曲线的斜率）。在高频调制情形下，pn结的结电容和寄生电容会短路信号电流中的高频成分，从而导致交流功率降低。然而，主要影响高频调制特性的是**载流子寿命**τ。τ是电荷从注入到复合的平均时间，调制电流的变化必须比τ慢。由于受载流子寿命的限制，LED的交流功率与外加电信号的角频率ω之间的关系为

$$P_{SP}=\frac{a_1I_{SP}}{\sqrt{1+\omega^2\tau^2}} \tag{6.7}$$

式（6.7）可以用图6.8来描述。调制角频率$\omega=1/\tau$时，交流功率减少到低频时的0.707倍。在接收端，光检测器产生的光生电流与接收光功率呈正比。因此，当交流光功率减少到0.707倍时，光检测器的交流电流也降低到原先的0.707倍，接收机的电功率（正比于电流的平方）将减少到$0.707^2=0.5$倍（也就是降低3 dB）。因此，将$1/\tau$称为LED的**3 dB调制带宽**或**3 dB电带宽**。以Hz为单位的3 dB带宽为

$$f_{3\,\mathrm{dB}}=\frac{1}{2\pi\tau} \tag{6.8}$$

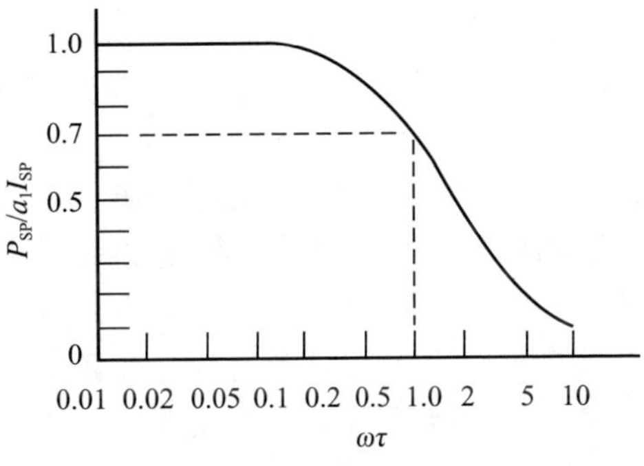

图6.8　交流光功率随调制频率ω的变化规律

更多有关光域和电域带宽度量之间关系的内容将在12.1节中讨论。面发光器件的调制带宽可达300 MHz．但大多数商用LED的带宽要小一些。典型的带宽值范围为1～100 MHz。

光源的**上升时间**t_r定义为：当输入阶跃变化的电流时，其输出光功率从最终值的10%上升到90%的时间。对上升时间定义的解释如图6.9所示。输入电流使输出光功率从零上升到最终

的稳定值并不是瞬间完成的。图6.9所示的输出波形实际上是光检测器产生的电流波形，此光检测器则是用来测量光功率的。上升时间与3 dB电带宽的关系为

$$f_{3\ \mathrm{dB}} = \frac{0.35}{t_r} \tag{6.9}$$

典型LED的上升时间范围从几ns一直到250 ns。

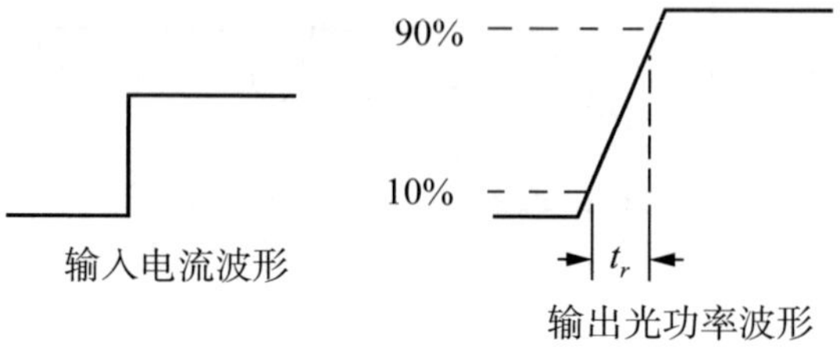

图6.9　光源的上升时间

众所周知，光源的光谱特性直接关系到光纤材料色散和波导色散对系统容量的影响。脉冲的展宽随光源光谱宽度的增加而增加。当LED工作在0.8 ~ 0.9 μm时，其光谱宽度为20 ~ 50 nm；当LED工作在长波长区域时，光谱宽度为50 ~ 100 nm。长波长发光器件谱宽的增加，将因该区域色散M的减少（见图3.8）而得到补偿。

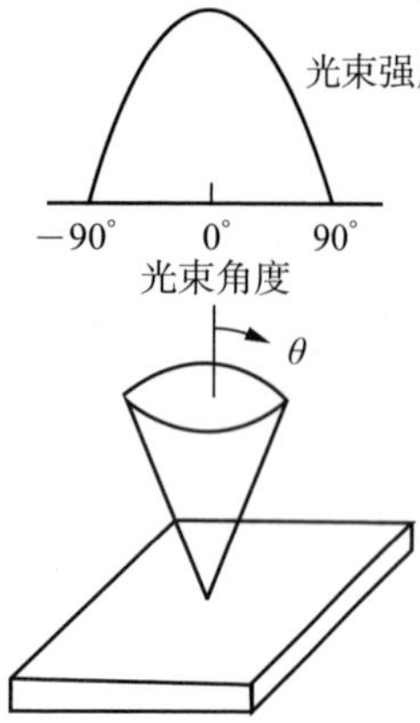

图6.10　面发射LED产生的朗伯辐射图形，其半功率全宽度为120°

发光器件的辐射方向图在很大程度上决定了耦合效率。面发光器件的辐射方向图称为朗伯（Lambert）图样。这种发射图样如图6.10所示，光功率按cos θ递减，其中θ是观察方向和发光面法线方向之间的夹角。发光面的亮度都相同，但是其投影面积随观察角度θ的改变而按cos θ递减，由此产生朗伯功率分布。当θ = 60° 时，功率降为峰值的50%，因此朗伯光源的半功率光束全宽度为120° 。对于投射在光纤端面的光线，如果在光纤的接收角以内，则可以耦合进光纤；如果在接收角范围以外，则不能耦合进光纤。对于NA= 0.24的光纤，其接收角是14°（全锥角为28°），所以由面发光器件辐射的大部分能量都被浪费了。

边发光器件比面发光器件更能集中光束能量，提供更高的耦合效率。边发光器件典型的辐射方向图如图6.11所示。输出光束在与pn结平行的面上呈朗伯分布，但在与pn结垂直平面内的光强的发散却要慢得多。在此垂直平面内，平板波导（由于垂直方向上折射率的改变而形成的波导）模式约束了光束的发散。在平行面上，光束没有被约束，所以辐射的光呈朗伯分布。为了使输出的有用光功率达到最大，可以在二极管发射边缘的另一端放置反射器。如果半导体与空气界面之间涂敷消反射膜，则可以减小反射率，同样也可以增加输出光功率。已经开发出速率超过500 Mbps的边发光器件，这种器件可以用于单模光纤通信系统[4]。

在制造商规定的功率、电压、电流和温度条件下，发光二极管可以长时间稳定地工作。随着时间流逝，LED的输出光功率会降低。输出功率降低到初始值一半时的时间称为LED的**寿命**。一般较好的LED的寿命是10^5小时（约为11年）甚至更长。发光二极管可以在−65℃ ~ 125℃的温度范围内稳定工作，但随着pn结温度的升高，输出光功率会下降。LED

的温度系数为0.012 dB/℃ [5]。从–65℃～125℃，温度改变了190℃，输出光功率相应地有59%的变化。当温度升高、光功率下降时，可以通过增加驱动电流使输出功率保持不变。当然，这样的补偿机制会使发射电路变得十分复杂。

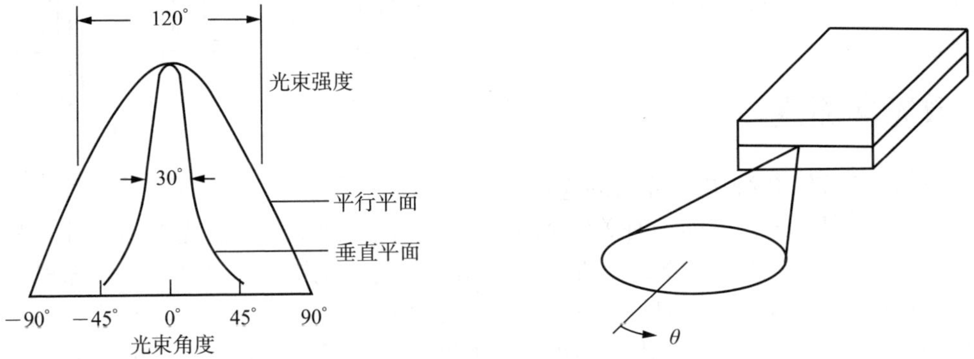

图6.11 边发射LED的不对称辐射

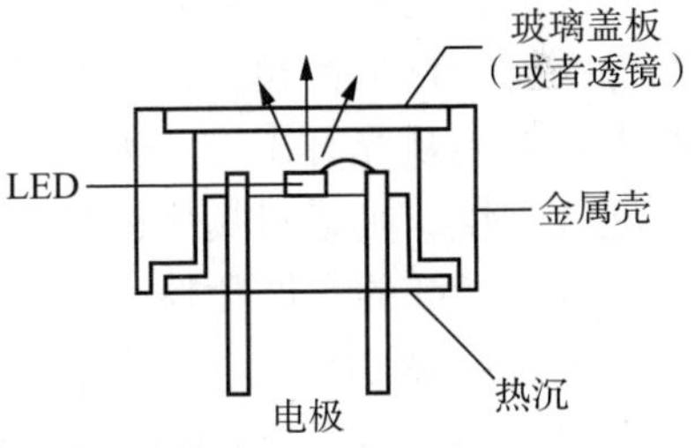

图6.12 置于热沉上的LED

发光器件有很多种封装方式。其中一些使用十分精巧的装置，以提高光源与光纤传输线之间的耦合效率。另外一些光源采用封装形式，使与光纤的耦合尽可能简单。下面我们将看到几种实际的封装形式。

LED可以放置在热沉上，标准的TO–18型热沉结构如图6.12所示。这种热沉有一个金属外壳，金属壳的顶部用玻璃覆盖，可以使光通过。如图6.13（a）所示，如果用光源直接照射光纤端面，则由于光线扩散较快，在光纤接收角以外的光线不能有效接收，所以有相当一部分光线损失掉了。如果在光源与光纤端面之间加上一块透镜，则可以减小光线的发散角，但是透镜不能减小光束的直径，如图6.13（b）所示，还是有一部分光线泄漏出去了。如果将玻璃罩去掉，甚至在有些设计中将金属外壳全部去掉，让光纤端面直接或几乎直接与二极管相接触，则可以提高耦合效率。采用这种结构，大部分光线都能被纤心捕获。但是，这种光纤固定方式是大多数用户都不希望采用的。

（a）不加透镜　　（b）加透镜

图6.13 玻璃覆盖的LED源与光纤的耦合

有些制造商还用透镜代替图6.12中的玻璃盖板。由于透镜远离LED，所以到达光纤端面时光束的直径仍然比光纤纤心直径大得多。这样的结构很适合大直径光纤，例如直径为1000 μm的光纤。

发光二极管同样可以加上一小段光纤，这种结构称为**尾纤**结构。制造商在封装器件时用尾纤与发光管相连。传输光纤与尾纤之间的连接可以采用熔接，也可以用连接器与尾纤相连接。采用连接器可以快速地将光源与系统相连。但是当尾纤与传输光纤不一样时会出问题，如果纤心直径或数值孔径不一样，那么其连接将会有功率损耗。这种损耗的计算方法可以参见第8章。

图6.14所示为另一种封装。在这种器件中，有一个很小的透镜（**微透镜**）直接放在发光器上。这种设计与透镜远离LED设计的不同之处在于，光束在准直之前不会被放大。这种结构对于纤心直径小于50 μm和数值孔径大于0.1的光纤十分有效。

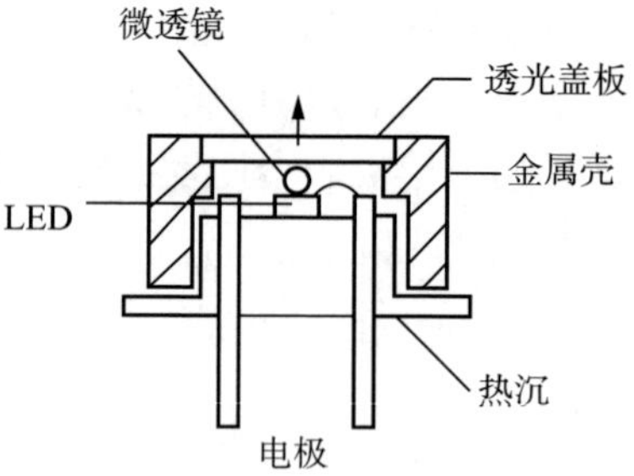

图6.14 带微透镜的LED

6.3 激光器原理

激光器是光通信系统中最常用的光源，所以我们必须深入研究激光原理。另一方面，有关激光原理[6]的知识有助于揭示激光器的特性及其在使用中的局限性。对器件的了解越深入，在实际运用中会越少犯错误。虽然半导体激光器是光纤通信系统中最常用的激光器，但是其他一些激光器也值得关注。例如，工作在可见光区域的气体激光器，工作在红外区域的固态Nd:YAG（钇铝石榴石）激光器以及光纤激光器。本节将主要介绍前面两种激光器，光纤激光器将在6.8节中介绍。

气体激光器，主要是发射红光的氦氖激光器，这种激光器可以用来测试光纤和光纤光学器件。有一种最简单的测试是将氦氖激光束耦合进裸光纤，从而可以检测光纤断裂和裂纹。如果没有光从光纤末端出射，则表明光纤断裂了。如果光纤中存在一些小的不连续性，例如气泡或裂纹，则通过周围的散射光可以确定其位置。另外一个利用氦氖激光器进行测试的例子是测量光纤的数值孔径，因为数值孔径与波长无关。

Nd:YAG激光器是固态器件。其主要工作波长是1.06 μm，但同样可以在1.35 μm波长附近产生有效发射。对于1.06 μm工作波长，比起常用的0.8 ~ 0.9 μm区域有较小的光纤损耗和材料色散。另外，其线宽是0.1 nm，比LD的线宽窄得多。这表明如果采用Nd:YAG激光器，则系统带宽受材料和波导色散的限制几乎可以忽略，只须考虑模式失真的限制，所以采用Nd:YAG激光器作为光源可以增加一些系统带宽。如果考察图5.26所示的工作在1.06 μm的单模光纤性能，这个结论就很明显了。由0.1 nm的线宽引起的脉冲展宽很小，以至于在图中几乎看不出来。

一个具体的Nd:YAG激光器的结构如图6.15所示。其有源材料是一根很细的Nd:YAG棒。这根棒被LED所包围，LED提供输入光功率。LED产生非相干辐射，辐射波长比相干的1.06 μm输出要短。体状Nd:YAG激光器的直径典型值是几毫米，长度是几厘米。这样的尺寸，使得Nd:YAG激光器无法与单模光纤实现有效的耦合。更重要的是，在1.06 μm波长处，石英光纤的损耗还不够低，所以不适合长距离传输。由于这些原因，体状Nd:YAG激光器不适合用做光纤通信的光源。然而，6.8节讨论的Nd:YAG光纤激光器却可以用于光纤通信。

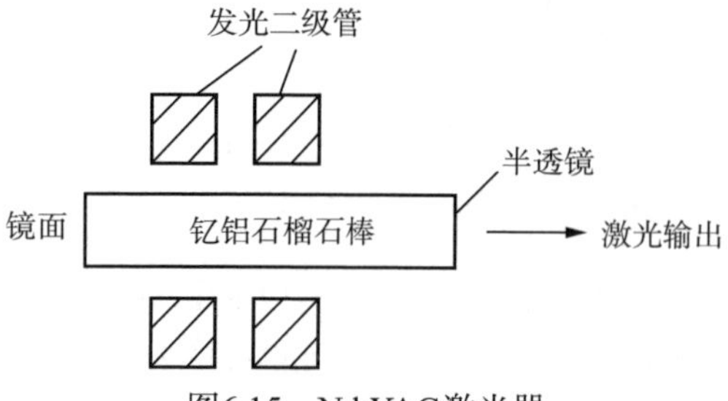

图6.15 Nd:YAG激光器

下面列举所有激光器都具有的一些共同特性，这些特性对于其实际应用是非常重要的。

1. **泵浦阈值** 在器件产生受激发射之前，输入激光器的功率必须超过一定的阈值。这和LED不同，LED只要输入很小的电流就能发光。
2. **输出光谱** 激光器的输出光不是单频率的，而是要覆盖一定的频率范围。一般情况下，在这个频率范围内发光功率曲线并不是光滑的，可能有一系列的峰值和谷点。

3. 辐射方向图　激光器输出光束的角度范围取决于发光面积的大小和激光器的振荡模式。

对于气体激光器，要解释这些特性比起半导体激光器来简单一些。正因为如此，所以在本节的后面部分将先分析氦氖激光器。然后，再引用这些结果对半导体激光器进行类比分析。

氦氖激光器的结构如图6.16所示，而氦氖混合气体的部分能级图则示于图6.17。虽然还有更多的能级，但用显示出来的这些能级来说明激光器工作机理已经足够了。这些能级代表原子中电子允许的能量状态。简单地说，每个能量状态对应于电子的不同的轨道、不同的旋转方向和角动量。

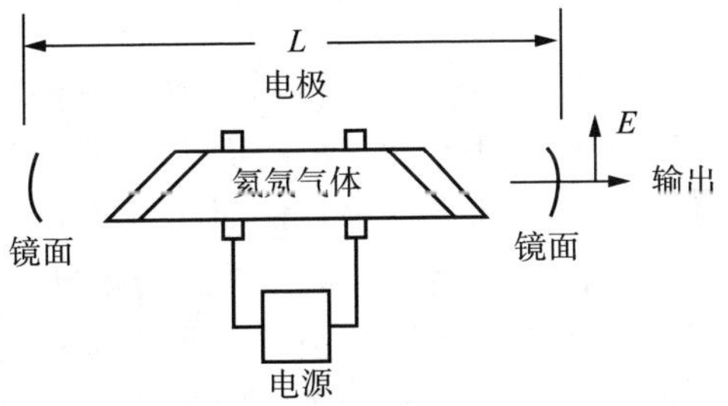

图6.16　氦氖激光器

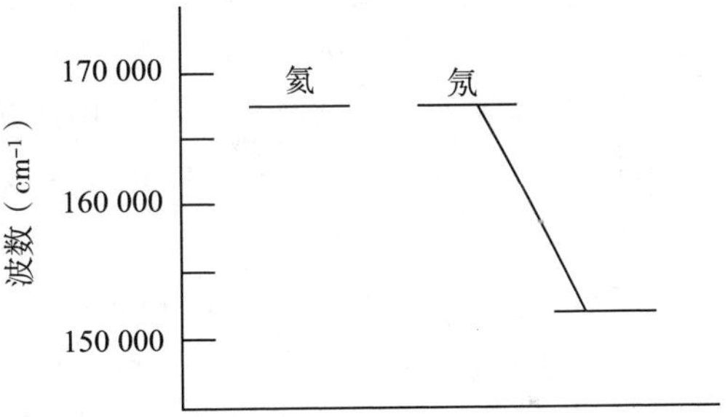

图6.17　氦氖激光器的能级图

在气体中原子的能级是离散线形的，而固体中的能级为带状（如图6.1中半导体的能带图所示）。通常用光波长的倒数$1/\lambda$来表示能级，$1/\lambda$可以称为光子**波数**。我们可以用第1章得到的关系式$W = hc/\lambda$将波数转换成用焦耳表示的能量，也就是简单地用hc与波数相乘。

原子一般都处于最低能态，即所谓**基态**。在该能态下，原子（相对值）能量为零。原子可以吸收能量，上升到更高的能级，称为**激发态**。原子可以吸收入射光子的能量跃迁到激发态。按照这样的方法，图6.15中Nd:YAG激光器的原子可以上升到高能级。在这种情形下，氦氖激光器中外加能量在气体中形成放电电流，气体原子成为离子，自由电子则在管子中运动，并在加速向正电极运动的过程中获得了动能。自由电子与氦原子碰撞，电子释放能量，使这些原子的能级上升。当激发态的氦原子与基态氖原子碰撞时，能量又传给了氖原子。

氖原子的两个激发态如图6.17所示。这两个激发态的能量差是15 800 cm^{-1}，这对应于波长$\lambda = 1/15\ 800 = 6.33 \times 10^{-5}$ cm= 0.633 μm。考虑光子和高低激发态之间相互作用的如下各种可能性。

1. 输入光子的波长是0.633 μm，光子能量被处在较低激发态的氖原子吸收。光子湮灭，其能量将氖原子提升到较高的激发态。
2. 高能级的原子可以自发向下跃迁到低能级状态。释放的能量将转化为输出波长为0.633 μm的光子。这个过程与LED中电子与空穴复合（释放光子）的过程类似，称为**自发辐射**，发射非相干的荧光。
3. 在输入0.633 μm光子的诱导下，高能态的原子将向下落到低能态，发射波长为0.633 μm的光子。这就是**受激辐射**的典型例子，发射的受激光子与激发光子同相位。受激光子与激发光子将连续传播。

如果在较低受激态上的氖原子数多于较高受激态上的原子数，那么已有的光子数量（从外部进入气体的光子数量）将由于吸收而减少。另一方面，如果高能态粒子数比低能态粒子数多，这种状态就称为**粒子数反转**，当光子通过气体时，光子数会增加。这是因为外来光子遇到高能态的原子时产生额外的光子，而遇到低能态的原子时光子被吸收，而且前者要多于后者。我们可以得出结论，这种处在粒子数反转状态的媒质对光具有增益作用，可以作为光放大器。

激光器是一种高频发生器或高频振荡器。为了产生振荡，系统中需要放大、反馈和用来控制振荡频率的调谐装置。对于射频振荡器，电子放大器提供信号增益，滤波器决定振荡频率，反馈则是将放大器输出端与输入端相连来实现的。在激光器中，激活媒质提供放大作用，同时还能通过特征能级以及能级之间的跃迁来决定频率。两端的镜面提供反馈，光子在镜面被反射，返回媒质以后被再次放大。两端的镜面中有一面（也可能是两面）是半透明的，可以允许产生的部分光透过，从而向外发射。

只有在增益超过激光器的损耗时振荡才可能持续下去。激光器的损耗包括吸收（如材料和镜面吸收）、散射（对于气体激光器主要是在窗口和镜面的散射）以及在镜面上的激光输出。当加在激光器上的电压很低时，增益小于损耗，激光器输出几乎为零。此时将发生自发发射，但能量很小而且输出光是非相干的，也就是说其输出谱宽很宽。当外加电压增加时，更多的氖原子被激发到高能态，增益提高。在某一特定的电压下，系统增益正好等于损耗，振荡器开始工作，这种状态下激光器处于振荡的临界状态。外加电压继续增加会使输出功率迅速增加，这时发出的光是相干的（发射谱线很窄）。阈值输入的概念对于激光器的内调制，特别是对半导体激光器是非常重要的。

氦氖激光器产生波长为0.633 μm的红光，对应于图6.17中的两个氖原子能级之间的跃迁。发射谱线很窄，大约为1.98×10^{-3} nm，相当于1500 MHz的频宽。即使是在两个相隔较远的能级之间跃迁，发射线宽仍然不可能为零（因为气体中的氖原子还有热运动）。从高能态向低能态跃迁时，每一个原子都是一个微小的发光源。由众所周知的**多普勒效应**可知，运动的源会产生频移。原子的随机运动速度导致在由能级跃迁决定的频率附近产生一个多普勒频移范围。由于原子运动状态的微小差别，导致媒质在一定的频带内有放大功能，而不仅仅是在单一频率上。由于高速运动的原子数比低速运动的原子数少，放大器的增益从中心频率向两边递减，如图6.18所示。

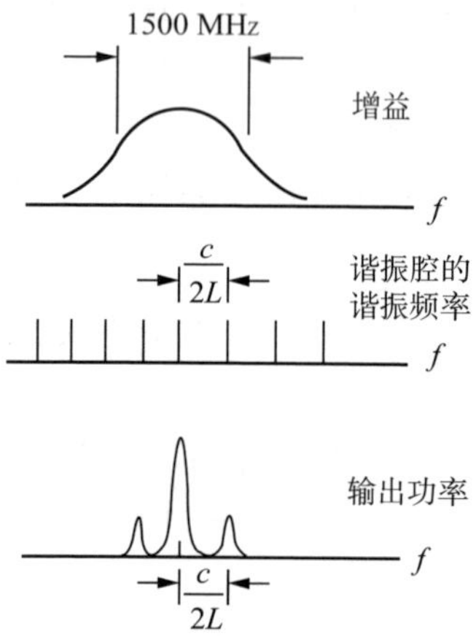

图6.18 氦氖激光器的输出

3.4节讨论了由两个镜面形成的谐振腔的谐振或纵模问题。谐振模式对应的谱线位于图6.18中的增益曲线下方。为了在某一频率处产生光输出，必须在该频率处有足够的增益，而且正好与谐振腔某一谐振模式的频率一致。在图6.18中，只有3个频率能满足这些条件，所以在其输出谱中含有3个纵模。长度更长的谐振腔纵模式之间的频率间隔将减小，因而在1500 MHz的增益带宽以内将允许更多的模式存在，其输出谱中将可能包含3个以上的纵模。

通常，气体激光器的输出强度正如2.5节中讨论的那样呈高斯分布，如图2.26所示。高斯光束的发散角由式（2.17）确定。

例6.1 计算光斑尺寸为25 μm的氦氖激光器高斯光束的发散角。

解：

根据式（2.17）中，$\theta = 2 \times 0.633/25\pi = 0.016\ \text{rad} = 0.92°$。这比典型的光纤接收角小得多，理论上所有的输出光都可以被捕获。唯一的耦合损耗是由于空气到光纤之间界面上的反射造成的。

除了高斯分布，激光器还可以产生其他形式的辐射方向图。不同的辐射图样对应于激光器光学谐振腔中不同的电磁场模式。这些模式称为**横模**，与先前研究过的电介质平板波导和光纤中的模式类似。高斯辐射图样是最低阶模式的场分布。当允许高阶模式存在时，激光器将产生多模图样，这种多模图样是由很多单独的模式组合形成的。多模激光光束比高斯激光束更大，而且发散更快。

6.4　半导体激光器

半导体激光器[7]和发光二极管有相似的结构。AlGaAs半导体激光器的结构如图6.19所示，这种结构可以与图6.4中的发光二极管相比较。这里的能带图与图6.2相似，但是带隙能量值稍有改变。大部分半导体激光器是边发射的，面发射半导体激光器（VCSEI）将在6.9节中讨论。在正向偏置下，电荷注入有源层，并在这里发生复合，产生自发的光辐射。一些注入电荷被其他光子激发而辐射。如果电流密度足够大，则会有大量的注入电荷产生受激复合，光增益将更大。当增益足够大，可以与激光器的总损耗相等时，所对应的输入电流就是阈值电流，此时激光振荡器开始起振。半导体激光器的阈值电流必须很小，以避免半导体变得过热，对于连续工作或在高峰值功率工作时更要特别注意。正如6.1节中的分析，低阈值电流是通过采用异质结结构控制注入有源层的电荷和光波来实现的。在图6.19中，异质结提供竖直方向的限制，在横方向上对电荷的限制则是通过带状电极来完成的，电荷只能注入到宽度很小的带形区（大约10 ~ 20 μm）。电荷进入复合层后只有很小的扩散。输出波长由有源层中1.55 eV的带隙能量决定，对于图6.19所示的半导体激光器约为0.8 μm。

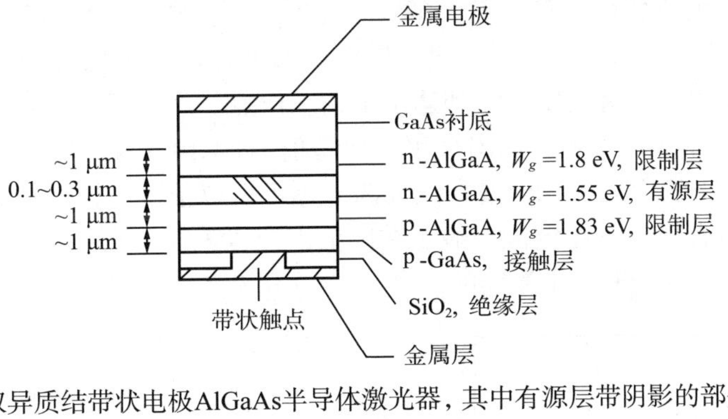

图6.19　双异质结带状电极AlGaAs半导体激光器，其中有源层带阴影的部分即为发射边

根据我们对平板波导的研究，光波不可能完全限制在有源层中。这是因为有一部分能量穿过全反射边界，在两边的媒质中有迅速衰减的拖尾。对于半导体激光器，这种情况如图6.20所示。

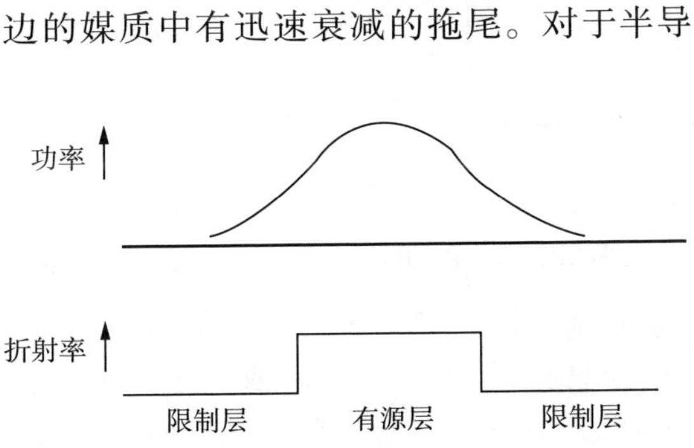

图6.20　复合区及其附近的功率分布

沿平行于半导体晶面的方向切割，在激光器的前后两个解理面之间就形成了需要的光学谐振腔。由式（3.28）可知，AlGaAs材料和空气分界面的反射是32%（AlGaAs材料的折射率为3.6）。这样的反射率可以为振荡器提供足够的反馈。如果需要，那么还可以在端面涂上一层电介质薄膜来提高反射率。这种激光器典型的腔长是300 μm。像氦氖激光器那样，由于有多个谐振模式起振，所以在其输出谱中含有多个纵模。有关光学谐振腔的纵模已经在3.4节讨论了，并在图3.18中给出了AlGaAs激光器的输出谱线。通常，半导体激光器的辐射谱中包含有多个纵模，其辐射场则由几个横模组成。这就是说，多纵模激光器可以是多横模器件。单纵模激光器可以提供比多纵模激光器线宽更窄、相干性更好的输出光。为了降低色散的影响，对于长距离的高速率系统，选择单纵模激光器是更恰当的。

单横模激光器与单模光纤之间的耦合效率比多横模激光器要高，这是因为前者的模式强度分布图样和光纤几乎是相同的。或者说，单横模半导体激光器输出的横模强度图样与单模光纤HE_{11}模式（见图5.18）的近似高斯强度分布十分接近。如果激光器的光斑尺寸和光纤模式相同，则激光器的辐射模式与光纤的传播模式相匹配，从而实现高效率耦合。激光器的光斑尺寸可以通过置于激光器与光端面之间的透镜来调整。

6.5 半导体激光器的工作特性

典型半导体激光器的输出光功率与正向输入电流之间的关系如图6.21所示。这个激光器的阈值电流是75 mA。在阈值电流以下，随着驱动电流的增加，输出光功率也非常缓慢地增加。这是因为在复合层中由于自发辐射引起的非相干辐射所致。当电流超过阈值电流时，由光谱测量显示，其输出线宽迅速变窄。对于绝大多数激光器，阈值电流在5 ~ 250 mA之间。在阈值状态下，电压为1.2 ~ 2 V。如图6.22所示，正向电流随激光器电压的增加而迅速增加。超过阈值后，电压只要略微增加一点就能使电流到达预定的工作点。连续工作的半导体激光器（或**连续波激光器**，continuous wave，CW）输出功率的典型值为1 ~ 10 mW。低占空比的脉冲激光器可以在很大的峰值功率下安全工作，但是连续波激光器可以以很快的速度开关，所以对于通信来说连续波激光器更为有用。工作电流一般是在阈值电流以上20 ~ 40 mA。如果工作电流超过制造商建议的工作电流，则会缩短激光器的寿命。

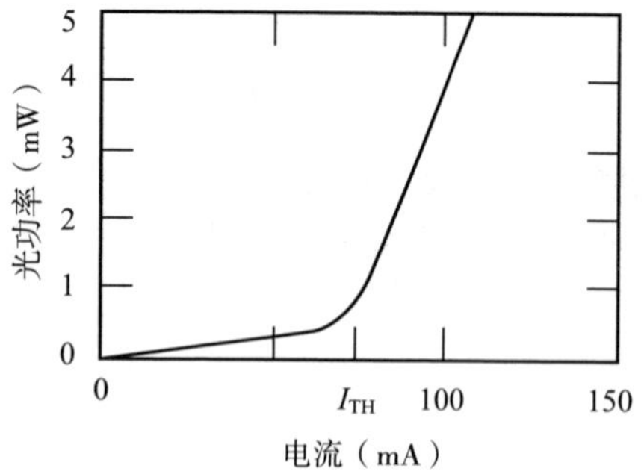

图6.21 半导体激光器的输出功率和电流关系曲线

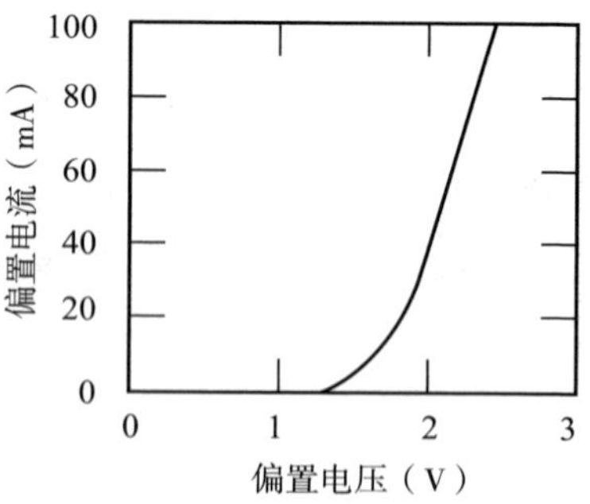

图6.22 半导体激光器的电压和电流典型特性

对半导体激光器的数字调制方式如图6.23所示。不同于对发光二极管的数字调制，当信号电流i_s为0时，将有直流偏置电流I_{dc}，其大小与阈值电流相近。如图所示，当信号电流包含有正脉冲时就产生二进制的“1”。当偏置接近阈值电流时，二极管可以迅速达到“通”状态，需要的信号电流比没有偏置时小得多。

对于模拟调制，直流偏置必须超过阈值电流，如图6.24所示。只有这样，激光器才能工作在输出光功率和电流关系曲线的线性部分。如果对还原的模拟信号要求谐波失真很低，则必须对半导体激光器的线性特性进行细心的考察。

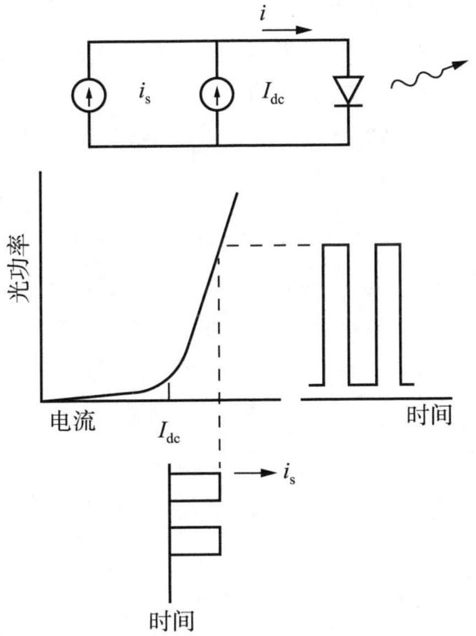

图6.23　对半导体激光器的数字调制

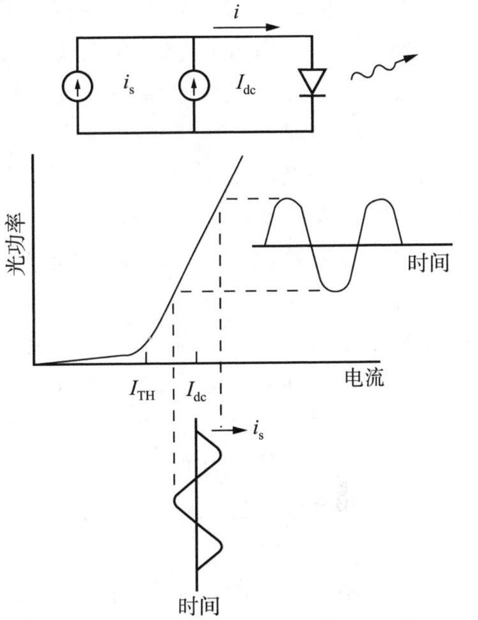

图6.24　对半导体激光器的模拟调制

半导体激光器比发光二极管有更敏感的温度特性，图6.25给出了一个有代表性的半导体激光器的温度特性。当温度增加时，激光器增益降低，而为了使振荡器工作则需要更大的电流，也就是说，阈值电流变得更大了（增长系数为1.5%/℃）。导致这种效应的原因可以解释为：由于发热在n区产生了空穴，并且在p区产生了电子。这些自由电荷与自由电子和自由空穴在有源区以外复合，减少了到达有源区的电荷，也就减少了能产生受激辐射和增益的电荷数量。另外，有源层中发热生成的电子和空穴将产生非辐射性复合，降低了粒子数反转状态，同样会使增益降低且阈值电流增加。

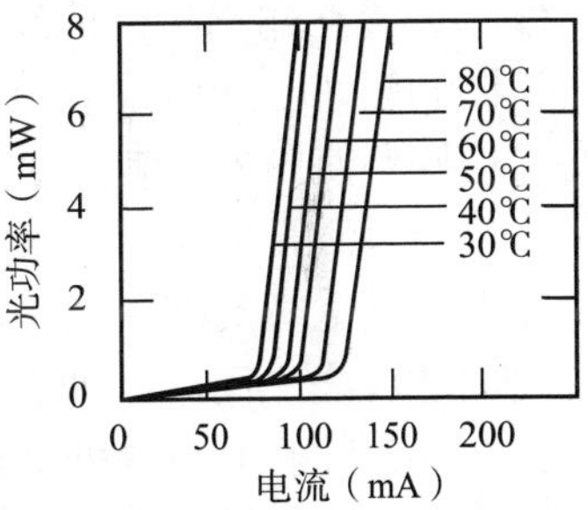

图6.25　半导体激光器的温度特性

让我们看一看这种现象产生的结果。在一定的电流下，如果温度升高，半导体激光器的输出功率就会降低。由于功率降低会增加接收机的检测误码率，所以输出功率的降低是不可接受的。如果功率下降得太多，则可能导致接收失败。有两种方法可以解决这个问题。其一是使用热电冷却，降低激光器的温度；其二是改变偏置电流来补偿阈值的变化。热电冷却器是一个半导体结型器件，其温度取决于电流的方向。将激光器放置在冷却器上，由电热调节器和热检测器组成的控制电路改变通过热电冷却器的电流，从而稳定激光器的结区温度。另一个稳定输出功率的方案是使用光检测器检测激光器背部输出的光，以此来确定实际输出功率的改变。然后，通过改变直流电流使输出光功率回到期望值上。

激光器的发射波长也与温度有关，原因是媒质的折射率与温度有关。从3.4节可知，谐振波长和相邻的谐振波长之间的间隔都由腔体材料的折射率决定。当温度改变时，波导层的折射率也会随之发生变化，导致中心发射波长的改变和多模激光器纵模间隔的微小改变。典型的改变量是每摄氏度变化零点几纳米（温度系数约为0.3 nm/℃）。通常，由于波长变化很小（约为几纳米），而且光检测器对过小的波长变化无法响应，所以由温度变化导致的波长改变并不是重要的问题。然而对于一些特殊的情况，波长发生移动将产生重要的影响。如果系统工作在光纤的零色散波长处，那么波长改变5 ~ 10 nm将大大增加色散影响并降低系统的可用带宽。另外一个例子是外差检测系统（将在10.5节中介绍）。这种系统对于波长的稳定性要求极为苛刻，即使温度变化导致零点几纳米的波长变化，也是无法接受的。

AlGaAs半导体激光器的发射波长范围是0.8 ~ 0.9 μm。InGaAsP半导体激光器发射波长在长波长区域，大约是1 ~ 1.7 μm。

半导体激光器比发光二极管的响应速度快得多，原因是LED的上升时间主要取决于材料的固有自发辐射寿命，而半导体激光器的上升时间则取决于受激辐射寿命。在半导体中，**自发辐射寿命**是自由电荷载流子在自发复合之前在有源层中滞留的平均时间。**受激辐射寿命**是自由电荷载流子在受激复合之前在有源层中滞留的平均时间。显然，对于激光媒质，为了获得增益，受激辐射寿命必定短于自发辐射寿命。另外，自发复合发生在受激辐射之前，从而降低了粒子数反转状态并使增益和振荡受到了抑制。在半导体激光器中受激辐射过程很快，决定了受激复合过程也很快。由此，确保半导体激光器比发光二极管对注入电流改变的响应要快得多。

好的半导体激光器的上升时间在0.1 ~ 1 ns之间。并且，可以在几GHz的频率上实现模拟调制。当然，这样短的上升时间是将激光器偏置在阈值时测量的，如图6.23所示。如果激光器是零偏置的，则会需要较长的时间才能达到开启状态。同样，模拟调制频率是在将二极管偏置设置在输出特性曲线的线性区域时测量的，如图6.24所示。对于一些特殊设计的激光器，调制频率已达到数十GHz量级。然而更为实际的是，当系统运行速率达到10 Gbps或者更高时，则要使用外调制技术（有关外调制已在4.6节中介绍过，并将在10.6节进一步介绍）。

半导体激光器典型的线宽是1 ~ 5 nm，比LED的输出谱宽要小得多。但是，其谱宽比气体激光器的谱宽宽得多。这是因为半导体的辐射跃迁发生在两个能带之间，而气体跃迁则是在分离的能级线之间。这种现象引起的线宽扩展比气体激光器中的多普勒效应引起的线宽扩展大得多。工作在1.3 μm处的典型激光器的输出谱如图6.26所示。图中的多个峰值对应于器件的多个纵模。

当器件驱动电流比阈值电流略微大一点时，半导体激光器的多模输出谱如图6.26所示。电流增加时，总的线宽变窄，纵模模式数目减少。电流足够大时，光谱中将只包含一个模式。图6.27给出的就是单纵模激光器的光谱，其线宽比多模激光器的线宽要窄得多。图6.27所示的光谱线宽约为0.2 nm。单纵模激光器的谱宽很窄，可以使光纤材料色散的影响减到最小。

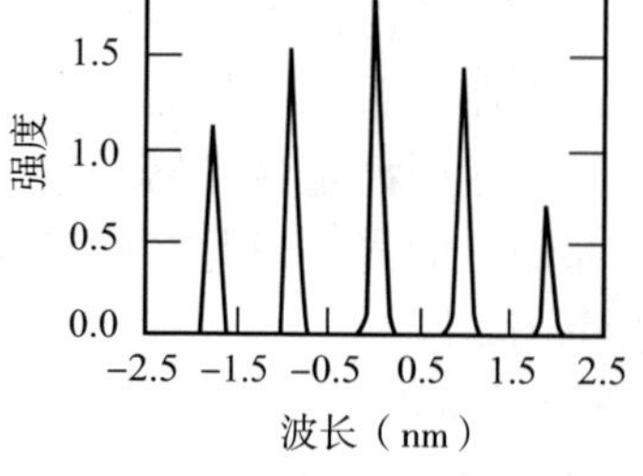

图6.26　1.3 μm多模半导体激光器的输出谱

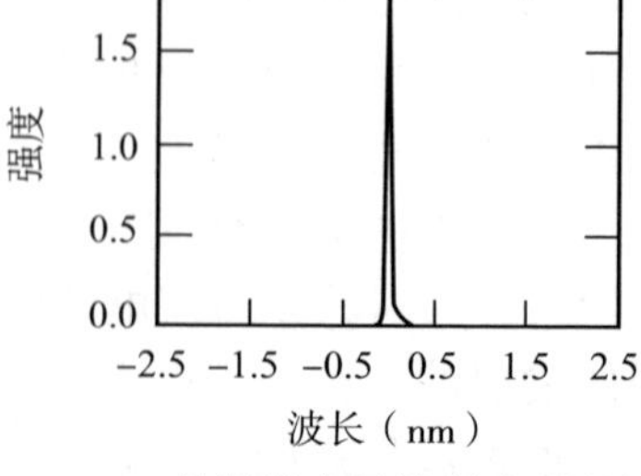

图6.27　1.3 μm单纵模半导体激光器的输出谱

半导体激光器产生非对称辐射，具有代表性的辐射方向图如图6.28所示。可以将这种光强分布与图6.10所示的面发射LED以及图6.11所示的边发射LED的辐射图样比较。半导体激光器的辐射角度范围远小于LED，使得光更容易与光纤耦合，而且耦合效率更高。还有其他一些值得注意的特点需要加以说明：图6.11和图6.28中给出的光束截面的窄边和宽边方向对于发射边是不同的。LED发射的是非相干光，发射边的大尺寸在与结区平行的平面以内，并在这个方向产生大的光束角度。而发射边的窄边在与结区垂直的平面内，在此方向上产生小的辐射角度。激光器发射相干光，并遵循2.5节的衍射定律。我们可以发现光束的发散角与辐射面的尺寸成反比。这个结论只能用于相干光，用这个结论可以解释窄边对应于大的光束发散角，而宽边则对应于小的光束发散角。图6.28所示激光器辐射的半功率角在平行平面内是10°，而在垂直平面内则是35°。

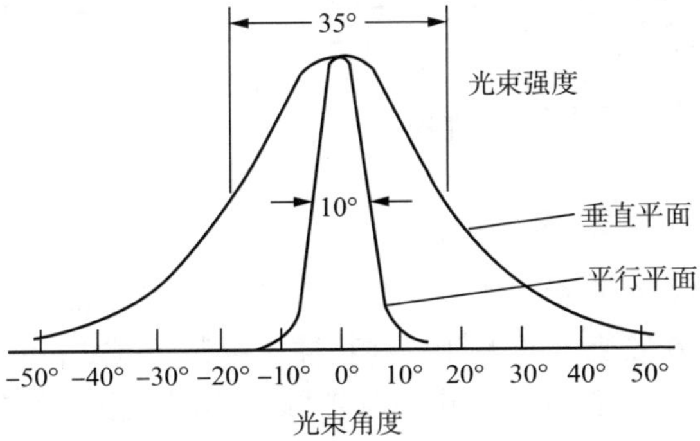

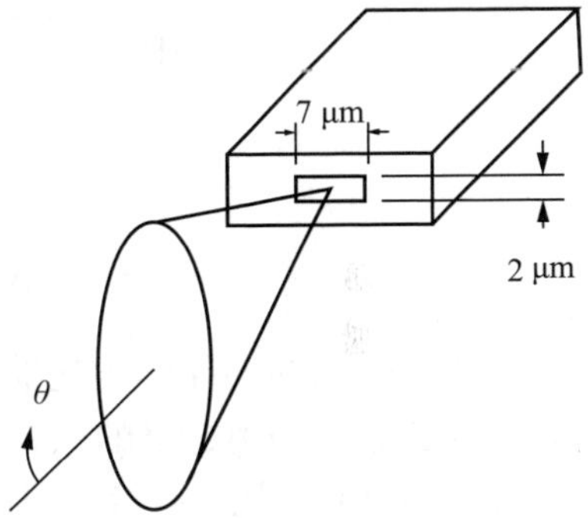

图6.28　半导体激光器的辐射方向图

自20世纪70年代初期，第一个异质结AlGaAs器件研制成功以来，连续波半导体激光器的可靠性和寿命已经有了很大的改善和延长。在室温条件下工作，半导体激光器的寿命已经超过11年。在高温条件下工作，激光器会加速老化。然而，即使在70℃条件下，高质量的商用半导体激光器的寿命也可以超过10 000小时。

同LED一样，半导体激光器也有多种封装形式。这些结构都必须进行仔细的设计和构造。半导体激光器的封装应满足如下要求。

1. 所有的引线都必须密封，包括电导线和光纤（如果光纤要进入激光器的封装以内）。
2. 将激光器芯片与直接耦合光纤或通过透镜的耦合光纤精确对准。
3. 如果需要，则应在其内部封装一个光检测器，以便监控激光器后部出射的光功率。
4. 为了适应在高温条件下工作，可以在封装以内加装热电冷却器。

图6.29、图6.30和图6.31所示的几种封装结构是半导体激光器可以采用的。在图6.29中，激光器管心放在一个铜质热沉上。在出射窗口之外放置一个透镜，该透镜将出射光聚焦到光纤端面上。也可以将盖帽移去，将光纤端面与激光器的发光边用环氧树脂直接粘在一起。在图6.29所示的封装中，激光器的背面是堵上的，这不利于达到监控的目的。在图6.30所示的封装结构中有一根尾纤与激光器相连接。在

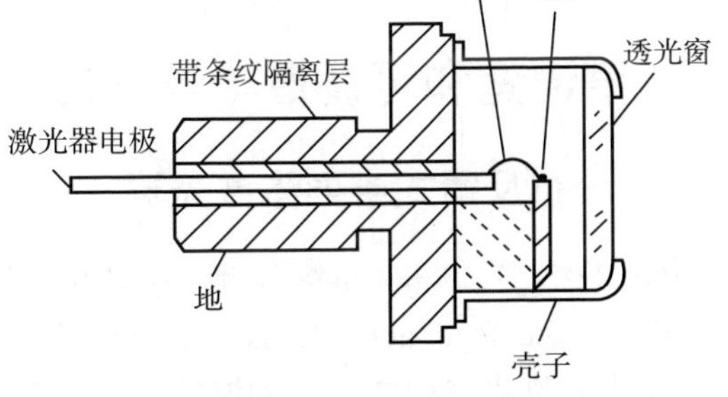

图6.29　半导体激光器的封装

激光器和光纤端面之间可以加一个透镜，以提高耦合效率。如果尾纤和传输光纤是一样的，则会得到最大的耦合功率。在第8章中将给出两种不同的光纤相连导致损耗的计算方法。用户可将尾纤与传输光纤熔接在一起，或者在尾纤上配置一个连接器，这样便于与光源连接或者拆除连接。激光器制造商将根据用户的需要配制连接器。由于光纤尺寸和连接器设计的多样化，细心选择这些元件并了解所产生的损耗，对于光纤通信系统专业人员来说是非常重要的。

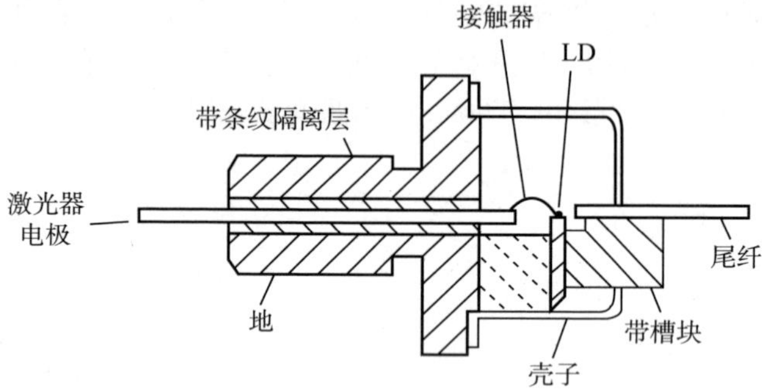

图6.30 带集成尾纤的半导体激光器

带功率监控的半导体激光器的封装结构如图6.31所示。光检测器测量激光器背面辐射的功率。这种器件采用标准的电结构封装，例如图6.32所示的多针双列直插式封装（dual inline package，DIP）。图中的插针在封装内与激光器、光检测器、热电冷却器和电热调节温度监控器相连，装配的插头便于与常用的电路板相连。

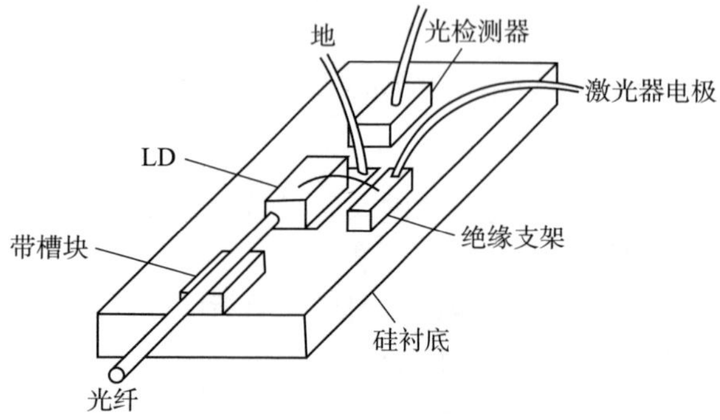

图6.31 带集成尾纤和功率监控的半导体激光器

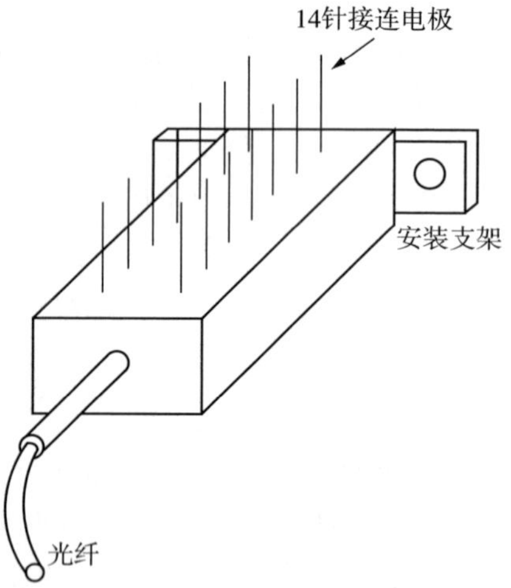

图6.32 14针双列直插式激光器封装

6.6 窄谱宽和可调谐半导体激光器

6.6.1 分布反馈式半导体激光器

图6.27给出了一个单纵模半导体激光器的输出谱。这种输出谱可以采用构建**分布反馈式**（distributed feedback，DFB）半导体激光器的技术得到[8]。在图6.33中，在激光器的有源层上有蚀刻的波纹状层。这种波纹实际上是一个光栅，这种光栅可以根据波长有选择地反射光。光栅在这里扮演的角色是一个分布式滤波器，只允许谐振腔的一个纵模式在有源区来回

传播。我们可以认为光栅和带镜面的空腔都有各自支持的一系列谐振波长，但二者只有一个谐振波长是共同的，即复合型谐振器的单纵模。在有源层的上面，光栅直接与消逝模相互作用。光栅并不在有源层中，因为将光栅蚀刻在有源层会导致激光器的效率降低，并产生较高的阈值电流。

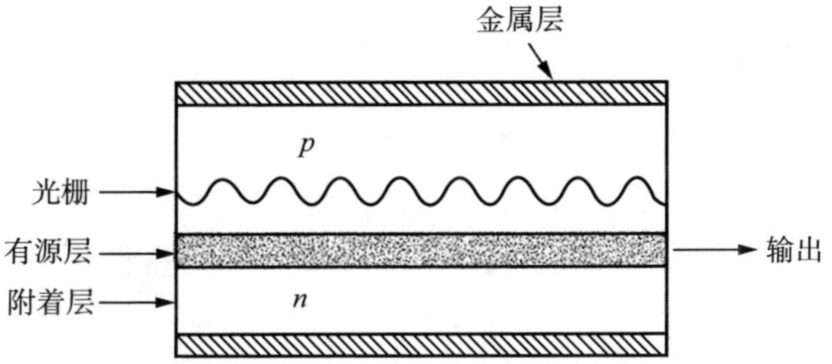

图6.33　分布反馈式半导体激光器

激光器的工作波长决定于**布拉格定律**，即

$$\Lambda = m\lambda/2 \tag{6.10}$$

其中，Λ是光栅周期（相邻峰值之间的距离），λ是在激光器媒质中测得的波长，m是布拉格衍射级数。媒质中的波长由自由空间波长的关系式（3.7）确定，稍加改变即可写成

$$\lambda = \lambda_0/n$$

为了正确计算激光器的波长，必须使用腔体中传播模式的等效折射率，而不是体材料本身的折射率。从4.2节的研究中可以知道，等效折射率的取值在导波层材料（激光器的有源区）与涂覆层材料（有源层的上下层）的折射率之间。因为这些折射率相差并不太大，所以很容易用一个好的近似关系来表示光栅周期。于是光栅周期可以写成

$$\Lambda = \frac{m\lambda_0}{2n_{\text{eff}}} \tag{6.11}$$

下面将考察一个实例。

例6.2　计算发射1.55 μm波长的InGaAsP DFB半导体激光器的光栅周期。

解：

从表2.1中，我们知道InGaAsP材料的折射率是3.51。取等效折射率为3.5，并假设衍射模式级数是1（$m = 1$）。于是，$\Lambda = 1.55/(2 \times 3.5) = 0.22$ μm。对于 $m = 2$的衍射模式，光栅周期为0.44 μm，基于这个衍射模式设计DFB半导体激光器同样是可行的。

DFB半导体激光器具有光栅结构，所以有很多独特的性质。DFB激光器比其他常规激光器有更好的温度特性，再加上窄线宽特性（典型值为0.1 ~ 0.2 nm），使得DFB半导体激光器特别适合于长距离、高带宽的传输系统。光栅可以起到稳定输出波长的作用，而常规激光器会由于温度变化致使折射率改变，从而导致输出波长的改变。通常，DFB激光器的温度与波长漂移的关系为0.1 nm/℃，比一般半导体激光器的性能好3 ~ 5倍。DFB激光器也比一般的半导体激光器有更好的线性响应。这一优点使DFB激光器能够用于需要高线性度来降低失真的模拟系统。有多个信道同时传输时，线性度好可以使互调产物最少。正因为如此，DFB激光器可以成功用于多路电视信号的模拟调制系统。

6.6.2 可调谐半导体激光器

随着光纤光学的发展，对各种类型光源的需求变得日益迫切。所需要的光源不仅应能工作于光纤低损耗区域的所有波长，而且在特殊的波长段应能进行精确调谐。后一种要求是随着波分复用（waveguide–division multiplexing，WDM）系统的普及而产生的，第9章将详细介绍WDM系统。这种系统需要发射波长间隔为零点几纳米的激光器。

通过改变温度或驱动电流可以实现DFB半导体激光器的调谐。从上文可知，由于材料的折射率随温度的改变而变化，所以输出波长每摄氏度漂移零点几纳米。驱动电流改变可以产生同样的效应，电流越大，器件发热越厉害。电流与波长偏移的关系是10^{-2} nm/mA。但是仅靠改变温度或驱动电流，还不能提供我们所需要的波长可调谐特性。例如，电流变化10 mA，而波长仅仅改变0.1 nm。

更好的可调谐激光器是一种改进型的DFB半导体激光器[9]，称为**分布布拉格反射式激光器**（distributed Bragg reflector，DBR），其结构如图6.34所示。这种器件中有3个区域，即增益区、相位区和布拉格区。布拉格反射区和有源增益区由相位区分隔开。在DFB激光器中，布拉格区起滤波器的作用。不同的电流施加到如图6.34所示的不同区域。增益电流I_G决定有源区的放大量，进而决定激光器的输出功率。相位电流I_P控制布拉格反射区的反馈。电流I_B控制布拉格区域的温度，从而控制布拉格波长。发热使布拉格区域的等效折射率改变，进而改变工作波长。根据式（6.11），工作波长为（第1级衍射）

$$\lambda_0 = 2n_{\text{eff}}\,\Lambda$$

其中，λ_0是发射光束的自由空间波长。

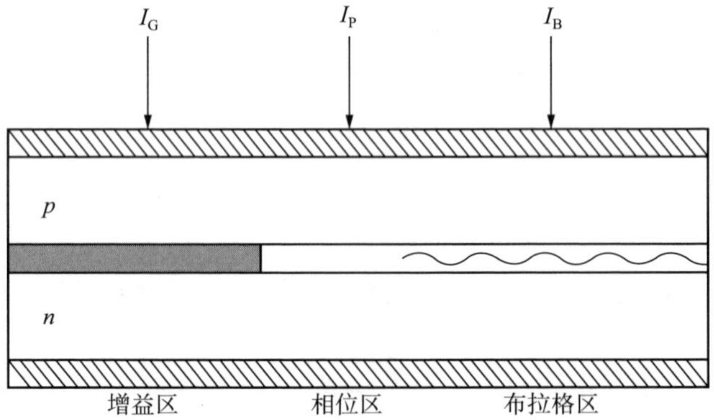

图6.34 可调谐DBR半导体激光器，带斜线的区域为金属层，灰色阴影区域为有源层

可调谐范围（$\Delta\lambda$）与等效折射率（Δn_{eff}）的改变成正比。二者之间的关系近似为

$$\frac{\Delta\lambda}{\lambda} = \frac{\Delta n_{\text{eff}}}{n_{\text{eff}}}$$

等效折射率最大的改变范围是1%，所以相应的调谐范围为

$$\Delta\lambda = 0.01\lambda$$

对于1500 nm的载波波长，可调谐范围是15 nm。

例6.3 假设我们需要几个如上面介绍的15 nm调谐范围内工作在不同波长的激光器。这些光源所发射的光束都同时送进同一根光纤，实现多信道通信。如果每个激光器的光谱宽度是0.01 nm，则在此范围内可以安置多少波长通道？

解：

为了将相邻通道之间的串扰减小到最低程度，这些通道之间必须有足够的间隔。假设相邻通道需要0.1 nm的间隔（10倍于载波光谱宽度）。则通道数可以简单地用可调谐范围除以需要的通道间隔得到。在本例中，波长通道数为$N = 15/0.1 = 150$。

6.7　光放大器

我们已经指出，最终限制光纤通信系统的是其带宽或损耗。对于数字通信系统，在线路中可以利用中继器对信号脉冲进行整形和放大。中继器的作用首先是检测光信号，将光信号转换为电信号，并区分“1”码和“0”码，然后用再生的电信号调制光源，实现初始光信号的重构。重构的光信号有足够的功率，而且没有脉冲畸变。中继器的成功运用，可以将点对点光纤线路的传输距离限制从几百千米延伸到几千千米。例如，传输5000千米以上的线路需要100多个中继器。中继器的作用很大，非常重要。但是中继器的制造成本很高，安装和维护费用昂贵。

如果使用模拟调制，则长距离光纤通信的性能会劣化。由于我们不知道信号到底是什么样的，所以不可能实现再生。在数字系统中，我们知道信息数据流中仅仅包括0和1，所以有可能正确地重构每个比特。但是在模拟系统中，波形的选择是没有限制的，所以不可能还原原来的波形。将模拟光信号转换为电信号，然后放大、再传输的成本非常高，并且可能带来附加噪声。

从前面的讨论中可以看出，我们需要找到一种全光放大器，即一种可以不经过任何光电、电光的内部转换而直接放大光信号的放大器。光放大器虽然不能解决重构信号的问题，但是可以解决因为功率导致的传输距离限制问题。换句话说，光放大器不能解决带宽限制问题，但功率限制问题可以得到很好的改善。因为光纤通信系统可以工作在常规光纤或色散位移光纤零色散区附近的一定带宽内，所以带宽受限问题相对于损耗来说不算是太大的问题。另外，如果采用孤子脉冲携带数据流，将不会有脉冲展宽，也就不会有带宽限制了（孤子传输概念在3.2节中已经讨论过）。在20世纪80年代后期，第一代光放大器（包括半导体光放大器和掺铒光纤放大器）已研制成功。在此后的年代里，其性能得到了改善，而且还产生了新的光放大器（例如拉曼放大器和掺铒波导放大器）。下面，我们将介绍这些器件及其应用。

6.7.1　半导体光放大器

从前面对激光原理的讨论可知，光放大器可以通过利用处于粒子数反转状态的增益媒质的受激辐射来实现。需要特别指出的是，光放大器相当于没有镜面反射的激光器（也就是工作在**行波状态的激光放大器**）。光放大器也可以在有镜面的条件下工作，但是必须工作在阈值以下（这就是**法布里–珀罗谐振式激光放大器**）[10]。这些**半导体激光放大器**（semiconductor optical amplifier，SOA）的结构在图6.35中给出。从原理上讲，这些结构都可以工作。但实际上，有几个问题限制了这些器件的更广泛应用。首先，要有足够的增益，而且不引入太大的噪声，这就是个很重要的问题。其次，半导体激光器的增益与光的偏振状态有关。SOA可以工作在1300 nm波长区域，因而具有一定的优势。目前，其他类型的放大器（例如下面将要介绍的掺铒光纤放大器）还不能放大该区域的光信号。

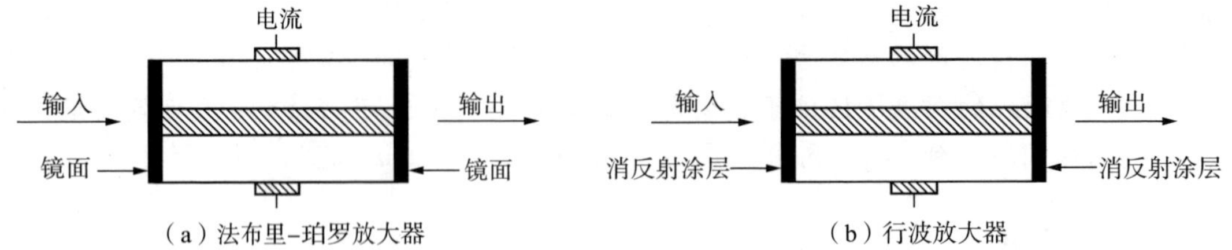

图6.35　半导体光放大器

6.7.2　掺铒光纤放大器

掺铒光纤放大器（erbium-doped fiber amplifier，EDFA）是一种高效率的光放大器，具有高增益、宽带宽、低噪声以及放大的波长范围正好位于在光纤的最低损耗窗口等优点[11]。图6.36给出了掺铒光纤放大器的结构，含有一段放大输入信号的掺铒石英光纤。在这里，稀土元素铒是有源媒质。在石英光纤中掺入铒，当泵浦波长与其吸收带之一吻合时，可以在1.55 μm波长附近产生增益。掺铒光纤的相关能量状态如图6.37所示，能级图对泵浦和受激发射跃迁过程给出了明确的解释。另外，从W_2能级向W_4能级的跃迁是不希望的，因为这个过程吸收泵浦光子，从而阻止了激光上W_2能级粒子数密度的升高。这种现象称为**受激吸收**，可以选择适当的泵浦波长和掺杂浓度使之最小。最有效的泵浦带是980 nm和1480 nm。

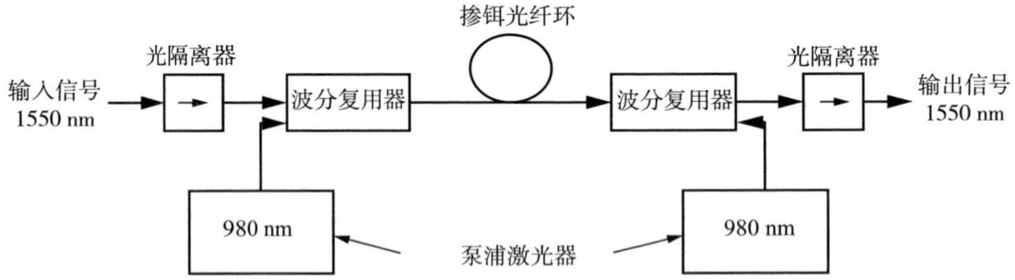

图6.36　掺铒光纤放大器，图中的WDM是波分复用器

正如图6.36所示，由980 nm的激光器提供的泵浦光和信号光通过波分复用器耦合进掺铒光纤。波分复用器是具有波长选择性的方向耦合器，主要用于波分复用系统，其工作特性将在第9章介绍。泵浦光被铒原子吸收，使之上升到激发态，并实现粒子数反转。受激态的铒原子如果被1550 nm的光子激励，就可以放大信号。信号光和泵浦光一起从左侧进入光纤，信号光能量在泵浦光能量减少的同时持续增加。第二个波分复用器和泵浦激光器（图中右侧）在末端沿反方向注入泵浦光子并激发铒原子，使器件能够充分放大信号。隔离器用来吸收反射波（反馈），如果反射波被放大则会产生类似于激光器一样的振荡。正如我们所知，振荡器就是利用放大和反馈来实现的。

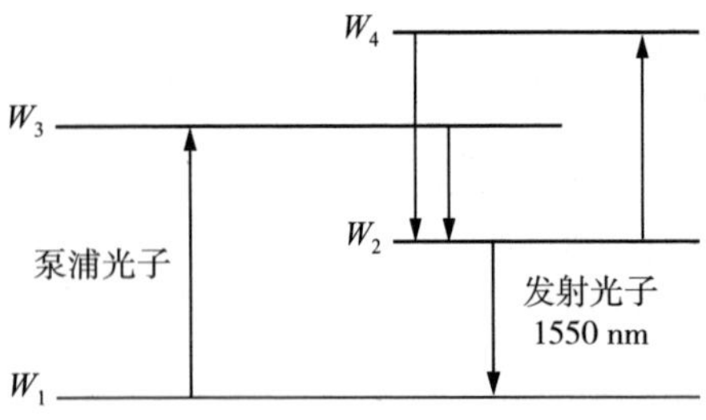

图6.37　掺铒石英光纤的能级图及跃迁

这种放大器工作在1.55 μm波长区域，与光纤的最低损耗波长完全匹配。掺铒光纤放大器的工作带宽超过30 nm，可以同时放大大量的波分复用信道。典型的掺铒光纤长度为几十米，最优的长度取决于泵浦功率的大小。泵浦功率在光纤中传输会越来越小，最终会变得很微弱，所以增益也将减小到零。这时，泵浦光纤就会由放大信号变为吸收信号。所以，第二个泵浦

激光器应该放置在放大器的末端，并沿反方向泵浦。在掺铒光纤放大器中已测得5 ~ 10 dB/mW的净增益。因此，在泵浦功率低于10 mW的条件下可以实现30 dB的总增益。由于EDFA本身就是一段光纤，所以很容易耦合进传输线路。

光域和电域中所有的放大器在输出功率很高时都会饱和。所谓饱和就是增益明显降低，当放大的信号功率很高时会发生这种情形。对于EDFA，饱和功率会随泵浦激光器功率的增加而增加，但期望的输出功率不能超过50 mW。

6.7.3　掺铒波导光放大器

第4章中讨论了很多光集成器件，例如方向耦合器、光分束器、电光开关和调制器。同样可以采用光集成技术构造光放大器，例如可以在波导中掺入铒原子。这种放大器称为**掺铒波导放大器**（erbium-doped waveguide amplifier，EDWA），其工作原理与EDFA相同。掺铒波导放大器比掺铒光纤放大器更容易放置。

与EDFA一样，泵浦光波长既可以是980 nm，也可以是1480 nm。泵浦光和信号光通过外加的波分复用器合路，如图6.38（a）所示（与图6.36中的EDFA相似），合路后的光束耦合进入掺铒波导。波分复用器也可以像放大器一样集成在同一衬底上，这种结构方案如图6.38（b）所示。集成结构更为简单、更经济、尺寸更小、插入损耗低并增加了器件设计的灵活性。作为一个例子，在图6.38（c）中，将多个放大器与一个泵浦源集成在同一芯片上。这样的多放大器阵列称为**EDWA阵列**。一个这样的集成放大器阵列通常可以包含4个、8个或更多的放大器。

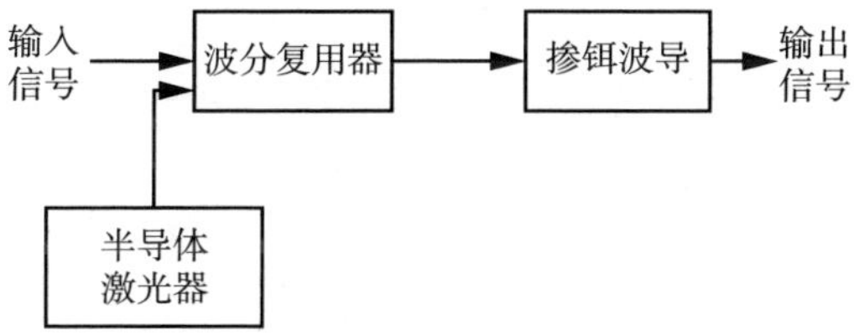

（a）外泵浦放大器

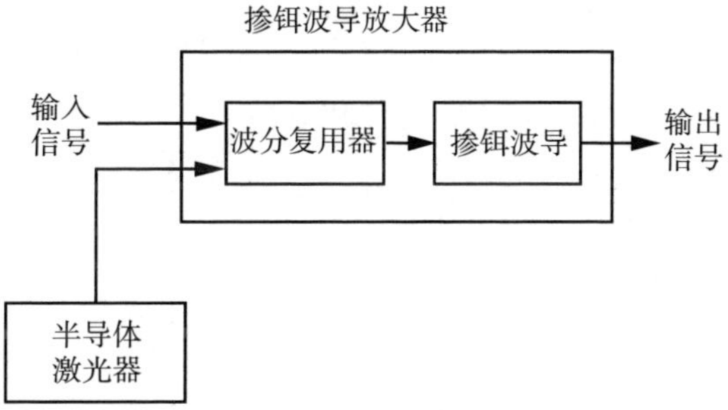

（b）集成泵浦放大器

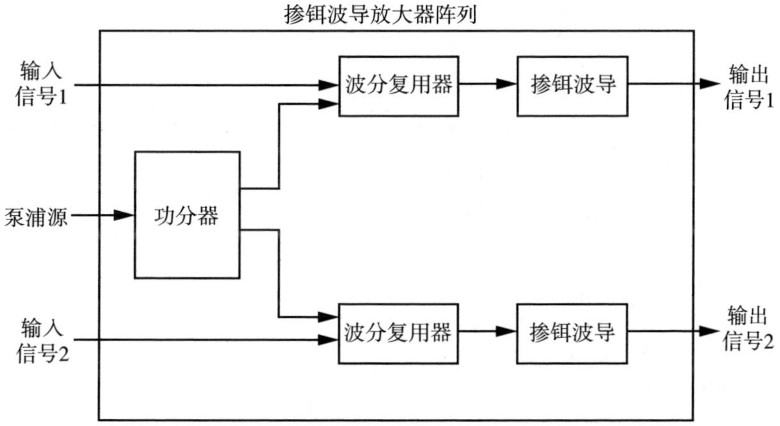

（c）集成泵浦放大器阵列

图6.38　掺铒波导放大器

用来滤除剩余泵浦光子的滤波器同样可以集成在放大器芯片上，通常将其放置在芯片上放大器的后面一级。典型的EDWA工作在C波段，具有20 dB量级的增益。

6.7.4 拉曼放大器

EDFA为光纤的最低损耗区即C波段（1530 ~ 1565 nm）提供了很好的放大。也可以适当设计使其用于L波段（1565 ~ 1625 nm）信号的放大。而基于**受激拉曼散射原理**的放大器已经研制成功，可以用于其他波段的放大。

拉曼散射是由光学声子参与引起的光子散射。所谓声子就是晶体或分子的振动。这种散射是非弹性的，也就意味着在散射过程中光子损失能量，导致其向下的频移。这种向下的频移称为**斯托克斯频移**。石英光纤的斯托克斯频移量约为13.2 THz。拉曼散射意味着光信号能量的衰耗，因为部分光能量从原先的发送波长转移出去了。但是，这种损耗影响并不大，所以在第5章中介绍很多重要的损耗机制时没有提及拉曼散射。关于拉曼散射的量子解释可以从图6.39得到。入射光子与光学声子相互作用，将分子能量从W_1提升到图中的虚态W_3。然后，分子自发下降到W_2能级，并发射能量为$W_{32} = W_3 - W_2$的光子。光学声子（振动）的能量为$W_{21} = W_2 - W_1$。分子的谐振频率则为

$$f(\text{声子}) = (W_2 - W_1)/h$$

这个频率和入射光频率共同决定了虚态。如上面所述，石英光纤的谐振频率为13.2 THz，所以散射波的频率为

$$f(\text{输出}) = f(\text{输入}) - f(\text{声子})$$

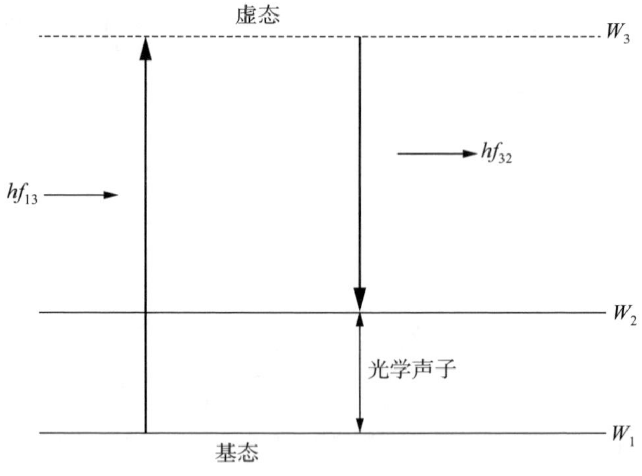

图6.39 拉曼散射

例6.4 给定输入光波长为1450 nm，拉曼频移为13.2 THz，求散射光波的波长和相应的波长改变量。

解：

从前面的几个公式可以得到

$$\frac{c}{\lambda_{\text{out}}} = \frac{c}{\lambda_{\text{in}}} - 13.2 \times 10^{12}$$

将$\lambda_{\text{in}} = 1450$ nm代入，可求得输出波长为1549 nm。拉曼波长**变化量**为99 nm。这些数据是发生在1500 nm区域拉曼散射的典型值。

拉曼散射并不仅仅发生在13.2 THz这个单一频移上，而是有大约6 THz的带宽。如果用量子理论来解释，则应将图6.39中的W_2看成一个能带，而不是一个离散的能级。

如果光纤中同时存在两个光束，就会发生受激拉曼散射。我们称其中的一个为泵浦光，另一个为信号光。泵浦光以图6.40所示的方式为信号光提供放大的能量。假设泵浦频率为f_{13}，信号频率为f_{32}，泵浦光子将分子提升到虚态W_3。信号光子激励处于激发态的分子，使之发射与信号同频率、同相位的光子，由此信号光获得了放大。这种机理与本章前面提到的受激辐射类似，最大的区别在于拉曼放大不需要粒子数反转分布，因为分子不吸收信号光子。第二个区别在于放大的信号波长取决于泵浦光子频率和玻璃分子的谐振频率。因此，根据泵浦光源的波长，拉曼放大器可以放大任何需要的波长。拉曼放大器在S波段（1460 ~ 1530 nm）特别有效，同样也可以用在C波段和L波段。

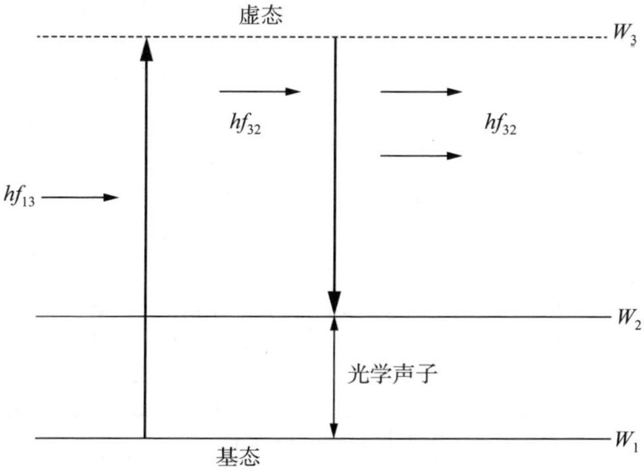

图6.40　受激拉曼散射

拉曼放大器的结构如图6.41所示。注意，这种结构与EDFA十分相似。本图所示的拉曼放大器的信号光和泵浦光沿相反方向传播（称为**反向泵浦**）。由于泵浦光的损耗很小，因此可以在光纤中传输较远的距离（几千米）。采用后向泵浦可以避免泵浦光子进入接收机，以免干扰接收的信号光。

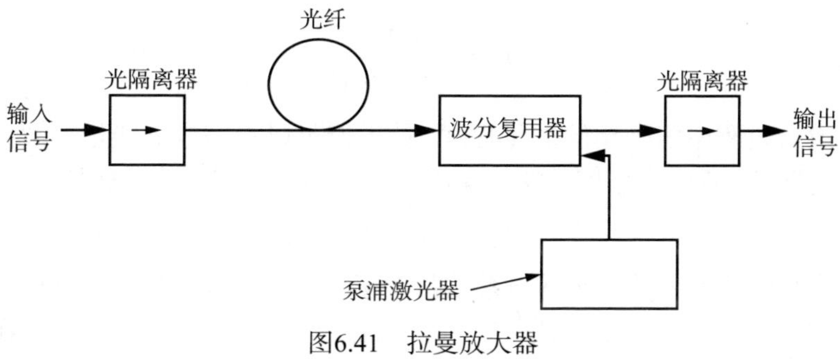

图6.41　拉曼放大器

根据前面例子中的数据，波长为1450 nm的泵浦光可以放大波长为1549 nm的信号光。放大器的带宽，也就是前面提到的拉曼散射带宽，约为6 THz，转换为波长范围是45 nm。拉曼放大器的小信号增益可达30 dB。

拉曼放大器最美好的前景是可以使用多个泵浦源来扩展放大带宽。图6.42给出了两个泵浦源（f_{P1}和f_{P2}）的例子。总增益是两个泵浦源所提供的增益之和。由于两个泵浦源频率的差异，使得两个增益峰值是错开的。这种方案将会得到进一步发展，采用更多的泵浦源，可以构建工作带宽超过100 nm（例如1500 ~ 1600 nm）的宽带放大器。图6.43中给出了这种方案。

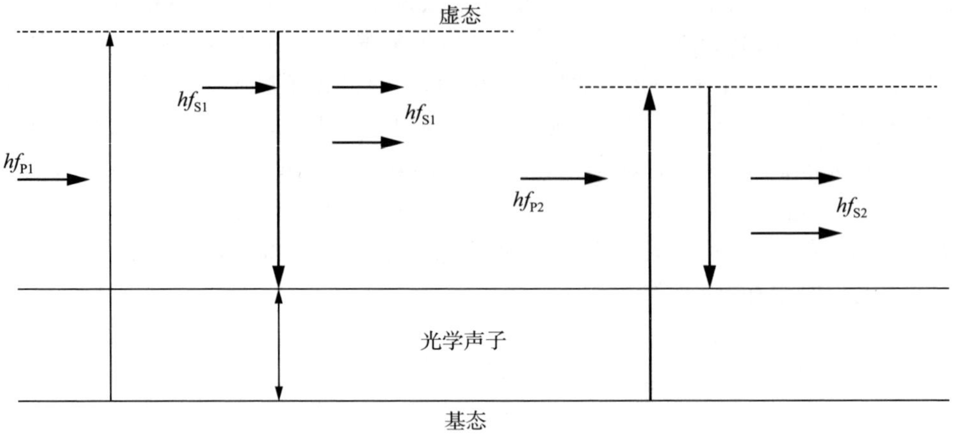

图6.42　多泵浦受激拉曼散射

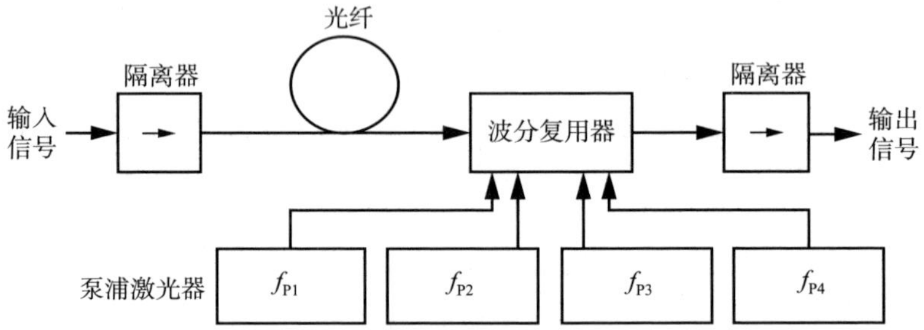

图6.43　宽带拉曼放大器

6.7.5　噪声系数

噪声系数F是用来度量放大器噪声特性的参数。其定义是输入信噪比与输出信噪比的比值，也就是

$$F = \frac{(S/N)_{\text{in}}}{(S/N)_{\text{out}}} \tag{6.12}$$

该式表示信号在放大过程中信噪比的劣化程度。放大器可以将信号的能量放大到可用的程度，但同时产生了附加噪声，所以信息信号的信噪比降低了。通常，噪声系数用如下方程式表示：

$$F_{\text{dB}} = 10\lg F$$

所有放大器（无论光的还是电的）的噪声系数都大于1（如果用dB表示，则有$F_{\text{dB}} > 0$）。也就是说，经过放大器放大以后信号质量降低了。尽管如此，对于微弱的光信号，与在检测后用电放大器来放大的系统相比较，光放大器仍然可以提高系统的整体性能。在所有各类光放大器中，通常半导体激光放大器的噪声系数最大（约为8 dB），掺铒光纤放大器的噪声系数约为6 dB，掺铒波导放大器的噪声系数小于5 dB，噪声性能最好的是拉曼放大器，其噪声系数小于4.5 dB。

例6.5　某光放大器的噪声系数为3.2 dB，假设输入信号的信噪比为50 dB。计算该放大器的输出信噪比。

解：

将上述数据转换为十进制的数据，可以得到输入信噪比为$S/N = 10^5$，而噪声系数则为2.089。所以输出为$(S/N)_{out} = 10^5/2.089 = 0.4786 \times 10^5$。转换为分贝，得到输出信噪比为46.8 dB。

注意，在这个例子中如果仍然用分贝来表示，则输出信噪比就是简单地用输入信噪比减去放大器的噪声系数，这是通常的表示方法。用方程来表示，也就是

$$(S/N)_{\text{out,dB}} = (S/N)_{\text{in,dB}} - F_{\text{dB}} \tag{6.13}$$

在第11章中将更详细地分析光纤通信系统的噪声。

6.7.6　光放大器的应用

在光纤系统中有很多地方需要用到光放大器。根据图6.44中放置的位置，可以将其应用分为发射放大、在线放大和前置放大。在线放大与发送机和接收机都相隔一定的距离，将微弱的信号在进一步传输之前进行放大。发射放大器在发送机中直接接在光源后面，将输出初始信号放大到某一期望值。采用后置放大器可以使发送机和第一级在线放大器的距离更远一些。其优点是发送机通常可以放在很方便的地方，维护、修理和安装都很方便。在线放大器通常放置在较难到达的地方，所以越少越好。接收机的前置放大器在检测前提高光信号功率，这样可以提高系统的噪声性能。

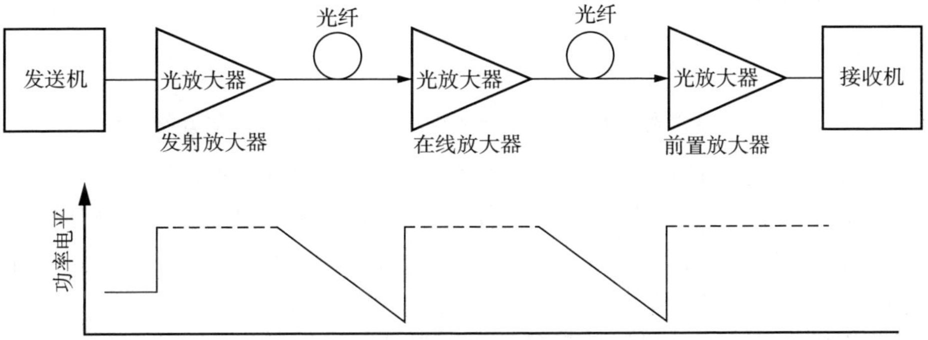

图6.44　光放大器的应用

最后，EDWA阵列在同一光集成芯片上可以同时放大多个光通道。这样的器件大有用武之地，例如用在有线电视分配网络中。

6.8　光纤激光器

无论是半导体激光器还是发光二极管，都不能将其产生的光高效率地耦合进光纤（第8章将详细介绍光源的耦合效率问题）。这主要是由于半导体光源和光纤的尺寸不匹配，使得这个问题相当严重。边发射激光器的发光区域是矩形的，而且不对称，而光纤却是圆对称的。另外，光源的发射方向图和光纤接收方向图不匹配，而半导体激光器的发射功率分布与单模光纤工作模式的功率分布不一致。如果能用光纤本身作为激光媒质制作成激光器，则耦合问题就可以迎刃而解。

我们在前面已经介绍了光纤放大器。这种放大器不仅已经实现，而且得到了广泛应用。激光器实际上是包括有反馈的光放大器，所以光纤激光器也是可以实现的。图6.45给出了一种光纤激光器结构的示意图。其中的泵浦源是激光器，其输出光束通过镜面M_1进入掺有有源

媒质的光纤。该镜面反射波长为λ_L的光，但λ_P的光可以完全通过。在光纤的另一端也有一个镜面，部分透射波长为λ_L的光。这种结构与氦氖激光器和半导体激光器相似，其中包含泵浦源、放大器和法布里–珀罗谐振式反馈。

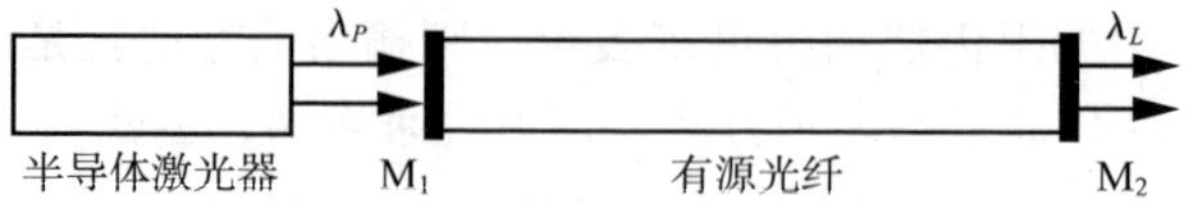

图6.45 法布里–珀罗光纤激光器。镜面M_1透射泵浦波长λ_P，但是反射激光波长λ_L。而镜面M_2则部分透射波长λ_L

除了法布里–珀罗式结构，光纤激光器还有其他结构[12]。图6.46给出了应用布拉格光栅代替反射镜面的掺铒光纤激光器。在第9章中将看到，布拉格光栅反射器本身就是一段特殊的光纤，可以与掺铒光纤放大区域制作在同一光纤中。

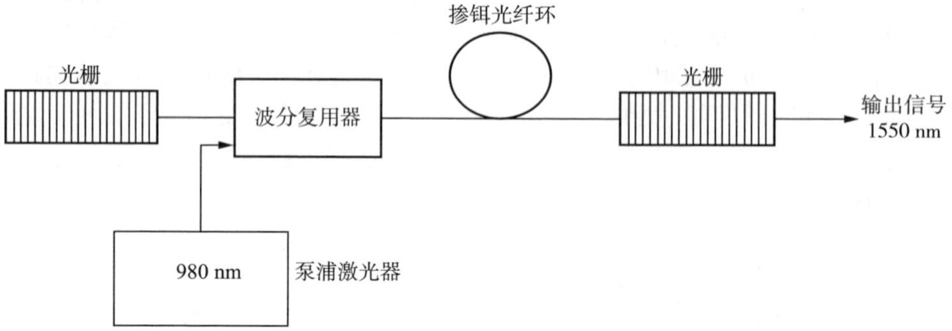

图6.46 掺铒光纤激光器。光栅对激光器输出波长起半透镜的作用

工作在1.55 μm波段的掺铒石英光纤和工作在1.35 μm的掺钇铝石榴石石英光纤可以在光纤激光器中作为有源放大光纤[13]。另外，拉曼光纤放大器可以提供激光振荡所需要的增益。高功率的拉曼光纤激光器可以作为拉曼放大器或掺铒光纤放大器的泵浦源。拉曼光纤激光器可以发射1200 ~ 1600 nm范围内的任意波长。

与通常的单模光纤类似，可以选择足够小的尺寸使光纤激光器工作在单模状态。将光纤光源耦合进单模光纤传输很简单，而且很高效。只须将两根光纤简单地连接在一起即可。然而必须记住，如果光纤激光器作为光源，则外调制是最好的调制方法。从4.6节可以知道，在调制速率不高时，外调制并没有什么优点，但调制速率很高时，外调制就是很好的方法。

6.9 垂直腔面发射激光器

垂直腔面发射激光器（vertical–cavity surface–emitting laser，VCSEL）[14]是在20世纪90年代开发出来的，比边发射型半导体激光器晚了很多年。如图6.47所示，这种激光器从其表面发射而不是从边上发射。这种结构有许多独特的优点，其一是输出的光束是圆的，与光纤形状吻合，这可以提高耦合效率。由于具有平面的几何形状，所以在单片集成芯片上可以实现二维的半导体激光器阵列。这样的激光器阵列在光纤网络内部连接中很有用，同时也可以用在其他通信应用中。垂直腔面发射半导体激光器的腔长很短，所以反应时间也很短。正因为如此，垂直腔面发射激光器能够以很高的速率对其进行调制。

垂直腔面发射型半导体激光器可以工作在可见光区域，所以可以用来作为塑料光纤系统的光源[15]。垂直腔面发射激光器也常用来作为工作在850 nm的局域网的光源。比如应用在吉

比特以太网中。850 nm的垂直腔面发射激光器的调制速率可以达到10 Gbps以上。这种光源有着成本低、效率高（与边沿发射激光器相比）的特点，因此在局域网这类需要大量发送机的系统中特别有竞争力。长波长垂直腔面发射激光器（在1300 ~ 1550 nm范围内发射）可以应用在高容量的点对点光纤通信系统中，但是必须与已经大量使用的传统半导体激光器在市场中竞争。

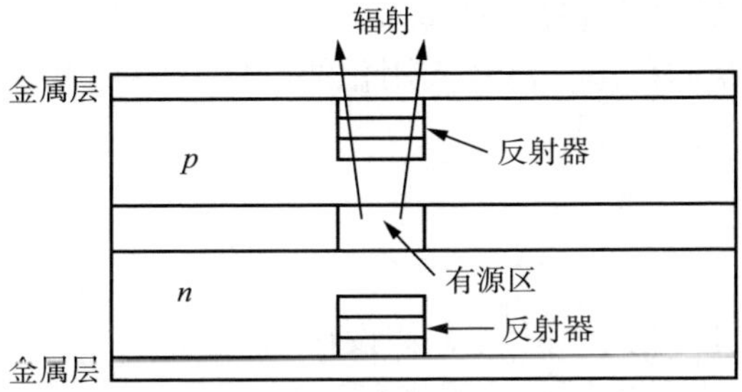

图6.47　垂直腔面发射激光器。反射器由多层电介质堆栈构成，电介质的折射率在高低值之间交替变化，导致高反射率。上面的反射器对发射波长部分透射，作为激光输出

6.10　总结和讨论

作为初步设计，表6.2中给出了典型半导体光源的特性参数。如果仅仅进行初步设计，那么我们已经有足够的信息来选择光载波的波长、光纤的类型和光源。多模阶跃折射率光纤和多模渐变折射率光纤系统都可以使用LED作为光源，但应工作在不同的光谱区域。在阶跃折射率光纤中，模式色散起决定性作用。由LED的宽谱特性引起的材料色散影响很小，可以忽略。所以，选择半导体激光器来减少材料色散的影响没有任何意义。正是因为这些原因，LED通常用在使用多模阶跃折射率光纤的线路中。使用多模阶跃折射率光纤和LED光源的系统主要工作在短波长的第一窗口，即0.8 ~ 0.9 μm波段。工作在该波段的器件比较便宜。采用LED光源工作在第一窗口对于渐变折射率光纤并不是最优的，因为材料色散引起的脉冲展宽有可能比光纤模式畸变引起的脉冲展宽更宽。这样的器件组合会丧失渐变折射率光纤的优点。然而，在长波长的O波段（即1.3 μm附近），即使是使用LED光源，材料色散的影响也会变得很小。采用渐变折射率光纤和工作在1.3 μm波长区域的LED光源，可以在相当长的距离上实现高速率的数据传输。

表6.2　半导体光源的一般特性

特性参数	发光二极管	半导体激光器	单纵模半导体激光器
谱宽（nm）	20 ~ 100	1 ~ 5	< 0.2
上升时间（ns）	2 ~ 250	0.1 ~ 1	0.05 ~ 1
调制带宽（MHz）	< 300	2000	6000
耦合效率[a]	很低	中等	高
适配光纤	多模SI[b]和GRIN[c]	多模GRIN和单模光纤	单模光纤
温度敏感度	低	高	高
电路复杂性	简单	复杂	复杂
寿命（小时）	10^5	$10^4 \sim 10^5$	$10^4 \sim 10^5$
成本	低	高	很高
基本应用	中等距离 中等数据速率	长距离 高数据速率	超长距离 超高速

a. 使用透镜可以改善耦合效率　b. 800 ~ 900 nm系统　c. 1300 nm系统

使用半导体激光器初始成本较高，而且增加了电路的复杂性，所以只有在必要时才采用这种器件。对于长距离、大容量系统，半导体激光器与多模GRIN光纤或单模光纤的结合可以构成有效的传输系统。这些系统都工作在第一窗口和O波段。在O波段中，光纤损耗低，可以实现长距离传输。

采用单模激光器与单模光纤相结合，工作在低损耗、长波长区域如C波段或L波段（1530 ~ 1625 nm），可以实现最大的速度与距离积。

光放大器增加了光纤线路的范围。已经实用化的器件主要有半导体光放大器、掺铒光纤放大器、掺铒波导放大器和拉曼放大器。

习题

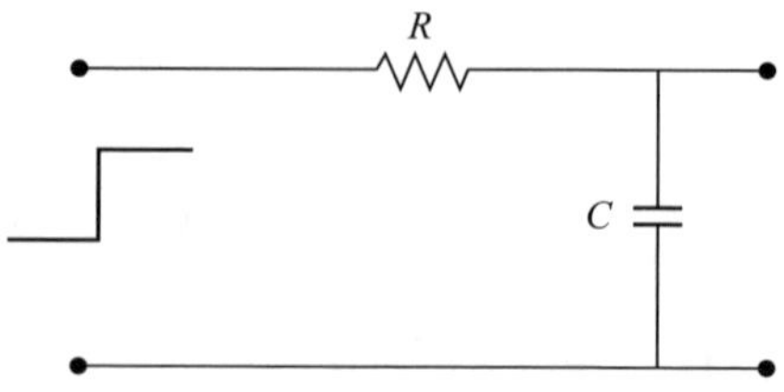

图6.48　习题6.1和习题6.2的电路

6.1 将图6.48所示的一个电阻与电容相串连，假设输入电压为1 V。试计算电容上的电压，并根据R和C的值计算10% ~ 90%的上升时间。

6.2 在习题6.1的电路中，设输入电压为$v_{\text{in}} = \cos \omega t$。试用$\omega$计算和画出电容电压。证明此电路的3 dB带宽为$f_{3\text{ dB}} = 0.35/t_r$，其中$t_r$是10% ~ 90%的上升时间。

6.3 光检测电流通过一个负载电阻R，此电流与接收光功率成正比。证明以分贝表示的光功率变化量是以分贝表示的电功率变化量的一半。

6.4 假设LED的发射光功率随调制频率的变化满足式（6.7）。证明3 dB光带宽和3 dB电带宽的关系是$f_{3\text{ dB}}$（光）= 1.73 $f_{3\text{ dB}}$（电）。

6.5 假设LED的光功率与电流之间的关系为$P = 0.02 \times i$，最大容许的功率是10 mW。LED加有直流偏置电流和频率为1 MHz的交流电流。

（a）画出光功率–电流曲线（也就是二极管的转换特性曲线）。

（b）假设信号峰值功率为2 mW，总的峰值功率是10 mW，计算总的电流峰值、直流偏置电流、平均光功率和调制系数（也就是峰值信号功率/平均功率）。

（c）假设调制系数是100%（即信号峰值功率不再是2 mW），重复上面的计算。

（d）假设直流电流为50 mA，交流电流峰值为75 mA。画出交流信号两个周期内的输出光功率与时间的关系曲线。

6.6 假设某LED加上2 V的电压时，将产生100 mA电流和2 mW的光功率。试求此LED的电光转换效率。

6.7 假设某LED具有100 MHz的3 dB电带宽（完全决定于其载流子寿命）。试求载流子寿命，并画出此二极管在0 ~ 500 MHz范围内类似于图6.8的归一化频率响应曲线。

6.8 计算GaAs用焦耳表示的带隙能量。

6.9 假设某半导体激光器的阈值电流为10 mA，光功率和输入电流关系曲线的斜率为2 mW/mA，用 mA表示的总注入电流为$i = 20 + \sin \omega t$。

（a）写出输出功率的计算公式，并画出曲线。

（b）假设电流变为$i = 10 + \sin \omega t$，画出输出功率波形。

6.10 比较发光二极管与半导体激光器的优缺点。

6.11 对于朗伯辐射器，计算与辐射方向图上的1/4功率点相对应的全光束宽度。

6.12 GaAs半导体激光器有1.5 nm增益线宽，腔长是0.5 mm。画出其输出谱，谱中应尽可能包括你所知道的详细内容（例如发射波长和模式数目）。

6.13 某掺铒光纤放大器的噪声系数为6，增益为100。假设输入信号的信噪比为30 dB，信号功率为10 μW。试计算输出信号功率（用dBm表示）和输出信噪比（用dB表示）。

6.14 某特殊的掺铒光纤放大器工作带宽超过20 nm（1530 ~ 1550 nm）。有多少10 GHz的信道能安置在这个区域内（即所谓复用）并被同时放大？

6.15 假设某掺铒光纤放大器的饱和功率为20 mW，每mW泵浦功率的增益为5 dB。泵浦功率设为5 mW。计算放大器不进入饱和状态下的最大输入功率。

6.16 利用图6.25画出阈值电流与温度的关系曲线。通过此关系曲线计算温度每升高1℃时阈值电流的改变量。

6.17 假设某半导体激光器以0.5 nm/℃改变发射波长。未改变前的发射波长为1310 nm，光纤的零色散波长为1300 nm。激光器的线宽为1.5 nm，如果温度改变10℃则会导致输出波长增加。试计算有此温度升高时，光纤的3 dB光带宽的降低量。假设只有材料色散才是需要考虑的色散因素。

6.18 将温度导致发射波长改变的改变量0.5 nm/℃转换为在1 μm波长附近的频率改变量GHz /℃。

6.19 计算工作在1300 nm波段的InGaAsP DBF半导体激光器的光栅常数。需要同时给出一级衍射和二级衍射的结果。

6.20 对于LED光源，画出带隙能量在0.5 ~ 2 eV范围内发射波长（以μm为单位）与带隙能量（以eV为单位）之间的关系曲线。

6.21 对于LED光源，在1.3 μm波长处，如果驱动电流为50 mA，则发射2 mW光功率。计算注入电荷数与产生的光子数的比值。

6.22 画出LED的3 dB电带宽与上升时间之间的关系曲线。上升时间范围为1 ~ 250 ns。

6.23 多模半导体激光器的光谱如图6.26所示。计算相邻模式之间的频率间隔，假设中心波长为1.3 μm。

6.24 已经有多种可调谐DBR激光器。我们需要在C波段中任何波长上均可发射的光源。假设通过加热布拉格区域调节等效折射率的范围是0.8个百分点，试问我们需要购买多少个不同的激光器（假设每个激光器都有不同的中心波长）。

6.25 来自发射不同波长的光源的光信号可以复用进一根光纤，以提供不同的独立信道。假设每个光源的谱宽为0.02 nm，信道间隔为0.05 nm（为了避免串扰）。试问C波段能够安排多少个信道？

6.26 掺铒光纤放大器的泵浦波长为980 nm，放大波长为1550 nm。假设仅仅考虑一个980 nm光子产生一个1550 nm光子的能量损失，试计算此放大器的效率。

6.27 在图6.36所示的EDFA中，波长复用器是一个三端口器件，连接泵浦光源和信号光。画出这种复用器的理想输入–输出特性曲线。

6.28 画出一个EDWA阵列的结构图。此阵列使用一个980 nm泵浦源，能够同时放大8个分离信号。

6.29 假设输入波长是1450 nm，拉曼散射导致光频率有13.2 THz的向下频移。计算输入信号的频率和向下频移后的输出频率。

6.30 根据6.7节的论述，单泵浦的拉曼放大器有6 THz的带宽，宽带拉曼放大器的结构如图6.43所示。画出能同时放大S波段、C波段和L波段信号的宽带拉曼放大器结构图。计算每个泵浦激光器的中心波长。

6.31 假设半导体激光器向光纤注入0.5 mW的光功率，随后接一个增益为25 dB的功率放大器；紧随其后连接的光纤长度为100 km，损耗是0.25 dB/km。接下来是在线放大器，能够提供足够的增益，可以将信号功率放大到功率放大器输出端的功率电平。后面的光纤同第一段光纤完全一样，但长度为150 km。一个前置放大器将信号功率放大到注入光纤时的量级（0.5 mW）。试问，此前置放大器的增益是多少？画出此光纤通信系统中以dBm为单位的光信号功率随位置的变化曲线。

6.32 制作一张表格，列举出你现在已经知道或稍后即将知道的适合光纤通信系统的各种光源。表头上可以列举如下的术语：放大材料（例如GaAs等）、结构（如LED，LD，VCSEL等）、工作波长等。

参考资料

[1] H. Kressel. "Electroluminescent Sources for Fiber System." In *Fundamentals of Optical Fiber Communications*, 2d ed., Michael K. Barnoski, ed. NY: Academic Press, 1981, pp. 187–255.

[2] H. Kressel, M. Ettenberg, J. P. Wittke, and I. Ladany. "Laser Diodes and LEDs for Fiber Optical Communications." In *Semiconductor Devices for Optical Communication.* H. Kressel, ed. NY: Springer-Verlag, 1980, pp. 9–62.

[3] B. V. Dutt, J. H. Racette, S. J. Anderson, and F. W. Scholl. "AlGaInP/GaAs Red Edge-Emitting Diodes for Polymer Optical Fiber Applications." *Appl. Phys. Lett.* 15, no. 21 (Nov. 1988): 2091–92.

[4] Donald M. Fye. "Low-Current 1.3-μm Edge-Emitting LED for Single-Mode Fiber Subscriber Loop Applications." *J. Lightwave Technol.* LT4, no. 10 (Oct. 1986): 1546–51.

[5] Motorola Semiconductor Technical Data, MFOE3100/D. Phoenix, AZ, 1986.

[6] Introductory texts covering lasers include the following:

Donald C. O'Shea, W. Russell Callen, and William T. Rhodes. *Introduction to Lasers and Their Applications*, Reading, MA: Addison-Wesley, 1977.

Joseph T. Verdeyen. *Laser Electronics.* Englewood Cliffs, NJ: Prentice-Hall, 1981.

Ammon Yariv. *Optical Electronics*, 4th ed. NY: Holt, Rinehart and Winston, 1991.

[7] Laser diodes are covered in detail in References 1, 2, and 5.

[8] N. K. Dutta. "Optical Sources for Lightwave System Applications." In *Optical-Fiber Transmission*, E. E. Basch, ed. Indianapolis, IN: Howard W. Sams, 1987, pp. 282–85.

[9] Gerd Keiser. *Optical Fiber Communications*, 3d ed. NY: McGraw-Hill, 2000, pp. 405–8.

[10] K. Nakagawa and S. Shimada. "Optical Amplifiers in Future Optical Communications Systems." *IEEE LCS* 1, no. 4 (Nov. 1990): pp. 57–62.

[11] E. Desurvire. "Erbium-Doped Fiber Amplifiers for New Generations of Optical Communication Systems." *Optics Photonics News* 2, no. 1 (Jan. 1991): pp. 6–11.

[12] A. Bjarklev. *Optical Fiber Amplifiers: Design and System Applications.* Boston: Artech House, 1993.

[13] J. M. Senior. *Optical Fiber Communications*, 2d ed. Englewood, NJ: Prentice-Hall, 1992, pp. 351–355.

[14] G. A. Evans and J. M. Hammer, eds. *Surface-Emitting Semiconductor Lasers and Arrays.* San Diego, CA: Academic Press, 1993.

[15] M. H. Crawford, R. P. Schneider, Jr., K. D. Choquette, and K. L. Lear. "Temperature-Dependent Characteristics and Single-Mode Performance of AlGaInP-Based 670–690-nm Vertical-Cavity Surface-Emitting Lasers." *IEEE Photon. Tech. Lett.* 7, no. 7 (July 1995): 724–726.

第7章　光 检 测 器

光能够被眼睛所感知。但是眼睛对光的响应太慢，对低电平信号的灵敏度不足，而且无法与用于放大、解码及其他信号处理的电接收机相连接，所以眼睛不适于作为现代光纤通信系统的接收器。此外，眼睛的谱响应局限在0.4 ~ 0.7 μm波长段，而在这个波长范围内光纤的损耗很高。尽管如此，在用可见光测试光纤时，眼睛还是能派上用场的。通过观察光的散射情况，可以确定光纤中的断裂点和不连续性。对于一些系统，例如耦合器、连接器等，在与红外光源相连之前，可以先安排通过与可见光源连接，进行检验。但是本章仅限于研究能够直接将光信号转换成电信号（电流或电压）并能对光功率大小的变化做出迅速响应的器件。

7.1　光检测原理

我们考察两种截然不同的光检测机制[1,2]。第一种是**外部光电效应**，即金属表面通过吸收入射光子流的能量从而释放电子，形成光生电流。真空光电二极管和光电倍增管就是基于这种效应的器件。第二类光检测器是半导体结型器件，通过吸收入射光子产生自由电荷载流子（电子和空穴），这种效应有时又称为**内部光电效应**。pn结光电二极管、PIN光电二极管和雪崩光电二极管是3种基于这种机理的常用光检测器件。

光检测器的重要特性包括其响应度、谱响应和上升时间。**响应度**ρ是检测器的输出电流与入射光功率的比值，可以用方程式表示，即

$$\rho = \frac{i}{P} \tag{7.1}$$

响应度的单位是安培每瓦（A/W）。也有一些检测器的电输出为电压，在这种情况下，响应度的单位应为**伏特每瓦入射光功率**。所谓**谱响应**，是指检测器响应度与波长之间的函数关系。由于响应度随波长迅速变化，所以对应于光纤的低损耗频段中不同的光谱区域，应该采用不同的检测器。在任何波长区域中，由光源所发射的特定波长所对应的响应度，都会对接收机的设计产生重要的影响。

上升时间t_r是指在入射光功率呈阶跃变化的条件下，检测器的输出电流从最大值的10%上升到90%所用的时间。这一定义与第6章中关于光源上升时间的定义是一致的。检测器的上升时间定义如图7.1所示，而光检测器的3 dB调制带宽则定义为

$$f_{3\ \mathrm{dB}} = \frac{0.35}{t_r} \tag{7.2}$$

假定检测器的入射光功率相同，则在这个频率上，接收机的输出电信号功率刚好是低调制频率下获得的功率的一半。

光检测器的其他特性将在本章其余部分的适当位置进行介绍。

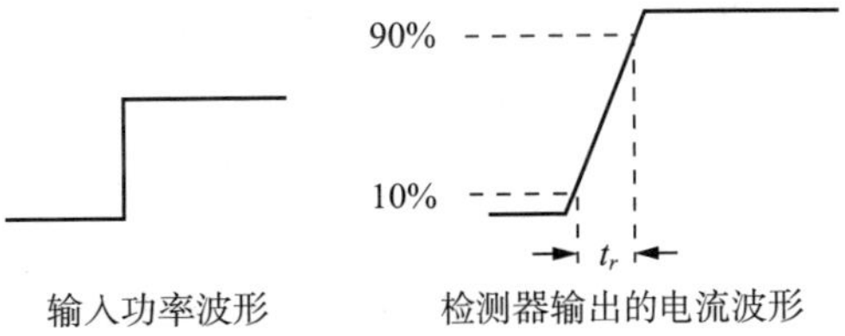

图7.1　光检测器的上升时间

7.2　光电倍增器

尽管真空光电二极管和光电倍增管在光纤器件检测中非常有用，但这种器件却无法在实际运行的光纤通信系统中使用。光电倍增管的高灵敏度特性使其在测量极微弱的光功率时特别有用。对于检测原理的解释，光致发射型检测器在某种程度上比半导体器件更容易一些，而且这两种器件还有许多共同的特性。所以，我们将以基于光致发射的光电检测器为例来讨论光检测器。

真空光电二极管的结构如图7.2所示。外加偏置电压使得光电二极管的阳极为正，阴极为负。在无光照射的情况下，通过负载电阻的电流和输出电压均为零。当阴极受到光照射时，入射光子被吸收，阴极金属材料中的电子获得能量。其中一些电子获得的能量足够大，以至于可以从阴极逃逸，这些自由电子受阳极正电荷的吸引并向其移动。在这个过程中，正电荷被不断靠近的带负电荷的电子所吸引，通过外电路向阳极运动（例如，通过负载电阻）。换句话说，在外电路中有了电流通过。到达阳极时，电子与正电荷复合从而使电流中断。

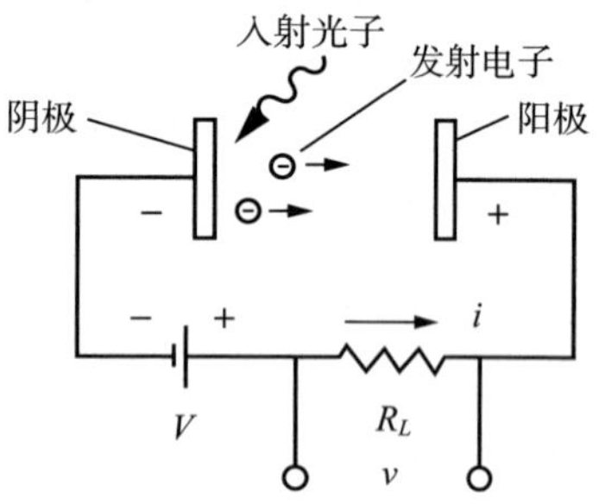

图7.2　真空光电二极管

单个电子从阴极逃逸需要一个最低的能量值，这个值称为**功函数**。入射光子的能量必须大于此值才能产生光致电子发射。用ϕ表示功函数，则电子逃逸的条件为

$$hf \geqslant \phi \tag{7.3}$$

所以光电二极管可以检测的最低光频率为$f=\phi/h$。用波长表示，则可以检测的最长波长为$\lambda=hc/\phi$，可以称其为光电二极管的截止波长。如果功函数的单位是电子伏特，则**截止波长**（μm）为

$$\lambda = \frac{1.24}{\phi} \tag{7.4}$$

光波长大于这个值时，入射光子没有足够的能量激励检测器，因而不能被检测到。波长小于这个值时，光子能量超过功函数，则可以检测到。

例7.1　铯是一种常见的光致发射材料，其功函数为1.55 eV。试计算其截止波长。

解：

由式（7.4），$\lambda = 1.24/1.55 = 0.8$ μm。只有波长小于这个值时才能被铯阴极所检测。

例7.1说明，当波长大于或等于0.8 μm时铯检测器就不再敏感，而光纤通信系统的工作波长正好大于0.8 μm。另外一些真空光致发射器件能检测的波长可达1.1 μm，但是在长波长范围其响应度却非常低。由于体积大，电压要求高（几百伏或更高），所以任何形式的真空光电二极管都不可能用于实际运行的光纤通信系统。然而，由于其发光原理在光电倍增管和半导体检测器中的应用，我们将会继续讨论。

并不是每个能量大于功函数的光子都能激发一个电子。器件的这种特性用发射体的**量子效率**η描述，定义为

$$\eta = \frac{\text{发射电子数}}{\text{入射光子数}} \tag{7.5}$$

根据式（7.1），我们可以很容易地计算出光检测器的响应度。因为光功率是指每秒到达检测器的光能量，hf代表每个光子的能量，所以P/hf是每秒到达阴极的光子数。由量子效率η可以得

到每秒的发射电子数为$\eta P/hf$；而每个电子的电量为e，所以每秒从阴极产生的电荷量，即电流可以表示为

$$i = \frac{\eta e P}{hf} = \frac{\eta e \lambda P}{hc} \tag{7.6}$$

这就是通过外围电路负载电阻上的电流值，而检测器充当接收电路的电流源。根据上面的讨论，响应度可以表示为

$$\rho = \frac{i}{P} = \frac{\eta e}{hf} = \frac{\eta e \lambda}{hc} \tag{7.7}$$

输出电压为

$$v = \frac{\eta e P R_L}{hf} = \rho P R_L \tag{7.8}$$

式（7.6）至式（7.8）既适用于光致电发射器件，也适用于半导体结型检测器。式（7.6）说明检测电流正比于光功率，这是一个贯穿于本书始终的对光检测器性能的假设。

例7.2　假定检测器在0.8 μm波段的量子效率为1%，试计算其响应度。

解：

由式（7.7）有

$$\rho = \frac{0.01(1.6\times10^{-19})(0.8\times10^{-6})}{(6.63\times10^{-34})(3\times10^{8})}$$

$$= 0.0064 \text{ A/W}$$

也就是6.4 mA/W。

例7.3　根据例7.2的结果，计算当检测器接收的光功率为1 μW时，一个50 Ω负载电阻两端的电压。

解：

由检测器产生的电流为$i = (6.4\times10^{-3})\times10^{-6} = 6.4$ nA，所以输出电压$v = (6.4\times10^{-9})\times50 = 320$ nV，这是一个非常小的电压值。

光电倍增管（photomultiplier tube，PMT）有内部增益机制，所以其响应度比光电二极管要高得多。PMT的结构如图7.3所示。从阴极发射出的电子加速向**倍增**电极运动。第一个倍增电极上的电压比阴极电压高出100 V甚至更多，所以能够吸引电子。电子以很高的动能撞击到倍增电极上，释放其能量，使得倍增电极中的电子获得足够的能量，足以从电极逃逸，这个过程称为**二次电子发射**。一个入射电子可以激发不止一个二次电子，从而可放大检测电流。每经过一个倍增电极，电流就被放大一次。倍增管中每个倍增电极的电压依次比前一个电极更高，只有这样才能吸引电子并放大电流。

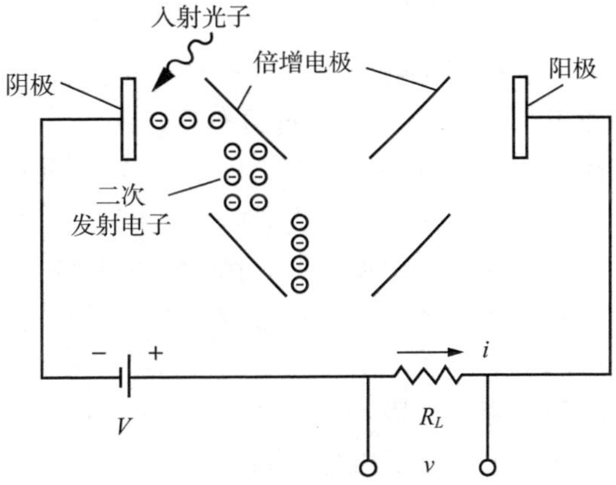

图7.3　光电倍增器

每个倍增电极的增益指的是每个入射电子所产生的二次发射电子数的平均值，通常在2～6之间。我们将跟踪单个光致发射电子通过倍增管的全过程。假设每个倍增电极的增益为δ，则从第一个倍增电极产生的电子数为δ个，从第二个倍增电极发射出来的电子数为δ^2，第三个则为δ^3。当有N个倍增电极的时候，总的增益是

$$M = \delta^N \tag{7.9}$$

通过外电路的电流为

$$i = \frac{M\eta eP}{hf} \tag{7.10}$$

例7.4 假设一个光电倍增管有9个倍增电极，每个倍增电极的增益为5，计算此光电倍增管的电流放大倍数。

解：

根据式（7.9），$M = 5^9 = 1.95 \times 10^6$，也就是说，电流增益接近2 000 000。

例7.5 假设一个PMT具有例7.4所得的增益，现用来检测光功率为1 μW，波长为0.8 μm的光信号。阴极的效率为1%，负载为50 Ω。计算其响应度、电流和输出电压。

解：

除了增益，本例中的数据与前面分析的包括真空光电二极管在内的例子完全相同。在这里，响应度为$(1.95 \times 10^6) \times (6.4 \times 10^{-3}) = 12.5$ kA/W。电流为$(12.5 \times 10^3) \times 10^{-6} = 12.5$ mA，电压为$(12.5 \times 10^{-3}) \times 50 = 0.625$ V或625 mV。这比仅能获得320 nV电压的光电二极管有了显著的增加。

在光电倍增管这样的检测器内部实现的放大，称为**内部增益**。而来源于接在检测器后面的电子放大器的增益则称为**外部增益**。内部增益有一个很重要的优点，即可以在不显著降低信噪比的情况下放大信号。外部电子放大器通常都会给系统引入噪声，从而使信噪比降低。光电倍增器具有高增益特性，所以在存在热噪声的条件下，这种器件对检测极微弱信号十分有用。有关噪声影响问题将在第11章中详细探讨。

光电倍增器响应速度很快，有些器件的响应时间甚至不到1 ns。这种器件的缺点是成本高、体积大、质量高，且需要一个能提供数百伏偏置电压的电压源。

7.3 半导体光电二极管

半导体光电二极管体积小、重量轻、灵敏度高、响应速度快，而且在几伏的偏置电压下即可工作。对于光纤通信系统，半导体光电二极管是近乎理想的检测器。下面将讨论3类这样的器件，即pn型光电二极管、PIN型光电二极管和雪崩光电二极管。

简单的pn光电二极管结构如图7.4所示，主要用来解释结型半导体光检测器的基本检测原理。当pn结**反向**偏置时，p区和n区之间的势垒增加。通常在n区的自由电子和在p区的自由空穴不能越过势垒，所以也就没有电流产生。pn结**结区**也就是势垒所在的区域。由于结区没有自由电荷，所以这个区称为**耗尽区**。也正因为没有自由电荷，所以这是一个高电阻区域，从而导致整个二极管的电压几乎全部加在结区的两侧。因此，耗尽区是一个高电场区，而在结区之外电场几乎可以忽略。

图7.4（c）表明一个入射光子经过*p*层以后在结区被吸收。吸收的能量激发一个束缚电子从价带越过带隙到达导带。此时电子成为自由载流子，能够自由运动。同时，一个空穴留在价带上由电子空出的位置。自由电荷载流子就是以这样的方式通过吸收光子产生的。自由电子在结区电场的作用下向势垒底部运动，空穴的势能刚好与电子相反，所以向势垒顶端运动。自由电荷的定向运动在外电路产生了电流，这与真空光电二极管中由光致发射电子产生电流的方式类似。如果电子-空穴对复合，或者到达电场力很小的结区边缘，电荷便会停止运动，电流也就终止了。

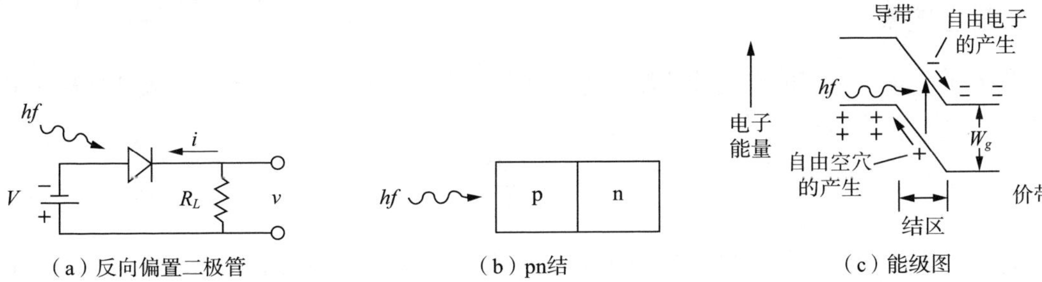

图7.4　pn结光电二极管的结构

如果光子在结区外面的p区或n区被吸收，那么会产生什么情况呢？这时，同样也会产生电子-空穴对，但因为结区外的电场力很小，所以自由电荷并不可能快速运动。绝大部分的自由电荷将在二极管内缓慢扩散，并在到达结区之前复合。这些电荷会产生微小的电流，从而降低检测器的响应度。很明显，这种现象使得pn结型检测器的效率不高。为了提高响应度，可以在二极管芯片中集成一个前置放大器，这样的器件称为**集成前置放大检测器**（integrated detector preamplifier，IDP）。

在紧靠耗尽区附近产生的电荷载流子能够向耗尽区扩散，这些电荷在大电场力的作用下通过耗尽区。这样也可以在外电路中产生电流，但这种电流响应相对于入射光功率的变化会有一个时延。假定我们要通过检测外加的阶跃入射光功率来测量一个pn结型光电二极管的上升时间。部分来自阶跃脉冲前沿的光子会在结区被吸收，并在此瞬间产生电流。但是，另一些前沿的光子可能在接近结区的地方被吸收，这会导致电流延迟一段时间。因此，我们在实验中将看到电流是逐渐上升的，峰值出现在外加阶跃波形输入完成之后。这种上升时间通常比较长，典型的pn结型光电二极管的上升时间为微秒量级，所以在高速光纤通信系统中不适用。PIN型二极管结构可以解决响应度低和响应速度慢的问题，我们将在下一节讨论这种器件。

将半导体pn结作为光发射器和作为光检测器的特点进行比较是很有趣的事情。用做光发射器时，二极管是正向偏置的，电荷注入结区通过复合产生光子。用做检测器时，其过程刚好相反，二极管是反向偏置的，入射光子产生电子-空穴对，从而在外电路中产生电流。尽管实际上不这么做，但一个简单的pn结的确能设计成同时用做发射器和检测器两种功能的器件。

7.4　PIN型光电二极管

PIN型光电二极管是光纤通信系统中最常用的检测器。PIN二极管在位于p区和n区之间的区域是一层较厚的本征半导体材料，其结构如图7.5所示。本征半导体层中几乎没有自由电荷，所以其电阻很高，绝大部分的二极管电压落在这一层，因而其内部电场很强。并且由于本征层较厚，所以入射光子在这里被吸收的概率远大于在很薄的p区或n区被吸收的概率。相对于pn结型光电二极管，这种结构的检测器效率和响应速度都得到了明显的改善。

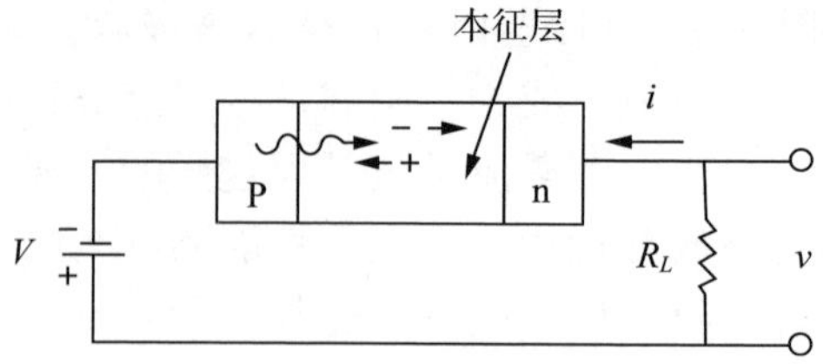

图7.5 PIN型光电二极管的结构

7.4.1 截止波长

入射光子必须有足够的能量才能激发电子越过带隙产生电子–空穴对。这就要求$hf \geqslant W_g$，即检测器的截止波长为

$$\lambda = \frac{1.24}{W_g} \tag{7.11}$$

其中，λ 的单位为μm，带隙能量W_g的单位为电子伏特（eV）。这个方程式与基于光致发射的检测器截止波长的式（7.4）类似。

例7.6 计算硅和锗PIN光电二极管的截止波长。其带隙能量分别为1.1 eV和0.67 eV。

解：

由式（7.11），可以计算出硅的截止波长为1.1 μm，锗的截止波长为1.85 μm。

7.4.2 材料

在800 ~ 900 nm波长范围以内，Si检测器是最实用的光纤检测器。但是由例7.6的计算结果可知，这种器件无法用于长波长波段（1.3 μm波长窗口）。Ge和InGaAs光电二极管会比Si光电二极管引入更大的噪声，但其波长响应区间位于1200 ~ 1700 nm之间。表7.1给出了大部分常见的PIN二极管材料的可用波长范围。Si和InGaAs材料的谱响应度如图7.6所示。在短波长范围内响应度之所以下降，是因为在短波长区p区和n区吸收的光子会增加。

表7.1 PIN型半导体光电二极管

材料	波长范围（μm）	峰值响应波长（μm）	峰值响应度（A/W）
硅（Si）	0.3 ~ 1.1	0.8	0.5
锗（Ge）	0.5 ~ 1.8	1.55	0.7
InGaAs	1.0 ~ 1.7	1.7	1.1

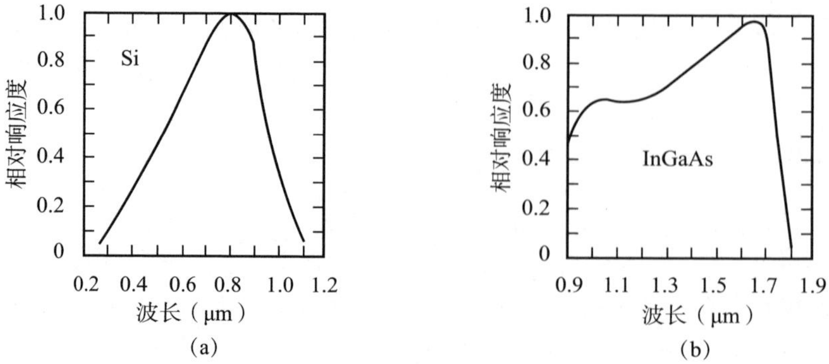

图7.6 谱响应曲线

Si和InGaAs材料的峰值量子效率约为0.8。将这个典型值代入式（7.7），在工作波长0.8 μm附近计算得到Si材料的响应度为0.5 A/W。注意，这个值远远大于在7.2节中计算的一个典型真空光电二极管6.4 mA/W的响应度。对于波长为1.7 μm，量子效率为80%的InGaAs材料，其响应度为1.1 A/W。根据图7.6（b）所示的谱响应曲线，在1.3 m波长处，其响应度降低到这个值的70%，约为0.77 A/W。锗材料的量子效率峰值位于1.55 μm波长处，此处的量子效率约为55%。在这种情况下，由式（7.7）可知其峰值响应度接近0.7 A/W。

7.4.3 电流-电压特性

图7.7给出了一个响应度为0.5 A/W的硅光电二极管的电流-电压特性曲线。在反向偏置条件下，光电二极管工作于**光电导模式**。在光电导模式下，输出电流与输入光功率成正比。图中的曲线表明，在未加反向偏置电压时，入射光功率会产生一个正向电压，即所谓**光伏模式**。光伏模式也就是在光的照射之下产生电动势的太阳能电池的工作基础。在光纤通信系统中，光检测器以光电导模式工作。

即使在没有光功率存在的情形下，反向偏置的二极管内也有一个微小的反向电流存在。这个微弱的电流称为**暗电流**，在7.7图中以I_D表示。暗电流是由二极管内自由电荷载流子的热运动产生的。所有二极管内都有这样的电流，通常称为**反向漏电流**。在外加较高反向电压的条件下，反向漏电流可能达到最大值，即**反向饱和电流**。由载流子热运动产生的暗电流会随着温度的升高而迅速增加，在室温（25℃左右）条件下，温度每增加10℃，反向漏电流甚至会翻倍。暗电流的大小在不到1 nA到数百nA范围之间。通常，Si光检测器的暗电流最低，InGaAs光检测器的暗电流会大一些，而Ge光检测器的暗电流最大。这就是Si光电二极管与Ge光电二极管在响应度大致相当的波长区域中，Si光电二极管更受青睐的主要原因。

可以预见，当一个微弱的光信号所产生的微小光电流被暗电流淹没时，有可能检测不到这个信号。

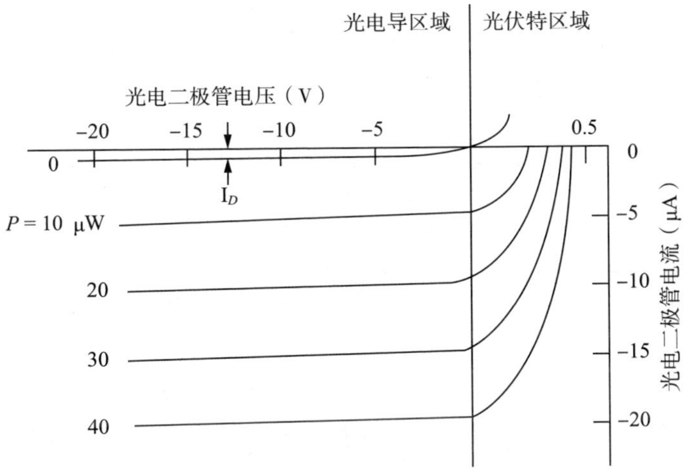

图7.7　硅光电二极管的电流-电压特性曲线

例7.7　估算一个响应度为0.5 A/W，暗电流为1 nA的PIN光电二极管的最小检测功率。

解：

假设光功率产生的信号电流与暗电流相等，是可以检测到光信号的起码条件。根据式（7.7）可以得到，$P = I_D/\rho = 2$ nW。

第11章将定量分析暗电流对系统的信噪比和数字系统误码率的影响。

最简单的PIN接收电路如图7.8（a）所示，图7.8（b）为一个理想二极管的特性曲线。**环路定理**（也称为**基尔霍夫电压定律**）规定一个闭合电路的总电压必定为零。将此定律用于图7.8所示的电路，则有

$$V_B + v_d + i_d R_L = 0 \tag{7.12}$$

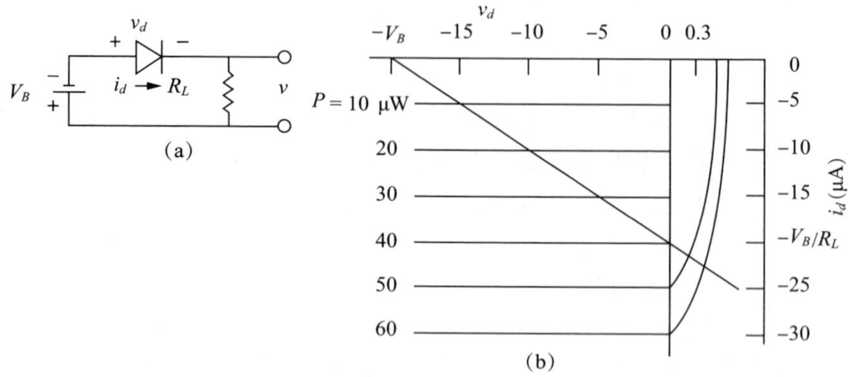

图7.8　（a）简单的PIN电路；（b）电路特性的图形表示

注意，图中已标定二极管的电压和电流的正方向。在这个例子中，电流和电压都为负值。因为式（7.12）必须同时满足特性曲线，所以在图7.8中也画出来了。作为一个例子，我们使用20 V的电池（或直流电源）和一个1 MΩ的负载电阻。所绘制的直线称为**负载线**，其斜率为$-1/R_L$，与电压轴的交点为$-V_B$（本例中为−20 V），与电流轴的交点为$-V_B/R_L$（本例中为−20 μA）。输出电压v与入射光功率之间的关系，也就是所谓转换特性，很容易由图7.8（b）推得。表7.2综合了部分计算值。

表7.2　计算PIN型光检测器的转换特性

光功率（μW）	二极管电压（V）	输出电压（V）
0	−20	0
10	−15	5
20	−10	10
30	−5	15
40	0	20
50	0.3	20.3
60	0.4	20.4

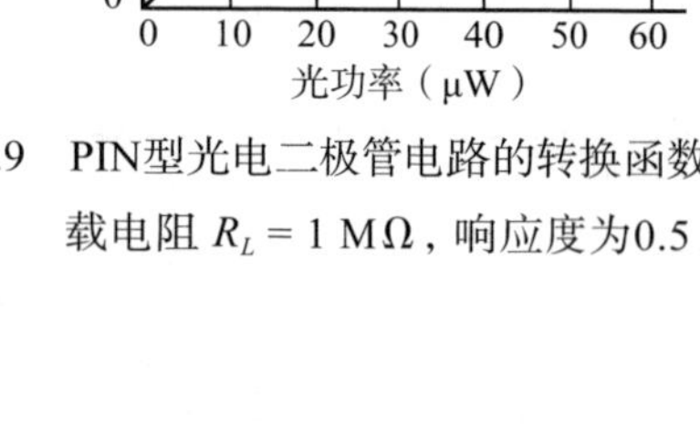

图7.9　PIN型光电二极管电路的转换函数。负载电阻 R_L = 1 MΩ，响应度为0.5 A/W

我们来解释一下这些数值是怎样得到的。如果入射光功率为10 μW，那么负载线与PIN特性曲线在二极管电压−15 V处相交。由于电源电压为20 V，所以在负载R_L上只剩下5 V［如果依然引用图7.8（a）中的规定，即上端为正电极，则应为−5 V］。表中其他的数据可以依次类推而得。所得的转换特性如图7.9所示。当入射光功率足够大（在本例中大于40 μW）时，二极管开始工作于光伏模式，此时转换特性呈现非线性，这可由图7.9中的曲线看出。虽然在系统设计中常见的问题是光功率不足，但是对

于短距离线路设计则应注意，不要在无意中使接收机达到饱和状态。饱和状态指的是当入射光功率足够大时，其输出电流和电压不再与入射光功率呈线性关系的工作状态。特别地，达到饱和状态时，检测器对入射光功率变化的响应将变得很小。饱和不仅使信号波形失真，还可以降低接收机的响应时间，限制其带宽。

图7.8（a）中电路的输出电压可由式（7.8）$v = \rho P R_L$计算得到。该图可以用来解释光检测器在高输入功率时的饱和状态和较大的动态范围。

通过减小负载电阻值，可以使二极管工作于更高的功率，并且会增大接收机的动态范围。例如，在图7.8中将R_L值变为10 kΩ（减小到原来的1/100），则可将电流的最大值增加到$V_B/R_L = 20/10^4 = 2$ mA。由于$i = \rho P$，可以得到最大电流（V_B/R_L）对应的最大入射光功率为

$$P_{\max} = \frac{V_B}{\rho R_L} \tag{7.13}$$

在$\rho = 0.5$ A/W条件下，达到饱和状态之前的最大光功率为4 mW，其动态范围也相应地扩展了100倍。这样做的代价是其电压响应度降低到其1/100，因为根据式（7.8），输出电压与入射光功率的比值与负载电阻成正比，所以有

$$\frac{v}{P} = \rho R_L \tag{7.14}$$

由这个方程式得到的电压与入射光功率的线性关系，以及由式（7.6）得到的电流与入射光功率之间的线性关系，对于绝大多数PIN光电二极管在光功率变化60倍的范围内都成立。当然，光电二极管应该不受大负载电阻的限制。

7.4.4　响应速度

PIN光电二极管的响应速度受到**渡越时间**，即自由电荷穿越耗尽层时间的限制。在一个PIN光电二极管里，耗尽层的宽度即为本征半导体层的厚度。自由电荷载流子的运动速度正比于反向偏置电压的幅度，所以较高的反向电压可以减小渡越时间。例如，假设器件本征层的厚度为50 μm，典型的载流子速度为5×10^4 m/s，因此渡越时间为$50 \times 10^{-6}/5 \times 10^4 = 1$ ns。这就是光电二极管上升时间的近似值。从图7.10中二极管的等效电路可知，器件的电容也会限制响应速度。在这里，C_d主要是结电容，也就是由被绝缘的本征区隔开的p层半导体和n层半导体（类似于两个平板电极）形成的电容。C_d同时还包括由封装结构形成的电容。分析上面的等效电路可知，其0～63%的上升时间即为$R_L C_d$（这个因子又称为电路的**时间常数**），而10%～90%的上升时间则为

$$t_r = 2.19 R_L C_d \tag{7.15}$$

相应的3 dB带宽可以由电路直接计算得到，也可以由式（7.2）计算得到，其结果为

$$f_{3\text{ dB}} = \frac{1}{2\pi R_L C_d} \tag{7.16}$$

在高速应用情况下，光电二极管的设计电容为几皮法甚至更小。为了获得低电容值，二极管的表面积必须很小。但是其面积大小还受制于与光纤的耦合，所以再小也不可能小于光纤的纤心面积。

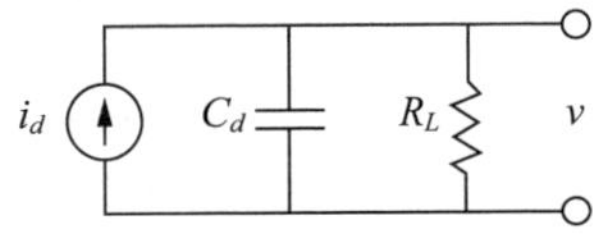

图7.10　PIN光电二极管的等效电路。图中的C_d是二极管结电容，i_d为光电流

器件的响应速度受到渡越时间或电路上升时间的制约，而后者的影响更大。对于高速PIN光电二极管，上升时间受渡越

时间制约的范围约为0.5 ~ 10 ns。目前，已经能够制作出上升时间低于100 ps的实用化器件。

例7.8 一个PIN光电二极管的电容为5 pF，受渡越时间限制的上升时间为2 ns。试计算其3 dB带宽，并求出不会显著增加响应时间的最大负载电阻值。

解：

由式（7.2）有

$$f_{3\text{ dB}} = \frac{0.35}{2 \times 10^{-9}} = 175\text{ MHz}$$

要做到RC电路的时间常数不产生显著影响，则由式（7.15）所得的RC上升时间必须小于渡越时间的四分之一。也就是说，$2.19R_LC_d \leqslant 0.5$ ns，这要求$R_L \leqslant 46\ \Omega$，也就是一个比较小的电阻值。

表7.3归纳了负载电阻值的选择准则。表格的最后一项内容涉及噪声，将在11.1节进一步讨论。

表7.3 选择负载电阻的准则

定义方程式	结论
$v = \rho PR_L$	选择大的R_L可获得较高的输出电压
$P_{\max} = V_B/(\rho R_L)$	选择小的R_L可增大动态范围
$f_{3\text{ dB}} = (2\pi R_LC_d)^{-1}$	选择小的R_L可增大带宽
$i_{\text{NT}}^2 = 4kT\ \Delta f/R_L$	选择大的R_L可减少热噪声电流

备注：v为输出电压，ρ为响应度，P为光功率，R_L为负载电阻，V_B为偏置电压，C_d为二极管电容，i_{NT}^2为热噪声电流的均方值，k为玻尔兹曼常数，T为绝对温度，Δf为接收机带宽。

7.4.5 电流–电压转换器

从图7.8可以看出，输入光功率增加时二极管电压降低。其原因是当电流变大时，负载电阻两端的电压会升高，从而使加在二极管上的电压变小。二极管电压变到零时导致非线性效应。无须使用小的负载电阻，而只需图7.11所示的一个电流–电压转换器即可解决线性问题。光电二极管通过一个反馈电阻R_F与一个运算放大器相连。这个电路有以下性质。

1. 高增益运算放大器的输入端几乎没有电压降。在由电源、光电二极管、放大器输入终端组成的环路上，应用环路定理则要求$v_d = -V_B$，即电源的所有电压几乎都加于二极管的两端。这种情况等效于工作在图7.12所示的垂直负载线上。

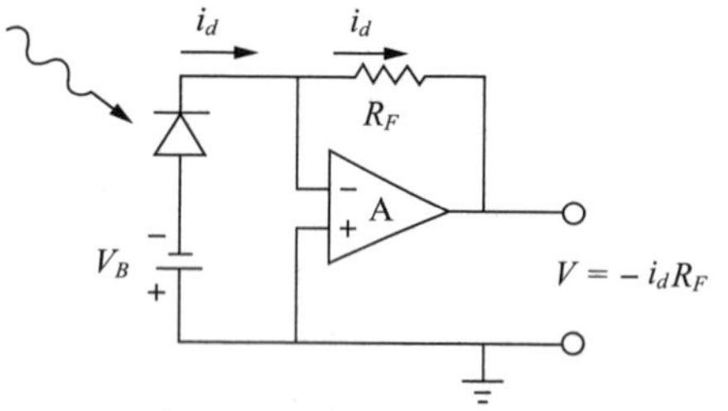

图7.11 电流–电压转换器（A为运算放大器）

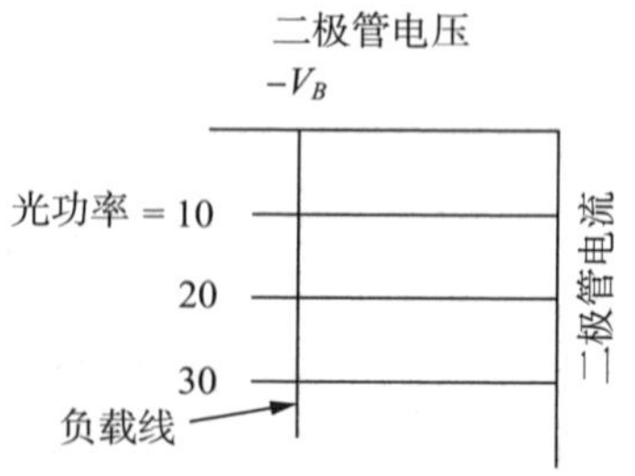

图7.12 在电流–电压转换器中，二极管感受的垂直负载线

2. 几乎没有电流进入放大器的输入端。所有二极管电流全部流经反馈电阻R_F，其电压为R_Fi_d，由于放大器的负端电位很接近地电位，由环路定理可以得出输出电压，即R_Fi_d。

反馈电阻可以很大（如果需要，那么可达零点几兆欧），可以在不影响响应度线性的情况下，增大输出电压。这种电路的响应速度受到反馈电阻和反馈网络旁路电容的时间常数的制约。

7.4.6　封装

光电二极管的封装与LED和半导体激光器的封装类似，但没有那么苛刻的要求。检测器的实际面积通常大于入射光纤纤心面积，所以细微的横向偏差是允许的。同样，检测器也不受低数值孔径的制约。检测器可以在一个很大的角度范围内接收入射光，光纤与检测器之间的数值孔径失配和角度偏差不是一个突出的问题。

光电二极管有多种封装方式，以下几种为常见的封装方式。

1. 将光电二极管放置在一个标准的晶体管头部，类似于图6.12中LED的封装方式。金属盖帽上附着一个透明的玻璃盖板或一个透镜。如果采用透镜，则可以将光纤的出射光聚焦到光电二极管的有源区。透镜可以将光纤出射光斑中大于检测器有源区的那部分光收集起来，使之进入检测器的有源区，从而改善检测效率。在部分设计中去掉了帽盖，这样便于与二极管连接。
2. 光电二极管封装里可能包含一根尾纤，其输出端可能有连接器，也可能没有。
3. 光电二极管可以采用类似于图6.32的双列直插封装，以便在印制电路板上安装。

在一些PIN光电检测器封装中还包含一个集成的前置放大器，这就是在7.3节提到的IDP结构。内部放大器将二极管的光电流转换为输出电压。对于接收机的其余部分电路而言，整个器件的功能是一个低阻抗电压源。有关接收机电路的问题将在第11章中讨论。

7.5　雪崩光电二极管

雪崩光电二极管（avalanche photodiode，APD）是有内部增益的半导体结型检测器，其响应度性能超过pn型或PIN型检测器。APD有内部增益，与光电倍增管类似。但是，雪崩增益比PMT的增益要低得多，其值仅为数百或者更小。但无论怎样，这样的增益已经使得APD的灵敏度比PIN二极管高得多。在7.2节中提到，内部增益可以实现比通过外部电路放大更高的信噪比，这一点将在第11章中证明。

雪崩电流放大可以通过以下方式获得。一个光子在耗尽区被吸收，产生一个电子–空穴对。耗尽区强大的电场力加速这些电荷，使其获得很大的动能。速度极快的电荷与电中性的原子发生碰撞时，其部分动能使得电子越过带隙，从而产生新的电子–空穴对。一个加速的电荷能够产生多个新的二次电荷，而二次电荷自身同样也可能被加速，从而产生出更多的电子–空穴对，这就是雪崩放大的过程。

要为电荷提供高动能，加速力必须足够强。在一些应用中，这种加速力由高达数百伏的高偏置电压产生。电流增益随反向偏置电压v_d的增加而增加，满足[3]

$$M = \frac{1}{1 - (v_d/V_{BR})^n} \tag{7.17}$$

其中，V_{BR}为二极管的反向击穿电压，n为一个大于1的经验参数。击穿电压通常在20 ~ 500 V范围内。

一个增益因子为M的APD产生的输出电流为

$$i = \frac{M\eta eP}{hf} = \frac{M\eta e\lambda P}{hc} \tag{7.18}$$

当增益因子为1时，η即为量子效率。这个结果与式（7.10）关于光电倍增器的结果相同。器件的响应度为

$$\rho = \frac{M\eta e}{hf} = \frac{M\eta e\lambda}{hc} \tag{7.19}$$

典型的雪崩光电二极管的响应度在20 ~ 80 A/W之间。

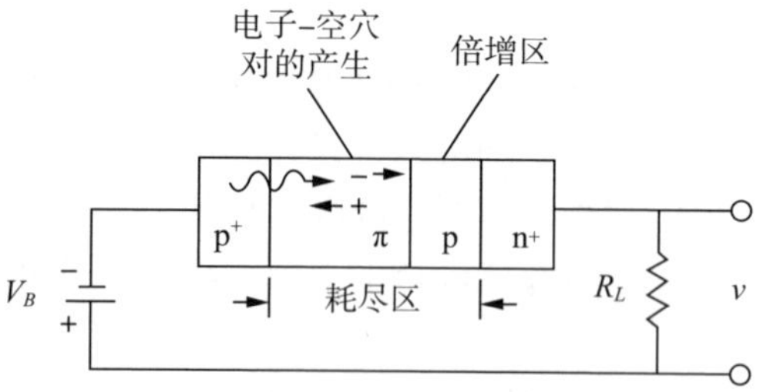

图7.13　拉通型雪崩光电二极管的结构

雪崩光电二极管与PIN二极管有很多不同之处。但所使用的材料是一样的，因而其光谱响应范围是一致的。有一种称为**拉通型**二极管的APD结构如图7.13所示。其中的p^+和n^+是两个重掺杂区，其电阻很低，所以电压很小，π区为轻度掺杂区，几乎是本征型的，绝大部分光子在这个区域被吸收，产生电子–空穴对。正如图中所指出的，光生电子向p区运动，这个区域的自由电荷已被大偏置电压耗尽，从这个意义上说，p-n^+结的耗散区已经被“拉通”到了π区。电压降绝大部分落在p-n^+结上，由此产生的大电场力导致了雪崩增益。对于这种器件，增益是由电子产生的，在π层产生的空穴向p^+电极漂移，但并不参与增益过程。这种初始增益仅由一种电载流子提供的检测器结构，具有良好的噪声性能[4]。

与没有内部增益的PIN光电二极管类似，APD的响应速度也受限于载流子的渡越时间和RC电路的时间常数。受限于渡越时间的雪崩光电二极管，其上升时间可低至十分之几纳秒。采用硅材料和锗材料，上升时间低于100 ps的雪崩光电二极管已经得以实用化。

雪崩光电二极管在入射光功率从不到1 nW到几μW的范围内有很好的线性响应特性。如果接收机的输入功率超过1 μW，就不再需要APD作为检测器了。在这个功率等级上，PIN型光电二极管因其足够的响应度和足够高的信噪比，完全可以胜任绝大多数应用。

雪崩光电二极管的增益与温度有关，温度升高通常会使增益降低。降低的原因在于高温条件下粒子之间发生碰撞的平均自由程变小了，因而许多电载流子没有机会获得产生二次载流子所需要的高速度。如果APD接收机需要在一个较大温度范围内工作，采用温度稳定或补偿措施就是必要的。

7.6　总结和讨论

本章讨论的主要内容是入射光功率和光检测器中产生的光电流之间的关系。这种关系可概括为$i = \rho P$。对PIN光电二极管而言，其响应度ρ为0.5 ~ 0.7 A/W，而雪崩检测器是其数十倍，真空光电二极管则为其数百倍。

光纤通信系统中的光检测器，可采用雪崩光电二极管或PIN型光电二极管。与APD相比，PIN检测器更便宜，对温度不敏感，所需反向偏置电压较低，而两者的响应速度相差无几，所以在绝大多数系统中PIN更受欢迎。如果系统为损耗受限系统，例如对于长距离线路，APD的增益就很有必要了。假设APD接收机能够检测到比PIN二极管所能检测到的光信

号功率低9 dB。如果光纤的损耗为0.25 dB/km，则采用APD接收机的线路长度可比采用PIN接收机的线路长36 km。如果在线路中采用光放大器提升光功率，则按这个例子提供的数据，采用APD检测器比起PIN检测器，放大器之间的间隔可以延长36 km。

虽然检测器的性能千差万别，但是考察表7.4中光电二极管最重要的特性参数典型值却是很有用的。表中的响应度是在检测器适用波长的代表值上给出的。对于硅检测器在0.8 μm附近，对于锗检测器和InGaAs检测器则在1.3 μm或1.5 μm附近。如果波长偏移到可用波长区域的边缘，则其响应度将会下降，如图7.6所示。

表7.4　结型光检测器的典型特性参数

材料	结构	上升时间（ns）	波长（nm）	响应度（A/W）	暗电流（nA）	增益
硅	PIN	0.5	300 ~ 1100	0.5	1	1
锗	PIN	0.1	500 ~ 1800	0.7	200	1
InGaAs	PIN	0.3	900 ~ 1700	0.6	10	1
硅	APD	0.5	400 ~ 1000	75	15	150
锗	APD	1	1000 ~ 1600	35	700	50
InGaAs	APD	0.25	1000 ~ 1700	12	100	20

我们将已经得到的一些有关光源、光纤和检测器的信息进行归纳，列在表7.5中。适配器件的初始选择可由此表得到。表中包含了系统设计者必须考虑的许多准则，包括工作波长（从可见光直到红外线）、光源（LED或半导体激光器）、光纤材料（玻璃、PCS或塑料）、光纤类型（阶跃折射率分布、渐变折射率分布，多模还是单模）以及光检测器（PIN或APD）。前面几章所提供的知识有助于做出光器件的最优选择。但是在某些应用中我们还需要更多的信息。例如，要决定是否需要APD作为检测器，需要了解接收机的可用功率为多少。要提供这样的数据，要求我们知道整个系统的损耗，而不仅仅是光纤损耗。其他损耗来自于光源耦合、熔接、连接器和其他任何导致光功率分割的信号分配。此外，我们还需要了解噪声的影响，有关这些内容将在后面各章中探讨。

表7.5　器件选择表

	选择	600~800（nm）	800~900（nm）	1200~1700（nm）
光源	发光二极管	发光二极管	发光二极管	发光二极管（1300 nm）
	激光器	垂直腔面发射激光管	垂直腔面发射激光管	半导体激光器
光纤	玻璃		3 dB/km	<1 dB/km
	多模渐变折射率		多模渐变折射率	多模渐变折射率
	单模			单模
	塑料	160 dB/km		
	阶跃折射率	阶跃折射率		
检测器	材料	Si	Si	InGaAs
		Ge	Ge	Ge
	PIN	PIN	PIN	PIN
	APD			APD

习题

7.1　假设入射光功率为−43 dBm，计算响应度为0.5 A/W的光检测器所产生的光电流为多少？

7.2　假设光检测器的3 dB带宽为500 MHz，试计算其上升时间。

7.3 计算一个真空光电二极管的截止波长和截止频率。假设其光阴极的功函数为2×10^{-19} J。

7.4 在功函数用焦耳表示、波长用米表示的情况下，对关于光致发射检测器截止波长的式（7.4）进行重写。

7.5 计算并画出一个理想检测器（假设其量子效率为1）在0.5 ~ 1.7 μm波长范围内的响应度曲线。解释为什么响应度随波长的增加而增加？

7.6 假设光检测器的量子效率为0.9，工作波长为1.3 μm，入射光功率为–37 dBm。试计算其输出电流。同时计算负载电阻分别为50 Ω、1000 Ω和1 MΩ时的输出电压。

7.7 假定光电倍增器有4个倍增电极（每个的增益为4），阴极的量子效率为0.9。按习题7.6的要求重新进行计算。

7.8 在带隙能量用焦耳表示的情况下，重写关于PIN光电二极管的截止波长表达式（7.11）。

7.9 计算用焦耳表示的：（a）硅的带隙能量，（b）锗的带隙能量。

7.10 假设PIN光电二极管在25℃时的暗电流为0.06 nA，并且温度每上升10℃增加一倍。试计算并画出温度从25℃到95℃的暗电流。

7.11 对表7.4中所描述的锗PIN光电二极管，需要多大光功率产生的光电流才能与检测器的暗电流相等？

7.12 考虑图7.8所示的PIN检测电路。假设电源电压为10 V，负载电阻为2 MΩ，检测器的响应度为0.25 A/W，暗电流为0.5 nA。

（a）在入射光功率为5 ~ 50 μW范围内，画出二极管光电导区的电压–电流特性曲线，取功率间隔为5 μW。

（b）在此特性曲线上画出负载线。

（c）画出输出电压与入射光功率的对应关系。

（d）当入射光功率为何值的时候检测器开始饱和？

7.13 假定一个PIN光电二极管的耗尽层宽度为30 μm，载流子的漂移速度为5×10^4 m/s，结电容为6 pF。

（a）计算渡越时间限制带宽。

（b）不影响上面计算所得带宽的最大负载电阻是多少？

（c）当负载电阻为10 000 Ω时，其带宽为多大？

7.14 假设一个硅APD工作在0.82 μm，其量子效率为0.8，增益为100，试计算其响应度。要检测器产生20 nA的光电流所需要的入射光功率为多大？

7.15 假设一个InGaAs APD工作在1.55 μm，其量子效率为0.7，增益为100，试计算其响应度。要检测器产生20 nA的光电流所需要的光功率为多大？

7.16 比较PIN型光电二极管与雪崩光电二极管的优缺点。

7.17 比较工作在800 nm、1300 nm、1550 nm波段的光纤通信系统的相对优点。

7.18 如图7.8（a）所示的PIN光电二极管接收机，其负载电阻为1 kΩ。当入射光功率为800 nW时电阻两端的电压为0.2 mV。计算检测器的响应度。

7.19 当输入光功率呈阶跃函数变化时，一个光检测器的输出电流为$i = 10(1 - e^{-t/\tau})$，其中$\tau = 10^{-6}$ s。试计算此检测器的3 dB带宽。

7.20 在0.4 ~ 1.6 μm波长范围内，画出PIN光电二极管的截止波长（μm）相应于带隙能量的关系曲线。

7.21 考虑图7.11所示的电流–电压转换器。假设PIN检测器的响应度为0.5 μA/μW，入射光功率为–34 dBm，反馈电阻为10 kΩ，反馈网络的旁路电容为0.2 pF。试计算：

（a）输出电压。

（b）3 dB带宽。

7.22 假设PIN光检测器在1550 nm处的响应度为1 μA/μW，检测器电流馈入一个50 kΩ的电阻。试问，当电阻上的功率为10 μW时，入射光功率为多少？

参考资料

[1] Photodetectors are covered in numerous books:

Tien Pei Lee and Tingye Li. "Photodetectors." In *Optical Fiber Telecommunications*, Stewart E. Miller and Alan G. Chynoweth, eds. NY: Academic Press, Inc., 1979, pp. 593–626.

D. P. Schinke, R. G. Smith, and A. R. Hartman. "Photodetectors." In *Semiconductor Devices for Optical Communication*, H. Kressel, ed. NY: Springer-Verlag, 1980, pp. 63–87.

Joseph T. Verdeyen. *Laser Electronics.* Englewood Cliffs, NJ: Prentice-Hall, 1981.

Peter K. Cheo. *Fiber Optics.* Englewood Cliffs, NJ: Prentice-Hall, 1985.

[2] Many review articles covering photodetectors for optic communications have appeared in the literature. A few particularly useful ones follow:

Michael Ettenberg and Gregory H. Olsen. "Diode Lasers for the 1.2 to 1.7 Micrometer Region." *Laser Focus* 18, no. 3 (March 1982): 61–66.

Stephen R. Forrest. "Photodiodes for Long-Wavelength Communication Systems." *Laser Focus* 18, no. 12 (Dec. 1982): 81–90.

R. G. Smith. "Photodetectors for Fiber Transmission Systems." *Proc. IEEE* 68, no. 10 (Oct. 1980): 1247–53.

Hans Melchior, Mahlon B. Fisher, and Frank R. Arams. "Photodetectors for Optical Communication Systems." *Proc. IEEE* 58, no. 10 (Oct. 1970): 1466–86.

Stephen R. Forrest. "Optical Detectors: Three Contenders." *IEEE Spectrum* 23, no. 5 (May 1986): 76–83.

[3] Schinke et al., "Photodetectors," p. 70.

[4] Ibid., p. 68.

第8章　耦合器与连接器

对于用金属电缆传输的通信系统，连接通常是十分简单的。采用焊接方式，金属线缆能很好地连接，只要融化焊点就能断开连接。焊接点的损耗非常小，所以在进行系统设计时通常不必加以考虑。可以反复插拔的金属导线连接器也很简单，而且易于连接、非常可靠、成本低并且损耗极低。光纤连接器没有金属线缆连接器这些受欢迎的特性。在这里，将探讨在熔接光纤和连接光纤时有哪些问题，以及采用何种技术解决这些问题。

有多种原因导致对光纤与光纤之间连接的需求，这在光纤通信系统中是不可避免的。对于传输距离超过几千米的线路，必须将几段光纤熔接在一起，因为制造商通常只生产有限长度的光纤。中等长度的光缆比较容易通过牵引穿过管道，而长光缆要穿过管道比较困难，并且中等长度的光缆采用直埋或架空方式铺设也比较简单。

将从光源发出的光耦合进光纤可能非常低效。我们将计算光源的耦合损耗，并介绍降低耦合损耗的方法。

在接收端，需要将光从光纤耦合到检测器的表面上。可以选择检测器的表面使其大于光纤的纤心截面，由此可以得到高效的耦合。光纤到空气和空气到检测器的分界面反射会引起小的损耗。这种损耗可以通过在空气间隙中填充折射率匹配材料，或在检测器表面涂敷一层消反射涂层来尽量减小。无论在何种情形下，检测器与光纤之间的耦合都不是重要问题，因而不需要进一步深入讨论。

8.1　连接器原理

光纤与光纤的连接损耗是由许多因素引起的。其中，光纤纤心未对准和不理想是最主要的原因。各种可能的非理想情形如图8.1所示。一个理想的接头要求横向（轴向）对准、角度对准（光纤轴平行）、端面接触（无间隙），而且要求光纤端面平滑、相互平行。数值孔径不同或纤心直径不同的光纤相互连接时，耦合效率通常会降低。如果纤心横截面呈椭圆形，而且在连接时其长轴又没有对准，则会产生更大的损耗。如果纤心与包层不同心，而且将包层当成连接对准的依据，则会产生附加的损耗。细致的操作可以使这些问题造成的损耗最小化。一个熔接头的损耗可以小到0.1 dB量级，而可以重复使用的连接器损耗不会超过1 dB。

对于上述各类因机械原因引起的损耗的理论分析，如果考虑到耦合效率与光纤端面上的功率分布之间的关系，则会更加复杂。光纤端面上的功率分布模式通常是未知的，取决于光纤的激励方式和激励点到连接点的距离。例如在多模光纤中，模式之间耦合引起的功率分布沿光纤长度不断变化，直到达到平衡长度（正如5.6节所述）。因此，连接损耗与激励点到连接点之间的距离有关。对于比平衡长度更长的光纤线路，连接损耗会趋于一个稳定值。令人感到惊奇的是，耦合效率甚至与连接点后面的光纤长度有关。这是因为因连接点的不完善所激励起来的高阶模和包层模经过连接点后，只能传输很短的距离。在接近连接点的地点测量光功率时，由于光纤中还包括这些模式，所以损耗较低。而在远离连接点的测量点测量光功率时，这些模式所携带的大部分功率已丢失，所以测得的连接损耗要大一些。

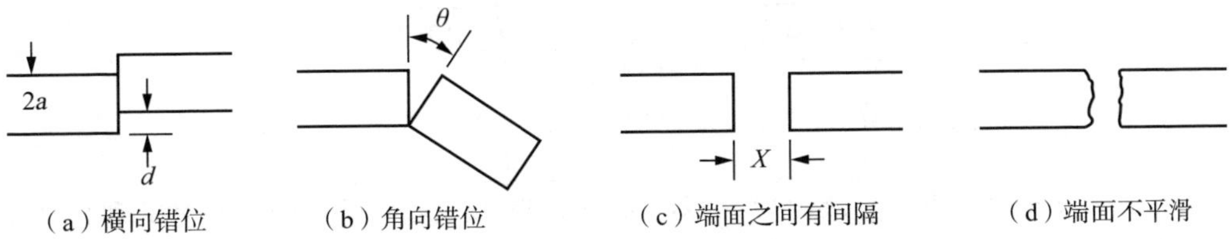

图8.1　光纤与光纤之间连接损耗的产生原因

上述各种损耗因素是需要我们记住的，但后面的讨论仅限于在假定的理想条件下进行。尽管这些理想条件可能难以满足，但是所得到的结果将有助于我们理解连接对于各种损耗机理的敏感程度。以这些信息作为指南，对于实施光纤的熔接和连接器设计的人员都是十分有用的。同样，这些信息也有助于系统分析人员，因为他们需要估算系统的总损耗。

8.1.1　横向错位

关于光纤中的功率分布，最简单的假定是在纤心横截面内光功率均匀分布。对于多模阶跃折射率光纤，这种近似比较合适。根据均匀分布假定，纤心的横向对准差错损耗仅由发射光纤和接收光纤纤心的不重叠部分决定，如图8.2所示。耦合效率η是重叠面积（阴影部分）与纤心面积的比值，可以计算出耦合效率为[1]：

$$\eta=\frac{2}{\pi}\left\{\arccos\frac{d}{2a}-\frac{d}{2a}\sqrt{\left[1-\left(\frac{d}{2a}\right)^2\right]}\right\} \tag{8.1}$$

其中，反余弦函数的单位是弧度。相应的以分贝为单位计算的损耗为

$$L=-10\lg\eta \tag{8.2}$$

在本书中始终用L表示以分贝为单位的损耗。图8.3画出了轴向错位导致的多模阶跃折射率光纤耦合损耗。对于较小的位移（$d/2a<0.2$），式（8.1）可以近似表示为$\eta=1-(2d/\pi a)$。

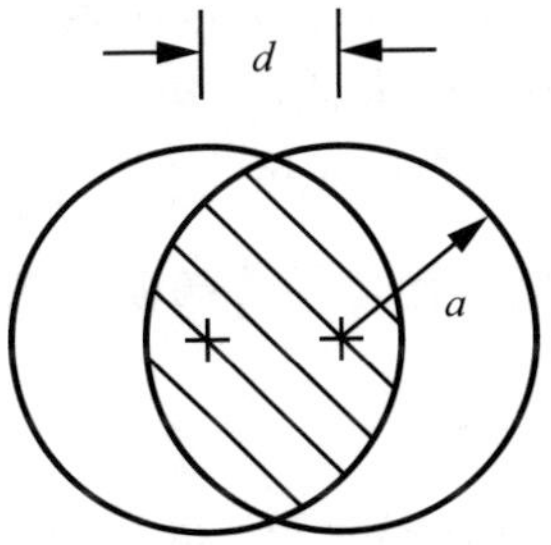

图8.2　发射光纤和接收光纤的重叠部分，两纤心中心偏移距离d

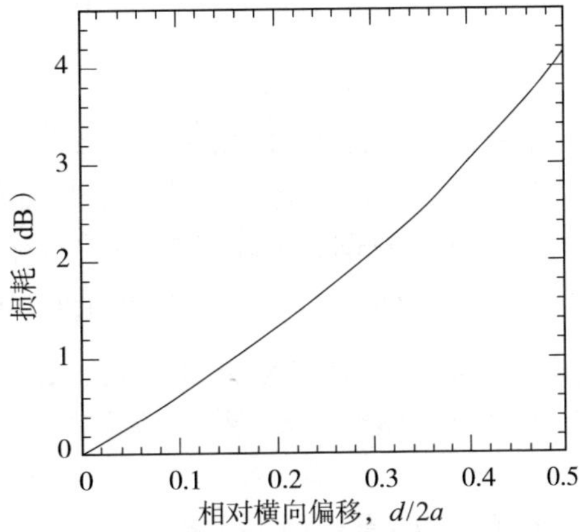

图8.3　多模阶跃光纤的横向错位损耗

例8.1　假设纤心直径均为50 μm，要求耦合损耗小于1 dB，试问允许的轴向位移是多少？并重复计算耦合损耗为0.5 dB和0.1 dB的情况。

解：

由图8.1，根据式（8.1）和式（8.2）可以得出以下结果：

L（dB）	$d/2a$	d（μm）
1.0	0.16	8
0.5	0.09	4.5
0.1	0.02	1

上述计算结果表明，当光纤连接时，根据允许的损耗，光纤纤心轴需要对准到什么程度。

在第4章和第5章中，已经证明高阶模比低阶模有更严重的衰减，在纤心和包层的界面附近，高阶模也包含有更多的功率。可以得出结论，在长光纤的末端，纤心边缘的功率密度要低于中心点附近的功率密度。如果轴向偏移较小，则只有发射光纤纤心的边缘与接收光纤错位。由于边缘附近的功率密度较低，所以实际的损耗要比根据式（8.1）计算的理论值低一些。记住前面的分析，可以根据假设重叠面积上功率均匀分布时计算的理论结果，作为多模阶跃折射率光纤的实际连接损耗的保守估计或上限。

对折射率渐变型光纤连接损耗的分析，比阶跃光纤遇到更多的理论问题。这是因为GRIN光纤的数值孔径在纤心的横截面内是变化的，例如式（5.5）所表示的抛物线折射率剖面。如果两根多模渐变折射率光纤在连接时没有错位，则发射光纤和接收光纤的数值孔径在纤心内的每一点上都匹配；可是如果连接有错位，则几乎在每一点上数值孔径都不匹配。在接收光纤的数值孔径比发射光纤大的那些点上，所有功率都可以传输。但是，在接收光纤的数值孔径比发射光纤小的那些点上，部分光功率将丢失，在这些点上的相对效率与本地数值孔径的平方成比例。为了计算耦合效率，我们将不得不计算每一点的效率，然后根据光纤端面的功率分布进行加权平均。正如本节前面所讨论的，光纤截面内的功率分布通常是不可知的，所以这种复杂的分析实际上很难进行。

单模光纤的对准差错损耗值与传输模的场分布有关。单模阶跃折射率光纤和单模抛物线折射率光纤的光束都可近似为高斯分布。两根相同光纤之间的连接损耗为[2]

$$L = -10\lg\left\{\exp\left[-\left(\frac{d}{w}\right)^2\right]\right\} \tag{8.3}$$

其中，w是2.5节中定义的光斑尺寸，由式（5.9）计算。对工作于归一化频率 $V = 2.405$（5.4节推导出的单模光纤截止条件）附近的阶跃光纤，根据式（5.9）算出的光斑尺寸为纤心半径的1.1倍。单模光纤轴向对准差错导致的连接损耗如图8.4所示。因为光斑尺寸仅为几微米，所以对于单模光纤，实现高效耦合要求非常高的机械对准精度。对于1 dB损耗值，由式（8.3）或由图8.4可以得出$d/w = 0.48$。如果光斑尺寸是4 μm，则允许的错位仅为1.9 μm。

例8.2 考虑例5.6所描述的单模光纤。在1.3 μm和1.55 μm波长处，将光纤的耦合损耗作为其横向偏移的函数用曲线描绘出来。相对横向偏移值从0到5 μm取值。

解：

首先，由式（5.7）求出两个工作波长上的归一化参数V。再根据这两个V值，由式（5.9）计算出两个波长处的光斑尺寸。所求得的V值和光斑尺寸在下表中给出。

λ（μm）	V	w/a	w（μm）
1.3	2.31	1.13	4.47
1.55	1.94	1.3	5.16

最后，用式（8.3）求出规定的横向偏移范围内的实际损耗。图8.5中的两条曲线是计算结果。注意，1.55 μm波长的损耗比1.33 μm的低。这是因为长波长处的光斑尺寸较大，从而使损耗对光纤轴的轻微错位有较低的敏感度。

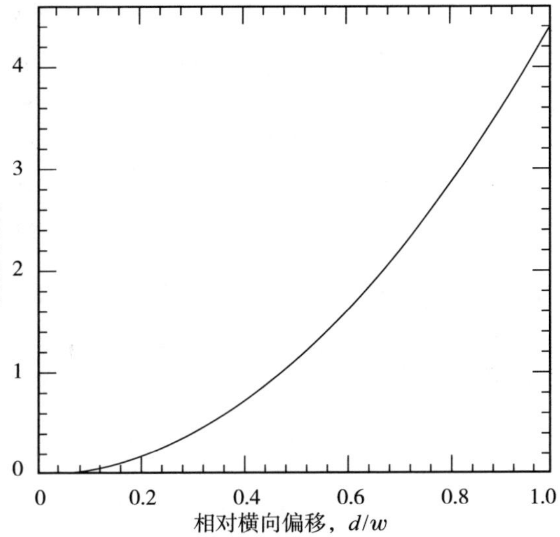

图8.4　传输模式的光斑尺寸为w的单模光纤的横向对准差错损耗曲线

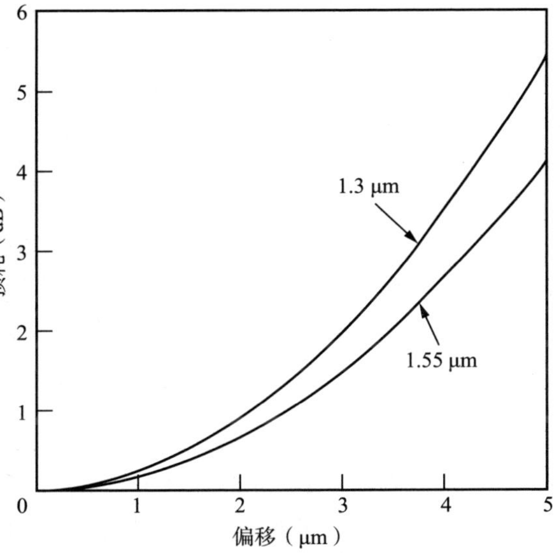

图8.5　1.3 μm和1.55 μm处的横向对准差错损耗曲线

8.1.2　角度错位

多模阶跃折射率光纤由于小的角度对准差错引起的耦合效率可以表示为[3]

$$\eta = 1 - \frac{n_0\theta}{\pi \mathrm{NA}}$$

其中，n_0是两根光纤端面之间形成的楔形缝隙内填充材料的折射率，θ是错位的角度，单位为弧度。由此产生的耦合损耗为

$$L = -10\lg\left(1 - \frac{n_0\theta}{\pi \mathrm{NA}}\right) \tag{8.4}$$

在纤心内光功率均匀分布的条件下，计算发射光锥和接收光锥相互重叠的部分，即可得到耦合效率，如图8.6所示。

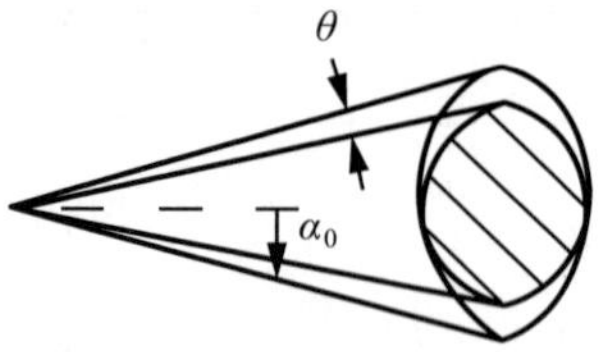

图8.6 发射光锥和接收光锥相互重叠的部分。$NA = n_0 \sin\alpha_0$，θ 是两光纤端面之间的倾斜角。阴影部分表示两圆锥相互重叠的面积

根据式（8.4），可以计算出玻璃光纤（NA = 0.24）、塑料包层石英光纤（PCS，NA = 0.41）和塑料光纤（NA = 0.48）的耦合损耗与错位角度之间的关系，其结果如图8.7所示。图中的实线表示楔形缝隙内填充空气，其折射率取为n_0 = 1时的计算结果；虚线表示楔形缝隙内填充折射率为1.5的匹配液时，耦合损耗随角度的增加而变化的情况。在本节的后面将解释匹配液的作用。注意，对于较大的数值孔径，角度对准差错产生的耦合损耗会降低。这可以简单地解释为大数值孔径的光纤在一个较大角度范围内发射（和接收）光束。因此，小的角度差错只会影响全部传输功率中的一小部分。

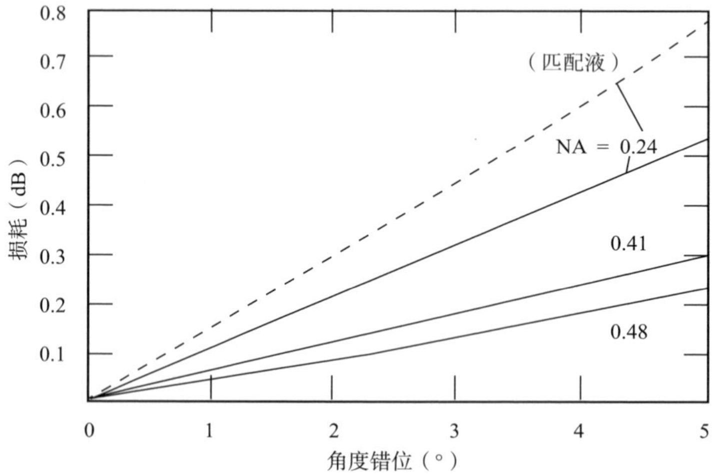

图8.7 多模阶跃折射率光纤的角度错位产生的损耗。用折射率n_0=1.5的匹配液填充楔形间隙时，其连接损耗用虚线表示

本节前面已经提到，由于理论分析难度很大，因此这里没有讨论渐变折射率光纤的角度错位损耗。

单模光纤由于角度对准差错所产生的损耗可以表示为[4]

$$L = -10\lg\left\{\exp\left[-\left(\frac{\pi n_2 w\theta}{\lambda}\right)^2\right]\right\} \tag{8.5}$$

其中，θ的单位是弧度，w是高斯光斑尺寸，n_2是包层材料的折射率。式（8.5）中的指数因子为错位角度与高斯光束半发散角的比值。由式（2.17），高斯光束半发散角定义为$\lambda/\pi w$。图8.8给出的两种数值孔径不同的阶跃单模光纤的耦合损耗，其归一化频率都是2.4，包层折射率都是1.46。如同多模光纤，光纤的数值孔径越小，耦合损耗随错位角度的增加越快。下面的例子将对图8.8中的一些计算结果做出解释。

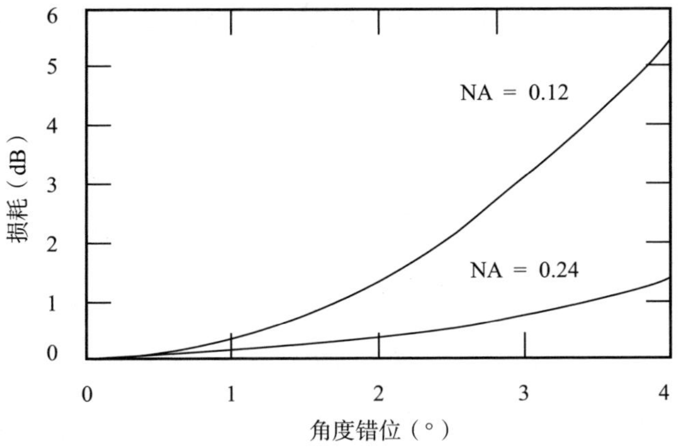

图8.8　单模阶跃折射率光纤的角度错位产生的损耗。$V = 2.4$，$w/a = 1.1$，$n_2 = 1.46$，$\lambda = 0.8\ \mu m$

例8.3　某阶跃折射率光纤，$n_1 = 1.465$，$n_2 = 1.46$，归一化频率为2.4。计算该光纤的纤心半径、数值孔径和0.8 μm波长处的光斑尺寸。

解：

由式（4.21），得$NA = (n_1^2 - n_2^2)^{1/2} = 0.12$。因为$V = 2.4$，由式（5.7）可得

$$a = \frac{\lambda V}{2\pi\sqrt{n_1^2 - n_2^2}} = 2.53\ \mu m$$

当$V = 2.4$时，$w/a = 1.1$。因此光斑尺寸是$1.1 \times 2.53 = 2.78\ \mu m$。

8.1.3　光纤端面分离

连接光纤的端面之间有间隙时，会产生两种不同的损耗现象。首先，在光纤材料和空气之间有两个分界面。在3.5节中，已经计算出在空气–玻璃界面上的反射系数是4%（即0.177 dB），因此两个反射表面一共产生大约0.35 dB的损耗。消除这种损耗的方法之一是用一种透明的折射率匹配液填充端面之间的空隙，这种透明液体的折射率等于纤心的折射率。在实际连接和连接器中经常（但不是必须）使用这种方法。正如图8.7所示，填充这种液体增加了连接损耗对角度错位的敏感度。

由于端面之间的间隙导致损耗的第二种机理如图8.9所示。如果端面之间存在间隙，则会有一些发射光线没有被接收光纤所截获。间隙增加时，接收光纤会因为光束的发散而丢失更多的发送功率。大数值孔径光纤将有更大的分离损耗，这是因为其光束发散得更快。在光纤纤心截面内功率均匀分布的前提下，由小的端面间隙导致的损耗为[5]

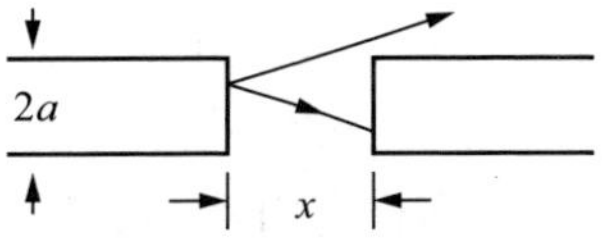

图8.9　端面之间的间隙使一些发射光线可以逃逸出去

$$L = -10\lg\left(1 - \frac{x\,NA}{4an_0}\right) \tag{8.6}$$

其中，n_0是匹配液的折射率。对于表5.1所列出的玻璃光纤、塑料包层石英光纤和塑料光纤，在没有匹配液（$n_0 = 1$）的情形下，由端面分离产生的损耗如图8.10所示。式（8.6）验证了折射率匹配液可以减少间隙损耗。这种损耗减少是因为有了匹配液从而没有反射损耗所致。这种特性可以在2.1节中找到解释。光线从高折射率媒质（纤心）向低折射率媒质（空气）传输时，会

向远离界面法线的方向弯折，如图8.11所示。辐射光束在空气中会比在光纤中发散得更快，而匹配液阻止了这种发散现象，如图中所示。由于光束发散很小，因此会有更多的发射光线被接收光纤所截获。

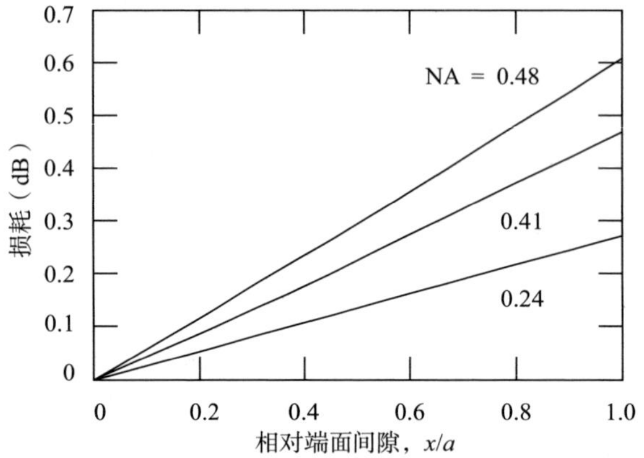

图8.10　多模阶跃折射率光纤的端面间隙产生的损耗

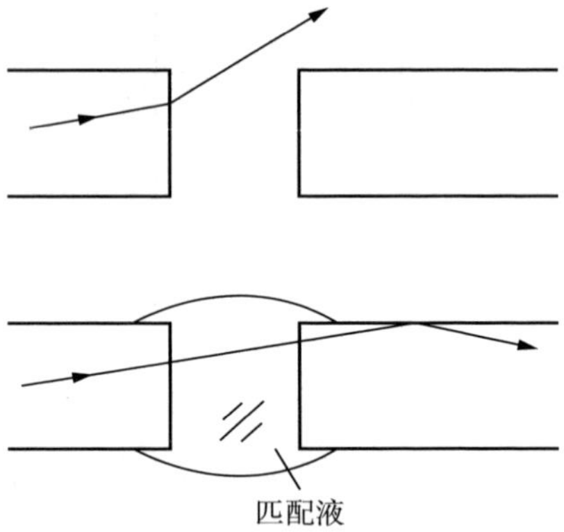

图8.11　填充折射率匹配液可以减少光束发散，从而降低光纤的分离损耗

比较图8.3、图8.7和图8.10，可以得出多模阶跃折射率光纤的连接损耗对各种对准差错的相对敏感性。可以明显看出，轴向错位导致的损耗是最重要的。

例8.4　假设多模阶跃折射率光纤的每一类对准差错允许产生的损耗均为0.25 dB，光纤纤心半径是50 μm，NA = 0.24，计算允许的对准差错。

解：

对于0.25 dB的损耗，由图8.3可知，横向偏移是$d/2a = 0.045$；由图8.7可知，错位的角度是2.4°；由图8.10可知，端面之间的相对间隙是$x/a = 0.94$。这些数值导致下面的容差：横向偏移$d = 4.5$ μm，角度差错$\theta = 2.4°$，端面之间的间隙$x = 47$ μm。

由于单模光纤端面之间的间隙产生的损耗是[6]

$$L = -10\lg\frac{4(4Z^2+1)}{(4Z^2+2)^2+4Z^2} \tag{8.7}$$

其中，$Z = x\lambda/2\pi n_2 w^2$。图8.12给出了NA = 0.12的单模光纤的间隙损耗。在这个例子中，间隙是纤心半径的10倍，产生的损耗却低于0.4 dB。因此可以得出结论，间隙并不是关键的损耗因素。与多模光纤类似，对于单模光纤，横向对准差错也是最严重的损耗因素。

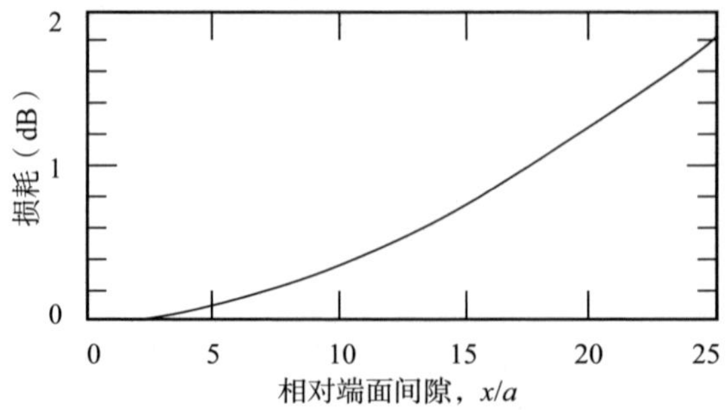

图8.12　单模阶跃折射率光纤的端面间隙损耗。$V = 2.4$，$w/a = 1.1$，$n_1 = 1.465$，$n_2 = 1.46$，NA = 0.12，$\lambda = 0.8$ μm

8.1.4　平滑而且平行的光纤端面

粗糙的光纤端面产生散射，将导致比较显著的损耗。如果光纤端面不平行，就会使光纤端面与光纤轴线不垂直，如图8.13所示。这种情形也会导致连接损耗的增加。用匹配液填充凹凸不平的端面并消除倾斜造成的间隙，有助于解决这一问题。若要求非常低的连接损耗，则光纤端面必须是平滑且平行的。下一节将介绍如何实现端面平滑而且平行的特殊技术。

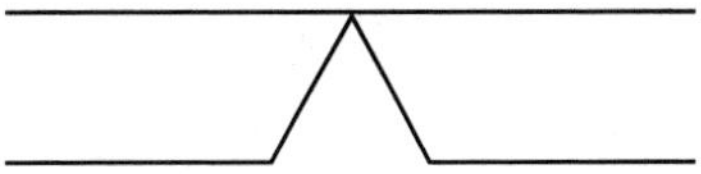
图8.13　倾斜端面产生的损耗

8.1.5　不同光纤之间的连接

将有不同数值孔径或纤心直径的光纤相互连接是经常会遇到的事情。例如，一个光源的尾纤可能不同于传输信道所用光纤。同样结构的光纤的纤心直径也可能会有差异。

假设光从纤心半径为a_1的光纤传送到纤心半径为a_2的光纤。如果$a_1 > a_2$，则损耗为[7]

$$L = -10\lg\left(\frac{a_2}{a_1}\right)^2 \tag{8.8}$$

如果接收光纤比发射光纤粗一些，则没有损耗。对于这种情形，损耗是单向的。这一结果可以由接收光纤所截取的发射光纤纤心面积的相对值简单地推出，如图8.14所示。这一计算结果对于阶跃折射率光纤和渐变折射率光纤都是成立的。对于渐变折射率光纤的连接，只要第二根光纤的折射率剖面与第一根光纤相同即可（除了被纤心半径比值a_1/a_2简化的）。这里所做的分析，假定所有的可传输模式被同样激励。由式（8.8）计算出的结果在图8.15中给出。

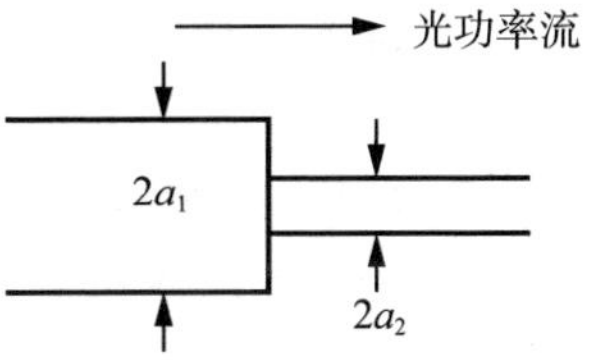

图8.14　纤心不匹配可能产生损耗

光线从具有较高数值孔径的光纤传输到较低数值孔径的光纤，一些发射光线将落在接收光纤接收角之外，这一概念如图8.16所示。如果$NA_1 > NA_2$，则连接损耗为[8]

$$L = -10\lg\left(\frac{NA_2}{NA_1}\right)^2 \tag{8.9}$$

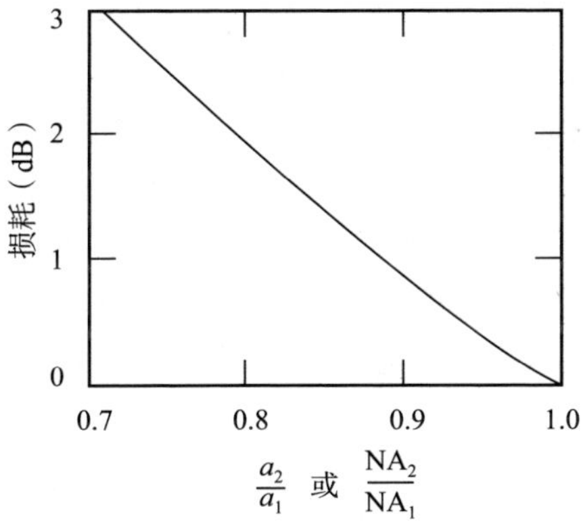

图8.15　由于纤心半径或数值孔径不相等产生的损耗

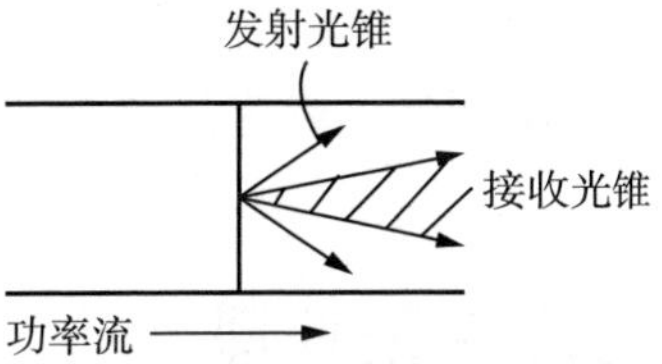

图8.16　数值孔径不匹配可能产生损耗

如果接收光纤的数值孔径比发射光纤的数值孔径大，则没有损耗。根据式（8.9）计算的结果示于图8.15中，这里仍然假定纤心中光功率均匀分布。这一假定对于多模阶跃折射率光纤和渐变折射率光纤都有效。对于渐变折射率光纤，其数值孔径使用的是光纤轴上的值，两根光纤的折射率剖面参数α必须相等，α由式（5.3）定义。光功率从阶跃折射率光纤传输到抛物线折射率的渐变折射率光纤，如果两者的轴心有相同的数值孔径且纤心半径相等，则连接损耗为3 dB。这种损耗产生的原因是处于接收端的渐变折射率光纤的数值孔径在纤心的边缘趋于零，而阶跃折射率光纤端面所有各点的数值孔径相同，以同样的方式发射光线。如果光功率是从渐变折射率光纤传输到阶跃折射率光纤，则没有损耗。

8.1.6 连接点的反射

迄今为止，我们主要关注连接机构的传输损耗特性。在光纤中的任何不连续点（譬如连接器或接头处），一部分光总是会被反射回发射机。对于传输高速数据的单模光纤通信系统，这些不连续点的反射显得尤其重要。反馈回到激光器的反射光会破坏其振荡稳定性，使激光器的发射功率产生随机变化。也就是说，反射光增加了激光器的强度噪声。如果需要，那么有好几种方法可以用来减少反射。

两根相互连接光纤之间的空气间隙会产生较大的反射。正如第3章中所计算的，玻璃-空气界面产生的反射约为4%，即14 dB（这里的换算关系是dB = −10 lg 0.04）。也就是说，与入射光相比，反射光束的功率下降了14 dB。不要将反射与由相同反射界面产生的0.2 dB的传输损耗混淆（传输光功率为96%）。如果考虑到空气间隙产生的两个界面的影响，则反射变为8%（也就是11 dB）。减少反射的一种方法是在空气间隙中填充折射率匹配液。

使反射最小化的第二种方法是使两根光纤的端面紧密接触在一起。图8.17所示是一种常用的方法。光纤端面经过抛光，由此两根光纤的纤心可以相互紧密接触。用这种方法实现的连接通常称为**物理接触**（physical contact，PC）型连接。物理接触产生的反射损耗约为28 dB，相对于有空气间隙的连接有17 dB（28−11）的改进。

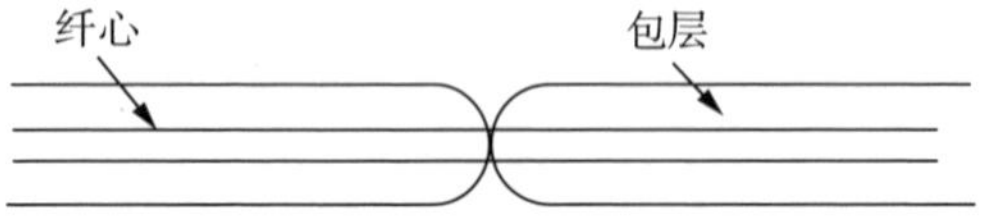

（a）物理接触

（b）倾斜端面

图8.17 减小连接点反射的两种方法

使反射最小化的第三种常用方法是将两根光纤的接触面做成倾斜的抛光端面，如图8.17所示。由于反射光线会偏离光纤轴线方向，从而从基模转换为非传输模式，因此不会反向传输进入光源。倾斜角超过5°的单模光纤和倾斜角超过9°的多模光纤可以降低反射达40 dB（在一些情况下，甚至可以达到60 dB）。这相对PC型连接器是一个重大改进，不过这样的连接器在制作时会更加复杂。

有必要重申本节开始时的声明，前面的分析只是实际光纤连接的一个近似。我们已经注意到未来的发展趋势是采用更精确的分析方法，但是只要小心谨慎，所得到的数值结果还是可以使用的。

8.2 光纤头预处理

常用的光纤头预处理方法有两种。第一种是**刻痕-断裂**，也就是所谓**切割**；第二种是**研磨-抛光**[9]。如果要实施光纤熔接，那么只须采用切割。如果光纤头要永久性地与连接器接在一起，则需要用研磨-抛光。后面我们首先介绍适用于全玻璃光纤的制备工序。

无论采用这两种方法中的哪一种，首先都要剥离光纤的涂敷层使其成为裸纤。任何塑料护套材料、凯夫拉尔缠绕和缓冲层都能用剥线器、剃刀或其他锋利工具剥离。在剥离缓冲层时必须非常小心，以避免刮伤光纤包层的表面。这种机械的剥离方法可以用一种能够溶解光纤涂层的化学方法（例如用二氯甲烷）代替。这种化学方法是危险的，应该小心处理，并采用适当的保护措施。下一步，要用化学方法（例如，用异丙基酒精擦拭）清洗裸的全玻璃光纤。

对于切割方法，首先用坚硬的工具，例如金刚石刀刃（也可以用蓝宝石或碳化钨刀刃），在光纤包层的外部刻痕。可以用刀刃划过固定着的光纤，也可以将光纤划过固定着的刀刃。无论采用何种方式，均应保持对光纤适当的拉力。经过刻痕以后，应加大拉力，直到光纤断开。通常拉力超过1.47 N（0.15 kg或0.33 lb）即可。只要操作适当，即可产生一个平坦的、近似镜面的理想断面。经过培训的专业人员通过手工能在几分钟内完成操作，得到一个与光纤轴垂直的平滑端面。也可采用商用设备，按既定程序执行刻痕和断裂操作。无论采用哪一种方法，完成操作后，都必须仔细地检查，验证是否得到一个平滑的断面。

刻痕–断裂方法是最快捷、最经济的光纤连接预处理方法。但当光纤是可以拆卸的连接器的一部分时，要采用研磨–抛光技术。连接器的种类极多，每一种都基于特殊的设计要求，有各自独特的连接和抛光方法。但本书还是介绍一些对于大部分连接器都适用的通用光纤预处理工艺。裸光纤必须插入一个套筒（通常是用金属、陶瓷或者塑料制作的）中，从而将极细的光纤置于适当位置并保护光纤，将光纤定位、对准，以防止前面所讨论的附加损耗。套筒通常是一根圆柱形的管子，一端有一个细孔用于放置光纤，另一端有一个粗孔用于放置光缆护套，其基本结构如图8.18所示。在一些精密设计中，置于套筒内一端的宝石轴承将光纤精确地定位。经过预处理的光纤头在这个位置从套筒伸出来。裸光纤及其护套固定在套筒内，形成永久性的结合体。伸出的光纤头周围用环氧树脂制成支撑垫片。然后将一个可拆卸的研磨工具连接在套筒上，以便在光纤头抛光期间安全地固定住套筒，引导光纤头在研磨纸上来回运动并保持光纤与研磨面垂直。通过连续精细地研磨，最后可以得到抛光的光纤端面。在研磨过程中可以用水润滑、冷却光纤，并将其上残留的微粒冲洗干净。在进行下一次研磨前，研磨工具、套筒和光纤应该用清水冲洗。最后一道工序是用直径为0.3 ~ 1 μm的微粒磨光剂处理。得到平滑的端面后，可以将抛光工具移开。研磨–抛光工艺完成以后，平滑的光纤头端面同套筒平齐并与光纤轴线垂直。

塑料包层石英光纤和全玻璃光纤通常都要进行抛光预处理，因为塑料难以形成像玻璃一样的光滑断面。首先剥去外面的护套、加强件等覆盖层，使其露出一段短的带包层的光纤。光纤和护套在套筒中受到保护。也可以采用固定夹具，或采用可以拆除的夹具或台钳代替套筒来起保护作用。用前面介绍的方法将受到保护的光纤研磨到要求的光洁度。

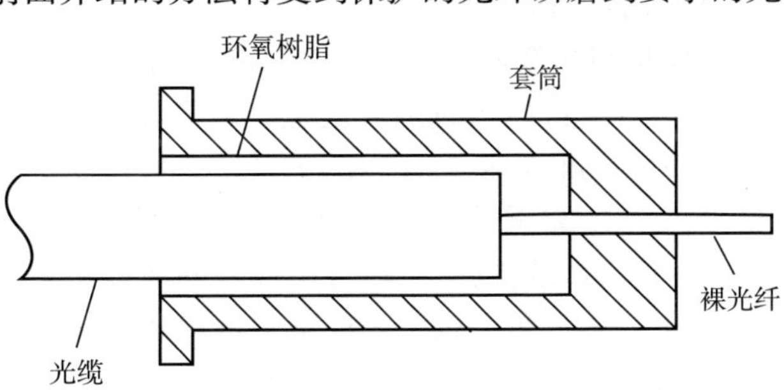

图8.18　将光纤固定在套筒内

对于几种常见的光纤测量，要求有平滑的光纤端面。如图8.19所示，通过测量光纤的发射光功率分布，用实验方法来测定光纤的数值孔径需要平滑的光纤端面。测量得到的功率分布图形在图8.19的右边。这里所用的理论假设：光纤截面内光功率分布在相当于内全反射临界角的角度上呈锐截止特性。这一理论假设忽略了**斜光线**（指不与光纤轴相交，但仍沿光纤传输的光线）的存在。根据实验值计算的接收角有时定义为：在此角度下，辐射功率密度下降为峰值的10%。对于图8.19所示的实验值，其接收角为14°，于是相应的数值孔径为NA = sin 14° = 0.24。

（a）测量　　（b）远场图样

图8.19　通过测量光纤的远场辐射方向图估算光纤的数值孔径

光纤损耗的测量也需要有平滑的光纤端面。通过比较一根长光纤的出射功率和将其剪短以后的出射功率，可以确定其损耗值。用分贝表示的单位长度的损耗，是简单地用所测得的损耗除以两个功率测量点之间的光纤长度。

8.3　接头

接头通常指永久性的光纤连接[10,11]。连接器则是能够反复连接和拆除的器件，而且操作非常简单。最基本的连接方法包括：（1）将两根光纤熔接在一起；（2）在对准设备上将两根光纤连接在一起。第二种连接方法可以通过黏合剂实现，或者用机械压力实现，也可以联合使用黏合剂和机械压力这两种途径来实现。

8.3.1　熔接

所谓熔接头是将两根玻璃光纤焊接在一起产生的接头，熔接过程如图8.20所示。商用熔接机用电弧可以将光纤头加热使之变软。这里是用切割方法进行光纤头预处理的。通过调节固定光纤的精密控制装置，将光纤对准，对准过程可以通过显微镜或其他一些放大装置观察和调整。

也可以在光纤熔接之前，通过监测接头的传输光功率来校验光纤的对准情况。如果发射机和接收机远离熔接点（比如相距几百米或更远），则这种测量法耗时长而且实现难度大。解决这一问题的方法之一是采用**光注入及检测**（light injection and detection，LID）系统。在LID装置中，在其中一根光纤上靠近熔接头的位置（大约10 ~ 20 cm远）注入光，在另一根光纤的一个接近熔接点的地方检测输出光。光的注入和检测都是通过将光纤紧紧地缠绕在一根通常半径只有几毫米的圆柱上实现的。由于弯曲半径很小，所以将光源放在输入光纤的弯曲部位，能量可以耦合进这根光纤；同样，放置在

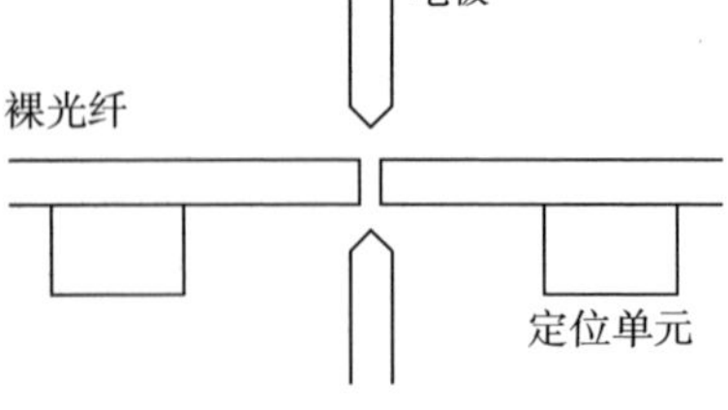

图8.20　电弧熔接

输出光纤弯曲处的光检测器也可以检测到输出光。许多单模光纤的缓冲层是透明的，因此在与LID耦合时并不需要将其去除。另一方面，还有一些光纤的涂层采用不透明的染色材料上色，以便相互识别。如果是这种情形，则必须去除染色层，通常用丙酮一类的溶剂可以去掉染色层。

在熔接之前，可以用光学技术实现光纤的自动对准。调整两根待熔接光纤的位置，直到其纤心折射率剖面实现最佳匹配。例如对连接区域采用光学成像，并利用图像处理技术通过电子计算方法测量控制匹配程度以达到既定目标。这种方法称为**剖面校准**或**高精度直接纤心监控**。

在第5章中曾介绍过带状光缆，这种光缆中多根光纤并排地封装在同一条带子里。熔接这种光缆，如果将其中的光纤一根一根地单独连接则将非常耗时。为克服这一问题，已经发明了能同时熔接光纤带里所有光纤的熔接机。光纤在这种熔接机中整齐排列，机器产生的单一电弧能同时均匀地加热所有的光纤，并在同一时间进行熔接。例如，同一光纤带中的12根光纤能被同时熔接。

熔接过程中，表面张力倾向于将光纤轴线自动对准，使横向偏移最小。采用商用熔接设备制作的单模光纤熔接头的典型损耗为0.02 dB，多模光纤为0.01 dB。通过包裹RTV、环氧树脂或热缩套管可以保护接头区。全玻璃光纤，无论是单模的还是多模的，都可以很好地熔接。

8.3.2　粘接

大量的对准结构建议使用黏合剂连接。图8.21给出了一些使用黏合剂连接的例子。每一种结构都使用必要的机构使光纤对准定位，并对连接点采用适当的加固措施。环氧树脂将光纤固定在适当位置。由于环氧树脂必须固化，所以这些接头不能马上使用，可以采用加热或紫外线照射缩短环氧树脂的固化时间。

V形槽可能是最简单的机械接头结构。将待连接的裸光纤放置在凹槽里，由此角度对准很易于控制。两根光纤能在凹槽里滑动，直到相互接触。接着用环氧树脂将其永久性地固化，可以得到最小的端面分离损耗。如果环氧树脂与光纤折射率匹配，则小间隙导致的损耗几乎是可以忽略的。如果两根光纤的纤心和包层直径相同，并且纤心与包层完全同心，则也可以忽略凹槽里的横向对准差错。如果纤心偏移，则可以通过旋转出射光纤，监测其出射光功率来加以调整。完全相同、制作精良的两根光纤在旋转过程中的所有取向上将产生相同的出射功率。图8.21所示的接头都不能校正光纤纤心的偏斜。最后可以用盖板将V形槽盖住，以保护接头。

精密套管结构，如图8.21所示，套管中心有一小孔刚好能容许带包层的光纤插入。套管的两端口逐渐敞开呈喇叭状以便插入光纤。在光纤插进套管之前，可以将折射率匹配的环氧树脂涂在光纤端面上。或者，利用套管一侧的钻孔观察光纤的接触，并注入环氧树脂或折射率匹配液。套管可以是金属的，也可以是塑料的。在一种连接技术中，制作套管的材料是一种弹性塑料[12]。如果将光纤插入比光纤尺寸略小的孔，那么这种弹性材料将迫使两根光纤沿着共同的中心轴对准，甚至包层直径不相等的两根光纤也能实现横向对准。

图8.21所示的松套管接头是一种很有趣的光纤连接方式。两根光纤被轻松地插入悬空的套管。弯曲光纤会引起套管旋转，并使光纤在拐角处对准。然后再用环氧树脂将对准的光纤固定。

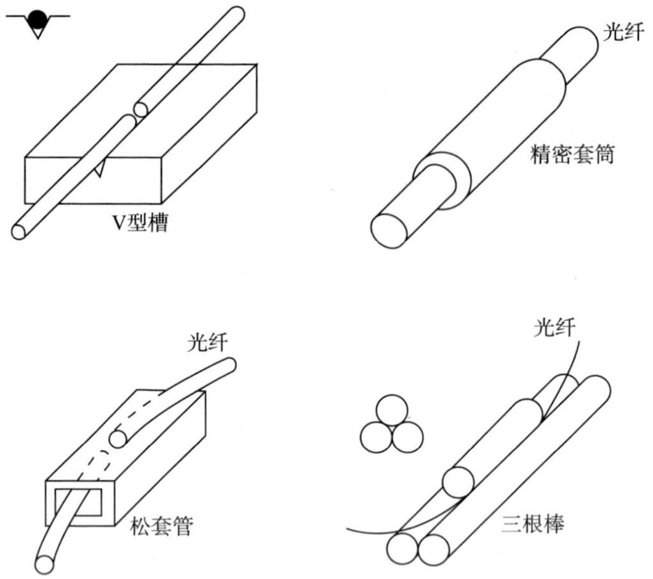

图8.21　各类机械式接头

如图8.21放置的三根精密的玻璃棒或金属棒能使光纤对准。选择棒的直径，使其相互接触位置之间形成的孔恰好能够容纳光纤。将光纤涂上折射率匹配环氧树脂，再将其插入孔中，直到两根光纤端面相互接触。然后，用热缩套筒套住这三根棒。经过加热，热缩套筒将使棒固定并压紧光纤。

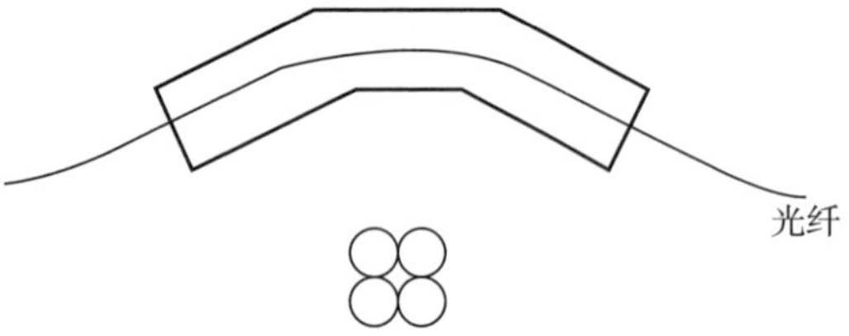

图8.22　熔融玻璃棒接头的弯曲部位

与上面介绍的这种结构有关的一种接头如图8.22所示。将四根玻璃棒熔在一起，形成四个V形槽，棒之间的空隙要比光纤尺寸稍大。将此四根玻璃棒构成的结构两端弯曲，可以迫使其中的光纤进入四个V形槽中的一个，并自动对准。这种结构非常像松套管接头。在玻璃导轨里预先灌满折射率匹配的紫外线（ultraviolet，UV）愈合环氧树脂。将制备好的光纤插入向外略微张开的孔口直到相互接触，然后用紫外线照射环氧树脂以固化接头的弯曲部位。

有一种不需要精密机构就可以直接对准光纤的**旋转式机械接头**，如图8.23所示。这种接头中，青铜对准定位夹里的三根细棒固定套管。套管的孔不在中心位置，但可以通过在旋转套圈的同时监测光纤的发射功率，使光纤对准。套管是透明的，以便在光纤对准后能用UV愈合环氧树脂将其固定。这是一种有效的连接方式。这种旋转接头很适合单模光纤的连接，其接头损耗可以达到0.1 dB以下。

也可以用有轴心孔的单个套管制作旋转接头，轴心孔用于容纳光纤。这种单套管是能被安装者从中间分开的结构。分开的两段套管成为待连接的两根光纤的连接头。套管上有标记，以便能够重新连接，而且能像分开以前一样，使光纤对准。可以用环氧树脂将光纤永久地固定在套管内，并被抛光。安装者可以根据两段套管上的标记，用金属夹将套管配对，并精确地对准。

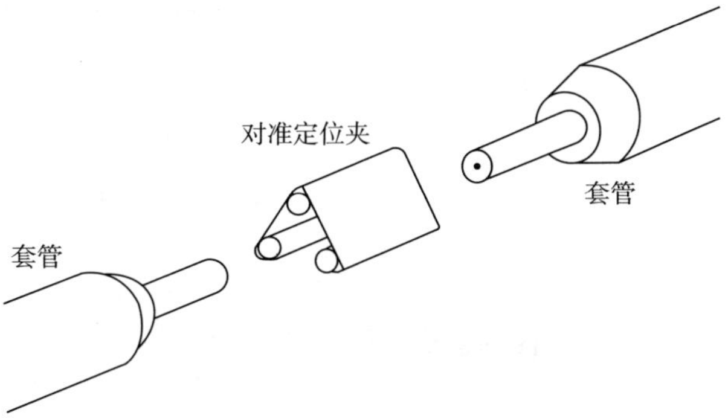

图8.23　旋转机械接头（选自AT&T公司的资料，纽约美国电话电信公司，1985）

另一种接头本质上是一个由人造橡胶材料制成的精密套管。人造橡胶是一种弹性材料，通常将其制成带有沿轴线方向敞开的V形槽的圆柱体。这个槽比光纤尺寸略小，但当光纤插入时，槽孔能轻微扩张容纳光纤，并将其置于中心位置。槽中涂敷凝胶润滑油使光纤易于插入。两根光纤从圆柱体的两端插入，并在其中点附近相互接触。这种接头可以用环氧树脂固化成永久的连接。就像所有的接头一样，这种接头也需要用一个外部的接头固定器或接头支架来对连接点加以保护。

8.3.3　无胶粘快速接头

精密玻璃套管接头和人造橡胶接头也可以用夹具制作，夹具可以将两根待连接光纤的涂敷层固定在一起。这类接头具有不需要环氧树脂固定光纤的优点，节省了固化时间。制作这样的光纤连接头，首先需要将光纤的涂敷层剥离，使其一小段（半英寸左右）包层裸露出来。然后将光纤切割，并对其端面进行预处理。之后将两根光纤插进精密套管（玻璃毛细管）或凹槽，直到端面相互接触，最后收紧锁定光纤缓冲涂层的机械装置。在有些情形下，可以将折射率匹配凝胶预先装入接头中，使光纤更容易插入，并填充所有空隙。用于锁定光纤的机械装置包括弹簧夹和锁定螺母（用在PIN钳或钻孔卡盘上）。这种类型的接头安装迅速，而且相对较为便宜，标准的连接时间约为60 s。大部分这种快速接头的设计适用于包层直径约为125 μm的标准光纤，其平均损耗不超过0.2 dB。

已经有许多制造商在生产各种型号的无环氧树脂压紧型快速接头。这类接头对单模光纤和多模光纤都适用。

8.3.4　带状连接

我们在5.8节中讨论过带状光纤，这种光纤可以采用图8.24所示的方式连接。裸光纤放置在石英基片上蚀刻而成的精密凹槽里。在正极性的基片两边开槽，用另一个正极性的基片覆盖光纤。这种结构是永久性连接，光纤头被抛光。另一条待接光纤带以同样的方法制作。如图所示，将正极性基片放置在负极性基片上，可以制作成接头。两片负极性基片从两边对准正极性基片。整个接头用金属夹具固定在一起。尽管有时将这种结构称为一个接头，但这种结构能够在没有任何困难的情形下反复连接和拆卸。这种方法的一个优点是能够先在工厂里将光纤连接在接头上，然后再在野外将其接合在一起。可以将若干个正极性基片堆叠成一个连接器阵列，用于将含有多个光纤带的光缆连接在一起。

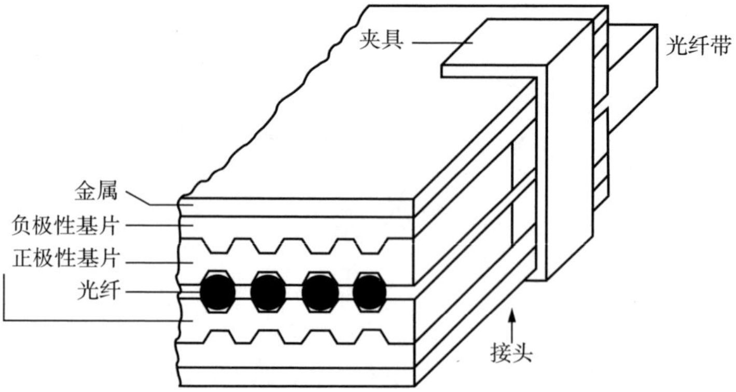

图8.24 带状接头剖面图，光纤对接的位置用箭头指示

带状光纤也可以用前面介绍的无胶粘快速接头方法连接。每一条光纤带中的12根相互隔开的光纤，能够在同一个单元内连接。有一种设计方式是，切割后的裸光纤被精确地排列在平行凹槽里，然后用夹子固定在合适的位置上。

8.3.5 连接头的损耗和选择

熔接和旋转连接是光纤连接方法的两个典型例子，对于单模光纤，这类连接要求十分有效地对准。在连接单模光纤时经常会遇到小的机械误差，为获得更高的效率（损耗低于0.05 dB），对光纤的对准要求十分苛刻。如果不采取有效的对准技术，则单模光纤的连接损耗会略高一些（0.1 ~ 0.2 dB），但这样做却要简单得多。

显而易见，从上面的例子可以看到，有多种连接方法可供使用者选择。设计人员可以从这些已经开发出来的方法中选择，也可以基于其独特构思开发新的连接方法，或者改进这些方法。

当相同的光纤连接时，好的机械接头产生的损耗范围从低于0.1 dB到刚好低于1 dB。为获得最低的损耗，光纤头保持清洁是绝对必要的。通过比较前一节所列举的实际光纤接头因对准差错损耗导致连接效率的变化，制造商可以设计出具有很高光纤定位精度的机械接头。

光纤连接以后，任何未受保护的裸露部分必须重新涂上如环氧树脂、漆或RTV等保护涂层。这些涂层可以防止光纤的磨损，从而避免产生裂纹。有一些情形，接头夹具本身会保护裸露的光纤，例如用毛细管包住光纤接头。

8.4 连接器

可以重复使用的连接器才是对连接器设计人员的智慧和光纤用户投资意向的真正考验。这是因为有效耦合对机械允许误差的要求极为苛刻，使得优质连接器的设计极为困难，而且成本昂贵。

8.4.1 连接器要求

对于一个优质连接器，应该满足以下要求。

1. **低损耗** 连接器组件在连接安装时必须保证能够自动对准，以使差错损耗最小化。不同于前面已经提到的有些连接方式，其接头点可以看得见，连接器的接触点无法观察，而且不能进行定位校正。如果一个系统中含有几个连接器，则每个连接器都必须是高效率的。例如，如果一个系统中有5个连接器，每一个都有2 dB的损耗，则总损耗将达到10 dB，这会使接收机接收到的可用功率降低到原来的十分之一。

2. **可重复性**　重复使用连接器时，其耦合效率不应该有明显的变化。
3. **可预测性**　使用同样的连接器和同样的光纤，其效率应该相同。也就是说，连接损耗应该对安装使用人员的熟练程度不敏感。
4. **寿命长**　经过反复插拔以后，连接器的效率和强度不应该明显降低。安装好的连接器损耗不应该随时间变化。
5. **高强度**　如果有外力施加在连接器上，或者有拉力施加在光缆上，那么不应该导致连接强度的降低。
6. **环境适应性**　连接器必须能够承受很大的温差变化、潮湿和化学侵蚀、污物、高压力和震动的考验。
7. **易于组装**　光纤的预处理以及将其插入套管不应该过于困难或耗时。
8. **易于使用**　连接器的安装和拆卸应该比较简单。
9. **成本低**　精密的连接器是十分昂贵的，便宜的连接器通常是由塑料做成的，但其性能可能不是很好。

大部分连接器都设计为光纤端面直接对接，使对接的光纤端面尽可能地接近。可能的连接器设计方案包括直套筒结构、锥形套筒结构和交迭型结构。透镜连接器是端面直接对接结构的替代方案。本节的后面部分将介绍连接器的组装，意在说明将光纤成功连接的一般方法。但是并未介绍特定商用连接器的全部细节，只是介绍了其共同特点。

8.4.2　常规连接器

端面直接对接式连接器通常由用于插光纤的套管和用于插套管的精密套筒构成。图8.25即为一种直套筒结构的示意图。有一些直套管设计得与SMA共轴连接器十分相像。套管可以非常圆润密合地装进管状套筒，并实现轴向对准和角度对准。很明显，这要求非常小的容差。光纤端面之间的间隔由套管伸出对准边沿部分的长度以及套筒的长度决定。螺帽顶着法兰盘拧紧在套筒上，以保持稳定的连接。图8.25中的光缆可以用环氧树脂固定在套管里，或者采用皱褶方法将其固定在套管里，或者两种方法兼用，以提高连接强度。另一种替代的设计是采用凯夫拉尔编织物来约束套管，以提高强度，如图8.26所示。光缆上的张力被转移到了凯夫拉尔加强件而不是脆弱的光纤上，释放了施加在光纤上的张力。SMA光纤连接器发明于20世纪70年代晚期，是应用最早的连接器之一，现在仍在使用。

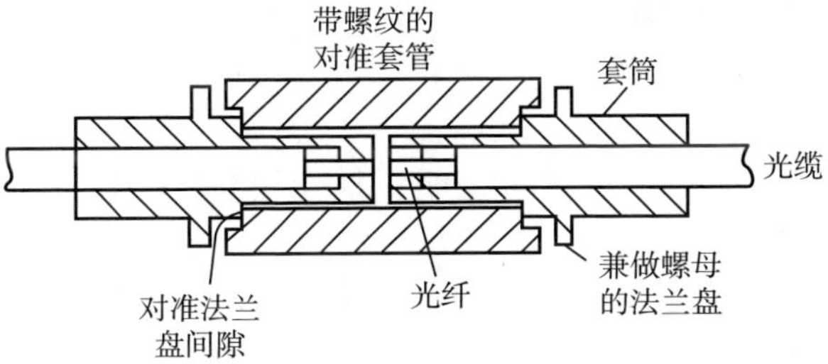

图8.25　直套管型连接器

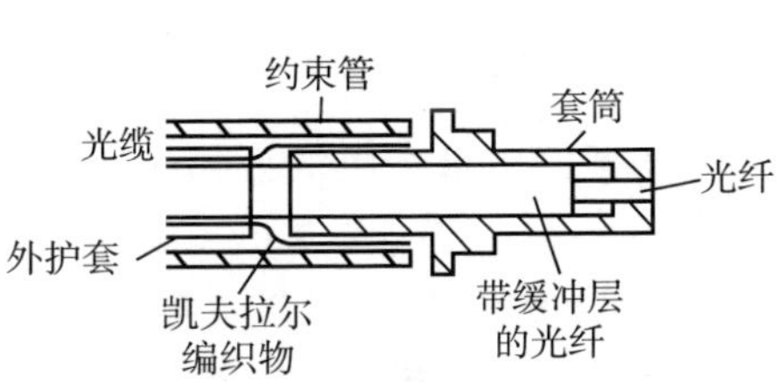

图8.26　凯夫拉尔编织物加强件可以用于约束套筒

锥形（**双锥形**）连接器如图8.27所示，其中含有浇铸的塑料部件。一个锥形套管可以容纳并引导锥形套环。锥形连接器在重复安装和拆卸的过程中磨损很小。光缆通过黏合剂或者像直套管连接器那样采用皱褶方法固定在套环内。如图8.27所示，光纤端面之间的间隙完全由机械结构决定，其中的法兰盘可以防止光纤拉得太近。如果法兰盘没有被套管挡住（比如，图8.27里的对准套管长度太短），这时端面之间的间隙就会取决于安全螺帽的紧固程度。最常见的双锥形连接器装有弹簧，用于减少两根待对接光纤之间的作用力，这种结构的双锥形连接器由贝尔实验室于1976年研制成功。

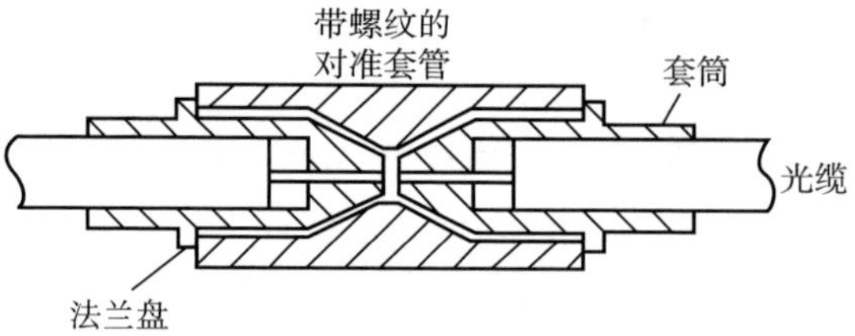

图8.27　锥形套管连接器。螺帽安在套筒上，顶着法兰盘拧在有螺纹的套管上以保护连接

正如本节前面所提到的，SMA连接器采用螺帽固定，其连接和拆除较为方便。采用没有螺丝的结构，其连接和拆除可能会更快一些，例如ST连接器[14]。ST连接器是一种按键控制而且装有弹簧的器件（见图8.28），连有一个耦合套管，非常像同轴BNC连接器。弹簧连在套管上，采用这种方法可以使连接器的端面相互接触，但是两根光纤之间的作用力是由弹簧张力决定的（而不是由螺帽或其他紧固装置的紧密程度决定的）。按键可以保证多种光纤配对时不会旋转，从而产生相同的插入损耗。ST连接器是一种物理接触型连接器。

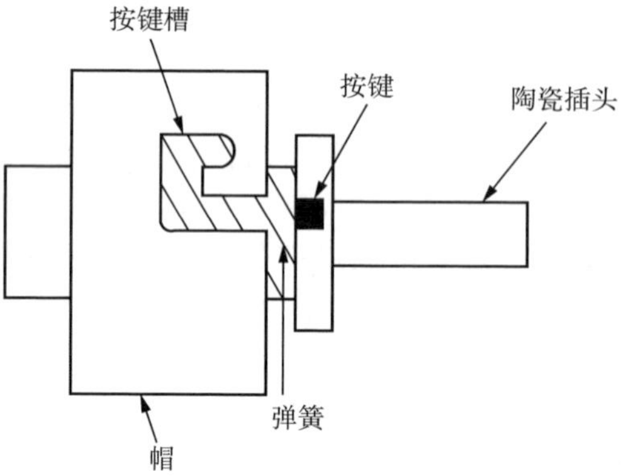

图8.28　ST型连接器是采用按键而且装有弹簧的连接器

FC型连接器是由日本电报电话公司（Nippon Telegraph and Telephone Corp.，NTT）开发的。它有一个平坦的端面以产生**端面接触**（face contact，FC）。同时，还有一种作为物理接触（FC/PC）的改进型连接器。

D4型连接器由日本电气公司（Nippon Electric Corp.，NEC）发明，是一种键控的装有弹簧的连接器。

图8.29所示的SC型连接器（square/subscriber connector）由NTT于1986年发明。其外壳由塑料浇铸制成，呈长方形。当然，其套管仍然是圆柱状的。通过将连接器推进到配对的套管里实现连接（在图8.29中没有画出配对的套管）。弹簧夹咬合时，连接器的外壳和配对的套管锁定在一起。为了拆除连接，只要将外壳从配对的套管里拉出，就可以使塑料夹脱离，因

此，这是一种**推/拉式**设计。方形外壳可以保证不同配对间的可重复性，因为在这种结构中，不旋转套管是可能的。

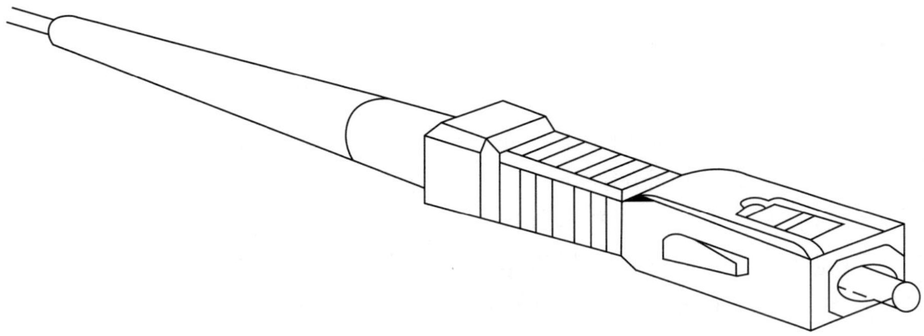

图8.29　SC型连接器

采用方形外壳和推/拉式配对结构，使得SC型连接器比其他常规连接器相互之间可以靠得更紧密一些。例如，对于SMA和ST型连接器，在两个连接器之间的间隔必须能放下一个人的手指，用于抓住连接器外壳并旋转。而SC型连接器能在距另一个连接器很近的地方将其推进或拉出。换句话说,SC型连接器设计允许更高的组装密度，这对于面板的安排是很重要的。

EC型（European Communities）连接器由法国的Radiall S. S. 研制。与SC型连接器类似，它也有矩形的外壳并依靠推/拉锁定机构。由于在两个连接心之间放置了硅基的折射率匹配膜，所以这种连接器可以获得低回授损耗性能（低于60 dB）。

8.4.3　小尺寸连接器

在电话、有线电视、屋内配线、光纤到桌面和局域网应用中，要求的组装密度可能比SC型连接器所能实现的密度还要高。这种需求导致了各种形式的所谓小尺寸（small form factor，SFF）连接器的问世。这类连接器的尺寸大约是常规SC型连接器的一半，与铜连接中常用的8针标准插座（RJ–45）的大小差不多。有一些SFF型连接器套筒的尺寸是1.25 mm，而常规连接器套筒的尺寸则为2.5 mm。SFF型连接器与常规的连接器相比，允许的组装密度可以翻倍。MT–RJ型、SC–DC型、MU型、LC型和VF–45型连接器是几种重要的SFF型连接器。它们与SC型连接器相似，是推/拉式连接器。

机械传动对准插座（mechanical transfer registered jack，MT–RJ）是一种小型的双位连接器。这种连接器可以同时连接两根光纤。在9.1节中将要讨论的光纤数据分布式接口（fiber distributed–data interface，FDDI）局域网与许多局域网和应用类似，都使用双纤光缆。RJ型连接器与8针标准铜连接器相似，将两根端面抛光的光纤插入连接器中即可实现连接，它们在V型槽里与两根接收光纤对准并对接（与前面介绍过的接头类似）。折射率匹配凝胶填满了所有的空间，一个集成的夹具将光纤固定在适当的位置。

SC–DC（SC型双纤接触）也是一个双位连接器。它就像一个迷你型SC型连接器，其末端制作过程与MT–RJ型连接器类似。

MU型连接器也与SC型连接器类似。光纤在套管里用环氧树脂固化保护以后，再用研磨–抛光工艺进行预处理。

朗迅公司研制的LC型连接器，其尺寸相当于SC型连接器的一半。与MU型连接器一样，它也用环氧树脂和抛光工艺对光纤进行保护和预处理。

VF–45型连接器（正如前面所提到的，标准的8位铜端接是RJ–45型插座）依赖V形凹槽固定端面抛光的光纤，而不用套筒。

8.4.4 交叠型连接器

交叠型连接器的连接原理如图8.30所示，其结构与V型槽接头类似。两根端面抛光的光纤分别位于相互成镜像的两个半圆形凹槽中。抛光工具不仅要对光纤端面进行预处理抛光，而且还要精确地控制光纤的长度。由可缩性塑料制成的凹槽被夹在一起，以实现连接。当施加压力时，弹性材料根据光纤形状变形，使得光纤沿着共同的中心轴线对准。这种方式可以增强光纤的轴线对准精度。在接合过程中，连接器的两半先是分离开的（一个在另一个的上方），直到光纤头几乎碰到。接着两部分被一个夹具夹紧锁住，夹具可以松开使连接器脱离。

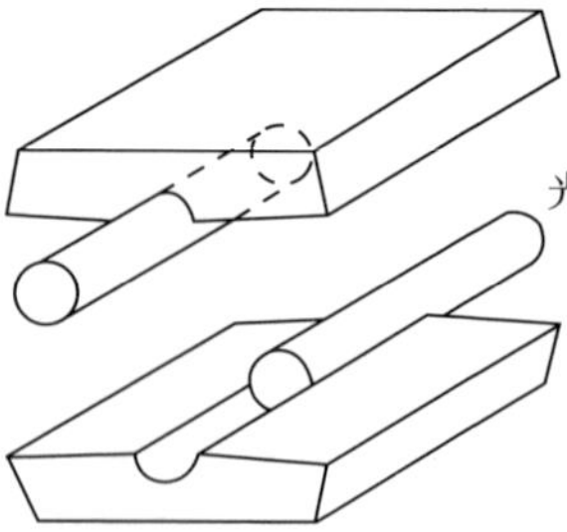

图8.30 交叠型连接器

8.4.5 透镜式连接器

透镜式连接器的结构如图8.31所示。从发射光纤发出的发散光束被透镜准直。为实现光束准直，要求光纤到透镜的距离刚好等于透镜焦距（回顾第2章中有关射线光学的内容）。接收端有完全相同的配置。无论透镜之间的距离有多大，这种结构都是一种放大倍数为1的成像系统。因为光束在连接面被放大，相对于直接对接型连接器，透镜式连接器对横向偏移的敏感程度降低了。横向偏移导致的损耗通过式（8.1）进行计算，并由图8.3中的曲线表示。在这里要用放大的光束直径代替式中的光纤纤心直径。

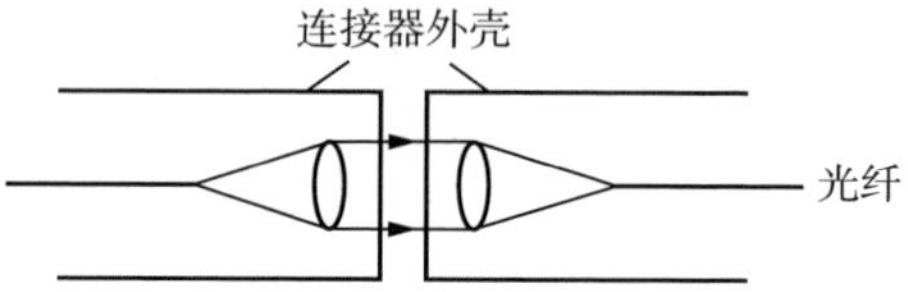

图8.31 透镜式连接器

例8.5 假设光纤纤心直径为50 μm，数值孔径NA为0.2，光束的直径扩散到2 mm。设计一个损耗为0.5 dB的透镜式连接器，安排透镜配置并计算允许的横向偏移。

解：

如图8.32所示，光束以arcsin NA = 11.5° 的角度发散。光束半径r与光纤到透镜距离 f 之间的关系为r/f = tan 11.5° 。设 r = 1 mm，则 f = 4.9 mm。可以选择一个焦距为4.9 mm，直径略大于2 mm的透镜，放置在距光纤端面4.9 mm处。根据图8.3，如果$d/2a$ = 0.09，则损耗为0.5 dB。由于$2a$ = 2 mm，所以允许的横向偏差d = 0.18 mm = 180 μm。将此允许的横向偏移与例8.1的结果比较，对于0.5 dB的损耗，例8.1允许的偏移仅为4.5 μm。

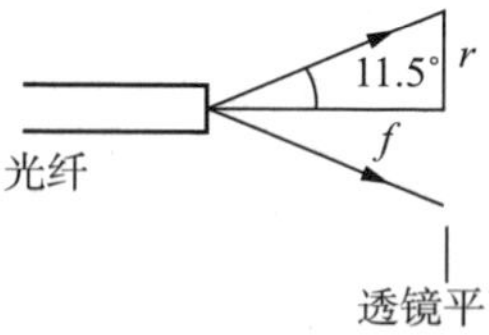

图8.32 透镜式耦合器的设计

除了可以降低对横向偏移的敏感度，透镜式连接器比直接对接式接头允许更大的端面间隙。因为光束是经过准直的，所以在损耗变大之前端面之间的间隙可以相当大。这一特性是十分有用的，不仅放宽了对端面间隙误差的要求，而且可以用平坦的玻璃板盖住对接的两个连接器，以便保护它们。为保护连接器中经高度抛光的光纤头免于划伤和灰尘聚积，应进行细心地处理，而且必须如此！一个永久性的玻璃盖可能是透镜式连接器的一部分，用于降低连接器受损的可能性。当然透镜间的距离也不能任意大，除非透镜之间的距离刚好是焦距 f 的两倍，否则离轴光线不能以离开发射光纤时的角度进入接收光纤。图8.33解释了透镜距离大于 $2f$ 时光线方向的变化，光线的偏离程度随着距离的增加而增加。显然，当偏离程度太大，以至于光线方向超出光纤的接收角范围时，光线就不会再耦合进入接收光纤了。

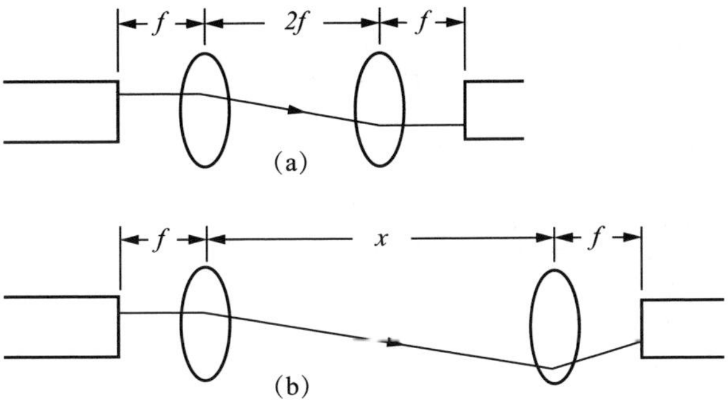

图8.33　透镜之间的距离受离轴光线的接收角度变化的限制。(a)如果间距刚好为 $2f$，则可保持发射光线的角度不变；(b)如果透镜间距比 $2f$ 大，则发射光线和接收光线的角度不同。接收光纤处的光线有可能落在光纤的接收锥角范围之外，从而降低了连接器耦合效率

透镜式连接器有几个缺点。首先，这种连接器对角度未对准产生的损耗比直接对接式连接器更为敏感。但是获得好的角度对准并不困难，所以这一问题并不太严重。其次，透镜式连接器的复杂结构使其成本昂贵，而且难以安装。最后，因为两个透镜和两个盖板（如果有）的反射，透镜式连接器的固定损耗有时会超过直接对接式耦合器。如果在透镜表面涂敷消反射涂层，则可以降低反射损耗。

2.2节介绍过渐变折射率（GRIN）棒透镜。用这种棒透镜可以代替连接器中的传统透镜，其结构如图8.34所示。连接器的两段都用一根光纤连着一个固态的四分之一节距折射率渐变透镜。这种类型的连接器有着与球形透镜连接器相同的优点：允许较大的横向偏移和端面间隙；同时也能加玻璃板盖以保护其免受损伤，并能使划伤和灰尘引起的额外损耗最小。这类连接器比球形透镜连接器更容易安装和维护。

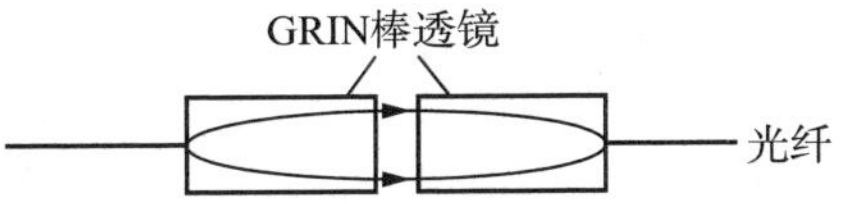

图8.34　GRIN棒透镜连接器

8.4.6　多通道连接器

多通道连接器是可以制造的，最简单的例子是用于双工系统中的双通道连接器。双工系统是用一根光纤向一个方向传送信息，另一根光纤向相反方向传递信息的通信系统。如果在交叠式设计中安排两个平行槽而不是一个（见图8.30），则这种结构将能容纳两根光纤。如果还安排有额外的槽，那么交叠式连接器在原理上可以扩展到两个以上的通道。

多通道连接器可以用直套管或锥形套管方式实现，用锥形套管实现的连接器又称为枪刺型连接器。在一种可能的设计方案中，每根光纤都有各自的单独套筒（见图8.35）。与多通道光缆相对应的套环组与一个插头相连，而另一个与多通道光缆相对应的套筒组与一个插座相连。插头套筒的末端从插头体上延伸出来，而插座上的套管则在凹进去的套筒中。将插头插进插座时，突出的套管末端为套环所引导，并对准。套筒被压进插头，而弹簧则顶着套管导环推进插座。枪刺型耦合器可加以改进，成为一种圆形阵列式（不是线阵列）的光纤连接器。

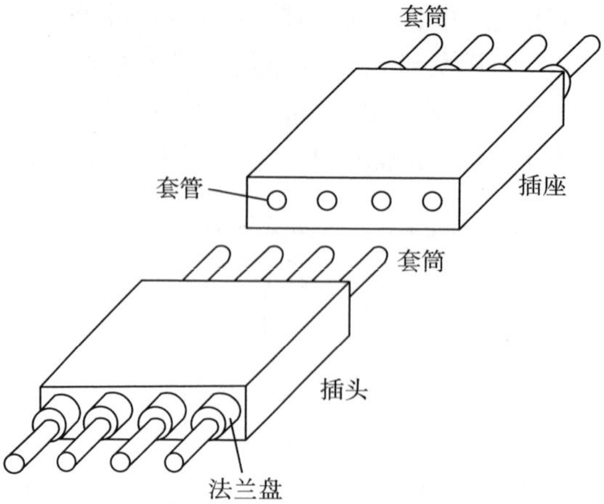

图8.35　多通道连接器

8.4.7　连接器损耗

典型的连接器损耗范围约为0.5 ~ 3 dB，比接头损耗要大一些。尽管加匹配液能够提高耦合效率，但是由于使用不方便，有可能从连接点蒸发或泄漏出来，透明性能随着时间的推移而减弱，以及易在接点处吸附外部微粒等原因，通常是不使用匹配液的。与金属连接器相比，用塑料浇铸而成的连接器价格较低，但机械精确度较低，因而损耗较高。

为什么连接器的损耗不能像固定接头那样低呢？最直接的原因是依靠单纯的机械装置（也就是没有采取有效的对准定位）来获得必要的横向对准误差是很困难的。事实上，一些连接器在上紧末端的螺帽之前，可以通过旋转套筒的方法得到最好的传输效果。

导致连接器损耗比接头损耗要高的另一个原因是，在一些设计中光纤头没有相互接触。这是与连接器相关的一个安全因素，避免过紧的螺丝帽在精细的抛光光纤头上施加过大的力。装有弹簧的连接器（图8.28给出的结构就是一个例子）是解决端面间隙问题的一种有效方法。接头中的两根光纤在固定之前通常可以相对轻轻移动，直到相互接触。连接点甚至可以直接看见，因此可以直接观察到对准情况。

尽管本节介绍了大量的连接器，但还是有很多类型的连接器尚未涉及，而且还有各种新型结构不断开发出来。连接器的基本原理和基本要求看起来很容易理解，很难预期还有什么开创性的新型连接器问世。利用压缩皱褶方式，而不是采用环氧树脂黏合剂将光纤固定在套管内的无黏合剂连接器已经研制出来，而且还在继续发展。采用这种方法可以实现快速安装，这是一种非常有价值的特性。

8.5　光源耦合

光从光源到光纤之间的耦合效率可能非常低。耦合效率定义为

$$\eta = \frac{P_f}{P_s} \tag{8.10}$$

其中，P_f是光纤的入纤功率，P_s是光源的发射功率。如果以分贝为单位，则耦合损耗应表示为$L = -10\lg\eta$。有几种机理导致耦合效率降低，主要包括反射损耗、面积失配损耗、封装比损耗和数值孔径损耗等。这些问题可以用图8.36加以解释，后面将逐一介绍。

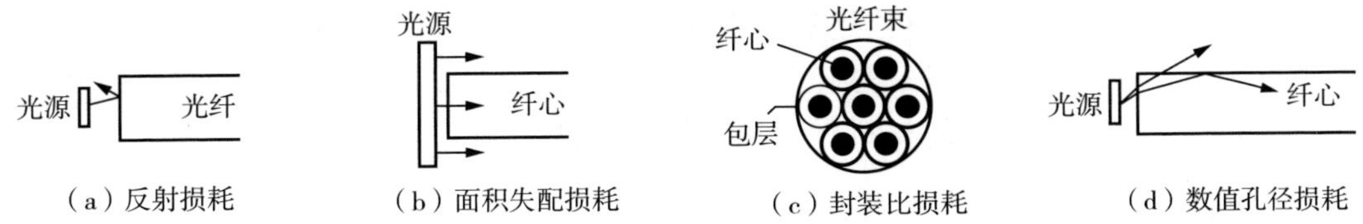

图8.36 光源的耦合损耗

8.5.1 反射损耗

如果光源发射面和光纤端面之间存在空气间隙，则对于正入射光线在边界面的功率反射，应根据式（3.28）计算。这个方程式通常只适合于小接收角。在3.5节中，已经计算得到的空气到玻璃界面之间的损耗为0.2 dB。如果光源与光纤端面直接接触，或者使用折射率匹配液填充间隙，则这种损耗可以忽略。0.2 dB的损耗很小，所以加入折射率匹配液可能是不可取的，除非为了对光纤进行结构性支撑。光纤头端面像接头一样，必须经过预处理以消除粗糙表面的散射。

8.5.2 面积失配损耗

如果光源面积比纤心端面面积大，则会损失一部分功率，如图8.36所示。效率的降低值等于纤心面积与光源面积之比，即A_c/A_s。如果光源面积比纤心端面面积小，则有这种损耗。

8.5.3 封装比损耗

有时，一个如图8.36所示的含有多根光纤的光纤束采用一个发射光源。多根光纤封装在一起，其包层相互接触。这种结构有多种用途。大的光纤束可以与大面积光源匹配，这可以消除面积失配损耗。因为大面积光源的发射功率大，因此相对于耦合进单根光纤的功率，大面积光源会有更大光功率耦合进光纤束。光纤束还可以提供冗余，如果其中一根光纤断掉，那么尽管功率会减少，但是接收不会中断。如果将光纤束分开，并将其路由到不同的光纤沿不同路径传输，则可以将信息分配到不同的目的地。我们尚未提到光纤束产生的耦合损耗。如果光源发出的光照到光纤的包层上或者照射到光纤之间的空气间隙上，这部分能量就会损失掉。耦合效率按封装比因子降低，所谓**封装比**pf就是所有光线的纤心面积之和与光纤束的横截面积之比。通常，封装比在0.4 ~ 0.75之间。尽量减小光纤的包层厚度可以获得较大的封装比。薄包层光纤之间的串扰是不用考虑的，因为光纤束中的每一根光纤都传送同样的信息。

8.5.4 数值孔径损耗

本节介绍的损耗机理仅适用于多模光纤。

正如4.4节所述，以比波导接收角大的角度入射的光线在波导中不能有效地传输。在光从光源耦合进光纤的过程中，由上述原因产生的损耗是十分重要的。对于用面发射LED一类朗伯光源激励的阶跃光纤，由于这种现象产生的耦合效率可以表示为[15]

$$\eta = \mathrm{NA}^2 \tag{8.11}$$

朗伯型光功率分布已在6.2节讨论过，其分布图样如图6.10所示。阶跃光纤的数值孔径根据NA $= \sqrt{n_1^2 - n_2^2}$计算，这一公式已在4.4节中进行了推导。由式（8.11）得到的结果可以用图8.37

表示。图8.37适用于光源和光纤直接接触，或者二者之间有空气间隙（也可能填充折射率匹配液）的情形。这是基于下面的知识得到的结论，即光纤内的射线角度和与之相应的光源内的射线方向之间的关系与二者之间的材料折射率无关。图8.38解释了这一结论。

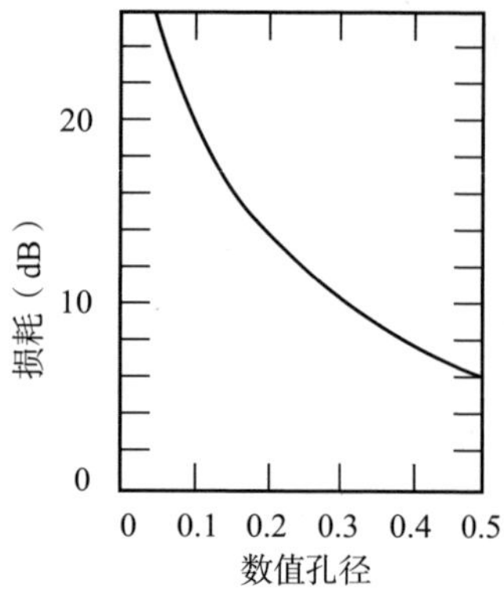

图8.37 从朗伯光源到阶跃光纤之间的耦合损耗

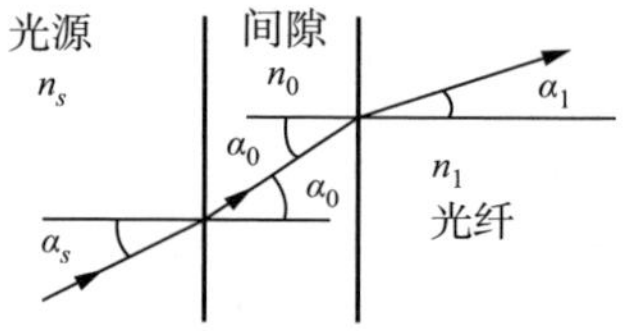

图8.38 从光源到光纤的光线传播。根据斯涅尔定律，$n_s \sin\alpha_s = n_0 \sin\alpha_0 = n_1 \sin\alpha_1$，因此光纤内的光线角($\alpha_1$)仅仅取决于光源内的光线的原始方向($\alpha_s$)

例8.6 计算阶跃折射率光纤的耦合损耗，光纤的特性参数列在表5.1中，假设采用面发射LED激励。

解：

如果没有面积失配损耗，则根据式（8.11）计算数值孔径损耗，根据式（3.28）计算反射损耗。以分贝表示的计算结果列在表8.1中。只有出现空气间隙时才会产生反射损耗，与数值孔径损耗相比是可以忽略的。

表8.1 典型的朗伯光源–阶跃折射率光纤之间的耦合损耗

NA	NA损耗（dB）	反射损耗（dB）	总损耗（dB）
0.24	12.4	0.2	12.6
0.41	7.7	0.2	7.9
0.48	6.4	0.2	6.6

低数值孔径光纤的耦合损耗是相当大的。如果传播路径短，并且高损耗光纤的数值孔径大，那么优质低损耗的光纤相对高损耗光纤的优点可能荡然无存。下面的例子说明了这一点。

例8.7 假设朗伯光源发射功率为2 mW（3 dBm），有多少功率被耦合进表5.4所列出的玻璃光纤和塑料阶跃光纤？通过光纤传输10 m和100 m以后，还剩下多少功率？

解：

表8.2给出了这一问题的答案，表5.4给出了数值孔径和衰减值，耦合效率由表8.1得到。光源功率为3 dBm，减去玻璃光纤耦合损耗12.6 dBm，得到3−12.6 = −9.6 dBm。类似地，塑料光纤耦合进3−6.6 = −3.6 dBm的功率。塑料光纤的入纤功率比玻璃光纤高出6 dB。10 m长的玻璃光纤产生0.05 dB的损耗，同样长的塑料光纤产生2 dB的损耗。将这些损耗加到耦合功率上，在玻璃和塑料光纤中分别得到−9.7 dBm和−5.6 dBm的输出功率。对于10 m长的传输路径，高损耗的塑料光纤的输出功率比高性能的玻璃光纤损耗还高出4.1 dB。但是对于100 m的传输路径，塑料光纤的衰减达到20 dB，使得输出光功率比玻璃光纤的低13 dB以上。100 m玻璃光纤末端的输出功率是97.7 μW（相当于−10.1 dBm），而塑料光纤的输出功率则为4.36 μW（相当于−23.6 dBm）。

表8.2　分别由2 mW的朗伯源激励的玻璃光纤和塑料光纤中的功率传输

光纤	NA	衰减（dB/km）	耦合损耗（dB）	耦合进光纤的功率（dBm）	输出功率10 m（dBm）	输出功率100 m（dBm）
玻璃	0.24	5	12.6	−9.6	−9.7	−10.1
塑料	0.48	200	6.6	−3.6	−5.6	−23.6

有几个因素使得耦合效率的计算变得复杂。发散的光源通常将激励起包层模，这些模式在受到明显衰减之前将传播一个短距离。在输入点附近测到的耦合功率包括这些模式，在远离输入点则不包括包层模的功率。因为包层模所携带的功率不包括在由式（8.11）计算的效率中，所以对于短距离传输，由式（8.11）计算的效率比实际效率要低。如果光源直接照射到包层，激励起包层模，则短距离传输的面积失配损耗也将减少。相对于长距离光纤的耦合效率，短距离传输光纤耦合效率较高的另一个因素是**漏泄模**的存在。漏泄模是由斜光线产生的，斜光线不通过光纤轴，但是环绕光纤轴以螺旋方式传输。漏泄模是衰耗模，但有时候可以在某些光纤中传输很长的距离。

在5.2节，我们看到GRIN光纤的数值孔径会从轴线上的最大值一直降到纤心边缘的零值，所以随着激励点远离轴线，光的耦合效率会越来越小。因此，GRIN光纤的耦合效率要比阶跃折射率光纤低。对于抛物线折射率分布光纤，其耦合效率为[16]

$$\eta = \frac{\mathrm{NA}^2}{2} \tag{8.12}$$

其中，NA为光纤轴线处的数值孔径，并使用朗伯发射型光源。所得到的效率刚好是阶跃光纤效率的一半。也就是说，阶跃光纤的耦合效率比抛物线折射率分布光纤的耦合效率要高出3 dB。

式（8.12）适用于LED的发射面积与纤心面积相等的情形。如果光源发射面小于纤心面积，则光源发出的大部分光将在光纤轴附近被收集。由于轴线附近的数值孔径较大，因此有更多的发射光线将落在光纤的本地接收角之内，总接收效率将会提高。在这种条件下，耦合效率可以表示为

$$\eta = \mathrm{NA}^2[1 - 0.5(a_e/a_f)^2] \tag{8.13}$$

其中，a_e是发射面的半径，a_f是纤心半径，NA为轴心处的数值孔径[17]。正如所期望的那样，当发射器和光纤纤心的尺寸相等时，上式也就简化为式（8.12）。

边发射LED和半导体激光器的发射光束比朗伯分布光源发射的光束更加集中，可以改进耦合效率。如果采用边发射LED，就可以提高几分贝，如果采用半导体激光器则可以提高得更多。可以通过表达式$\cos^m\theta$来模拟一个窄的功率分布，其中m是一个正整数，θ是相对于发射表面的法线方向的观察角。图8.39说明了这种功率分布图，从图中可以看出较大的m值对应于更窄的光束。

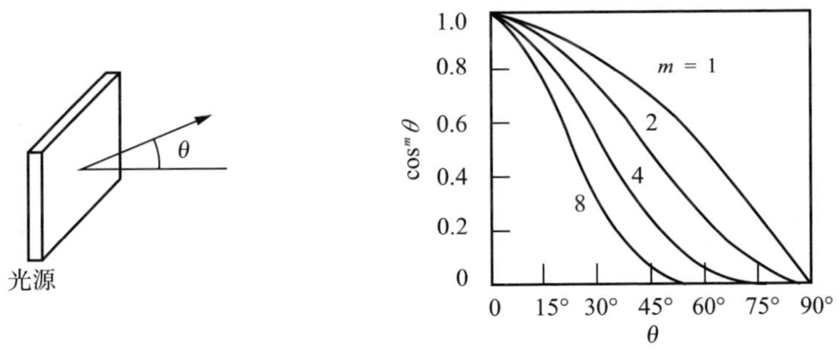

图8.39　功率分布图

可以用实际测得的功率分布图与图中的曲线比较，以便为特定光源选取适当的m值。阶跃折射率光纤与这类光源之间的耦合效率为[18]

$$\eta = 1 - (1 - \mathrm{NA}^2)^{(m+1)/2} \tag{8.14}$$

这个结果又可以写成$\eta = 1 - (\cos\alpha_0)^{m+1}$，其中$\alpha_0$是光纤的接收角。对于$m = 1$的情形，也就是对于朗伯光源激励，上式将直接简化为式（8.11）。对于小的数值孔径值，耦合效率可以简化为

$$\eta = \frac{(m+1)\,\mathrm{NA}^2}{2} \tag{8.15}$$

在满足$(m-1)\mathrm{NA}^2 < 0.4$的条件下，这一近似结果是很精确的。从这个表达式可以看出，对于窄光束（$m >> 1$），耦合效率的提高是很明显的。对于抛物线折射率光纤的耦合效率，式（8.15）计算出的效率还要乘以一个因子，即乘以$1 - 0.5(a_e/a_f)^2$。

正如我们已经多次提到的，多模光纤耦合效率低的主要原因是普通光源发出的光束角分布很宽，而光纤的接收角却很有限。一个减小光源光束发散角的合理方法是使用透镜，如图8.40所示。光线角度的变化由式（2.9）得到。式（2.10）给出的小角度近似表明光线的角度发散程度按成像系统的放大倍数减小。较大的放大倍数可以显著地减小光束发散，从而可以明显地提高耦合效率。有时，甚至可能将光源光束的发散减小到几乎所有光线都落在光纤的接收角以内。当然，必须保持光源的放大图像要比光纤纤心小，以避免面积失配损耗。显然，只有当纤心面积比光源大时，才能采用放大光源的方法来减小光束发散。在其他情形下，直接对接耦合将更为有效。

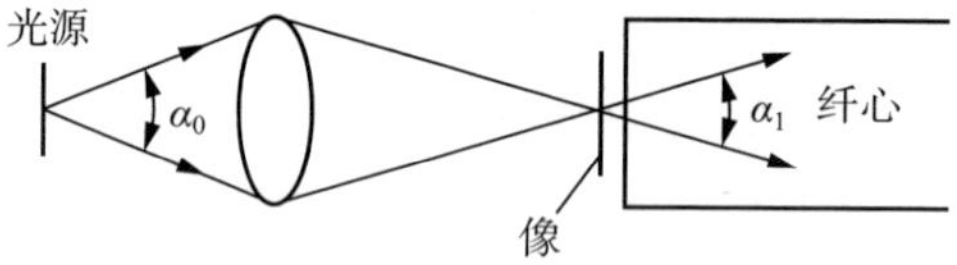

图8.40　减小光源的光束发散角。$\alpha_1 \approx \alpha_0/M$，其中$M$是线放大倍数

对于大面积光源，会产生面积失配损耗。利用透镜可以减小光束的横截面积，以便与光纤纤心匹配。光源面积的缩小（$M < 1$）可以引起光束发散角的增加，其规律仍然遵从式（2.10）。这种方法不适合于LED，对于气体激光器这样的激光光源可能是有用的，因为这类激光器的光束发散角非常小。

边发射型器件产生的光束功率分布图是不对称的。如图8.41（a）所示放置的柱透镜，仅仅可以使最大的光束发散平面内的光束发散角变窄，从而减小了这个方向的不对称性。图中用圆圈表示柱透镜，通常是一段垂直放置在光源与传输光纤之间的短光纤。从柱透镜出来的光束能够直接激励光纤。如果需要，那么利用球形透镜还可进一步减少光束发散，如图8.41（b）所示。传统的球形透镜可以用一个等价的GRIN棒透镜代替，如图8.41（c）所示。

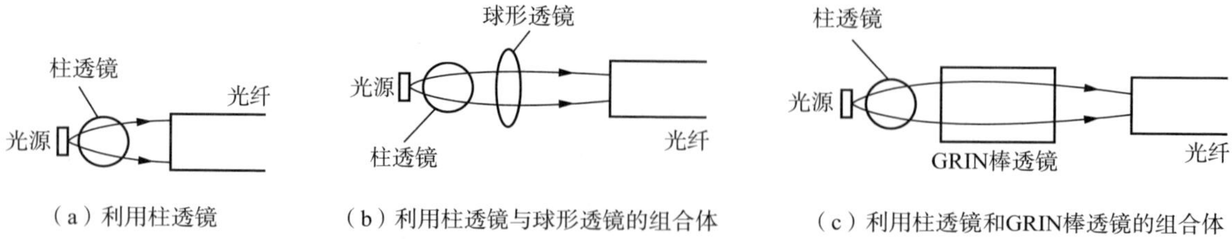

（a）利用柱透镜　（b）利用柱透镜与球形透镜的组合体　（c）利用柱透镜和GRIN棒透镜的组合体

图8.41　光源耦合

商用光源通常都连着一段短的尾纤，以便与发射光纤熔接或连接。用户通常并不需要了解光源和尾纤之间耦合的细节。系统设计者仅需要知道尾纤发出的功率和尾纤本身的类型（是阶跃折射率光纤还是渐变折射率光纤）即可。购买一个光源时，购买者应该检查制造商标注的输出功率是指发射器直接输出的功率，还是尾纤输出的功率。在大多数情形下，因为耦合效率较低，尾纤输出的功率相当低。

8.5.5　单模光纤耦合

对于单模光纤，如果来波的功率呈高斯分布，从而与光纤中的HE_{11}模相匹配，则单模光纤的耦合效率将非常高。这要求两个光波的光斑尺寸（已经在2.5节和5.4节定义过）相等。图2.27给出了一种将准直的激光束耦合进光纤的配置。首先光束被聚焦，使光斑尺寸减小到与光纤纤心一样大。与此类似，也可以在半导体激光器和单模光纤之间放置透镜，使发射光源的光斑尺寸与光纤的尺寸匹配。出于同样的目的，也可以在光纤端面处形成一个透镜，可以从这两种方法中选择一种。也可以通过加热和拉伸将光纤变成锥形，以进一步改进两个波之间的匹配。通过这些方法，使耦合损耗低达几分贝是可能的。

8.6　总结和讨论

实现高效率的接头、连接器和光源耦合器，需要非常细致的考虑和高度关注。光纤头必须进行精密的预处理，定位和对准必须非常精确。通过十分精细的处理，可以实现十分之几分贝甚至更小的接头损耗，而优质连接器产生的损耗可以小于1 dB。

光源耦合器的效率取决于光源的发射方向图和光纤的数值孔径。面发射LED耦合进NA < 0.24的光纤时，其损耗超过12 dB。当LED的发射面比纤心小时，可以用透镜改进耦合效率。由于半导体激光器和边发光LED的发射光束比面发射LED的窄，所以有更高的效率。但当耦合进低数值孔径的细光纤时，耦合损耗仍然相当大。

习题

8.1　通过计算两根光纤纤心的重叠部分，推导式（8.1）。提示：采用积分计算。

8.2　用式（8.1）在图8.3上至少确定4个点。

8.3　对于多模阶跃折射率光纤，多大的相对横向偏移会产生10 dB的损耗？

8.4　将多模光纤换成$V = 2.4$的单模光纤，重做习题8.3。

8.5　一根单模光纤容纳光斑尺寸为5 μm的光束。多大的横向偏移会产生0.5 dB的损耗？假定$V = 2.4$。

8.6　计算$V = 2.4$的阶跃单模光纤的纤心包层界面上光束的归一化光强。假定传输光束的功率呈高斯分布。

8.7　画出多模阶跃光纤的未对准角度与损耗（以dB为单位）的关系曲线。假设NA = 0.1，光纤间形成的V形槽由空气填充。未对准角度从0°到10°。

8.8　画出单模光纤的未对准角度与损耗（以dB为单位）的关系曲线。此单模光纤的参数为$n_1 = 1.47$，$n_2 = 1.468$，$V = 2.4$，角度从0°到4°变化。首先，假设工作波长为0.8 μm，然后假设工作波长为1.3 μm。

8.9　推导由于角度对准差错产生的损耗的计算公式（8.4）。

8.10 画出阶跃单模光纤的波长与光斑尺寸的关系曲线。此光纤的截止波长是1250 nm，数值孔径是0.1。设波长在1250 ~ 1600 nm范围内变化。假设横向偏移是1 μm，计算并画出横向对准差错损耗与波长的关系曲线。

8.11 画出习题8.8所描述的单模光纤端面间隙与损耗（以dB为单位）的关系曲线。波长分别为0.8 μm和1.3 μm，端面间隙从0到500 μm变化。

8.12 假设阶跃光纤纤心直径是100 μm，NA为0.28。按照8.4节所述的方法，设计一个透镜连接器。假设透镜直径是3 mm，计算0.8 dB损耗所容许的横向偏移。

8.13 一根粗心的多模阶跃光纤由面发射LED激励。假设光纤的数值孔径NA为0.2，LED的输出功率为5 mW，光纤的损耗为4 dB/km。试计算1 m、1 km和10 km光纤处的输出功率。假设光纤的NA = 0.5，损耗为500 dB/km，重复前面的计算。

8.14 试由式（8.14）推导出式（8.15）。提示：利用二项式定理。假设允许的误差是10%，求数值孔径的最大值，数值孔径计算允许使用近似式（8.15）。对m分别为1，2，4，6，8，10和20时，计算出结果。数值孔径取刚计算出的最大值，分别计算耦合效率的精确值和近似值。

8.15 假设光源有32.8° 的半功率辐射角，即以光源发射面的法线为准测到的半功率角度，试计算光源与数值孔径为0.2的多模阶跃光纤之间的耦合效率。

8.16 假设光源有45° 的半功率辐射角，试计算此光源与数值孔径为0.2的多模阶跃光纤之间的耦合效率。

8.17 画出耦合损耗与单模光纤横向偏移之间的关系曲线，假设单模光纤的截止波长为0.8 μm。横向误差从0到8 μm。纤心折射率为1.47，包层折射率为1.466，工作波长为0.85 μm。

8.18 两根多模光纤的连接间隙由不理想的折射率匹配液填充。匹配液的折射率为1.4，而纤心折射率则为1.48。计算用输入功率电平表示的反射功率电平（以dB为单位）。注意，应包括光纤到折射率匹配液和折射率匹配液到光纤这两个界面。

8.19 试计算在下列条件下，可以放置在20 cm宽和10 cm高的光纤转插板上的连接器数目。

（a）连接器是圆形ST型，外壳直径约为1 cm。为安放这种连接器，要求用食指和拇指将螺丝帽拧到其所在位置上。为此，要求毗邻的连接器之间必须有足够的空间，以便操作。

（b）连接器是矩形SC型，宽为1.5 cm，高为1 cm。在毗邻的连接器之间不需要留有食指大小的间隙。

8.20 前一题中的光纤转插板最多能容纳多少个SFF型连接器？

8.21 8.3节所描述的快速接头可以在60 s以内完成连接。而一个常规的接头（熔接头或机械接头）可能要花5分钟才能完成连接。假设一根144心光缆被切断，需要多长的时间才能将此光缆重新接上？（a）用快速接头；（b）用常规接头。

参考资料

[1] Haruhiko Tsuchiya, Hiroshi Nakagome, Nobuo Shimizu, and Seiji Ohara. "Double Eccentric Connectors for Optical Fibers." *Appl. Opt.* 16, no. 5 (May 1977): 1323–31.

[2] Dietrich Marcuse, Detlef Gloge, and Enrique A. J. Marcatili. "Guiding Properties of Fibers." In *Optical Fiber Telecommunications*, Stewart E. Miller and Alan G. Chynoweth, eds. NY: Academic Press, 1979, pp. 71–72.

[3] Tsuchiya *et al.* "Double Eccentric Connectors for Optical Fibers," pp. 1324–25.

[4] Marcuse *et al.* "Guiding Properties of Fibers," pp. 71–72.

[5] Tsuchiya *et al.* "Double Eccentric Connectors for Optical Fibers," p. 1324.

[6] Dietrich Marcuse. "Loss Analysis of Single-Mode Fiber Splices." *Bell Syst. Tech. J.* 56, no. 5 (May 1977): 703–718.

[7] Tsuchiya *et al.* "Double Eccentric Connectors for Optical Fibers," p. 1326.

[8] John Joseph Esposito. "Optical Connectors, Couplers, and Switches." In *Handbook of Fiber Optics: Theory and Applications*, Helmut F. Wolf, ed. NY: Garland, 1979, pp. 241–303.

[9] Detlef Gloge, Allen H. Cherin, Calvin M. Miller, and Peter W. Smith. "Fiber Splicing." In *Optical Fiber Telecommunications*, Stewart E. Miller and Alan G. Chynoweth, eds. NY: Academic Press, 1979, pp. 456–461.

[10] Jack F. Dalgleish. "Splices, Connectors, and Power Couplers for Field and Office Use." *Proc. IEEE* 68, no. 10 (Oct. 1980): 1226–32.

[11] Gloge *et al.* "Fiber Splicing," pp. 461–482.

[12] W. John Carlsen. "An Elastic-Tube Fiber Splice." *Laser Focus* 16, no. 4 (April 1980): 58–62.

[13] T. Leslie Williford, Jr., Kenneth W. Jackson, and Christian Scholly. "Interconnection for Lightguide Fibers." *The Western Electric Engineer* 24, no. 1 (Winter 1980): 86–95.

[14] AT&T manufacturer's literature. NY, 1986.

[15] Michael K. Barnoski. "Coupling Components for Optical Fiber Waveguides." In *Fundamentals of Optical Fiber Communications*, 2d ed., Michael K. Barnoski, ed. NY: Academic Press, 1981, pp. 147–186.

[16] Ibid.

[17] R. H. Saul, T. P. Lee, and C. A. Burrus. "Light-Emitting Diode Device Design." In *Semiconductors and Semimetals*, vol. 22, pt. C, W. T. Tsang, ed. NY: Academic Press, 1985.

[18] Barnowski, op cit.

第9章　分布式网络与光纤器件

迄今为止，本书一直探讨的只是点到点的单向链路，至少可以含蓄地这么说。然而，光纤光学具有的多种性能使得设计双向传输系统成为可能，这种双向系统可以在一根光纤中沿两个相反的方向同时传输信号。同样，将光纤中的信息分配到多个终端是非常重要的，而且是可以实现的。多终端结构有许多实际应用。最重要的应用是**局域网**（LAN），它互连位于一个有限区域中的多个输入和输出单元[1]。一幢单独的大楼，一个拥有多幢大楼的校园，是有限区域应用的两个典型例子。

一个办公室局域网包括位于整个办公大楼内的所有视频监视器和工作站。工作人员可以从各自的终端接入各种设备，并获得多种服务。例如，电子数据文件、计算处理器、视频-文本业务、传真业务、电脑打印机和远程复印机等。当然，计算机本身也可以通过局域网接入网络中。视频电视会议设备也能接入局域网中。在光纤局域网中，光纤在两个互联设备之间传输信息。使用光纤的优点是可以改善安全性、减小尺寸、降低质量、拓宽可用带宽等。局域网的另一个应用是可以安装在加工车间内，以便监视和控制运行情况。我们可以将（1.5节描述的）光纤城市归为扩充的局域网。

在战术指挥系统中，光纤也可用于两个野外位置之间的通信。光缆的质量很轻，允许快速铺设网络。在这个多终端应用中，与电系统可能被窃听相反，光纤通信的安全性是一个重要优点。

本章将研究用于光缆分配和控制信息的基本系统配置和元件。它不像单光信道那样，仅能在单向链路上连接一个发射机和一个接收机。

9.1　分布式网络

定向耦合器是构成许多分布式网络的基础[2]。图9.1给出了一个四端口的定向耦合器。此后，我们还将描述具有更多端口的耦合器。在图中用箭头指出了允许功率流动的方向。为了描述耦合器的性能，我们将假设功率P_1是耦合器端口1上的输入功率。此功率将按预期的分光比在端口2和端口3之间分割。在理想情况下，将无功率到达端口4，端口4又称为隔离端口。如果损耗不大，则可以假设端口2的输出功率（P_2）等于或大于端口3的输出功率（P_3）。下面，我们来定义耦合器的损耗性能参数（以dB为单位）。

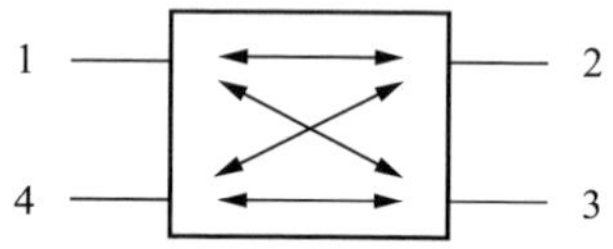

图9.1　四端口定向耦合器

1. 直通损耗

$$L_{\mathrm{THP}} = -10\lg\frac{P_2}{P_1} \qquad (9.1)$$

给定输入端口与优势端口（端口2）之间的传输损耗量。

2. 抽头损耗

$$L_{\mathrm{TAP}} = -10\lg\frac{P_3}{P_1} \qquad (9.2)$$

给定输入端口与抽头（端口3）之间的传输损耗量。

3. 方向性系数

$$L_D = -10\lg\frac{P_4}{P_1} \quad (9.3)$$

给定输入端口和希望隔离的端口（端口4）之间的损耗量。

4. 附加损耗

$$L_E = -10\lg\frac{P_2+P_3}{P_1} \quad (9.4)$$

给定耦合器中的功率损耗，其中包括辐射损耗、散射损耗、吸收损耗和耦合到隔离端口的损耗。

在一个理想的耦合器中，没有功率传到端口4（$L_D = \infty$），也没有功率损失。所以，端口2和端口3的输出总功率应等于输入功率，即$P_2 + P_3 = P_1$，这样附加损耗即为零。优良的定向耦合器附加损耗应小于1 dB，方向性系数大于40 dB。

分光比是两个输出端口的功率之比，即P_2/P_3。通常，耦合器也用其抽头损耗来描述。例如，一个10 dB耦合器是指耦合器有10 dB的抽头损耗。表9.1列出了不同的理想耦合器的直通损耗、抽头损耗和分光比。

表9.1　几个理想四端口定向耦合器的特性参数

耦合器描述	L_{TAP}（dB）	L_{THP}（dB）	分光比
3 dB	3	3	1 : 1
6 dB	6	1.25	3 : 1
10 dB	10	0.46	9 : 1
12 dB	12	0.28	15 : 1

对于无损耗的耦合器，有$P_2 = P_1 - P_3$，所以定义直通损耗的式（9.1）可以改写为

$$L_{THP} = -10\lg(1 - 10^{-L_{TAP}/10}) \quad (9.5)$$

这个结果给出了抽头损耗和直通损耗两者之间的联系。

在下面的例子中，我们将举例说明附加损耗是如何改变直通损耗和抽头损耗的。

例9.1　某耦合器的附加损耗为1 dB，分光比为1:1。试问有多少输入功率到达两个输出终端？

解：

在式（9.4）中使用$P_2 = P_3$和$L_E = 1$ dB，可得 $P_2/P_1 = P_3/P_1 = 0.397$。这相当于4 dB的直通损耗和4 dB的抽头损耗。这些损耗值比相同分光比（根据表9.1应该是3 dB）的理想耦合器多1 dB损耗，即1 dB是耦合器本身的附加损耗。

如果L'_{THP}和L'_{TAP}是一个给定分光比的理想定向耦合器的损耗，则分光比相同，附加损耗为L_E的实际耦合器的损耗则为

$$L_{THP} = L'_{THP} + L_E \quad (9.6a)$$

$$L_{TAP} = L'_{TAP} + L_E \quad (9.6b)$$

它们是理想损耗的值加上附加损耗的值。这些损耗是实际测量的损耗，通过将端口2上的输出功率与端口1的输入功率比较，将端口3的输出功率与端口1的输入功率比较得到的。由于式（9.6）中的损耗是将耦合器插入到系统中得到的实际损耗，所以通常称之为**插入损耗**。

正如图9.1中箭头所示，耦合器是双向的。四个端口中的任何一个端口都可以作为输入端口。可能的耦合（在输入端口后列出的是优势端口）是1到2和3，2到1和4，3到4和1，4到3和2。通常耦合器都是对称制作的，所以无论选用哪个端口作为输入端口，各种损耗性能参数值都相同。

9.1.1 双工网络

在点到点链路的两端用于接收和发送信号的最基本配置是使用两根光纤。一根光纤在某一方向上传输信号，另一根光纤在相反的方向上传输信号。而一个全双工网络可以允许在同一根光纤的两个方向上同时传输信息，这样可以节省光纤，对长链路来说是非常重要的优点。图9.2 给出了一个全双工结构的例子，其中在每个终端上都设置了一个定向耦合器。在这个应用中，理想的3 dB耦合器将在发射机和接收机之间产生6 dB的损耗。而每个端口的附加损耗和连接器损耗将会使接收功率衰减得更多。

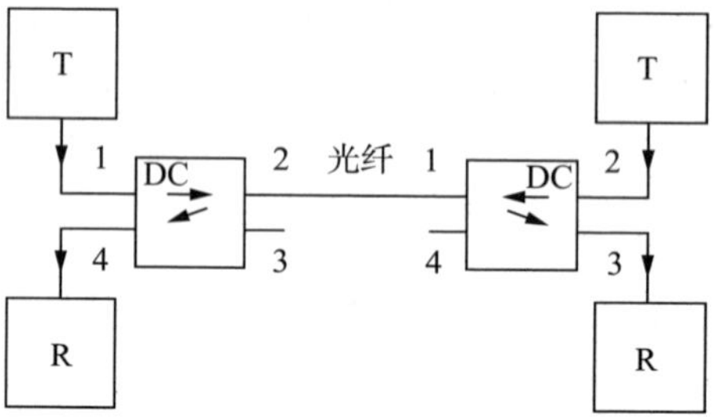

图9.2　全双工通信系统。T为发射机；R为接收机；DC为定向耦合器。图中也画出了未使用的端口

9.1.2 T形网络

图9.3所示的T形网络连接了许多终端。每个终端都包含一个发射机和一个接收机。干线光纤，也称为**总线**或**数据总线**，在抽头之间传输信息。抽头功能由T形耦合器提供。图9.4所示的T形耦合器允许在总线光纤上双向流动信息。图中的T形耦合器由两个双向耦合器构成。终端1和终端N通过定向耦合器连接到总线。

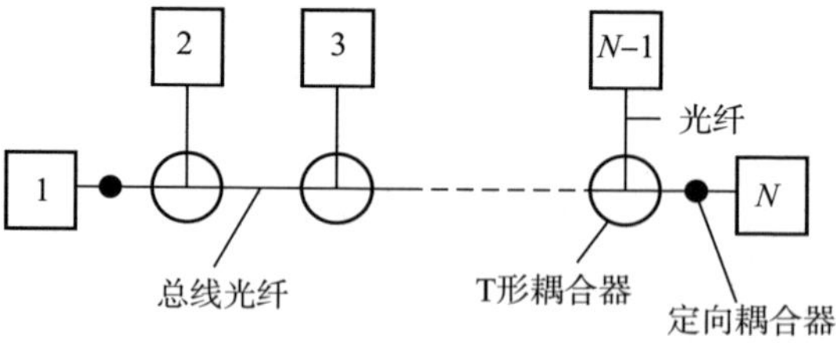

图9.3　互连N个终端的T形网络

如果网络中连接有大量终端，则网络要求大分光比的T形耦合器（直通功率远大于抽头功率）。这样确保了远离发射机的接收机能够收到足够强的信号，保证接收机可以正确地检测信号。考虑终端1和终端N之间的总损耗，假设每个连接到总线光纤上的定向耦合器的直通损耗为L_{THP}，抽头损耗为L_{TAP}。信号在到达接收机处的耦合器之前，必须经过$N-1$个定向耦合器。而接收机与耦合器的抽头端口相连接，因此总的分配损耗为

$$L = (N-1)L_{\text{THP}} + L_{\text{TAP}} \tag{9.7}$$

由此，我们可以得出用分贝表示的总损耗随终端数线性增加的结论。

在一个实际的系统中，需要计算构成网络连接器的损耗。每个耦合器的输入和输出端口均需要一个连接器，因此，在终端1和终端N之间的通道上存在$2N$个连接器。每个连接器的损耗为L_C dB，将$2NL_C$的损耗加到式（9.7）中，总的分配损耗可以表示为

$$L = (N - 1)L_{\mathrm{THP}} + L_{\mathrm{TAP}} + 2NL_C \tag{9.8}$$

图9.5给出了几个分配损耗的例子。图底部的曲线使用的是理想耦合器（无附加损耗，无连接器损耗）。上面的曲线是在假设每个耦合器有1 dB附加损耗、每个连接器有1 dB损耗的前提下得到的。正如图中所暗示的，有许多终端连接时，损耗变得异常高。

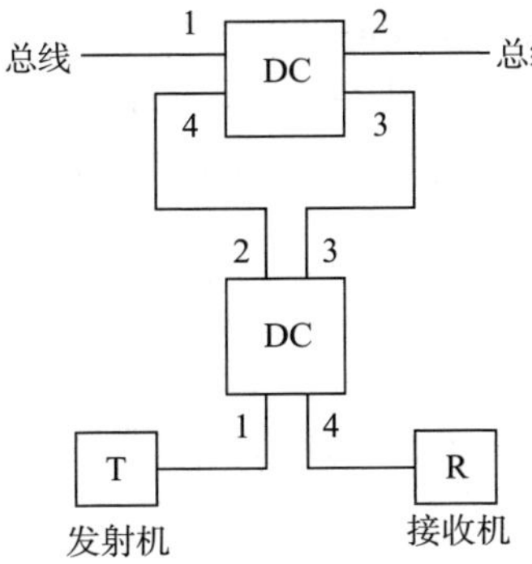

图9.4　用两个定向耦合器构成的T形耦合器

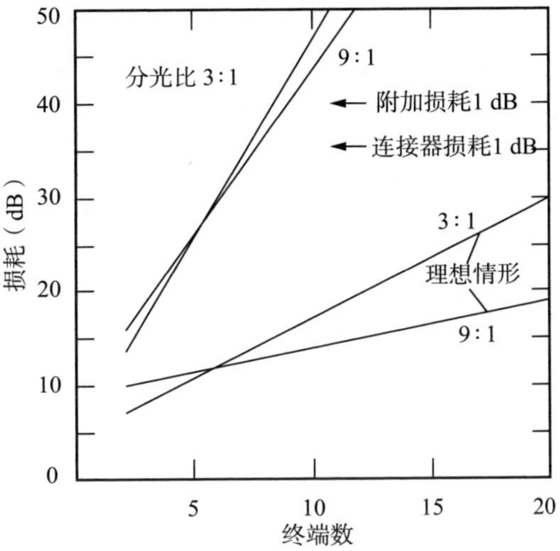

图9.5　T形网络的分配损耗。底部的两条曲线所用的耦合器是理想的，而上面两条曲线的耦合器附加损耗则为1 dB，连接器的损耗为1 dB

对于T形网络，除损耗之外还有其他一些特性值得注意。这些特性包括对接收机的特殊要求、网络损害的敏感性和增加新终端的方便性。接下来我们将简略地讨论这些问题。

在T形网络中，某一终端收到相邻终端上发射来的功率要比收到间隔较远的终端上发射来的功率大得多。因此，接收机必须能够处理大范围变化的功率电平信号。换句话说，接收机必须有大的**动态范围**。

对于T形网络来说，局部故障不会切断所有通信。在光纤总线上的故障会将系统分割成两部分，而被故障分割的两侧信息流动不受影响。某一T形耦合器发生故障时，将只会分割系统，并切断这个系统与抽头终端的连接。终端的故障仅使本终端与网络分离，而网络的其余部分仍可照常运行。

通过切断光纤总线，并插入一个T形耦合器，新的终端可以简单地加入T形网络中。

9.1.3　星形网络

除了T形网络可以用于多终端连接，一种如图9.6所示的**星形**配置也可以用于多终端网络。在这种配置中，**传输型星形耦合器**互连N个终端。耦合器一共有$2N$个端口。也可以将其

看成多于4个端口的定向耦合器。如图9.7所示，星形耦合器将来自任一发射机端口的功率均匀分配到每个接收端口。一个理想的星形耦合器会将输入功率分成N路而不产生附加损耗。于是，每个端口的传输效率即为$1/N$，所对应的插入损耗（用分贝表示）为

$$L_{\mathrm{IN}} = -10\lg\frac{1}{N} \tag{9.9}$$

如果每个通道上包含两个连接器，每个连接器的损耗为L_C，则星形耦合器的附加损耗为L_E。由此，包括星形耦合器的耦合损耗在内的总分配损耗为

$$L = -10\lg\left(\frac{1}{N}\right) + L_E + 2L_C \tag{9.10}$$

图9.8给出了上述两个方程的数值解曲线。通过比较图9.5和图9.8，我们注意到星形网络和T形网络的损耗是有差别的。通常，当网络中有超过5个互联终端时，星形网络可以提供高得多的效率。之所以会如此，是因为星形配置的对数损耗变化随着终端N的增加比线性变化的T形配置慢得多。对于每个加到T形网络中的新终端，信号必须通过两个以上的连接器。在星形网络中，增加终端不必增加信号所经过的发射机与接收机通道上的连接器。

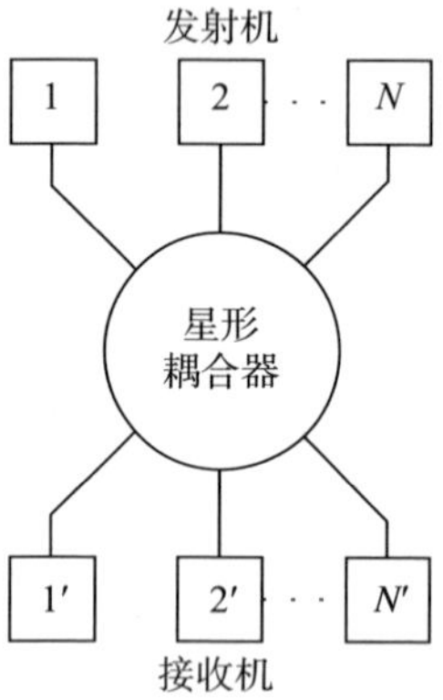

图9.6 星形网络

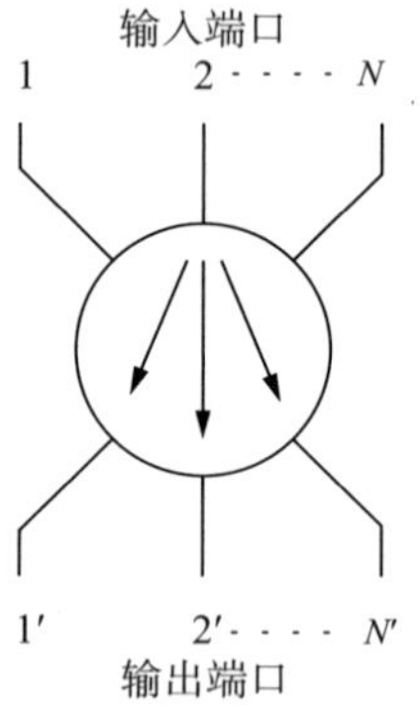

图9.7 传输型星形耦合器将任一输入端口的功率分配到所有的输出端口

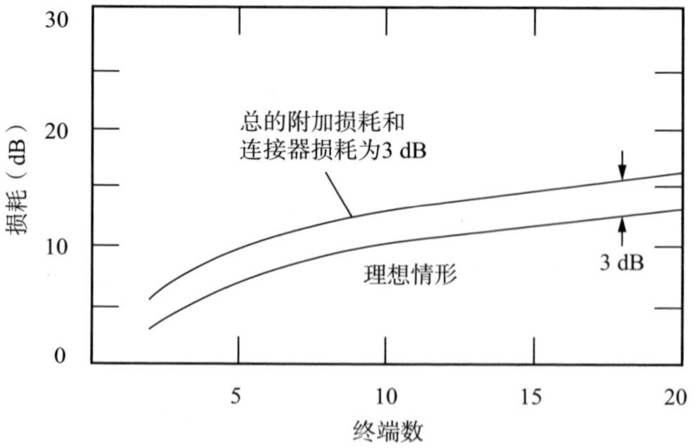

图9.8 星形网络中的分配损耗

例9.2 对于T形网络和星形网络，当终端数从10增加到11时，比较增加的损耗。假设T形耦合器的分光比为9:1，附加损耗为1 dB。假设两个系统都使用1 dB损耗的连接器。

解:

T形网络增加的损耗是定向耦合器的直通损耗加上两个连接器的损耗。表9.1和式（9.6a）表明附加损耗为1 dB 的9:1的耦合器，有L_{THP} = 1.46 dB。由此，T形网络增加的损耗为1.46 + 2 = 3.46 dB。网络仅增加一个终端就使接收功率减小到原先值的一半。对于星形网络来说，损耗从–10 lg(1/10) = 10 dB变化到–10 lg(1/11) = 10.4 dB，仅增加了0.4 dB。

对于只有几个终端的系统，尤其是如果细心处理耦合器端口与光纤总线的连接，使连接器损耗L_C最小化，那么T形网络的损耗也许是可以接受的。在有大量终端数（超过10）的情况下，T形网络的高损耗不允许进行实用设计。那么为什么还要考虑T形网络呢？这是因为T形网络节省光纤。如果终端之间的距离较长，从一个终端到另一个终端要经过很长的传输路径，则T形网络使用的光纤量会比星形网络少得多。在星形网络中，每一个终端都有一根独立的光缆与中心耦合器相连接。

为了使效率最大化，在有N个终端的网络中，星形耦合器应该刚好有2N个端口。即其所有端口都必须使用。多于2N个端口的耦合器会比2N个端口耦合器引入更多的分配损耗。由于这个原因，增加新终端到现有的系统中时，需要更换新的有更多端口的耦合器。在先前的例子中，我们假设新的星形耦合器与原有的耦合器相比没有更大的附加损耗。虽然实际器件的附加损耗随端口数而增加，但对于仅增加两个端口的耦合器来说，这是一个合理的假设。附加损耗可以从16端口（N = 8）约1 dB变化到128端口（N = 64）约3 dB。

在星形网络中，如果连接终端与耦合器的分支光缆发生故障，则仅中断本连接终端的业务。然而，如果星形耦合器本身损坏了，那么网络中所有的数据流将会中断。

9.1.4　环形网络

在图9.9所示的环形网络中，也可以用光纤连接多个终端。环形网络实际上是独立的点到点链路的顺序相接。每个环结点中都包含一个光发射机和一个光接收机。结点可以实现有源中继器的功能。接收机检测到传输的信息以后，站点解读信息并实现数据再生，然后再传到下一个站点。

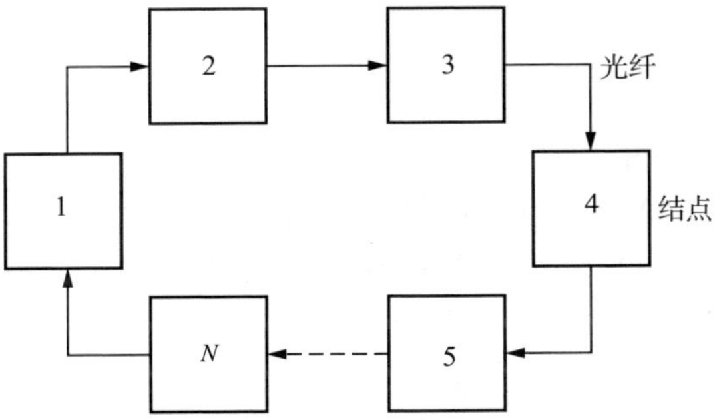

图9.9　环形网络

在环形网络中，任一光发射机发射的功率仅仅传输到一个接收机，而不是像T形网络和星形网络那样，多个站点共享光功率。基于这个原因，环形网可以比在本节描述的任何其他形式的网络互连更多的终端，即环形网不像T形网络和星形网络受功率分配损耗的限制。当然，有源环结点比无源的T形和星形网络结点更为复杂。

如果环中任何一个结点失效，则整个系统会被截断。与此相似，如果回路中任何位置的传输光纤断裂，则整个系统会失效。对基本环网进行的几点改进可以解决上述问题。可以在网络中插入光的旁路开关，它能够引导光通道绕过失效的结点，直到此结点成功修复。在9.4节中将介绍采用此思路的一种电子机械旁路开关的设计。安装第二个回路是另一个对基本环的切实可行的改进方案。这种结构如图9.10所示，增加了系统的冗余度。第二个环与主环的传输方向相反。平时仅主环运行。当一个结点或一根光纤失效时，系统会自动使信号环回，还可以构建一个完整的回路。图9.10（b）给出了故障发生以后，网络本身被重新配置的信号通道图。**光纤分布式数据接口**（FDDI）局域网就使用这种双环结构。

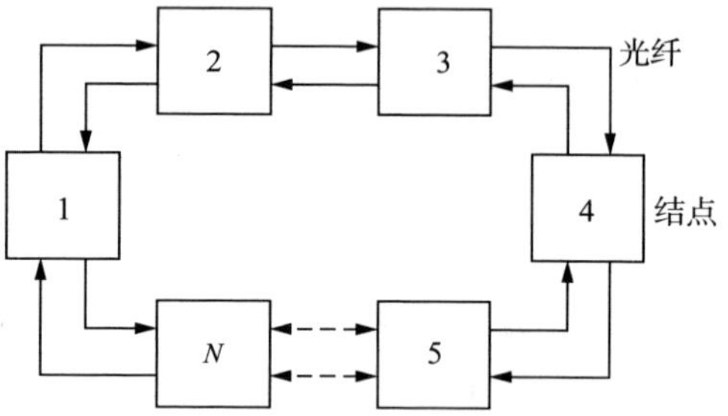

（a）基本网络

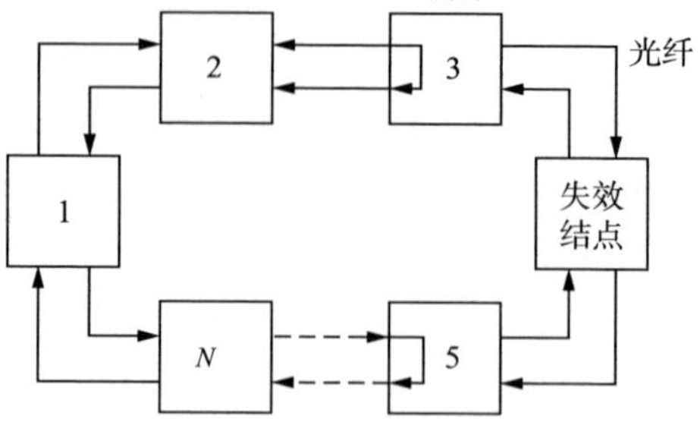

（b）当结点4失效时网络被重配置

图9.10　双向环

9.1.5　混合分布式系统

设计多终端的光纤网络时，将T形网络和星形网络结合在一起可提供系统的灵活性。在星形–T形混合网络中，星形部分可以连接近距离的单元，而线性的T形部分可以连接更长间距的终端。星形部分和T形部分可以直接连接。另一种设计是在星形部分和T形部分之间放置一个有源中继器，用于放大信号的功率。图9.11所示的网络则是一种星形–星形网络，作为一个例子，图中解释了如何配置中继器。

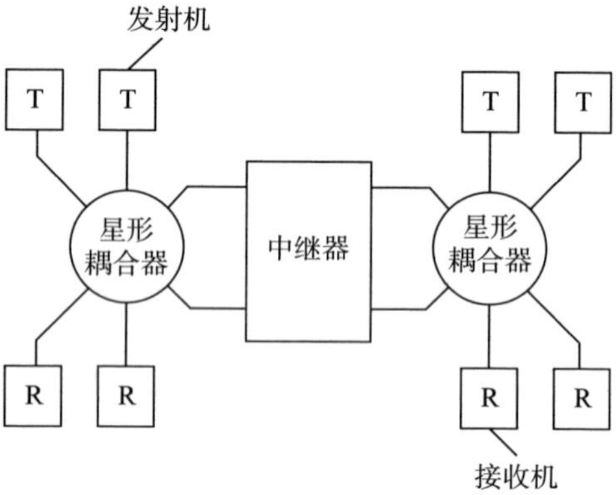

图9.11　星形–星形网络

9.1.6　多纤系统

每个终端按照图9.12建议的方式与所有其他终端直接用光纤连接，可以实现N个终端互联系统。在每个发射机处，光源照射含有N–1根光纤的光纤束。为了获得最大效率，光源的面积等于光纤束的面积。每根光纤与一个远端接收机连接。每根从远端发射机来的光纤都接到接收机上，光纤束照射光检测器，光检测器的有源面积必须至少与光纤束的面积相等。

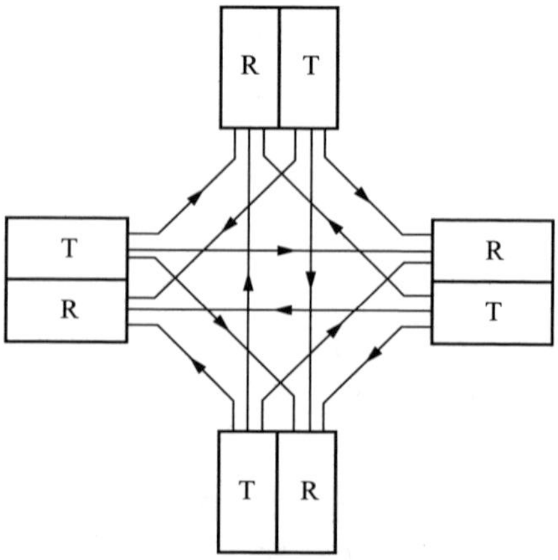

图9.12　多光纤束网络

虽然这种结构需要使用大量光纤，但确实具有若干优点。第一，可以使用大面积发射光源（所提供的总功率比激励细光纤的小面积发射光源更大）；第二，发射进光纤的功率并未经历诸如T形结构或星形结构中由连接器或分布式耦合器产生的衰减，两个终端之间的传输损耗将低于T形结构或星形结构中的损耗。如果并不是每个终端之间都需要传输数据，则可以省去部分光纤。

尽管多光纤网络不是特别复杂，但还是比在终端之间建立独立的点到点链路的网络结构更为经济。如果在N个终端之间建立独立的点到点链路，则在每个终端上都需要$N-1$个发射机和$N-1$个接收机，发射机和接收机的总数都为$N(N-1)$。例如，一个四终端的点到点的系统需要12个发射机和12个接收机。而要构成一个多光纤束网络仅需要4个发射机和4个接收机即可。

9.2　定向耦合器

本节将介绍几种四端口定向耦合器的设计。每种设计采用不同的思想来实现所期待的耦合性能。

图9.13所示为熔融双锥形定向耦合器，这种设计可以为网络提供低损耗、大范围分光比的耦合器[3]。其结构相当简单，只须将两根单模光纤或多模光纤彼此绞合在一起，并施加一定的拉伸力，然后加热绞合段，使光纤软化，并使包层熔融。继续拉伸软化的光纤，使四个输出端口都形成双锥形端口。熔融部分的长度是**互作用长度**，用L表示。

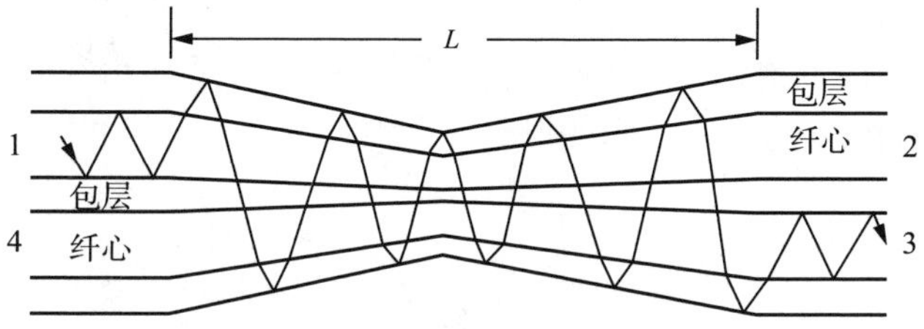

图9.13　熔融双锥形定向耦合器

对于多模光纤，在锥形区域中高阶模对应的入射角超过了临界角，因而会穿透该区域中的纤心–包层界面，这样会产生相互耦合。但是由于包层外表面的全反射，这些模被限制在锥形区域中，如图9.13所示。可以将其转化成包层模。与低阶模对应的光线角度不以接近临界角的方式传播，不能轻易地转化为包层模，所以低阶模携带的功率仍在原光纤中传输。由于图9.13中的熔融光纤共享相同的包层，所以对两根光纤来说，输入的高阶模功率为二者所共有。输出锥形区再将包层模转换为纤心引导模。这种耦合器的分光比取决于锥形区的长度和包层的厚度。

锥形–熔融单模光纤耦合器的工作原理可用两根光纤消逝场交叠的能量交换来加以解释。锥形区域导致两根光纤的纤心彼此靠近。锥形同时也减小了纤心的直径，因此规一化频率，也就是V参数会减小。考察图5.19，我们可以发现V参数的减小会导致模式的光斑尺寸增加。光斑尺寸的增加和纤心之间距离的减小使消逝场的重叠提高，从而增强了耦合。

另一种单模光纤定向耦合器是这样构成的：将每根光纤的一小段在其一侧磨去包层的大部分，然后将这两个经过研磨的表面相互接触在一起。为了产生强耦合，用这种方法制作耦合器的纤心直径必须在几微米之内。对于这种锥形耦合器，其工作取决于消逝场的耦合。

熔融锥形（或研磨）单模耦合器是非常重要的，所以对其工作原理还要再加以分析。我们使用图9.1作为端口的参考图，并假设在端口1输入功率，耦合到端口2和端口3的功率分别为

$$
\begin{aligned}
P_2/P_1 &= \cos^2(\Delta\beta L)\\
P_3/P_1 &= \sin^2(\Delta\beta L)
\end{aligned}
\tag{9.11}
$$

其中，$\Delta\beta$是两波导之间的耦合系数（单位为rad/s），L是光纤相互作用区的长度。从这个方程组可知，输入功率在两个输出端口之间无损耗地分割。对于一个高质量的实用耦合器，附加损耗仅为十分之几 dB。从前面的方程可知，当相互作用区的长度满足式（9.12）时，全部功率将传送到端口3。

$$L_c = \pi/(2\,\Delta\beta) \tag{9.12}$$

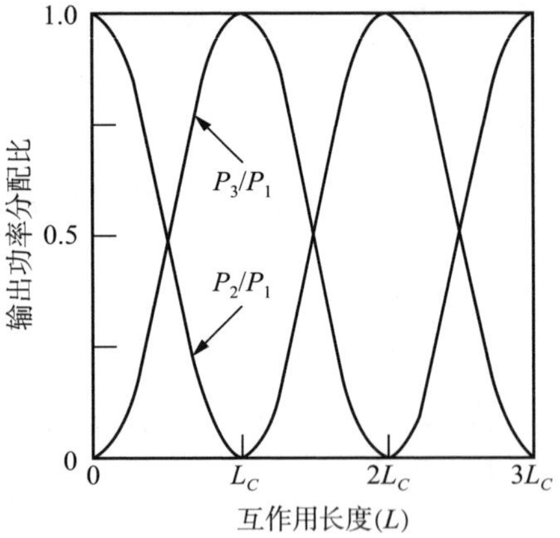

图9.14　输出功率分配比与耦合区长度的关系曲线

这个长度称为**耦合长度**。图9.14是耦合功率与相互作用区长度的函数关系曲线。注意，只要适当调整相互作用区的长度，就能够获得所有预期的任意分光比。同时也可以看到，输出功率的分配比例随着相互作用区长度的增加可以重现。

按照图9.15所示的方式，采用偏移对接方法也可以构成四端口定向耦合器[4]。端口1输入光信号，优势端口（图中的端口2）获得的功率值由偏移量确定。图8.3预测了由横向错位产生的阶跃折射率光纤的耦合损耗。另一部分入射光沿着弯曲的平板塑料波导从接点传输到抽头（端口3）。波导和精确定位光纤的凹槽可用厚膜照相平版印刷技术制作。

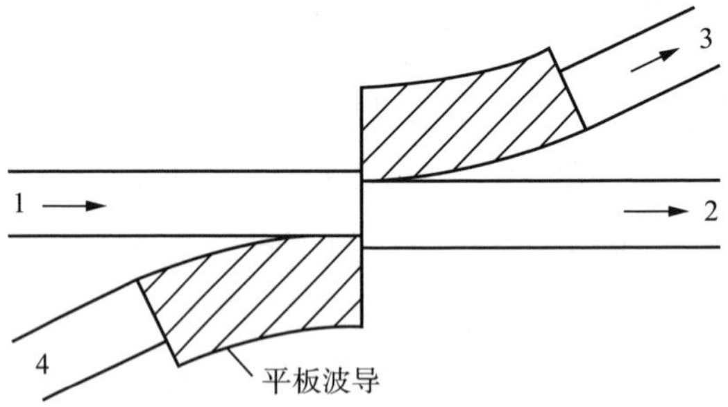

图9.15　偏移对接式定向耦合器。功率通过平板介质波导从干线光纤（1和2）和抽头光纤（3和4）之间实现耦合

对于传统的光学系统，**分束器**（也就是部分反射器）可以作为一个基本的定向耦合器。图9.16（a）所示的**分束平板**由透明衬底和上面薄的部分反射膜（可以是介质膜，也可以是金属膜）构成。分光比由膜的厚度和组成成分确定。分束平板使透射光束与入射光束产生了横向偏离。而如图9.16（b）所示的**体结构分束器**则消除了这种偏离。体结构分束器由两个独立的棱镜和隔离它们的部分反射膜组成。

图9.16　分束型定向耦合器

分束器本身不能用于分割光纤中的功率。分束器占用的空间相当于一个间隙。正如8.1节所指出的，光纤连接间的间隙会产生较大的损耗，这是因为由输入光纤发射的发散光束不能全部到达接收光纤。对入射到分束器上的光线进行准直，重新聚焦发散光束到接收光纤端面，就能解决损耗问题。图9.17给出了一种分束器类型的定向耦合器，用GRIN棒透镜来准直和重新聚焦光线[5]。体结构分束器可以对准端口1和端口2（还有端口3和端口4）之间的光线。如果使用分束平板，则这些端口之间的光束将会有偏移。如果用常规球面透镜取代图9.17中的GRIN棒透镜，则耦合器也可以工作。

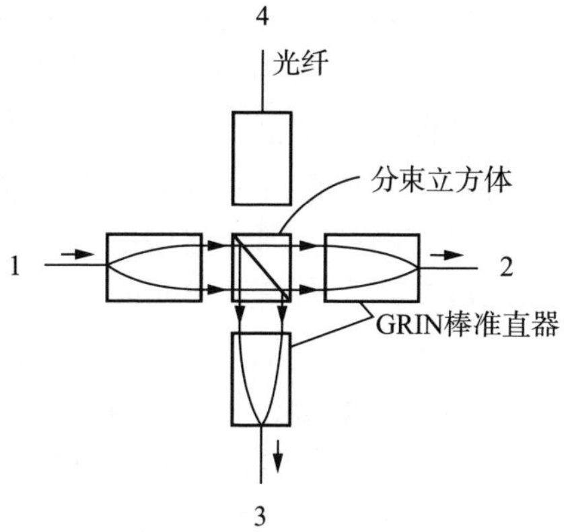

图9.17　采用4个与光纤相连的GRIN准直棒透镜构成的定向耦合器

在图9.18中，给出了一种改进的分束耦合器[6]。耦合器由两个1/4节距的GRIN棒透镜组成，部分反射膜将两个GRIN棒透镜隔开。连接光纤与透镜轴之间存在偏离。我们考虑在端口1输入光的情况。组合透镜将来自端口1的光透射到端口2的光纤中输出。而由膜反射回来的光被耦合到端口3，但没有光到达端口4。如果在其他端口上，那么输入光也有与此类似的功率分配。

分束耦合器是**幅度分割型**器件。它们将输入波的幅度按期望的比例分开，从而实现光功率分配。借助**波前分割**的方法也可以构成耦合器，即将光波的波前分割成几部分，并引导各部分的波到预期的端口[7]。图9.19给出了利用这种原理工作的耦合器。来自端口1的输入光被发散到反射镜M_1和M_2上。光波的上半部分由凹型反射镜M_1反射到端口2的光纤端面上，而光波的下半部分由凹型反射镜M_2反射到端口3的光纤端面上。如图所示，这种耦合器的分光比为1:1。通过增加某一反射镜的尺寸可以获得其他的分光比，因为这可以比另一个反射镜截取更多的波前。

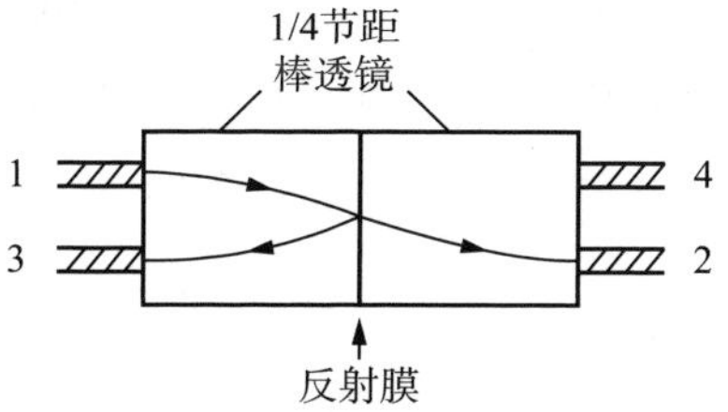

图9.18　定向耦合器

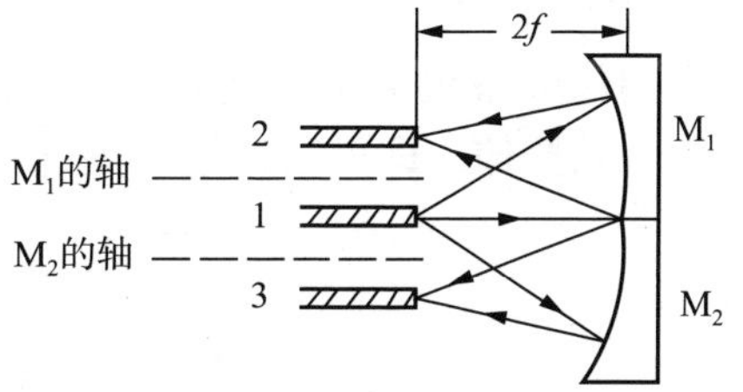

图9.19　波前分割型定向耦合器

图9.19中的光纤放置在反射镜的曲率中心附近，而且稍微偏离反射镜的光轴。球面反射镜的焦距长度 f 是曲率半径的一半，所以光纤离透镜反射镜的距离为$2f$。根据成像方程式（2.5）和式（2.6），这种配置将产生放大倍数为1的聚焦像。1:1成像将确保不增加光束的发散，所以全部入射到输出光纤上的光都将是可以接收的。

波前分割器件在端口2的输入仅能耦合到端口1。类似地，在端口3的输入也仅能耦合到端口1。图9.19中的耦合器只有3个端口。图9.2所示的双工系统不需要多于3个端口的耦合器。如果需要一个四端口的定向耦合器，那么将2个三端口的耦合器连接即可构成1个四端口的定向耦合器，如图9.20所示。

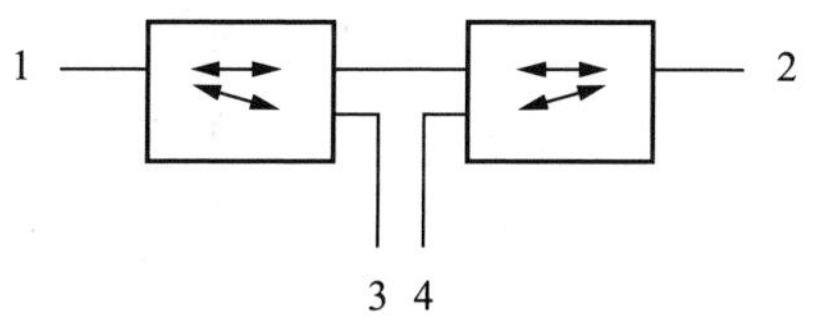

图9.20　将2个三端口的耦合器连接，可以获得一个四端口的定向耦合器

耦合器也可以用集成光技术形式制作。这种制作技术中的一种常用方法是使用离子交换技术将波导扩散到玻璃衬底上[8]。如图9.21所示，这些波导是圆形的，以便与光纤结构相匹配。这种配置简化了耦合器与光纤系统其他部分的连接。波导的心径尺寸和数值孔径能制作得与耦合器相连的光纤心径和数值孔径相匹配。现在已经制作出单模光纤耦合器和多模光纤耦合器。例如，耦合器中的心径尺寸约为9 μm，50 μm或62.5 μm，与广泛使用的单模光纤和渐变折射率多模光纤相匹配。

如图9.21所示，将Y形分支连接植入波导即可形成耦合。1乘2（1 × 2）耦合器是这种结构的基本构建模块，将其级联起来能形成连接更多终端端口的耦合器。图9.22是用树形结构级联多个1 × 2耦合器，从而构成1 × 8耦合器的结构示意图。

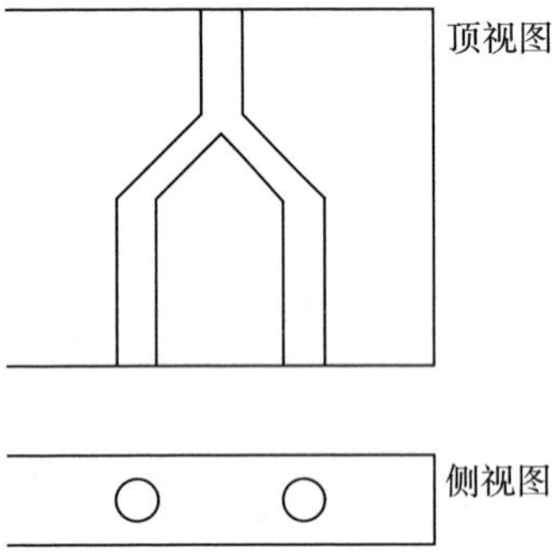

图9.21　集成光分支耦合器

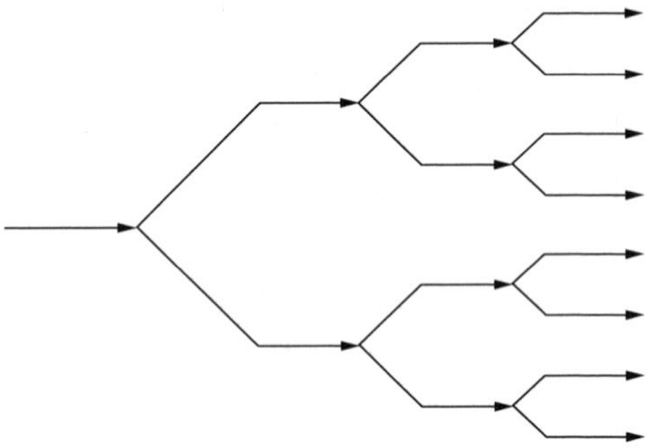

图9.22　级联1 × 2耦合器可以形成1 × 8耦合器

图9.4给出了2个四端口的定向耦合器是如何连接而构成T形耦合器的。T形耦合器可用于单纤总线的双向传输。本节所介绍的任何四端口耦合器均能用于单纤总线的双向传输。

9.3　星形耦合器

熔融双锥成形技术加以延伸，可以用来制造多于四端口的多模光纤耦合器[9]。图9.23所示为一个8 × 8**传输型星形耦合器**和一个8端口**反射型星形耦合器**。多根独立的多模光纤彼此绞合并经过熔融拉伸，即可制成星形耦合器。

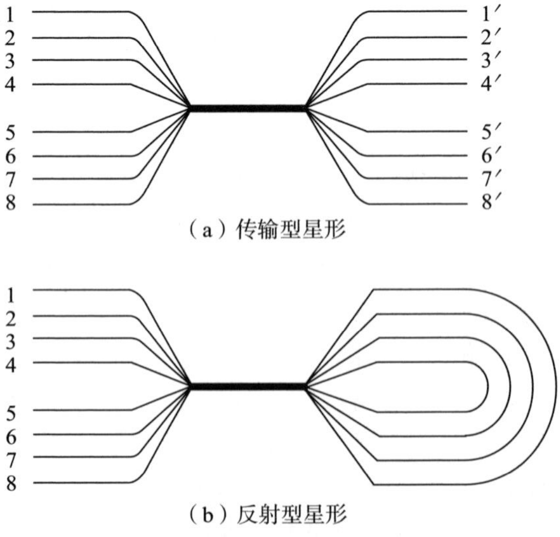

图9.23　星形耦合器

对于传输型星形耦合器，在耦合器一边的任一端口输入功率，功率会传输到另一边的所有端口上。理想情况下，耦合器的同侧端口之间彼此隔离。图9.7解释了传输型星形耦合器是如何互连各终端的。

反射型星形耦合器将来自任一端口的光耦合到耦合器的所有端口。所互连的各终端如图9.24所示。由于连到星形耦合器的每根光纤既传送发射数据又传送接收数据，所以每个端口都需要定向耦合器来分离这两类信号。

用多于两根的单模光纤熔融制造的多终端星形耦合器不能很好地工作，因为需要实现多根光纤的消逝场之间的相互耦合。对于单模光纤系统，星形耦合器可以由1 × 2耦合器级联制作而成。图9.22所示的结构适用于任何结构类型的耦合器。

上面介绍的星形耦合器都是无源器件。与有源器件相比，具有可靠性高和成本低的特点。然而，有源星形耦合器在实现局域网时是非常有用的[10]。图9.25即为有源星形网络的结构示意图。有源星形耦合器的作用如同一个中继器。即接收来自任何发射机的信号，然后将光信号转化为电流信号，并放大此信号电流，再用这个电流驱动光源，重新产生光信号。通过耦合器可以将光源的输出光功率均匀分配到所有的接收站点。完成功率分配的另一种方法如图9.26所示，多根输出光纤熔融在一起形成锥形端面，共享一个光源发射的光。

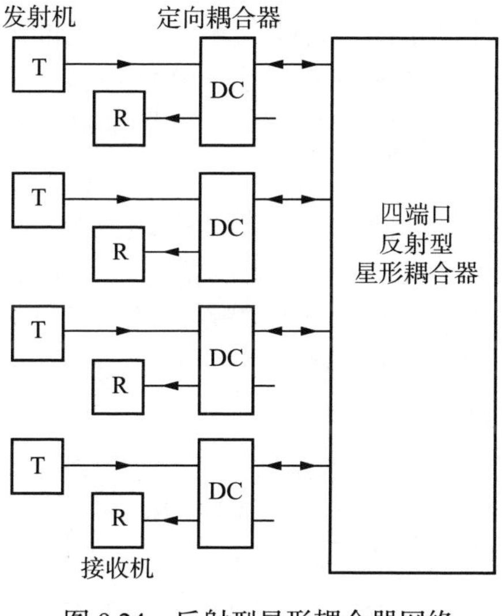

图 9.24　反射型星形耦合器网络

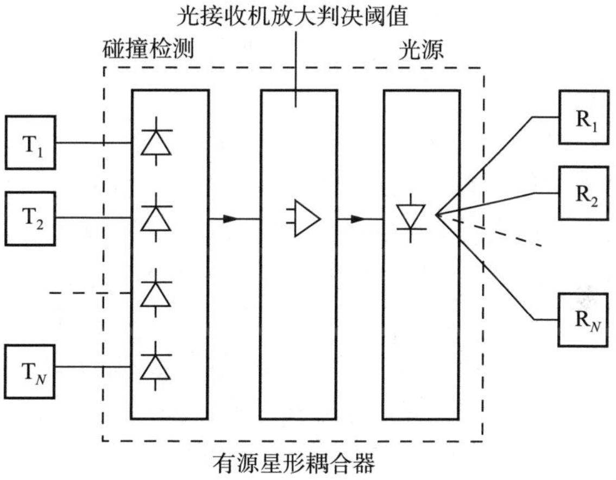

图 9.25　有源星形网络

有源星形耦合器含有碰撞检测装置，可以防止不同终端同时发送的数据包之间的碰撞。如果有碰撞发生，中继器则用信令方式通知各站点采取校正动作。有源星形耦合器由于具有信号再生和碰撞检测性能，因而增加了分布式网络的灵活性。

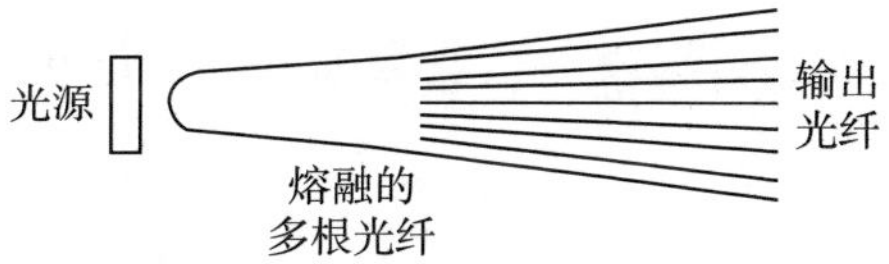

图9.26　功率分割型光源耦合

9.4　开关

光纤开关可以重新路由光信号。光纤开关在分布式网络、测试设备和实验中都是很有用的。本节将介绍两类开关器件：双位开关和旁路开关。通过这两个例子可以说明光纤开关的一些一般特性。

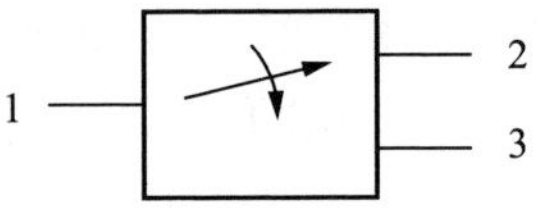

图9.27　双位开关

图9.27给出了一个双位开关的例子。端口1的输入信号可以切换到端口2或端口3。在下面的定义中，假设开关设置在端口2，那么用分贝表示的插入损耗（insertion loss，IL）为

$$L_{\mathrm{IL}} = -10\lg\frac{P_2}{P_1} \tag{9.13}$$

其中，P_1是端口1的输入功率，P_2是输出到端口2的功率。插入损耗与光纤的准直状况有关，类似于简单连接器的损耗。好的机械开关的插入损耗可以小于1.5 dB。除了要求有低的插入损耗，对所有的开关位置来说，好的开关还应该有相同的插入损耗。

串扰（crosstalk，CT）对非耦合端口的隔离程度的度量，其定义为

$$L_{\mathrm{CT}} = -10\lg\frac{P_3}{P_1} \tag{9.14}$$

其中，P_3是端口3的输出功率。串扰与开关的具体设计有关，其典型值在40 ~ 60 dB范围内。

可重复性　开关每次回到相同的位置时，应该具有相同的插入损耗。这可能比插入损耗值本身更重要。一个好的开关再现的插入损耗差值应在0.1 dB之内。

开关速度　对开关从一个位置转换到另一个位置的快慢程度的描述。在一些应用中，这是一个重要的因素。开关可以用电–机方式实现。在这种类型的器件中，可以用通电的电磁铁吸引附着在光器件上的磁性材料。反射镜、透镜和棱镜（甚至光纤本身）也能以这种方式动作。当电磁铁被切断时，弹簧拉动磁性固定架又回到原先的位置。电–机开关的开关时间约为几毫秒。

图9.28所示的双位开关，由一个活动棱镜和两个带有光纤的1/4节距棒透镜组成[11]。在图中所示的位置，光在端口1和端口2之间耦合。让我们观察在端口1输入光的情况，GRIN棒透镜准直由光纤发射的发散光束，直角棱镜使在其两个斜面上的内全反射光发生转向。另一个GRIN棒透镜重新聚焦准直光束，并传输到端口2。为了引导端口1的光传输到端口3，棱镜按图示的方向活动，可以对准光纤1和光纤3之间的光。在这里，准直透镜是必要的，可以削减由光束扩散产生的插入损耗，并确保大于临界角的全部射线到达棱镜的反射面。直角棱镜不仅反射光，而且调整光束与自身平行，因此实际上是在调整输入光和输出光到光纤的角度。

图9.29解释了旁路开关的作用。在旁路状态时，端口1和端口4耦合，端口2与端口3隔离。在分支状态时，端口1和端口2耦合而端口3和端口4耦合。旁路开关按图9.30所示的方法连接到数据总线，从而并入T形网络。正如所期望的，所示终端可以被旁路或接入网络。不发送数据或不接收数据的站点即可被旁路。与此相似，旁路开关还可以用于环形网中的旁路结点。

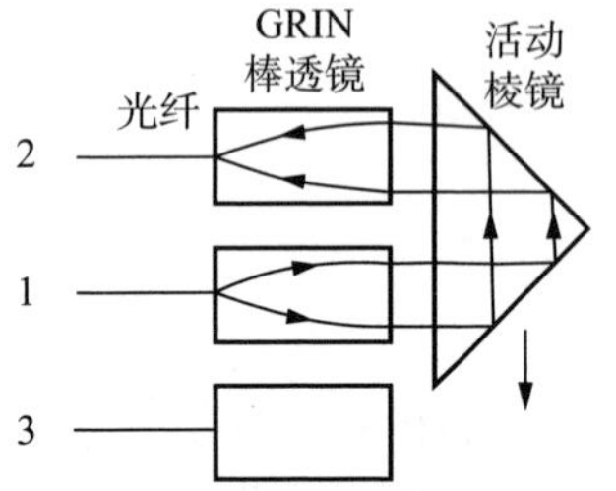

图9.28　活动棱镜型双位开关

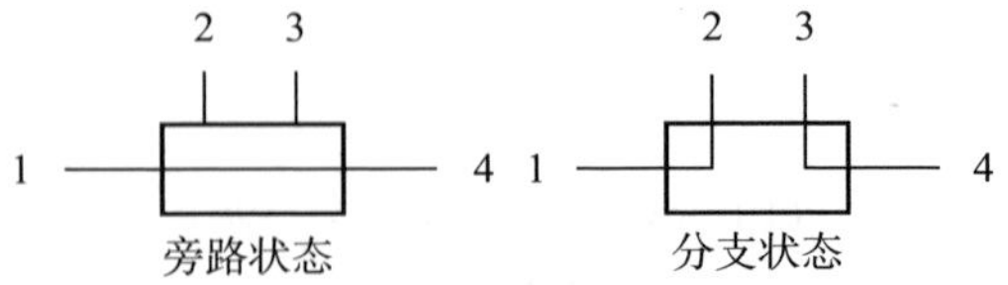

图9.29　旁路开关

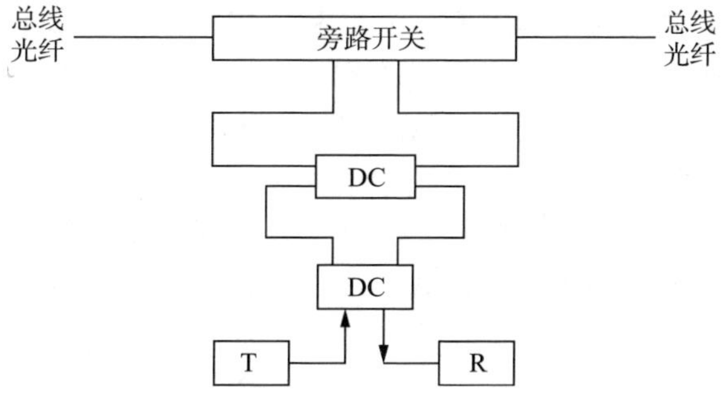

图9.30　将旁路开关插入到T形网络抽头中

中继器可以代替图9.30中的终端，连接到数据总线上。如果中继器需要维修，则可以将其旁路而无须关闭整个网络。在这种应用中，开关提供了自动防故障装置的性能。另一个中继器（也是通过旁路开关连到总线）可以连到网络，作为多功能中继器。这种采用冗余的策略，是以提高系统复杂性为代价来增加网络可靠性的。

一个实用的电-机旁路开关如图9.31所示[12]。在旁路状态时，光在端口1和端口4之间直接传输。在分支状态，反射镜在端口1和端口2之间进行光耦合，在端口3和端口4之间进行光耦合。GRIN棒透镜准直光束使插入损耗最小。当铁磁体被激活时，连接到反射镜一端的铁条被举起，这就产生了分支状态。当磁体被关闭时，弹簧拉动铁条离开光通道，开关即回到旁路状态。

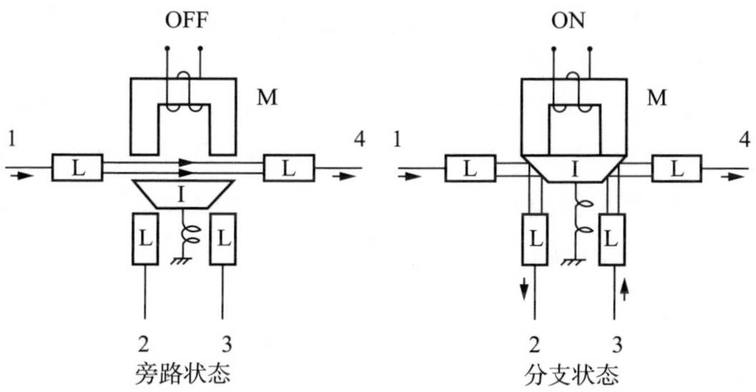

图9.31　旁路开关。L为GRIN棒透镜；M为电磁铁；I为带有镜端面的铁棒

本节所介绍的开关全是体状器件，都由分离元件构成。这些开关中的光器件尺寸较小时，称之为**微光**器件。实际上，元件的尺寸约为几毫米。一个真正的微光器件，是由几微米尺寸的元件组成的，即所谓MEMS开关，将在9.9节中介绍。

9.5　光纤隔离器

半导体激光器对从系统其他部分反射回的光能量是非常敏感的。反射光增加了发射光束中的噪声，降低了系统的性能。返回的光子到达激光器谐振腔内部时，可能被放大，而且通常还会影响激光器的工作。它们与已存在于腔体中的光子竞争激发原子态。由于返回光子与激光谐振腔中的现有光子不太可能同相位，因此会迫使半导体激光器重新开始振荡。新的振荡与返回的光子同相位，结果导致半导体激光器会输出相位随机波动的发射光，从而增加了系统的噪声。

发射机附近的反射是主要的影响因素。光纤和连接器以及通道上的其他元件可以削弱远处产生的反射，因此这种从远处来的反射光在到达半导体激光器时已经衰减得很弱。所以，这里提到的大多数预防措施仅应用于设置在系统中距离发射机很近的位置时。在实用系统中，有许多方法可以将反射减到最小。系统中诸如光纤或透镜等元器件，如果在其头端涂敷消反射涂层，则可以减小任何反射的振幅。光纤头可以是圆的，结果反射光线不能传回发射机，反射光线转换成光纤中无法传播的模式。应特殊设计连接器和耦合器，从而使反射光减到最小。**回波损耗**是控制反射有效性的度量。以分贝为单位，回波损耗定义为

$$L_R = -10\lg\frac{P_r}{P_i} \tag{9.15}$$

其中，P_i是入射到器件上的功率，P_r是被反射的功率。30 dB或40 dB的回波损耗是设计优良的元器件的典型代表值，但是对于有些特殊应用，可能需要50 dB甚至60 dB的回波损耗。

例9.3 半导体激光器与玻璃光纤相连接，由于存在小的空气隙而被分隔。计算空气到光纤界面处的回波损耗。

解：

假设玻璃光纤的折射率为1.5，由式（3.28）可知，有4%的光被反射。因此，回波损耗为$L_R = -10\lg 0.04 = 13.98$ dB。

隔离器可以确保返回到半导体激光器的光功率很小。光**隔离器**实际上是一个光的单向传输线。即仅允许光沿着光纤的一个方向传输。这类器件的基本结构如图9.32（a）所示，由两个线偏振器和一个45° 的法拉第旋转器组成。如图9.32（c）所示，从左端来的入射光束由起偏振器P_L调整为垂直偏振。此垂直偏振波通过法拉第旋转器。通常，法拉第旋转器使入射光束的偏振方向发生旋转，旋转量由器件的特性确定。为了构成隔离器，旋转角必须是45°。因此，旋转器输出光的偏振平面偏离垂直方向45°。右端的检偏振器P_R的偏振方向调整在45°，允许沿45° 方向偏振的光通过。光从左至右的传输就是以这种方式进行的。

现在考虑图9.32（d）中光束从右到左的传输情况。当光束进入隔离器后，P_R使光束沿45°方向偏振。而法接第旋转器则使光束再旋转45°，因此如图中所示，从旋转器的左端输出时已是水平偏振光束。偏振器P_L将阻止水平偏振光束通过。于是，我们可以断定在隔离器中没有光自右向左传输。必须强调的是，法拉第旋转是非互易的。

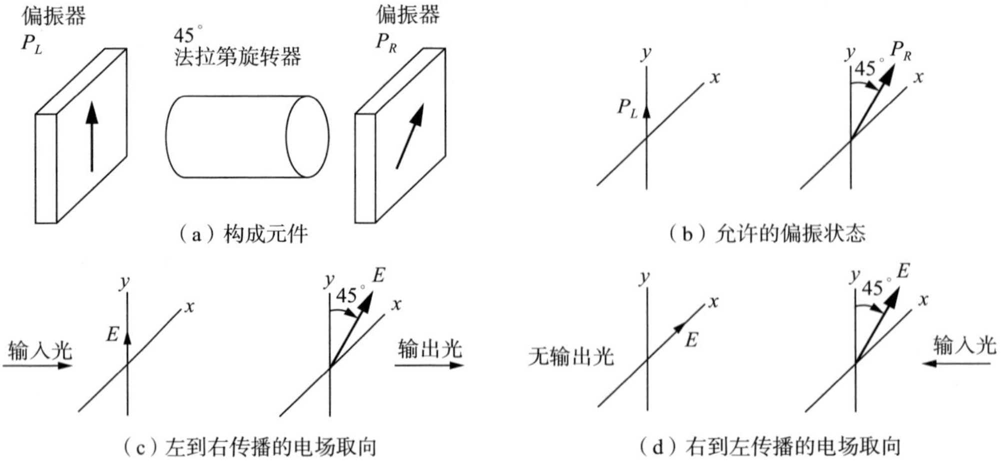

图9.32 法拉第旋转型光隔离器

法拉第旋转器的旋转角（用弧度表示）为

$$\theta = VHL \tag{9.16}$$

其中，V是**费尔德常数**，是对法拉第效应强度的度量，H是外加的电磁场强度，L是互作用长度。对于石英光纤，V为4.68×10^{-6} rad/A。

具有高法拉第效应的透明材料是钇铁石榴石$Y_3Fe_5O_{12}$，通常称之为YIG。外加磁场沿单晶体中光波传输方向时，会产生法拉第旋转现象。我们已经强调过，在光纤链路中对隔离器的最主要的要求是保护半导体激光器免受反射光的影响。具有这种功能的隔离器与光源耦合系统的连接结构如图9.33所示[13]。YIG球的作用犹如一个透镜，将来自光源的光聚焦到光纤上，并提供所需的法拉第旋转。这种结构不需要第一个偏振器，因为半导体激光器的输出光束已经是偏振光。返回到激光器的反射光以90° 方向偏振，将不会与发射光束发生耦合。所需要的磁场由永久磁铁来提供。

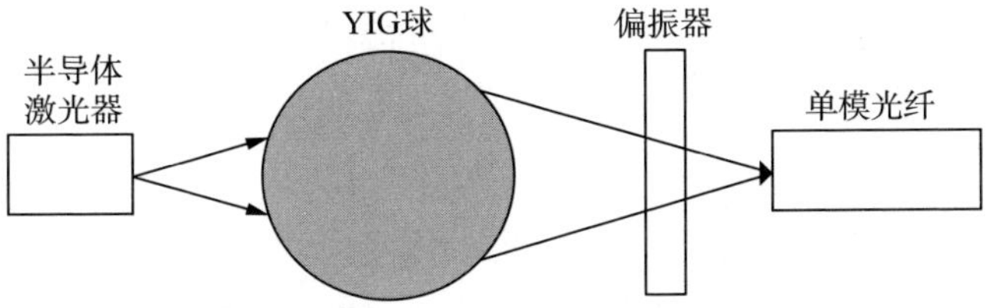

图9.33　用隔离器耦合的半导体激光器（提供磁场的电路未画出）

在图9.34 中，隔离器的**插入损耗**即为前向（低损耗方向）传输效率，定义为

$$L_{\mathrm{IL}} = -10\lg\frac{P_{\mathrm{out}}}{P_{\mathrm{in}}} \tag{9.17}$$

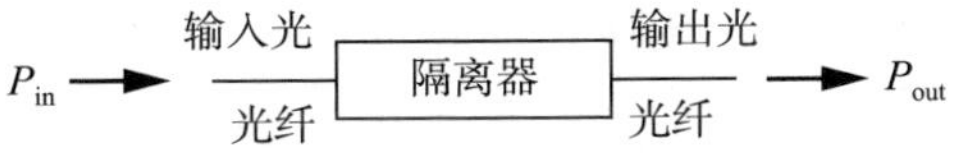

图9.34　前向传输的隔离器

隔离度是隔离器反向（高损耗方向）运行时传输效率的度量，定义为

$$L_{\mathrm{IS}} = -10\lg\frac{P_{\mathrm{out},r}}{P_{\mathrm{in},r}} \tag{9.18}$$

其中，$P_{\mathrm{in},r}$是输出端的回授功率，而$P_{\mathrm{out},r}$则是输入端的输出回授功率。

一个理想的隔离器在前（或允许的）向传输时无损耗，而在反（或禁止的）向传输时损耗为无穷大。实际上，由于在元件接口的反射，以及偏振器和旋转器的缺陷，隔离器的性能不可能是理想的。典型的插入损耗约为1 dB，而隔离度约为30 dB。

9.6　波分复用

不同波长的光彼此之间可以无影响地独立传输，因此在同一根光纤中可以有多个信道（每个信道有不同的载波波长）同时传输信息。这种在单根光纤中同时传输多个波长信道的技术称为**波分复用**（wavelength-division multiplexing，WDM），采用这种技术可以显著提高单根光纤的信息传输容量。光纤中存在材料色散、波导色散和模式色散，第3章至第5章中已经计算出了由这些因素引起的容量限制。这些限制适用于任何一个携带信息的波长。增加光载波数量的同时成比例地增加了传输容量。

9.6.1 波分复用基础

光复用器将来自多个单独光源的光耦合进同一根传输光纤，如图9.35（a）所示。在接收端，**光解复用器**分离不同的载波，然后进行单信号光的检测，如图9.35（b）所示。通常，复用器/解复用器在其输入端口和输出端口处与光纤相连。用光源取代复用器中的输入光纤，从而直接集成进器件也是可能的。类似地，光检测器可以取代解复用器中的输出光纤。通常情况下，同一器件既能作为复用器又能作为解复用器。

插入损耗和串扰是复用器/解复用器的重要性能参数。插入损耗是指某一光波从输入端口传输到期望端口的功率衰减。例如在图9.35（a）中，对信道1来说，λ_1波长的输入功率只有一部分传到传输光纤，插入损耗是指这部分功率与输入功率之比。如果每个信道的插入损耗大致相同，就可以说复用器/解复用器具有**均匀性**。串扰是在一个不期望的端口上测量的波衰耗。例如，参考图9.35（b），λ_1的小部分输入功率到达了分配给λ_2的输出光纤，这一小部分λ_1的光功率与输入功率之比就是串扰。串扰是接收机设计中的主要问题，因为两个或多个信道之间的混频将严重干扰有用信号。

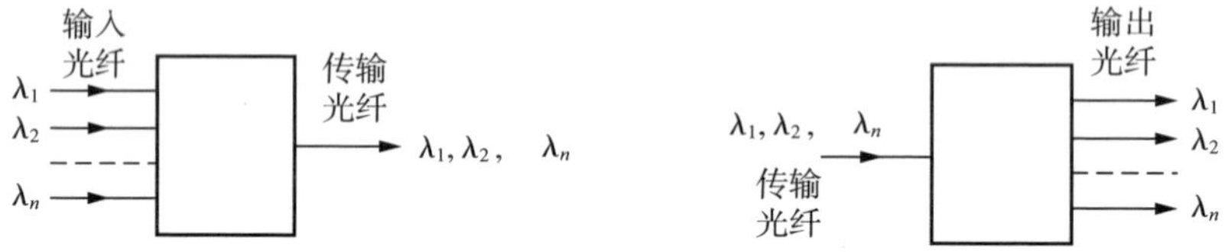

图9.35 （a）光复用器示意图；（b）光解复用器示意图

图9.36给出了一个八信道解复用器的损耗曲线。八条曲线分别表示与每个信道有关的传输损耗。例如，第一个信道的中心波长设在1530 nm处，第二个信道的中心波长设在1534 nm处，等等，直到第八个信道的中心波长设在1558 nm处。信道间隔为4 nm，单个信道的带宽约为2 nm。在这个例子中，插入损耗约为1 dB。如果光源的波长分别设置在各信道的中心处，并且光源的谱宽不超过2 nm，则相邻信道间的串扰低于35 dB。

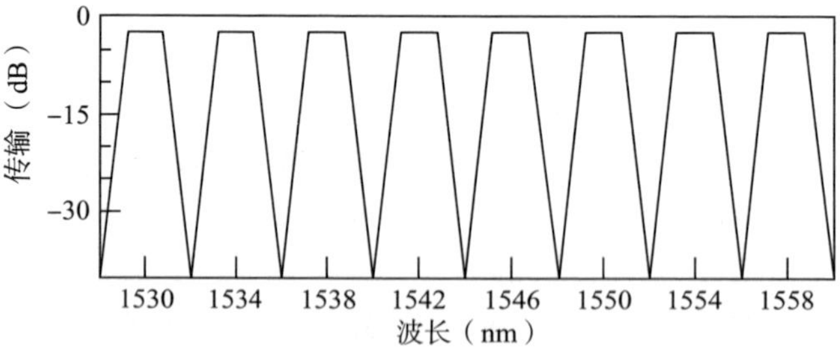

图9.36 八信道复用器/解复用器的传输损耗（以dB表示）

图9.36所介绍的复用器工作在1550 nm波长区域，在这个区域中光纤损耗最低，而且掺铒光纤放大器在其中适宜工作。由此可见，波分复用系统特别适用于长距离、大容量的传输通道，例如海底链路。

人们已设计出能够容纳众多波长信道（超过100）的复用器，其波长间隔为1 nm甚至更小。这就是所谓**密集波分复用**（dense wavelength-division multiplexing，DWDM）系统。当复用的波长信道只有几个（例如8个左右），且波长间隔更大（10 nm甚至更大）时，称之为**稀疏波分复用**（coarse-wavelength-division multiplexing，CWDM）系统。

例9.4　按照波长和频率间距，图9.37中给出了波分复用系统中的几个信道。假设设备制造商给出以下参数：系统工作在1550 nm附近时，信道间隔为100 GHz。试问其波长间隔为多少？信道间隔分别为200 GHz，50 GHz和25 GHz时，重复计算上述问题。对于这些不同的波长间隔，C波段能够容纳多少信道？

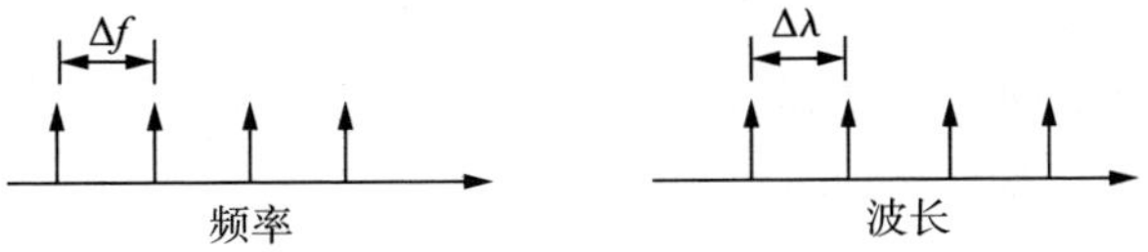

图9.37　波分复用系统中的信道

解：

频率间隔比与以波长为单位的比值是相同的，即

$$\frac{\Delta\lambda}{\lambda} = \frac{\Delta f}{f}$$

将$f = c/\lambda$代入，则有

$$\Delta\lambda = \lambda^2 \frac{\Delta f}{c}$$

如果Δf为100 GHz，则可以计算得到$\Delta\lambda = 0.8$ nm。C波段的范围为1530～1565 nm，总带宽为35 nm。因此，允许的总信道数是35/0.8 = 43.75。因此，可以推断出间隔为100 GHz时，C波段可容纳43个信道。其他频率间隔的计算结果列在表9.2中。

表9.2　波分复用信道间距

Δf（GHz）	Δλ（nm）	C波段信道数
25	0.2	175
50	0.4	87
100	0.8	43
200	1.6	21

图9.38给出了一个n信道的波分复用系统结构框图。其中有n个独立的信道，每个信道工作在不同的载波波长上，由复用器将各个信道接入同一根光纤传输，并由接收端的解复用器对其进行分离。假设在C波段使用100 GHz的信道间隔（如前面的例子），每个信道的运行速率为10 Gbps，传输32个信道。则整个光纤容量将是320 Gbps。这意味着一个巨大的传输容量可用于分配信息。除了这个例子，运行速率甚至达几太比特/秒（10^{12} bps）的系统也已构建成功。

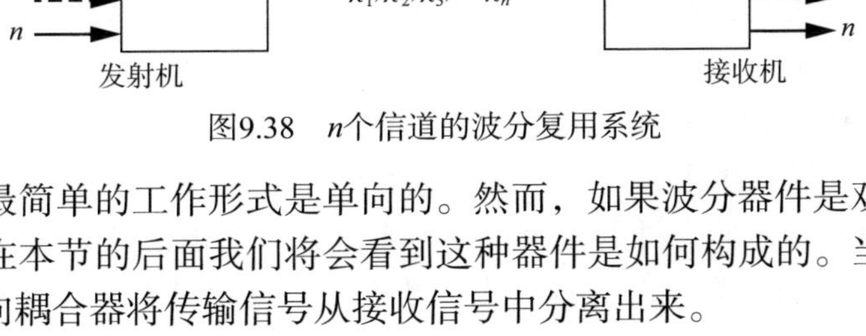

图9.38　n个信道的波分复用系统

波分复用系统最简单的工作形式是单向的。然而，如果波分器件是双向的，那么这种系统也能双向运行。在本节的后面我们将会看到这种器件是如何构成的。当系统双向运行时，每个终端必须用定向耦合器将传输信号从接收信号中分离出来。

已经安装好的系统如果是设计用于运行单载波的，则现在可以采用波分复用方式升级。只须改变终端设备即可，原先的光纤仍然保留。

一个特别简单的波分复用系统是一个信道运行在1.3 μm处，另一个信道运行在1.55 μm处。这么宽的波长间距可以简化复用器的设计。在这两个波长处，光纤的特性（损耗和带宽）具有相似性，使这种系统很实用。甚至还可以附加一个800 ~ 900 nm区域的运行信道，但是光纤在这个区域有较大的损耗和色散，将会限制整个链路的长度或带宽。采用波分复用技术还可以构造全双工系统，如图9.39所示。

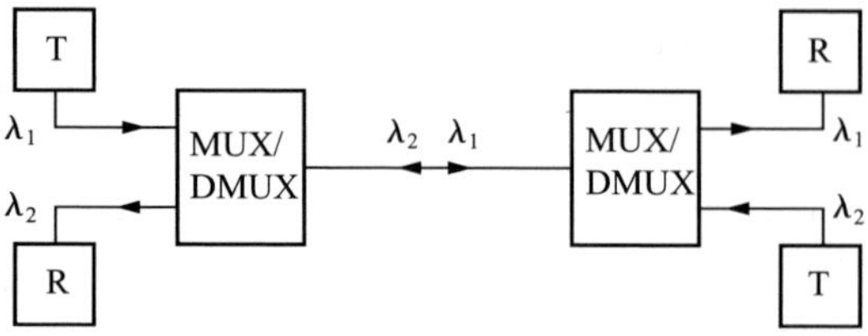

图9.39 同全双工系统。T：发射机；R：接收机；MUX/DMUX：双向复用器

9.6.2 复用器的设计

不同类型复用器的设计都是基于角色散或光滤波这两种机制的。呈现角色散特性的两类器件是棱镜和反射型衍射光栅。图9.40说明了这些双向器件是如何分离（或复合）不同波长光束的。光栅可以利用金属涂敷层以提高其反射系数。图9.41所示的光滤波器由不同折射率的透明材料薄膜组成。薄膜内的干涉产生滤波作用，使某一波长的光通过而反射其他波长的光。图中所示的方案采用串联两个滤波器的方法，可以分离（或复合）3个波长。

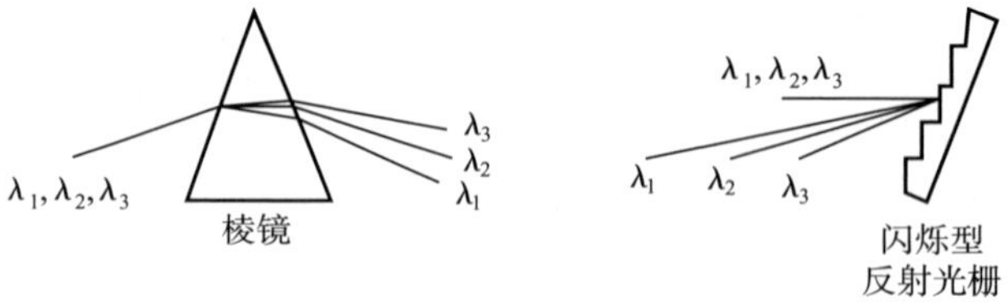

图9.40 角色散

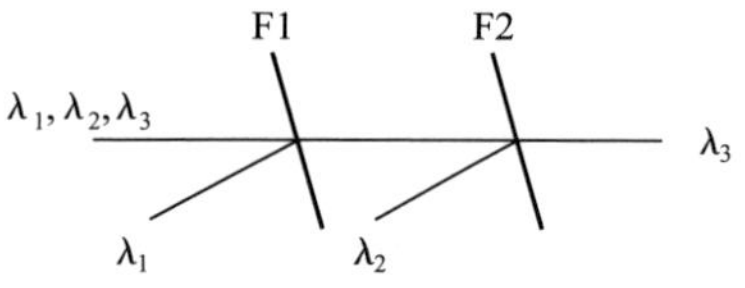

图9.41 光滤波器。滤波器F1反射λ_1，传输λ_2和λ_3，滤波器F2反射λ_2传输λ_3

复用器/解复用器通常用透镜来捕捉输入光纤发射的发散光线，然后引导这些光线到复合/分离元件，并将其重聚焦到输出光纤的端面上。没有透镜，在输入和输出光纤之间的间隔损耗将是无法容忍的。透镜同时也完成另一个要求功能，即准直光束使光束到达波长选择单元。由于角色散元件和光滤波器对入射角十分敏感，所以用透镜准直光束是必要的。发散的入射光在选择单元的输出端也是发散的，每个波长都占有一定的角度范围，因此采用透镜可以减少单个波长的空间占有率。

为了解释一些适用的构建方法，我们将介绍两种复用器。第一，考虑图9.42所示的光栅复用器[14]。为了简单起见，图中仅给出了与每条光纤有关的中心射线。然而，任何离开光纤的光束都会发散，而进入任何光纤的光束都要汇聚。光束在透镜和光栅之间的空间中得以准直。上面的光纤是系统的传输光纤。将其当成解复用器时，波长λ_1，λ_2和λ_3从传输光纤进入

1/4节距GRIN棒透镜。此透镜在光线到达光栅之前对光线进行准直，光栅将这3个波长在空间上分开。之后，透镜按一定的角度重聚焦各个光束并移动被准直的光束至3根输出光纤的端面。这种器件是双向的，将其用做复用器时，光线传输的方向刚好相反。光栅将下面3根光纤的输出光线复合到一起，并聚焦到上部的传输光纤端面上。

图9.43中的第二个复用器使用GRIN棒透镜和光滤波器[15]。滤波器F1传输波长为λ_1的光，反射波长为λ_2的光；滤波器F2传输波长为λ_2的光，反射波长为λ_1的光。正如同图9.42 中的光栅复用器，棒透镜对光纤输出的光进行准直，然后滤波器F2或镜面对光进行反射，再通过棒透镜将光聚焦到输出光纤。作为解复用器使用时，波长λ_1和λ_2从上部的光纤进入透镜。滤波器F2反射λ_1的光功率。光传向最下部的光纤，经过滤波器F1进入信道1。其间，滤波器F2让λ_2波长的光功率传输。斜放的平面镜对这部分光进行反射，经棒透镜汇聚并引导光传向信道2。滤波器F1对波长为λ_2的光反射，使传到信道1的λ_2功率最小，从而改善了串扰。作为复用器使用时，λ_1从信道1进入透镜，λ_2从信道2进入透镜。滤波器F2、反射镜和透镜使两波长的光汇聚在传输光纤上。作为复用器使用时滤波器F1可以省去。

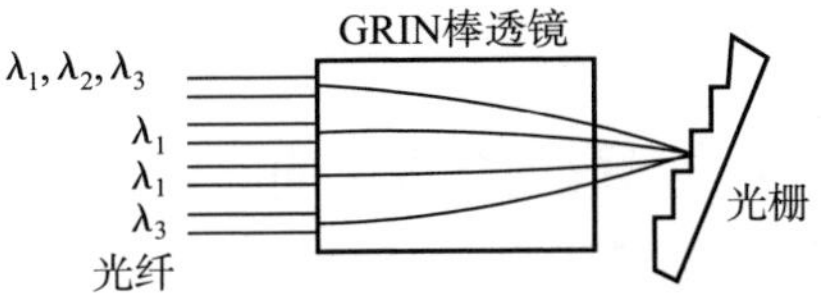

图9.42　光栅型复用器/解复用器。图中仅画出了光纤的轴向射线

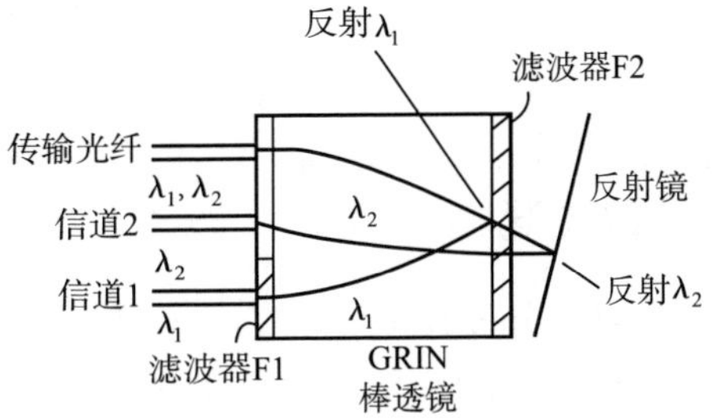

图9.43　滤波器型复用器/解复用器。F1透射λ_1，反射λ_2；F2透射λ_2，反射λ_1

用光栅和滤波器可以构成各种类型的复用器/解复用器，上面两个图示的例子给出了构成和设计复用器的基本元件。这里所介绍的器件十分简单，用同一透镜对输入和输出端口之间的光进行耦合。有些复用器的设计是在每个端口使用单独的透镜。后一种结构的优点是每个透镜可以与光纤共轴使用，即光纤可以直接连接在透镜的轴上，而不是如图9.42和图9.43所示那样光纤与轴偏离。当透镜共轴使用时，有较小的色差损耗。

对单模光纤系统来说，另一种可用的复用器基于9.2节中介绍的单模熔锥形耦合器。因为式（9.11）中的耦合系数（$\Delta\beta$）与波长有关，对于不同的工作波长，其耦合长度（L_C）是不同的。某一特定耦合器的两个不同波长的抽头比P_3/P_1如图9.44所示。对这个器件来说，波长为λ_1的光的耦合长度是L_{C1}，波长为λ_2的光的耦合长度是L_{C2}。考虑耦合器的互作用长度为$L = 3L_{C1} = 2L_{C2}$的情形（是λ_1的三倍耦合长度，是λ_2的两倍耦合长度）：对于图9.45所示的这种耦合器，在端口1的λ_1波长的输入光将全部耦合到抽头端口，即端口3。另一方面，在端口1的λ_2波长的输入光未被耦合到抽头端口，所以全部输出到直通端口，即端口2。换句话说，耦合器作为解复用器，能将在端口1输入的两个波长的光分离开。相反，在端口3输入波长为λ_1的光，在端口2输入波长为λ_2的光，两者将都在端口1输出。因此，这种耦合器也能作为复用器。熔融光纤复用器对波分复用网络是很有用的，在6.7节所介绍的掺铒光纤放大器中就是采用这种方式将泵浦光和信号光汇聚在一起。

其他类型的复用器将在后面的相关章节中介绍。

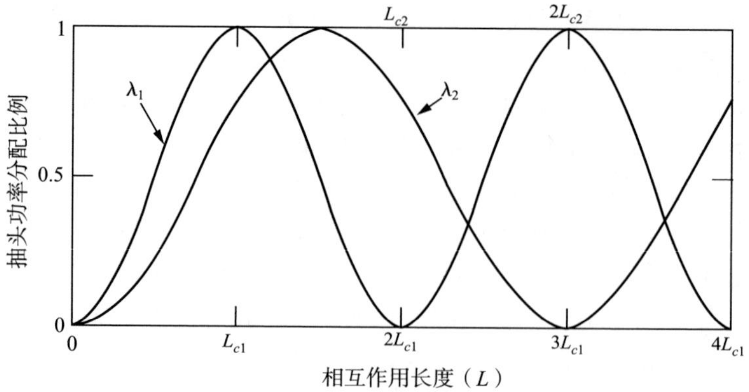

图9.44 对于单模熔融型耦合器，抽头功率分配比例（P_3/P_1）取决于工作波长和耦合区长度

图9.45 熔融锥形耦合器作为解复用器的示意图

9.6.3 四波混频

在介绍波分复用时，我们假设不同波长的光载波沿光纤传输时彼此之间互不影响。各个光载波没有太大的功率时，这是一个很好的近似。然而在传输高功率时，波分复用系统中的光载波将通过**四波混频**（four-wave mixing，FWM）的方式相互交换能量。这是由于光纤中的原子和分子对应于输入光波的非线性振动响应引起的。由于四波混频是二阶非线性效应①，因此在低功率值传输时四波混频并不明显。在波分复用系统中，其总传输功率比单载波系统的功率大得多，因为每个载波都给系统添加了功率值。由于四波混频涉及到多个载波间的相互作用，所以只有单波长光沿光纤传输时才不会发生四波混频。

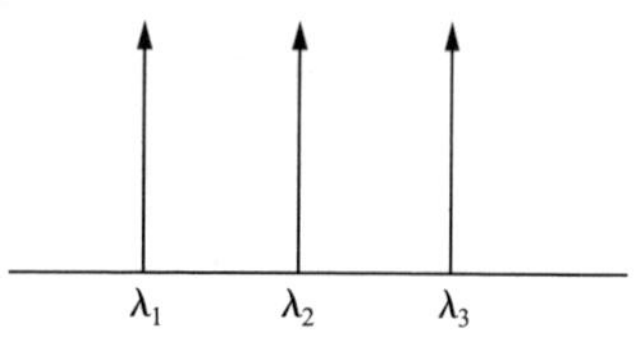

图9.46 WDM信号中的部分谱线，光载波之间的波长间隔为$\Delta\lambda$

波分复用信号的部分谱线如图9.46所示。非线性的四波混频效应导致载波间混频，从而产生了新的光波，其波长为

$$\lambda_{x,y,z} = \lambda_x + \lambda_y - \lambda_z$$

其中，x，y和z可以取下标1，2和3中的任一值。如果载波间距均匀为$\Delta\lambda$，那么作为一个例子，假设$x = 1$，$y = 3$和$z = 2$，由此有波长为光波输出λ_{out}，而且

$$\lambda_{out} = \lambda_1 + \lambda_3 - \lambda_2 = (\lambda_2 - \Delta\lambda) + (\lambda_2 + \Delta\lambda) - \lambda_2 = \lambda_2$$

其结果是信道1（λ_1）和信道3（λ_3）的信号功率影响了信道2（λ_2）中的信号传输。这种效应导致在信道1和信道3上产生功率串扰和损耗。很明显，这种情况是必须避免的，因为会限制发射到波分复用系统中的功率值，最终限制了光纤链路的长度。

① 国内的教材或文献认为四波混频属于三阶非线性效应。——译者注

通常，当波长间距相同时，四波混频将在所有信道上产生串扰。非均匀的波长间距是不实际的，因为波分复用元件的设计（例如，复用器和滤波器）要求等间距的波长。

这个问题解决方案的前提条件是承认不同载波之间的相互作用仅在载波以相同速度传输时才存在。正如在第3章中强调的，忽略色散的作用可以增加光纤的带宽。现在，我们发现非常低的色散也存在负面效应：使波分复用信号劣化。解决这些矛盾的折中方法是在波分复用系统中保留少量色散。色散位移光纤可以减小C波段波长的色散值，而且在这个波长区域里衰减最小。很明显，对波分复用系统并不是最佳的光纤。近年开发出来的非零色散位移光纤（已在5.6节中介绍）可以减小C波段光纤的色散，但并不消除色散，因此是最适宜于波分复用系统的传输光纤。

9.7　光纤布拉格光栅

光纤光栅在纤心上的折射率呈规则的周期性变化。图9.47是一幅光栅的示意图。如果输入光波的波长刚好为重复周期Λ的一半，则在每个折射率周期变化处反射回来的光同相叠加。当各个周期的反射光束全都彼此同相叠加时，光栅的作用如同反射镜一样。这一现象与6.6节介绍过的分布反馈式半导体激光器中发生的现象一样，反射波长服从布拉格定律，在这里重写为

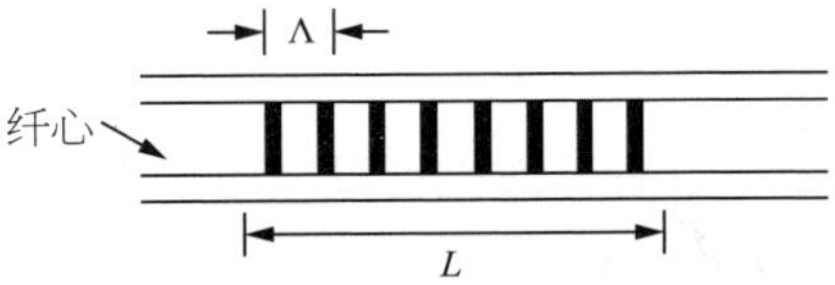

图9.47　光纤布拉格光栅。轴向纤心上的折射率呈周期性变化

$$\Lambda = \lambda/2 \tag{9.19}$$

其中，λ是纤心中测得的波长，这里我们仅考虑最强的反射，即一阶布拉格光栅。可以说光栅是在满足布拉格定律的波长处产生**谐振**。图中标出的光栅长度L和折射率变化的幅度是光纤光栅的两个最重要的设计参数。

波长不满足布拉格定律的光不受光栅的影响，将通过光栅继续传播。光纤布拉格光栅基本上作为滤波器使用，这里仅简要介绍器件在这一领域中的应用。后面还将简要介绍光纤布拉格光栅的制作。

将光纤纤心暴露在高功率紫外光的照射之下，可以制作成光纤光栅。紫外光首先经过相位掩膜板产生干涉条纹，在强度呈周期性变化的干涉条纹作用下，纤心中会产生周期性的折射率变化。这样纤心就形成了具有永久性稳定折射率变化的光栅。

光纤布拉格光栅可以用于许多领域，主要包括：

1. 在波分复用系统中作为滤波器。
2. 在光纤激光器中作为波长选择反射镜。
3. 在半导体激光器中用于稳定发射波长。
4. 作为组合光纤传感器，用来测量应力和温度。
5. 用于色散补偿。
6. 在掺铒光纤放大器中用于稳定和均衡增益。
7. 作为固定滤波器。
8. 用做可调谐滤波器。

下面将介绍一个波分复用滤波器应用的例子。图9.48中给出了用光纤布拉格光栅构建复用器/解复用器的略图，由两个耦合器和两个光栅组成。光栅设计用于反射λ_4波长的光而传输

其他波长的光。为了说明可以将其当成解复用器使用，考虑λ_1，λ_2，λ_3和λ_4这4个波长的光从传输光纤输入到端口1的情况。波长λ_4被光栅反射，调整耦合器的参数，使其在端口4输出。其他波长通过光栅继续传播，而且在端口3上输出。这些波长可以通过连在端口3上相似的解复用器提取出来，但后续连接的各个解复用器必须谐振在这3个不同的波长上。

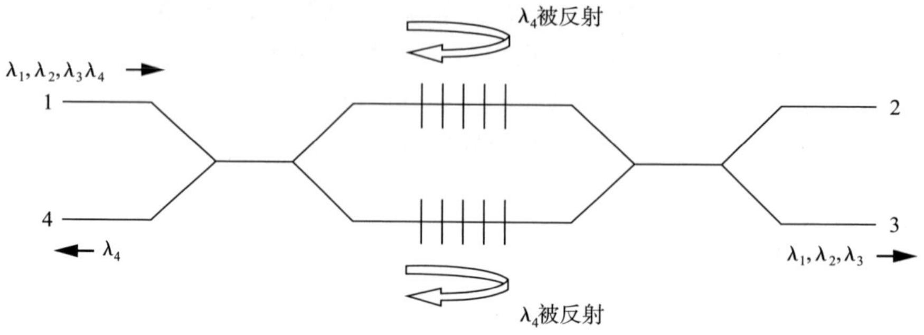

图9.48 光纤布拉格光栅滤波器

这种器件也可以当成复用器使用，但这一点在图中并未说明。如果在端口2输入λ_4，而在端口1输入λ_1，λ_2和λ_3，那么λ_1，λ_2，λ_3和λ_4将被复用在一起，并在端口3上输出。

改变光栅的周期可以调谐光栅的谐振波长。可以用机械或加热的方法实现。机械方法是指拉伸或压缩光纤。热调谐方法是靠改变光纤的温度实现的，这种效应也是应力或温度光纤传感器和可调谐滤波器的基础。

9.8 阵列波导光栅

9.8.1 器件工作原理

光纤路由器将在某一根光纤中传播的信道引导到另一根光纤中传播[16]。**信道**这一术语在波分复用系统中是指单个光载波波长。图9.35所示的光复用器和解复用器分别代表一个$N\times 1$和一个$1\times N$的波长路由器。复用器引导N根输入光纤中任一光纤上的某一信道到唯一的输出光纤上。解复用器则与此相反，是将一根光纤传输的N个输入波长信道分配到N根输出光纤上。复用器和解复用器仅是一般路由器的特例，一般路由器引导多根输入光纤上的多个输入波长信道到多根输出光纤上传输。图9.49是一个4×4路由器的例子。

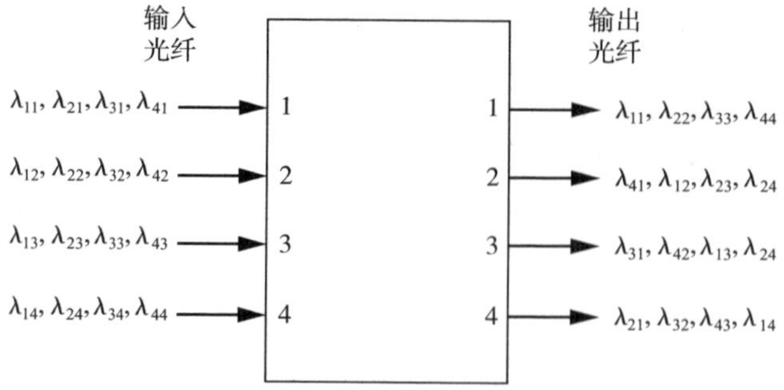

图9.49 4×4的路由器

普通路由器是一个$N\times N$器件（N根输入光纤和N根输出光纤），具有循环重分配信道的特性。在图9.49中，波长符号的第一个下标指波长信道编号，第二个下标指输入光纤编号。因此，λ_{34}表示波长信道3（光载波波长λ_3）从第4根输入光纤进入路由器，而λ_{32}则代表波长信道3（在光载波波长λ_3处）从第2根输入光纤进入路由器，依次类推。

9.8.2　路由器的物理实现

光路由器通常用**阵列波导光栅**（arrayed-waveguide grating，AWG）来实现。AWG（结构见图9.50）是一个基本的成像系统，其中，物体平面和像平面用两个$N \times M$平面波导耦合器隔开，不等长度的M波导阵列连接这两个耦合器。这个阵列称为**波导光栅**。两个相邻波导之间的长度差ΔL是常数，更确切地说，从最短的波导开始，相邻的波导一次递增ΔL量的长度。这个光栅与先前介绍过的闪烁光栅和布拉格光栅具有相似的特性。我们将用一个从第1号光纤输入波分复用信号的例子来说明AWG的工作原理。光束进入平面区以后发生扩散，其功率均匀地分割到M个波导上。M个波导中的每一个波导收集并传播从第1号输入光纤来的全部波分复用信道的能量。由于这M个波导的每个波导都有长度差，所以沿着每个波导的相移是不同的。在波导光栅的输出处，我们可以得到M个波的阵列，每个波有不同的相位。对于λ_1波长来说，相位阵列中的每个分量仅在一根光纤的入口（称之为第1号光纤）同相输出（产生相长干涉）。在其他所有输出光纤上，波长λ_1的光波都是相消干涉的。因此，λ_1的光将沿着第1号输出光纤输出。

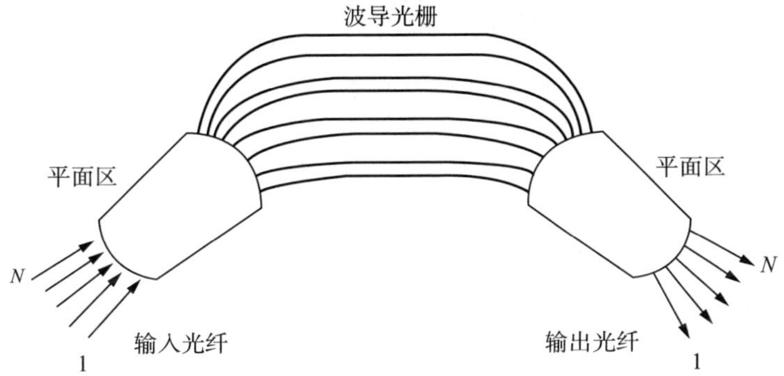

图9.50　阵列波导光栅。平面区是$N \times M$的耦合器，光栅中有M个波导

M波导中的每个波导的相移不仅与波导的长度有关，而且还与波长有关，在光栅的末端，波分复用信号中不同信道的相位变化将是不同的。因此，波长为λ_2的波仅在另一根光纤（称之为第2号光纤）而不是在第1号光纤上同相（产生相长干涉）。同样地，波长为λ_3的波仅在第3号输出光纤上同相（产生相长干涉）。按照这种方法，从第1号光纤输入的不同波长的光载波（从λ_1到λ_N）将会聚集到不同的输出光纤上输出。

接下来考虑从第2号输入光纤输入波分复用信号的情况。我们再次发现，在输出光纤阵列上不同的波分复用信道是分离排列的。由于第2号输入光纤与第1号光纤在物理上有偏离，所以在光纤输出阵列上的信道分布也是偏离的。分布偏离源于从新的输入端口通过平面区中再到每个光栅波导的距离（相移）不同。从输入光纤到光栅的最初相位变化，导致在光栅输出的新的相位变化。各给定波长在输出光纤上产生相长干涉的位置，与其在第1号光纤输入所产生的位置是不同的。我们可以得出结论：对于每根输入光纤来说，各信道在输出光纤阵列上的分布结果是唯一的。

本节的讨论有助于我们粗略地理解AWG路由器的工作原理，但是没有给出实际设计路由器的足够信息，这已超出本书的范围。

9.8.3 AWG的制作

AWG器件是将石英玻璃波导沉积在石英基底上制成的。与制造光纤的方法类似，水解是利用氢氧焰将石英玻璃包层材料沉积到石英基底上，然后再沉积掺杂的玻璃层用于制作波导心。在经过两层沉积以后，将基底加热到1300℃来固化松散的沉积层。波导边缘用照相制版和离子蚀刻反应制造。最后，在波导的上部沉积一层覆盖层以便保护器件。

在光栅中的矩形波导心的尺寸约为6 μm × 6 μm。心与包层之间的折射率差相对较大，这样使波导有大的数值孔径。正如第4章所讨论的，这样可以提高与光纤之间的耦合效率。

9.8.4 器件的性能

正如其他元件一样，当AWG路由器用于光纤通信系统时，要考虑其许多重要特性。主要包括插入损耗、信道间距和容量、串扰、回波损耗和偏振相关损耗等。插入损耗包括从输入端口到输出端口的全部损耗，包括从光纤进入路由器和从路由器到光纤的耦合损耗、体状波导损耗、衍射损耗和散射损耗等。由于存在诸多损耗因素，所以插入损耗可以达到几dB甚至更大。同时，插入损耗的大小还与器件中的信道数有关。

信道间距越近，波分复用可容纳的信道数越大。小于1 nm间距的AWG已经实现商用。例如，可以覆盖C波段和L波段的系统（1530 ~ 1625 nm）能够容纳475个波分复用信道，其信道间距为0.2 nm。如果将AWG路由器以级联的方式连接，则可以容纳更多数量的信道。

所谓串扰是指规定波长的信号功率被耦合到不需要此功率的光纤上。例如，在图9.49中，从1号输入光纤输入的λ_1波长的功率（图中标注为λ_{11}）被指定在输出端的第1号输出光纤上输出。实际上，它在其他输出光纤上（例如第2号光纤）也有输出，其输出信号值表示串扰。信道间的串扰降低了预期输出信号的质量，减小了光在预期光纤上的输出功率，增加了其他输出光纤上的噪声。邻近信道受到的影响最大。用分贝表示的串扰为

$$L_{\mathrm{CT}} = -10\lg\frac{P_{xy}}{P_x}$$

其中，P_{xy}是从x光纤耦合到y光纤的功率，P_x指在x光纤上的输入信号功率。

例9.5 假设两根光纤之间的串扰是20 dB，在第1根光纤上的输入功率是100 μW。计算串扰到第二根光纤上的功率值，并计算第二根光纤上的功率与输入功率比。

解：

20 dB相当于100倍。因此耦合功率是1 μW，耦合功率比是0.01或1%。

注意，仅当耦合功率的波长是被耦合光纤中正在用于传输的波长时，耦合功率才会导致该光纤中的信号劣化。如果λ_x未用于某一输出光纤，则从另一根光纤上来的λ_x的耦合信号不会影响此输出光纤上的信号。

回波损耗是指反射回输入光纤的功率值。正如9.5节所讨论的，反射光会扰乱半导体激光器的工作，增加其噪声。尤其当AWG器件放置在激光源附近时，要使AWG器件的反射光最小，这一点是很重要的。40 dB的回波损耗可以确保反射功率小于输入功率的0.01%。

偏振相关损耗是指当器件被不同偏振态的光波激励时插入损耗的变化。设计者必须估计系统中所有元件的损耗，但是通常预测输入信号的偏振是不可能的。因此，要求偏振相关损耗很低。在设计优良的AWG中，偏振相关损耗不超过十分之几dB。

9.8.5　器件的应用

由于有了AWG路由器，使得系统设计的各个信道被引导到各自的目的地成为可能。AWG路由器也可以当成简单WDM复用器/解复用器使用。作为复用器使用时，仅须用AWG的某一根输出光纤；而作为解复用器使用时，则仅用某一根输入光纤。另外，这个器件还可以作为分插复用器使用，使其在网络中不同的物理位置上分插出或接入特殊的波长信道。

9.9　MEMS开关

自从20世纪70年代早期第一根光纤实用以来，人们已研制出许多器件用来提高光纤通信的容量，并使其更加可靠和经济。至此，我们已经学习了许多器件：半导体激光器、各种光纤、光纤布拉格光栅、光放大器、阵列波导光栅等，在此仅列出这几例。这里，我们还要讨论另一种新开发的器件，即所谓**微机电系统**（micro-electro-mechanical system，MEMS）开关。

9.9.1　MEMS

半导体工业已研究出沉积、蚀刻、光刻和各种选择蚀刻过程等复杂技术，用于生产微电子器件。这些技术也同样能用于构建微机械器件。这些器件结构微小，对电驱动做出反应，并有产生移动的能力。这些称为MEMS的结构在光学和其他领域有多种形式和应用，但我们只关注在光纤中的光开关应用。有时，以光信号工作的MEMS器件称为**微光机电系统**（micro-optical-electro-mechnical system，MOEMS）或**光学MEMS**[17]。

9.9.2　MEMS 反射镜

为了使光束按预期的方式发生偏转，MEMS光开关要求阵列中的反射镜具有微小移动的能力。这些反射镜可以用两种方式构成：薄膜反射镜和体状反射镜。图9.51所示的薄膜反射镜由沉积在硅片上的外延反射镜层组成。将反射镜面层下面的材料拿掉，可以允许反射镜绕着铰链旋转。铰链由硅制成，而硅是一个高弹性材料。块状反射镜是直接在硅衬底上刻蚀制成的，如图9.52所示。用这种方法制造块状反射镜比平面薄膜反射镜更容易，并且更容易保持平面块状结构。

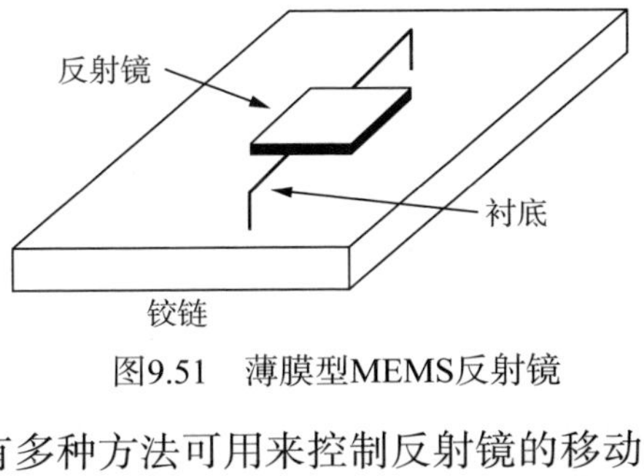

图9.51　薄膜型MEMS反射镜

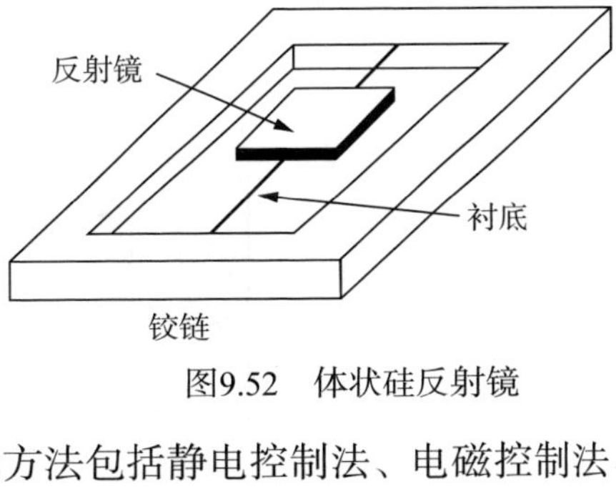

图9.52　体状硅反射镜

有多种方法可用来控制反射镜的移动。典型的方法包括静电控制法、电磁控制法、压电控制法和热控制法。当电压加到两块平板之间时，将会反向充电，在平板之间产生引力，静电控制就是利用它们之间的引力实现的。静电控制需要几伏的电压，但是几乎没有电流。电磁控制使用两个磁路互相作用发生的力。一个磁路可以由通电流的线圈产生，另一个磁路可以由强磁材料，比如磁铁产生。这与先前9.4节中介绍的旁路开关现象相同。将一定的电压加到某些材料上，材料的尺寸将发生改变，这就是压电效应，基于此原理可以完成压电控制。电流通过电阻时电阻会发热，其结果导致电阻结构变形，从而实现热控制。

9.9.3 MEMS开关

MEMS开关可以有二维形态的结构（见图9.53）和三维形态的结构（见图9.54）。在二维MEMS开关中，光在平面镜阵列所确定的平面中传输。如图所示，光从左边的光纤输入。为了使发散损耗最小，光束在通过开关传输时被准直（利用传统透镜阵列或GRIN透镜阵列）。平面镜可以位于平面位置（静止位置）以保持光束的传输途经，或抬起（上升位置）使光束偏转。用这种方式，图中从左边任何光纤输入的光可以被引导到位于底部的任一输出光纤上，或者允许其继续传输而不改变各自到右端光纤的方向。在输出端，准直器重新聚焦平行光束并传输到输出光纤。由于反射镜仅有两种离散的镜面位置，所以可以采用数字控制方式。每个平面镜都能绕着各自的一个轴旋转。

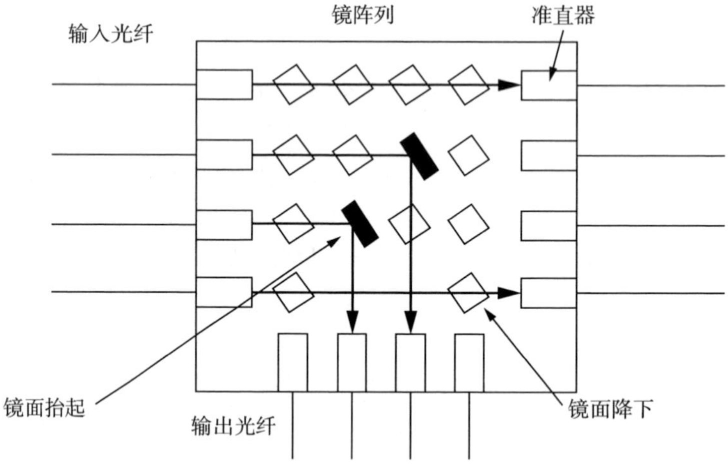

图9.53　二维MEMS开关

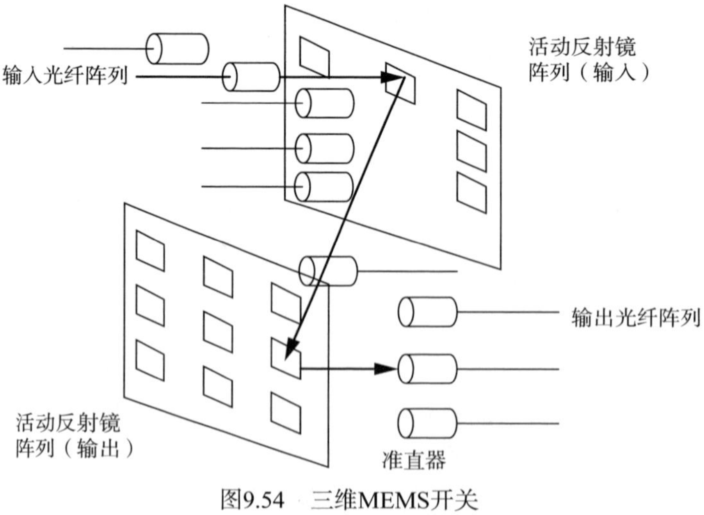

图9.54　三维MEMS开关

图9.53给出了一个二维4×4开关的例子。所需的反射镜数是16面（也就是4^2）。更通用的开关则有N个输入端口和N个输出端口，构成一个$N\times N$开关。很明显，一个二维的$N\times N$开关

需要N^2面平面镜。随着开关端口数的增加，所需的平面镜数量快速增加。从而使得大端口数的二维开关难以实现。采用二维结构可以制造8×8开关，16×16开关，也有可能制作32×32开关。如果超出此端口数，则下面描述的三维MEMS开关将更为可取。

图9.54中三维MEMS开关的结构比二维开关更为复杂，也更难制造。正如图中所指出的，在三维结构中存在两组反射镜阵列。在阵列中的每个反射镜可以绕着两个正交的轴自由旋转。图中所示的器件为9×9开关。为了使图示简洁而不致混乱，没有画出所有光纤和全部反射镜。如果全部画出，则会看到在输入阵列中有9根光纤，输出阵列中也有9根光纤，在两块输入和输出平面镜阵列中各有9面反射镜。不像在二维开关中所需反射镜的位置是离散的，三维开关中的反射镜必须能够连续旋转（起码在小的角范围内，例如在10°范围以内）。因此，三维反射镜的旋转控制是模拟的。由于光束要传播到两组反射镜阵列的平面之外，所以系统本身是三维的。

开关的工作原理是这样的：来自输入光纤的发散光束被准直并被引导到位于输入阵列中的一个反射镜上，这个反射镜使光束转向输出阵列中的某一反射镜。然后，输出反射镜使光束转向预期的输出准直器–光纤组合体上，在组合体中光束被聚焦到输出光纤端面上。在图中，我们给出了来自最上层中间的一根输入光纤的信号如何被引导到输出光纤阵列中最外面一列中间的一根输出光纤上的过程。所有来自输入端口的信号均能被同时交换到各自的输出端口上。

从图中可以推断出，9×9开关所需反射镜数是18（即2×9）。更通用的开关有N个输入端口和N个输出端口，构成$N \times N$开关。很明显，一个三维的$N \times N$开关需要$2N$面反射镜。所以我们可以肯定，对于三维开关来说，随着端口数的增加，反射镜数量的增加比二维开关慢得多。由于这个原因，对于大量光纤间的交换情况来说，采用三维开关更为可取。三维MEMS开关能容纳上百个（甚至上千个）端口。例如，256×256的三维开关只需要512面反射镜（由两组阵列构成，每组阵列由256面反射镜构成）。

9.9.4 MEMS开关性能

为什么不在电域中交换光信号呢？在接收端，我们能够将光信号转换成电的形式，在电域中对信号分类，从而进行交换和重定向，然后将其再转化为光的形式沿着预期的光纤继续传输。但是，如果使用全光交换的MEMS器件，则会更简单、费用更少、速度更快。例如，机械开关的带宽（能够容纳载波频率的范围）仅受膜反射镜有效反射范围和准直器工作范围的限制，而这种限制的影响极小。MEMS开关可以在一个很宽的光载波波长范围内工作。另一方面，光–电–光开关在带宽上则要受到更多限制。与MEMS开关相比，这种再生型器件需要更多功率来支持其运行。

开关的插入损耗是一个重要的性能参数。系统中任何地方的损耗都会使信号减小，信噪比降低，可允许的系统链路长度缩短。开关中反射镜的不完全反射、光束的衍射（即不完美的准直和聚焦）都会产生损耗，还有光纤和准直器之间的耦合也存在损耗。256×256的三维开关端到端的平均插入损耗约为1.3 dB，在众多可能的连接中，损耗的变化范围不会超过± 0.5 dB。在256×256开关中，存在65 536（即256^2）种可能的连接变化。

开关时间在开关性能中也是一个重要的因素。机械体的快速运动会出现许多问题，所幸的是重新配置网络所需的开关时间不需要很小。MEMS平面镜的谐振频率约为1 kHz，反射镜移动过快会导致这种谐振，并因此会在传送光信号的过程中产生跳动。由于这个原因，MEMS开关时间限制在几毫秒范围内，而这已能满足大多数网络的需要。

9.9.5 MEMS的应用

在光测试系统中可以找到基本MEMS开关（例如1×2开关）的应用，如图9.55所示。干线光纤中传输的信号可以转向测试系统用于分析，然后再换位回到干线传输光纤。较大规模的开关可以用于重新定向信息的流向，并将从任一给定输入光纤传送的所有数据发送到与目的接收机位置相连的输出光纤上。

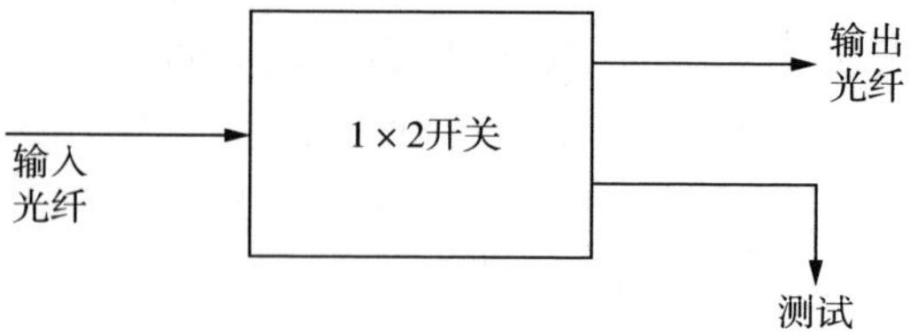

图9.55 用于网络测试的开关

光交叉连接（optical cross connect，OXC）要使用更复杂的MEMS开关[18]。OXC允许我们动态地改变所有单个载波波长的路由，而这些单个载波波长信号包含在多光纤传输的波分复用信号中。一个光交叉连接系统的结构如图9.56所示。对这个器件需要多做些解释。考虑有N根光纤，每根光纤中都含有波分复用信号。不同的光纤之间载波波长相同（λ_1到λ_M），但是相同波长承载的信息是不同的。在每根光纤中，波分复用信道数为M。在图中，每个输入信道由其波长和与之相关的光纤标注。因此，符号λ_{xy}指载波波长λ_x经输入光纤λ_y到达系统。光交叉连接包括了输入端的N个解复用器，以及输出端的N个复用器。分别是$1 \times M$和$M \times 1$的器件。解复用器和复用器之间用M个开关连接，开关是$N \times N$的MEMS器件。解复用器将M个信道分开，并将每个信道传送到仅处理此信道的波长开关。即所有λ_1载波波长传送到1号开关（图上用λ_1标注），所有λ_2载波波长传送到2号开关（图上用λ_2标注），依次类推。因此，从N根输入光纤来的所有M个载波都出现在M个开关的输入端。第一个开关的N个输入是所有λ_1波长的载波。这个开关重定向这些信道的每个波长到预期的输出复用器上。相似地，每个开关将N个输入载波传送到预期的输出复用器上。因此，每个复用器接收到λ_1到λ_M的全部波长。复用器再将这些光载波复合在一起传送到对应的输出光纤。

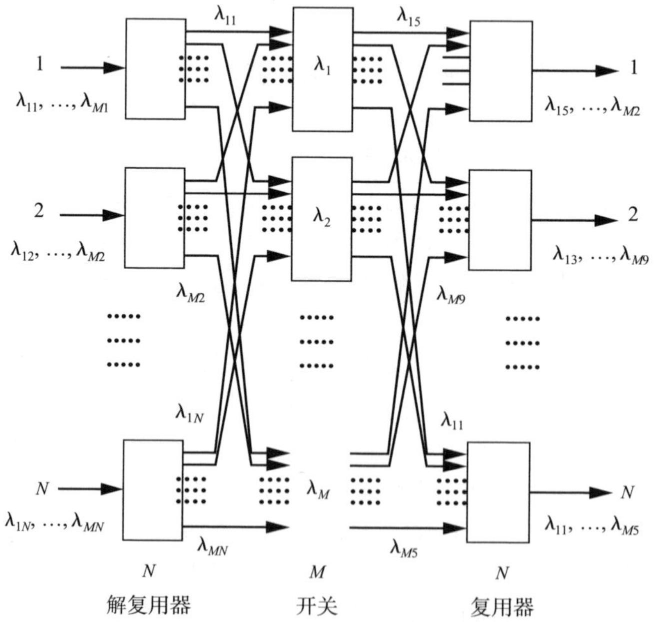

图9.56 光交叉连接。所选的输出仅表示一种可能的网络配置

图9.56中，用一个特殊的交换结构说明光交叉连接的工作原理。第一根输出光纤包括载波λ_1（来自5号输入光纤）和载波λ_M（来自2号输入光纤），加上来自未标明的输入光纤的载波λ_2直到λ_{M-1}。第二根输出光纤和最后一根输出光纤也标注在图中。

通过对开关进行操作，可以对交叉连接进行期望的重新配置。如果MEMS开关是二维器件，那么每个开关含有N^2面反射镜。在这种情况中，光交叉连接需要MN^2面反射镜。如果MEMS开关是三维器件，那么每个开关仅需要$2N$面反射镜，光交叉连接需要的总反射镜则为$2MN$面。

9.10　其他元件：衰减器、环行器和偏振控制器

9.10.1　衰减器

利用光衰减器可以改变光纤中的光强。其应用主要包括测试接收机上的各种光功率值（例如，确定接收机的动态范围）、调整光强以防止接收机饱和，或者在信号发射进WDM系统之前均衡载波功率。固定式光衰减器和可变光衰减器均已商用。

图9.57所示为一种吸收型的衰减器。吸收机构在不同的点有不同的吸收量，所以旋转吸收轮可以使衰减量改变。未对准的光纤也能用做衰减器，如图9.58所示。根据8.1节介绍的连接器原理，改变光纤的间隙和横向位移也能产生衰减。基于MEMS的原理也能构成可变光衰减器。MEMS执行元件能够部分移动反射镜（或吸收体），使信号如期望地进出通道。

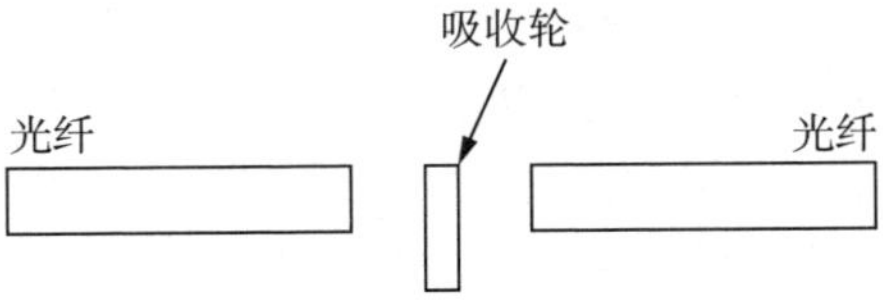

图9.57　使用吸收轮的可变光衰减器

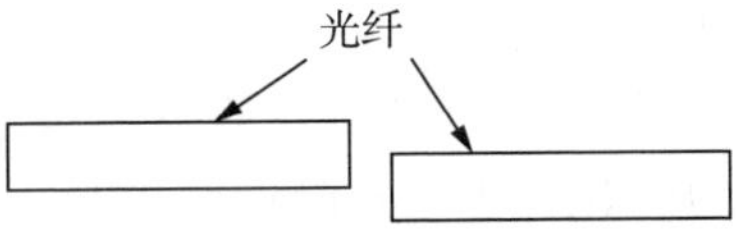

图9.58　使用可移动偏移光纤的可变光衰减器

9.10.2　环行器

光环行器的工作原理如图9.59所示，引导光从一个端口按顺序到达下一端口。也就是说，在端口1输入的光在端口2输出，在端口2输入的光在端口3输出，在端口3输入的光在端口1输出。光环行器的插入损耗典型值低于1 dB，隔离度在25 dB以上。

光环行器可以用来分离沿同一光纤传送的发送信号和接收信号（例如，图9.60所示的一个双向通信系统）。

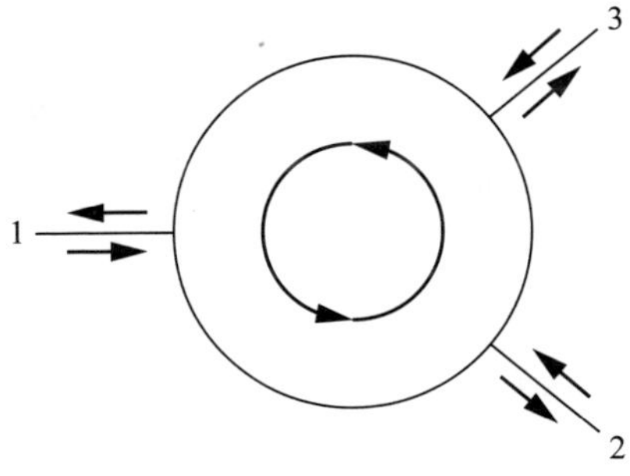

图9.59　光环行器示意图

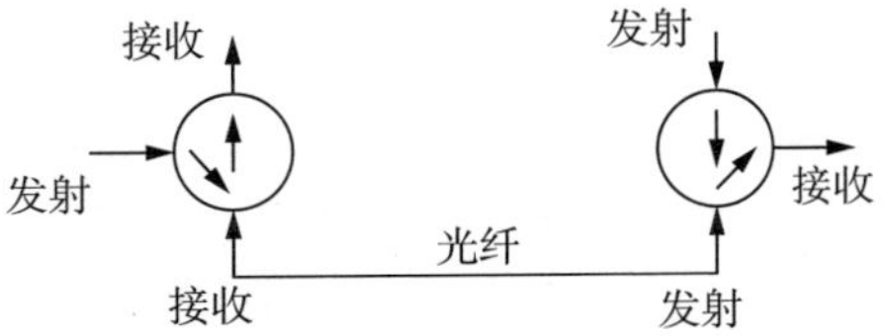

图9.60　全双工光纤传输系统

与本章前面介绍过的光隔离器类似，光环行器中也使用法拉第旋转器[19]。

9.10.3 偏振控制器

偏振控制器用来产生预期的偏振态的光纤器件。显然，多数工作的光纤系统与光束的偏振态无关。但是，在10.6 节将要介绍的相干检测系统和干涉仪传感器（其工作基于两束光之间的干涉）则与光信号的偏振态密切相关。

一个简单的偏振控制器是用光纤缠绕在直径约为1 cm的磁盘上制成的[20]。通常用2个或3个这样的磁盘级联在一起，如图9.61所示。围绕传输光纤的轴线旋转磁盘，将导致光纤中传输的两个相互正交的偏振光束的折射率有不同变化。适当旋转磁盘，就能够得到任何希望的偏振态。

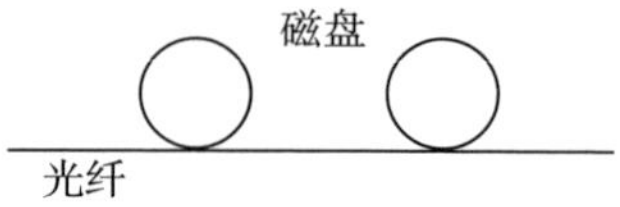

图9.61 光纤偏振控制器

9.11 总结和讨论

构建双向和多终端通信网络可应用本章介绍的基本光纤技术。光纤系统的多终端能力增加了光纤光学的吸引力。

有几种网络结构是人们可以选用的，包括T形网络、星形网络、环形网络和这些基本结构的混合组合。许多网络元件，例如定向耦合器、传输型星形耦合器、反射型星形耦合器、开关和复用器/解复用器等可以用来构建网络。系统设计者必须了解众多的可用方案，才能从中选定一个最好的方案。

由于有多种可能的多终端应用，所以要在这里详尽描述其设计过程是不实际的，但是可以做一些概括。设计者必须考虑所需的光纤量和系统损耗。连接众多终端时，T形网络需要的光纤一般比星形网络需要的少。对于覆盖一个大面积的系统来说，将光纤总长度减到最小，所节约的光纤用量对降低系统总成本将是有重要意义的。各终端的物理位置和间隔距离指明了需要的光纤量和最适宜的网络配置。

T形网络的损耗随终端数的增加而增长，而且比星形网络的损耗增加得更快。星形网络在这方面有一定的优势。另外，星形网络发送到每个终端的功率几乎相等，接收功率并不随着发射终端的不同而明显变化。在T形网络中，到达每个接收机的功率则不相同。靠近发射机（也就是数据总线上发射机和接收机处在相邻的抽头处）的接收机接收的功率比间隔几个抽头处的接收机的功率要大。不同的终端发射信号时，由于每个接收机相对发射机所处的位置不同，每个接收机接收的功率值是变化的。所以，T形网络中的接收机必须工作在一个大的输入功率范围以内，即必须有一个很大的动态范围。在T形网络系统中，超过几个终端时其损耗有可能会超过正常值。

在点到点的链路中，放大用的中继器补偿光纤的衰耗。在多终端网络中，分配损耗常常超过光纤的衰减损耗。在这种情况下，中继器同样可以用来克服分配损耗。所以使用中继器可以增加允许的终端数。虽然使用中继器会增加系统的复杂性和成本，但是可以解决功率损耗问题。

使用复用器允许在一根光纤上同时传播几个光载波，这样显著增加了信息容量。复用载波的终端比单载波的终端更复杂，但系统容量的增加是对终端复杂性增加的补偿。

光纤首先用于公共大规模电话链路中，采用单向的点到点传输方式。与初期的光纤系统相比，现在的光纤网络有更为广泛的应用，因而在现在的复杂系统中需要精心分配光信号。多终端网络的应用领域包括局域网和所谓光纤城市。

习题

9.1　一个理想的四端口定向耦合器的分光比为4∶1。

（a）每个端口的输出功率与输入功率比是多少？

（b）计算直通损耗、抽头损耗、方向性系数和附加损耗。

9.2　一个四端口定向耦合器的分光比为4∶1，附加损耗等于2 dB，耦合器的方向性系数是40 dB。

（a）每个端口的输出功率与输入功率之比是多少？

（b）计算直通损耗和抽头损耗。

（c）计算由于耦合器的辐射、散射和吸收引起的损耗（以dB表示）。

9.3　考虑图9.2所示的全双工网络的情况。其中，使用理想的3 dB耦合器、理想的连接器和光纤。计算从发射机到接收机的总损耗（用dB表示）。

9.4　假设定向耦合器的附加损耗为1.5 dB，所有连接器（每个定向耦合器的端口都有一个连接器，在发射机上有一个连接器，还有一个在接收机上）的损耗均为0.8 dB，光纤的损耗为4 dB。重复习题9.3的计算。

9.5　假设一个5终端的T形网络与图9.5所示的结构类似，T形耦合器与图9.4所示的类似。假设使用的是3 dB的理想耦合器、理想光纤和无损耗的连接器。

（a）画出整个网络。

（b）当终端1是发射机时，计算到每个接收机的传输损耗。

9.6　使用理想的10 dB定向耦合器时，重复习题9.5的计算。并比较本题与习题9.5的结果，哪个耦合器（3 dB或10 dB）更好一些？

9.7　假设定向耦合器的附加损耗为1.5 dB，所有连接器的损耗均为0.8 dB，光纤损耗是35 dB/km，两个终端之间的距离为100 m，所有的接头产生0.2 dB的损耗，重复习题9.5的计算（连接器和/或接头数由你设定，在你所画的网络图中确定已包括进去）。

9.8　假设有一个与图9.6类似的星形网络，连接5个终端。假设耦合器、连接器和光纤都是理想的。

（a）画出网络结构示意图。

（b）终端1是发射机时，计算每个接收机的总传输损耗（以dB表示）。

9.9　若星形耦合器的附加损耗为2 dB，连接器的损耗为0.8 dB，接头损耗为0.2 dB，光纤损耗为35 dB/km，重复习题9.8的计算。假设终端1、终端2、终端3和终端4距离星形耦合器100 m。终端5距离星形耦合器20 m（在你画的结构示意图上要包括你认为需要的邻近连接器和接头，并对其进行注释）。

9.10　画出星形网络中损耗与终端数量（3 ~ 20个终端）的关系曲线。假设星形耦合器的附加损耗为3 dB，星形耦合器的每个端口有一个连接器，其损耗为0.8 dB。忽略光纤损耗，忽略发射机和接收机连接器的损耗，所得结果将只是与星形耦合器有关的损耗。

9.11　一个如图9.27所示的双位开关，由机械装置决定光纤输入的位置，以至于可以与两根输出光纤中的任一根成直线连接。光纤是多模阶跃折射率光纤，纤心直径为100 μm。假设要求损耗必须小于1.5 dB，计算允许的最大光纤横向对准差错。

9.12　假设用GRIN透镜与每根光纤相连，将光束直径扩展到1 mm。重复习题9.11的计算。

9.13　画一个四信道、全双工的波分复用网络。选用特定的复用器/解复用器和定向耦合器技术，并画出采用4个不同波长的通道。

9.14 假设终端2是发射机，重做习题9.5。

9.15 假设终端2是发射机，重做习题9.6。

9.16 假设你希望互连6个终端。

（a）如果在所有的终端之间建立点到点的独立链路，那么需要用多少个发射机？

（b）如果使用如图9.12所示的光纤束网络，那么需要用多少个发射机？

9.17 用一个半导体激光器激励2.5 km长的光纤。假设2.5 km的总链路损耗是4 dB，功率通过光纤的端面返回激光器，端面是平滑抛光的，光纤末端将光辐射到空气中。计算反射回激光器的光功率，也就是计算当光返回到LD时，反射信号与发射信号相比下降的分贝数。

9.18 用光隔离器可以将习题9.17中的反射功率减小到1/50，这个隔离器的反向损耗是多少？

9.19 计算有多少回波功率电平（以dB表示）从两根连接光纤端面之间的空隙返回到带尾纤的LED中？光纤由玻璃制成，玻璃的折射率为1.5。

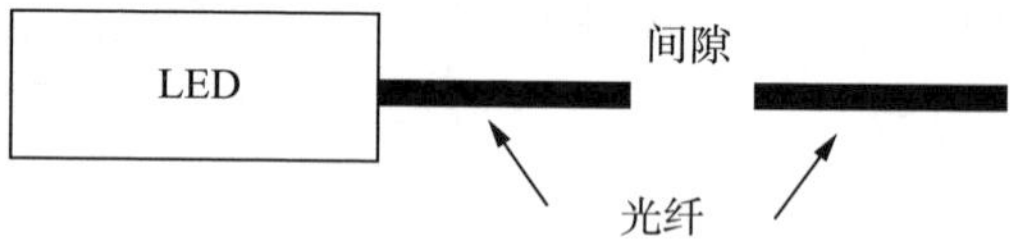

图9.62 习题9.19的示意图

9.20 一个光隔离器由使用石英光纤的法拉第旋转构成。

（a）如果光纤长100 m，那么所需磁场的幅度是多少？

（b）如果光纤长1 m，那么所需磁场的强度是多少？

9.21 式（9.11）给出了一个理想单模熔融锥形定向耦合器的功率分布。证明总的耦合功率等于输入功率。当然，在实用的耦合器件中总耦合功率必须减去附加损耗。

9.22 一个理想单模熔融锥形定向耦合器的分光比为1∶1，耦合系数$\Delta\beta$ =1 rad/mm。

（a）耦合区的长度是多少？

（b）假设分光比为10∶1，重复上述问题。

9.23 一个理想熔融锥形单模耦合器用做两个波长的解复用器，λ_1和λ_2在端口1输入。λ_1的耦合系数是2 rad/mm，这个波长的功率全部耦合到端口3。波长λ_2全部传输到端口2。

（a）计算互作用长度。

（b）计算λ_2的耦合系数值。

（c）计算λ_2的耦合长度L_C。

9.24 画出与图9.45相类似的示意图。除了图中已显示的，再给出作为波长λ_1和λ_2复用器的示意图。

9.25 画出与图9.45相似的示意图，除了图中已显示的，再给出器件运行在全双工模式（λ_1接收，λ_2发送）的示意图。

9.26 画出图9.34所示的隔离器反向运行时的示意图。除了图中已显示的，按式（9.18）的规定，标注$P_{out,r}$和$P_{in,r}$。

9.27 画出光纤光栅解复用器（见图9.48）的其余部分，给出其他3个波长λ_1，λ_2和λ_3可以被单独检测的图（提示：必须增加如图已给出的更多的滤波器）。

9.28 画出光纤光栅滤波器作为复用器（与图9.48相似）使用的简图，并给出如何将其中的4个波长组合在一起的图示。更多光栅和耦合器的组合必须添加到已存在的图9.48中。

9.29 画出框图，在框图中指出9.4节所介绍的旁路开关如何用于旁路环形网中的结点。

9.30 在密集波分复用系统中，假设信道间距是25 GHz，验证表9.2中的数据。

9.31 对于前述25 GHz信道间隔的系统，假设每个信道以10 Gbps运行，175个信道系统的总容量是多少？

9.32 有一个密集波分复用系统覆盖了整个S波段。假设信道间隔是50 GHz，计算信道之间的波长间隔和可以容纳的总信道数。

9.33 某一稀疏波分复用系统有3个信道，分别运行在820 nm、1300 nm和1550 nm处。使用线宽为2 nm的光源和常规石英单模光纤，计算光纤的NRZ速率–长度积。假设光纤的总预算损耗是50 dB，链路可以多长（不用放大器）？

9.34 图9.46显示了波分复用系统中的3个信道。假设中心波长在1600 nm处，信道间距是12.5 GHz。计算3个载波的波长。计算由这3个信道的四波混频效应所产生的全部信号的波长。这3个信道之间存在串扰吗？

9.35 假设光纤布拉格光栅在1550 nm处谐振。如果光栅被热调谐，则光栅周期的增加量是每摄氏度增加0.1%。

（a）计算光栅周期。

（b）谐振处波长每摄氏度变化是多少？以nm/℃为单位。

（c）谐振处频率每摄氏度变化是多少？以GHz/℃为单位。

9.36 假设一个3×3路由器处理3个波长：1545 nm、1550 nm和1555 nm。画出类似于图9.49所示的4×4路由器的系统框图，框图中要包括所有的发射源、接收光检测器、完成系统所需要的复用器和解复用器。注意，存在9个待处理的独立信息信道。

9.37 一个阵列波导光栅包括M个石英波导，其相邻波导通道差为ΔL。假设两相邻波导之间的相移在自由空间波长1550 nm处是$\pi/8$弧度，计算其长度差ΔL。对这个ΔL值计算自由空间波长分别为1548 nm、1549 nm、1551 nm和1552 nm时的相移差（假设波导中的传播因子是相同的，如同在无界的玻璃媒质中一样，这是一个合理的近似）。

9.38 在AWG中，1550 nm信道波长处相邻两光纤之间的串扰是30 dB。x光纤的信号功率是0.1 mW，而y光纤中的信号功率是0.01 mW。对于1550 nm的信号，计算从一根光纤耦合到另一根光纤的功率值。计算在每根光纤中预期功率与不需要耦合信号的功率比，并用dB表示。这个比是对预期信号质量的一个量度。

9.39 画出与图9.53相似的二维3×3 MEMS开关图。以这样的方式设计反射镜，即从左端上面两根光纤输入的信号耦合到图下方的相关输出光纤，而从最下方光纤输入的信号直接传输到右边的相关输出光纤。

9.40 重新画出图9.54 中的三维3×3 MEMS开关，给出全部输入、输出光纤和反射镜。设定反射镜并画出信号从3根（你自选的）不同光纤耦合到3根（你自选的）不同输出光纤的光通道。

9.41 二维和三维的MEMS $N\times N$开关的端口数变化范围为2 ~ 1000个端口，画出所需的总反射镜值（M）与端口数（N）的函数关系曲线。

9.42 假设N（输入和输出光纤数）为3，M（每根光纤的波分复用信道数）等于4。画出此种情形下如图9.56所示的光交叉连接图。并给出1号输入光纤的信道1和信道2在OXC的2号输出光纤上输出，1号输入光纤的信道3和信道4在OXC的3号输出光纤上输出的图示。

参考资料

[1] Donald G. Baker. *Local-Area Networks with Fiber-Optic Applications.* Englewood Cliffs, NJ: Prentice-Hall, 1986.

[2] Two general references covering distribution networks:

John Joseph Esposito. "Optical Connectors, Couplers, and Switches." In *Handbook of Fiber Optics: Theory and Applications*, Helmut F. Wolf, ed. NY: Garland, 1979, pp. 241–303.

Michael K. Barnoski. "Design Considerations for Multiterminal Networks." In *Fundamentals of Optical Fiber Communications*, 2d ed., Michael K. Barnoski, ed. NY: Academic Press, 1981, pp. 329–351.

[3] B. S. Kawasaki and K. O. Hill. "Low-Loss Access Coupler for Multimode Optical Fiber Distribution Networks." *Appl. Opt.* 16, no. 7 (June 1977): 1794–95.

[4] F. Auracher and H. H. Witte. "New Planar Optical Coupler for a Data Bus System with Single Multimode Fibers." *Appl. Opt.* 16, no. 8 (Aug. 1977): 2195–97.

[5] W. J. Tomlinson. "Applications of GRIN-Rod Lenses in Optical Fiber Communications Systems." *Appl. Opt.* 19, no. 7 (April 1980): 1127–38.

[6] Ibid.

[7] Narinder S. Kapany. "A Family of Kaptron Fiber Optics Communications Couplers." In *Proceedings of the Third International Fiber Optics and Communications Exposition.* San Francisco, CA: Information Gatekeepers, Inc., 1980.

[8] A. Beguin, T. Dumas, M. J. Hackert, R. Jansen, and C. Nissim. "Fabrication and Performance of Low Loss Optical Components Made by Ion Exchange in Glass." *J. Lightwave Tech.* 6, no. 10 (Oct. 1988): pp. 1483–87.

[9] Michael Barnoski. "Design Considerations for Multiterminal Networks," pp. 334–340.

[10] Eric G. Rawson, Ronald V. Schmidt, Robert E. Norton, M. Douglas Bailey, Lawrence C. Stewart, and Hallam G. Murray. "Fibernet II: An Active Star-Configured Fiber-Optic Local Computer Network with Data Collision Sensing." In *Digest of the Topical Meeting on Optical Fiber Communication.* Phoenix, AZ: Optical Society of America, 1982, pp. 22–23.

[11] Tomlinson. "Applications of GRIN-Rod Lenses," pp. 1123–33.

[12] M. Nunoshita and Y. Nomura. "Optical Bypass Switch for Fiber-Optic Data Bus Systems." *Appl. Opt.* 19, no. 15 (Aug. 1980): 2574–77.

[13] T. Sughie and M. Saruwatri. "Nonreciprocal Circuit for Laser-Diode-to-Single-Mode Fiber Coupling Employing a YIG Sphere." *Electron. Lett.* 18 (1982): p. 1026.

[14] Tomlinson. "Applications of GRIN-Rod Lenses," pp. 1133–34, 1137–38.

[15] F. Tanaka, S. Kishi, and T. Tsutsomi. "Fiber-Optic Multifunction Devices Using a Single GRIN-Rod Lens for WDM Transmission Systems." *Appl. Opt.* 21, no. 19 (Oct. 1982): 3423–29.

[16] Govind P. Agrawal. *Fiber-Optic Communication Systems*, 3d ed. NY: John Wiley & Sons, 2002, pp. 351–53.

[17] *J. Lightwave Tech.* 21, no. 3 (March 2003). Special issue on Optical MEMS and its Future Trends.

[18] Govind P. Agrawal. *Fiber-Optic Communication Systems*, 3d ed. NY: John Wiley & Sons, 2002, pp. 354–57.

[19] N. Kashima. *Passive Optical Components for Optical Fiber Transmission.* Boston: Artech House, 1995.

[20] C-L. Chen. *Elements of Optoelectronics and Fiber Optics.* Chicago: Irwin, 1996.

第10章 调 制

在前面各章中，我们基于信息容量（对于模拟系统用最高调制频率来度量，而对于数字系统则用最高传输速率来度量）对光纤线路进行了评估。本章将研究多种适用于光纤网络的数字和模拟调制格式，介绍关于激光器和发光二极管直接调制（内调制）的特殊电路的相关技术。本章的讨论是第6章引入的源调制概念的扩展。我们将引入时分复用概念，这是一种使用同一光载波在单根光纤中传播多路信息的方法。同时，还将介绍采用电吸收式器件的外调制技术和光的外差检测技术（这种技术适用于对频率调制光载波的检测）。

10.1 发光二极管的调制及其电路

要详细介绍发光二极管众多的实际应用调制电路，是不切实际的。在这里我们只介绍基本的调制要求和基本方法，并用几个特例电路来加以解释。

10.1.1 模拟调制

图6.7解释了LED模拟调制的基本原理和要求。调制总电流和发射的光功率则如图10.1所示，可以分别用下面两个方程式表示：

$$i = I_{dc} + I_{SP}\sin \omega t \tag{10.1}$$

和

$$P = P_{dc} + P_{SP}\sin \omega t \tag{10.2}$$

上面的方程式中，第一项是直流项，第二项是信号项。下面将使用正弦波形（实际上，同时代表正弦和余弦两种波形）来估算系统的性能。

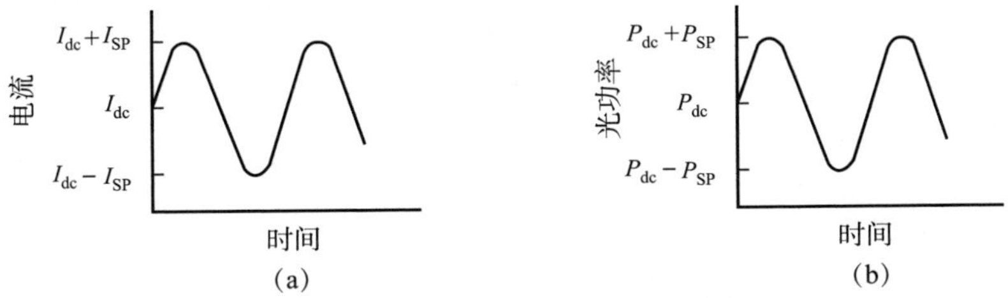

图10.1 （a）LED驱动电路；（b）输出光功率

调制因子m'是指漂移电流的最大值与平均电流的比值，即

$$m' = \frac{I_{SP}}{I_{dc}} \tag{10.3a}$$

总电流的最大值和最小值分别是$I_{dc}+I_{SP}$和$I_{dc}-I_{SP}$。由此可知，当直流偏置电流为二极管最大允许电流的一半时，信号I_{SP}的幅值最大。也就是说，当$I_{SP}=I_{dc}$时最大电流为$2I_{dc}$，最小电流为0，而调制因子则达到最大值1。

下面基于光功率给出**光调制因子**的定义，即

$$m = \frac{P_{SP}}{P_{dc}} \tag{10.3b}$$

从而可以将光功率表示为

$$P = P_{dc}(1 + m\sin\omega t) \tag{10.4}$$

将式（10.3a）、式（10.3b）和式（6.7）联立可以得到

$$m = \frac{m'}{\sqrt{1+\omega^2\tau^2}}$$

可以看出，光调制因子随调制频率的增加而减小。当$\omega\tau \ll 1$（也就是调制频率远低于LED的3 dB带宽）时，$m = m'$。

LED模拟调制电路有很多种。我们在这里先介绍其中一种简单的电路，即如图10.2所示的晶体管放大器[1]。晶体管集电极电流i_c是LED的驱动电流。当此调制电路是通常的放大器时，可以在此电路中用一个负载电阻代替LED，并给R_e加一个旁路电容。借助图10.3中给出的晶体管的特性曲线，可以很好地理解调制电路的工作原理。外加电压V_{dc}和电阻R_a及R_b决定了基极电流I_B（在本书中用大写字母表示直流）。I_B使基极–发射极的pn结处于正向偏置，使晶体管导通，同时I_B决定集电极电流。对应的集电极电流为$I_C = \beta I_B$，其中β为晶体管的电流放大系数，I_C为LED的偏置电流，也就是式（10.1）中的I_{dc}。没有输入信号时，晶体管工作在图10.3所示的Q点，可以看出这是一个A类放大器。所谓A类放大器，就是Q点要远高于集电极的电流截止区。当基极电流为零时，会出现截止状态。

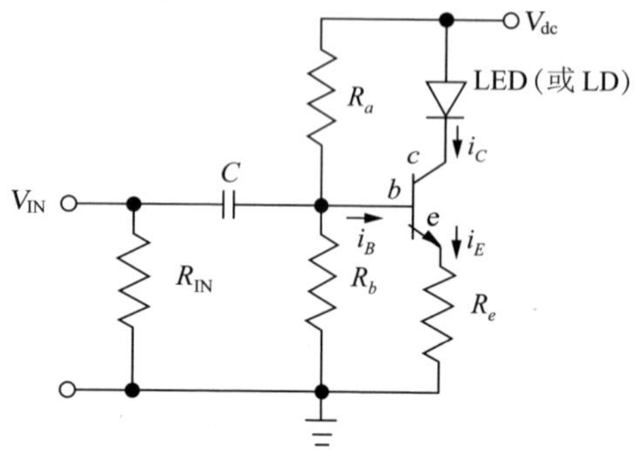

图10.2　模拟调制电路

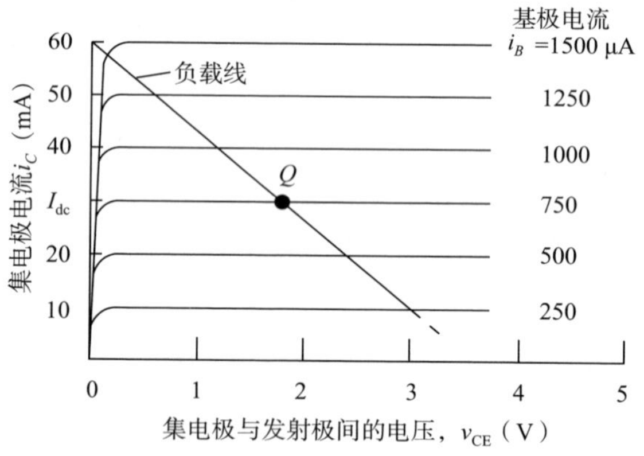

图10.3　晶体管特性曲线，$\beta = \Delta i_c / \Delta i_b = 40$

信号电压v_{IN}将产生一个时变的基极电流加到I_B上，时变的基极电流导致放大后的时变集电极电流。选择Q点使总的基极电流满足以下两个条件：一方面，电流向负向漂移时不会使晶体管截止；另一方面，电流向正向漂移时不会使晶体管达到饱和。图中的电阻R_e用来稳定工作点。

下面用一个具体例子来说明模拟调制电路的设计。使用具有图10.3所示特性的硅晶体管，令$V_{dc} = 5$ V，$R_a = 2$ kΩ，$R_b = 5$ kΩ，$R_{IN} = 50$ Ω，$R_e = 60$ Ω，从图中可知$\beta = 40$。正向偏置基极–发射极结电压V_o对硅晶体管为0.6 V（对锗晶体管为0.2 V）。R_a和R_b的并联电阻为

$$R_1 = \frac{R_a R_b}{R_a + R_b} \tag{10.5}$$

这两个电阻对外加电压分压，其等效的基极电压为

$$V_1 = \frac{R_b}{R_a + R_b}V_{dc} = 3.57\text{ V} \tag{10.6}$$

此电压加在R_1上，集电极电流的直流部分为

$$I_C = \frac{\beta(V_1 - V_0)}{R_1 + (1 + \beta)R_e} = 30.5\text{ mA} \tag{10.7}$$

基极电流的直流部分则为$I_B = I_C/\beta = 763\ \mu\text{A}$，负载曲线由回路方程式确定，即

$$i_C R_e + v_{CE} + v_d = V_{dc} \tag{10.8}$$

其中，v_d是二极管电压，通过R_e的微小基极电流可以忽略（即得到$i_C \approx i_E$）。当偏置电流超过几毫安时，二极管电压几乎恒定为一个常数值。在本例中为1.4 V。因此，回路方程现在可以简化为

$$i_C R_e + v_{CE} = 3.6\text{ V}$$

从负载线上可以很容易地观察几个点的坐标：$v_{CE} = 0$时，$i_C = 3.6/60 = 60$ mA，给出了负载线最上面的坐标点。在Q点，$i_C = I_{dc} = 31$ mA，从而有

$$v_{CE} = 3.6 - 0.031(60) = 1.7\text{ V}$$

根据这两个点的坐标可以在晶体管特性曲线图10.3中绘出负载曲线。从图中可以得到，为了使集电极电流不至于饱和，基极电流不应该超过1400 μA，此时最大集电极电流为55 mA。由此可得，二极管的最大信号电流为$I_{SP} = 55 - 31 = 24$ mA，调制因子为$m' = 24/31 \approx 0.80$。也就是说，此电路的调制效率为80%。

由模拟电路产生的输出光功率变化，必须尽可能地接近输入电压（或电流）波形。如果LED的功率–电流特性曲线不是一条严格的直线，则会产生失真。pn结发热是LED产生非线性的主要原因。

对于LED的非线性特性，可以用以下方程模拟其输出特性，即

$$P = P_{dc} + a_1 i_s + a_2 i_s^2 \tag{10.9}$$

其中，i_S为信号电流，P_{dc}是直流电流产生的恒定光功率，最后一项代表LED的非线性特性项。如果需要提高计算精度，则方程式中还应该包含电流的更高幂次项。

假设一个正弦输入信号$i_S = I\sin\omega t$，将其代入式（10.9），则输出光功率为

$$P = P_{dc} + 0.5a_2 I^2 + a_1 I\sin\omega t - 0.5a_2 I^2\cos 2\omega t \tag{10.10}$$

其中最后一项振荡于两倍信号频率处，是一个二次谐波失真。

我们来定义**总谐波失真**（total harmonic distortion，THD），一般根据接收端谐波的电功率来定义，即

$$\text{THD} = \frac{\text{谐波电功率}}{\text{基波电功率}} \tag{10.11}$$

由于接收端的电功率正比于接收光功率的平方，因此可以将总谐波失真表示为

$$\text{THD} = \frac{\text{谐波电功率}^2}{\text{基波电功率}^2} \tag{10.12}$$

以dB表示，则为

$$\text{THD}_{dB} = -10\lg\text{THD} \tag{10.13}$$

对于单一正弦输入信号，由式（10.10）可以得到，$THD = 0.25(a_2I/a_1)^2$。非线性程度随LED的不同而差别很大，一般LED的非线性失真项比信号电平低30 ~ 60 dB。

若输入电流为$i_S = I_1 \sin \omega_1 t + I_2 \sin \omega_2 t$，即包含了两个频率成分，产生的光功率输出则为

$$P = P_{\rm dc} + 0.5a_2(I_1^2 + I_2^2) + a_1(I_1 \sin \omega_1 t + I_2 \sin \omega_2 t) - 0.5a_2(I_1^2 \cos 2\omega_1 t + I_2^2 \cos 2\omega_2 t) + a_2 I_1 I_2[\cos(\omega_1 - \omega_2)t] - \cos(\omega_1 + \omega_2)t \tag{10.14}$$

其中，除了谐波项，输出功率谱中还包含了输入频率的和频、差频等分量，这些组合分量会产生**交调失真**。在多信道系统中，诸如分布式有线电视系统，交调失真会导致不同信道中的功率耦合。显然，必须将这种效应降低到最小，以防止不同信道的图像信号之间相互干扰。

这里得到的关于非线性的结论，即式（10.9）至式（10.14），同样适用于工作电流超过阈值的半导体激光器。

在光纤通信系统中，非线性主要来源于光源。这是因为光电检测的线性特性很好，而且可以设计出线性特性很好的晶体管发送电路和接收电路，光纤本身给模拟波形带来的失真几乎可以忽略。分布反馈式（distributed-feedback，DFB）半导体激光器（见6.6节）有很好的线性特性，所以这种光源可以用于分布式有线电视系统。好的分布反馈式半导体激光器的总谐波失真和交调失真低于70 dB。

10.1.2 数字调制

不同于模拟调制器，数字LED驱动电路不需要提供基极直流偏置电流，数字电路只需要简单地开启和关闭LED。处于关闭状态时，LED几乎不发光，因而可以产生较高的消光比；处于导通状态时，要求驱动电流的幅值与输入信号值无关。这样即使相邻的输入脉冲信号有一定变化，也可以使所有的输出脉冲有完全相同的功率。

图10.4所示的电路给出了为满足上述要求而提出的两个电路的原理图。对于串联电路，开关断开则不允许电流通过，关闭LED；而开关闭合则产生电流

$$I = \frac{V_{\rm dc} - v_d}{R} \tag{10.15}$$

其中，v_d是二极管正向压降，电阻R和外电压决定了二极管的电流。一个理想开关（闭合时，其电阻值可以忽略，从而其电压降可以忽略）不会影响电流幅度。图10.4（b）所示的并联开关调制器的工作原理与串联电路的类似。闭合旁路开关使电流到地，从而使LED关闭；断开开关使电流通过LED，从而使其导通。

在实际电路中，常用晶体管提供开关机制。图10.5是一个用晶体管实现的串联开关调制器[2]。其开关特性如图10.6所示，可以看出当基极电流为零（开关断开）时集电极电流很小，而基极电流很大（开关闭合）时集电极电压很小（≤0.3 V），**导通**状态时电流为

$$I_C = \frac{V_{\rm dc} - v_d - 0.3}{R} \tag{10.16}$$

这很接近于式（10.15）的理想结果。晶体管不仅可以提供开关功能，而且可以提供放大功能，小的输入电流（~1 mA）可以控制大的输出电流（50 ~ 100 mA）。图10.5中的R_1和R_2用来对信号源和晶体管进行阻抗匹配。如果需要，则可以用输入电容C来提高电路的开关速度，这种调制器的工作频率可达30 MHz。

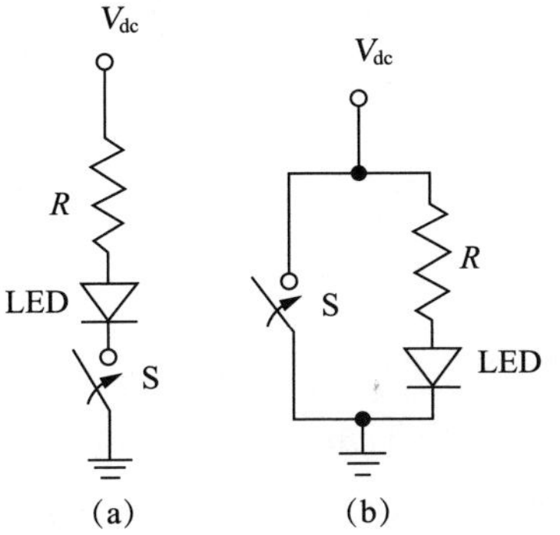

图10.4 （a）串联开关数字调制电路原理图；
（b）并联开关数字调制电路原理图

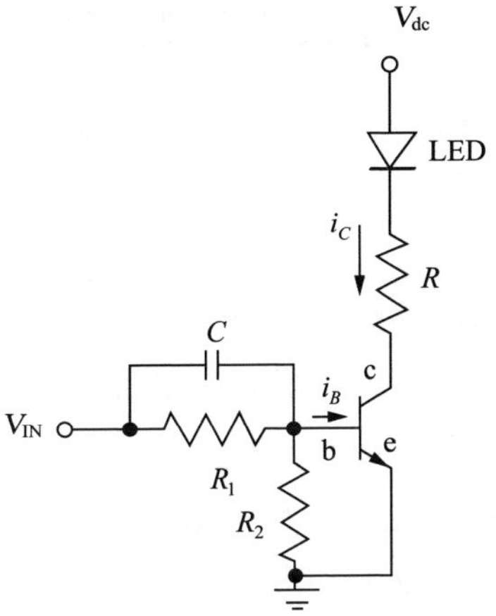

图10.5　晶体管串联开关LED数字调制器

例10.1　对于串联开关调制器，求出其工作于完全导通状态时的二极管电流以及这种情况所需的基极电流。使用图10.6所示的晶体管特性，令$V_{dc}=5\text{ V}$，$R=45\ \Omega$，LED正向偏置压降为1.4 V。

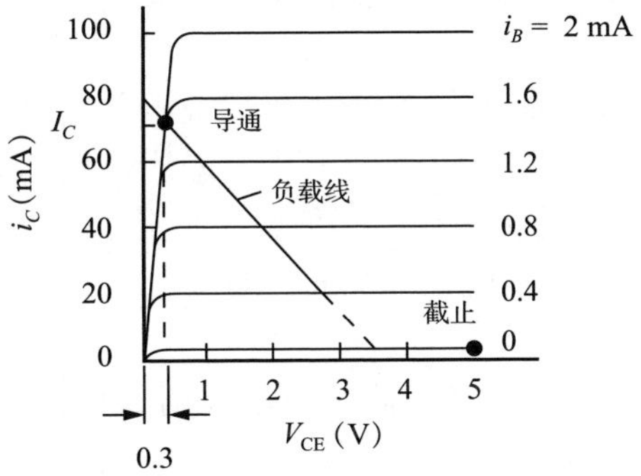

图10.6　晶体管的开关特性

解：

画出负载线有利于问题的解决，负载曲线方程式为

$$i_C R + v_{CE} + v_d = V_{dc} \tag{10.17}$$

当$v_{CE}=0$时，得到$i_C=80\text{ mA}$；当$i_C=0$时，得到$v_{CE}=3.6\text{ V}$。将这两个点连接起来可以得到图10.6所示的负载线。由负载线能够正确地获得工作点，当然不包括二极管压降为零，从而导致电流很小的区域。当基极电流为零（**截止**状态）时，集电极电流几乎为零，外加电压全部加在二极管上。在这种情况下，$v_{CE}=V_{dc}=5\text{ V}$，如图10.6所示。处于导通状态时，基极电流应该足够大，以使输入电流小幅度变化时不会影响集电极电流。由图10.6可以看出，当$i_B\geqslant 1.6\text{ mA}$时，可以满足这一条件。基极电流满足这一条件时，集电极电流**饱和**。也就是说，当基极电流再增大时集电极电流不发生变化。处于导通状态时，集电极电流通过式（10.16）计算，也就是

$$I_C=\frac{5-1.4-0.3}{45}=73\text{ mA}$$

当$i_B\geqslant 1.6\text{ mA}$时，对于所有的输入电流值，产生的驱动电流都是相同的，从而产生相同的发射光功率。

10.2　半导体激光器的调制及其电路

相对于LED，半导体激光器的调制给电路设计人员带来了更多的难题。这些难题来源于：

1. 阈值电流的存在。
2. 阈值电流随使用年限而改变。
3. 阈值电流随温度的改变而改变。
4. 发射波长随温度的改变而改变。

数字系统通常工作在稍低于阈值状态的工作点，如图6.23所示，直流偏置电流为$I_{dc} \approx I_{TH}$。工作在稍低于阈值状态（而不是零电流）的工作点上，可以缩短器件的开–关切换时延。对于模拟系统，为了能够在线性区工作，需要在阈值电流之上再加上偏置电流，如图6.24所示。阈值电流随使用年限的增长或温度的上升而增大，从而会引起输出功率的降低。

载波波长的变化系数是0.2 nm/℃ [3]，对应于0.82 μm的工作波长，会产生89 GHz/℃的频移。对于某些应用来说，这种频移是微不足道的。但是对于另外一些应用，这种量级的频移会产生重要的影响。对于工作在最小色散波长区的系统，波长的微小变化会导致系统带宽明显减小。波分复用系统要求载波有很高的波长稳定性，以便尽可能地减小相邻信道之间的串扰。

采用致冷技术稳定二极管结温度的方法，可以克服激光器特性对温度的依赖性。可以采用的措施包括：将二极管管心置于热沉之上，或采用热电冷却技术（已在6.5节中简要介绍）。因为温度变化或使用年限增加导致的阈值电流变化，可以通过改变直流电流来加以补偿。最后一种方法是通过反馈控制自动实现的，但这种方法不能解决因温度变化而引起的发射波长漂移问题。

后面介绍的电路将给出对半导体激光器实施模拟调制和数字调制的基本方法。虽然没有考虑复杂的反馈控制，但是当温度和使用年限的影响并不重要时，这些电路是有实际应用价值的。我们经常会遇到这种情况。例如在实验室测试中，使用年限的影响无须考虑，而且测量仪表可以监控激光器输出，并且可以人为调整驱动电流来满足所需的输出功率要求。在包含反馈控制功能的复杂网络中，这些电路可以用做其中的调制电路部分。

10.2.1　模拟调制

图10.2所示电路（先前是作为LED的调制电路加以介绍的）也同样适用于半导体激光器的模拟调制。根据前一节的结果可知晶体管能够提供31 mA的直流电流。但是，半导体激光器需要更大的电流。一个典型的LD需要75 mA的阈值电流①和在阈值之上的25 mA偏置电流，也就是说需要100 mA的直流电流。另加的调制电流可以由一个直接连到激光器上的高阻抗直流电流源（也就是图10.2中晶体管的集电极）提供，电路中的一个串联的电感隔离了直流和交流支路。

与LED电路类似，高性能的半导体激光器模拟系统也必须考虑线性问题。结发热会引起置于阈值点以上的工作点偏离功率–电流特性曲线的线性区。好的半导体激光器的非线性失真至少比有用信号低30 dB。

---

① 现在的半导体激光器的阈值电流应该远小于75 mA。——译者注

10.2.2 数字调制

图10.7所示的采用n沟道GaAs MESFET的电路适用于高速数字调制[4]，其调制速率可以超过1 Gbps。图中所示为一种并联开关调制器电路的典型例子。MESFET的门电压v_{GS}（可以为零，也可以为负值）控制电路中的电流。当v_{GS}很小时，晶体管的栅源电阻很小；而加一个大的负电压v_{GS}时，晶体管的栅源电阻很大。在调制器处于**截止**状态时，门电压很低，允许R_1中的一部分电流流过晶体管以及含有激光器的支路。调整门电压使激光器电流处于临界状态，增加门电压（负电压更大）即可开启激光器。由于MESFET的电阻很大，因此大部分外加电流通过激光器。

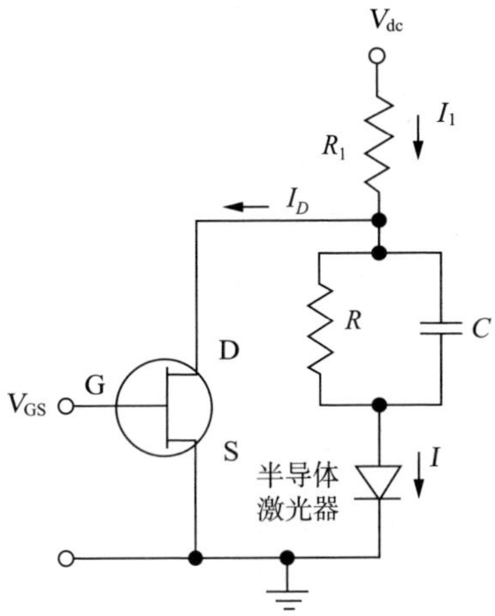

图10.7 半导体激光器数字调制电路

为使MESFET正常工作，加在激光器上的电压（通常低于2 V）应低于漏极–源极电压v_{DS}。与激光器串联的电阻R保证在导通和截止状态v_{DS}都足够大，电容C则提高了电路切换速率。

半导体激光器的线性特性对数字调制器影响不大。另外，调制电路应保证激光器的驱动电流（发射光功率）对每个导通脉冲都保持一致，图10.7所示的电路即可达到此要求。当v_{GS}较高时，漏极电流I_D很小，不会影响半导体激光器电流I的值。由V_{dc}补偿的电流几乎都通过激光器。在这种情况下，外加电压、电阻R_1和R决定半导体激光器中的电流。也就是说，只要信号电压在某一规定的最小值以上，激光器导通状态的电流大小与信号电压v_{GS}无关。

10.3 模拟调制格式

在10.1节中研究了最简单的模拟调制和正弦电流信号的传输问题。其中的分析解释了**光基带传输**概念，也就是用信息的基带频率直接调制光束，使之承载信息信号的传输方式。例如，用一个基带光通信系统承载4 kHz左右的一路语音信号。由于光功率变化对应输入电流的变化，所以采用**强度调制**（intensity modulation，IM）的概念。强度调制与常用于射频载波的幅度调制（amplitude modulation，AM，简称调幅）不同。在幅度调制中，载波幅度随信号的变化而变化。光纤系统大多采用强度调制形式。此外，在10.5节中还将讨论对光源的频率调制。

当然，除了基带强度调制，还存在其他调制格式。为了对比并简化符号，我们将式（10.1）和式（10.2）重新改写为

$$i = I_o + I_s \cos \omega_m t \tag{10.18}$$

$$P = P_o + P_s \cos \omega_m t \tag{10.19}$$

其中，I_o指总的直流电流，ω_m指调制频率，P_o指平均光功率。这些表达式和本节中的其他公式一样，都可以同时应用于LED和半导体激光器。在所有情形下，电流I_o确定发光器件的工作点，而且要将工作点调整到光功率–电流特性曲线的线性区域中的合适位置。

10.3.1 AM/IM副载波调制

传统的幅度调制将信息调制在一个比基带频率高得多的载波之上，最后的输出波形频谱在载波附近。实质上，幅度调制是将基带信号搬移到电磁频谱中一个新的区域。调幅无线电

台能够用不同的载波频率广播，从而使接收设备可以通过调节滤波器到不同载波来分别接收。接收以后，再将调制信号在电域中解调到原始的基带频率。

幅度调制正弦信号可以表示为

$$i = I_s(1 + m\cos\omega_m t)\cos\omega_{sc}t \tag{10.20}$$

其中，ω_{sc}为载波频率，为了保持信号不失真，要求$m \leqslant 1$。对100%的调制，$m = 1$。图10.8给出了信号的频谱。可以在式（10.20）中加上一个直流电流I_o项来驱动光源，从而用一个调幅信号产生一个相应的强度调制信号，也就是图10.9中所给出的波形。AM/IM调制产生的光功率为

$$P = P_o + P_s(1 + m\cos\omega_m t)\cos\omega_{sc}t \tag{10.21}$$

其中，光载波振荡频率最高，射频副载波次之，而信息波形频率最低。检测电流与光功率成比例，所以与式（10.21）具有相同的形式，即检测出的电流是调幅格式。然后，再由接收电路对该电流进行解调。

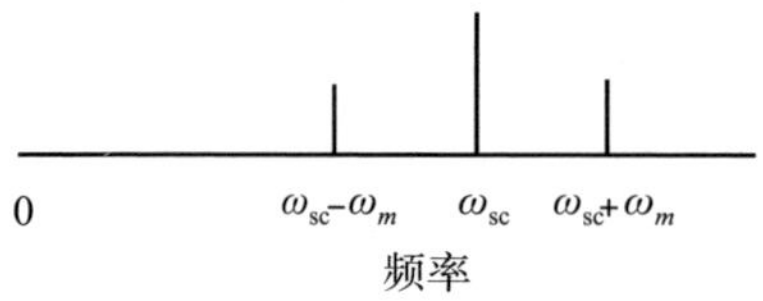

图10.8　调幅波的频谱

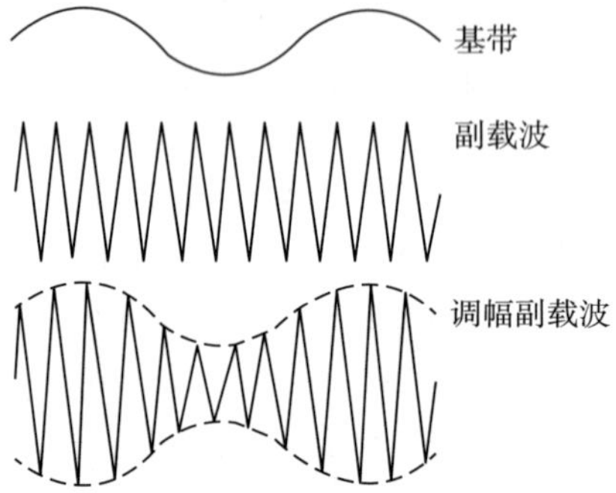

图10.9　调幅波形。光功率和检测电流与被调制的副载波有相同的波形

10.3.2　频分复用

使用副载波调制技术，一根光纤中可以同时传输多路信号。需要将每路信号都调制在不同的副载波之上，而且副载波之间要有足够的间隔，以保证相邻信道不出现重叠。频谱重叠将导致信道之间的串扰。从图10.8中可以看出，每个信道占用两倍于最高调制频率的带宽，也就是高于载波频率的上边带和低于载波频率的下边带。所以，副载波的间隔至少应两倍于最高调制频率，从而可避免出现重叠。不同信道的信息经过光检测后由接收机中的滤波器进行分离。当然，增加副载波承载的数量是有上限的，只有副载波频率之和低于光纤的可用带宽时，才能增加新的副载波。

用不同频率的射频副载波同时传输多路信号构成了**频分复用**（frequency-division multiplexing，FDM）。频分复用不同于9.5节中所讲的波分复用，波分复用采用的是用不同的光载波来承载不同的信道。采用这两种复用方法都可以增加同时传输信息的数量。实际上，这两种复用方法是可以同时使用的。这种应用的系统中包含多个不同波长的光源，每个光源发射不同的波长，然后再用频分复用信号电流对每个波长信道实施强度调制。

频分复用也带来一些问题。无法避免的光源发光功率-电流特性的非线性会引起信道之间的耦合（串扰）。同时，在系统的其他部分（例如发送电路、光电检测器和接收电路）中的非线性也应该加以考虑，并将其减至最小，以尽可能降低串扰。另外，如果用多路信号调

制同一个光源，每路信号的电流就必须很小，以保证总驱动电流使发射机工作在线性范围以内。需要复用多个信道时，设计者必须保证峰值电流低于光源设定的上限值，否则光源会被烧毁或击穿。降低驱动电流会减小每个信道的发送功率，再加上耦合、连接器、光纤和其他部件引起的损耗，信号的传输质量会劣化。尽管有上述问题，采用调幅频分复用方式传输有线电视信号还是相当成功的。调幅相对调频和数字传输有一个优势：在原始信号发送时和传统电视用户接收信号时都无须格式转换，而且调幅比调频和数字传输占用更小的带宽。随着数字转换设备价格的降低，数字传输在电视信号传输中的应用将越来越多。数字传输的特点和优势将在下一节进行介绍。

10.3.3　FM/IM副载波调制

工作在射频范围以内的传统调频系统，其传输信息包含在载波的**相位**中，调频信号的电流可以表示为

$$i = I_s \cos[w_{sc}t + \theta(t)] \tag{10.22}$$

其中，信号包含在随时间变化的相角$\theta(t)$中。如果调制信号是振荡在$f_m = \omega_m/2\pi$的正弦信号，则其调频电流为

$$i = I_s \cos(\omega_{sc}t + \beta \sin \omega_m t) \tag{10.23}$$

其中，β是**调制指数**。调频信号占用的频谱范围在载波频率$f_{sc} = \omega_{sc}/2\pi$附近，其总带宽近似为

$$B_T = 2\Delta f + 2B \tag{10.24}$$

其中，B是基带带宽，也就是正弦信号中的频率f_m。Δf是**最大频偏**，可以表示为

$$\Delta f = \beta f_m \tag{10.25}$$

其中，f_m是最高调制信号频率。一般来说，基带带宽等于最高调制频率，由此可得

$$B_T = 2f_m(1 + \beta) \tag{10.26}$$

对于较小的调制指数（$\beta << 1$），系统带宽接近于$2f_m$，与调幅系统带宽相同。调制指数较大时，调频系统比同等的调幅系统占用更大的带宽。在实际应用中，调制指数远大于1，因而调频信号比调幅信号占用更多的频谱资源。

在式（10.22）或式（10.23）中增加直流电流项，对光源实施强度调制，可以得到FM/IM副载波调制。对于单一正弦信号来说，光功率可以表示为

$$P = P_o + P_s \cos(\omega_{sc}t + \beta \sin \omega_m t) \tag{10.27}$$

图10.10给出了调频波形，其检测电流与光功率变化形式相同。利用传统的调频解调电路即可得到在载波相位中包含的信息信号。

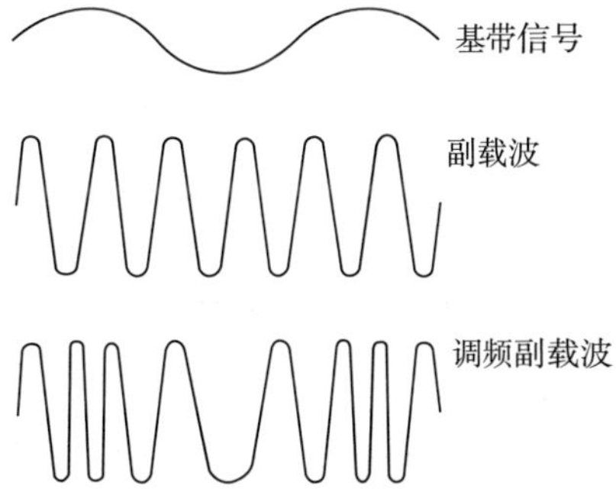

图10.10　副载波调频波形。光功率和检测电流与调制载波具有相同的波形

正如10.1节中所讨论的，模拟调制光纤传输系统中的非线性会引起传输信号波形的失真。需要较高的信号保真度时，模拟系统中的信号劣化严重影响了光纤传输的应用，例如商用电视图像传输。通过采用FM/IM副载波调制，而不是采用基带强度调制或AM/IM副载波调制方法，可以将非线性的影响降到最低。因为在FM/IM副载波调制过程中，信息承载于FM/IM

波形的相位中，而不是从幅度中提取。如果用10 MHz左右的传输带宽，则可以采用FM/IM格式通过光纤传输高质量的电视信号。

类似于副载波幅度调制，多路的调频信号可以通过频分复用来同时传输。由于调频信号占用的带宽高于调幅信号，所以在光纤的可用频带有限的情形下，只能承载较少的调频信息。调频副载波之间的间隔必须大于B_T，B_T则由式（10.26）所决定。

10.4 数字调制格式

在1.2节中我们提出，模拟信号可以编码成数字信号来传输。作为一个例子，我们对4 kHz语音信息进行采样和编码，从而产生64 kbps的脉冲流。如果采用光纤模拟基带传输，则一路话音信号只须占用4 kHz的带宽。根据式（3.20），归零（return-to-zero，RZ）信息码流需要与数据率相同的电域带宽。因此，64 kbps数字信号需要有64 kHz的系统带宽。对于视频传输，模拟基带传输需要占用的带宽典型值是6 MHz，而采用数字传输则需要81 MHz的带宽来传输数据速率为81 Mbps的归零数字信号。显然，数字系统比模拟系统占用的带宽大得多。

既然如此，为什么还要选择数字传输而不是模拟传输呢？其原因如下。

1. LED和半导体激光器可以快速开关，提供高带宽。同时，光纤和光检测器也有很大的可用带宽。所以，光纤系统可以提供足够的数据速率，以满足视频和其他宽带业务的需求。
2. LED和半导体激光器的功率–电流特性曲线中的非线性将导致模拟光信号劣化，而数字系统只使用含零在内的两个功率电平，因而受非线性影响很小。不同于模拟波形，数字传输不需要高保真的波形。接收机只需要检测比特间隙的脉冲**有无**，而不用检测脉冲波形。
3. 数字系统可使用检错码和冗余信息传输来降低误码率。
4. 光纤数字系统可以与非光纤数字系统兼容。例如，一个连接到微处理器上的网络只包含数字信号，可以与光纤和电缆构成的混合链路连接。在这个例子中，光纤只能用于数字传输。在任何可以产生数字数据的应用中，数字传输都要优于模拟传输。
5. 数字脉冲在中继器中很容易再生。数字中继器对接收到的脉冲信号进行整形和放大，从而克服线路衰减和失真。甚长距离（例如数千千米）的光纤通信线路，需要用多个中继站来构建。尽管模拟信号也可以被中继器放大，但其波形却难以重构。对于需要中继站的长距离系统，数字传输更受青睐。
6. 通过使用1.2节中介绍的压缩技术，可以降低数字传输中所需要的带宽。
7. 通常，数字系统的信号质量优于模拟系统。如果需要，就可以用传输距离换取信号质量的改善。提高信号质量和延长传输距离一直是设计宽带数字系统的主要目标。

在本节的后面部分，将介绍几种适用于光纤传输的数字编码体制。

10.4.1 脉冲编码调制

第3章中介绍了归零（RZ）码和非归零（non-return-to-zero，NRZ）码。如图10.11所示的这两种两电平、单极性码都是**脉冲编码调制**（pulse-code modulation，PCM）的例子。考察此图，需要记住图中的波形仅仅代表以极高频率振荡的光载波的平均功率。

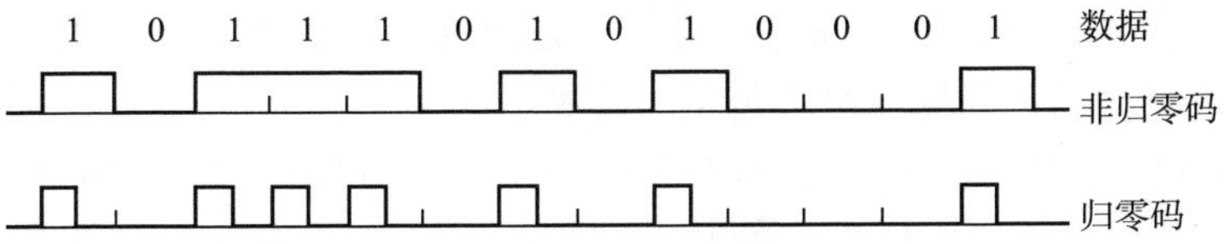

图10.11 非归零码和归零码

例10.2 在0.82 μm处，在1 ns内的脉冲持续时间内，一共发生多少次光振荡？

解：

光振荡频率为$f = c/\lambda = 3.66 \times 10^{14}$ Hz，周期为$T = 1/f = 2.73 \times 10^{-15}$ s。在10^{-9} s的持续时间内，一共有$10^{-9}/2.73 \times 10^{-15} = 365\ 853$个光振荡周期。

由于在光脉冲编码调制中包含了光载波的通和断两种状态，所以又称这种调制方法为**通断键控**（on–off keying，OOK）。

非归零编码流的频谱中含有较大而且重要的直流成分。在任何短的时间周期内，直流成分的值取决于数据。长连1产生的直流成分值比1，0交替或长连0的直流成分值大得多。在接收机中，直流信号电流部分决定了放大器的工作点，使接收机的工作点变化，从而导致接收机性能产生不希望有的偏移。非归零码的一个缺点在于必须采用直流耦合。

对于归零编码，接收机的交流电容耦合隔断了信号谱中的直流成分，可以将工作点漂移减小到最小。电平值的转换情况展示1信号和0信号的存在。与交流耦合可以兼容，是归零码优于非归零码之处。当然，从式（3.20）和式（3.21）中可以看到，在光纤线路中对于固定的脉冲展宽，或者说固定的传输带宽，可以传输的非归零信号速率是归零信号速率的两倍。也就是说，对于相同的数据速率，归零码需要两倍于非归零码的传输带宽。如果从占用带宽方面考虑，则非归零编码是有优点的。

在实际应用中，接收机必须知道数据比特的到达速率（即**时钟速率**）。对于非归零编码，0和1交替的序列是能够提供时钟速率的，但是如果出现长连1或长连0，则可能丢掉时钟信号。对于归零码，从长连1中也可以知道其时钟信号，但是在出现长连0时可能无法得到时钟信号。

通过采用如图10.12所示的**曼彻斯特编码**，可以从数据脉冲流中提取时钟信号。这种编码的信号极性在每比特的中心发生改变。翻转的方向确定了逻辑状态，电平由高到低变化为1，反之为0。这种编码极性的不停转换使得接收机可以正确地恢复时钟信号，不必考虑信息流中0和1如何分布。由于数据信号包含在电平的转换中，从而允许交流耦合。总而言之，曼彻斯特编码的优点在于可以正确恢复时钟和采用交流耦合。其带宽需求与归零码相同，是非归零码的两倍。

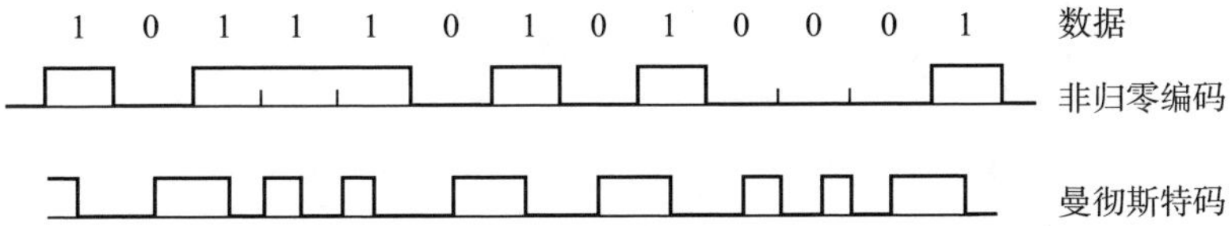

图10.12 曼彻斯特编码

如果时钟恢复并非十分重要，则带有交流耦合的归零码是很好的选择。但这种编码也存在一个问题，如果接收电路中包含**自动增益控制**（automatic gain control，AGC），并且有长连0信号，则AGC电路将自动提高增益。在这种情形下，下一个逻辑1到达时会被过度放大。

通常，脉冲会被放大到一个定值，而这一定值又是由前一个脉冲所决定的。这种不稳定的工作特点使得接收机更难以正确地恢复数据信号比特。

图10.13所描述的三电平**双极性编码**方案解决了稳定性的问题。无论数据怎样变化，编码流都会产生一个脉冲。从图中可以看出，只要1后为0就会出现一个最高电平。然后，在半个比特周期以后变为最高电平的一半，直至再出现1后又变成零电平并保持半个比特周期。之后，电平变为最高电平的一半，其码形只对应于非归零数据流进行变化，属于**边沿编码器**。无论数据流如何分布，平均功率都不会发生改变。高低电平的不断交替变化就会产生这种特性。由于有一个恒定的参考电平，即使是包含自动增益控制的接收机也能稳定工作。

对于双极性发送机，尽管需要处理三个电平，但仍然属于二进制系统，只有1，0两种码元送到接收设备。

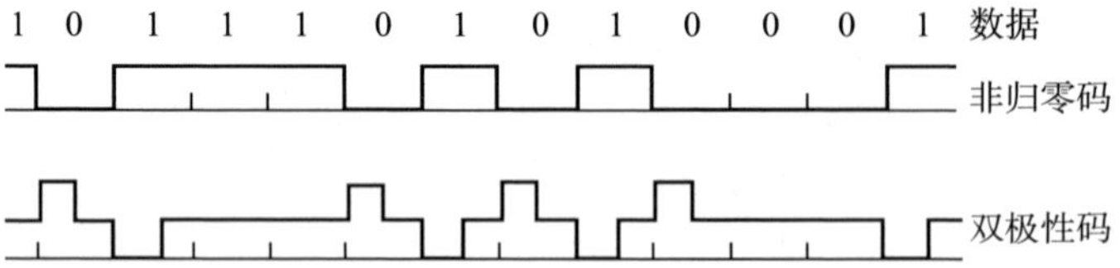

图10.13　双极性编码

图10.14（a）是设计三电平发送装置的原理图。当两个开关同时关闭时没有电流通过，即为零功率电平。开关S_1闭合，则LED电流为

$$I=\frac{V_{\mathrm{dc}}-v_d}{R} \tag{10.28}$$

其中，v_d是二极管正向偏置时的电压。其电流值通常是LED最大允许电流的一半，这样即可提供一个相当于最高功率一半的第二个光功率值。当开关全部闭合时，与LED串联的两个并联电阻的总阻值为$R/2$，从而电流为第二个电平电流的两倍，使LED发射最大的功率，产生第三个光功率值。

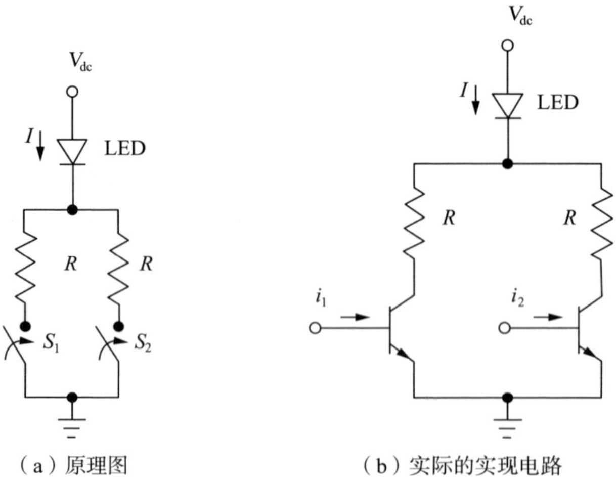

（a）原理图　　（b）实际的实现电路

图10.14　产生三电平LED输出

要实现图10.14（a）所示的电路，可以使用晶体管开关，如图10.14（b）所示。两个晶体管的基极电流i_1和i_2都为零时晶体管截止，而基极电流为正时晶体管导通（相当于将开关置于

闭合位置)。正如10.1节所讨论的，晶体管的开关状态取决于基极输入电流。当开关处于闭合状态时，晶体管上有一个小的电压降（$v_{CE} \approx 0.3$ V），因此在电平2，通过二极管的电流为

$$I = \frac{V_{dc} - v_d - v_{CE}}{R} \tag{10.29}$$

可以通过在电阻–开关支路并联一个电阻的方法，给这种三电平电路加上一定的预偏置电流。当两个开关都断开时，由并联电阻所决定的电流通过LED。如果将预偏置电流即第1电平电流设定在阈值附近，则可以用半导体激光器代替图10.14中的LED。

10.4.2 其他数字格式

除了上述几种编码格式，在电信系统的光纤链路中，还可以采用其他多种数字格式。下面将简略地介绍其中的几种。

在**脉冲位置调制**（pulse–position modulation，PPM）方式中，周期性地对模拟信号波形取样量化，每个样值的幅度信息都用一个单独的短的光脉冲发送。无论每个样值的强度如何，每个光脉冲的高度都相同。其幅度信息由每个时隙中脉冲的位置决定，时隙的宽度相对于脉冲宽度长得多。脉冲相对于时隙中的参考点的延迟与样值的幅度成比例。脉冲位置调制不同于脉冲编码调制，脉冲编码调制接收机要确定在每个比特间隙内是否有脉冲到达，而脉冲位置调制接收机则要确定脉冲何时到达。图10.15解释了脉冲位置调制的原理。

脉冲宽度调制（pulse–duration modulation，PDM）与脉冲位置调制类似。每个光脉冲都对应一个数据比特，但是现在脉冲的宽度与样值的幅度成比例。图10.15中同时给出了一个脉冲宽度调制脉冲序列的例子，以便和脉冲位置调制比较。

图10.16中给出了对副载波的通断键控（OOK）原理，这是一种光纤通信中可行的调制方式。对单一频率的射频振荡器，导通状态对应二进制1，截止状态对应0，然后再用其驱动光源。

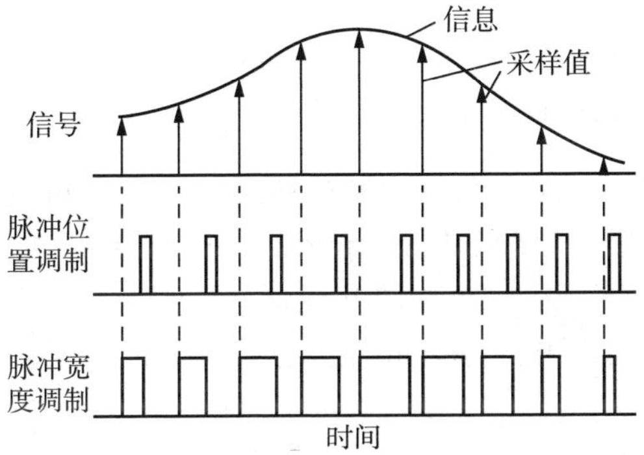

图10.15 脉冲位置调制和脉冲宽度调制

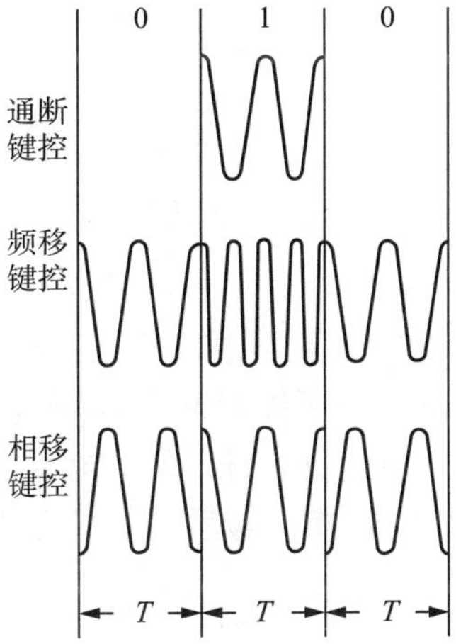

图10.16 副载波通断键控、频移键控和相移键控

在图10.16中同时还给出了**频移键控**（frequency–shift keying，FSK）和**相移键控**（phase–shifting keying，PSK）的原理，二者都是将二进制格式数据放置在射频载波上。对于光纤传输，图中的波形表示调制电流和最终产生的光功率波形。注意，图中画出的振荡波形是针对射频副载波的。

对于频移键控，副载波的频率随信号的逻辑状态转换。例如，频率f_1对应逻辑1，频率f_2对应逻辑0。对于相移键控，副载波的**相位**随信号的逻辑状态转换，正极性表示逻辑1，负极性则表示逻辑0。

副载波的通断键控、频移键控和相移键控将调制信号的频谱从低频段搬移到了较高的副载波频率附近的区域中。数字副载波编码方式的优点是可以提供频分复用，这和10.3节中介绍的同时传输多路模拟信息的方案类似。

发送机和接收机的复杂程度取决于编码方案。脉冲位置调制、脉冲宽度调制、副载波通断键控、副载波频移键控和副载波相移键控的格式通常需要比脉冲编码调制更复杂的电路设计。因此，脉冲编码调制是许多光纤系统的较好选择。在一些情况中，为了与现有的电信系统兼容，也就决定了所使用的编码方式。在其他情形下，考虑到系统性能的改善，例如要获得较小的误码率和较高的接收灵敏度，可以考虑采用较为复杂的设备。

10.4.3 电域时分复用

时分复用（time-division multiplexing，TDM）方式允许分时段的多路数字信息共享同一传输线路。不同于同时传输多路信息的波分复用系统，时分复用在传输之前先将属于不同信息的比特或比特组按次序依次插入。在接收端，则要经历相反的处理过程。属于不同信息的脉冲被分开，并且将其送到相应的目的地。图10.17简要说明了时分复用的原理。在实际应用中，电子（或光）开关代替了图中的机械开关。在图10.17中插入的4比特码组分属于N个信道（N路信息）。开关S_T依次抽取每路信道的采样值以后，再开始周期性地重新抽取样值，从而形成每周期含有一个N路4比特的帧。

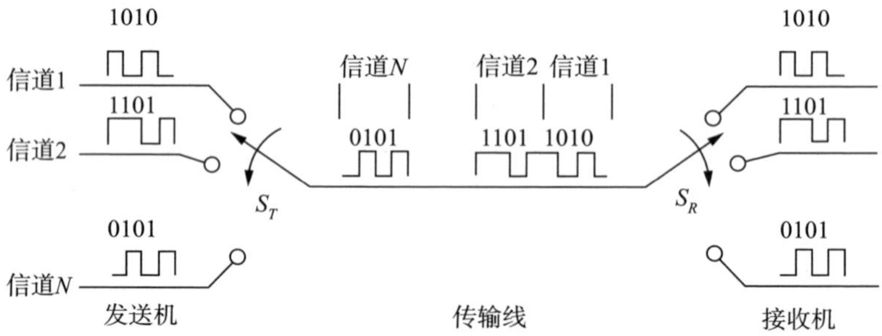

图10.17　时分复用，开关S_T和S_R同步动作

在电域时分复用中，信息在电域中完成复用，如图10.18所示。然后，用复用好的电信号调制光源（很可能是半导体激光器）实现电光（electrical-to-optical，EO）转换，再将光域的复用信号送进光纤传输。在传输到接收端以后，接收机检测此光信号，将其还原为电信号，完成光电转换。最后，电域复用信号被解复用，再将每一路信息送至相应的目的地。

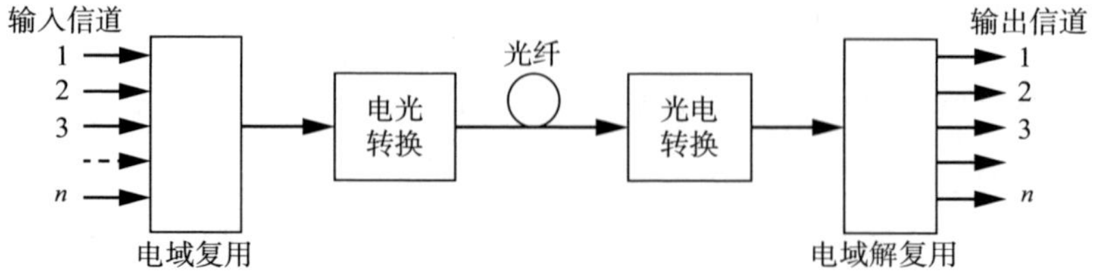

图10.18　电域时分复用

电话系统是一个非常好的时分复用的实例。回顾1.2节，话音信号在1 s内被采样8000次。而且，用8比特表示每个采样的幅度信息。8个比特能描述$2^8 = 256$个离散的电平，也就是说，话音波形的幅度分成256个量化级。每一路话音信号的数据率是$8 \times 8000 = 64\ 000$ bps。我们知道，光纤能够传输的数据速率比这高得多。如果一根光纤只传输一个64 kbps的话路，就会很浪费带宽，采用时分复用可以使光纤的带宽得到充分利用。

下面看一下Tl（24路信道）复用方案。复用组合了24个8比特字节，也就是说，每个帧中包含了$8 \times 24 = 192$比特的信息。另外，在每个帧的前面还附加1比特作为其开始标志，即每个帧实际上包含193比特。因为帧速率等于采样频率，所以每秒内含有8000帧，因此总的比特速率为$193 \times 8000 = 1.544$ Mbps。正如前面提到的，在光纤中传输这一速率是很容易的。实际上，时分复用光纤电话线路运行在比Tl速率高得多的速率等级上。例如，运行在T3（44.7 Mbps）速率、T3C（91 Mbps）速率，或者更高（甚至超过10 Gbps）的速率上。

应该强调的是，时分复用可以与波分复用（已在9.6节中介绍过）组合应用，这样可以进一步提高在同一根光纤中同时传输的信息总量。

10.4.4　光域时分复用

时分复用也可以直接应用在光域中。为什么要这样应用呢？理由是以10 Gbps以上的速率在电域复用传输信息是很困难的，电路对如此高的信息速率难以响应。为了复用几个工作于10 Gbps或更高速率的高速信道，需要在光域中实现。

在图10.19和图10.20中给出了一种**光时分复用**（optical time-division multiplexing，OTDM）的实现方案[5]。图10.17中的时分复用时序仍然适用，只是具体实现方法不同于电时分复用。在图10.19中，半导体激光器发出一个窄脉冲序列，此窄脉冲序列如图10.20（a）所示。光分束器将光功率按光时分复用系统的n个信道均分，并将来自各个信道的周期脉冲序列和电域数字数据信号送入每个信道的调制器中（即图10.19中的M）。在调制器中，用电信号调制光脉冲序列。对应于二进制1则允许光脉冲通过，对应于二进制0则阻止光脉冲通过。每个外调制器的输出是已调制的光信号，分别对应于图10.20中的（c）、（d）和（e）部分。随后，光信号进入光延迟线（D），对应于每个信道的脉冲序列以不同的时延通过光延迟线，从而占用不同的时间间隔，分别对应于图10.20中（f）、（g）和（h）部分。各路光信号在光合路器中汇集，光合路器的输出是从n个信道来的按时间依次排列的数据序列。图10.20（i）所示即为一个3信道的光时分复用系统。由此，我们可以理解多个信道的数据是如何实现复用并在同一根光纤中传输的。

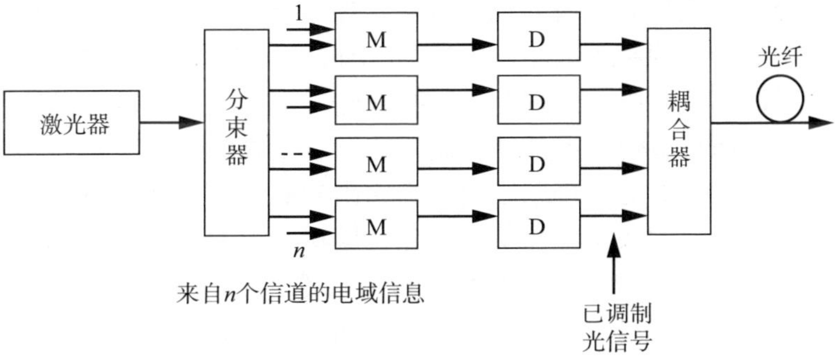

图10.19　光时分复用。M为外调制器，D为延迟线。每个数据信道中的电域数字信息驱动各自的外调制器

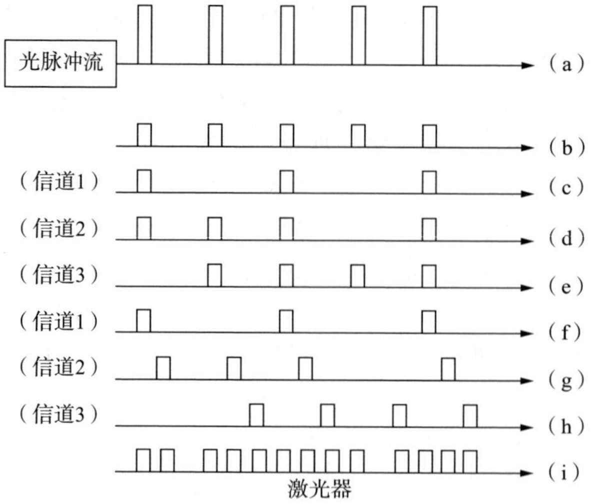

图10.20 OTDM的脉冲产生、调制和复用。（a）高重复频率光脉冲的产生；（b）经分束、衰减以后的光束进入调制器；（c）～（e）信道1，2，3调制器的输出光脉冲；（f）～（h）从信道1，2，3来的延迟信号；（i）从信道1，2，3来的复用信号

研究图10.20，可以明显看出激光器的输出脉冲应满足一定要求。也就是说，脉冲速率要和各个信道的速率相同，脉冲宽度要比合路信号的时间周期短。例如，若每个信道工作在10 Gbps，而且共有20个信道传输信息，则系统的信息传输速率是200 Gbps，而光时分复用信号的周期为

$$T = \frac{1}{200 \times 10^9} = 5 \times 10^{-12}\, s$$

因此，激光器要以 10 Gbps 的速率工作，而且产生的脉冲宽度要窄于 5 ps，以便在传输过程中允许有一定的脉冲展宽。这个系统的信息传输速率是 200 Gbps（0.2 Tbps）。从图 10.20 可以看出，必须采用归零码调制，才能在无码间串扰的情况下将相邻信道的脉冲依次插入，形成光时分复用脉冲流。

光时分复用信号的解调也在光域中完成。解调过程是相当复杂的，通常需要利用电光调制器和延迟线[6]。

10.5 电吸收式调制器

前面，我们讨论了好几种光载波的调制方法。在本章的前面部分，我们研究了LED和半导体激光器的直接调制（内调制）电路。第1章介绍过一种外调制器，即集成光马赫–曾德尔干涉调制器。在光纤通信系统中，外调制器连接在输出恒定光功率的半导体激光器之后。内调制器比外调制器简单而且廉价，但是外调制器能够以更高的速率工作，并且有较小的信号畸变。例如，对半导体激光器的直接调制会引起输出光载波的频率啁啾。也就是说，在数字脉冲的持续时间内，光载波的频率都在不断变化，使得光载波的线宽增加，增大色散影响。我们知道，色散会限制系统的容量。由此可以得出结论，以高速率运行（例如以2.5 Gbps到10 Gbps或更高的速率运行）的中远距离传输系统最好采用外调制器。另外，半导体激光器直接调制的最高频率，受制于驱动电路的带宽和半导体激光器自身的响应速率。对于更高容量的长距离传输系统，采用外调制是必要的。

在高容量的光纤系统中，采用**电吸收式调制器**（electroabsorption modulator，EAM）是十分有效的[7]，是半导体结型器件的另一种应用。在前几章中，我们已经介绍了如何用半导体 pn 结构成LED、半导体激光器、光放大器和光检测器。电吸收式调制器通常是一种半导体结型器件，其结构如图10.21所示。外加反向偏置时，耗尽层中的电场引起带隙能量（W）的减少，这就是所谓**Franz–Keldysh效应**。它在半导体结型器件中的作用比在体型材料中更为显著。

从第7章对于光电二极管的讨论中可知，能量低于带隙能量的光子可以通过半导体，而能量高于带隙能量的光子将会被吸收，并产生自由电子–空穴对，如图10.22所示。半导体激光器（LD）的带隙在图的左边，而电吸收式调制器（EAM）的带隙在图的右边。在图的上半部，没有电压加在调制器上（$W_{LD} < W_{EAM}$），所以光源发出的光子通过半导体向外发射。而在图的下半部，一个反向电压加在了调制器上，引起电吸收结的带隙能量减少，以至于$W_{LD} > W_{EAM}$，由此光子被吸收。

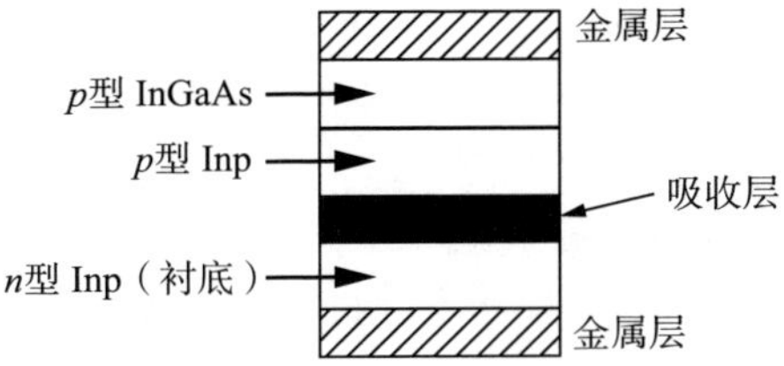

图10.21 电吸收式调制器

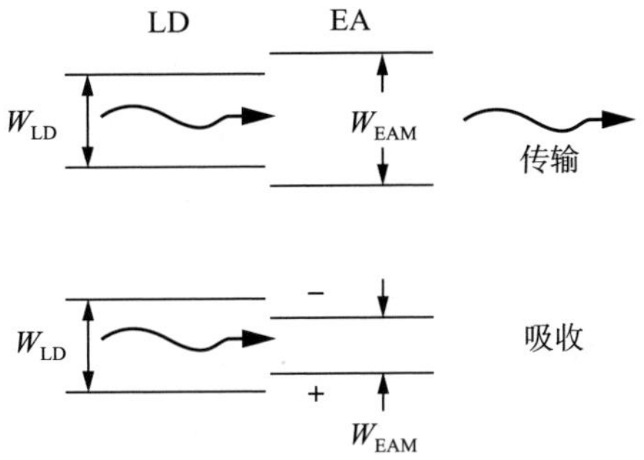

图10.22 集成半导体激光器和电吸收式调制器的带隙。上图：$W_{LD} = hf \leqslant W_{EAM}$，传输；下图：$W_{LD} = hf \geqslant W_{EAM}$，吸收

从7.4节可知半导体光检测器对光子进行检测（被吸收）的截止波长与带隙能量之间的关系为

$$\lambda_c = \frac{1.24}{W}$$

其中，λ的单位为μm，W的单位为eV。在电吸收式调制器中，外加反向电压会减小带隙能量，增加截止波长，使原来可以传输的波长在外加电压以后被吸收。

例10.3 假设光载波波长为1550 nm，电吸收式调制器带隙能量在未加反向电压时为0.805 eV，而外加反向电压时则减为0.795 eV。分别计算两种状态下的截止波长和在每种状态下可以传输或被吸收的载波波长。

解：

没有外加电压时，$W = 0.805$ eV，截止波长是

$$\lambda_c = \frac{1.24}{0.805} = 1.54\ \mu\text{m}$$

在这种情形下，发射波长大于截止波长，因而1.55 μm载波可以传输。当外加反向电压时，$W = 0.795$ eV，截止波长是

$$\lambda_c = \frac{1.24}{0.795} = 1.56\ \mu\text{m}$$

在这种情况下，发射波长小于截止波长，所以1.55 μm光载波被吸收。

电吸收式调制器可以做成一个离散器件，可以采用各种不同的方式与半导体激光器连接，例如对接耦合或通过光纤连接等。但是，更为紧凑的封装形式是将半导体激光器（通常是分布反馈式半导体激光器）和调制器集成在一个单片衬底之上，这样可以获得较低的互连损耗。加在半导体激光器上的恒定正向电压使之开启，发射出恒定的光功率。另外，独立加在电吸收式调制器上的电压有两种状态：零电压时对应于传输，而加一个小的（在1.5 V左右）反向电压时则对应于吸收。

调制器的重要特性是其插入损耗和消光比。如果传输状态下调制器的衰减系数是α（参见3.1节中的定义），则传输功率比为$\exp(-2\alpha L)$，其中L是调制器的长度。插入损耗则定义为

$$L_{\rm IL} = -10\lg e^{-2\alpha L}$$

如果吸收状态的调制器的衰减系数是$\alpha + \Delta\alpha$，则传输出去的微小功率比为$\exp[-2(\alpha + \Delta\alpha)L]$，这一状态下的传输损耗则为

$$L_{\rm TL} = -10\lg e^{-2(\alpha+\Delta\alpha)L}$$

这两种状态下的传输损耗之差即为器件的消光比（传输状态下的传输功率和吸收状态下的传输功率的比值），以dB为单位则有

$$L_{\rm ER} = 10\lg e^{2\Delta\alpha L}$$

例10.4 假设电吸收式调制器的长度$L = 200\ \mu\text{m}$，传输状态下的衰减系数是$\alpha = 50\ \text{cm}^{-1}$，吸收状态下的衰减系数则增加到$200\ \text{cm}^{-1}$。计算其插入损耗、吸收状态的传输损耗和消光比。

解：

由于$2\alpha L = 2 \times 50 \times 0.02 = 2$，所以插入损耗为

$$L_{\rm IL} = -10\lg e^{-2} = 8.68\ \text{dB}$$

在吸收状态时，$2(\alpha + \Delta\alpha)L = 2 \times 200 \times 0.02 = 8$，因此有

$$L_{\rm TL} = -10\lg e^{-8} = 34.7\ \text{dB}$$

消光比则是这两种状态下传输损耗之差，即

$$L_{\rm ER} = 34.7 - 8.68 = 26.02\ \text{dB}$$

传输状态和吸收状态下，传输损耗之差约为26 dB，也就是通和断这两种状态下调制器输出功率之差为26 dB。实际上，消光比在10 ~ 15 dB之间时是比较适当的。

高速、低工作电压以及可以与光源集成是电吸收式调制器的主要优点。几伏的调制电压对于以10 Gbps速率工作的调制器是足够的。工作速率超过40 Gbps的电吸收式调制器也已经实现。半导体激光器（例如分布反馈式半导体激光器）和电吸收式调制器可以制作在同一个衬底上。正如前面的例子所指出的，电吸收式调制器的插入损耗在10 dB左右。这一损耗可通过与调制器集成在同一衬底上的半导体激光放大器来补偿。

10.6 光外差接收机

从第7章中介绍过的光电检测器原理可知，光电二极管产生的检测电流与入射光功率成正比。检测器只对光的强度变化产生响应，而与光的相位或频率特性无关。因此，光检测器不可能检测到光振荡的频率或相位变化。所以，在至今为止我们所研究的直接检测光纤通信

中，无法使用光的调频技术。但是，在采用外差检测的光通信系统中，光的频率调制技术仍然可以使用[8~11]。

10.6.1 外差检测

外差检测也称为**相干检测**。在这种检测系统中，本地振荡器产生的光束在光检测器的输入端与已调制的信号光波混合，如图10.23所示。外差检测器可以将光载波相位的变化转换为光强度的相位变化。而光强度的相位变化可以在检测电流波形中再现，因此能够成功地接收和解调调频光载波。当然，外差接收机同样可以有效地检测强度调制的光数字信号。

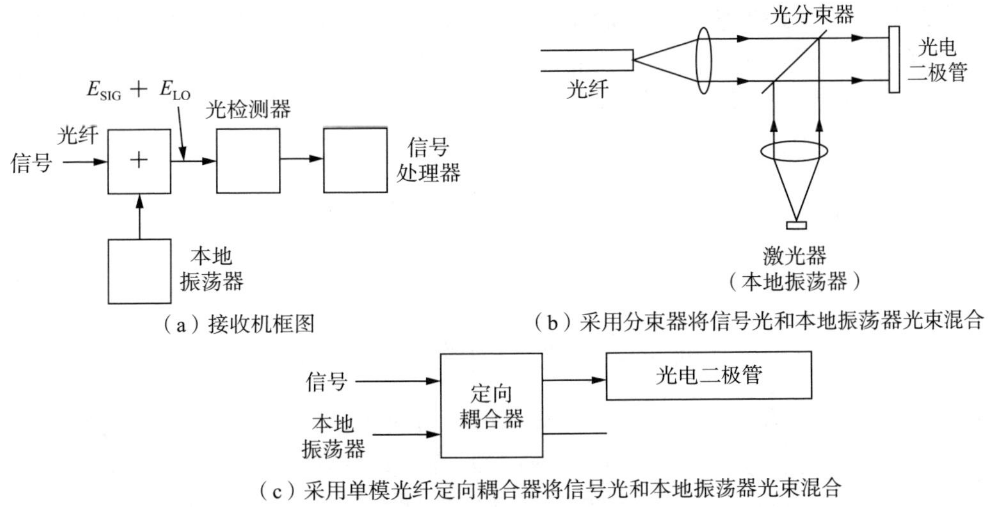

图10.23 光外差检测

下面简要分析外差检测方式是如何实现调制信号检测的。发送端来的光信号和本地振荡器光束的电场可以分别表示为

$$E_{SIG} = E_S \cos\left[\omega_o t + \theta(t)\right] \tag{10.30}$$

$$E_{LO} = E_L \cos\left[(\omega_o + \omega_{IF})t\right] \tag{10.31}$$

其中，ω_o是光载波的频率，$\theta(t)$包含了频率调制信息。对于单频率正弦波调制，$\theta(t) = \beta \sin \omega_m t$，$\beta$是调制因子。式(10.30)同样能代表通断键控信号。在这种情况下，θ是常量，而信号幅度E_S在每个比特中根据传输的信号是0还是1有两个不同的值。对于频移键控调制，$\theta(t)$分别是$\omega_1 t$或$\omega_2 t$。本地振荡器的频率$\omega_{LO} = \omega_c + \omega_{IF}$，与载波频率之间的差值称为**中频**$\omega_{IF}$。通常在射频范围以内，可能是数十兆赫兹或数百兆赫兹。如果$\omega_{IF} = 0$，即本地振荡与接收信号之间没有频率偏移，则称为**零差**检测系统。

检测电流与入射光束的强度I成正比，在这里光强度是总电场的平方。由此有

$$I = (E_{SIG} + E_{LO})^2 \tag{10.32}$$

将式(10.30)和式(10.31)代入上面的方程，化简可得

$$\begin{aligned} I = {} & 0.5E_S^2\{1 + \cos[2\omega_c t + 2\theta(t)]\} \\ & + 0.5E_L^2\{1 + \cos[2(\omega_c + \omega_{IF})t]\} \\ & + E_L E_S\{\cos[\omega_{IF} t - \theta(t)] \\ & + \cos[2\,\omega_c t + \theta(t) + \omega_{IF} t]\} \end{aligned} \tag{10.33}$$

此表达式中有三项的振荡频率在$2\omega_c$附近。这一频率（两倍于光载波的频率）已经高出检测器的频率响应范围，所以在这一频率附近的所有光强度分量均被接收机滤除。高频项的滤除可通过检测电流与平均光强度成比例来进一步加以解释。所谓平均光强度，是在一个比光振荡周期要长，但比IF频率的周期要短的时间间隔内计算的。在这里，平均光强度为

$$I = 0.5(E_L^2 + E_S^2) + E_S E_L \cos[\omega_{\mathrm{IF}} t - \theta(t)] \tag{10.34}$$

对应的光功率（与光强度成比例）则为

$$P = P_L + P_S + 2\sqrt{P_L P_S} \cos[\omega_{\mathrm{IF}} t - \theta(t)] \tag{10.35}$$

其中，P_L和P_S分别是本地振荡器和接收信号的光功率。要想验证上述结果中的比例因子是否正确，可以通过没有信号光输入的特殊情况来验证（这时E_S为零，从而P_S为零）。在这种情形下，式（10.35）变为$P = P_L$。注意，中频项中光相位的变化得以保持。

在电流$i = \eta eP/hf$中，包含了一个直流项

$$i_{\mathrm{dc}} = \frac{\eta e}{hf}(P_L + P_S) \tag{10.36}$$

中频（IF）项则为

$$i_{\mathrm{IF}} = \frac{2\eta e}{hf}\sqrt{P_S P_L} \cos[\omega_{\mathrm{IF}} t - \theta(t)] \tag{10.37}$$

在接收机中，直流项通常被滤除，而中频频率项则被放大。使用传统的调频电解调器可以解调出包含在$\theta(t)$中的信息。如果系统采用通断键控（而非频率调制），则θ保持恒定而在P_S中包含信息。可以看到，中频频率项随本地振荡器功率的增大而增大。实际上。本地振荡器（local oscillator，LO）可以等效为信号放大器，从而提高了接收机的灵敏度。

在前面的分析中，在相关的方程式中我们将信号光和本地光振荡都写成了理想的单色光源发射光束。在实际应用中，采用线偏振、单纵模、单横模半导体激光器就可以了。

外差检测取决于本地振荡器光束和信号束之间的干涉，而场只在相同偏振时才会发生干涉。我们知道，只有在这两束光的偏振状态相同时才能产生干涉，这就要求发射光源发射线偏振光。遗憾的是，绝大多数光纤无法保持传输波的偏振状态。在传输过程中，波的偏振方向会发生旋转，从而使线偏振光的偏振状态偏离原方向。而且，环境因素（例如小的温度变化和振动）还会引起偏振状态的随机变化。因此，对于外差系统，采用特殊构造的偏振保持单模光纤是十分必要的。

图10.23给出了用于组合信号光和本地振荡器光束的两种方法，即使用光分束器和单模光纤定向耦合器。无论使用哪种类型的组合器，一定要维持两种光束的偏振状态。只有经过特别设计的光纤耦合器才能满足这一需求。

利用半导体激光器发射波长的温度依赖关系，可以很好地调谐本地振荡器和发送机之间的频率差。两个完全相同的激光器的工作环境温度稍有不同，其振荡频率就会不同。所以，半导体激光器的工作温度变化必须维持在远小于1℃的范围以内，以保持中频频率不会有过大的变化。

例10.5 假设一半导体激光器的波长变化为20 GHz/℃，并且频率偏移量必须低于100 MHz，求允许的温度变化范围。

解：

允许的温度变化是(0.1 GHz / 20 GHz/℃) = 0.005℃。也就是说，如果系统的中频频率为1 GHz，在激光器温度仅仅变化0.005℃时就会有100 MHz的频率偏差。

10.6.2　半导体激光器的频率调制

单模半导体激光器的振荡频率与注入电流的瞬时幅度有关。对于这一结论可给出以下解释：电流的大小决定了半导体有源区的载流子密度和温度，而这两个因素反过来又决定了有源层的折射率。从式（3.24）可知，谐振腔的谐振频率与其中介质的折射率有关。因此，谐振频率（即为输出光的频率）随注入电流的变化而变化。利用这种办法，调制驱动电流可以实现对激光发射器的频率调制。这种调频过程也可以视为**折射率**调制。

图10.24所示为半导体激光器的一个调频电路，其电路结构和光强度调制电路非常相似。一定的直流偏置电流将二极管的工作点置于光功率–电流特性的线性区域的中央部分。交流调制电流应该很小（可能不超过几毫安），从而可以将不需要的光强度调制降到最小。接收机中的电限幅器在信号解调之前进一步降低了幅度变化。交流电流产生了光载波的频率调制。对于单一的、频率为f_m的正弦波调制，频率调制的频偏为$\Delta f = \beta f_m$。频偏（或者说调制因子β）随交流电流的峰值呈线性变化。调制频率为300 MHz的典型AlGaAs半导体激光器的归一化频偏为200。也就是说，对振荡于300 MHz的交流驱动电流，其峰值每增加1 mA则对应的频偏增加200 MHz。

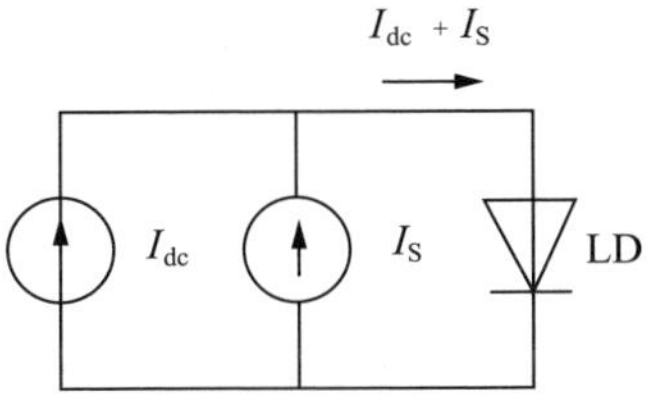

图10.24　半导体激光器的频率调制，I_S是调制信号

例10.6　当调制频率为300 MHz，频率偏差为200 MHz/mA，交流调制电流的峰值分别为1 mA和5 mA时，计算两种情形下的调制因子。

解：

当调制电流的峰值为1 mA时，频偏为Δf = 200 MHz；峰值为5 mA时，频偏为Δf = 1000 MHz。由$\beta = \Delta f / f_m$，可得

$$1\ \text{mA时},\ \beta = 200/300 = 0.67$$

$$5\ \text{mA时},\ \beta = 1000/300 = 3.33$$

通过改变光源的驱动电流实现的频率调制，实际上是另一种形态的内调制，信息可以从外部加载到光载波上。对于数字系统，可以采用电–光和声–光外调制器来控制光束的通和断。对于频率调制系统，这两种调制器也可以用来对光载波实施频率调制。电–光和声–光调制器还可以对光束实施强度调制或偏振态调制。所有这些调制方式都可以被外差接收机检测并解调。电–光和声–光调制器可以制作成体状分离器件，也可以与其他光器件集成在同一模块中（在4.6节中已经做过简单介绍）。

在光纤的一些应用中（主要指传感器），环境的变化会直接调制光载波的相位。图10.25中给出的光纤陀螺仪是一个很好的例子[12,13]。来自同一个半导体激光器的完全相同

的两束光在用单模光纤绕制的多匝线圈中沿相反方向传输。如果线圈是固定的，则两束光保持相同；当线圈绕其轴心旋转时，沿旋转方向传播的光与沿相反方向传播的光之间会有相移。此相移为$\theta = (8\pi AN/\lambda c)\Omega$，其中$\Omega$是旋转角速率（rad/s），$N$是线圈的匝数，$A$是线圈的面积。此相移可以用零差检测方法得到。式（10.35）给出了在陀螺仪的光检测器上的入射功率。如果设定$\omega_{\text{IF}} = 0$，且令$P_L = P_S = P_o/2$（P_o是线圈中沿相反方向传播的光束的功率），则有

$$P = P_o(1 + \cos\theta) \tag{10.38}$$

其中，θ是由于旋转产生的相位差。检测电流为

$$i = \frac{\eta e P_o}{hf}(1 + \cos\theta) \tag{10.39}$$

由此可从检测电流的幅度变化中求得相位的变化值，进而可得旋转角速度。实际应用的多种光纤陀螺仪都是本节所介绍基本形态的光纤陀螺仪的变形。

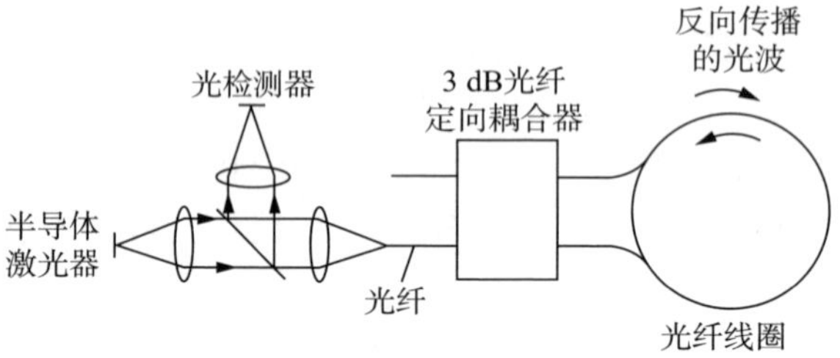

图10.25　光纤陀螺仪

10.6.3　光频分复用

多路信息可采用**光频分复用**（optic frequency-division multiplexing，OFDM）方式在一根光纤中同时传输，在接收端采用外差检测。一种可能的方案如图10.26所示。N个相同的半导体激光器在温度控制下发射频率差很小的N个光载波，其频率分别为$\omega_1, \omega_2, \cdots, \omega_N$。这些激光器分别由不同的信息调制，每个激光器的输出连接到一根光纤上，然后N根光纤的光载波被耦合（例如采用熔融法）进一根传输光纤。在接收端，单一的本地振荡器产生的光束与传输光束中的所有光载波混频，产生不同的中频频率。这些中频频率分别为ω_{IF_1}，$\omega_{\text{IF}_2}, \cdots, \omega_{\text{IF}_N}$，在电域可以用滤波器进行分离。光检测器和接收电路的响应速度决定了所允许的最高中频频率。

在另一种光频分复用方案中，用一个输出频率可调的本地振荡器代替图10.26中输出频率固定的本地振荡器。在这种方案中，只需要一个中频滤波器。一个给定信道的光载波频率与本地振荡频率刚好相差一个中频时，这个信道会被检测到。在这种情况下，所有其他信道的中频频率都在IF滤波器的通带之外，从而被滤除掉。为了接收不同的信道，本地振荡器的振荡频率必须能够改变。在这种系统中，所有台站能够调谐到任何一个传输信道上。

光频分复用和波分复用在原理上是很相似的。这两种系统中的每个信道都有各自分离的光源。然而，二者也有重要的区别。光频分复用需要外差检测，而波分复用则使用直接检测。另外，波分复用系统在光域分离信道（在光检测之前），而光频分复用系统则在电域分离信道（在光检测之后）。在射频波段，电域分离信道比光域分离信道具有更好的选择性。

所以，光频分复用相邻信道的频率间隔可以比波分复用系统小得多。更为紧密的频率间隔使得光频分复用系统在光纤的低损耗波长区域内可以容纳更多的传输信道。

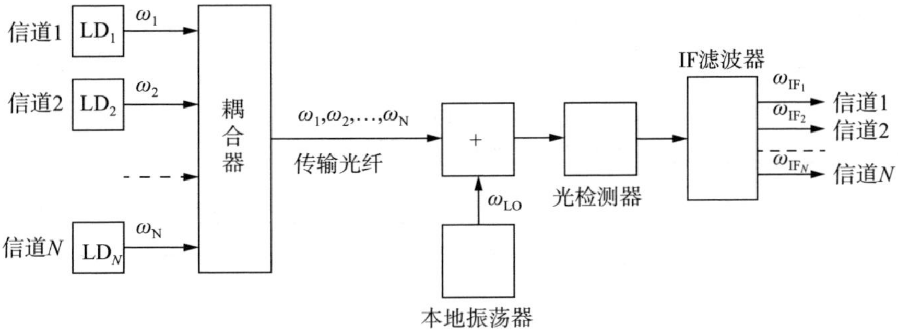

图10.26　光频分复用

例10.7　分别计算一个光频分复用系统和一个波分复用系统允许的信道间隔。假设两个系统中滤波器的相对带宽均为1%，光源工作在850 nm波段，中频频率高达1 GHz。

解：

首先，考虑光域滤波。对于850 nm的工作波长，1%意味着8.5 nm。若光源的光谱宽度更窄，则相邻信道的信道间隔可以取为8.5 nm。由式（3.26）$\Delta f = c\Delta\lambda/\lambda^2$可得，相邻波分复用信道之间的频率间隔是$3.5\times10^{12}$ Hz。另一方面，1 GHz的1%为10^7 Hz，即为光频分复用系统的最小信道间隔。一般来说，光频分复用比波分复用允许更小的信道间隔。在实际应用中，发送机和本地振荡器的温度变化导致的频率变化需要信道间隔大于10^7 Hz。

10.6.4　外差检测的优点和问题

外差检测的吸引力主要包括：使得对光系统的频率调制成为可能。外差接收机的灵敏度比直接检测接收机的灵敏度高得多，11.2节将会举例说明这一特性。灵敏度更高的接收机能提供更好的接收信号质量和更长的无中继传输距离。即使需要中继，采用高灵敏度的外差接收机，可以使中继器之间的间隔距离比采用直接检测接收机长得多。

外差系统的优点是用提高设备的复杂性和更高的成本换来的。首先，半导体激光器必须是单模器件。发射光源和本地振荡的半导体激光器必须采用频率稳定措施，以保证中频频率不发生漂移。另外，信号光束和本地振荡器的光束对准（在混频器中）也是十分重要的，两个波的波前必须相同而且重合。同时，两束光的光斑尺寸、偏振方向和传播方向也必须相同。

10.7　总结和讨论

本章的前几节讨论了几种简单的内调制电路，通过这些电路说明调制的基本原理。正如前面所介绍的，这些电路可以应用，也可以作为构成更复杂电路的基础。稍后，我们引进了一种用于高容量系统的外调制器，也就是电吸收式调制器。

在前几章的基础上，本章中我们又引进了几种调制格式。表10.1和表10.2归纳了这些调制技术。尽管这两个表并没有包含所有的调制方式，但是这些表所列的方法对于发展和分析绝大多数系统还是很有帮助的。

表10.1 模拟调制格式

名称	说明	注释
基带调制		
强度调制	光功率随基带信息变化而变化	最简单的模拟调制方法
光频率调制	光载波的直接频率调制	需要外差检测
副载波调制		
AM/IM	通过低频调幅信号对光源进行强度调制	允许副载波频分复用
FM/IM	通过调频信号对光源进行强度调制	允许副载波频分复用

表10.2 数字调制格式

名称	注释
脉冲编码调制	
非归零（NRZ）码	数字传输中需要的带宽最小
归零（RZ）码	需要两倍于非归零系统的带宽
曼彻斯特码	便于时钟恢复
双极性码	直流电平保持恒定
脉冲位置调制	
脉冲宽度调制	
副载波调制	
通断键控（OOK）	允许副载波频分复用
频移键控（FSK）	允许副载波频分复用
相移键控（PSK）	允许副载波频分复用

在本书中出现的各种不同类型的复用方法可以归纳如下。

1. **时分复用（TDM）** 分属于不同信道的数据比特通过时隙间插方法共享同一光纤线路。如果信息的复用和解复用是在信号以电形式存在时（而不是光形式时）实现的，则只需要一个光源和一个光检测器。光时分复用更为复杂，但是能提供比电时分复用更高的数据传输速率。时分复用适用于数字通信。它不改变光纤的信息容量，只是分配允许传输的几个信息比特在时域中的位置。
2. **波分复用（WDM）** 几个信息在同一根光纤中同时传输，每个信息加载在不同的光波长上。需要振荡在不同频率上的多个光源，信息在检测之前于光域中解复用，因而对每个信息都要一个独立的光检测器。波分复用同时适用于模拟和数字信号。光纤的信息容量随波分复用系统复用信道数量的增大而成比例增大。实质上，每个光源和检测器组合都构成了一个独立的信道。
3. **副载波频分复用（SFDM）** 信息调制在不同的副载波之上并在电域组合在一起。组合后的信号调制同一个光源，单一的光检测器将信号恢复成电形态。然后，电域的滤波器分离信息。副载波频分复用既能用于模拟信号也能用于数字信号。与时分复用类似，副载波频分复用不增加光纤容量，最高的副载波频率不能超过光纤的带宽。这种系统只在多个信息副载波中分离出有用的载波频带。
4. **光频分复用（OFDM）** 信息调制在一组波长稍有不同的光源上。采用单个光检测器，通过外差检测得到一个包含所有信息的信号电流。每个信息的频谱分布在不同的中频频率周围，然后用电域滤波器分离信息。光频分复用可以增加光纤的容量。在实际应用中，光检测器的响应速度将会限制中频频率的最高取值，从而限制可以传输的信息量。

人们常说，与模拟调制相比，数字调制更适合于光通信。这一结论包括数字系统的一系列优点（例如，可以提高信号质量、实现更长的传输距离、简单的中继器等），数字调制的实现相对较为容易（只是简单地开启和断开光源），不受光源非线性的影响（非线性会导致模拟信号质量的劣化）。然而，所传输数字信息的来源和显示都是模拟形态的（例如话音和图像），这是其基本问题。也就是说，数字传输的主要缺点在于发送端必须完成信息的模数转换，而在接收端则必须完成信号的数模转换。转换设备所需要的费用可能已经足以构建一个模拟系统，对短距离传输更是如此。在任何情形下，没有预先确定调制方法时，系统设计者都应该同时考虑数字传输和模拟传输格式，并做出相应的选择。

对于高容量系统，外调制器十分重要。在部分应用中，电吸收式调制器是十分有效的。光外差接收机使检测调频光和调相光成为可能。光外差接收机与直接检测系统相比具有更高的灵敏度，然而其结构的复杂性限制了这种接收机的应用。

习题

10.1　假设某LED的3 dB带宽为80 MHz，其输出光功率和输入电流曲线的斜率为0.1 mW/mA。输入电流由50 mA的直流分量和40 MHz，60 mA峰-峰值的正弦电流组成。

（a）绘出输入电流几个周期的波形。

（b）计算输入电流的调制因子。

（c）计算并画出发射光功率曲线。

（d）计算光调制因子。

10.2　将调制频率换成：（a）80 MHz；（b）120 MHz，重做习题10.1。

10.3　设计一个如图10.2所示的模拟调制器，要求其中的晶体管使用硅晶体管。晶体管的$\beta = 60$，直流偏置电流为50 mA，$R_{in} = 50\ \Omega$，$R_a = 3\ \text{k}\Omega$，$R_b = 6\ \text{k}\Omega$，外加偏置电压为10 V，光源导通时其电压降为1.8 V。

（a）计算发射极电阻R_e的值。

（b）计算Q点的集电极和发射极之间的电压。

（c）这一电路能提供最大的调制因子。

10.4　某LED使用一个峰值为2 mA的正弦电流驱动时，产生的总谐波失真为50 dB。在直流偏置点上，功率-电流曲线的斜率为0.05 mW/mA。计算非线性系数[式(10.9)中的a_2]的值。

10.5　对图10.5所示的串联开关数字调制器，求出光源完全开启时LED的电流，并计算产生这一条件所需的基极电流。采用图10.6中给出的晶体管特性曲线，并且令电源电压为8 V，$R = 60\ \Omega$，在LED完全开启时其正向电压是 1.8 V。

10.6　假如需要通过一根光纤传输整个商用调幅无线电广播频段，画出实现这一要求的系统框图。试问，需要多大的系统带宽? 提示：使用AM/IM副载波调制，调幅广播波段有107个分布在540 ~ 1600 kHz范围内的信道，而且相邻信道之间的间隔为10 kHz（已在第1章中介绍过）。

10.7　假设使用归零码数字调制格式，通过一根光纤传输10个5 kHz的无线电台信号，计算所需要的带宽。

10.8　假设将商用调幅无线电广播改造成调频广播。采用FM/IM副载波调制，调频广播频段为88.1 ~ 107.9 MHz，载波之间的间隔为200 kHz，共有100个信道。重做习题10.6。

10.9　画出通过一根光纤传输所有甚高频频段中的电视信号的框图。假设使用模拟调制，计算所需要的系统带宽。

10.10 采用数字调制，重做习题10.9。

10.11 在含有两个信道的一个频分复用系统中，采用输出特性如图6.5所示的LED作为光源。施加单一的峰值为50 mA的正弦调制电流时，测得LED的总谐波失真是25 dB。偏置电流为50 mA，每个副载波的调制因子是50%，光强度调制因子是100%。副载波分别为1 MHz和2 MHz，而且有相等的峰值电流。每个信道传输的信息均为1000 Hz的声音信号。写出不计算失真和计算失真两种情况下的输入电流和发射光功率的公式。假设所有发射功率均用一个响应度为0.5 A/W的光电二极管检测，计算接收电流并画出其频谱。试问，这一系统中存在串扰吗？你能重新设计这个系统以便消除串扰吗？

10.12 针对1001110001010序列，分别画出非归零码、归零码、曼彻斯特码和双极性码的脉冲波形。

10.13 设计一个与图10.14（b）所示类似的三电平发送机。使用图10.6所示的晶体管，计算电路中使用的各个元件的值。假设三种电平下LED的驱动电流分别是0，73 mA和146 mA，当LED处在正向偏置时，其电压降为1.4 V。

10.14 考虑一个两信道的频分复用系统，采用AM/IM副载波调制，使用一个LED光源作为光源。副载波频率分别是ω_{sc1}和ω_{sc2}，两个信道的调制信号都是单频的正弦波，其频率分别为ω_{m1}和ω_{m2}，两个信道的调制因子和幅度峰值都是相同的。

（a）以式（10.9）为模型，写出发射光功率的计算公式。

（b）画出检测信号的频谱，并标出各频率成分的幅度。

（c）讨论在两个信道之间产生串扰的可能性，并给出将串扰减至最小的方法。

10.15 有一个10 Gbps工作在1550 nm并且采用归零码的数字系统。计算在每个脉冲的持续时间内，光载波发生了多少次振荡？

10.16 假设将8个10 Gbps的信道（使用波分复用）复用在一根单模光纤上。试问，这一根光纤中可以同时传输多少路时分复用数字化的话音信号？

10.17 比较仅仅简单地提高数据速率和采用时分复用与波分复用相结合的方法。试问，后者有哪些优点？

10.18 使用波分复用技术将8个10 Gbps的信道复用在一根单模光纤上。可以同时传输多少路时分复用数字化电视信号？假设每个视频信道承载一路经过压缩的视频信号所需要的数据速率为5 Mbps。

10.19 假设一个光时分复用系统可以复用10路40 Gbps的信道。计算该系统允许的脉冲宽度和总容量。

10.20 能够将光时分复用和密集波分复用结合应用吗？如果可行，则假设对35个光载波进行波分复用，每一路的总容量由习题10.19给定。这35个光载波安排在C波段，其波长间隔为1 nm。试计算此光纤的总传输容量。

10.21 一个光时分复用系统需要为每个复用信道配置外调制器，列出一些可以使用的外调制器的名称。

10.22 一个电吸收式调制器在状态1（无外加电压时）的带隙能量为0.9473 eV，在状态2（外加反向电压时）的带隙能量为0.9458 eV，假设光载波波长是1310 nm。在上述两种状态中，载波是传输还是被吸收？给出定量计算，以支持你的结论。

10.23 假设一个电吸收式调制器有源区的长度为150 μm，而且在传输状态下的衰减系数为α = 75 cm^{-1}。该调制器的消光比为30 dB。计算吸收状态下的衰减系数。

10.24 针对电吸收式调制器，证明消光比等于吸收状态下的插入损耗减去透射状态下的插入损耗（都以dB为单位）。

参考资料

[1] P. W. Shumate and M. DiDomenico, Jr. "Lightwave Transmitters." In *Semiconductor Devices for Optical Communication*, H. Kressel, ed. Berlin: Springer-Verlag, 1980, pp. 161–200.

[2] R. Adair. "CW Lasers and LEDs." Application Note A/N 101. New Brunswick, NJ: Laser Diode Laboratories, Inc.

[3] Ibid.

[4] Shumate. "Lightwave Transmitters," pp. 182–188.

[5] Govind P. Agrawal. *Fiber-Optic Communications Systems*. NY: John Wiley & Sons, 2002, pp. 375–381.

[6] Ibid.

[7] Elsa Garmire. "Sources, Modulators, and Detectors for Fiber-Optic Communications Systems." In *Fiber Optics Handbook*, M. Bass, ed. NY: McGraw-Hill, 2002, pp. 4.57–4.63.

[8] Francois Favre, Luc Jeunhomme, Irene Joindot, Michel Monerie, and Jean Claude Simon. "Progress towards Heterodyne-Type Single-Mode Fiber Communications Systems." *IEEE J. Quantum Electron*. 17, no. 6 (June 1981): 897–906.

[9] Soichi Kobayashi, Yoshihisa Yamamoto, Minoru Ito, and Tatsuya Kimura. "Direct Frequency Modulation in AlGaAs Semiconductor Lasers." *IEEE J. Quantum Electron*. 18, no. 4 (April 1982): 582–595.

[10] Shigeru Saito, Yoshihisa Yamamoto, and Tatsuya Kimura. "Optical FSK Heterodyne Detection Experiments Using Semiconductor Laser Transmitter and Local Oscillator." *IEEE J. Quantum Electron*. 17, no. 6 (June 1981): 935–941.

[11] Yoshihisa Yamamoto and Tatsuya Kimura. "Coherent Optical Fiber Transmission Systems." *IEEE J. Quantum Electron*. 17, no. 6 (June 1981): 919–935.

[12] Thomas G. Giallorenzi, Joseph A. Bucaro, Anthony Dandridge, G. H. Sigel, Jr., James H. Cole, Scott C. Rashleigh, and Richard G. Priest. "Optical Fiber Sensor Technology." *IEEE J. Quantum Electron*. 18, no. 4 (April 1982): 626–665.

[13] H. C. Lefevre. *The Fiber-Optic Gyroscope*. Norwood, MA: Artech House, 1993.

第11章　噪声与检测

多种现象会引起信号通过光纤通信链路时发生畸变。前面已经讨论了光纤中波形失真产生的机理，以及这些失真对线路的信息传输容量和传输距离产生的限制。另外，也研究了由于光纤损耗、耦合损耗以及分配损耗而引起信号衰减的机理。直觉使我们相信，只能接纳这么多衰减，否则到达接收机的光功率将变得太小从而无法检测。另一方面，我们也可以断定放大器可以将信号提高到需要的功率等级。但是后一结论在另一种信号干扰现象，即**噪声**存在的情形下必须进行修正。噪声降低了信号的质量，并且始终存在（将在11.1节中介绍）。对信号的放大通常伴随着同等的噪声放大，同时放大器也会引入自身的额外噪声。由于这个原因，放大并不能提高信号功率与噪声功率之比。随着接收到的信号功率减小，其值可能越来越接近噪声功率，由此信号变得越来越不可辨别。以这样的方式，衰减最终限制了光纤系统的传输距离。

本章将研究主要的噪声源，同时介绍计算噪声功率的方法。然后计算衡量信号质量的参数，即信噪比。对于数字通信，噪声增加了错误概率，所以文中也给出了误码率计算方法。

本章最后介绍了几种基本的接收机电路设计。

11.1　热噪声与散弹噪声

在信号接收过程中，引起信号劣化的两个主要原因是热噪声和散弹噪声。

11.1.1　热噪声

热噪声，也称为**约翰逊噪声**和**奈奎斯特噪声**，产生于光检测器的负载电阻R_L之内。任何电阻内的电子都不是静止的。它们由于热能而连续运动，即使在没有外加电压时也是如此。由于电子的热运动是随机的，所以在任意瞬间，电荷的净流动可能朝着某一个电极方向，也可能朝着另一个电极方向。因此，在电阻中存在着随机变化的电流，如图11.1所示。这就是热噪声电流i_{NT}，其均值为零。在电阻中产生的平均噪声功率为$R_L\overline{i_{NT}^2}$，这里的$\overline{i_{NT}^2}$是热噪声电流的均方值（横标表示平均值）。图11.1 解释了噪声电流的平方值及其平均值。噪声电流总是叠加在光检测器产生的信号电流之上。

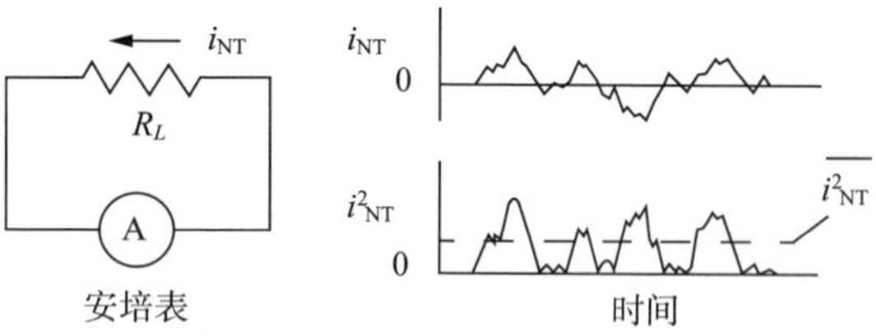

图11.1　热噪声电流

图11.2给出了当有固定光功率P照射到光检测器上时的结果。此时，负载电流并不是保持为$i = \eta eP/hf$这一固定值，而是在这个值的附近随机变化。当入射功率很小以至于信号电流和噪声电流在幅度上可比较时，信号会被淹没。即使是中等大小的光功率，信号电流也可能不够大（相对于噪声电流），无法获得期望的接收清晰度。

可以用图11.3所示的等效电流来模拟热噪声[1]。在这个电路中，R_L是一个理想的无噪声电阻。噪声由一个电流源产生，其电流均方值为

$$\overline{i_{NT}^2} = \frac{4kT\Delta f}{R_L} \tag{11.1}$$

其中，k为玻尔兹曼常数（其值在表1.2中给出），T为绝对温度（K），Δf为接收机的电带宽。接收机的带宽受自身电路元件的限制。在高频应用时，放大器可能会截止，其中的电容会使信号短路。

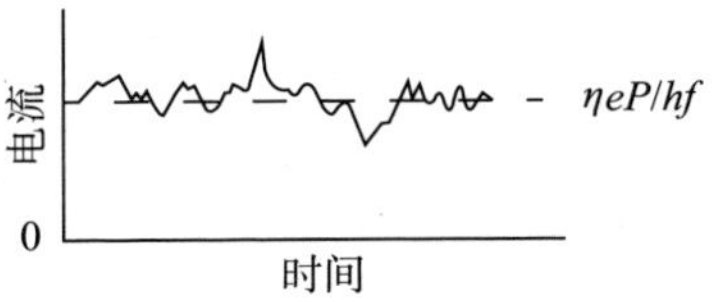

图11.2　入射光功率恒定时的接收机电流，由于存在热噪声，导致接收信号劣化

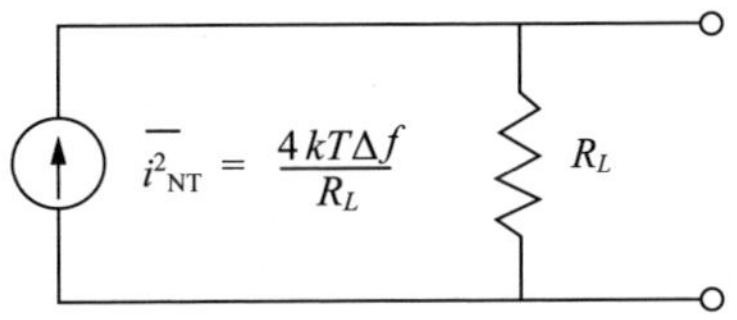

图11.3　热噪声等效电路

为了处理所有的期望信息，接收机的带宽必须至少与信息的带宽相等。但是，为了最大程度地减少噪声，也需要限制接收机的带宽。低噪声接收机的带宽范围通常在稍大于信息带宽到两倍信息带宽之间。有时，也需要有较大的接收带宽，以估算由发送机和光纤所产生信号的频带限制。在第12章中将介绍系统设计，还将对接收机的带宽问题进行更深入的讨论。

在开尔文（T_K）、摄氏度（T_C）及华氏度（T_F）之间的温度转换关系如下：

$$T_K = T_C + 273.15$$

$$T_K = \frac{T_F + 459.67}{1.8}$$

$$T_C = \frac{T_F - 32}{1.8}$$

式（11.1）假定热噪声谱在所有频率上是均匀分布的。这个假定在10 GHz以下是正确的，这一模型对于绝大多数系统的分析是足够的。

11.1.2　散弹噪声

电子运动的离散特性会引起信号电流的扰动，这种扰动称为**散弹噪声**。在光检测器中，无论是在光致发射管还是在半导体结型器件中，入射的光信号都会产生离散的电荷载流子。每个载流子对总电流贡献出一个单电流脉冲。以图11.4所示的真空光电二极管为例。当电子从阴极逸出时，电流脉冲开始，一直到此电子击中到阳极（在阳极上与正电荷复合从而消失）时脉冲结束。由此，脉冲的持续时间等于电子的渡越时间τ（也就是电子从阴极运动到阳极的时间）。精确的脉冲形状相对来说并不重要。由于电极之间存在着电场，电子在此电场的作用力下加速，引起渡跃时间内电流幅度的增加。电子运动得越快，电流越大。

现在，考虑当一个光功率P为恒定入射波照射到阴极上时会发生什么情形？我们期望产生一个恒定的光电流，如图11.5所示。然而，这个恒定的电流是由大量如图11.4所示的电流脉冲组成的。尽管所有脉冲都是相同的，但是所产生的时刻是随机的（见图11.5）。显然，将这些形状相同但随机延迟的电流脉冲相加，不可能得到一个恒定的电流，而是会得到一个高低不平的电流。此电流的均值是无噪声时应该得到的电流值（也就是$\eta eP/hf$）。这种叠加在理想电流值的涨落（由离散电荷载流子产生的随机性引起）就是散弹噪声。在半导体光电二极管中，散弹噪声来源于自由电子和空穴的随机产生与复合。

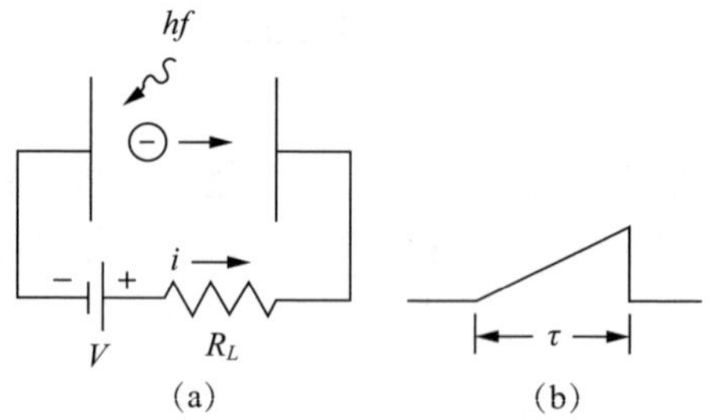

图11.4 （a）单个光电子发射；（b）产生的电流脉冲

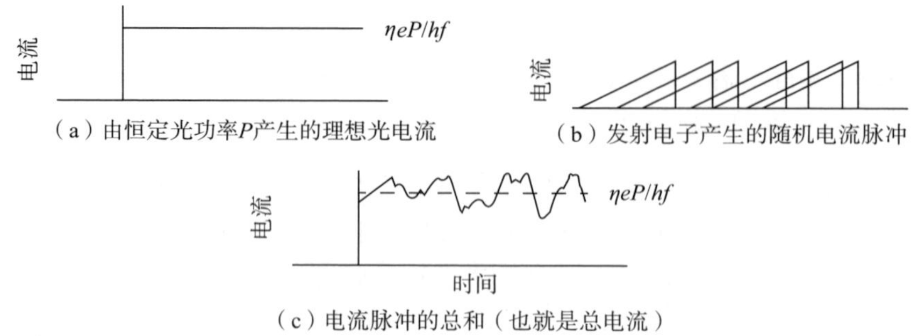

图11.5 散弹噪声

散弹噪声可以用单一电流源构成的等效电路来表示，如图11.6所示。散弹噪声电流的均方值为

$$\overline{i_{\mathrm{NS}}^2} = 2eI\Delta f \tag{11.2}$$

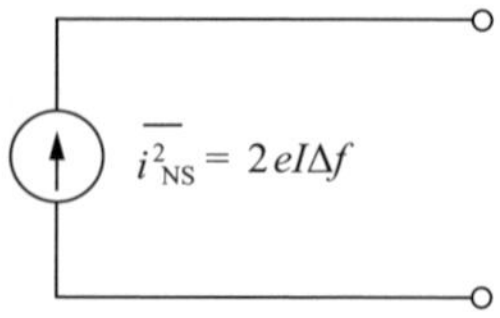

图11.6 散弹噪声等效电路

其中，e为一个电子的电量，I为平均检测器电流，Δf为接收机带宽[2]。在我们感兴趣的所有调制频率上，散弹噪声谱是均匀分布的。与热噪声类似，散弹噪声电流也取决于系统的带宽，而不取决于工作频率在频带中的位置。根据式（11.2），散弹噪声随电流的增加而增加。由此，散弹噪声随入射光功率的增加而增加。这一点不同于热噪声，热噪声与光功率的大小无关。下一节将通过计算信噪比了解这种性能如何影响信号质量。同时，将根据式（11.1）和式（11.2）对噪声功率进行定量计算。

式（11.2）中的电流同时包括由入射光波产生的平均电流和暗电流I_D（暗电流I_D在7.4节中介绍过）。由此，可以将式（11.2）改写成

$$\overline{i_{\mathrm{NS}}^2} = 2e(\bar{i}_s + I_D)\,\Delta f \tag{11.3}$$

其中，i_s是光电流，横标表示其平均值。

11.2 信噪比

在图7.10中，给出了一个结型光电二极管的等效电路。图11.7所示为其更完整的电路。为了简单起见，我们假设二极管的结电容C_d和渡越时间对信号并没有限制。那么，可以从噪声等效电路中移除电容C_d。它对噪声的影响可以在计算接收机带宽Δf时加以考虑。半导体二极管有一个串联电阻R_s，由p区和n区中的电导产生，其值很小（也许只有几欧姆），可以忽略。与此类似，二极管还有一个与等效电流源并联的电阻R_d。这正是耗尽的结区电阻。R_d通常远大于负载电阻R_L，因此也可以忽略。

在上述假设条件下，现在我们可以将二极管、热噪声源以及散弹噪声源的等效电路结合起来，结果如图11.8所示。从这个电路出发，可以计算多种情况下的信噪比。我们将计算下列两种情形下的信噪比。

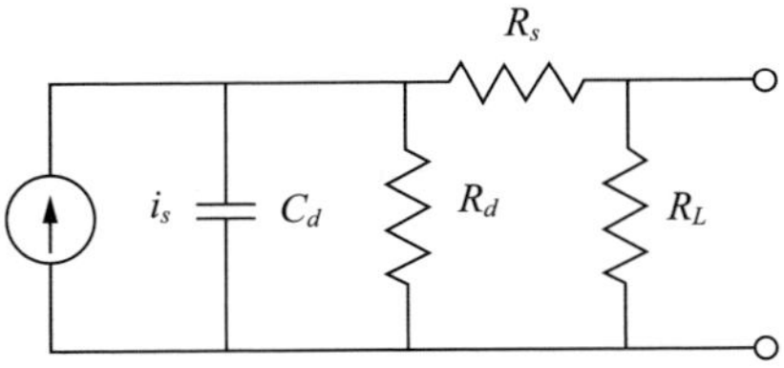

图11.7　结型光电二极管的等效电路

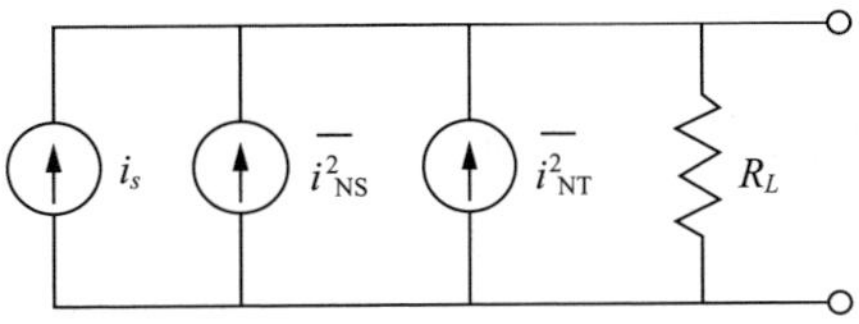

图11.8　光检测器接收电路，其中包含等效热噪声源和散弹噪声源

1. **恒定的入射光功率**　这对应着在一个二进制脉冲编码调制系统中接收到比特1的情况。首先，我们将考虑使用没有内部增益的检测器（例如pn或PIN光电二极管），然后考虑通过使用有内部增益的检测器（例如雪崩光电二极管）或外差检测来提高性能。
2. **正弦变化的入射光功率**　这种情形对应强度调制的模拟信号。

11.2.1　恒定功率

在这种情况下，信号光电流的值为一恒定值，即

$$i_s = \frac{\eta e P}{hf} \tag{11.4}$$

其中，P为入射光功率。二极管提供给负载电阻R_L的平均电信号功率为

$$\overline{P}_{\mathrm{ES}} = i_s^2 R_L = \left(\frac{\eta e P}{hf}\right)^2 R_L \tag{11.5}$$

在负载电阻R_L上产生的平均散弹噪声功率为$\overline{i_{\mathrm{NS}}^2}R_L$。根据式（11.3）和式（11.4），此噪声功率为

$$\overline{P}_{\mathrm{NS}} = 2e\,\Delta f\left(\frac{\eta e P}{hf} + I_D\right)R_L \tag{11.6}$$

对于恒定光功率而言，电流的瞬时值与平均值相等，所以我们做了替换：$\bar{i}_s = \eta eP/hf$。

在负载电阻R_L上产生的平均热噪声功率为$\overline{i_{\mathrm{NT}}^2}R_L$。利用式（11.1），可以将其写成

$$\overline{P}_{\mathrm{NT}} = 4kT\Delta f \tag{11.7}$$

现在可以更明确地定义信噪比。所谓**信噪比**（signal-to-noise ratio，SNR），是平均信号功率与所有噪声源的平均功率之和的比。结合式（11.5）至式（11.7），可以得到

$$\frac{S}{N} = \frac{(\eta eP/hf)^2 R_L}{2eR_L\,\Delta f(I_D + \eta eP/hf) + 4kT\,\Delta f} \tag{11.8}$$

我们研究一些特殊的例子。假设平均信号电流（$\eta eP/hf$）远大于暗电流，则可以将I_D从式（11.8）中去除。这种情况适用于暗电流很小并且光功率不太低的条件。同时，假设散弹噪声功率远远超过热噪声功率。由此，又可以忽略热噪声$4kT\Delta f$这一项，这一条件只有在入射光功率相对较高的条件下才成立。而信噪比可以简化为

$$\frac{S}{N} = \frac{\eta P}{2hf\Delta f} \tag{11.9}$$

在这种情况下得到的信噪比是**散弹噪声极限**（也称为**量子极限**），这是可能获得的最好结果。实际上，通过提升接收光功率能够有效地消除暗电流和热噪声的影响。将式（11.4）和式（11.9）相结合，量子极限信噪比可以用信号光电流重新表示为

$$\frac{S}{N} = \frac{i_s}{2e\Delta f} \tag{11.10}$$

遗憾的是，我们无法无限制地提升光功率。当入射光功率较低时，热噪声通常超过散弹噪声而占据主导地位。此时，式（11.8）变为

$$\frac{S}{N} = \frac{R_L(\eta eP/hf)^2}{4kT\Delta f} \tag{11.11}$$

这就是**受限于热噪声**的结果，通常远小于量子极限信噪比。值得注意的是，这种情况下可以通过增加负载电阻来提高信噪比。然而，正如在表7.3中所体现的，这样做会降低接收机的带宽和动态范围。从式（11.11）中可以看到，信噪比与入射光功率的平方成正比。因此可以得出结论，在受限于热噪声的系统中，相对较小的系统效率变化会使接收信号的质量产生大的变化。

例11.1 假设有一个系统，其中的LED发射10 mW，0.85 μm的光波；光缆损耗为20 dB；PIN型光检测器的响应度为0.5 A/W，检测器的暗电流为2 nA，其负载电阻为50 Ω；接收机的带宽为10 MHz，温度为300 K（27℃）。除了光纤损耗，系统总损耗还包含光源耦合引起的14 dB的功率降低，以及由多个接头和连接器导致的10 dB损耗。计算接收到的光功率，检测信号电流和功率，散弹噪声和热噪声功率，以及信噪比。

解：

总的系统损耗为14 + 20 + 10 = 44 dB。利用式（1.1）将其转换为传输效率$10^{-4.4} = 4 \times 10^{-5}$。到达接收机的光功率为

$$\begin{aligned} P_R &= 4 \times 10^{-5}(10) \\ &= 4 \times 10^{-4}\ \text{mW} = 0.4\ \mu\text{W} \end{aligned}$$

因为已经给定了响应度，所以可从式（7.1）中计算出光电流。因此有

$$\begin{aligned} i_s &= \rho P_R = 0.5(0.4) \\ &= 0.2\ \mu\text{A} = 200\ \text{nA} \end{aligned}$$

2 nA的暗电流相对信号电流要小得多，因此在这个例子中可以将其忽略。电信号功率则为

$$\begin{aligned} \overline{P}_{\text{ES}} &= i_s^2 R_L = (0.2 \times 10^{-6})^2(50) \\ &= 2 \times 10^{-12}\ \text{W} \end{aligned}$$

根据式（11.6），可以得到散弹噪声功率为

$$\begin{aligned} \overline{P}_{\text{NS}} &= 2ei_s\,\Delta f R_L \\ &= 2(1.6 \times 10^{-19})(0.2 \times 10^{-6})(10^7)(50) \\ &= 3.2 \times 10^{-17}\ \text{W} \end{aligned}$$

根据式（11.7），可以得到热噪声功率为

$$\begin{aligned} \overline{P}_{\text{NT}} &= 4(1.38 \times 10^{-23})(300)(10^7) \\ &= 1.66 \times 10^{-13}\ \text{W} \end{aligned}$$

在这个系统中，热噪声功率比散弹噪声功率大将近4个数量级，所以可忽略散弹噪声。应用受限于热噪声的结果，即式（11.11），可以从中计算信噪比，或直接用下式计算，即

$$\frac{S}{N}=\frac{\overline{P}_{\text{ES}}}{\overline{P}_{\text{NT}}}=\frac{2\times10^{-12}}{1.66\times10^{-13}}=12$$

以dB表示，则本例中的信噪比为10 lg 12 = 10.8 dB。为了进行比较，可以根据式（11.10）计算量子极限信噪比为

$$\frac{S}{N}=\frac{0.2\times10^{-6}}{2(1.6\times10^{-19})(10^{7})}=62\,500$$

也就是48 dB。

例11.2　在例11.1中，将系统损耗降低6 dB（可能是使用了更好的光纤，或者改进了光源的耦合）。重新计算信噪比。

解：

计算步骤同例11.1，因此可以简要地给出结果。6 dB的改善对应于接收光功率提高4倍。而信号光电流和散弹噪声功率同样提高4倍，因此$i_s = 0.8\ \mu\text{A}$，$\overline{P}_{\text{NS}} = 12.8\times10^{-17}$ W。R_L上的信号功率增加16倍，为$\overline{P}_{\text{ES}} = 32\times10^{-12}$ W。热噪声功率保持不变，仍为$\overline{P}_{\text{NT}} = 1.66\times10^{-13}$ W，远大于散弹噪声功率。而$S/N = \overline{P}_{\text{ES}}/\overline{P}_{\text{NT}} = 192$，与前面损耗较高的系统相比较，后者的信噪比提高了16倍。以dB表示则为S/N = 22.8 dB。与上个例子相比较可以看出，接收光功率增加6 dB可以使信噪比提高12 dB。

例11.2给出了受限于热噪声的系统的普遍结果。如果光功率增加ΔP分贝，则信噪比增加的分贝值将是此值的两倍（即$2\Delta P$分贝）。这由式（11.11）可以得到，从此式中可以看出，信噪比与光功率的平方成正比。对于散弹噪声受限系统，光功率增加ΔP分贝，信噪比也只能增加ΔP分贝，从式（11.9）可以看到，散弹噪声极限信噪比与光功率（而不是其平方）成正比。

例11.1和例11.2也解释了系统设计者在估算现有功率对所需应用是否足够时，应该采用哪种计算方法。下一节将阐述在数字系统中与信噪比相对应的误码率。

很容易修正信噪比的表达式，使其能适用于具有内部增益的光检测器。如果光检测器的增益为M，则信号电流将被放大M倍，信号功率放大M^2倍。散弹噪声电流同样放大M倍。因此，其均方值和噪声功率都放大M^2倍。由于热噪声并不是在光检测器内部产生的，所以热噪声电流没有放大。考虑到以上修正后，式（11.8）变为

$$\frac{S}{N}=\frac{(M\eta eP/hf)^2R_L}{M^2 2eR_L\Delta f(I_D+\eta eP/hf)+4kT\Delta f}\tag{11.12}$$

增益足够大的时候，即使对于较低的接收光功率，散弹噪声也可能远远超过热噪声。在这种情况下（假设暗电流可以忽略），可以得到

$$\frac{S}{N}=\frac{\eta P}{2hf\Delta f}\tag{11.13}$$

这就是前面的式（11.9），也就是在理想量子极限条件下得到的结果。

例11.3　将例11.1中的PIN检测器替换为响应度是原来160倍的检测器（即M = 160）。其他条件不变，即入射到检测器上的光功率仍然是0.4 μW。计算信噪比。

解：

散弹噪声功率从3.2×10^{-17} W增加到

$$\begin{aligned}\overline{P}_{\mathrm{NS}} &= (160)^2(3.2\times10^{-17})\\ &= 8.19\times10^{-13}\ \mathrm{W}\end{aligned}$$

热噪声功率为$\overline{P}_{\mathrm{NT}}=1.66\times10^{-13}$ W，保持不变。现在，散弹噪声大约是热噪声的五倍，系统几乎成为散弹噪声受限系统。信号功率是没有内部放大时的M^2倍，因此，

$$\begin{aligned}\overline{P}_{\mathrm{ES}} &= (160)^2(2\times10^{-12})\\ &= 5.12\times10^{-8}\ \mathrm{W}\end{aligned}$$

如果将热噪声也包括在内，则有

$$\begin{aligned}\frac{S}{N} &= \frac{\overline{P}_{\mathrm{ES}}}{\overline{P}_{\mathrm{NS}}+\overline{P}_{\mathrm{NT}}}\\ &= \frac{5.12\times10^{-8}}{8.19\times10^{-13}+1.66\times10^{-13}}\\ &= 52\,000\end{aligned}$$

也就是47.2 dB。如果忽略热噪声，则可以得到量子极限结果，$S/N=62\,500$或48 dB。比起受限于热噪声的系统（$S/N=10.8$ dB），其性能上的提高是显而易见的。在这个例子中，系统与理想量子极限结果之间的差别在1 dB之内。

例11.3阐明了两个事实：量子极限工作方式产生的信号优于受限于热噪声的系统产生的信号；通过使用高增益的光检测器可以逼近理想的量子极限工作方式。

基本上，光检测器的增益提高了接收机的灵敏度。灵敏度的提高使得低电平信号（比如在长距离光纤通路的末端，信号功率就很低）也能够被检测。对于有中继器的长途线路，使用这种有内部增益的光检测器尤其有益。因为这样可以加大中继器的间距，从而减少所需中继器的数目，并使得在物理布局上有一定的灵活性。

11.2.2 雪崩光电二极管的过剩噪声

对于光电倍增管，式（11.12）是一个很好的信噪比计算公式，但是将其用于雪崩光电二极管时必须加以修正[3]。雪崩光电二极管中的散弹噪声功率以M^n增加，这里的n在2到3之间[4]，而不是M^2。雪崩光电二极管中的散弹噪声功率相对于信号功率增加了一个因子$M^n/M^2=M^{n-2}$，称为过**剩噪声因子**[5]。因此，对于雪崩光电二极管，有

$$\frac{S}{N}=\frac{(M\eta eP/hf)^2R_L}{M^n2eR_L\Delta f(I_D+\eta eP/hf)+4kT\Delta f} \tag{11.14}$$

同前面一样，大于1的增益可以提高信噪比，因为内部增益可以降低热噪声在低接收功率下的支配地位。然而如果增益过大，则会使散弹噪声占主导地位，这时将得到（假设忽略暗电流）

$$\frac{S}{N}=\frac{1}{M^{n-2}}\frac{\eta P}{2hf\Delta f}=\frac{\text{量子极限信噪比}}{\text{过剩噪声因子}}$$

从这个式子可以看出，对于雪崩光电二极管的量子极限信噪比，由于过剩噪声因子的存在而成比例减小。很明显，如果M很大，则信号质量将会劣化。我们推断：在1和∞之间存在一个最

佳的M值，使得从式(11.14)中得到的信噪比值最大。幸运的是，正如式(7.17)所指出的，可以通过改变偏置电压来调整雪崩光电二极管增益，以获得最佳的信噪比。

硅雪崩光电二极管的过剩噪声低于用锗或InGaAs制作的雪崩光电二极管。对于用硅、InGaAs和锗制作的雪崩光电二极管，在计算其过剩噪声时，n值分别接近于2.3，2.7和3。例如，典型的硅雪崩光电二极管在电流增益为100时的过剩噪声因子接近5；锗雪崩光电二极管在增益只有10时，过剩噪声因子为7；InGaAs雪崩光电二极管在增益为20时，过剩噪声因子为10[6]。由于锗雪崩光电二极管和InGaAs雪崩光电二极管存在过剩噪声，所以在一些长波长光纤接收机中一般采用高质量的（低暗电流）PIN光电二极管后接低噪声前置放大器，很少用雪崩光电二极管。

11.2.3 等效噪声功率

等效噪声功率（noise-equivalent power，NEP）是接收机灵敏度的另一种量度，其定义为：使系统信噪比为1的相对接收光功率值。为了对此定义和量度进行简单的解释，考虑一个受限于热噪声的PIN检测器。设定式（11.11）中的$S/N = 1$，并解出光功率值

$$P_{\min} = \frac{hf}{\eta e}\sqrt{\frac{4kT\Delta f}{R_L}} \tag{11.15}$$

如果将$S/N = 1$作为可以检测的判据，那么$P_{\min}$就是**最小可检测功率**。而等效噪声功率是最小可检测光功率除以系统带宽的平方根所得的归一化值。在受限于热噪声的情况下，

$$\text{NEP} = \frac{P_{\min}}{\sqrt{\Delta f}} = \frac{hf}{\eta e}\sqrt{\frac{4kT}{R_L}} \tag{11.16}$$

NEP的单位为$\text{W/Hz}^{1/2}$。

可以用类似的方式在考虑暗电流的情况下计算具有内部增益的检测器的NEP。将式（11.14）这一普遍表达式中的S/N设定为1，同时假设接收功率很小以至于$I_D >> \eta eP/hf$，则其结果为

$$\text{NEP} = \frac{hf}{M\eta e}\sqrt{M^n 2eI_D + \frac{4kT}{R_L}} \tag{11.17}$$

还可以将其写成以下形式：

$$\text{NEP} = \frac{\sqrt{\overline{i_{\text{NSD}}^2} + \overline{i_{\text{NT}}^2}}}{\rho\sqrt{\Delta f}} \tag{11.18}$$

检测器的响应度为$\rho = M\eta e/hf$，$\overline{i_{\text{NSD}}^2}$是仅由暗电流产生的放大的散弹噪声，$\overline{i_{\text{NT}}^2}$是热噪声。从式(11.18)可以看出，等效噪声功率等于均方根噪声电流除以响应度与带宽平方根的乘积。

分析式（11.17）可以看到，在小负载电阻和低检测增益条件下，热噪声占主导地位。尽管小的负载电阻产生的输出电压较低，但是在高频系统中需要用减小负载电阻的方法来获得所需的大带宽（在表7.3中归纳了这些结论）。因此我们可以预料，在高频工作时热噪声将主导等效噪声功率的值，暗电流相对而言并不重要。此时，可以使用性能相对较差的光电二极管（对暗电流不苛求）。另一方面，对于高负载电阻和高增益检测器，暗电流噪声可能会超过热噪声。在这种情况下，我们必须选择较好的二极管（要求暗电流很小），以获得尽可能高的接收机灵敏度。

例11.4 一个PIN二极管，在0.85 μm波长上的响应度为0.5 A/W，暗电流为2 nA。计算在温度为300 K时，作为负载电阻函数的等效噪声功率。如果$R_L = 100\ \Omega$，带宽为1 MHz，那么这时的最小可检测功率是多少？

解：

均方根热噪声电流为

$$\sqrt{\overline{i_{\rm NT}^2}} = \sqrt{\frac{4kT\Delta f}{R_L}}$$

$$= \sqrt{\frac{4(1.38\times10^{-23})(300)\,\Delta f}{R_L}}$$

$$= 129\times10^{-10}\sqrt{\frac{\Delta f}{R_L}}$$

均方根散弹噪声电流为

$$\sqrt{\overline{i_{\rm NSD}^2}} = \sqrt{2eI_D\Delta f}$$

$$= \sqrt{2(1.6\times10^{-19})(2\times10^{-9})\,\Delta f}$$

$$= 2.53\times10^{-14}\sqrt{\Delta f}$$

将这些结果和0.5的响应度结合起来，代入式（11.18），可以得到

$${\rm NEP} = \sqrt{2.56\times10^{-27} + \frac{6.62\times10^{-20}}{R_L}}$$

式中的第一项由暗电流产生，与第二项也就是热噪声项相比可忽略，除非负载电阻超过$10^6\ \Omega$。等效噪声功率与负载电阻的关系曲线如图11.9所示，图中清楚地显示了热噪声或散弹噪声占主导地位的范围。对于$R_L = 100\ \Omega$，NEP = 2.57×10^{-11} W/Hz$^{1/2}$，带宽为1 MHz，可以得到

$$P_{\min} = {\rm NEP}\sqrt{\Delta f}$$

$$= 2.57\times10^{-11}(10^3) = 25.7\ {\rm nW}$$

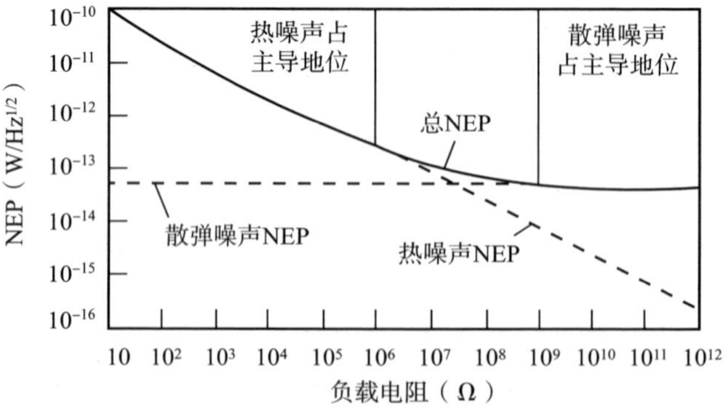

图11.9 某PIN二极管的等效噪声功率。计算条件：温度为300 K，暗电流为2 nA，响应度为0.5 A/W

在一些文献中可能会单独给出检测器等效噪声功率，给定的数值为二极管暗电流产生的等效噪声功率。从式（11.17）和式（11.18）中，我们看到这个值为

$$\begin{aligned}\text{NEP} &= \frac{hf}{M\eta e}\sqrt{M^n 2eI_D} \\ &= \frac{\sqrt{\overline{i_{\text{NSD}}^2}/\Delta f}}{\rho}\end{aligned} \tag{11.19}$$

11.2.4　模拟调制信噪比

如果光信号受到正弦调制（而不是恒量），则需要对式（11.14）这样的信噪比一般计算公式做一些修改。在正弦调制情况下，入射到光检测器上的光功率可以写成

$$P_i = P(1 + m\cos\omega t) \tag{11.20}$$

其中，m是光调制因子，ω是调制频率，P为平均入射光功率。

在内部放大之前，功率P_i产生的光电流为

$$i_s = \frac{\eta eP}{hf}(1 + m\cos\omega t) \tag{11.21}$$

其中，第一项是平均电流（$i_s = \eta eP/hf$），第二项是所需信息信号。经过放大，信号电流增加到

$$i = \frac{M\eta eP}{hf}m\cos\omega t \tag{11.22}$$

此信号电流流经负载电阻，提供的平均电信号功率为$\overline{P}_{\text{ES}} = 0.5R_L i_p^2$，其中$i_p$是信号电流的峰值。因此有

$$\overline{P}_{\text{ES}} = 0.5R_L\left(\frac{mM\eta eP}{hf}\right)^2 \tag{11.23}$$

因为P在恒定或正弦情况下都正确代表了平均光功率，所以式（11.14）分母中的噪声功率不做改变。因此有

$$\frac{S}{N} = \frac{(m^2/2)(M\eta eP/hf)^2 R_L}{M^n 2eR_L\Delta f(I_D + \eta eP/hf) + 4kT\Delta f} \tag{11.24}$$

这个结果与恒定功率情况下得到的结果只相差一个因子$m^2/2$。受限于热噪声和散弹噪声极限的信噪比分别为

$$\frac{S}{N} = \frac{m^2}{2}\frac{R_L(\eta eP/hf)^2}{4kT\Delta f}M^2$$

以及

$$\frac{S}{N} = \frac{m^2/2}{M^{n-2}}\frac{\eta P}{2hf\Delta f}$$

要从这两个方程式中得到无增益时的信噪比，只须令$M = 1$即可。要得到无过剩噪声时的信噪比，可令$n = 2$。

对于100%的调制，$m = 1$，此时信噪比最大。由于信噪比随调制因子的平方变化，因此尽可能增大m可以提高模拟信号的接收质量。然而当m增加时，光源将工作在其功率–电流特性的一段很宽的范围中。光功率–电流特性曲线的非线性（会导致信号失真）会限制可用的工作范围，反过来又会限制允许的调制因子的最大值。

宽带模拟传输（例如视频传输）需要的信噪比范围在40 ~ 60 dB之间。

11.2.5 外差信噪比

在10.6节中，我们得到了计算外差检测产生的平均电流的式（10.36），即

$$i_{\mathrm{dc}} = \frac{\eta e}{hf}(P_L + P_S)$$

中频电流则由式（10.37）计算，即

$$i_{\mathrm{IF}} = \frac{2\eta e}{hf}\sqrt{P_S P_L}\cos[\omega_{IF}t - \theta(t)]$$

其中，P_L和P_S分别是本地振荡器和信号光束的光功率。本地振荡器的功率P_L总为一个恒定值。我们将计算当信号功率P_S也为恒定值时的信噪比。

传送到负载电阻上的平均信号功率为$\overline{P}_{\mathrm{ES}} = 0.5R_L(i_{\mathrm{IF},P})^2$，其中$i_{\mathrm{IF},P}$为中频电流的峰值。由此，信号功率为

$$\overline{P}_{\mathrm{ES}} = 2R_L P_S P_L\left(\frac{\eta e}{hf}\right)^2 \tag{11.25}$$

最令人关注的结果是由本地振荡器功率提供的信号放大。P_L的值越大，电信号功率也就越大。

和前面一样，散弹噪声功率为$\overline{P}_{\mathrm{NS}} = 2eR_L I\Delta f$，其中$I$为总平均电流，$\Delta f$为中频接收机的带宽。中频带宽通常必须为基带接收机带宽的两倍，因为调制过程将在中频频率的周围产生上边带和下边带。也就是说，中频信号的频谱带宽是基带信息的两倍。这与10.3节有关调制的讨论中所提到的效应是相同的。对于外差接收机，I是暗电流与直流光电流之和。因此有

$$\overline{P}_{\mathrm{NS}} = 2eR_L\Delta f\left[I_D + \frac{\eta e P_L}{hf}\left(1 + \frac{P_S}{P_L}\right)\right] \tag{11.26}$$

热噪声仍然为$\overline{P}_{\mathrm{NT}} = 4kT\Delta f$，不受检测方式的影响。现在，有

$$\begin{aligned}\frac{S}{N} &= \frac{\overline{P}_{\mathrm{ES}}}{\overline{P}_{\mathrm{NS}} + \overline{P}_{\mathrm{NT}}}\\ &= \frac{2(\eta e/hf)^2 R_L P_S P_L}{2eR_L\Delta f[I_D + (\eta e P_L/hf)(1 + P_S/P_L)] + 4kT\Delta f}\end{aligned} \tag{11.27}$$

注意上式可以看出，如果P_L很大，则散弹噪声将占主导地位。通常情况都是这样，因为本地振荡器位于接收端。P_L并不像发送光束那样要经历传输损耗、分配损耗和耦合损耗。如果P_L较大，则式（11.27）可以简化为

$$\frac{S}{N} = \frac{\eta P_S}{hf\Delta f} \tag{11.28}$$

这就是量子极限信噪比。假设中频带宽为基带信号带宽的两倍，即可得到与式（11.9）相同的信噪比计算公式，而式（11.9）是在直接检测条件下获得的。我们可以得出结论：外差接收机的灵敏度可以做得非常高，可以逼近理想的信噪比（即使在低信号电平条件下）。外差检测不会像雪崩光电二极管那样引入过剩噪声，因此能够逼近量子极限信噪比。

11.3 误码率

在模拟系统中，发送的波形是非常重要的。即使是很小量的噪声也会在某种程度上使波形劣化。系统设计者必须计算出可以接受的波形失真，并将信噪比设置到足够高，以确保实现所

期望的保真度。另一方面，在数字系统中不必保持数字脉冲的精确形状。数字接收机只需要在一个特定的时间间隔内检测脉冲的有或无。本节将介绍噪声如何导致数字信号检测中的错误。

所谓误码率（bit-error rate，BER）就是检测错误所占的比例，也是数字系统质量的一个量度。如果每100个判决中出现一个错误，则误码率为0.01。由此断定，在任何单个比特间隙时间内发生错误的概率就等于误码率。因此，在这个例子中**错误概率**P_e为0.01。**误码率**和**错误概率**这两个术语可以互换。

还可以对误码率做另一种解释。即使我们不能分割单个比特或单个错误，但仍然可以将P_e看成每比特错误的个数。对于R bps的数据速率，每秒钟发生错误的比特数等于RP_e（每秒钟比特数和每比特错误数的乘积）。如果$P_e = 0.01$，$R = 1$ Mbps，则每秒将有10 000个错误，这是无法容忍的。如果将P_e变为10^{-9}，则将降低至每秒发生0.001个错误，或者说每1000秒（即16.7分）发生一个错误。对于大多数应用，10^{-9}的误码率是能够满足需要的。

11.3.1　受限于热噪声的误码率

图11.10阐明了热噪声引起检测错误的过程。无噪声的理想接收电流如图11.10(a）所示。下面给出的是实际的检测电流［见图11.10（b）］，从中可以看出加性噪声和滤波的影响。在每个比特间隙的末端（脉冲的幅度几乎都是在此处达到最大值）对信号电流进行抽样，结果如图11.10（c）所示。将这些点上的抽样幅度值与参考值（或阈值）进行比较。阈电流值的大小设置在0码与1码到达时期望的理想电流［图11.10（a）中的i_s］之间。如果抽样值超过了阈值，则将其判决为1；如果低于阈值，则判决为0。图11.10（d）所示为最终获得的数据图样。

现在，我们更仔细地考察图11.10（b）中的失真脉冲串。当0码到达时，理想的接收机不产生电流，但实际上热噪声及暗电流散弹噪声产生了随机电流。平均噪声电流可能比较低，但是在某些比特间隙内仍有可能大到超过阈值，在这种情况下发生了误码。接收到1码时，理想的电流应该为一个恒定值［见图11.10（a）中的电平i_s］。但是，在实际的接收机中，噪声有可能反相叠加在期望电流上。这可能使总电平跌落到阈值电平以下，同样会引起误码。图中解释了在检测1码或0码时发生误码的机理。很明显，阈值不能太接近零，否则检测0码时会引起误码数的增加。同样，也不能太接近理想电平i_s，以免检测1码时误码率增加。正如预期的那样，产生误码最少的阈值电平是1码到达时接收到的理想电流的一半。也就是说，我们应该将阈值电流设置为$0.5i_s$。如果一连串1码和0码等概率出现，则是最优阈值，实际上绝大多数信息都属于这种情况。如果接收到的功率发生变化（例如光源老化），则必须重新设定阈值。

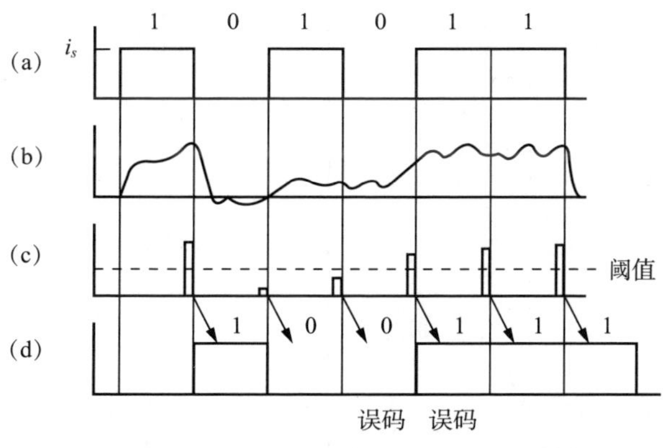

图11.10　检测错误。（a）理想的接收机电流；（b）实际电流；（c）抽样电流；（d）最终的数据图样

概括地说，受限于热噪声系统中的判决（0或1）就是将信号电流幅度和预设的阈值电平进行比较。

如果阈值设定为$0.5i_s$，则可以得到系统误码率为[7]

$$P_e = \frac{1}{2} - \frac{1}{2}\mathrm{erf}\left(0.354\sqrt{\frac{S}{N}}\right) \tag{11.29}$$

其中，erf是**误差函数**（error function），这是一个众所周知的函数，其数值已经制成表[8]。表11.1列出了误差函数在自变量从0到3之间的值。对于自变量大于3的情况，表中给出了可计算其近似值的公式。图11.11则是误码率与信噪比的关系曲线。用以确定P_e的信噪比是在PIN检测器直接检测条件下由式（11.11）给出的受限于热噪声的值。式（11.29）不适用于散弹噪声受限系统。稍后，将分析散弹噪声受限系统中的P_e。

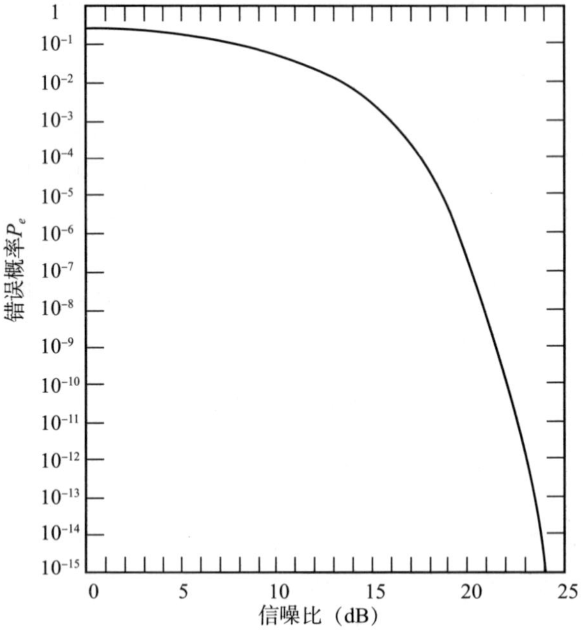

图11.11　受限于热噪声的系统的误码率

表11.1　误 差 函 数

x	erf x	x	erf x
0.00	0.000 00	1.05	0.862 44
0.05	0.056 37	1.10	0.880 21
0.10	0.112 46	1.15	0.896 12
0.15	0.168 00	1.20	0.910 31
0.20	0.222 70	1.25	0.922 90
0.25	0.276 33	1.30	0.934 01
0.30	0.328 63	1.35	0.943 76
0.35	0.379 38	1.40	0.952 29
0.40	0.428 39	1.45	0.959 70
0.45	0.475 48	1.50	0.966 11
0.50	0.520 50	1.55	0.971 62
0.55	0.563 32	1.60	0.976 35
0.60	0.603 86	1.65	0.980 38
0.65	0.642 03	1.70	0.983 79
0.70	0.677 80	1.75	0.986 67
0.75	0.711 16	1.80	0.989 09

（续表）

x	erf x	x	erf x
0.80	0.742 10	1.85	0.991 11
0.85	0.770 67	1.90	0.992 79
0.90	0.796 91	1.95	0.994 18
0.95	0.820 89	2.00	0.995 32
1.00	0.842 70	2.50	0.999 59
		3.00	0.999 98

对于$x \geqslant 3$，$1 - \text{erf}\, x \cong e^{-x^2}/x\sqrt{\pi}$。

在11.2节中，我们曾求得了两种热噪声受限系统的信噪比，分别为10.8 dB和22.8 dB。根据式（11.29）直接计算，或从图11.11中可以得到相应的误码率分别为4.2×10^{-2}和2.6×10^{-12}。

例11.5　一个1 Mbps的非归零链路在300 K温度下使用的负载电阻为100 Ω，工作波长为0.82 μm，需要的误码率为10^{-4}。假设PIN检测器的量子效率为1，计算入射到光检测器上的光功率、产生的光电流以及每比特入射的光子数。

解：

从图11.11中可以发现当误码率为10^{-4}时要求$S/N = 17.5$ dB，即$S/N = 56.2$。求解式（11.11）可以得到入射功率，即

$$P = \frac{hf}{\eta e}\sqrt{\frac{4kT\Delta f}{R_L}}\sqrt{\frac{S}{N}}$$

光频率为$f = c/\lambda = 3.66 \times 10^{14}$ Hz，脉冲持续时间为$\tau = 10^{-6}$ s。适当地设置接收机的带宽为$\Delta f = 1/\tau = 10^6$ Hz。由此有

$$P = \frac{6.63 \times 10^{-34}(3.66 \times 10^{14})}{1.6 \times 10^{-19}} \times \sqrt{\frac{4(1.38 \times 10^{-23})(300)(10^6)}{100}}\sqrt{(56.2)}$$
$$= 1.46 \times 10^{-7}\ \text{W} = 146\ \text{nW}$$

这就是当误码率为10^{-4}时需要的入射光功率。检测电流为$i = \eta eP/hf = 96.4$ nA。根据7.2节的结论，可以得到每秒入射的光子数为P/hf。因此，在一个比特间隙τ内入射的光子数为$n_p = (P/hf)\tau$。在这个例子中即为

$$n_p = \frac{146 \times 10^{-9}(10^{-6})}{6.63 \times 10^{-34}(3.66 \times 10^{14})}$$
$$= 6 \times 10^5\ \text{光子/比特}$$

由此可见，在受限于热噪声的系统中要获得10^{-4}的误码率，每比特需要大量的光子。

从图11.11中可以看出，对于信噪比大于15 dB的情形，信号功率只要有很小的增加，误码率就可以得到明显改善。因此，即使只降低少许的系统损耗，也可以显著提高系统的传输质量。

11.3.2　散弹噪声极限误码率

对于散弹噪声受限系统，检测器后的处理器计算在每个比特间隙内产生的电子数，并将此数与阈值进行比较。如果此数超过了阈值，则接收机将认为发送的是1码，如果低于阈值则认为是0码。

在接收0码时，有时在单个比特间隙内暗电流包含足够的电子从而超过阈值，这时将发生误码。在检测器制造商的说明书中，暗电流是指平均值。瞬时暗电流在这个值周围随机变化。对于某一很短的瞬间，有可能达到相对较大的值。

在接收1码时，如果信号和噪声电流相加的总电流所对应的电子数没有超过阈值，则会发生误码。在噪声电流足够大并且在单个比特间隙的大部分时间里，与信号电流反相相加时有可能发生这种情况。这时，总电流会低于阈值。即使没有暗电流，也可能发生这种类型的误码。信号本身产生的散弹噪声也可能降低总电子数。我们可以参考图11.12来解释最后一点，图中显示了入射光功率恒定时的接收电流（可以将其想像成是在非归零系统中接收到一连串1码时的电流）。从平均意义上讲，流经检测器电路的电流是恒定的。然而，瞬时电流却在此均值上下随机涨落，这是因为电荷载流子的随机产生和复合效应（即信号的散弹噪声）。在任何一个比特间隙内，产生的电子数小于阈值的情况有一个固定的概率。图中的间隙E是一个例子，由于在这个比特间隙内电流较小而发生误码。

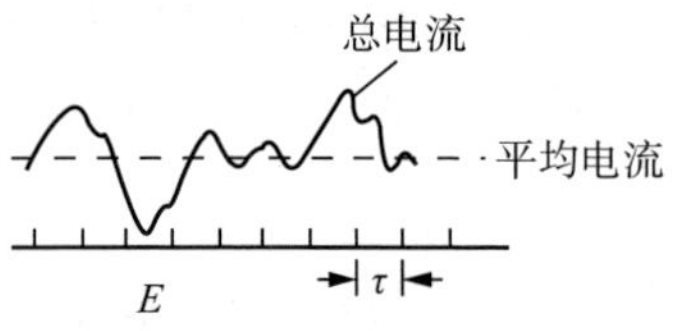

图11.12 接收光功率恒定（一连串的1码到达）时信号电流与散弹噪声电流之和。在比特间隙E内发生了误码

图11.13给出了一连串1码和0码等概率出现时系统的散弹噪声极限误码率。在理解这幅图之前需要做一点解释。错误概率取决于接收到1码时在比特间隙τ的时间内由信号产生的光电子平均数n_s。用入射光功率表示n_s则为

$$n_s = \frac{\eta P\tau}{hf} = \frac{i_s\tau}{e} \tag{11.30}$$

其中，η是量子效率，hf是光子能量，i_s是信号电流。误码率同时还取决于由暗电流I_D产生的平均电子数n_n，即

$$n_n = \frac{I_D\tau}{e} \tag{11.31}$$

图中的曲线适用于已经对判决阈值进行过优化的情况。当1码和0码等概率出现时，使P_e最小的阈值为

$$k_T = \frac{n_s}{\ln(1 + n_s/n_n)} \tag{11.32}$$

实际的阈值k_D必须是一个整数。如果k_T是整数，则k_D等于k_T。否则，k_D为大于k_T的最小整数。误码率曲线中的突变，是由于改变k_D时需要使P_e最小引起的。

下面举几个例子来说明阈值的优化。假设几乎没有暗电流存在（$n_n \cong 0$），而由式（11.32）所得到的阈值刚刚超过零。我们将实际阈值设置为一个电子（$k_D = 1$）。由于事实上没有暗电流，当系统发送0码时检测电子数始终为零，因此没有误码发生。如果检测到一个或更多的电子，则将认为是1码的到达。在这种情况下，发生误码的唯一原因是，输入光子流在一个特定的比特间隙内可能没有产生任何光电子。当入射光功率恒定时可以计算每比特的平均光子数。然而，在任何一个比特间隙内实际到达的数目都在这个均值上下随机波动。均值较低时（也就是说，每比特只有几个光子），完全有可能在一些比特间隙内没有光子入射到检测器上。另外，检测器的量子效率也只是一个平均值。例如，如果$\eta = 0.80$，则有80%的光子可以产生电子。换句话说，也就是一个光子产生一个自由电子的概率为80%。有时候，可能有几个输入光

子在比特间隙内根本不产生任何电子。当然，入射光子的平均数越大，发送1码时不产生电子的可能性越小，误码率也就越小。这些讨论解释了图11.13中零暗电流曲线的基本特性。

如前所述，电荷载流子的随机激发是散弹噪声形成的原因。直接基于这种概率特性的解释或基于产生随机电流的解释是等效的。

这里还有另一个例子。假设暗电流在每比特内产生的平均电子数$n_n = 20$，信号每比特内产生的平均光电子数$n_s = 10$。从式（11.32）得到的阈值$k_T = 24.7$，因此我们将阈值k_D设置为25。注意，必须将阈值设置为大于平均噪声数的值。系统发送1码或0码时都可能会发生误码。如本节前面所述，这种情况存在一定的概率：产生的暗电流电子会超过平均数（此例中为20）。接收0码时，如果产生了25个或更多的电子，则会发生误码。接收到1码时，每比特平均将有$n_s + n_n = 30$个电子。但是，实际电子数有时会低于25，从而引起误码。如果将阈值提高到接近30，则入射的1码将更可能产生不了足够的电子使之等于或超过阈值。由此，将发生更多的1码检测错误，而0码达到新阈值的可能性将减小。通常，提高阈值将增加1码错误而减少0码错误；降低阈值将减少1码错误而增加0码错误。在任何情况下，所谓最佳阈值就是使误码最少的阈值。

散弹噪声受限于脉冲编码调制系统的缺点，在这里表现得十分明显。为了优化阈值，必须知道光功率和噪声。随着阈值偏离最优值，错误概率迅速增加，因此最优阈值的精确定标甚为关键。

图11.13中的零暗电流曲线可以近似表示为

$$P_e = e^{-n_s}$$

当$n_s > 2$时，表11.2列出了从这个公式中得到的一些值。这些结果可以作为衡量实际系统质量的参考。

表11.2　对于指定的每比特光生电子数，脉冲编码调制误码率的近似值（无暗电流）

P_e	n_s
10^{-1}	2.3
10^{-2}	4.6
10^{-3}	6.9
10^{-4}	9.2
10^{-5}	11.5
10^{-6}	13.8
10^{-7}	16.1
10^{-8}	18.4
10^{-9}	20.7
10^{-10}	23.0
10^{-11}	25.3
10^{-12}	27.6
10^{-13}	29.9
10^{-14}	32.2
10^{-15}	34.5

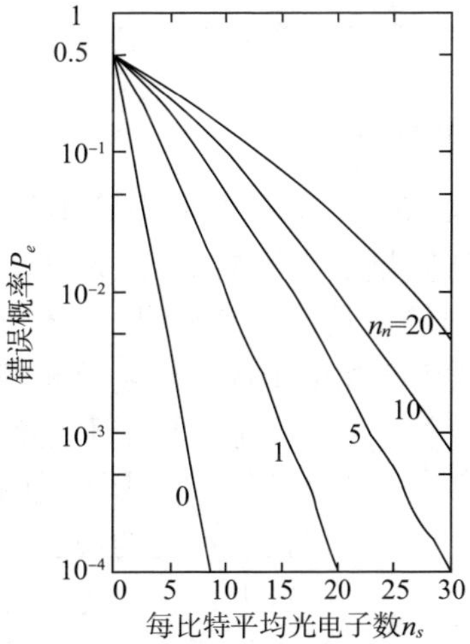

图11.13　一个脉冲编码调制散弹噪声受限系统的错误概率。接收到1码时，n_s是产生的光电子的平均数，由暗电流产生的电子的平均数为n_n（经许可，复制于William K. Pratt, *Laser Communication Systems*, John Wiley, NY, 1969, pp.169–199）

例11.6 一个1 Mbps的非归零脉冲序列以波长$\lambda = 0.82\ \mu m$沿着一个散弹噪声受限系统传输。接收机的暗电流可以忽略。假设期望的误码率为10^{-4}，量子效率为1，每比特有多少光子入射到光检测器上？计算入射光功率，并将所得结果与例11.5中受限于热噪声的系统做比较。

解：

从表11.2可看到，对于$P_e = 10^{-4}$，每比特的光电子数$n_s = 9.2 \cong 10$。由于量子效率为1，所以每比特需要10个光子。这远远少于受限于热噪声系统所需要的600 000个。比特周期为$\tau = 10^{-6}$ s。从式（11.30）中可以得到光功率为$P = hfn_s/\eta\tau = hcn_s/\eta\lambda\tau$，因此，

$$P = \frac{6.63 \times 10^{-34}(3 \times 10^8)(10)}{0.82 \times 10^{-6}(10^{-6})}$$

$$= 2.4 \times 10^{-12}\ \text{W} = 2.4\ \text{pW}$$

热噪声系统中相应的功率为146 nW。与受限于热噪声的系统比较，散弹噪声受限系统的灵敏度相对提高了$10\lg(146 \times 10^{-9}/2.4 \times 10^{-12}) = 48$ dB。

我们应该认真注意图11.13中曲线很陡的斜率。只要接收机的检测功率有很小的变化，就能使误码率发生显著变化。这个结果再次让我们认识到有效功率传送的重要性。

根据图11.13，即使光生电子的平均数为零（也许光纤断裂），错误概率也不会是1，而是1/2。为什么是这样呢？答案很简单。在接收端的观察者能够猜测发送的是0码还是1码。如果1码和0码为等概率出现可能，则猜中的概率即为50%。其实在这个过程中并没有传送信息。

11.4 模式噪声、模分配噪声、放大器噪声、激光器噪声和抖动

还有几种重要的噪声类型未讨论：模式噪声、模分配噪声、放大器噪声和激光器噪声。本节将探讨其产生机理以及如何减小其影响。除了噪声，数字链路中的抖动也会增加误码率，所以我们还将讨论抖动及其量度。

11.4.1 模式噪声

模式噪声是发生在多模光纤中的光功率随机变化[9]。如果光源是高度相干的（也就是说，采用高质量的激光器），则光纤中的模式将会相互干涉，形成一个亮暗相间的光斑图。图11.14给出的就是这种光斑图。在模式产生相长干涉（模场同相相加）的地方会出现亮点，反之，模式产生相消干涉（模场反相相加）的地方会出现暗点。

图11.14 光斑图

对于非相干光源（比如用LED），由于其线宽较宽，所以不会形成类似的光斑图。为了说明这个结论，可以考虑一个非相干光谱，其中包含一系列相隔很近的波长。每一个波长都会产生一个略微不同的光斑图。在某个位置上，一些光斑图为暗点，另一些则可能为亮点。由于不同波长的波相互之间不会产生干涉，所以总的光斑图是各个独立光斑强度上的叠加。因此，最终的图样在光纤的横截面上是近似均衡的（可能呈缓慢变化）。

单模光纤中没有这样的光斑。因为这种光斑代表的是两个或多个模场之间的干涉，所以要出现光斑就必须有一个以上的模式。

光斑本身并不具烦扰性，但是需要考虑光源的输出波长改变时（例如温度变化或调制所引起的啁啾，在10.5节中已经介绍过）将会发生什么情况。此时，由于干涉图样的形状严格

依赖于波长，所以图样会随波长的改变而发生变化，亮点和暗点将会移动到新的位置上。另外，如果光纤有物理上的位移，则会改变许多模式的传播路径（以及相对路径），也会产生类似的干涉图样改变。连续随机的温度变化或者物理位移（例如振动）会造成光斑连续随机地改变。即使这样的影响，对于一个理想的光纤系统也不是有害的。放置在光纤末端的光检测器很容易收集光纤中所有的光功率，而不必考虑照射光的特殊图样。然而，对于一个非理想的光纤链路，其中元件的损耗是有选择性的。也就是说，其损耗值与照射光的图样有关。大多数连接器都有这样的特性。例如，如果一个连接器中的光纤有些横向对准差错（见图11.15），则其损耗会有模式选择性。不同的光斑图样对应不同的光功率耦合效率，因为某一个图样在两个纤心重叠部分集中的光功率可能比另一个图样更多。随着图样的变化，一些斑点将移出（或移入）重叠区域。随机变化的图样将会转变为随机变化的连接损耗，从而引起接收功率的随机变化，这就是模式噪声。

图11.15　未对准的纤心

将模式噪声降到最小，在理论上很简单。可以使用单模光纤，或使用低损耗的连接器，或使用低相干性的光源。使用单模光纤和低损耗连接器都会增加系统的成本，而使用低相干性光源会增加材料色散导致的散脉冲展宽（见3.2节），从而降低光纤的数据传输能力。

用一句结论性的话讲，在多模光纤系统设计中必须考虑模式噪声。但我们必须意识到，从理论上很难预知模式噪声的大小，因为通常不知道连接器失准的程度和光源波长的变化。模式噪声必须通过实验的方法估算。

11.4.2　模分配噪声

在6.5节中提到过，由于激光腔体中的多谐特性，典型半导体激光器发出的光谱是多模的，总的激光发射功率是不同纵模的功率之和。虽然总功率保持不变，但单个模式的功率可能随机变化。事实上，任何一个模式的功率涨落都可能很大。在一根具有较高色散的单模光纤中，每个激光模式都有确定的但互不相同的传播速度（不同的激光模式有不同的频率）。模式时延与每个模式随机变化的幅度结合起来，导致在任意时刻脉冲的总功率并不总是相同的。由于色散的缘故，在接收端单个模式相互之间会有延迟。沿脉冲每点上的总功率是各模式的功率总和。因为单个模式的功率是随机变化的，所以在每个测试时刻上的总功率是不相同的，正如在其他时刻一样。也就是说，脉冲里有随机变化的成分（噪声）加到其均值上。这种噪声就是模分配噪声（mode-partition noise，mpn）。随着系统数据速率的提高（即单个脉冲持续时间的降低），模分配噪声的影响显得更加明显。

可以通过让光纤工作在低色散区来减小模分配噪声。常规单模光纤的低色散区接近1.3 μm，色散位移光纤接近1.55 μm。另外，尽量使用纵模较少的激光器也可以降低模分配噪声的影响。在很多系统中首选单纵模激光器（单频光源）正是由于这个原因。

11.4.3　电放大器噪声

在光检测器后面通常接一个电放大器，将接收信号放大到可用的电平。在理想条件下，信号功率和噪声功率都将因放大器的**功率增益**G而被同时放大。因此，放大器的输出信噪比等于输入信噪比。遗憾的是，实际的放大器不仅放大噪声，而且本身还产生噪声，这就降低了信噪比。

我们用P_{out}来表示附加的噪声。如果希望在信噪比的计算中包含这个噪声功率，则可以假设有一个理想的无噪声放大器，并在其输入端加上一个热噪声源，此噪声源产生的噪声功率为$P_{in} = P_{out}/G$。为了定量描述这个功率，现在引入**放大器噪声温度**T_a，根据计算热噪声的式（11.7），可以得到

$$P_{in} = \frac{P_{out}}{G} = 4kT_A\Delta f \tag{11.33}$$

如图11.16所示。将此噪声项与负载电阻的热噪声结合起来，可以得到等效输入热噪声功率

$$\overline{P}_N = 4k(T + T_A)\Delta f = 4kT_e\Delta f \tag{11.34}$$

其中，T为电阻的温度，令

$$T_e = T + T_A \tag{11.35}$$

这就是**等效系统噪声温度**。实际的总的热噪声，看起来好像是来自于工作在温度T_e下的电阻。

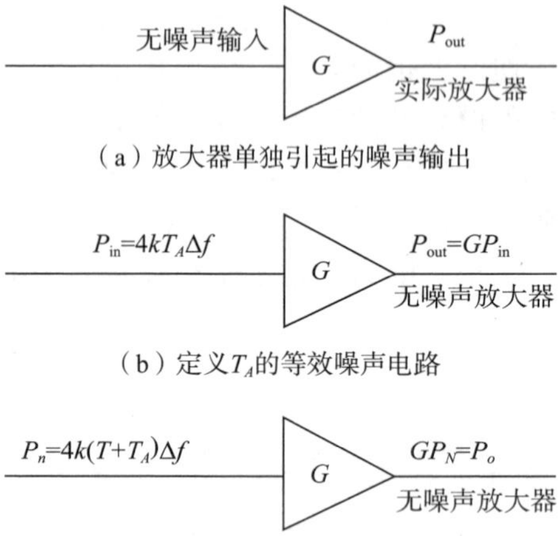

（c）包含来自于负载电阻噪声的噪声等效电路

图11.16　放大器噪声

现在，只须将实际系统温度T替换为等效系统温度T_e，就可以计算信噪比（前面推导出的所有公式都成立）。换句话说，我们假设放大器本身是理想的，仅仅通过增加负载电阻的表观温度来表述其附加噪声。

例11.7　在例11.1中，对于一个受限于热噪声的恒定光功率系统，$S/N = 12$（10.8 dB）。带宽为10 MHz。检测到的信号功率为2×10^{-12} W，在300 K时热噪声功率为1.66×10^{-13} W。假设光检测器后面接一个放大器，给定的功率增益为10 dB，噪声温度为454 K。计算信噪比。

解：

参考放大器的输入端，噪声由式（11.34）计算，此时$T_e = T + T_A = 754$ K。则$P_N = 4kT_e\Delta f = 4\times1.38\times10^{-23}\times754\times10^7 = 4.2\times10^{-13}$ W。由此有

$$S/N = 2\times10^{-12}/4.2\times10^{-13} = 4.8\ (6.8\ \text{dB})$$

由于放大器噪声包括在T_e中，所以这就是输出信噪比。10 dB增益同时将实际信号功率和表观输入热噪声功率增加了10倍。放大器噪声将信噪比从10.8 dB降低到了6.8 dB。

有时，给定的是放大器的**噪声系数**F，而不是其噪声温度T_A。F是一个性能参数，定义为

$$F = 1 + \frac{T_A}{T_s} \tag{11.36}$$

其中，T_s是某个参考温度，在许多应用中人们约定将290 K作为参考。T_A并不取决于参考值的选择，因此噪声系数也与参考值的选取无关。很容易推导出噪声系数的表示式。等效系统噪声温度为

$$T_e = T + T_A = T + (F - 1)T_s \tag{11.37}$$

这里已用式（11.36）消去了T_A。假设我们选择的参考温度等于系统温度：$T_s = T$；由此有$T_e = FT$，总输出噪声功率则变为

$$\begin{aligned} \overline{P}_O &= G\overline{P}_N = G4kT_e\Delta f \\ &= G4kFT\Delta f \end{aligned} \tag{11.38}$$

从中解出噪声系数，得到

$$F = \frac{\overline{P}_O}{G4kT\Delta f} = \frac{\overline{P}_O}{G\overline{P}_{\mathrm{NT}}} \tag{11.39}$$

在这里，负载电阻的热噪声功率$\overline{P}_{\mathrm{NT}}$是由式（11.7）确定的。根据这个结果，可以将噪声系数定义为输出端的热噪声功率除以输入热噪声与功率增益的乘积。要使用这个定义，F必须在负载电阻的温度下度量（或计算）。对于理想的放大器，$\overline{P}_O = G\overline{P}_{\mathrm{NT}}$，噪声系数为1。在实际电路中，所有的放大器都会增加噪声，使得$\overline{P}_O > G\overline{P}_{\mathrm{NT}}$，从而有$F > 1$。

例11.8　计算在上一个例子中所用的放大器的噪声系数。

解：

假设我们希望知道实际系统温度300 K下的F。根据式（11.36），$F = 1 + 454/300 = 2.51$。噪声系数也经常用分贝表示。在本例中，$F_{\mathrm{dB}} = 10\lg 2.51 = 4$ dB。

对上面的两个例子进行比较可以看出，一个有4 dB噪声系数的放大器将信噪比降低了同样的数量，即降低4 dB。实际上，对受限于热噪声的系统，如果放大器的噪声系数（用分贝表示）是在实际系统温度下计算的，则系统的信噪比（用分贝表示）将会降低同样的分贝数。用一个方程式表示，有

$$\left(\frac{S}{N}\right)_{\mathrm{out}} = \frac{1}{F}\left(\frac{S}{N}\right)_{\mathrm{in}} \tag{11.40}$$

注意，放大器的输出信号功率是输入功率的G（增益）倍，而输出的噪声功率是由式（11.39）以输入热噪声功率的形式给出的。由此，也可以获得式（11.40）的结果。重写上面的方程式，可得

$$F = \frac{(S/N)_{\mathrm{in}}}{(S/N)_{\mathrm{out}}} \tag{11.41}$$

从中可以得到这样的概念：对受限于热噪声的系统，噪声系数是放大器输入端的信噪比与输出端的信噪比的比值。

对非受限于热噪声的系统，放大器噪声对信噪比的影响必须单独计算。

通过设计低噪声系数的放大器，可以尽量减小放大器噪声的影响。对于散弹噪声受限系统，如果散弹噪声远大于热噪声（对热噪声功率的计算已经包含了放大器的噪声温度），则放大器噪声的影响也可以降低到最小。

散弹噪声受限光纤通信系统通常需要使用雪崩光电二极管或外差接收机，二者都可以看成无噪声的信号放大器（不考虑雪崩过剩噪声）。包含一串放大器的系统，其信噪比主要由第一级放大器的噪声特性决定。由此我们再一次推断，拥有内部增益（雪崩光电二极管检测或外差检测）的接收机比没有增益的接收机产生的信号劣化要小。这是因为没有内部增益的接收机必须要加第一级电放大器，其噪声将产生重要影响。同时还可以得到结论，PIN型光电二极管接收机中的第一级放大器（称为前置放大器）是决定系统信噪比的关键器件。

11.4.4　光放大器噪声

很明显，在一些传输路径很长或光功率要被分配到许多接收终端的网络中，会包含掺铒光纤放大器（已在6.7节中讨论过）这样的光放大器。在这类应用中，可能需要级联的光放大器链。

对于光放大器引入的噪声，我们将从式（11.41）给出的噪声系数定义入手。如图11.17所示的放大器链由N个放大器组成，每个的功率增益为G_k，噪声系数为F_k。因此，第k级放大器的噪声系数为

$$F = \frac{(S/N)_{k,\ \mathrm{in}}}{(S/N)_{k,\ \mathrm{out}}} \tag{11.42}$$

在相邻的放大器之间存在信号功率损耗，由传输损耗因子α_k给定。它会引起中继器之间的信噪比降低。级联放大器链的总噪声系数为[10]

$$F = \frac{F_1}{\alpha_1} + \frac{F_2}{\alpha_1 G_1 \alpha_2} + \frac{F_3}{\alpha_1 G_1 \alpha_2 G_2 \alpha_3} + \cdots + \frac{F_N}{\alpha_N \prod_{i=1}^{N-1} (\alpha_i G_i)} \tag{11.43}$$

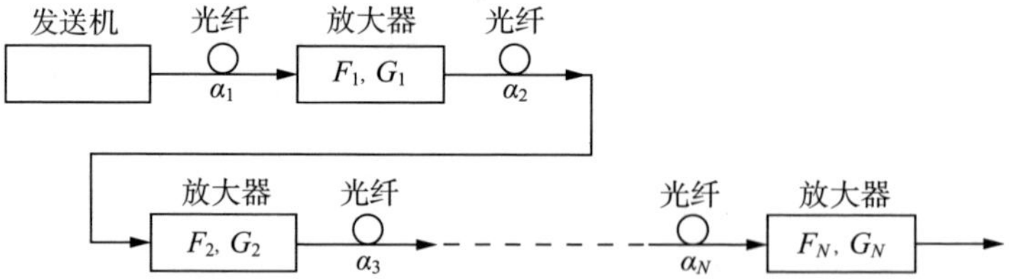

图11.17　级联的光放大器链

例11.9　在理想情况下，每个放大器的增益应等于光纤衰减引起的损耗。假设现在的情况就是这样（即假设$\alpha_i G_i = 1$）。同时，假设每个放大器的噪声系数为3 dB，共有10个放大器，发送机输出端的信噪比为10^8，相邻光纤放大器之间的损耗为30 dB。计算输出信噪比。

解：

在假设的条件下，式（11.43）简化为$F = NF_iG_i$，30 dB损耗对应的传输损耗$\alpha_i = 10^{-3}$，由此得$G_i = 10^3$。而$N = 10$，$F_i = 2$，因此$F = 10 \times 2 \times 10^3 = 20\ 000$。最后，$(S/N)_{\mathrm{out}} = (S/N)_{\mathrm{in}} / F = 10^8/20\ 000 = 5000$ dB或37 dB。

这个结果也可以用分贝来计算。即输入信噪比为80 dB，系统噪声系数为10 lg 20 000 = 43 dB。输出信噪比即为80−43 = 37 dB。

11.4.5 激光器噪声

激光器噪声是附加在激光器输出光束上的随机涨落，即使驱动电流保持恒定，也会发生这种不希望有的涨落[11]。这通常是低质量激光器的特点，但所有激光器实际上都不同程度地存在这种现象。如果激光器受到调制，而且调制频率接近其谐振频率（通常为几GHz），则激光器噪声将达到峰值。正是由于这个原因，相对于低频链路，激光器噪声在高频链路中的影响更为重要。在一个以低于激光器谐振频率正常工作的系统中，优质激光器所产生的噪声很小。

对于某些激光器，相对噪声在刚刚达到阈值并开始振荡的时候达到峰值。驱动电流超出阈值时，激光器噪声保持固定，而输出功率迅速增加。因此，相对于噪声降低，信号质量有所提高。让激光器稳定地工作在阈值以上（比如驱动电流超出阈值40%），可以将相对噪声减到最小程度。

相对强度噪声（relative-intensity noise，RIN）是描述激光器噪声大小的参量。我们将按下面的路径引入这个概念：激光器发射的平均功率为P，响应度为ρ的光检测器与带宽为Δf的接收机相连，测量激光器输出。平均检测电流为ρP，但噪声电流平方的均值（也就是噪声引起的涨落）为[12]

$$\overline{i_{\mathrm{NL}}^2} = \mathrm{RIN}(\rho P)^2 \Delta f \tag{11.44}$$

由激光器产生的平均噪声功率必定为

$$\sqrt{\overline{P_{\mathrm{NL}}^2}} = \sqrt{\overline{i_{\mathrm{NL}}^2}}/\rho \tag{11.45}$$

将这两个公式结合起来，可以得到RIN的计算公式，即

$$\mathrm{RIN} = \frac{\overline{P_{\mathrm{NL}}^2}}{P^2 \Delta f} \tag{11.46}$$

注意，RIN是平均噪声功率的一种度量方法，并用带宽进行归一化。其单位为$(\mathrm{Hz})^{-1}$。RIN常常用dB/Hz这样的单位表示，即

$$(\mathrm{RIN})_{\mathrm{dB/Hz}} = 10\lg\left(\frac{\overline{P_{\mathrm{NL}}^2}}{P^2 \Delta f}\right) \tag{11.47}$$

要在前面推导出的信噪比公式中将激光器噪声包括进去，仅需将式（11.44）中的激光器噪声电流加到其他噪声电流（热噪声和散弹噪声电流）中即可。作为例子，式（11.8）变为

$$\frac{S}{N} = \frac{(\rho P)^2 R_L}{2eR_L\Delta f(I_D + \rho P) + 4kT\Delta f + \mathrm{RIN}(\rho P)^2 \Delta f R_L} \tag{11.48}$$

其中，用检测器的响应度ρ代替了$\eta e/hf$这一项。

例11.10 一个优质的半导体激光器的RIN为−140 dB/Hz。假设平均入射功率为10 μW，计算一个带宽为100 MHz的接收机所检测到的激光器噪声功率，同时计算平均噪声电流。检测器的响应度为0.5 μA/μW。

解：

$(\mathrm{RIN})_{\mathrm{dB/Hz}} = 10\lg \mathrm{RIN} = -140$，所以得到$\mathrm{RIN} = 10^{-14}(\mathrm{Hz})^{-1}$。从式（11.46）中得到激光器噪声功率的平方为

$$\overline{P_{\mathrm{NL}}^2} = \mathrm{RIN}\, P^2\, \Delta f$$
$$= 10^{-14}(10^{-5})^2\, 10^8 = 10^{-16}$$

平均激光器噪声功率为0.01 μW。响应度为0.5，因此平均噪声电流为0.005 μA或5 nA。

正如式（11.48）所指出的，热噪声与信号功率无关，散弹噪声直接随接收到的信号功率而增加，RIN随接收到的信号功率的平方而增加。由此可以得出结论：对于低接收信号功率，热噪声占主导地位；对于中等强度的接收信号功率，散弹噪声占主导地位；功率更高时，RIN占主导地位。模拟系统（尤其是发送视频的系统）需要很高的信噪比，因此需要高信号功率，这就使得RIN在模拟视频系统的*S/N*计算中显得很重要。在数字传输线路中，RIN的重要性相对低一些，因为较低的功率足以获得所需要（但低于模拟系统）的信噪比。

11.4.6 抖动和眼图

已经十分清楚，许多因素都可以导致数字光脉冲失真。其中包括噪声引起的失真和脉冲展宽引起的失真。脉冲展宽主要由系统的有限带宽引起，包括发送机、光纤以及接收机。另外，系统还会引入定时误差，这种现象称为**抖动**。所有这些失真都会导致接收机正确分辨二进制0码和1码的能力的降低。

可以用**眼图**这种简便的方法来测量这些失真。眼图是将各个分段的码元重叠地展现在一个码元宽度内，并在示波器显示屏上显示出来的图样。为了说明眼图的重要性，我们从图11.18开始。图11.18（a）描绘了一个典型的二进制非归零信号。比特周期为*T*秒，对应的数据速率为1/*T* bps。图11.18（b）显示了由光纤传输和接收机的接收引起失真（脉冲被展宽，上升时间和下降时间增加）后的波形。图11.18（c）显示了前后到达脉冲的叠加，可以在示波器中观察到，示波器的时基由接收机每*T*秒触发一次。图案中显现一个清晰张开的眼睛。这幅图描绘的是理想的未引入噪声和抖动的情形。

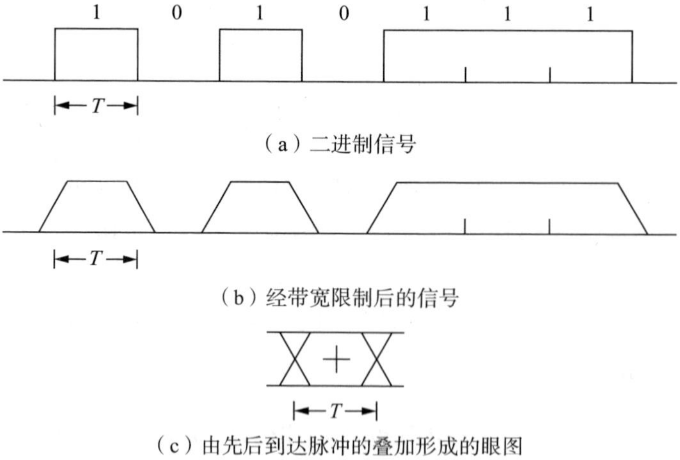

图11.18　非归零信号的理想眼图

图11.18（c）中心的十字符号表明对接收信号进行抽样的最佳时刻和最佳电平（**阈值电平**），以正确地分辨0码和1码。最佳抽样时刻也就是在眼睛张开高度达到最大值的时刻。

图11.19描绘了抖动对眼图的影响。抖动使接收机在最佳时刻对脉冲的抽样更加困难。也就是说，随着抖动（$\Delta\tau$）的增加，对抽样时刻偏离最佳时刻的容差最小。图11.20显示了噪声和抖动同时存在时对眼图的影响。噪声往往降低眼睛的高度，抖动则降低其宽度。这两种情况都降低了接收机正确分辨单个脉冲的能力。在图中所示的条件下，设置的阈值电平和/或抽样时刻的微小误差都会引起误码。通常误码率随着眼睛的闭合而增加。

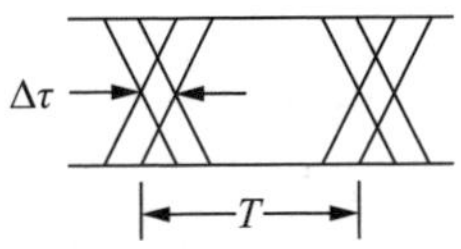

图11.19　抖动使眼睛变小，致使在最佳时刻对脉冲的抽样更加困难

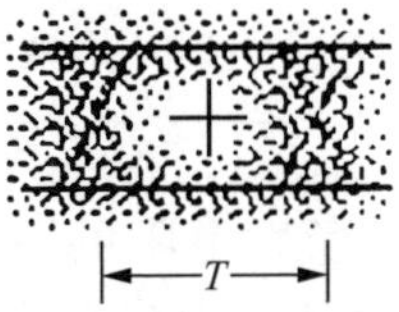

图11.20　噪声和抖动使眼睛闭合

11.5　其他噪声源

电流噪声和背景噪声也会引起系统性能的劣化。

11.5.1　电流噪声

半导体器件会产生缓慢的电流起伏，称为**电流噪声**或**1/*f*噪声**[13]。它限定在低频，在1 Hz以下变化，记为1/*f*。将放大的信号经过滤波器滤波，使10 Hz以下的频率受到极大衰减，从而可以将电流噪声降到最低。

11.5.2　背景噪声

在大气光通信系统中，其他光源的光也可以进入光检测器。来自于阳光、街灯或汽车灯的能量都可以检测到，这样就增加了接收机的直流电流，从而增加了散弹噪声。这种**背景噪声**通常可以很容易地从光纤链路中消除，只要将其完全封装即可。

11.6　接收电路设计

本节将更详细地介绍接收机前端电路（光检测器和第一级放大器）[14, 15]。一个成功的方法是总体性地考虑检测器负载电阻后面所接的电压放大器。这种电压放大器通常使用双极晶体管，或由场效应晶体管（field-effect transistor，FET）构成。另外两种电路，高阻抗放大器和跨阻抗放大器，在某些应用中表现出一定的优势。下面具体介绍这些不同的电路，并对其性能进行比较。

11.6.1　双极晶体管和FET放大器

最简单的前端由一个反向偏置的光电二极管加上负载电阻，以及后面的常规放大器组成，如图11.21所示。图11.21（a）为双极晶体管放大器，图11.21（b）为场效应晶体管放大器。为简化示意图，晶体管的偏置电路没有画出来。

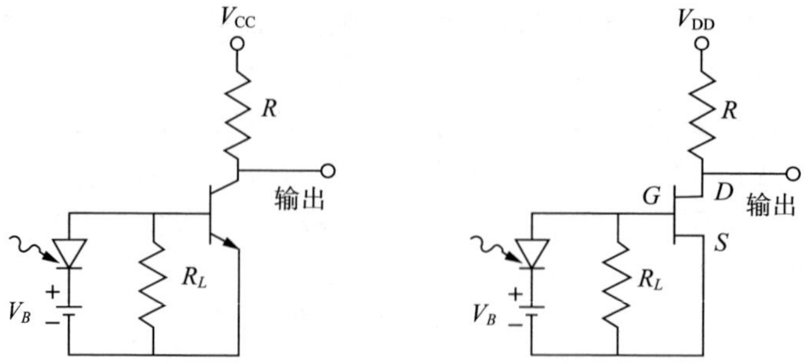

（a）双极晶体管放大器　　（b）FET放大器

图11.21　简单的接收机前端电路

选择最佳负载电阻的原则已在7.4节中说明，并在表7.3中进行了归纳。简而言之，我们需要较大的负载电阻R_L来获得较高的输出电压并降低热噪声，但又需要较小的R_L以得到较大的带宽和动态范围。由式（7.16）给出的3 dB带宽现在必须包含与放大器相关的电容和电阻，从而有

$$f_{3\text{ dB}} = \frac{1}{2\pi R_T C_T} \tag{11.49}$$

其中，R_T为负载电阻R_L与晶体管输入电阻及其偏置电路电阻的并联电阻值。C_T是二极管电容C_d和晶体管输入电容（通常为几皮法）的并联电容。偏置电阻可能很大，因此与R_L并联后对总电阻R_T起的作用不大。FET的输入电阻很大（通常为1～100 MΩ），所以在计算R_T时可以将其忽略。对于FET前端，可以假设$R_T = R_L$。双极晶体管的输入电阻大小中等（几千欧）。在计算总电阻时必须将其包含进去，因为会对R_T的大小产生显著的影响。从式（11.49）可以看出，最终它对带宽会产生影响。

前一节引进的噪声系数可以解决晶体管（及其偏置电路）引入的噪声分析问题。对FET的噪声系数有贡献的包括漏源沟道电导和偏置电阻产生的热噪声。FET散弹噪声源于栅极G和源极S之间的小的漏电流。双极晶体管放大器中的热噪声来源于晶体管的基础电阻和偏置电阻，而散弹噪声则随着双极性晶体管中的基极电流和集电极电流的产生而出现。

场效应晶体管产生的噪声功率与系统带宽的立方成正比，而由双极性晶体管产生的噪声只与带宽的平方成正比（在通常情形下，基极电阻很小这个结论成立）。因此，在高频应用的情况下（与数字系统中的高数据速率相对应），双极性晶体管产生的噪声少于FET，所以在高频应用领域更有优势。而在低频的情况下，FET产生的噪声更少，所以优先使用FET。另外，场效应晶体管的增益在高频时下降得很厉害，这就使其在高频系统中的应用更受限制。通常，在25～50 MHz以下使用FET的效果最好，在这个频率范围以上双极性晶体管的性能更为优越。

11.6.2　高阻抗放大器

无论对于FET前端还是双极晶体管前端，如果负载电阻R_L很大，放大器的输入阻抗（R_T与C_T并联）就会很高，因此称其为**高阻抗放大器**。根据我们已有的知识，大电阻能使热噪声降到最低。实际上，这是我们考虑高阻抗前端的主要原因。然而，大的R_L会降低接收机的带宽。对于频率高于式（11.49）所给定的3 dB带宽值的情况，主要由电容C_T决定输入阻抗。并且，C_T对输入波形进行积分。高阻抗放大器如果工作在其3 dB带宽频率以上，则对高频成分的放大比对低频成分的放大小得多。前置放大器后面接的均衡器则正好产生相反的效果，对

低频成分的衰减量要大于高频成分，一个微分电路就可以完成这项任务。均衡器可以较为理想地恢复信号波形。均衡器产生的功率损耗是改善高阻抗前端噪声特性所付出的代价。

应该强调，因为负载电阻很大，所以高阻抗前端的动态范围较窄。这一问题可以通过下面要介绍的跨阻抗放大器来解决。如果某个应用需要高灵敏度（低噪声）接收机，并且不需要宽动态范围，则选择高阻抗前端是适当的。

11.6.3 跨阻抗放大器

7.4节中的图7.11描述的电流–电压转换器是一个**跨阻抗放大器**。为了方便，在图11.22中重新绘制了这幅电路图。跨阻抗放大器可以工作在很宽的动态范围以内，光信号功率即便相差几十倍也能线性地处理，因为几乎整个偏置电压都加到了二极管上。所以，即使入射光功率足够大也可以产生很大的光电流，其工作状态不会受到大的影响。这种特性在图7.12中阐明。不同于式（7.13）和图7.8所描述的情况，后者可以线性检测的最大光功率限定为$V_B/\rho R_L$，而最大光电流为V_B/R_L。

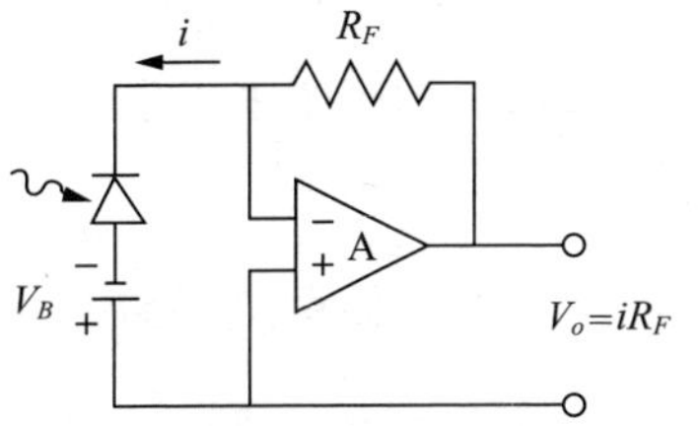

图11.22 跨阻抗放大器。A为运算放大器，i是检测器光电流与暗电流之和

反馈电阻决定了热噪声。要计算跨阻抗前端的信噪比，需要将前面所有热噪声计算公式中的R_L替换为R_F。为了尽可能降低噪声并提高输出电压（iR_F），反馈电阻应该尽可能取得大一些。反馈电路中包含旁路电容C_F，而其带宽限定为

$$f_{3\text{ dB}}=\frac{1}{2\pi R_F C_F} \tag{11.50}$$

这类似于式（11.49）这种没有反馈的电路。但是，反馈电容远小于无反馈电路的输入电容C_T。因此对于一个给定的带宽，R_F可以远大于R_L，这样可以降低噪声从而提高接收机的灵敏度。如果R_F等于R_L，则跨阻抗前端可以提供比无反馈放大器宽得多的带宽。

跨阻抗放大器的噪声特性接近低噪声高阻抗放大器，但比高阻抗电路拥有更宽的动态范围和更大的可用带宽。如果注意到有时并不需要均衡电路，就能明白为什么在光接收机中跨阻抗放大器的应用如此广泛。

表11.3归纳了主要的前端电路的差别。可以回忆一下，使用雪崩光电二极管时，信噪比对热噪声的依赖性小于使用PIN检测器。换句话说，在雪崩光电二极管接收机中是由雪崩光电二极管而不是由前置放大器决定信噪比。如果事实如此，那么系统设计者应该考虑使用最简单的前端电路。

表11.3 接收机前端比较

	双极性	FET	高阻抗	跨阻抗
电路复杂程度	简单	简单	复杂	中等
是否需要均衡器	不需要	不需要	需要	不需要
相对噪声	中等	中等	很低	低
带宽	高	低	中等	高
动态范围	中等	中等	窄	宽

11.6.4 集成的检测器前置放大器

集成检测器放大器（integrated detector amplifier，IDP）（7.3节已简要介绍过）通常包含一个pn光检测器、一个跨阻抗或高阻抗放大器，后面还接有一个或多个放大器以提供额外的增

益和阻抗匹配。集成检测器放大器为系统设计者带来方便，提供已经设计好并经测试和构造完整的前端。更重要的是，集成检测器放大器降低了由检测器和放大器之间的引线感应外来干扰的概率。集成检测器放大器中的引线很短，并且很容易屏蔽。来自光源的有用信号经过光纤输入耦合器、若干个连接器、分配网以及若干千米的光纤，之后进入一个高灵敏度的检测器和低噪声放大器。在其传送过程中必须得到小心保护，这是由于光电二极管和放大器之间的连接线引入的噪声有可能掩埋这一微弱的有用信号。通过接收机后面部分感应的外来干扰对信噪比的影响较小，因为这里的有用信号要强得多。

一个典型的单片集成硅IDP的响应度为30 mV/μW，上升时间为35 ns[16]。注意，对于集成检测器放大器，响应度用其输出电压与输入光功率来定义。35 ns的上升时间对应3 dB带宽，根据式（7.2）计算为10 MHz。

11.6.5 混合接收机模块

混合接收机模块的优点与单片集成IDP相似。这种模块包含一个光电二极管和放大电路，都是独立制作的。然后在一个很小的空间内连接，形成一个整体。混合PIN–FET接收机可以通过厚膜电路元件和陶瓷衬底，使PIN检测器与跨阻抗或高阻抗FET（或MESFET）放大器相连。最后形成的器件放置在合适的结构中，例如印制电路板通用的内双列封装。可以通过封装盒上的连接器或尾纤将光信号接入光电二极管中。

11.7 总结和讨论

由于散弹噪声的存在，接收信号总是伴随着随机起伏。与检测器的负载电阻相关的热噪声以及由放大器产生的噪声（散弹噪声和热噪声）增加了这种扰动。要解决噪声的问题，最简单的方法是向接收机提供强信号。对于短程点对点链路通常可以这么做。当信号必须跨越很长的路径或必须在几个终端之间进行分配时，传输损耗和分配损耗会将信号降到很弱。此时，必须考虑噪声的影响。

信号质量的通用度量是信噪比和错误概率。本章利用特定的数值例子说明，即使光功率相当小，信号仍有可接受的质量。我们将对这些结果加以推广，让大家对所需的功率等级以及允许的链路损耗有一定的感性认识。约1 μW（–30 dBm）的光功率到达接收机时，一些受限于热噪声的系统能够良好工作。类似地，散弹噪声受限系统能够在纳瓦（–60 dBm）量级正常工作。如果光源发出10 mW（10 dBm）的光，则在受限于热噪声的系统中可以容许40 dB（10+30）的系统损耗，散弹噪声受限系统可以容许70 dB（10+60）的系统损耗。然而我们应该强调，理想的散弹噪声极限结果在实际系统中很难达到。雪崩光电二极管的使用能够让实际系统与这个理想值的差距在10 dB以内。注意，即使与理想的散弹噪声受限值相差10 dB的接收机，其灵敏度仍然比受限于热噪声的接收机高20 dB以上。

当噪声成为要考虑的问题时，必须对接收机的设计予以更多的关注。设计工作从光检测器的选择开始。如果在热噪声占主导地位的条件下工作，能够产生足够好的信号质量，则应选择PIN二极管；如果对信号质量有更高的要求，则应选择雪崩光电二极管。由于雪崩光电二极管的成本和电路复杂度较高，所以在考虑使用雪崩光电二极管之前应尽可能降低系统损耗（也许通过提高光源耦合效率和连接器效率能达到提高接收质量的目的）。多种可供选择的前置放大电路（例如，终端检测器加上放大器以及高阻抗前端和跨阻抗前端等）给设计者在优化接收机的成本、复杂度和性能方面带来了机动性。

重要的接收机性能参数包括灵敏度、带宽和动态范围。灵敏的接收机能够检测很微弱的信号，可以延长中继器之间的距离，提高线路总长度并提供高质量的接收。如果接收机灵敏度高，则容许将发射光功率在分配网的多个终端之间分配。高带宽接收机增加了系统的容量，使其能够接收更多的信息。动态范围较宽的接收机即使在接收到的光功率变化相当大时仍然可以良好工作。这是分布式通信网络的一个必要条件。在分布式网络中，来自于附近发送机的信号比来自远处发送机的信号强得多。

接在接收机前端后面的信号处理电路包括积分器、微分器、均衡器、比较器、峰值检波器以及功率放大器等。这些都是常规的电器件，而不是光纤线路中特有的。所以，在本书中没有进行详细介绍。

习题

11.1　假设某接收机的温度为35℃，带宽为6 MHz，负载电阻为50 Ω。

(a)计算均方根(root-mean-square，rms)热噪声电流。

(b)计算电阻上的rms热噪声电压以及产生的热噪声功率。

(c)将电阻改为50 000 Ω，重复上面的计算。

习题11.2到习题11.6是针对二进制脉冲编码调制系统的。

11.2　假设某接收机的带宽为6 MHz，平均光电流为1 nA；T = 300K，暗电流为零，负载电阻为50 Ω。

(a)计算rms散弹噪声电流。

(b)计算rms信号电压和电阻上的rms散弹噪声电压。

(c)在忽略热噪声的条件下计算信噪比。

(d)在不忽略热噪声的情况下重复上述计算。

11.3　一个光检测器的暗电流为5 nA，响应度为0.5 A/W。当入射光功率为多少时，信号产生的散弹噪声等于暗电流产生的散弹噪声？

11.4　一个PIN光检测器的响应度为0.5 A/W，暗电流为2 nA。负载电阻为2000 Ω，系统带宽为50 MHz，温度为40℃。

(a)接收到的光功率为多少时，热噪声等于散弹噪声？

(b)对于此接收光功率，信噪比为多少？

(c)在此接收光功率值下，散弹噪声功率为多少？

11.5　假设所用光检测器是一个增益为100的雪崩光电二极管，并且未放大的暗电流为2 nA，重复习题11.4的计算。

11.6　假设到达接收机的光功率为1 μW，检测器的响应度为0.5 A/W，暗电流为4 nA。温度为27℃，接收机的带宽为500 MHz，负载电阻为50 Ω。

(a)计算信噪比。

(b)计算受限于热噪声的信噪比。

(c)计算散弹噪声极限信噪比。

(d)要使实际信噪比只比量子极限信噪比低5 dB，需要光检测器的增益为多少？假设光检测器的过剩噪声可以忽略。

11.7　假设某PIN光电二极管的响应度为0.3 A/W，暗电流为10 nA。温度为300 K，带宽为100 MHz。

（a）画出如图11.9所示的等效噪声功率与负载电阻的关系曲线。

（b）计算当负载电阻为50 Ω时的最小可检测光功率。

（c）当负载电阻为5000 Ω时重复上面的计算。

（d）当负载电阻为50 000 Ω时重复上面的计算。

11.8 一个模拟系统的带宽为10 MHz，光检测器响应度为0.5 A/W（没有内部增益），暗电流为1 nA，当光调制因子为0.4时信噪比为50 dB。接收机的温度为27℃，负载电阻为50 Ω。必须要有多大的光功率（平均）到达接收机？

11.9 考虑一个数字系统的外差接收机。光检测器的响应度为0.5 A/W，暗电流为2 nA，温度为27℃，负载电阻为100 Ω，中频带宽为500 MHz。当接收二进制1码时，接收到的光功率恒定为5 nW。

（a）如果信噪比只比量子极限信噪比少1 dB，那么需要的本地振荡功率是多少？

（b）如果这不是一个外差系统，则接收机的带宽可以只有250 MHz。对于这种情况，要获得与（a）相同的信噪比，需要多大的信号功率？

11.10 将误差函数表（见表11.1）从$x = 3$扩展到$x = 6$，步长为0.5。

11.11 一个受限于热噪声的脉冲编码调制系统，错误概率应优于10^{-9}。负载电阻为50 Ω，温度为300 K。数据速率为500 Mbps（非归零），工作波长为1.3 μm，光检测器的量子效率为0.9。

（a）需要的最小信噪比是多少？

（b）必须有多大的光功率到达接收机？

（c）计算在这个入射功率条件下，每比特的入射光子数（即接收到1个1码时的光子数）。

11.12 一个散弹噪声受限的500 Mbps 脉冲编码调制系统，错误概率优于10^{-9}。工作波长为1.3 μm，光检测器的量子效率为0.9。暗电流可以忽略。

（a）必须有多大的光功率到达接收机？

（b）计算在这个入射功率条件下，每比特的入射光子数。

（c）将该题的结果与习题11.11的结果进行比较。

（d）你可能已经发现，量子噪声受限系统所需要的光功率比受限于热噪声的系统小得多。如何设计系统使其尽可能接近量子受限结果？

11.13 一个电放大器功率增益为8，噪声系数为3 dB。将此放大器接在一个响应度为0.5 A/W的光电检测器之后，其负载电阻为100 Ω，接收到的光功率为0.5 μW。温度为300 K，接收机的带宽为1 MHz。

（a）计算负载电阻上的信号功率。

（b）计算放大器输出的信号功率。

（c）计算由负载电阻产生的热噪声功率。

（d）计算放大器输出的热噪声功率。

（e）计算放大器的噪声温度。

（f）计算等效输入噪声功率。

（g）计算放大器输入端的信噪比。

（h）计算放大器输出端的信噪比。

11.14 某光接收机包含一个PIN光电二极管和一个FET放大器，如图11.21所示。负载电阻为2000 Ω，二极管的电容为3 pF，晶体管的电容为6 pF。

（a）计算此接收机的3 dB带宽。

（b）计算此接收机上升时间的近似值。

11.15 将FET替换为一个输入电容为6 pF、且输入电阻为2000 Ω的双极晶体管，重复习题11.14中的计算，并将两题的结果进行比较。

11.16 画出如图11.21（a）所示的双极晶体管接收机电路，包含偏置电路，并（用文字和/或图）说明该电路的工作原理。

11.17 对于图11.21（b）所示的FET接收机，重做习题11.16。

11.18 考虑如图11.22所示的跨阻抗放大器光接收机。反馈电阻为10 kΩ，反馈电容为0.2 pF。光电二极管的电容为5 pF，响应度为0.5 A/W，入射光功率为0.5 μW。

（a）计算接收机的输出电压。

（b）计算接收机的3 dB带宽。

（c）计算反馈电阻中产生的rms热噪声电流，假设温度为300 K。

（d）计算信号电流。

（e）假设没有暗电流，放大器的噪声系数为4 dB，计算输出信噪比。

11.19 证明式（11.40）。

11.20 利用式（11.40），说明在受限于热噪声的系统中信噪比（以dB为单位）随放大器噪声系数（以dB为单位）的增加而降低。

11.21 将中继器间的损耗增加到32 dB，系统的其他所有参数不变，重做例11.9。假设放大器的增益与例11.9中的相同。

11.22 对于一个半导体激光器，RIN = –135 dB/Hz。接收机的带宽为1 GHz，平均接收功率为20 μW。

（a）计算接收机上的激光器噪声功率。

（b）检测器的响应度为0.3 μA/μW时，计算平均激光器噪声电流。

11.23 对模拟调制系统改写式（11.24），使其可以包含激光器噪声的影响（即可以包含RIN）。

11.24 一个雪崩光电二极管的增益为100时，过剩噪声因子为5。计算在雪崩光电二极管过剩噪声因子表达式中因子n的值。

11.25 习题11.6中接收机使用的雪崩光电二极管的过剩噪声因子的n值为2.35。

（a）计算信噪比作为雪崩光电二极管增益的函数，并画出增益从0到1000时的关系曲线。

（b）最佳增益值是多少?

11.26 为了说明模分配噪声发生的机理，考虑一个模型，在持续时间为T的脉冲里有3个纵模（其谐振波长分别为λ_1，λ_2和λ_3）传播。在发送机处，3个模式的相对强度随机变化，但其总和不变。振幅每T/8 s变化一次，变化情况列在表11.4中。表中每一列依次表示3个波长λ_1，λ_2和λ_3的强度。

假设色散：在接收机处，每个相邻的波长另外再延迟T/8 s。

（a）画出发送端的脉冲示意图（在整个脉冲持续时间T内应该为常量）。

（b）画出接收端的脉冲示意图。注意脉冲变化（噪声）。

11.27 假设检测器前面有增益为10 dB的掺铒光纤放大器，重做习题11.6。假设EDFA噪声系数为0 dB。

11.28 假设EDFA噪声系数为5 dB，重新完成习题11.27中的（a）和（b）部分。

表11.4 习题11.26的数据

0	$T/8$	$T/4$	$3T/8$	$T/2$	$5T/8$	$3T/4$	$7T/8$
5	3	2	3	2	5	3	3
3	5	5	2	3	2	5	2
2	2	3	5	5	3	2	5

参考资料

[1] Amnon Yariv. *Optical Electronics in Modern Communications*, 5th ed. NY: Oxford University Press, 1997, pp. 383–388.

[2] Ibid., pp. 381–383.

[3] Tien Pei Lee and Tingye Li. "Photodetectors." In *Optical Fiber Telecommunications*, Stewart E. Miller and Alan G. Chynoweth, eds. New York: Academic Press, 1979, pp. 608–621.

[4] R. J. McIntyre. "Multiplication Noise in Uniform Avalanche Diodes." *IEEE Trans. Electron Devices* 13, no. 1 (Jan. 1966): 164–168.

[5] Gerd Keiser. *Optical Fiber Communications*, 2d ed. NY: McGraw-Hill, 1991, pp. 253–255.

[6] Peter K. Cheo. *Fiber Optics*. Englewood Cliffs, NJ: Prentice-Hall, 1985, p. 253.

[7] Yariv. *Optical Electronics in Modern Communications*, pp. 407–409.

[8] Milton Abramovitz and Irene A. Stegun, eds. *Handbook of Mathematical Functions*. Washington, DC: United States Department of Commerce, 1964, pp. 295–329.

[9] M. Chown, A. W. Davis, R. E. Epworth, and J. G. Farrington. "System Design." In *Optical Fibre Communication Systems*, C. P. Sandbank, ed. NY: John Wiley, 1980, pp. 249–265.

[10] Keiser. *Optical Fiber Communications*, pp. 423–424.

[11] P. A. Kirkby. "Semiconductor Laser Sources for Optical Communication." *Inst. Electron. Radio Eng.* 51, no. 7/8 (July/Aug. 1981): 362–376.

[12] Keiser. *Optical Fiber Communications*, p. 361.

[13] William K. Pratt. *Laser Communication Systems*. NY: John Wiley, 1969, pp. 152–153.

[14] R. G. Smith and S. D. Personick. "Receiver Design for Optical Fiber Communication Systems." In *Semiconductor Devices for Optical Communication*, H. Kressel, ed. NY: Springer-Verlag, 1980, pp. 89–160.

[15] Stewart D. Personick. *Optical Fiber Transmission Systems*. NY: Plenum, 1981, pp. 57–98.

[16] *Motorola Optoelectronics Device Data*. Phoenix, AZ: Motorola, 1989.

第12章　系统设计

本章对光纤光学进行广泛、系统级的讨论。图1.3所示框图标注了系统中的主要元件及其所处的位置。同时，图上的标注也概括性地规定了元件的用途。此后的各章涉及了个别元件的详细理论、设计、工作原理和工作特性。现在，我们再将元件一起放回系统框图中，以考察个别元件的特性如何影响系统的整体性能。由此，我们又回到了讨论光纤系统这一起点。

12.1　模拟系统的设计

在光纤系统中，组合元件的总损耗必须足够小，以确保有足够的功率到达接收机。对于模拟系统，足够的功率意味着能够产生所需的给定信噪比。另外一个要求是，组合元件必须有足够大的带宽，以确保包含在光信号中的最高调制频率顺利通过。迄今为止，我们已经讨论了单个器件的损耗和带宽。现在，则要研究将这些器件组合在一起时，其工作特性如何。下面以解决一个问题作为样板来加以说明，即对一个系统进行功率预算和带宽预算。

12.1.1　系统性能指标

我们将设计一个相对简单的点到点的视频传输系统。这种线路能够将来自电视演播室的信号发送到远距离的发射机上。这种线路也可以作为一幢大楼或者一个校园闭路安全监控系统的一部分。线路长度在500 m左右。

为简单起见，使用电视摄像机产生的信号对光源实施强度调制。信号带宽在6 MHz左右。为了获得清晰的图像，规定信噪比为50 dB（$S/N = 10^5$）。

最简单的系统采用多模光纤（阶跃折射率光纤或渐变折射率光纤均可），光源用发射波长在0.8 ~ 0.9 μm范围内的LED，光检测器选用硅PIN型光电二极管。如果这些元件无法提供足够的带宽和足够的功率，则要考虑使用半导体激光器、雪崩光电二极管和单模光纤组合，而且将工作波长选在1.3 μm区域。

这里根据式（11.24）确定系统的信噪比，并假设调制因子为100%。为了确定这个方程的解，需要确定检测器的负载电阻R_L的值。假定PIN光电二极管在0.85 μm波长上的电容为5 pF，响应度为0.5 A/W。R_L的最大值由式（7.16）计算，在此式中令截止频率为6 MHz，可得

$$\begin{aligned}R_L &= (2\pi C_d f_{3\ \mathrm{dB}})^{-1}\\ &= [2\pi(5\times10^{-12})(6\times10^{6})]^{-1} = 5305\ \Omega\end{aligned}$$

在后面的计算中选取$R_L = 5100\ \Omega$。设定$R_L = 5305\ \Omega$是不明智的，因为在此条件下光检测器的宽带预算毫无余量；而留有一定的余量是必要的，从而可以容许由于光源和光纤影响所导致的一定程度的信号–带宽劣化。下文将简单地估算元件组合对带宽的影响。

在式（7.16）中，设负载电阻为5100 Ω，则接收机的带宽为6.24 MHz。这些数据在下面的计算中都要用到。

12.1.2　功率预算

我们认为这是一个受限于热噪声的系统，所以选用PIN型光电二极管。下面将沿用这个假定，并在计算完接收功率以后再验证这个假定正确与否。有了这个假定，式（11.24）简化为

$$\frac{S}{N}=\frac{0.5R_L(\rho P)^2}{4kT_e\,\Delta f}\tag{12.1}$$

其中，$\rho=\eta e/hf$是PIN光电二极管的响应度，而且已经用等效系统噪声温度替代了实际温度，以便考虑放大器的噪声。假设周围环境温度为300 K，前置放大器的噪声系数F为2（3 dB），则式（12.1）中的等效噪声温度为$T_e=F_T=600$ K。由此，解得接收机所需的平均光功率为

$$P=\sqrt{\frac{4(1.38\times10^{-23})(600)(6.24\times10^6)(10^5)}{0.5(0.5)^2(5100)}}$$
$$=5.7\ \mu\text{W}$$

为简易起见，进行四舍五入，取平均光功率为6 μW。对于这个入射功率，PIN二极管产生的平均光电流为$I=\rho P=3$ μA。这个值远大于典型PIN二极管的暗电流。PIN二极管的暗电流通常在纳安量级，所以在这个系统中可以忽略暗电流的影响。通过式（11.1）和式（11.2）的计算，可以看出热噪声功率是散弹噪声的7倍以上，这就确认了最初的假设，即系统为受限于热噪声的系统。

我们还应该验证3 μA的期望电流是否会将检测器置于非线性工作状态。考察图7.8，可以发现饱和之前的最大电流应为偏置电压与负载电阻之比。采用5 V偏置电压，获得的最大允许电流为 $5/5100=9.8\times10^{-4}$ A（或980 μA），远大于3 μA的工作电流值。所以在这个系统中，饱和不是个问题。

在选定光检测器以后，继续进行系统设计，可选器件及其特性如下。

1. **光源**　工作在0.85 μm波段的面发光LED的平均发射功率为1 mW（即图6.7中给出的P_{dc}）。其上升时间为12 ns，谱宽为35 nm，发射面直径小于50 μm。
2. **多模阶跃折射率光纤**　NA = 0.24，光带宽$f_{3\text{ dB}}\times L=33$ MHz·km，损耗为5 dB/km，纤心直径为50 μm。
3. **多模渐变折射率光纤**　轴心NA = 0.24，光带宽$f_{3\text{ dB}}\times L=500$ MHz·km（假设光源是半导体激光器），损耗为5 dB/km，纤心直径为50 μm。

如果功率以dBm为单位，功率预算就很方便。光源的发送功率为0 dBm（1 mW），而接收机需要的功率为–22.2 dBm（6 μW）。因此，各种元件的总损耗必须小于22.2 dB。阶跃折射率光纤与光源的耦合损耗$\eta=\text{NA}^2=0.0576$（12.4 dB）。根据式（8.12），耦合进渐变折射率光纤的损耗比阶跃折射率光纤降低了3 dB。渐变折射率光纤的耦合损耗已达15.4 dB。在光纤的输入端和输出端，分别有0.2 dB的反射损耗。假设仅需要两个连接器（一个在发送端而另一个在接收端），每个连接器的损耗为1 dB，则还要加上2 dB的损耗。由此，为阶跃折射率光纤留下的光纤损耗为 22.2 – 12.4 – 0.4 – 2 = 7.4 dB，而渐变折射率光纤允许的光纤损耗则为4.4 dB。对于5 dB/km的光纤损耗值，阶跃折射率光纤长度必须小于7.45/5 = 1.48 km。1 km长的阶跃折射率光纤线路将保留2.4 dB 的富余度。对于渐变折射率光纤，最大的线路长度则为4.4/5 = 0.88 km = 880 m。

12.1.3 带宽预算

接下来我们将分析由光源、光纤和检测器组成的系统的带宽限制。从这时开始，将会介绍一些由上升时间决定的响应数据（例如，LED的12 ns上升时间）以及由带宽决定的数据（例如，6 MHz的系统带宽）。我们要将所有这些数据都转换成等效的上升时间。因为无论上升时间还是带宽都不能完整地表示某一元件的特性，所以必须做一些近似。虽然脉冲响应能完全描述一个器件的特性，但脉冲响应通常是未知的，即使用实验方法也很难得到，即便得到了也很难使用。上升时间和带宽可以为初步的系统设计提供足够的信息。在器件的说明书中通常会给出上升时间或带宽参数中的一个，这些数据使用起来很方便。

令系统、光源、光纤和光检测器的上升时间分别为t_S，t_{LS}，t_F和t_{PD}，它们之间的关系近似为[1]

$$t_S^2 = t_{\text{LS}}^2 + t_F^2 + t_{\text{PD}}^2 \tag{12.2}$$

假设式（7.2）可以正确地将系统和光纤的带宽转化为上升时间。不过，以后要慎重应用式（7.2）。系统的上升时间为$t_S = 0.35/6 \times 10^6 = 58.3$ ns。根据式（7.15），有$t_{\text{PD}} = 2.19 R_L C_D = 2.19 \times 5100 \times (5 \times 10^{-12}) = 55.8$ ns。该值比约1 ns的典型渡跃时间大得多，所以检测器的上升时间由电路决定。在这个例子中，接收机占用了绝大部分的预算上升时间。这种分配可以通过减小R_L来改变（然而，如果这样做，接收机的灵敏度就会降低，将需要更大的功率）。LED的上升时间是12 ns。光纤的上升时间（以ns表示）不能大于由式（12.2）解得的值，即

$$\begin{aligned} t_F^2 &= t_S^2 - t_{\text{LS}}^2 - t_{\text{PD}}^2 = 58.3^2 - 12^2 - 55.8^2 \\ &= 141 \end{aligned}$$

因此，要求$t_F \leqslant 11.9$ ns。

在估算由光纤带宽决定的光纤传输距离之前，我们可能要先偏离主题。式（7.2）中使用的3 dB带宽是电路中的电功率降到最大值一半时的频率。然而，计算光纤的带宽时，我们一直使用光功率的减小量。例如，光纤的3 dB带宽对应于调制光功率减小一半的频率。现在，考虑3 dB光带宽的测量方法。外加调制信号的频率从低频开始，光检测器测量接收到的正弦电流幅度。记录此时的幅度值，并将其作为参考值。然后提高调制频率，同时监控检测电流。由于检测电流与接收光功率成正比，所以我们知道当电流降到参考值的一半时，调制频率就是3 dB频率。但是，在检测器的负载电阻上的功率是与电流的平方成正比的。所以，当电流减小一半时，对应的电功率减小到低频时的四分之一。这就是电功率降低6 dB的频率点。由此，我们发现3 dB的光带宽正好相应于6 dB的电带宽。一般来说，当电功率下降和光功率下降都以分贝为单位度量时，电功率下降是光功率下降的两倍。表12.1中的数据强调了这一结论。

表12.1　电衰减与光衰减对照

光衰减（dB）	0	0.5	1.0	1.5	2.0	2.5	3.0
电衰减（dB）	0	1	2	3	4	5	6

现在，将式（7.2）用于光纤的计算，我们必须首先求得光纤的3 dB电带宽。表12.1中的数据表明，3 dB电带宽对应于光功率正好下降1.5 dB的频率点。由式（3.17）确定的损耗特性，我们发现$f_{1.5\text{ dB}} = 0.71 f_{3\text{ dB}}$。因此，3 dB电带宽和3 dB光带宽的关系为

$$f_{3\text{ dB}}(\text{电}) = 0.71 f_{3\text{ dB}}(\text{光}) \tag{12.3}$$

对TV系统中使用的阶跃折射率光纤，电带宽–距离乘积是$0.71 \times 33 = 23.4$ MHz·km。对应的上升时间是$0.35/23.4 \times 10^6 = 15$ ns/km。回顾前面计算的光纤上升时间预算为不超过11.9 ns，因此

允许的阶跃折射率光纤长度不超过11.9/15 = 0.793 km = 793 m。在这种情况下，虽然功率预算允许光纤长度接近1.5 km，但上升时间预算（或带宽预算）限制线路的长度不超过800 m。所以这个系统是**带宽受限系统**而非**功率受限系统**。如果实际的光纤传输距离短于800 m，则这个设计方案满足需求。为了延长传输距离，有多种可能的调整方案。其中，减小负载电阻是最简单的一种方法。这样可以减小接收机的上升时间，由此光纤可以分到更多的上升时间预算。

现在，考虑用渐变折射率光纤代替阶跃折射率光纤，同时保留LED光源。光纤的3 dB电带宽–距离乘积是$0.71(500\times10^6) = 355$ MHz·km，其上升时间是$t_{\text{mod}}/L = 0.35/355\times10^6 = 1$ ns/km。这个结果仅对模式失真进行了计算。另外，还必须计算材料色散。由于使用LED引起脉冲展宽的色散是$M\Delta\lambda = 90\times35 = 3150$ ps/km $\cong$ 3.2 ns/km。其中，我们从图3.8中获得0.85 μm处的$M = 90$ ps/(nm·km)。将脉冲展宽转化成带宽［用式（3.19）］，然后转化成等价的上升时间［利用式（7.2）］，转化过程表明脉冲展宽和上升时间几乎相等。因此，由材料色散计算的上升时间是$t_{\text{dis}}/L = 3.2$ ns/km。总的光纤上升时间为

$$t_F^2 = t_{\text{dis}}^2 + t_{\text{mod}}^2 \tag{12.4}$$

在这种情况下，有$t_F/L = 3.4$ ns/km，则允许的光纤长度是11.9/3.4 = 3.5 km。这个长度比功率预算容许的880 m长得多。在这个例子中，渐变折射率系统是功率限制了光纤的长度，使其小于880 m。高效率的光源–光纤耦合将显著增加系统的光纤长度。

本节讨论的例子概略性地介绍了模拟系统的一般设计过程，指出几种可能的组合和元件选择。需要牢记，这里获得的结果是近似的，因为诸如上升时间、带宽和脉冲展宽之类的特性并不完全表征元件的特性。这些参数仅仅是元件响应的简单量度。在计算上升时间和功率预算时，我们一直是小心谨慎的。因此，我们的解决方案应该是可使用的方案。

本节中的系统指标是相当普通的。采用相对简单的器件就足够了。更长的链路传输更多的信息（例如，几个复用的视频信道在几千米的光纤中传送），将需要更精密、复杂的元件。链路越短，传输的信息越少（例如，一个短的单信道电话连接），就允许使用低质量的更低成本的元件。

12.2 数字系统的设计

12.1节通过一个特殊例子的设计说明了有关模拟设计的一般步骤。类似地，这一节从数字链路的一套指标开始，说明怎样能满足需求。以前采用过的方法，可完全应用到光纤数字设计中。

12.2.1 系统性能指标

对于12.1节研究的模拟系统，所设置的需求是相当普通的。现在，我们考虑一个必须满足高难度标准的数字系统。链路必须在100 km长的通道上，以10^{-9}或更小的误码率，传输400 Mbps的非归零脉冲序列。同时，链路必须在无中继的条件下进行。从一开始就很明显，光纤必须有非常高的速率–距离乘积和非常低的衰减。同样，需要非常高速的光发射机和光检测器来提供400 Mbps的数据速率。我们也可以预见到，到达接收机的信号值将是较低的。在这种情况下，需要非常灵敏的接收机。接下来的分析将表明这些预测在什么范围内是正确的。上升时间（即带宽）的计算和功率的预算将构成分析的主要部分。

12.2.2　上升时间的预算

图12.1是一个脉冲的例子。对于非归零码，脉冲持续时间（τ）和周期（T）两者相等，都为$1/R$，其中R是数据速率。系统总的上升时间t_S所需的合理估算值应小于脉冲持续时间的70%，如图中所示。更确切地说，上升时间被限制为

$$t_S = 0.7\tau = \frac{0.7}{R_{\text{NRZ}}} \tag{12.5}$$

对于归零信号有相似的结论，归零信号中脉冲持续时间是周期的一半，系统的上升时间为

$$t_S = 0.7\tau = \frac{0.7T}{2} = \frac{0.35}{R_{\text{RZ}}} \tag{12.6}$$

因此，对于400 Mbps的非归零信号，允许的上升时间是$t_S = 0.7/4\times10^8 = 1.75$ ns。该时间必须分配给光源、光纤和光检测器（包括光检测器的负载电路），分配的方式由式（12.2）给定，即

$$t_S^2 = t_{\text{LS}}^2 + t_F^2 + t_{\text{PD}}^2$$

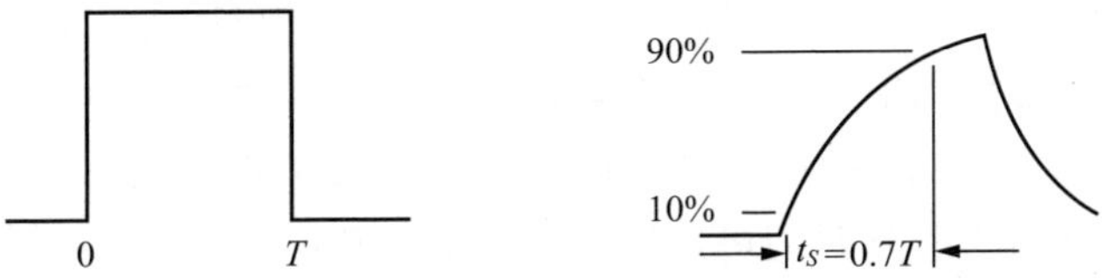

（a）理想输入脉冲　（b）最低的系统脉冲响应值

图12.1　系统上升时间的需求

在考虑1.75 ns的上升时间对选择光纤有何影响之前，必须首先确定光纤上升时间与脉冲展宽的关系。假设式（7.2）用于光纤是正确的，在式（3.19）中使用$f_{3\text{ dB}}$（电）$= 0.35/\Delta\tau$，可以推出光纤的上升时间遵守

$$t_F = \frac{0.35}{f_{3\text{ dB}}(\text{电})} = \Delta\tau \tag{12.7}$$

光纤的电上升时间和全宽半高脉冲展宽是相等的。虽然不精确，但这种关系对于最初的系统设计是有用的。

由此可见，选择光纤时，100 km长的光纤的脉冲展宽必须小于1.75 ns（单位长度的展宽小于17.5 ps/km）。用多模阶跃折射率或渐变折射率光纤是达不到这个要求的，其典型脉冲展宽值分别接近于15 ns/km和1 ns/km（见表5.2）。即使是单模光纤，在0.8 μm波长附近，脉冲展宽接近500 ps/km。光纤的选择现在限制为1.3 μm或1.55 μm波长处运行的单模光纤。因为光纤太长，每千米的损耗必须相当小。即使损耗小至0.5 dB/km（对100 km长的链路，总损耗为50 dB），也是无法容忍的。在本节的后面，我们会给出包括所有耦合器和连接器的系统总损耗，并且必须小于37 dB。因此，我们将选用损耗最小，在1.55 μm波长处运行的单模光纤。我们假设损耗是0.25 dB/km，这在1.55 μm处是做得到的，这个例子的后续设计一直沿用这个假设。

单模光纤的脉冲展宽源于材料色散和波导色散。从图3.8和图5.25中可看到：在1.55 μm波长处，材料色散系数和波导色散系数分别是$M = -20$ ps/(nm·km)和$M_g = 4.5$ ps/(nm·km)。由于符号相反，两个色散系数趋向于抵消，剩下净色散系数幅度为$M_t = 20 - 4.5 = 15.5$ ps/(nm·km)。

因此，需要单模（单纵模和单横模）的1.55 μm的InGaAsP半导体激光器，因为其辐射模与单模光纤的传播模几乎类似。另外，其线宽很窄，使脉冲展宽为最小。我们将要使用的半导体激光器的谱宽为0.15 nm，上升时间为1 ns，所以光纤的总脉冲展宽是$\Delta\tau = LM_t\Delta\lambda = 100\times15.5\times0.15 = 233$ ps = 0.23 ns。根据式（12.7），这也是光纤的上升时间。很幸运，$t_F =$ 0.23 ns只是1.75 ns上升时间预算的一小部分。

注意，有几个原因使LED无法满足需要。首先，好的LED发射波长在1.3 ~ 1.55 μm范围内，谱宽约50 nm。则光纤脉冲展宽将是$100\times15.5\times50 = 77.5\times10^3$ ps = 77.5 ns，比系统建议的上升时间大得多。其次，LED发射的辐射角大，以至于耦合系数小，数值孔径低，单模光纤的耦合效率低。对于长距离系统，必须发射尽可能大的功率到光纤中。

现在，可以计算分配给光检测器的上升时间。由式（12.2），有

$$t_{\mathrm{PD}}^2 = t_S^2 - t_{\mathrm{LS}}^2 - t_F^2 = 1.75^2 - 1 - 0.23^2$$
$$= 2$$

即t_{PD}=1.4 ns。在高频时，光电二极管的电容应尽可能小，这一点是很重要的。这样就允许有一个较大的负载电阻，由于无论何时热噪声只是一个系数，结果增加了接收机的灵敏度。光检测器表面收集来自光纤端口的出射光。由于单模光纤较细，有源面积小，使得检测器的电容C_d减到最小。假设找到一个C_d = 1 pF的电容和渡跃时间极限上升时间为t_{TR} = 0.5 ns的光检测器。根据式（7.15），受电路限制的上升时间可以写为$t_{\mathrm{RC}} = 2.19R_LC_d$。光电二极管的总上升时间由下式计算，即

$$t_{\mathrm{PD}}^2 = t_{\mathrm{TR}}^2 + t_{\mathrm{RC}}^2 \qquad (12.8)$$

令t_{TR} = 0.5 ns和t_{PD} = 1.4 ns，得到t_{RC} = 1.3 ns。因此，负载电阻的最大值是$R_L = t_{\mathrm{RC}}/2.19C_d = 1.3\times10^{-9}/2.19\times10^{-12} = 594\ \Omega$。使用高阻抗或跨阻抗接收机前端能够增大负载电阻。表12.2总结了上升时间的计算结果。

表12.2 上升时间预算的计算结果

元件	上升时间（ns）		
系统预算，$t_s = 0.7/R_{\mathrm{NRZ}}$			1.75
光源，t_{LS}		1.0	
光纤，$t_{\mathrm{F}} = \Delta\tau$		0.23	
光检测器			
渡跃时间，t_{TR}	0.5		
电路，$t_{\mathrm{RC}} = 2.19R_LC_d$	1.3		
合计，$t_{\mathrm{PD}} = (t_{\mathrm{TR}}^2 + t_{\mathrm{RC}}^2)^{1/2}$		1.4	
		—	—
系统上升时间，$(t_{\mathrm{LS}}^2 + t_F^2 + t_{\mathrm{PD}}^2)^{1/2}$		1.75	1.75

如果系统在本节计算的带宽限制条件以外运行，则其影响将是增加误码率。在本节的随后部分，我们将计算接收机在满足误码率指标时所需的光功率。接收机需要的最小光功率称为**接收机灵敏度**。如果超出带宽限制，则可以通过增加传送到接收机的光功率来保持误码率。需增加的功率量有时称为**功率代价**。对于本节中研究的带宽计算，所对应的功率代价小于1 dB[1]。如果系统工作在带宽限制的条件内，则可以忽略功率代价。

我们现在已经完成了上升时间预算的计算。如果使用工作在1.55 μm处的窄线宽半导体激光器，则可以设计光纤对带宽限制影响很小的系统。下面，我们将研究功率计算。

12.2.3　功率预算

从现在起，我们将对设计系统中需要使用的元件和技术做出几点假设。尽管这些假定的质量指标非常高，决非一般器件所能达到，但这些假设又是完全可以实现的。这些假设包括：输出功率为5 dBm（约3.2 mW）的光源，光源–光纤耦合损耗为3 dB；2个连接器，每个连接器的损耗为1 dB；50个连接头，每个连接头的损耗为0.1 dB。在100 km长的光纤线路上，平均每2 km有一个熔接头。采用熔接头连接光纤可以简化光缆线路的结构，便于铺设。允许存在一定的接头损耗是明智之举，因为如果光纤在某点断裂则需要进行熔接，从而可能引进损耗。

功率预算的计算结果列在表12.3中。系统总的损耗为35 dB，其中包括25 dB的光纤衰耗。以5 dBm的发射功率作为计算的基础，留给接收机的光功率为5 – 35 = –30 dBm。稍后在本节中可以看到，对于400 Mbps的数据速率，要求其误码率为10^{-9}时，使用雪崩光电二极管光检测器的接收机需要约 –40 dBm的灵敏度。接收光信号的功率值比灵敏度高10 dB。对雪崩光电二极管接收机来说功率富余度为10 dB，这里所说的功率富余度是可用的光功率与接收机灵敏度之差。考虑到半导体激光器老化会导致发射功率下降和其他不易预见到的附加损耗，通常6 dB左右的功率富余度是需要的。采用高阻抗的PIN–FET接收机，所得到的计算结果也列在表12.3中。这种接收机的灵敏度比雪崩光电二极管检测器低8 dB，采用这种接收机，仅留下2 dB作为功率富余度。

表12.3　功率预算的计算结果

半导体激光器输出功率		5 dBm
光源耦合损耗	3 dB	
连接损耗（2 个连接器）	2 dB	
熔接损耗（50个接头）	5 dB	
光纤衰减（100 km）	25 dB	
	—	
总损耗	35 dB	
接收机可用功率（5–35）		–30 dBm
雪崩光电二极管接收机		
灵敏度	–40 dBm	
损耗富余度（40–30）		10 dB
混合PIN–FET高阻抗接收机		
灵敏度	–32 dBm	
损耗富余度（32–30）		2 dB

至此我们已经完成了规定链路的设计。将选择的元件连接起来形成一个有机的整体，可在预算的系统上升时间和功率范围内正常工作。在这个例子中，认为接收机的灵敏度是已知的。多数情况下都是这样，特别是当接收机已预先制成并经过测试时更是如此。如果情况不是这样，则必须计算接收机的灵敏度。下文将给出在此种情形下如何完成系统设计。

12.2.4　量子噪声极限接收机灵敏度

量子极限接收机规定了可以检测的极限。我们将计算其灵敏度并为评估其他接收机提供基准。在11.3节中已经得到，在忽略检测器暗电流的条件下，量子极限系统的误码率为$P_e = \exp(-n_s)$。其中，n_s是接收二进制数1时产生的光电子数的平均值。通过表11.2，可以得到$n_s = 20.7$对应的误码率为10^{-9}。由于小数部分的电子数是无意义的，因此我们取$n_s = 21$。

为了在一个比特周期内产生n_s个电子，所需要的入射光子数为n_s/η，其中η是量子效率。在例11.6中已经推导出，矩形脉冲的峰值功率与n_s的关系为

$$P = \frac{hfn_s}{\eta\tau} = \frac{hcn_s}{\eta\lambda\tau} \tag{12.9}$$

其中，τ是脉冲宽度。对于非归零信号，$\tau = 1/R$；对于归零信号，$\tau = 1/2R$。由此，对于非归零系统，有

$$P = \frac{hcn_sR}{\eta\lambda} \tag{12.10}$$

而对于归零脉冲来说，峰值功率则是此值的2倍。无论编码方案如何，单个脉冲的能量（对于矩形脉冲，就是峰值功率与脉冲宽度的乘积）必须超过$hcn_s/\eta\lambda$。

在式（12.10）中，令$n_s = 21$，$\eta = 1$，$\lambda = 1.55\ \mu m$和$R = 400$ Mbps。可以计算出灵敏度$P =$ 1.08 nW，也就是1.08×10^{-6} mW或–59.7 dBm。也就是说，在理想的量子极限条件下，系统必须至少传送–59.7 dBm的光功率到光检测器，才能确保10^{-9}的误码率。假设量子效率为70%，则所需的功率值增加到–58.1 dBm。查阅表12.3中的雪崩光电二极管接收机灵敏度（–40 dBm），发现比理想量子极限差20 dB。对于工作在1.3～1.6 μm波长区域的雪崩光电二极管接收机确是如此，因为InGaAs雪崩光电二极管在这个波长区域存在较大的附加噪声。由于噪声大，所以其最佳增益值相当低（也就是10左右）。这么小的增益仅对抑制热噪声略有帮助。稍后，本节将计算受限于热噪声的灵敏度，并在例子中看到低增益的雪崩光电二极管可以提供约12 dB的灵敏度改善。

图12.2给出了根据式（12.10）计算的曲线，这是在假设量子效率为100%的条件下得到的，并将功率单位换成了dBm。实际上，正如7.4节所指出的，量子效率在55%～80%范围内变化。

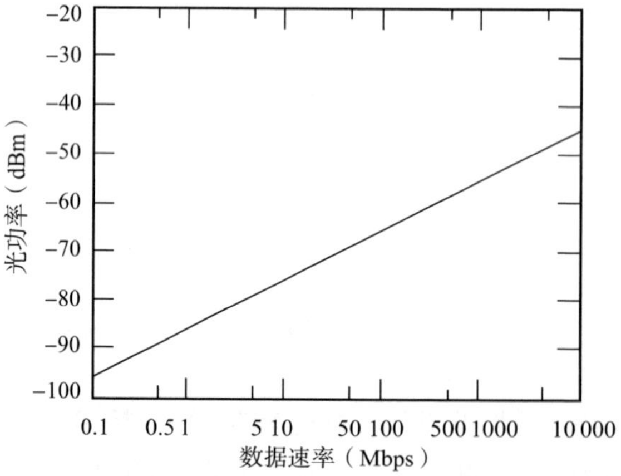

图12.2　非归零系统的量子噪声极限接收机灵敏度。工作波长为1.55 μm，误码率为10^{-9}

检测器的灵敏度可以直接根据式（12.10）计算。也可以从图12.2中查到，即根据曲线查得的功率除以实际的量子效率。检测器制造商通常给出响应度ρ而不是量子效率η。两者之间的关系由式（7.7）确定，联合式（12.10），可以解得

$$P = en_sR/\rho \tag{12.11}$$

如果已知检测器的响应度，则这个量子极限灵敏度表达式比式（12.10）更为方便。

假设在所有的波长上量子效率都相等，则式（12.10）表明随着工作波长的增加，灵敏度变得更好。在光纤通信波长段内，最长波长（1.55 μm）与最短波长（0.8 μm）之比几乎为

2。因此，较短波长需要的功率几乎是较长波长的两倍。对于长波长系统，这意味着有接近3 dB的优势。

关于灵敏度计算的另一点是值得注意的，在式（12.10）和式（12.11）以及图12.2中的符号P代表峰值光功率，也就是接收数字1时的输入功率。然而，通常信息中1码和0码是等概率出现的，因此非归零脉冲串的平均功率是峰值功率的一半。所以有

$$P_{\text{AVE}} = \frac{hcn_s R}{2\eta\lambda} \tag{12.12}$$

平均光功率灵敏度曲线图比图12.2中的曲线低3 dB。

12.2.5　受限于热噪声的接收机灵敏度

由式（11.11）确定的受限于热噪声的系统的信噪比可以用检测器的响应度表示，并改写成另一种形式。另外，如果考虑到放大器噪声，以及引进等效系统噪声温度，则可得到信噪比的计算公式为

$$\frac{S}{N} = \frac{R_L(\rho P)^2}{4kT_e\,\Delta f} \tag{12.13}$$

对于给定的误码率，相应的受限于热噪声的信噪比可由式（11.29）或由图11.11中的曲线确定。从这些数据可发现，误码率为10^{-9}时，要求信噪比的值为21.5 dB（即$S/N = 142$）。求解方程式（12.13）即可得到所需的功率，其结果为

$$P = \frac{\sqrt{4kT_e(\Delta f/R_L)(S/N)}}{\rho} \tag{12.14}$$

本节开始时选用R_L = 594 Ω来满足对上升时间的限制。使用简单端接光电二极管接收机前端时，这是允许的最大电阻。在式（7.16）中，将电阻取为此值，光电二极管的电容取为1 pF，可以计算出接收机的带宽为268 MHz。我们可以选择大带宽的接收机，但是方程式（12.14）指出，这时接收机的灵敏度会很差。假设温度为300 K，噪声系数为2，检测器的响应度是1 A/W，则可以得到接收机的灵敏度为

$$\begin{aligned} P &= \sqrt{\frac{4(1.38\times10^{-23})(2)(300)(2.68\times10^{8})(142)}{594}} \\ &= 1.46\ \mu\text{W} \end{aligned}$$

即−28.4 dBm。回想起这个例子的理想量子极限灵敏度为−59.7 dBm，比受限于热噪声的结果好31.3 dB。表12.3中已经列出到达接收机的功率仅为−30 dBm，比受限于热噪声的接收机所需的功率低1.6 dB。在这个系统中，用电阻端接PIN光电二极管的接收机无法正常工作，因为其灵敏度不够。

可以采用几种方法改善灵敏度。例如，可以使用高阻抗或跨阻抗前端，这两种电路工作时的灵敏度比电阻直接端接光电二极管时要高。在这类接收机中必须包含均衡器。工作速率为400 Mbps的InGaAs高阻抗和跨阻抗PIN–FET接收机已经研制成功，其灵敏度约为−32 dBm[3]。这比阻抗端接电路改善了3 dB，并有2 dB的系统富余度。

InGaAs雪崩光电二极管在长波长区比高阻抗PIN–FET接收机更为灵敏[4]。其灵敏度可达−40 dBm，比PIN–FET接收机改善了8 dB，有10 dB的功率富余度。这些功率预算结果也列在表12.3中。

12.2.6 受限于广义热噪声的接收机灵敏度

现在，我们将得出一些适用受限于热噪声的接收机的一般结果，可以适用于一个相当大范围的数据速率。首先，我们专限于讨论非归零脉冲序列。稍后，会说明如何将所得的结果应用于归零系统。为了便于分析，必须假设接收机的带宽值。选择接收机带宽使其为数据速率的一半，也就是传输非归零脉冲所需的最小带宽，如图3.12所示。对于带宽受限于发射机和光纤的系统，这种选择是不允许的。换句话说，不允许接收机占用整个系统的带宽预算。虽然不允许出现这种情况（例如，本节前面介绍的系统处理），但是由此可以导致最灵敏的受限于热噪声的接收机。从这个意义上讲，以此为前提获得的结果是理想结果。通过这个例子的求解程序，也可以获得其他带宽假设下的接收机灵敏度。为了使结果尽可能具有普遍性，我们将所得结果归一化，使其适用于任何响应度的光检测器和任何噪声系数的放大器。另外，还将假设接收机的带宽完全由负载电阻和光电二极管的电容确定。这种假设将使简单端接前端接收机获得最高的灵敏度。

现在，联立求解方程式（12.5）和方程式（7.15），可以得到$t_{RC} = 0.7/R = 2.19R_LC_d$，或

$$R_L = \frac{1}{\pi R C_d} \qquad (12.15)$$

方程式(12.14)现在变为

$$\frac{\rho P}{F^{1/2}} = R\sqrt{2kT\pi C_d(S/N)} \qquad (12.16)$$

在此方程式的右边取$T = 300$ K，$C_d = 1$ pF，$S/N = 142$（对应于10^{-9}的误码率），结果为$\rho P/F^{1/2} = 1.92\times10^{-15} R$。其中，$R$以Mbps为单位，$P$以nW为单位，这个结果可以化简为

$$\frac{\rho P}{F^{1/2}} = 1.92R \qquad (12.17)$$

如果令$\rho = 1$ A/W，$F=1$，则灵敏度可以直接以dBm为单位表示出来。图12.3中的曲线就是这一结果。否则，图中的纵坐标必须转换为mW，然后乘以噪声系数的平方根，再除以响应度。7.4节中已经指出，在0.8 ~ 0.9 μm区域内，硅光电二极管的响应度约为0.5；在1.0 ~ 1.8 μm区域内，锗光电二极管的响应度约为0.7；在1.0 ~ 1.7 μm区域内，InGaAs光电二极管的响应度约为0.7 ~ 1.1。

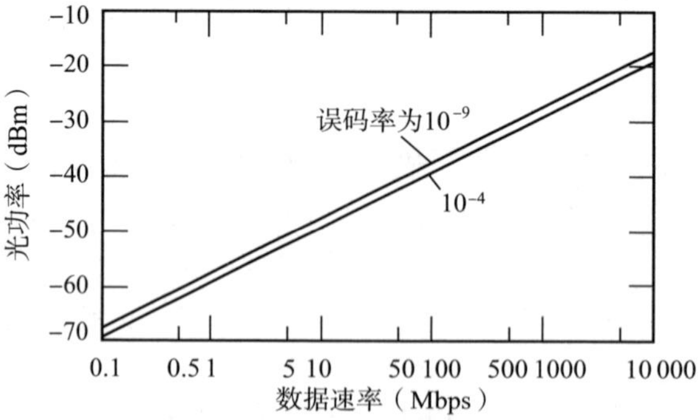

图12.3 非归零系统中受限于热噪声的接收机灵敏度

如果误码率仅为10^{-4}，则由图11.11可以查出信噪比应该为17.5 dB或更高。在这种情况下，式（12.16）中令$S/N = 56$，可以得到

$$\frac{\rho P}{F^{1/2}} = 1.21R \qquad (12.18)$$

其中，还是采用$C_d = 1$ pF，$T = 300$ K，R以Mbps为单位，P以nW为单位。这个结果也在图12.3中用曲线显示。从图中可以看到，误码率分别为10^{-4}和10^{-9}时需要的功率仅差2 dB。我们再一次看到，系统误码率对于接收光功率的大小是极为敏感的。

图12.3中的曲线与工作波长有关，仅仅是因为响应度与波长有关。一个$\rho = 1$，工作在1.55 μm的InGaAs光电二极管所需的功率，仅为一个$\rho = 0.5$，工作在0.8 μm的硅光电二极管所需光功率的一半。通过这个比较可以看出，长波长检测器比短波长灵敏3 dB。

图12.4和图12.5对不同接收机的灵敏度进行了比较。图12.4使用的是工作在0.8 ~ 0.9 μm区域的硅光电二极管，图12.5使用的则是工作在1.3 ~ 1.6 μm区域的InGaAs光电二极管。

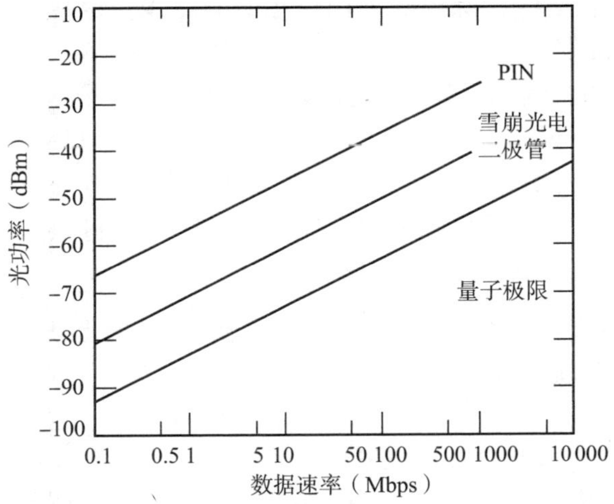

图12.4　接收机灵敏度。BER = 10^{-9}，$\lambda = 0.82$ μm，所用光电二极管是硅器件

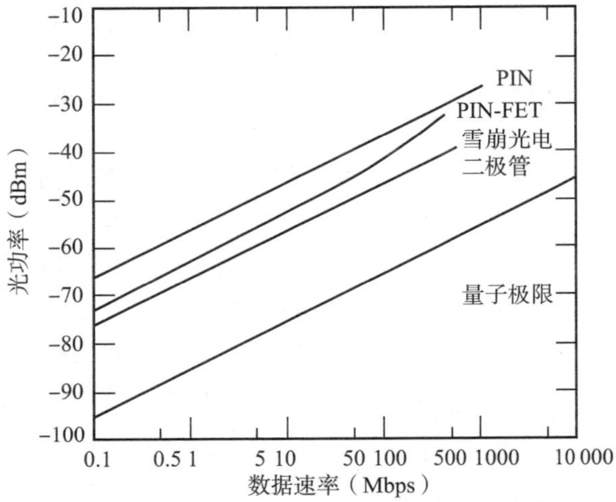

图12.5　接收机灵敏度。BER = 10^{-9}，$\lambda = 1.55$ μm，所用光电二极管是InGaAs器件。PIN-FET接收机包括一个高阻抗（或跨阻抗）前置放大器

在短波长区域使用雪崩光电二极管最佳接收机，其灵敏度只比量子极限大约低10 ~ 13 dB[5]。由于附加噪声和暗电流的影响，使得雪崩光电二极管接收机不可能达到理想的量子噪声极限灵敏度。图12.4表明，受限于热噪声、端接电阻的PIN二极管接收机比理想的量子接收机需要多出25 ~ 30 dB的接收光功率。最后一项比较，雪崩光电二极管接收机比PIN接收机的灵敏度大约可以改善15 dB。这是雪崩光电二极管接收机的一个重要优点。例如，如果光纤损耗是3 dB/km，则使用雪崩光电二极管接收机的线路比使用PIN接收机的线路长5 km。

在长波长区，InGaAs雪崩光电二极管接收机比理想接收机需要的功率大约多20 dB[6]。端接电阻PIN二极管接收机比雪崩光电二极管接收机所需的功率多10 ~ 12 dB。高阻抗（和跨阻抗）PIN-FET前端的灵敏度在直接端接电阻PIN接收机和雪崩光电二极管接收机之间。PIN-FET前端对于长距离传输线路很有吸引力[7]。一个混合的PIN-FET接收机由InGaAs光电二极管和紧随其后的GaAs MESFET前置放大器组成[8]，其灵敏度曲线在图12.5中显示。由于受MESFET放大器频率响应的限制，其灵敏度在100 Mbps以上开始劣化。

使用图12.4和图12.5时，要记住前面的假设。实际使用的前置放大器的噪声系数和光电检测器的响应度及电容值可能与假设值有差异，所以必须做些修正。我们希望这些图能够尽可能详细一些，以便能在某些特殊情况下构建相似的曲线。尽管如此，图12.4和图12.5中选择的参数还是很接近实际器件的特性。这些图可以直接用做对系统进行初步分析的指导。

图12.2至图12.5是针对非归零脉冲序列推导出来的，归零码系统的灵敏度也容易得到。在相同的数据传输速率条件下，归零脉冲需要的峰值功率是非归零脉冲的两倍，因为归零脉冲只有非归零脉冲一半的持续时间。这个结论既对受限于热噪声的接收机适用，也对散弹噪声极限接收机适用。因此，对于归零脉冲序列，其灵敏度是将图12.2至图12.5中获得的功率简单地加倍，也就是将图中求得的功率值增加3 dB。

例12.1 计算归零系统的量子噪声极限灵敏度和受限于热噪声的灵敏度。系统工作在0.82 μm处，误码率为10^{-9}，数据速率为100 Mbps。

解：

从图12.4可知，量子噪声极限和受限于热噪声的非归零系统所需的功率值分别为-63 dBm和 -36 dBm。加上3 dB分别得到-60 dBm和-33 dBm，这就是相应的归零系统需要的峰值功率。

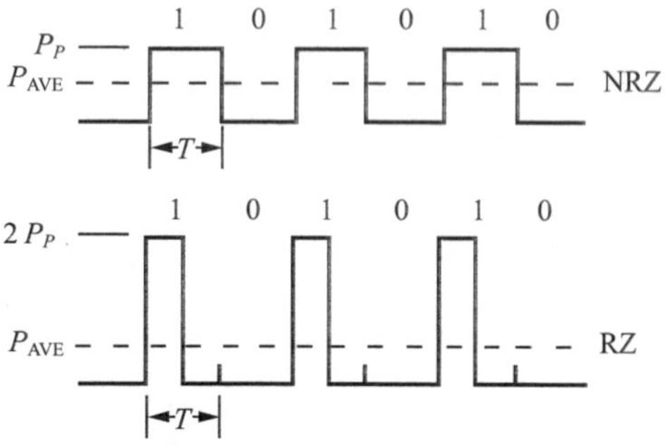

图12.6 比较1码和0码交替出现的脉冲串的峰值功率和平均功率。对于非归零码和归零码，每个脉冲的能量相同（P_pT），而且平均功率相同（$P_{AVE} = P_p/2$）

迄今为止，我们主要涉及的都是峰值功率。在获取实际系统的数据时，脉冲序列的平均功率比峰值功率更容易测量。考虑一个1和0交替出现的脉冲序列，我们很容易推导出峰值功率与平均功率的关系。由于典型的信息含有1和0的个数相同，所以这个办法是正确的。如图12.6所示，非归零码的平均功率是峰值功率的一半。在这个系统中，功率**通**（on）占一半时间，功率**断**（off）占一半时间。然而，对于1和0交替的一个归零脉冲串（也在图中显示），功率通仅占1/4时间，而功率断占3/4时间。因此，平均功率是峰值功率的1/4。由于要求相同的误码率，所以图中给出的峰值功率值相差是二倍的关系。我们在本节的方程式（12.10）之后注意到了这个要求。可以得出结论，正如图中所指出的，这两种编码方案的**平均**功率相等。

例12.2 计算例12.1中的平均功率。

解：

对于非归零系统，量子极限灵敏度和受限于热噪声的灵敏度分别是-63 dBm和-36 dBm。平均功率是峰值功率的一半，也就是低3 dB，即-66 dBm和-39 dBm。我们也可以先从例12.1中求出归零系统的量子极限灵敏度和受限于热噪声的灵敏度，分别为–60 dBm和–33 dBm，然后可以得到相同的结果。这时，平均功率是峰值功率的1/4，也就是低6 dB，即–66 dBm和–39 dBm。

12.3　总结和讨论

本章已经按步骤完成了几种模拟系统和数字系统的设计。这些例子对带宽和线路长度的需求是相当普通的。考虑单个光信道时，实际的数字光纤通信系统的运行速率可以从极低的几十 kbps一直到非常高的40 Gbps[9]。采用复用技术可以显著增加光纤的总容量。线路长度能够从1 m以下直到数千km之间。长距离传输系统需要光放大器（也可能需要中继器）。

富有经验的工程师认识到理论设计结果与实际情况会存在差距。在分析模型中所用的数据，只能是系统和系统元件实际性能的近似值，这样就会产生差距。但是，进行多方面的理论分析是有益处的。在理论分析得到的预期结果指导下进行设计，比单纯依靠实验的方法更快、更经济。即使是近似结果，也可以清楚地表明设计方案的修改方向。例如，我们发现了误码率对入射功率值微小变化的敏感性。如果已知现有方案达不到预期的误码率指标，那么该信息表明，增加功率可能达到预期指标。一个好的设计策略是在建设和购买系统硬件之前既要完成理论分析，又要完成实际分析。

在大多数情况下，设计过程是一个反复的过程。经常需要考虑多种不同的方案，并对其进行比较，然后决定保留什么或舍弃什么。其次，还要构建运行模型并对其进行测试，测试结果会指出理论预测与实际获得的结果之间的差距。如果最初的设计是谨慎的，则系统一般都可以令人满意地工作。如果设计未能满足指标，就要用理论为指导，对设计方案做修正和改进。通常，最终的设计是理论和试验相结合的产物。

许多制造商都会制作大量的应用手册，一般可以自由获取。这些资料对于系统设计是非常有用的，因为一般都会提供厂商实际生产和销售器件的性能指标，文字往往简练而清晰。元件和子系统制造商很乐意为用户提供帮助。用户应该充分利用他们提供的服务。

有关光纤光学的参考文献浩如烟海，读者可以查阅并从中获益，以进一步加深对光纤光学的理解。在每章末尾列出的参考资料中可以找到本书所涉及专题的详细解释。文献目录可以引导你关注有帮助的著作。这些著作涵盖了从入门知识到高等专门知识的所有领域。有些书偏重实用，另一些书则偏重理论分析。

为了解光纤通信领域的最新发展趋势，读者应当经常阅读列在参考资料目录中的一种或几种期刊。

习题

在本章的习题中，要求读者设计某种光纤通信系统。这是一些开放习题，不存在唯一答案。所涉及的情况与实际相近。要寻求一个基于元件的解决方案，元件的性能要合理（例如书中提到的器件或其他来源的器件）。无论如何，所做的假设要合理，陈述要清楚。正如本章中例子所指出的，系统设计涉及元件（光源、检测器、光纤、耦合器、连接器等）的选择，对元件工作特性的要求，功率的设定和带宽预算，以及系统特性的评估。还包括网络拓扑结构的选择（如果需要，那么还应该包括中继器或放大器的使用）和调制方式的选择。直接检测和外差检测两者都应该加以考虑。

设计一个系统，使其满足下面每道习题所给定的要求。

12.1 在10 km长的线路上传送带宽为4.5 MHz的视频信号。接收端的信噪比必须是48 dB或更高。使用模拟调制。

12.2 重做习题12.1，使用数字调制，误码率为10^{-9}或更低。

12.3 在100 km长的线路上无中继地传输2 Gbps的非归零信号。误码率必须低于10^{-9}。

12.4 假设习题12.3中的系统已构建成功，而现在可以将误码率指标放宽到10^{-4}。仅考虑功率因素，试问信号传输距离能超过100 km多少？可以对系统做一些必要的改变，使得在此延长的线路中传输信息成为可能。

12.5 在100 m长的线路上传输4 kHz带宽的音频信号，要求信噪比为30 dB。

12.6 重做习题12.5，使用数字调制，要求误码率低于10^{-5}。

12.7 在100 km长的线路上无中继地传输2 Gbps的曼彻斯特编码信号。误码率必须低于10^{-9}。

12.8 在有5个终端的系统中传输速率为10 Mbps的信号。这些终端位于直线形路径上，而且彼此间隔200 m。要求误码率低于10^{-9}。

12.9 在25个终端的系统中传送速率为250 Mbps的信号。终端在直径为1 km的环形路径上均匀分布。误码率必须低于10^{-9}。

12.10 同时发送3个信道：一个为话音信道，一个为视频信道，另一个为数据信道。路径长度是10 km。话音信号带宽为4 kHz，视频信号带宽为4.5 MHz，数据信号的速率为10 Mbps（非归零）。话音信道的信噪比定为25 dB，视频信道的信噪比定为40 dB，数据信道的误码率必须低于10^{-9}。

12.11 在5000 km长的路径上传送数字信号，传输速率为2 Gbps（归零），误码率必须低于10^{-9}。

12.12 在同一根光纤上同时传输3个信道。3个信道的光载波都在1550 nm波长区域，彼此间隔为200 GHz。数据速率为100 Mbps（非归零），路径长度为100 km，误码率必须低于10^{-9}。

12.13 设计一个速率为20 Gbps的数字传输系统，路径长度为10 000 km，而且不允许使用中继器，误码率必须低于10^{-9}。（提示：必须使用光放大器和孤子通信技术。）

12.14 设计一个数字传输系统，其总容量为10 Tbps，通过一根光纤传输，路径长度仅为10 km。（提示：可以使用光时分复用技术和/或密集波分复用技术，电域时分复用可达40 Gbps。）

参考资料

[1] Gerd Keiser. *Optical Fiber Communications*. NY: McGraw-Hill, 2000, p. 328.

[2] H. A. Carnes, R. F. Kearns, and E. E. Basch. "Digital Optical System Design." In *Optical Fiber Transmission,* E. E. Basch, ed. Indianapolis, IN: Howard W. Sams & Co., 1987, pp. 473–477.

[3] Manufacturer's literature. Burlington, MA: Lasertron.

[4] S. R. Forrest. "Photodiodes for Long-Wavelength Communication Systems." *Laser Focus* 18, no. 12 (Dec. 1982): 81–90.

[5] Tien Pei Lee and Tingye Li. "Photodetectors." In *Optical Fiber Telecommunications,* Stewart E. Miller and Alan G. Chynoweth, eds. NY: Academic Press, 1979, pp. 622–623.

[6] Forrest. "Photodiodes for Long-Wavelength Communication Systems," pp. 84–85.

[7] Michael Ettenberg and Gregory H. Olsen. "Diode Lasers for the 1.2 to 1.7 Micrometer Region." *Laser Focus* 18, no. 3 (March 1982): 61–66.

[8] Manufacturer's literature. Burlington, MA: Lasertron.

[9] *Journal of Lightwave Technology* 20, no. 12 (December 2002). Special issue on 40 Gb/s lightwave systems.

部分习题答案

第1章

1.1　dB = 10 lg (P_2 /P_1)。

1.2　$P = 0.001 \times 10^{\text{dB}/10}$。

1.3　0.16 mW。

1.4　1 kW。

1.5　3920 lb。

1.6　1.8 km（同轴电缆），8 km（光纤）。

1.7　698。

1.8　每秒2个或3个脉冲。

1.9　4.5根铜心电缆的容量等于每根可传送672路话音信息的光缆容量。27根铜心电缆的容量与一根DS–4光缆的容量相同。

1.10　30。

1.11　使用波长 = c/f。

1.12　4.28×10^{14} Hz，7.5×10^{14} Hz，带宽 = 3.2×10^{14} Hz。

1.13　3.3×10^{-19} J, 2.4×10^{-19} J, 1.5×10^{-19} J。可见光光子的能量比红外光光子的高。

1.14　$P = 2.48 \times 10^{-9}$ W, I = 1.6 nA。

1.15　6.54×10^{9} 个光子/秒。

1.16　0.1 kbps, 10 kbps, 1 Mbps, 100 Mbps, 3×10^{12} bps。

1.17　没有足够的时间建立载波振荡。

1.18　7×10^{8}个信道。

1.19　（a）监控火箭发射；（b）教室讲座的实时视频分布传送到该幢楼的其他房间。

1.20　对100亿个家庭需要的带宽为4×10^{13} Hz。光载波的频率为3×10^{14} Hz，当调制在其中心频率约1%时，可以传送该容量的十分之一。可能需要10根光纤或10个不同的载波频率。

1.21　$R = 6.4 \times 10^{14}$ bps。光载波不能更快地变换。

1.22　（a）4×10^{11}个光子/秒；（b）7.8×10^{11}个光子/秒；（c）较长的波长需要更多的光子。

1.23　0.5 mW。

1.24　2.7 个误码/分。

1.25　5.175×10^{6}。

1.26　42 dB。

1.27　1000 W。

1.28　35 dB。

1.29　约有967个视频信道。

1.30　需要框图。

1.31 622 080。

1.32 $W_p = 1242.3/\lambda$，其中W_p的单位是eV，λ的单位是nm。需要绘图。

1.33 1.55 μm, 1.55×10^{-3} mm, 1.55×10^{-6} m, 1.55×10^{-9} km。
1.935×10^{14} Hz, 1.935×10^{11} kHz, 1.935×10^{8} MHz, 1.935×10^{5} GHz, 193.5 THz。

第2章

2.1 $\alpha_i = 8°$

2.2 NA = sin（接收角）。

2.3 绘图。

2.4 绘图。

2.5 $d = 3.9$ μm。

2.6 $w_o = 5.09$ μm。

2.7 $I/I_o = e^{-2r^2}$。

2.8 在月球上，发散角 = 5.09×10^{-4} rad，$w_o = 96.5$ km（60英里），在距离为1 km和10 km处，光斑尺寸分别为0.255 m和2.55 m。

2.9 （a）30 ms；（b）237 ms；（c）只有卫星延迟可以忽略。

2.10 入射媒质的折射率更高。

2.11 绘图。

2.12 绘图。当入射角大于80.6° 时没有折射。

2.13

空气中的波长（nm）	二氧化硅中的波长（nm）	硅中的波长（nm）
800	548	229
1300	890	371
1550	1062	443

当光从自由空间进入某种材料中传播时，波长变小，频率不发生变化，光子能量也不发生变化。

2.14 2×10^{8} m。

2.15 D = 1.777w。

第3章

3.1 在小于1.3 μm时，长波长先到达接收机。在大于1.3 μm时，短波长先到达接收机。

3.2 2.7 ns/km，0.18 ns/km。

3.3 0.6 ns/km，0.04 ns/km。

3.4 取样结果（0.85 μm，30 nm谱宽，路径长为1 km）：光带宽 = 185 MHz，电带宽 = 130 MHz，数据速率（RZ）= 130 Mbps，数据速率（NRZ）= 260 Mbps。

3.5 $k = 7.77 \times 10^{6}$ rad/m（空气），$k = 1.149 \times 10^{7}$ rad/m（玻璃）。

3.6 0.12%，2.4%，4.39×10^{11} Hz，8.78×10^{2} Hz。

3.7 $R = 0.319$，损耗 = 1.67 dB。

3.8 绘图。

3.9 证明。

3.10 绘图。

3.11 证明。

3.12 总功率为$P = 4 + 2\cos(d/2)\cos(\omega_m t + \phi_1 + d/2)$，其中$d = \phi_2 - \phi_1$。

3.13 （a）幅度 = 1，角度 = 74.9°；（b）2.87 μm

3.14 证明。

3.15 0.0183，−17.4 dB。

3.16 0.023 km^{-1}。

3.17 1 GHz。

3.18 0.967 ps/(nm·km)。

3.19 （a）-0.095×10^3 s/m^3；（b）-0.095×10^{-3} ns/(nm^2·km)。

3.20 5 nm。

3.21 （a）50 Gbps；（b）系统损耗。

3.22 证明。

3.23 证明。

3.24 89%，31.6%和0.001%。

3.25 95.5%，63.1%，1%。

3.26 6 ps/km，远小于习题3.2中所得的结果。

3.27

	100 m	1 km	10 km
R_{RZ}(Gbps)	583	58.3	5.83
R_{NRZ}(Gbps)	1167	116	11.6
$f_{3\text{-dB, 光}}$ (GHz)	833	83.3	8.33
$f_{3\text{-dB, 电}}$ (GHz)	583	58.3	5.83

这些速率要高于习题3.4中所得的结果。

第4章

4.1 $d = 0.847$ μm, $n_{eff} = 3.586$。

4.2 绘图。

4.3 $d = 1.689$ μm。

4.4 模的数量为6，12，120。

4.5 TE_0，$d = 0$；TE_1，$d = 1.69$ μm；TE_2，$d = 3.38$ μm；TE_3，$d = 5.06$ μm。

4.6 $1.69 < d < 2.68$ μm。

4.7 证明。

4.8 证明。

4.9 $\theta > 80.6°$ 和 $\theta < 42.5°$。

4.10 使用透镜的焦距范围为0.67 mm < f < 7.85 mm。

4.11 证明。

4.12 证明。

4.13 （a）3.2 μm；（b）13 μm。

4.14 绘图。

4.15 证明。

4.16 1.175 cm。

4.17 0.614 cm。

4.18 $P_{out}=0.5[1+\sin(0.6\pi\cos\omega t)]$ mW。有信号失真，因为峰值电压与半波电压不一样小。

4.19 $P_{out}=0.5[1+\sin(0.01\pi\cos\omega t)]$ mW。没有信号失真，因为峰值电压与半波电压一样小。

4.20 $\Delta(\tau/L)=16.72$ ns/km，$f\times L=29.9$ MHz·km，$R_{RZ}\times L=20.93$ Mbps·km，$R_{NRZ}\times L=$ 41.86 Mbps·km。模式展宽是主要的。

4.21 如果$\Delta\lambda=2$ nm，则$\Delta(\tau/L)=8$ ps/km。如果$\Delta\lambda=100$ nm，则$\Delta(\tau/L)=0.4$ ns/km。都低于模式展宽。

4.22 $\Delta(\tau/L)=45.5$ ns/km，$\theta=11.54°$。

第5章

5.1 $V=12.227$ cm^3，$D=20.06$ cm。

5.2 $D=23$ cm。

5.3 每米反射2321。

5.4 绘图。

5.5 证明。

5.6 绘图。

5.7 描述。射线在$r/a=0.7$以前返回。

5.8 $\theta=8.11°$。

5.9 $R=1$ cm。

5.10 3286个模式，1531个模式。

5.11 证明。

5.12 绘图。

5.13 $a/\lambda=2.48/[n_1(n_1-n_2)]^{1/2}$，$N=132$个模式，$N=121$个模式。

5.14 $a/\lambda=(p+q+1)/\{3.14[2n_1(n_1-n_2)]^{1/2}\}$。

5.15 （a）单模，$f\times L=0.227$ GHz·km；多模，$f\times L=0.222$ GHz·km。
（b）单模，$f\times L=4.55$ GHz·km；多模，$f\times L=1.08$ GHz·km。
（c）单模，$f\times L=0.667$ GHz·km；多模，$f\times L=0.574$ GHz·km。
（d）单模，$f\times L=33.3$ GHz·km；多模，$f\times L=1.11$ GHz·km。

5.16 $a=4.43$ μm，$N=14, 12, 8$个模式。

5.17 绘图。

5.18 绘图。

5.19 92.2 Mbps·km。

5.20 讨论。

5.21 讨论。

5.22 14。

5.23 绘图，$r=6.287$ μm。

5.24 5.95 MHz。

5.25 50%（3 dB）。

5.26 15.7 mm。

5.27 推导。

5.28 绘图。

5.29 证明。

5.30 $a = 3.96\ \mu m$，$w = 5.16\ \mu m$。

5.31 绘图。损耗分别 = 4.4 dB, 1.96 dB, 0.3 dB和0.15 dB。

5.32 系统是工作于第二传输窗口的，接近1300 nm。

5.33 S波段，9.39 THz；C波段，4.39 THz；L波段，7.09 THz。

5.34 拉制2 km，10 km和20 km分别需要的时间为1.67分钟，8.33分钟和16.67分钟。

5.35 绘图。例如工作波长在1280 nm的光纤最大允许长度为57 km，1560 nm的为96 km，1640 nm的为82.7 km。

5.36 480 m。塑料光纤系统的长度远比玻璃光纤系统的长度短。

第6章

6.1 $v(t) = 1 - \exp(-t/RC)$，上升时间 = 2.19RC。

6.2 V（幅度）$= 1/[1 + (\omega RC)^2]^{1/2}$。

6.3 证明。

6.4 证明。

6.5 （a）图略；（b）$I_{peak} = 500$ mA，$I_{dc} = 400$ mA，$P_{ave} = 8$ mW，$m = 0.25$；（c）$I_{peak} = 500$ mA，$I_{dc} = 250$ mA，$P_{AVE} = 5$ mW，$m = 1$；（d）注意信号截取。

6.6 1%。

6.7 载流子寿命= 1.6 ns。

6.8 带隙能量= 2.24×10^{-19} J。（a）$P = 20 + 2\sin\omega t$ (mW)；（b）图略。

6.10 讨论。

6.11 151°。

6.12 图略。在900 nm中有6个模式。

6.13 0 dBm，22.2 dB。

6.14 253。

6.15 0.06 mW。

6.16 0.8 mA/℃。

6.17 120 GHz·km。

6.18 150 GHz/℃。

6.19 0.185 μm，0.37 μm。

6.20 绘图。

6.21 0.042（4.2%效率）。

6.22 绘图。

6.23 177.5 GHz。

6.24 3个半导体激光器。

6.25 700个信道。

6.26 63.2%。

6.27 图略。

6.28 图略。

6.29 输入频率$2.068\,96\times10^{14}$ Hz。下移频率1.9369×10^{14} Hz。

6.30 泵浦激光器波长：1480 nm，1520 nm，1560 nm，1600 nm。

6.31 12.5 dB的增益。图略。

6.32 表略。

第7章

7.1 $i = 25$ nA。

7.2 $t_r = 700$ ps。

7.3 截止波长 = 0.99 μm，$f = 3\times10^{14}$ Hz。

7.4 波长= 1.98×10^{-25}/功函数。

7.5 在0.5 μm，1.3 μm，1.7 μm的响应度分别为0.4，1.05和1.37。

7.6 $i = 188$ nA，$v = 9.4$ μV，188 μV和188 mV。

7.7 $i = 48$ μA，$v = 2.4$ mV，48 mV和48 V。

7.8 波长= 1.98×10^{-25}/带隙能量。

7.9 （a）$W_g = 1.76\times10^{-19}$ J；（b）$Wg = 1.07\times10^{-19}$ J。

7.10 在T为25℃，45℃，65℃和85℃时，I_D分别为0.06 nA，0.24 nA，0.96 nA和3.84 nA。

7.11 $P = 286$ nW或−35.4 dBm。

7.12 （a）图略；（b）负载线方程：$10 + v_d + 2\times10^6\, i_d = 0$；（c）$v = 0.5\times10^6\, P$；（d）$P_{\text{sat}} = 20$ μW。

7.13 （a）$f = 583$ MHz；（b）$R_L = 11.4\ \Omega$；（c）$f = 2.7$ MHz。

7.14 响应度= 53 A/W，$P = 0.38$ nW = −64 dBm。

7.15 响应度= 8.7 A/W，$P = 2.3$ nW = −56 dBm。

7.16 讨论。

7.17 讨论。

7.18 0.25 μA/μW。

7.19 159 kHz。

7.20 图略。

7.21 （a）19.9 mV；（b）80 MHz。

7.22 14.14 μW。

第8章

8.1 推导。

8.2 答案由图8.3给出。

8.3 $d/2a = 0.8054$。

8.4 $d/w = 1.52$，$d/2a = 0.836$。

8.5 $d = 1.7$ μm。

8.6 $I/I_o = 0.19$。

8.7 图略。结果取样［角度（度），损耗（dB）]：［1, 0.248］,［5, 1.41］,［10，3.52］。

8.8 两种波长的图相同。结果取样［角度（度），损耗（dB）]：［1, 0.845］,［2, 3.38］,［4, 13.53］。

8.9 推导。

8.10 1.4 μm取样点，$w = 5.74$ μm，损耗= 0.13 dB；在1.6 μm，$w = 6.46$ μm，损耗= 0.1 dB。

8.11 图略。结果取样［距离（μm），损耗（dB）]：0.8 μm［50, 0.215］,［200, 2.59］,［500, 7.84］；1.3 μm［50, 0.083］,［200, 1.17］,［500, 4.66］。

8.12 聚焦波长为5.1 mm；$d = 398$ μm。

8.13 NA = 0.2，P = 0.2 mW，0.08 mW，0.000 02 mW；NA = 0.5，P = 1.1 mW，1.25×10^{-50} mW，1.25×10^{-500} mW。

8.14 $(m-1)\,\mathrm{NA}^2 \leqslant 0.4$。

8.15 9.7%（10.1 dB）。

8.16 5.94%（12.3 dB）。

8.17 图略。

8.18 28.12 dB。

8.19 （a）50；（b）130。

8.20 520。

8.21 （a）2小时24分钟；（b）12小时。

第9章

9.1 （a）4/5，1/5，0；（b）$L_{\mathrm{THP}} = 0.97$ dB，$L_{\mathrm{TAP}} = 6.99$ dB，$L_{\mathrm{E}} = 0$，$L_{\mathrm{D}} = \infty$。

9.2 （a）0.504，0.126，0.0001；（b）$L_{\mathrm{THP}} = 2.97$ dB，$L_{\mathrm{TAP}} = 8.99$ dB；（c）$L_{\mathrm{E}} = 2$ dB。

9.3 6 dB。

9.4 17.8 dB。

9.5 （a）图略；（b）$L = 9$ dB，12 dB，15 dB，15 dB。

9.6 $L = 10.9$ dB，11.38 dB，11.84 dB，11.84 dB。“最好”的耦合器决定于应用情况。

9.7 有一个解决方案，采用连接器与接头，可获得如下损耗：L = 19.2 dB，27.6 dB，36 dB，39.7 dB。

9.8 （a）图略；（b）$L = 6.99$ dB。

9.9 对于终端2、终端3和终端4，$L = 17.99$ dB。对于终端5，$L = 15.2$ dB。

9.10 图略。结果取样［终端数目，损耗（dB）]：［3，9.37］,［10，14.6］,［15，16.4］,［20，17.6］。

9.11 $d = 23.1$ μm。

9.12 $d = 231$ μm。

9.13 图略。

9.14 $L = 9$ dB，12 dB，15 dB，15 dB。

9.15 $L = 30$ dB，20.92 dB，21.38 dB，21.38 dB。

9.16 （a）30；（b）6。

9.17 22 dB。

9.18 17 dB。

9.19 −10.97 dB。

9.20 （a）1.687×10^3 A/m；（b）1.687×10^5 A/m。

9.21 证明。

9.22 （a）0.785 mm；（b）0.306 mm。
9.23 （a）2.355 mm；（b）1.33 rad/mm；（c）1.18 mm。
9.24 图略。
9.25 图略。
9.26 图略。
9.27 图略。
9.28 图略。
9.29 图略。
9.30 证明。
9.31 1.75 Tbps。
9.32 $\Delta\lambda = 0.375$ nm，186个信道。
9.33 长度= 16.67 km，最大速率= 210 Mbps。$R \times L = 3.5$ Gbps·km。
9.34 载流子长度：1599.8933 nm，1600 nm，1600.1067 nm。仅仅通道1和通道3会有串话到通道2。
9.35 （a）516.7 nm；（b）0.775 nm/℃；（c）96.77 GHz/℃。
9.36 图略。
9.37 $\Delta L = 64.583$ nm。在1548 nm，1549 nm，1550 nm，1551 nm和1552 nm，产生的相移分别为（弧度）：0.12516π，0.12508π，0.125π，0.124918π和0.124838π。
9.38 在光纤x中，40 dB。在光纤y中，20 dB。
9.39 图略。
9.40 图略。
9.41 2D开关，$M = N^2$。3D开关，$M = 2N$。
9.42 图略。

第10章

10.1 （a）图略；（b）$m' = 0.6$；（c）$P = 5+2.68\cos\omega t$（mW）；（d）$m = 0.54$。
10.2 （a）图略，$m' = 0.6$，$P = 5 + 2.12\cos\omega t$（mW），$m = 0.42$；（b）图略，$m' = 0.6$，$P = 5 + 1.66\cos\omega t$（mW），$m = 0.33$。
10.3 （a）$R_e = 87\ \Omega$；（b）$v_{CE} = 3.9$ V；（c）$m' = 0.84$。
10.4 $a_2 = 0.000\ 158\ \text{mW/(mA)}^2$。
10.5 $I_C = 96.7$ mA，$I_B = 1.93$ mA。
10.6 带宽= 1.07 MHz。
10.7 对于8位编码，带宽= 0.8 MHz。
10.8 带宽= 20 MHz。
10.9 带宽= 72 MHz。
10.10 对于8位归零编码，带宽= 1152 MHz。
10.11 输入电流$i = 50 + 16.7[(1 + 0.5\cos\omega_m t)\cos\omega_{sc1}t + (1 + 0.5\cos\omega_m t)\cos\omega_{sc2}t]$，$\omega_m$为调制频率，$\omega_{sc1}$和$\omega_{sc2}$是载波频率。
10.12 图略。
10.13 如果供电电压为5 V，则最佳电路的负载阻抗为45 Ω，晶体管的驱动电流大于1.6 mA。

10.14（a）在式（10.9）中，令$i_s = I_s(1 + m\cos\omega_{m1}t)\cos\omega_{sc1}t + I_s(1 + m\cos\omega_{m2}t)\cos\omega_{sc2}t$并乘出所有项；（b）图略；（c）减小非线性系数$a_2$，将两个载波分开以避免谱的交叠。

10.15 9677。

10.16 125万。

10.17 将速率增加到80 Gbps要求更加复杂的电子器件。

10.18 16 000。

10.19 $\Delta\tau = 2.5$ ps，$R = 400$ Gbps。

10.20 $R = 14$ Tbps。

10.21 电光特性和电吸收。

10.22 满足1，传输。满足2，吸收。

10.23 305.25 cm^{-1}。

10.24 证明。

第11章

11.1 （a）$i_{NT}(rms) = 45.2$ nA；（b）$v_{NT}(rms) = 22.6$ μV，$P_{NT} = 0.1$ pW；（c）$i_{NT}(rms) = 1.43$ nA，$v_{NT}(rms) = 71.4$ μV，$P_{NT} = 0.1$ pW。

11.2 （a）$i_{NT}(rms) = 43.8$ pA；（b）$v_s = 50$ nV，$v_{NS}(rms) = 2.19$ nV；（c）SNR = 520 = 27 dB；（d）SNR = 5×10^{-4} = −33 dB。

11.3 $P = 10$ nW。

11.4 （a）54 μW；（b）SNR = 8.43×10^5 = 59.3 dB；（c）$P_{NS} = 864$ fW。

11.5 （a）$P = 1.4$ nW；（b）SNR = 5.67 = 7.5 dB；（c）$P_{NS} = 864$ fW。

11.6 （a）SNR = 1.51 = 1.79 dB；（b）SNR = 1.79 dB；（c）SNR = 3101 = 34.9 dB；（d）$M = 31$。

11.7 （a）图略；（b）$P = 607$ nW；（c）$P = 60.7$ nW；（d）$P = 19.3$ nW。

11.8 $P = 132.7$ μW。

11.9 （a）$P_{LO} = 4$ mW；（b）$P = 2$ μW。

11.10 表格。

11.11 （a）SNR = 21.6 dB；（b）$P = 5.2$ μW；（c）67 800 光子/比特。

11.12 （a）1.8 nW；（b）23个光子/比特；（c）射噪声受限系统的功耗更低；（d）采用雪崩光电二极管。

11.13 （a）$P = 6.25$ pW；（b）$P = 50$ pW；（c）$P_{NT} = 16.6$ fW；（d）$P_{NT} = 264$ fW；（e）$T_A = 300$ K；（f）$P = 33.2$ fW；（g）SNR = 376 = 25.8 dB；（h）SNR = 188 = 22.8 dB。

11.14 （a）$f = 8.84$ MHz；（b）$t_r = 39.6$ ns。

11.15 （a）$f = 17.7$ MHz；（b）$t_r = 19.8$ ns。

11.16 图略。

11.17 图略。

11.18 （a）2.5 mV；（b）$f = 79.6$ MHz；（c）$i_{NT}(rms) = 11.5$ nA；（d）$i = 0.25$ μA；（e）SNR = 185 = 22.7 dB。

11.19 证明。

11.20 证明。

11.21 22.7 dB。

11.22（a）0.112 μW；（b）0.034 μA。

11.23 $$\frac{S}{N}=\frac{(m^2/2)(M\rho P)^2R_L}{M^n 2eR_L\,\Delta f(I_D+\rho P)+4kT\,\Delta f+M^n\,\mathrm{RIN}(\rho P)^2\,\Delta f R_L}$$

11.24 $n=2.35$。

11.25（a）图略；（b）$M=55$。

11.26 图略。

11.27（a）21.77 dB；（b）21.79 dB；（c）44.9 dB；（d）9.87。

11.28（a）16.8 dB；（b）16.8 dB。

第12章

本章的设计方案没有确定的唯一解法。

参 考 文 献

书目

Adams, M.J. *An Introduction to Optical Waveguides*, John Wiley and Sons, NY, 1981.

Adams, M.J., and I.D. Henning, *Optical Fibres and Sources for Communications*, Plenum Publishing Corp., NY, 1990.

Agrawal, G.P., and N.K. Dutta, *Long-wavelength Semiconductor Lasers*, Van Nostrand Reinhold Company, NY, 1986.

Agrawal, G.P., *Nonlinear Fiber Optics*, Academic Press, Inc., NY, 3rd ed., 2001.

Agrawal, G.P., *Applications of Nonlinear Fiber Optics*, Academic Press, Inc., NY, 2001.

Agrawal, G.P., *Fiber-Optic Communication Systems*, John Wiley and Sons, NY, 3rd ed., 2002.

Agrawal, I.D., and G. Lu, eds., *Fluoride Glass Fiber Optics*, Academic Press, Inc., NY, 1991.

Allard, F.C., Fiber Optics Handbook, McGraw-Hill, Inc., NY, 1990.

Arnaud, J.A., *Beam and Fiber Optics*, Academic Press, Inc., NY, 1976.

Baack, C., *Optical Wideband Transmission Systems*, CRC Press, Inc., Boca Raton, FL, 1986.

Baker, D.G., *Local-Area Networks with Fiber Optic Applications*, Prentice-Hall, Inc., NY, 1986.

Barnoski, M.K., ed., *Fundamentals of Optical Fiber Communications*, Academic Press, Inc., NY, 1976, 1981.

Basch, E.E., ed., *Optical-Fiber Transmission*, Howard Sams & Co., Inc., Indianapolis, IN, 1986.

Bass, M., ed., *Fiber Optics Handbook*, McGraw-Hill, NY, 2002.

Becker. P., A. Olsson, and J. Simpson, *Erbium-Doped Fiber Amplifiers: Fundamentals and Technology*, Academic Press, Inc., NY, 1999.

Bendow, B., and S. Mitra, eds., *Fiber Optics, Advances in Research and Development*, Plenum Press, NY, 1979.

Betti, S., G. De Marchis, and E. Iannone, *Coherent Optical Communications Systems*, John Wiley and Sons, NY, 1995.

Bjarklev, A., *Optical Fiber Amplifiers: Design and System Applications*, Artech House, Norwood, MA, 1993.

Borella, A., G. Cancellieri, and F. Chiaraluce, *Wavelength Division Multiple Access Optical Networks*, Artech House, Boston, 1998.

Buckman, A.B., *Guided-Wave Photonics*, Holt, Rinehart and Winston, NY, 1992.

Buck, J.A., *Fundamentals of Optical Fibers*, John Wiley and Sons, NY, 1995.

Burns, W.K., *Optical Fiber Rotation Sensing*, Academic Press, Inc., NY, 1993.

Cancellieri, G., and U. Ravaioli, *Measurement of Optical Fibers and Devices: Theory and Experiments*, Artech House, Norwood, MA, 1984.

Cancellieri, G., *Single-Mode Optical Fibres*, Pergamon Press, NY, 1991.

Cancellieri, G., *Single-Mode Optical Fiber Measurement: Characterization and Sensing*, Artech House, Norwood, MA, 1993.

Chaffee, C.D., *The Rewiring of America. The Fiber Optics Revolution*, Academic Press, Inc., NY, 1987.

Chaimowicz, J.C.A., *Lightwave Technology: An Introduction*, Butterworth Publishers, Stoneham, MA, 1989.

Chamberlain, G.E., G.W. Day, D.L. Franzen, R.L. Gallawa, E.M. Kim, and M. Young, *Optical Fiber Characterization*, Government Printing Office, Washington, DC, 1983.

Chang, K., ed., *Handbook of Microwave and Optical Components*, John Wiley and Sons, NY. Volume 3: *Optical Components*, 1990. Volume 4: *Fiber and Electro-Optical Components*, 1991.

Cheo, P.K., *Fiber Optics and Optoelectronics*, Prentice-Hall, Inc., Englewood Cliffs, NJ, 2nd ed., 1990.

Cherin, A.H., *An Introduction to Optical Fibers*, McGraw-Hill, Inc., NY, 1983.

Chesnoy, J., *Undersea Fiber Communications Systems*, Academic Press, NY, 2002.

Clarricoats, P.J.B., ed., *Optical Fibre Waveguides*, Peter Peregrinus Ltds., Stevenage, Herts SG1 1HQ, England, 1975.

Clarricoats, P.J.B., "Optical Fibre Waveguides—A Review," in *Progress in Optics* XIV, North-Holland, 1976.

Coldren, L.A., and S.W. Corzine, *Diode Lasers and Photonic Integrated Circuits*, John Wiley and Sons, NY, 1995.

Comyns, A.E., ed., *Fluoride Glasses*, John Wiley and Sons, NY, 1989.

Crisp, J., Introduction to Fiber Optics, Butterworth–Heinman, 1997.

CSELT, *Optical Fibre Communication*, McGraw-Hill, NY, 1980.

CSELT, *Fiber Optic Communications Handbook*., 2nd ed., McGraw-Hill, NY, 1991.

Culshaw, B., *Optical Fiber Sensing and Signal Processing*, Peter Peregrinus Ltd., London, 1984.

Cvijetic, M., *Coherent and Nonlinear Lightwave Communications*, Artech House, Inc., Norwood, MA, 1996.

Dakin, J.P., and B. Culshaw, eds., *Optical Fiber Sensors, Volume 1: Principles and Components*, Artech House, Inc., Norwood, MA, 1988.

Daly, J.C., ed., *Fiber Optics*, CRC Press, Boca Raton, FL, 1984.

Diament, P., *Wave Transmission and Fiber Optics*, Macmillan Publishing Company, NY, 1990.

Digonnet, M.J.F., *Rare Earth Doped Fiber Lasers and Amplifiers*, 2nd ed., Marcel Dekker, Inc., NY, 2001.

DeCusatis, C.D., *Handbook of Fiber Optic Data Communication*, 2nd ed., Academic Press, Inc., NY, 2002.

DeCusatis, C., *Fiber Optic Data Communication*, Academic Press, Inc., NY, 2nd ed., 2002.

Derickson, D., *Fiber Optic Test and Measurement*, Prentice-Hall, Upper Saddle River, NJ, 1998.

Desurvire, E., *Erbium-Doped Fiber Amplifiers*, John Wiley & Sons, 2002.

Dorf, R. C., *The Electrical Engineering Handbook*, CRC Press, Boca Raton, FL, 1997.

Drazin, P.G., and R.S. Johnson, *Solitons: An Introduction*, Cambridge University Press, NY, 1989.

Dyott, R., *Elliptical Fiber Waveguides*, Artech House, Norwood, MA, 1995.

Ebeling, K.J., *Integrated Optoelectronics*, Springer-Verlag Publishing Co., NY, 1993.

Einarsson, G., *Principles of Lightwave Communication*, Wiley, NY, 1996.

Elion, G.R., and H.A. Elion, *Fiber Optics in Communications Systems*, Marcel Dekker, NY, 1978.

Ezekiel, S., and H.J. Arditty, eds., *Fiber-Optic Rotation Sensors and Related Technologies*, Springer-Verlag Publishing Co., NY, 1982.

France, P.W., ed., *Fluoride Glass Optical Fibres*, CRC Press, Boca Raton, FL, 1990.

France, P.W., Ed., *Fiber Lasers and Amplifiers*, CRC Press, Boca Raton, FL, 1991.

Franz, H.F., and V.K. Jain, *Optical Communications, Components and Systems*, CRC Press, Boca Raton, FL, 2000.

Freeman, R.L., *Fiber-Optic Systems for Telecommunications*, John Wiley & Sons, 2002.

Fukuda, M., *Reliability and Degradation of Semiconductor Lasers and LEDs*, Artech House, Inc., Norwood, MA, 1991.

Gallawa, R.L., *A User's Manual for Optical Waveguide Communications*, National Technical Information Service, U.S. Department of Commerce, Springfield, VI, 1976.

Geckeler, S., *Optical Fiber Transmission Systems*, Artech House, Inc., Norwood, MA, 1987.

Ghatak, A.K., and K. Thyagarajan, *Contemporary Optics*, Plenum Press, NY, 1978.

Ghatak, A.K., and K. Thyagarajan, *Optical Electronics*, Cambridge University Press, NY, 1989.

Ghatak, A.K., and K. Thyagarajan, *Introduction to Fiber Optics*, Cambridge University Press, NY, 1998.

Gibson, J. D., ed., *The Communications Handbook*, CRC Press, Boca Raton, FL, 2003.

Gloge, D., ed., *Optical Fiber Technology*, IEEE Press, NY, 1976.

Goff, D.R., *Fiber Optic Reference Guide*, Focal Press, Boston, 1996.

Goure, J-P, and I. Verrier, *Optical Fibre Devices*, Institute of Physics Publishing, 2002.

Gowar, J., *Optical Communications Systems*, Prentice-Hall, Inc., Englewood Cliffs, NJ, 2nd ed., 1993.

Green, L.D., *Fiber Optic Communications*, CRC Press, Boca Raton, FL, 1992.

Green, P.E., *Fiber Optic Networks*, Prentice-Hall, Inc., Englewood Cliffs, NJ, 1993.

Goure, J.P., *Optical Fibre Devices*, Institute of Physics Publishing, UK, 2001.

Halley, P., *Fiber Optic Systems*, John Wiley and Sons, Inc., NY, 1987.

Hanson, A.G., L.R. Bloom, A.H. Cherin, G.W. Day, R.L. Gallawa, E.M. Gray, C. Kao, F.P. Kapron, B.S. Kawasaki, P. Reitz, and M. Young, *Optical Waveguide Communications Glossary*, NBS Handbook 140, National Telecommunications and Information Administration, Washington, DC, 1982.

Hecht, *Understanding Fiber Optics*, Prentice-Hall, Upper Saddle River, NJ, 1999.

Hornak, L.A., *Polymers for Lightwave and Integrated Optics*, Marcel Dekker, NY, 1992.

Hoss, R., *Fiber Optic Communications Design Handbook*, Prentice-Hall, Englewood Cliffs, NJ, 1990.

Hoss, R.J., and Lacy, E.A., *Fiber Optics*, Prentice-Hall, Englewood Cliffs, NJ, 2nd ed., 1993.

Howes, M.J. and D.V. Morgan, eds., *Optical Fibre Communications*, John Wiley and Sons, NY, 1980.

Hunsberger, R.G., *Integrated Optics: Theory and Technology*, Springer-Verlag, NY, 4th ed., 1995.

Hutcheson, L.D., ed., *Integrated Optical Circuits and Components: Design and Applications*, Marcel Dekker, Inc., NY, 1987.

Iannone, *Nonlinear Optical Communication Networks*, John Wiley and Sons, NY, 1998.

Ilyas, M., and H.T. Mouftah, *Handbook of Optical Communications*, CRC Press, Boca Raton, FL, 2003.

Islam, M., *Ultrafast Fiber Switching Devices and Systems*, Cambridge University Press, NY, 1992.

Iizuka, K., ed., *Elements of Photonics*, volume II, *For Fiber and Integrated Optics*, John Wiley and Sons, NY, 2002.

Jacobsen, G., *Noise in Digital Optical Transmission Systems*, Artech House, Norwood, MA, 1994.

Jeunhomme, L.B., *Single-Mode Fiber Optics*, Marcel Dekker, NY, 1983, 2nd ed., 1990.

Jones, W.B., *Introduction to Optical Fiber Communication Systems*, Holt, Rinehart and Winston, NY, 1988.

Kaminow, I.P., ed., *Optical Fiber Telecommunications*, Academic Press, NY, 1997, Vol. IVA and IVB, 2002.

Kao, C.K., *Optical Fiber Technology*, II, McGraw-Hill, Inc., NY, 1981.

Kao, C.K., *Optical Fiber Systems: Technology, Design and Applications*, McGraw-Hill, Inc., NY, 1982.

Karim, Mohammed, *Electro-Optical Devices and Systems*, PWS–Kent Publishing Company, Boston, 1990.

Kartalopoulos, S.V., *Introduction to DWDM Technology*, IEEE Press, 2000.

Kartalopoulos, S.V., *DWDM: Networks, Devices and Technology*, John Wiley & Sons, 2002.

Kasap, S.O., *Optoelectronics and Photonics*, Prentice-Hall, 2001.

Kashima, N., *Passive Optical Components for Optical Fiber Transmission*, Artech House, Norwood, MA, 1995.

Kashima, N., *Optical Transmission for the Subscriber Loop*, Artech House, Norwood, MA, 1993.

Kashyap, R., *Fiber Bragg Gratings*, Academic Press, IN., NY, 1999.

Katsuytama, T., and H. Matsumura, *Infrared Optical Fibers*, Taylor and Francis, NY, 1989.

Kazovsky, L., S. Benedetto, and A.E. Willner, *Optical Fiber Communication Systems*, Artech House, Norwood, MA, 1996.

Keiser, G.E., *Optical Fiber Communications*, McGraw-Hill, NY, 3rd ed., 2000.

Killen, H.B., *Digital Communications with Fiber Optics and Satellite Applications*, Prentice-Hall, Englewood Cliffs, NJ, 1988.

Killen, H.B., *Fiber Optic Communications*, Prentice-Hall, Englewood Cliffs, NJ, 1991.

Kingston, R.H., *Optical Sources, Detectors and Systems*, Academic Press, NY, 1995.

Kleekamp, C., and B. Metcalf, *Designer's Guide to Fiber Optics*, Cahners, Boston, 1978.

Kraus, O., *DWDM and Optical Networks*, John Wiley & Sons, 2002.

Kressel, H., and J.K. Butler, eds., *Semiconductor Lasers and Heterojunction LEDs*, Academic Press, NY, 1977.

Kressel, H., ed., *Semiconductor Devices for Optical Communications*, Springer-Verlag, 1980.

Kuecken, J.A., *Fiberoptics—A Revolution in Communications*, TAB Books, Inc., Blue Ridge Summit, PA, 1987.

Kumar, A., *Antenna Design with Fiber Optics*, Artech House, Norwood, MA, 1996.

Lachs, G., *Fiber Optic Communications: systems, analysis and enhancements*, McGraw-Hill, NY, 1998.

Lasky, R.C., U. Osterberg, and D. Stigliani, eds., *Optoelectronics for Data Communication*, Academic Press, NY, 1995.

Laude, J-P., *DWDM Fundamentals, Components, and Applications*, Artech House, Norwood, MA, 2002.

Lee, D.L., *Electromagnetic Principles of Integrated Optics*, John Wiley & Sons, 1986.

Lefevre, H.C., *The Fiber-Optic Gyroscope*, Artech House, Norwood, MA, 1993.

Li, T., ed., *Optical Fiber Communications*, Academic Press, NY, 1985.

Li, T., ed., *Topics in Lightwave Transmission Systems*, Academic Press, NY, 1991.

Lin, C., *Optoelectronic Technology and Lightwave Communications Systems*, Van Nostrand Reinhold, 1989.

Madsen, C.K., *Optical Filter Design and Analysis*, John Wiley and Sons, NY, 1999.

Mahlke, G., and P. Gossing, *Fiber Optic Cables*, John Wiley and Sons, NY, 1987.

Mahlke, G., and P. Gossing, *Fiber Optic Cables*, John Wiley and Sons, NY, 2001.

Marcraft Corporation, *Fiber Optic Cable Installer*, Prentice-Hall, Upper Saddle River, NJ, 2003.

Marcuse, D., *Light Transmission Optics*, Van Nostrand Reinhold Company, NY, 1972.

Marcuse, D., *Principles of Optical Fiber Measurements*, Academic Press, NY, 1974.

Marcuse, D., *Theory of Dielectric Optical Waveguides*, 2nd ed., Academic Press, NY, 1981, 1991.

Marrakchi, A., *Photonic Switching and Interconnects*, Marcel Dekker, NY, 1993.

Martellucci, S., A.N. Chester, and M. Bertolotti, *Advances in Integrated Optics*, Plenum Publishing Corp., NY, 1995.

März, R., *Integrated Optics: Design and Modeling*, Artech House, Norwood, MA, 1995.

Meardon, S.L.W., *The Elements of Fiber Optics*, Prentice-Hall, Englewood Cliffs, NJ, 1992.

Mestdagh, D.J.G., *Fundamentals of Multiaccess Optical Fiber Networks*, Artech House, Norwood, MA, 1995.

Midwinter, J.E., *Optical Fibers for Transmission*, John Wiley and Sons, NY, 1979.

Midwinter, J.E., and Y.L. Guo, *Optoelectronics and Lightwave Technology*, John Wiley and Sons, Inc., Chichester, England, 1992.

Miller, C., S. Mettler, and I. White, *Optical Fiber Splices and Connectors: Theory and Methods*, Marcel Dekker, NY, 1986.

Miller, S.E., and A.G. Chynoweth, eds., *Optical Fiber Telecommunications*, Academic Press, NY, 1979.

Miller, S.E., and I.P. Kaminow, eds., *Optical Fiber Telecommunications II*, Academic Press, NY, 1988.

Morris, D.J., *Pulse Code Formats for Fiber Optical Data Communications*, Marcel Dekker, NY, 1983.

Morthier, G., and P. Vankwikelberge, *Handbook of Distributed Feedback Laser Diodes*, Artech House, Norwood, MA, 1997.

Murata, H., *Handbook of Optical Fibers and Cables*, Marcel Dekker, NY, 2nd ed., 1996.

Murphy, E.J., *Integrated Optical Circuits and Components, Design and Applications*, Marcel Dekker, NY, 1999.

Mynbaev, D.K., and L.L. Scheiner, *Fiber-Optic Communications Technology*, Prentice-Hall, 2001.

Najafi, S. I., *Introduction to Glass Integrated Optics*, Artech House, Boston, 1992.

Neumann, E.G., *Single-Mode Fibers*, Springer-Verlag, NY, 1988.

Nishihara, H., M. Haruna, and T. Suhara, *Optical Integrated Circuits*, McGraw-Hill, Inc., NY, 1988.

Noda, K., ed., *Optical Fiber Transmission*, North-Holland Physics Publishing, Amsterdam, 1986.

Nosu, K., *Optical FDM Network Technologies*, Artech House, Norwood, MA, 1997.

Ohtsu, M., *Highly Coherent Semiconductor Lasers*, Artech House, Norwood, MA, 1992.

Okamoto, K., *Fundamentals of Optical Waveguides*, Academic Press, Inc., NY, 2000.

Okoshi, T., *Optical Fibers*, Academic Press, NY, 1982.

O'Shea, D.C., W.R. Callen, and W.T. Rhodes, *Introduction to Lasers and Their Applications*, Addison–Wesley Publishing Co., Reading, MA, 1977.

Ostrowsky, D.B., ed., *Fiber and Integrated Optics*, Plenum Press, NY, 1979.

Othonos, A., and K. Kalli, *Fiber Bragg Gratings*, Artech House, Norwood, MA, 1999.

Pal, B.P., M.M. Butusov, S.I. Galkin, and S.P. Orobinsky, *Fiber Optics and Instrumentation*, IOPP–Adam Hilger, Bristol, 1991.

Pal, B.P., ed., *Fundamentals of Fiber Optics in Telecommunication and Sensor Systems*, Wiley Eastern, New Delhi, 1991.

Petersen, J.K., *Fiber Optics Illustrated Dictionary*, CRC Press, Boca Raton, FL, 2002.

Papannareddy, R., *Introduction to Lightwave Communication Systems*, Artech House, Norwood, MA, 1997.

Paulson, C.R., *Fiber Optic Technology and Applications in Image Transmission*, CRC Press, Boca Raton, FL, 1991.

Pearson, E.R., *The Complete Guide to Fiber Optic Cable System Installation*, Delmar Publishers, 1996.

Personick, S.D., *Optical Fiber Transmission Systems*, Plenum Press, NY, 1981.

Personick, S.D., *Fiber Optics: Technology and Applications*, Plenum Press, NY, 1985.

Powers, J., *An Introduction to Fiber Optic Systems*, McGraw-Hill, 2nd ed., 1997.

Pratt, W.K., *Laser Communications Systems*, John Wiley and Sons, NY, 1969.

Ramaswami, R., and K. N. Sivarajan, *Optical Networks: A Practical Perspective*, 2nd ed., Morgan Kaufmann, NY, 2002.

Runge, P.K., and P.R. Trischitta, eds., *Undersea Lightwave Communications*, IEEE Press, NY, 1986.

Ryu, S., *Coherent Lightwave Communication Systems*, Artech House, Norwood, MA, 1995.

Sadiku, N.O., *Optical and Wireless Communications*, CRC Press, Boca Raton, FL, 2002.

SAE International, *Fiberoptics for Automotive Lighting*, 1995.

SAE International, *Multiplexing and Fiberoptics*, 1995.

Saleh, B.E.A., and M.C. Teich, *Fundamentals of Photonics*, John Wiley and Sons, NY, 1991.

Sanghera, J.S., and I.D. Aggarwal, *Infrared Fiber Optics*, CRC Press, Boca Raton, FL, 1997.

Sandbank, C.P., ed., *Optical Fibre Communication*, John Wiley and Sons, NY, 1980.

Senior, J., *Optical Fiber Communications: Principles and Practice*, Prentice-Hall, Englewood Cliffs, NJ, 2nd ed., 1992.

Shimada, S., *Coherent Lightwave Communications Technology*, Chapman and Hall, NY, 1994.

Sharma, A.B., S.J. Halme, and M.M. Butusov, *Optical Fiber Systems and Their Components*, Springer-Verlag, NY, 1981.

Shotwell, R.A., *An Introduction to Fiber Optics*, Prentice-Hall, Upper Saddle River, NJ, 1997.

Simons, R., *Optical Control of Microwave Devices*, Artech House, Boston, 1990.

Snyder, A.W., and J.D. Love, *Optical Waveguide Theory*, Chapman and Hall, NY, 1983.

Sodha, M.S., and A.K. Ghatak, *Inhomogeneous Optical Waveguides*, Plenum Press, NY, 1977.

Spirit, D.M., and M.J. O'Mahony, *High Capacity Optical Transmission Explained*, John Wiley and Sons, NY, 1995.

Sterling, D.J., *Technician's Guide to Fiber Optics*, Delmar Publishers, Albany, NY, 1987.

Suematsu, Y., ed., *Optical Devices & Fibers*, (Several volumes in a continuing series), North-Holland Publishing Co., Amsterdam, 1982, 1983, 1984.

Sudo, S., *Optical Fiber Amplifiers: Materials, Devices, and Application Technologies*, Artech House, Norwood, MA, 1997.

Suematsu, Y., and K. Iga, *Introduction to Optical Fiber Communications*, John Wiley and Sons, NY, 1982.

Syms, R., and J. Cozens, *Optical Guided Waves and Devices*, McGraw-Hill, Inc., NY, 1983, 1993.

Tamir, T., ed., *Integrated Optics*, Springer-Verlag, NY, 2d ed., 1982.

Tamir, T., ed., *Guided-Wave Optoelectronics*, Springer-Verlag, NY, 1988.

Taylor, H.F., ed., *Fiber Optics Communications*, Artech House, Norwood, MA, 1983.

Taylor, H.F., ed., *Advances in Fiber Optics Communications*, Artech House, Norwood, MA, 1988.

Taylor, H.F., ed., *Optical Solitons*, Cambridge University Press, NY, 1992.

Thorsen, N., *Fiber Optics and the Telecommunications Explosion*, Prentice-Hall, Upper Saddle River, NJ, 1998.

Tsang, W.T., ed., *Lightwave Communications Technology*, Part A: *Material Growth Technologies*, Academic Press, NY, 1985.

Tsang, W.T., ed., *Lightwave Communications Technology*, Part B: *Semiconductor Injection Laser I*, Academic Press, NY, 1985.

Tsang, W.T., ed., *Lightwave Communications Technology*, Part C: *Semiconductor Lasers II*, Academic Press, NY, 1985.

Tsang, W.T., ed., *Lightwave Communications Technology*, Part D: *Photodetectors*, Academic Press, NY, 1985.

Tsang, W.T., ed., *Lightwave Communications Technology*, Part E: *Integrated Optoelectronics*, Academic Press, NY, 1985.

Ungar, S., *Fiber Optics Theory and Applications*, John Wiley and Sons, NY, 1991.

Udd, E., ed., *Fiber Optic Sensors: an Introduction for Engineers*, John Wiley and Sons, NY, 1991.

Udd, E., ed., *Fiber Optic Smart Structures*, John Wiley and Sons, NY, 1995.

Van Etten, W. and J. van der Plaats, *Principles of Optical Fiber Communications*, Prentice-Hall, Inc., Englewood Cliffs, NJ, 1991.

Vasil'ev, P., *Ultrafast Diode Lasers: Fundamentals and Applications*, Artech House, Norwood, MA, 1995.

Verdeyen, J.T., *Laser Electronics*, Prentice-Hall, Englewood Cliffs, NJ, 1981.

Weik, M.H., *Fiber Optics Standard Dictionary*, Chapman & Hall, NY, 3rd ed., 1997.

Wickersham, A., *Microwave and Fiber Optics Communications*, Prentice-Hall, Englewood Cliffs, NJ, 1988.

Willardson, R.K., and A.C. Beer, eds., *Lightwave Communications Technology (Semiconductors and Semimetals)* (5 volumes), Academic Press, NY, 1985.

Wolf, H.F., ed., *Handbook of Fiber Optics*, Garland STPM Press, NY, 1979.

Wolfbeis, O.S., ed., *Fiber Optic Chemical Sensors and Biosensors*, CRC Press, Boca Raton, FL, 1991.

Wong, T.T.Y., *Fundamentals of Distributed Amplifications*, Artech House, Norwood, MA, 1993.

Yariv, A., *Optical Electronics in modern Communications*, 5th ed., Oxford University Press, NY, 1997.

Yeh, C., *Handbook of Fiber Optics*, Academic Press, NY, 1990.

Yeh, C., *Applied Photonics*, Academic Press, NY, 1994.

Young, M., *Optics and Lasers*, Springer-Verlag, NY, 1992.

Yu, F.T.S., and S. Yin, *Fiber Optic Sensors*, Marcel Dekker, NY, 2002.

Zanger, H., and C. Zanger, *Fiber Optics: Communications and Other Applications*, Macmillan Publishing Co., NY, 1990.

Zappe, H.P., *Introduction to Semiconductor Integrated Optics*, Artech House, Norwood, MA, 1995.

Zervas, M.N., *Fibre Bragg Gratings for Optical Fibre Communications*, John Wiley & Sons, 2002.

期刊目录

Applied Optics. NY: Optical Society of America.

Bell System Technical Journal. NY: American Telephone and Telegraph.

Electronics Letters. Stevenage, Herts., England: The Institution of Electrical Engineers.

Fiber and Integrated Optics. NY: Taylor and Francis.

Fiberoptic Product News. Morris Plains, N.J.: Gordon Publications.

IEEE Proceedings Part J: Optoelectronics. Stevenage, Herts., England: The Institution of Electrical Engineers.

International Journal of Optoelectronics. Philadelphia, Penn.: Taylor and Francis.

Journal of Quantum Electronics. NY: The Institute of Electrical and Electronics Engineers.

Journal of Lightwave Technology. NY: The Institute of Electrical and Electronics Engineers.

Journal of Optical Communications. Berlin: Fachverlag Schiele and Schon.

Journal of the Optical Society of America. NY: Optical Society of America.

Journal of Optics (formerly *Nouvelle Revue D'Optique*). Paris: Masson.

Lasers and Optronics. Torrance, Calif.: High Tech Publications.

Laser Focus World. Tulsa, Okla.: PennWell Publishing Company.

Lightwave. Tulsa, Okla.: PennWell Publishing Company.

Microwave and Optical Technology Letters. NY: John Wiley.

Optica Acta. London: Taylor and Francis.

Optical Engineering. Bellingham, Wash.: Society of Photo-Optical Instrumentation Engineers.

Optical Fiber Technology: Materials, Devices, and Systems. San Diego, Calif.: Academic Press.

Optical and Quantum Electronics (formerly *Opto-Electronics*). London: Chapman and Hall.

Optical Review. Tokyo: The Optical Society of Japan.

Optics and Laser Technology. Guildford, Surrey, England: Butterworth.

Optics and Lasers in Engineering. Oxford, UK: Elsevier Science.

Optics and Photonics News. NY: Optical Society of America.

Optics Communications. Amsterdam: North-Holland.

Optics Letters. NY: Optical Society of America.

Optik. Stuttgart: Wissenchaftliche Verlags-gesellschaft.

Photonics and Optoelectronics. NY: Allerton Press.

Photonics Spectra. Pittsfield, MA.: Laurin Publishing.

Photonics Technology Letters. NY: The Institute of Electrical and Electronics Engineers.

Pure and Applied Optics, A Journal of the European Optical Society, Part A. Bristol, UK: IOP Publishing Ltd.

Soviet Journal of Optical Technology (English translation). NY: American Institute of Physics.

Soviet Lightwave Communications. Bristol, UK: IOP Publishing Ltd.

索 引

G

H

I

N

O

Q

R

S